U0743425

国家电网公司职工文学重点选题作品

电视剧文学剧本

逐梦

侯宝丰

侯惠春

侯瑞 ◎ 著

中国电力出版社
CHINA ELECTRIC POWER PRESS

图书在版编目（CIP）数据

逐梦 / 侯宝丰，侯惠春，侯瑞著 . — 北京：中国电力出版社，2019.10
ISBN 978-7-5198-3505-7

Ⅰ .①逐… Ⅱ .①侯… ②侯… ③侯… Ⅲ .①电视剧本—中国—当代 Ⅳ .① I235.2

中国版本图书馆 CIP 数据核字（2019）第 173255 号

出版发行：中国电力出版社
地　　址：北京市东城区北京站西街 19 号（邮政编码 100005）
网　　址：http://www.cepp.sgcc.com.cn
责任编辑：胡堂亮　高　畅
责任校对：黄　蓓　朱丽芳　闫秀英
装帧设计：赵丽媛
责任印制：钱兴根

印　　刷：三河市百盛印装有限公司
版　　次：2019 年 10 月第一版
印　　次：2019 年 10 月北京第一次印刷
开　　本：710 毫米 ×1000 毫米　16 开本
印　　张：30.5
字　　数：774 千字
定　　价：80.00 元

版 权 专 有　侵 权 必 究

本书如有印装质量问题，我社营销中心负责退换

第一集

字幕：1948 年冬

东北某城　日　外

刚刚被战争洗礼过的场景。

歌曲《解放区的天》通过高音喇叭在这座城市的上空回响。

青年学生到处张贴红红绿绿的宣传标语："恢复经济建设，支援前线！""打倒国民党，解放全中国！""电力先行，稳定市场！""人民当家做主！""解放军万岁！""共产党万岁！""毛主席万岁！"。

人群中间一辆卡车缓缓前行。驾驶室上两个高音喇叭播送着《东北人民政府军事管理委员会告民众通告书》，车厢四周插满红旗，贴着标语，车上几名年轻人奋力地散发传单。

人们争先恐后地抢着空中飘落的传单，有的拾起落在地上的传单。

他们传阅、交谈，脸上露出兴奋的微笑。

马路上　日　外

欢乐的人群中，陆洁和欧阳孝仁急匆匆地赶路。

陆　洁　（紧跑几步）快走哇表哥。今天可是咱们基建总队的复工成立大会，别晚了。

欧阳孝仁　着啥急呀，赶趟儿。

陆　洁　翰林老师特意派人告诉咱早点报到，老多活儿等咱们干呢。

欧阳孝仁　小妹，要不是你非要回基建总队，我才不来呢。在东北电管局待着多好，逍遥自在。你还没领教哇，累死人不偿命。

陆　洁　后悔了？你可以回东北电管局呀。我可没叫你来。是谁在老师面前夸下海口，踌躇满志、壮怀激烈的？

欧阳孝仁　那，那不都是为了你吗？

陆　洁　别别别，我可承受不起。你要是后悔还来得及。男子汉大丈夫吐个唾液就是钉，谁像你朝三暮四，变来变去。

欧阳孝仁　别的我什么都可以变，但对你的爱是绝对不能变的。

一个报童，举着报纸大声地叫卖。

报　童　号外，号外，东北全境解放了，北安电厂正式恢复送电，丰满电厂也快发电了……

报童的叫卖吸引了陆洁的注意，她挤进人群，买了张报纸。

陆洁退出人群展开报纸。

欧阳孝仁紧紧挨着陆洁，脸尽量贴近陆洁的脸一同看报纸，趁机嗅嗅陆洁所散发的体香。

陆洁没有察觉，快速地浏览报纸，她指着报纸，非常感慨。

陆　洁　表哥，你看看，人家电厂同志干得这么漂亮，咱也不能落后哇。

欧阳孝仁见陆洁特别兴奋，他顺势用一只胳膊搂住陆洁，想亲她一口。

陆洁这才察觉欧阳孝仁的用意，她赶紧合上报纸，迅速避开。

陆　洁　表哥，别整天想这些，干点儿正事儿好不好。

陆洁向前疾走。

欧阳孝仁　哎？小妹。你怎么这样啊？等等我，等等我。

欧阳孝仁快步追赶陆洁。

人们陆续围着报童抢买报纸。

一个二十多岁、一头短发、长相非常漂亮、穿着列宁服的典型的解放区女干部装束的人挤进了人群。她就是国民党军统高级特工于丽中校，代号"黑玫瑰"。

于　丽　（递上钱）小兄弟，给我来一份。

报　童　好嘞。

报童递过报纸，接过钱。

于丽接过报纸转身离开。

报　童　（急喊）喂，找您钱。

于　丽　（边走边看，头也不回）赏你了。

报　童　（鞠躬）谢谢。（转身）号外，号外……

报童消失在人流之中。

王记茶铺　日　外

王记茶铺所在的这条街，东西走向。这里店铺林立，生意兴隆。

于丽款步由东向西而来。她看了看表，放慢了脚步。

于丽早就锁定了街北中间写着"茶"字的四方幌子，只是接头的时间未到，她不能贸然行事。

于丽在离茶铺不远的卖花生、瓜子的小摊前停下。

她抓起一把瓜子边嗑边和摊主闲聊，眼睛却不时地观察王记茶铺的动向。

那块颜体"王记茶铺"的牌匾很考究。门面也很气派。难怪，这里过去是国民党那些达官贵人经常光顾的地方，现如今冷落得多了。

于丽看了看表，觉得时间差不多了，她掏出点零钱扔在摊床上。

于　丽　谢了。

于丽转身离开，她不紧不慢地向王记茶铺走去。在确认没有任何险情的情况下，她走进了茶铺。

王记茶铺　日　内

于丽进了茶铺后，迅速地搜索有关于接头的每一个细节。

铺内青砖铺地，地中央支一个地炉，紧挨着地炉是一个木制的煤槽子。炉钩、炉铲，交叉地插在煤槽子的中央。炉火正旺，炉子上大水壶的壶嘴冒着白色蒸汽。

靠北山墙除了左边一个挂着蓝色棉门帘儿的小门外，就是一溜的货架，一直拐到西山墙。货架上摆着各种茶叶。

小伙计在柜台前打着瞌睡。

于丽满意地点了点头，然后，咳嗽了一声。

佯装睡觉的小伙计听到咳嗽声，伸着懒腰，看了看柜台上的座钟，正好是上午十点一刻。他马上笑脸相迎。

小伙计　客官，欢迎，欢迎！难得光顾。这兵荒马乱的，生意不好做呀。

于　丽　三十年河东三十年河西，说不上什么时候会时来运转呢。

小伙计　借您的吉言。您是……

于　丽　专门做茶叶生意的。

小伙计　其实，我们的茶叶品种倒是挺全的，就缺少黄山的毛峰。

于　丽　巧了，我这儿有一批上等的毛峰想要出手。

小伙计　（喜出望外）那可太好了。这可是雪中送炭，（小声）老板吩咐了，我们照单全收。（望了望门口，小声地）今晚九点城北破砖窑见。

于丽点了点头，转身开门出去。

城北某破砖窑　夜　内

夜幕下，废弃的砖窑空荡荡的，北风夹着雪花从窑孔呼啸着吹进来，发出令人毛骨悚然的声音。

于丽一身紧身衣打扮闪进窑内，举着枪警惕地观察窑内的情况。

一个黑影闪出，飞起一脚踢落了于丽的手枪，二人一场激战。

于　丽　（停手）雪狐，果然名不虚传。

于丽整理服装。

雪狐从地上捡起手枪递给于丽。

雪　狐　黑玫瑰，早闻大名，相见恨晚，多有得罪，还望海涵。没办法，我们不得不防啊。

雪狐划着火柴点亮火把放在窑壁灯台上。

于丽把枪收好。

于　丽　例行公事嘛，理解。看报纸了吧？

雪　狐　看了，北安电厂已经发电了，丰满电厂也要发电了。

于　丽　你们都是干什么吃的？

雪　狐　（无奈地）没办法，共军围得水泄不通，没法动手。

于　丽　不是还有凤凰山的马兴安吗？

雪　狐　那帮人，更是乌合之众。除了干点儿偷鸡摸狗的事儿，其他什么事儿也干不了。

现在更完了，被共军剿得根本都不敢出山。

于　丽　我就不信，上校的官衔，黄澄澄的金条，清一色的美式装备，他马兴安就不动心？

雪　狐　这倒是个好主意，正所谓重赏之下必有勇夫。

于　丽　这次毛局长派我来，就是要重整旗鼓，趁共党立足未稳，把东北搅个天翻地覆，拖住共军南下。你们还有多少人？

雪　狐　没几个了。死的死，伤的伤，加上投共的、跑路的，满打满算还不到十个人。

于　丽　兵不在多，而在精。人都可靠吗？

雪　狐　绝对可靠。

于　丽　那好，明天我见他们。

两人走出破砖窑。

某特务据点　日　内

屋内烟雾弥漫。

桌上杯盘狼藉。

地上墙角边酒瓶子东倒西歪。

特务穿山甲叼着烟，坐在椅子上，双脚放在桌子上，擦着枪。

猴子在炕头打着鼾声睡着了。

老狼在炕梢叼着烟卷用扑克给自己算命。他把快要燃尽的烟头吐在地上，拿起酒瓶就喝，可酒已被喝光，气得他"啪"的一声，把酒瓶摔在地上，碎片横飞。

老　狼　真他妈没劲！足足憋了三天啦。

猴子听到响声，提起枪，一骨碌从炕上跃起。

猴　子　什么情况？

穿山甲　看你那熊样儿，共军来了。

猴　子　滚犊子，唬他妈谁呀？

老　狼　听说特派员是个女的，还挺厉害？

穿山甲　别听他们瞎吹。

猴　子　我看不管怎么折腾，都是白费。党国的气数已尽。

老狼把手中的扑克摔在炕上。

老　狼　不行，我得出去，把人都快憋死了。

穿山甲　老实待着，找死啊？

门外传来敲门声。

穿山甲子弹上膛一跃而起，一个箭步蹿到门口。

两个特务也子弹上膛躲在门的两侧。

穿山甲　（小声地）谁？

雪　狐　我。

穿山甲　是站长。（示意老狼开门）

老狼打开了门。

雪狐和于丽进来。

穿山甲　怎么才来呀？都快憋死了。

雪　狐　真是难为弟兄们了，为了党国的大业，大家就得多担待着点儿。这回好了，主心骨来了。介绍一下，这位就是南京派来的特派员，军统一枝花，于丽中校，代号黑玫瑰。

于　丽　（拱了一下手）不好意思，要不是在山海关遇到点儿麻烦，早就到了。

穿山甲　别扯那些没用的，整点儿实惠的比啥都强。

雪　狐　咋跟特派员说话呢？一点儿规矩都不懂！

于　丽　没事儿，都是自家兄弟。你是穿山甲吧？快人快语，身手不凡，党国之栋梁。好，党国就需要你们这样的精英。为了争取时间，我就长话短说，发电厂不是戒备森严不好炸吗？行，咱们还不跟他们玩儿了。

猴　子　不炸电厂了，那咋整？

于　丽　炸塔！

穿山甲　啥，啥啥，炸塔？

于　丽　对，用专业的话说，就是炸他们的输电线路。

老　狼　叫他们发出来的电送不出去！

穿山甲　（一拍大腿）对呀！这满山遍野到处都是铁塔，那共军可是防不胜防啊。（对雪狐和其他特务）他妈拉巴子的，咱咋就没想到呢？

雪　狐　（眼神里透着敬佩）这就叫人外有人，天外有天。没两下子，这个时候，毛局长能派于中校来吗？人家可是大名鼎鼎的中央警校特训一期学员，纯科班出身，戴老板生前的得意门生。

穿山甲　那是，那是。服了，彻底服了！刚才多有冒犯，还望特派员海涵。

于　丽　没那么多讲究。有地图吗？

雪　狐　有。

雪狐立即从皮包里拿出地图。

穿山甲"哗"的一下，把桌子上的东西全都划拉到地上。

雪狐顺势把地图展开，铺在桌子上。

大家立刻围了过来。

于　丽　（指着地图）看到没有，这是丰满电厂。目前，围绕丰满电厂有三条输电线路。一条是丰满到长春的，另一条是丰满到哈尔滨的，第三条就是从丰满到抚顺的，这条线路途经吉林、磐石、海龙，一直到抚顺。我们就从这条最长的线路下手，具体行动计划是这样……

众凑近，于丽布置行动计划。

某兵工厂生产车间　夜　内

车间内，灯火通明，机器轰鸣。

工人们热火朝天地紧张工作。

炮弹装箱，运走。

四野秦部长在厂长的陪同下视察兵工厂。

秦部长　同志哥，这个生产速度可不行，我们要打大仗了。（指着炮弹箱子）就这点儿炮弹，开玩笑！

厂　长　我们是三班倒连轴转，生产能力有限，我有什么办法？

秦部长 这个我不管，我就要炮弹。

厂　长 （小声嘟囔）您这是不讲理呀！算了吧，还是让我回部队吧，免得受这份洋罪……

秦部长 大点儿声，我听不见。

厂　长 （生气地大声）回部队。

秦部长 回部队？没门！

他们说话之间，突然停电了，厂内一片漆黑。

黑暗中，众人议论纷纷。

"这扯不扯，停电了。"

"没电咋干活呀！"

厂　长 （对部长）看看，停电了。（冲工人们喊）是不是总闸跳了？

工　人 （暗中回答）不是，全厂都没电了。

工　人 （大喊）厂长，咋办哪？

厂　长 待命！

秦部长 格老子的，这东北电管局是怎么搞的。这儿有电话吗？

厂　长 有是有，电都停了，恐怕打不了。

秦部长 走，小王，去电话局。

警卫员 是，首长。

秦部长说完就走，差点儿被地上的东西绊倒。

警卫员忙上前去搀扶秦部长。

秦部长甩开警卫员，怒气冲冲地向车间大门走去。

厂　长 （大声喊）谁有手电？

工　人 我这儿有。

厂　长 赶快拿过来！

工　人 等着。

一个工人跑过来，把手电筒交给了厂长。

厂　长 首长，首长，您慢点儿。

厂长打着手电追出门外。

兵工厂楼梯　走廊　夜　内

长长的走廊里一片漆黑，一束刺眼的手电光由远至近。

三个人急促的脚步。

三个人快步行走的身影。

上楼梯的脚步、身影。

一道道门被推开又被关上的声音在寂静漆黑的大楼里回荡。

兵工厂办公楼门前　夜　外

停在厂房门前的美式吉普，打着的车灯如两柄利剑刺向前方。排气管冒着白色的尾气。

发动机的轰鸣声划破了夜空，焦急地等待它的主人。

秦部长、警卫员和厂长，匆匆地走出办公楼。

秦部长、警卫员跳上汽车。

秦部长 （对司机）快，电话局！

司机一加油门，车急速开走。

市电话局门前　夜　外

随着一声刺耳的刹车声，车在电话局门前停下。

秦部长和警卫员跳下车，急速跑进电话局……

市电话局交换机室　夜　内

昏暗的烛光下，接线员正在紧张地接线，忙成一团。

秦部长和警卫员闯了进来。

秦部长 马上给我接东北电管局！

接线员 这……

警卫员 这什么，这。少啰唆，赶快接！

接线员 东北电管局，东北电管局，（无奈看着秦部长）占线……

秦部长 继续要。

接线员 东北电管局，东北电管局，（惊喜）通了。

接线员把电话递给秦部长。

秦部长接过电话。

秦部长 东北电管局吗？我找万局长。

万　琛 我就是。

秦部长 老万哪，你是咋搞的嘛，怎么突然没电了？

万　琛 是秦大炮吧？火药味儿太足了。

秦部长 不行了，都成哑炮了。辽沈战役已经消耗了我们三分之二的弹药，新的战役就要打响。本来生产能力就有限，这又停电，你可把我毁了！

万　琛 你以为只有兵工厂吗？告诉你吧，从吉林、海龙，一直到抚顺，所有的城市都没电了。

秦部长 有这么严重？

万　琛 就这么严重。敌人把输电线路给炸了！几百公里的线路，随便在哪儿动手都够呛。这招儿太阴、太损、太毒了！叫你防不胜防啊。

秦部长 那就派人护塔。几个臭鱼烂虾翻不了大浪。

万　琛 话是这么说，可那不得逐个落实吗？东北电管局的首长非常重视，已经成立了协调小组专门处理此事儿。现在，问题的关键就是组织抢修，尽快恢复送电。

秦部长 对。需要我做什么？

万　琛 给我调人。

秦部长 要什么样的？

万　琛 基建总队的队长。此人，最好是智勇双全、有领导能力，懂点儿电，那就更好。

秦部长 没问题。我一定帮你选个最好的。

万　琛 一个不行，多来几个吧。

秦部长 你胃口不小哇，我尽力而为吧。

万 琛 还有一个问题也非同小可。

秦部长 你的事儿咋这么多呀。说。

万 琛 就是住的问题。

秦部长 你有毛病吧，这个问题你也找我？

万 琛 非你莫属。咱们被敌人破坏的线路都在荒郊野外，天寒地冻，吃的问题还好办，住就是个大问题，东北电管局下了死令，我们哪有时间、精力和人去盖房子呀？住在老乡家远不说，也不保密。愁死我了。

秦部长 行了，你小子绕来绕去，不就是要帐篷吗，行！给你们就是了！

万 琛 一言为定？

秦部长 驷马难追。

部长把电话还给接线员之后，匆匆离去。

昏暗的烛光下，接线员们紧张忙碌……

行军途中 日 外

四野某独立团团长高洪亮骑着马率队南进。

纵队司令警卫员赵战生策马飞奔而来。

赵战生 （喊）高团长，高团长……

高洪亮 （听到喊声）战生？（他勒住马，调转马头）吁，（转过身）你小子怎么来了？

赵战生 （勒住马）吁，报告高团长，司令员让你马上到前指。

高洪亮 什么情况？

赵战生 不知道，反正挺急。

高洪亮 好，快走！

赵战生 是。（调转马头）

二人扬鞭策马飞奔而去。

四野某纵队指挥部 日 内

电报、电话声不绝于耳。

参谋们急匆匆地来回穿梭。

司令员正在军用地图前思考。

高洪亮进来。敬礼。

高洪亮 报告！司令员同志，独立团团长高洪亮奉命前来报到。

司令员转过身。

司令员 好家伙，来得挺快呀。（倒水）来，先喝点水。

高洪亮接过水一饮而尽。他抹一下嘴。

高洪亮 （急切地）首长，什么任务？

司令员 就怕你啃不动啊。

高洪亮 笑话，还有咱独立团啃不动的？您就下命令吧。

司令员 好，我就喜欢你这个劲儿。你给我听好了，组织决定派你到东北电业管理局基建总队任队长，抢修被敌人破坏的线路，尽快恢复送电。马上就出发。

  高洪亮 到地方？我不去。

  司令员 （笑了笑）怎么样？熊了吧。

  高洪亮 我，我没熊。就是不想去！

  司令员 （收起笑容，严肃地）你不想去？我还舍不得呢！可这是野司的命令！说不上哪一天，我也可能脱下军装到地方工作。现在是打仗和建设同样重要！同样光荣！你以为地方的工作就那么好干哪？小样儿，我还怕你干不好呢！

  高洪亮 （不服气地）有什么了不起的，就看我干不干了。

  司令员 这可是你说的。

  高洪亮 我说的。

  司令员 不反悔？

  高洪亮 决不反悔！

  司令员 （得意地）好！我就知道你小子不是孬种！像我的兵，好样儿的。有什么要求没有？

  高洪亮 什么要求也没有。

  司令员 不想和妻子、孩子见个面，道个别吗？

  高洪亮 想，可任务紧，就算了吧。

  司令员 （略有所思）也好，现在情况不明，你爱人和孩子的事儿先往后放一放。但是，你必须把战生给我带上。

  高洪亮 （他刚喝的一大口水就喷了出来）什么，什么？把赵战生带上？司令员，我没听错吧？

  司令员 没错，就是他。

  高洪亮 这我就搞不明白了。您这不是卖一个搭一个吗？他可是红军烈士之后，别看年龄小，那可是文武全才，前途无量啊。再说了，他一心要为爹娘报仇，多次要求下部队参加战斗，跟我就磨叽过好多次，叫他到地方，别说他了，我都想不通。

  司令员 想不通也得通。我们打仗为了什么？

  高洪亮 打败蒋介石，解放全中国呀。

  司令员 解放全中国干啥？

  高洪亮 建立新中国呗。（恍然大悟，一拍脑袋）哎呀！保住革命火种，让他在新中国建设中发挥作用。

  司令员 明白了？

  高洪亮 明白了。

  司令员 带不带？

  高洪亮 带！

  司令员 能不能带好？

  高洪亮 保证带好。

  司令员望着即将离去的爱将，想到还有那个现在还不知情的情同父子的赵战生也要走了，真有点控制不住自己，眼泪在眼圈里打转。

  司令员急忙转过身去，背对着高洪亮。

司令员　走吧。别给四野丢脸!

高洪亮　是,首长。

高洪亮也含泪走出指挥部。

风雪中　日　外

高洪亮和警卫员赵战生全副武装,策马疾驰……

抢修现场　日　外

风在刮,雪在下。

十几座基塔东倒西歪地躺在雪地上。

远远望去有荷枪实弹的工人在站岗。

总工程师刘翰林左胳膊缠着绷带指挥大家干活。

抢修的工人在塔上、塔下忙个不停。

酒懒子从塔上下来,打个哈欠。

酒懒子　(伸着懒腰)困死了,实在挺不住了。

牛二虎　拉倒吧,睡得跟死猪一样,别耍滑!

酒懒子　王八蛋耍滑,昨晚儿你没听见枪声啊?

牛二虎　不就是特务放冷枪吗?有什么了不起的,听蝼蛄叫就不种地了?胆小鬼儿!

酒懒子　你说谁是胆小鬼儿?

牛二虎　说别人能对得起你吗?少扯没用的,赶紧干活!

酒懒子　你不就当个破班长吗?有啥了不起的。

牛二虎　你再说一遍!

酒懒子　再说一遍咋地?

两人说着说着就动了手。

正在雪地上研究图纸的工程师欧阳孝仁和表妹技术员陆洁卷起图纸,快步来到这里,拉开他们。

欧阳孝仁　行了,行了,都啥时候啦,还有闲心吵架!赶紧干活!没看见刘总都受伤了吗?别再添乱了。

陆　洁　二虎哥,连文哥,你们别吵了,敌人就希望我们内讧,咱可别上当啊!

墩　子　陆技术员说得对。班长,赶紧干活吧。

牛二虎　对对对,干活,干活!

大家又开始了紧张的工作。

欧阳孝仁长出了一口气,他转向陆洁。

欧阳孝仁　好了,没事儿了。刚才咱俩研究的方案,也不知道行不行,还是让老师定吧。

陆　洁　也好。

两个人离开了这里。

欧阳孝仁　小妹,把图纸给我吧。

陆　洁　没事儿,这也不沉。

欧阳孝仁　让你拿过来就拿过来。快,给我。

陆洁把图纸给了欧阳孝仁，两个人向总工程师刘翰林走去。

总工程师刘翰林胳膊挎着绷带，正在指挥工人干活。

欧阳孝仁和陆洁来到了刘翰林这里。

欧阳孝仁 老师，您的伤咋样了？

刘翰林 （抬了抬受伤的胳膊）还好，没伤着骨头。（若有所思地）我看大家的情绪有点儿不大对头哇。

陆 洁 可不是，这样下去非把我们拖垮不可，得想办法呀。

刘翰林 是啊，可有什么办法呢？咱们在明处，敌人在暗处，放两枪就跑，连个人影都抓不着。

欧阳孝仁 咱不是也有枪吗？

刘翰林 那是吓唬人的，有几个人会使啊？真要交上火，咱们非得吃大亏不可。

欧阳孝仁 东北电管局也是的，这个队长就那么难选吗？

刘翰林 你以为哪，难选，太难选了。

欧阳孝仁 听说是从部队派来的。

刘翰林 对，是个团长，此人深谋远虑，骁勇善战，是一员虎将啊。

陆 洁 是吗？那可太好了。（闭眼祷告）阿弥陀佛，求求你老天爷，快让队长来吧。

当陆洁睁开眼睛时，突然发现远处有辆小汽车向这边驶来。

陆 洁 （惊喜地）哎，表哥你看，有辆汽车奔咱们这边儿来了。是不是队长来了？

远来的汽车。

欧阳孝仁 （顺着陆洁手指的方向望去）可不是，老师，您看。

刘翰林也顺着陆洁手指的方向望去。

汽车越来越近。

刘翰林 我看差不多。

陆 洁 太好了。（她兴奋地大喊）哎，同志们，快看，快看，队长来了。

刘翰林 哎呀，你先别嚷嚷！万一不是，让大家多扫兴啊。

陆 洁 （噘起小嘴）人家不是着急吗。

众人在议论。

墩 子 要我说呀，就是。

酒懵子 我说不一定，兴许是路过的呢。

牛二虎 闭上你的臭嘴，我看准是。

酒懵子 那咱就打赌。

牛二虎 赌就赌，你说赌啥？

墩 子 赌酒呗。

酒懵子 知我者墩子也，就赌酒，谁输了谁请。

牛二虎 哼，不就是一顿酒吗！行。

汽车在抢修现场停下。

东北电管局万琛副局长从车上下来。

刘翰林赶紧迎上去。

酒懵子 （自得地）牛二虎，是万局长，我赢了。

牛二虎　看把你嘚瑟的，我输了，晚上喝酒。

酒憋子　好，爽快。

刘翰林和万局长握手。

刘翰林　万局长，您可来了，我是没辙了，整个抢修现场是一团糟啊。

万　琛　（鼓励）谁说的，这不干得挺好吗？该表扬啊。

刘翰林　您可别给我吃宽心丸儿了，我都急死了。

万　琛　是啊，我也急。（非常关心地指着刘翰林的伤口）怎么样，伤得重不重？

刘翰林　没事儿，就是擦破点儿皮，没伤到骨头。

陆　洁　还没事儿呢，流了好多血呀。

欧阳孝仁　局长，您都看到了，环境艰苦，人员短缺，更重要的是导线、金具、塔材迟迟不到位。巧妇难为无米之炊，光抢修这块儿就够我们喝一壶的了，再加上特务白天黑夜地放冷枪干扰。弄得大家是心惊胆战，人困马乏。（小声地）都有人开小差儿了。

万　琛　是啊，真难为你们了。

陆　洁　局长，队长到底什么时候来呀？

万　琛　我向你们保证，今天准到。而且，秦凯的运输队也很快就到。

风雪中　日　外

高洪亮和赵战生全副武装顶风冒雪策马疾驰。

马蹄声处扬起一串串飞雪。

抢修现场　日　外

两匹快马，踏着积雪，越来越近。

到了工地，团长高洪亮与警卫员赵战生翻身下马。

他们拍下身上的积雪，牵着马向抢修工地走来。

赵战生　（充满疑惑地）团长，咱到这儿来干啥？

高洪亮　打仗。

赵战生　（更加不解）别逗了，这叫打仗啊？

高洪亮　打不打仗，以后你就知道了。

工人们正在聚精会神地听万局长讲话。

高洪亮　（大声喊）请问，这是东北电管局基建总队吧？

刘翰林听到喊声，又看到两个解放军，就猜到是队长来了。

刘翰林　（问局长）局长，是队长吧？

万　琛　（得意地）怎么样？说曹操曹操就到。走，咱们迎接你们队长去。

刘翰林跑在前面。

众人也纷纷地跑了过来。

高洪亮把马的缰绳递给了赵战生，快步跑了过去和刘翰林等人握手。

众人"哗啦"一下都围了上来。

赵战生在一棵树旁迅速把两匹马拴好，挤进人群。

刘翰林　您是高队长吧？

高洪亮 对。您是……

刘翰林 刘翰林。

高洪亮 哎呀，总工程师同志您好！

万　琛 高队长，看来你的功课做得挺好哇。猜猜我是谁？

高洪亮 您是，万局长，报告万局长，基建总队队长高洪亮前来报到，请您指示。

万　琛 （握住高洪亮的手）欢迎，热烈欢迎。（转身冲着施工的人们喊）同志们，这位就是东北电管局给你们派来的队长高洪亮同志。大家欢迎！

众人热烈鼓掌。

万琛一一给高洪亮介绍。

万　琛 翰林同志，我就不用介绍了。（指着欧阳孝仁）这位是工程师欧阳孝仁同志，年轻有为，是翰林的得意门生。

高洪亮 （握手）你好工程师同志。

欧阳孝仁 可把您盼来了。

万　琛 （指着身旁的陆洁）高队长，这位我要特别向你介绍一下，技术员陆洁同志，小姑娘，大才女，也是翰林的得意门生。

高洪亮 （主动握手）你好，大才女。

陆　洁 高队长，别听局长的，我差远了。

万　琛 嘀，还挺谦虚。（指着赵战生问）高队长，这位是……

赵战生 （敬礼）报告局长，警卫员赵战生。

万　琛 （握手）好好好，欢迎，欢迎。（对高洪亮）是个小鬼嘛。

高洪亮 刚满十八。

陆　洁 （下意识地脱口而出）他也十八？

高洪亮 对呀，（对陆洁）你是小姑娘，大才女。他是智勇双全，人小鬼大能文能武的战士。他生在战场，藏于古刹，长在延安，锤炼在部队。老资格了。

陆　洁 （打量着赵战生，羡慕地）太了不起了，年轻的老革命啊！

旁　白 欧阳孝仁从来也没有看到过，自己一直深爱的表妹陆洁对一个刚刚见面的异性是如此在意和欣赏，男人的直觉和本能让他刹那间意识到，他遇到对手、情敌了。

欧阳孝仁抑制不住地狠狠地瞪了陆洁一眼。

陆洁不知道哪来的勇气，也蔑视地瞟了眼欧阳孝仁。

赵战生 （面对直视自己的众人，不知所措地，红着脸）你们别听团长的。我啥也不是，团长才最厉害呢。你们不知道……

高洪亮 赵战生同志。

赵战生 （立正）到。

高洪亮 闭嘴。

赵战生 是，闭嘴。

赵战生这一出，逗得众人哈哈大笑。

陆洁的笑声尤为开心。

这使赵战生更加不好意思起来。

万　琛 翰林哪，这两个小家伙儿，你可得给我好好培养，将来必有大用。

刘翰林　请局长放心，我一定尽最大的努力。

万　琛　好。建设新中国，我们太需要人才了。翰林，其他的同志你来介绍吧。

刘翰林　好。这是牛二虎同志，这是康富贵同志，因为个子小，长得敦实，大家都叫他……

墩　子　（憨厚地挺了挺胸脯，满脸开心的笑容）墩子。

酒懵子　（不等介绍，跨前一步，拉住高洪亮的手）我叫张连文，爱喝两口酒，大家都管我叫酒懵子。

众人大笑。

酒懵子　笑啥？本来嘛。

万　琛　好了，好了。同志们，打今儿个起，你们基建总队的人马刀枪就算是齐了。我不说，大家心里也清楚，如果按原计划完成这个抢修任务就已经是个奇迹了。但是，现在我要告诉你们，工期还要缩短，必须提前十天完成抢修任务。这是东北电管局的死令。

众人议论纷纷。

酒懵子　哎呀妈呀，这时间也太紧了。

牛二虎　可不是，缺东少西地要啥没啥，我看够呛。

酒懵子　最损的就是那帮狗特务，没白天、没黑天地"咣咣"放冷枪，弄得人困马乏，胆战心惊。

牛二虎　可可不咋地，关键是，谁也不知道还会发生什么事儿。

墩　子　是呀。这帮狗特务坏透了！

万　琛　好了，好了。同志们，我知道，摆在你们面前的困难确实很多很多。条件艰苦，物资短缺，没有机械，人手也不够。可是，敌人能够因为我们有这些困难就不搞破坏了吗？

众　人　（七嘴八舌）不能。

万　琛　对。不能，绝对不能。他们一定还会想尽各种阴谋诡计来和我们较量，搞垮我们。但是，魔高一尺，道高一丈。我完全相信你们，一定会在高队长和刘总工程师的带领下，彻底粉碎敌人的各种阴谋，攻坚克难，按时完成抢修任务。下面请高队长讲话。

高洪亮　（小声地和局长商量）我刚来，一点儿情况也不了解，咋说啊？

万　琛　（小声地和高洪亮说）新官上任三把火，不管怎么说，这火你得给我烧起来。

刘翰林　是啊，队长，您就讲一讲吧，大家都盼着呢。

高洪亮　（考虑一下）那好吧，我就说两句。（转向大家）同志们，你们都是搞电的，这条线路被炸的严重性，我想你们是最清楚的。从吉林一直到抚顺都没电了。而且，敌人说不定还会在什么时间、什么地点搞什么样的破坏。知道什么是死令吗？死令就是不讲任何条件，没有退路，只许成功不许失败！所以，不管今后还会遇到什么困难，哪怕就是牺牲自己的生命，也必须提前十天拿下这个抢修任务！

众人兴奋，欢呼！

牛二虎　队长说得太盖了，这才叫爷们儿呢。

陆　洁　（高兴得流出眼泪）我从来也没有这么痛快过，心里敞亮多了。

酒懵子　（掏出酒瓶子喝了两大口）痛快，太痛快了！

墩　子　别说，酒懵子今天说的还真不是酒话。

高洪亮　（小声地）刘总，您是电力专家，最有发言权，还是您说说吧。

万　琛　是啊，翰林同志，讲几句吧。

刘翰林　好吧。（转向大家）同志们！老实说，如果从纯技术角度来讲，在这么短的时间内，在如此艰难困苦的条件下，要完成这样艰巨的抢修任务，几乎是不可能的。还是队长说得好，开弓没有回头箭，冲锋号已经吹响，我们没有别的选择，只有向前！向前！向前！

又一片热烈欢呼和掌声。

刘翰林　好了，时间紧迫，我就不多说了，大家赶紧干活吧。

众人散去，各自干活。

欧阳孝仁　哎，小妹，老师今天是怎么了，好像变了一个人。

陆　洁　难道仅仅是老师吗？我觉得大家都在变，变得更加自信，更加坚定了。

墩　子　可不是，真是怪了事儿了。哎，你们说，高队长身上是不是有什么魔法呀？

牛二虎　去你的，净瞎说。

陆　洁　虽说这不是什么魔法，但比魔法还厉害。

墩　子　那是什么法呀？

陆　洁　什么法也不是，那叫凝聚力和战斗力。

酒憋子　什么力？

墩　子　八加一，酒力。

酒憋子　滚边儿去。

众笑。

刘翰林　（忽然想起什么，对陆洁）陆洁。

陆　洁　哎。

陆洁跑过来。

陆　洁　老师，啥事儿？

刘翰林　你赶快和战生回去，安排一下队长他们的住处。

陆　洁　好。（对赵战生）小老革命同志，请吧。

赵战生　（向陆洁敬了个标准的军礼）是，技术员同志。

陆　洁　别别别，这我可受不了。

逗得在场的人又是一阵大笑。

臊得陆洁拽着赵战生赶紧跑了。

万　琛　（开怀大笑）这两个小家伙儿太有意思了。

高洪亮　确实有意思。局长，您还有什么指示吗？

万　琛　响鼓不用重锤。看到你们这样，我就放心了。真想在这里和你们一起好好地干一场。可家里那么一大摊子事儿，我得赶回去呀。

刘翰林　放心吧，局长，我现在是信心十足。

赵战生和陆洁来到自己的马前。

赵战生从马鞍上取下背包背在肩上，又把高洪亮的背包拴在自己马鞍的后面。

赵战生边解缰绳，边对陆洁说。

赵战生　会骑马吗？

陆　洁　不会。

赵战生　想不想骑？

陆 洁 想啊，就是不敢。

赵战生 没事儿，有我呢。

陆 洁 那就试试？

赵战生 试试呗，来，我扶你上马。

赵战生把陆洁扶上马。

然后自己也飞身上马。

赵战生 （一抖缰绳）驾！

战马撒开四蹄扬起积雪飞奔而去。

陆洁在马上发出尖叫声。

欧阳孝仁望着他们远去的背影，气得牙根发痒。他狠狠地呸了一口。

旁 白 欧阳孝仁无法理解，自从表妹陆洁一到他家，他就爱上了她，并一直穷追不舍，这小丫头就是无动于衷。可这小当兵的一来，她就变了，不但主动和人家套近乎，还不嫌害臊地和他一起骑马。这简直让他无法容忍。

高洪亮、刘翰林送万琛离开抢修现场。

万 琛 翰林哪，真没想到，你会有如此慷慨激昂的陈词。让我都心潮澎湃，热血沸腾。

刘翰林 我也不知道从哪儿来的这股劲儿，（想了一下）对了，完全受高队长的感染。

高洪亮 受我感染？

万 琛 对。这种感染并不仅仅是翰林一个人，整个基建总队，当然，也包括我，真是群情激奋，热血沸腾啊。（对高洪亮）而你的那种敢打硬拼，永不言败的精神气质已经深深地感染了大家。我敢断言，用不了多久，她就会变成你们基建总队的一种精神，一种力量。攻无不克，战无不胜。

他们说着说着，来到了汽车旁，司机把车门打开。

高洪亮 局长，吃了饭再走吧？

刘翰林 是啊，局长。

万 琛 不行啊，这个时候已经顾不上吃饭喽。

万琛局长上车，坐稳后，命令司机开车。

司机启动车，车开走。

万 琛 （从车窗探出身来喊）我等你们的胜利消息！

高洪亮 请局长放心，保证完成任务。

高洪亮致军礼。

刘翰林挥手告别。

汽车驶向远方……

某特务据点 日 内

于 丽 这次行动弟兄们干得非常漂亮。上峰已经来电嘉奖了我们。

穿山甲 空头支票，我们不稀罕。

于 丽 那就来点儿实惠的。站长，犒劳犒劳弟兄们。

雪狐伸手从大皮包内拿出金条分给大家。

乐得这帮家伙嘴都合不拢。

老狼拿出一根用手掂量掂量，用牙咬了一下，看了看。

老　狼　（满意地）绝对真货。

猴　子　特派员这招儿可真叫绝！整个东北一片漆黑。

穿山甲　虽然共军正在抢修，可咱们白天黑夜这么一折腾，弄得他们是人困马乏，筋疲力尽，人心惶惶，不少人都吓跑了。

雪　狐　这就叫出其不意攻其不备，不战而屈人之兵。不过，大家也不要高兴得太早，据内线报告，基建总队的队长已经到了，还他妈的是从共军主力部队派来的。叫，叫什么高洪亮。

正在得意的于丽一听高洪亮的名字，"腾"地从凳子上站起来。

于　丽　谁？高洪亮？

雪　狐　没错，就叫高洪亮，是一个团长。怎么，特派员认识？

于　丽　何止认识，他是我姐夫。

雪　狐　哎呀，这可难办了？

于　丽　（自信地）哼，没什么不好办的，党国的利益高于一切！你们都给我听好了，此人绝非等闲之辈，有勇有谋，智勇双全。和他斗，你们要格外小心。

穿山甲　没那么邪乎吧，老子还真想会会他。

于　丽　信不信由你们，反正我是把丑话说在前头了。

穿山甲　那今后我们要是遇上了怎么办？

于　丽　格杀勿论，并且，赏十根金条！

老　狼　这么多呀？

于　丽　那就看你们的本事和运气了。

雪　狐　那您姐姐呢？

于　丽　也在那面。家事儿，不谈了。

于丽转过身从箱子里拿出一颗定时炸弹。

于　丽　看到没有，这是绝对的美国货，体积小，威力大。具体行动方案是这样的……

大家围过来，于丽布置新的破坏计划。

第二集

抢修工程临时驻地　日　外

抢修工程临时驻地建在山脚下一个比较平坦的开阔地上，坐北朝南，呈四方形。朝南的正面，用电线杆和松树枝搭成的牌楼作为大门。

大门上方横幅是：东北电业管理局基建总队。

左边条幅上写：抢修线路支援前线当英雄。

右边条幅上写：恢复通电建设后方是好汉。

正对着大门是一排帐篷。中间的是指挥部，两边各有三顶帐篷，右边的第一顶帐篷是刘翰林住的，依次欧阳孝仁和陆洁各住一顶，左面三顶暂时空着。

最右面一大排和正面呈垂直的帐篷分别是伙房和食堂，与它相对的左面几排帐篷是工人宿舍。

从驻地能看到山顶上的孤塔，两边都夺拉着导线，沿着山梁有被炸的儿座废塔。

门前有荷枪实弹的工人站岗。

赵战生和陆洁骑马来到驻地。

赵战生　（勒住马的缰绳）吁……

赵战生先跳下马。

然后扶陆洁下马。

哨兵王　（热情地）是陆技术员呀，我离老远儿就看见你们嘚嘚地过来了，太威风了。（仔细瞧了瞧赵战生，惊奇地对陆洁）哎？这位解放军同志怎么那么像你呀，是你哥哥，还是弟弟呀？

陆　洁　（心里一动，不由得脸红了起来，努力镇定地对岗哨）像吗？

哨兵王　真的，太像了。

陆　洁　我瞅瞅，（仔细端详赵战生）别说，还真有点儿像。

赵战生　（不好意思，对陆洁小声地）行啦，别闹了。（对岗哨）同志，我叫赵战生。

哨兵王　是和队长一起来的吗？

赵战生　对呀。

哨兵王　（对陆洁）队长来了？

陆　洁　来了。

哨兵王　哎呀，这可太好了！

陆　洁　那可不，你是没听到队长的讲话呀，让你热血沸腾，浑身是劲儿。

哨兵王　是吗？这回咱就不怕那帮狗特务了。

赵战生　同志，不是跟你吹。别说几个狗特务，就是国民党的王牌儿军，也让我们团长给收拾得服服帖帖，你信不信？

哨兵王　是吗？那你就给我们讲一讲呗。

赵战生　没问题。（刚要讲，放弃了）不过现在不行，我们有任务。等有时间我一定给你讲。

哨兵王　一言为定？

赵战生　一言为定。

哨兵王　那好，你们忙，有事儿，尽管吱声。

赵战生牵着马和陆洁进了院子。

陆　洁　（见周围没人，掩饰不住兴奋地高喊）我敢骑马了！太刺激了！太开心了！

赵战生　看把你美的，是谁吓得嗷嗷叫哇？

陆　洁　我呀，咋地？（做鬼脸儿）干气猴儿！

赵战生　现在来神儿了。不过，看你吓得那个样儿，也挺有意思的，以后还想不想骑了？

陆　洁　想啊。

赵战生　想骑你就吱一声，我保证教会你。

陆　洁　真的？

赵战生　那还有假。

陆　洁　我信你。

他们说着说着，来到了指挥部前。

赵战生把马拴在院里的一棵树上。

陆　洁　（指着指挥部）这是指挥部，（指右边三顶帐篷）这顶是刘总住的，这顶是欧阳工住的，那顶是我住的。左边这三顶没人住。

赵战生　（指着左边靠指挥部的帐篷）那就住这顶呗，挨着指挥部。

陆　洁　我也是这么想的。

赵战生　好，就这么定了。

陆洁在前，赵战生在后，两个人进了帐篷。

高洪亮和赵战生的宿舍　日　内

陆洁帮赵战生收拾屋子，整理内务。

陆　洁　（俏皮地）哎，你说，以后我管你叫啥呢？

赵战生　（只管整理内务，头也不回）叫啥都行，无所谓。

陆　洁　你无所谓，我有所谓。告诉你，以后，不准你叫我大才女，听着别扭。

赵战生　行。那你也不许叫我老革命，我听着也不自在。

陆　洁　哎呀，那叫啥呢？哎，你真的十八呀？

赵战生　那还有假。

陆　洁　几月的？

赵战生　12月。

陆　洁　几号？

赵战生　27号。

陆　洁　几点？

赵战生　不知道，反正是白天生的。

陆　洁　（惊喜地）没想到，咱们是同年同月同日，关键是时辰不同，我是凌晨一点生的，比你大。（突然高兴地大笑）哈哈哈，你得叫姐。

赵战生　大几小时就得叫姐呀？

陆　洁　大一分钟也得叫。快点儿，快点儿，叫叫，叫！

赵战生　叫就叫呗，反正我老哥儿一个，有个姐姐，也挺好的。

说话间，赵战生已经把床收拾得干干净净。

褥子和床单铺得平平整整。

被子叠得棱是棱，角是角，就跟豆腐块儿一样。

赵战生把一个包袱十分珍惜地放在被子旁。

陆洁都看呆了。

陆　洁　哎呀，老革命，（寻思一下）不对，应该叫战生。战生，你也太厉害了，这叠的哪儿是被呀，简直就是一件艺术品。太美了。

赵战生　别逗了。这算啥，我们部队都这样。

陆　洁　（考虑一会儿）战生，提个意见呗。

赵战生　好哇，你说。

陆　洁　如果从审美的角度来讲，那个包袱显得有点儿不太协调。不如这样。

陆洁动手把包袱拿起来。

陆　洁　应该把这个拿走。

赵战生　（急了，声音高得吓人）别动！放到那儿！

陆洁被吓得一激灵，她小心翼翼地把包袱放到原位。

陆　洁　（不解地）你喊啥？吓我一跳。没想到，你这么凶。（陆洁委屈地流着眼泪说）人家，人家也是好心嘛！

赵战生　（见陆洁的样子，自知有些过分，道歉）对不起，我太过分了。别哭了，知道您是好心。

陆　洁　（仍不解地、好奇地、轻声地）到底是什么呀？连动都不能动，不会是金子吧？

赵战生　（一脸凝重）比金子还贵哪！

陆　洁　那是啥呀？

赵战生　（含泪）我妈的军大衣。

陆　洁　（很快意识到这件军大衣不一般）莫非是……

赵战生　（点点头）对。

泪水模糊了赵战生的双眼。

回忆画面：

炮火纷飞。

枪炮声响彻山谷。

漫山遍野的敌人往山上冲。

赵战生的母亲率领部队顽强阻击敌人。

战斗异常激烈。

战生母 （手中握着驳壳枪，高声喊）同志们，注意节省子弹，看准了打。我们一定要坚持到黄昏，掩护主力部队突围。

突然，一颗子弹击中了赵战生母亲的右胸部。

鲜血染红了衣服。

赵战生母亲痛苦地倒在地上。

警卫员 教导员，教导员。

战生母 别管我，赶快阻击敌人！

警卫员 卫生员，卫生员……

卫生员跑过来，给战生母包扎伤口。

警卫员转身参加战斗。

战生母顽强地转过身来要继续战斗，但她感到肚子剧烈疼痛。她捂着肚子十分痛苦地拽着卫生员的手。

战生母 不行，我要生了。

卫生员 教导员，这可怎么办哪？

战生母 帮我把大衣铺在地上。

卫生员 是。

卫生员立即帮战生母脱大衣。

卫生员 小李，小李。

警卫员回过头。

警卫员 什么情况？

卫生员 赶快报告营长，教导员要生了！

一阵炮火打过来。

卫生员扑在教导员身上。

他们被埋在土里。

警卫员用手扒土。

卫生员从土里钻出来。

警卫员 你说什么？

卫生员 （声嘶力竭地）教导员要生了！赶快报告营长。

警卫员 是。

警卫员提着枪顺着战壕向营长跑去。

卫生员把大衣铺好，扶教导员躺在大衣上。

营长猫着腰，提着驳壳枪跑过来。

营　长 要生了？

战生母 （吃力地点点头）他来得真不是时候。老张，如果，这孩子能活下来，不管是男孩儿还是女孩儿就叫战生吧。

战生母吃力地慢慢从怀里掏出一条浸有血迹的白色丝巾。

战生母 老张，这是结婚时，老赵送我的，留给孩子吧。

营　长 好。

营长蹲下来拿起丝巾放进包里。

营　长　（大喊）一班长！

正在战斗的一班长，一边射击一边回答。

一班长　到。

营　长　马上带你们班过来！

一班长　是。（提起枪转身喊）一班的跟我来！

战士们跟着班长跑了过来。

营　长　同志们，教导员马上就要生了，你们要不惜一切代价保护好教导员。

众战士　是。

通信员跑过来。

通信员　营长，三连阵地失守，连长牺牲了。

营　长　（大喊）二排长，跟我上，一定把三连阵地夺回来！

营长带着二排冲向三连阵地。

战士们端着枪，背对着教导员自动围成一圈。

战火硝烟中威武雄壮的战士。

旁　白　这些战士就像一基基铁塔矗立在战火纷飞的战场，他们在保卫一个伟大的母亲，迎接一个新的生命！

一发炮弹呼啸着飞了过来，在这群战士旁边爆炸。

有的战士倒下了。

在炮火硝烟中，在枪炮声中，听到了婴儿的哭声……

教导员面带微笑静静地躺在血泊中……

硝烟弥漫的战场，猎猎军旗下。

营长抱着用那件带血的军大衣裹着的刚刚出生的婴儿赵战生，犹如一尊永恒的雕像……

回忆结束

陆洁擦着眼泪。

陆　洁　太悲壮了！那后来呢？

赵战生　敌人越聚越多，我们被包围了。

陆　洁　那咋办哪？

赵战生　突围呗。他们在突围中正好遇到一个庙，营长就求方丈把我留下。方丈说我和佛有缘，就收下了我。再后来，红军长征到了陕北，那个营长，也就是我们现在的纵队司令就把我接到了延安。

陆　洁　这么说，那条丝巾还在？

赵战生　在呀。

赵战生从挎包拿出一个蓝色印花的小包袱，小心打开，露出叠得非常平整的白色纱巾。

赵战生　就是这条。

陆洁刚要去动手摸一摸，马上又把手缩了回来。

陆　洁　太珍贵了！快收起来吧。

赵战生　那可不，我一直都带在身边。

赵战生把丝巾小心地叠好包好放进挎包。

陆　洁　那您爸爸呢？

赵战生　我爸，他在第一次反围剿刚开始的一次战斗中就牺牲了。

陆　洁　真没想到你的命也这么苦。

赵战生　你呢？

陆　洁　我，我哪能和你比呀。你父母都是烈士、英雄！我父母是被小鬼子飞机炸死的，连尸首都没找到。要不是我大姨收养了我，我也许早就饿死在街头了，我非常感激他们。（伤感后自控，她使劲儿地擦一下眼泪）不说了。

赵战生　你还有兄弟姐妹吗？

陆　洁　没有。只有一个表哥你认识。

赵战生　谁呀？

陆　洁　欧阳孝仁哪。

赵战生　啊，闹了半天，欧阳工程师就是你表哥呀？多好哇。不像我老哥儿一个。

陆　洁　不是还有我吗？

赵战生　你？

陆　洁　咋地？这才多大一会儿呀，就把姐给忘了。真没良心，太不可交了。

赵战生　这，这不是刚刚认的吗，还不大习惯。好，好好，你放心，你这个姐，我认定了！

陆　洁　（娇嗔地）光嘴说不行，咱得拉钩。

赵战生　拉就拉。来！

两个人拉钩发誓。

陆　洁、赵战生　拉钩，上吊，一百年不许变！

抢修现场　日　外

工人们斗志昂扬，热火朝天地干活。

几辆马车你来我往。他们把那些被炸坏了的塔材、金具和导线运到这里。

焊工们把炸坏的塔材、金具切割，焊接好，并整整齐齐地摆放在一起。

有的工人把缠绕好的导线，堆放在一起。

有些工人在挥锹扬镐填埋弹坑。

刘翰林　老高哇，真没想到你这一来，咱们基建总队就像打了强心剂一样，嗷嗷叫。老实说，我的爱国之心，报国之志，早已经被日本鬼子的铁蹄和国民党的腐败无能践踏得荡然无存了，唯一留下的就是做人的良知和报国无门的遗憾。但在你身上，我看到了希望。真的，我想加入你们共产党。

高洪亮　为什么？

刘翰林　一种从未有过的冲动、亢奋！我多年苦苦追寻，百思不得其解的问题，终于让你给解开了。

高洪亮　太玄了吧？

刘翰林　绝对不玄！而且，我找到了答案。那就是，只有共产党才能救中国。你愿意做我的入党介绍人吗？

高洪亮　当然愿意了！这样，你先写个入党申请。由于我们总队刚刚组建，党组织还没有正式建立。我们会立刻成立临时党支部，认真讨论和研究你的申请。我相信，只要你努力，肯定能成为一位优秀的共产党员。

刘翰林　放心吧，我一定会努力的。

两个人激动地握住手。

高洪亮　翰林哪，（思考一下）你看这样行不行？有关抢修的安全、对敌斗争、后勤保障、人员的思想工作，啊，还有对外联系，所有这些，统统由我负责。您就静下心来，打破常规，无论采用什么办法，只要能保证提前十天通上电，那，我们就赢了。

刘翰林　你等等，（自语地）只要通上电？（他仔细考虑一会儿，忽然一拍脑袋）对呀！老高，你又让我顿开茅塞。如果要按我这种教科书式的抢修方案，肯定完不成任务。必须打破常规，另辟蹊径。

高洪亮　好，英雄所见略同。

刘翰林　为了争取时间，我们必须在塔材、金具、导线等抢修物资还没有到位的情况下，采取拆了东塔补西塔的办法，能组几基，就组几基，等运输物资一到，唰唰唰，全部立起来。

高洪亮　对！如果运输物资迟迟不到，或者遭遇不测的话，我们就实行第二套方案。哪怕把炸断、炸碎的塔材一段一段地焊接起来，实在不行，就是利用木制的电线杆组成临时的塔，先把电送上。等物资一到，再一基一基地换。再不行，就到丰满电厂求援，我就不信活人能让尿憋死！

刘翰林　哎呀，老高，您可太神了。所有的问题你都想到了，真不愧是将才。不对，您肯定搞过电！

高洪亮　小时候在丰满电厂干过两年学徒。

刘翰林　行了，啥也不说了，（推高洪亮走）赶快回去安顿一下。剩下的事儿就交给我了。

高洪亮　也好，线路的安全问题，反特问题，尤其是秦凯的运输队最让我担心。

刘翰林　就是嘛。快走，快走吧。再说了，跑了好几天的路，也该休息一下。你可不能倒下。

高洪亮　（拍拍自己）垮不了。

高洪亮来到自己的马前，解开缰绳，飞身上马，扬鞭策马飞驰而去……

驻地指挥部　日　内

指挥部门朝南开。地中间会议桌是几张破旧桌子拼成的，周围是四个长条木板凳。

桌上有一部手摇电话机，几张卷着的图纸，还有计算尺、三角板等，几个搪瓷缸子摆放得很整齐。

桌子上方吊着一个马灯。

旁边有一个用铁桶制成的地炉子，炉火正旺。

赵战生百无聊赖，呆呆地坐在电话机旁。

高洪亮哼着《解放军军歌》，从外面进来。他看见赵战生独自守在电话机旁，默默地掉眼泪。他"扑哧"一笑。

高洪亮　没出息！都老革命了，还抹眼泪蒿子。丢不丢人哪？

赵战生　你不丢人，挺大个团长，糊弄小兵，说什么到这儿来有战斗任务。哪有哇？净骗人。烦死了，闷死了，憋死了！（焦急地站起身来，几乎是哀求着拍着桌子）我要回部队。

高洪亮　我知道你小子心里是怎么想的。不就是想参加战斗吗?

赵战生　那当然了! 我是军人, 军人以战死在沙场为最高荣誉。

高洪亮　如果这里有战斗, 并且, 是极其残酷的斗争, 你咋办?

赵战生　那我就不走。

高洪亮　不反悔?

赵战生　绝不反悔!

高洪亮　那好, 今天我就跟你好好说道说道。我问你, 咱们打仗流血牺牲到底是为了什么?

赵战生　消灭国民党反动派, 解放全中国呀。

高洪亮　说得好。解放全中国为了什么?

赵战生　解放全中国? (想一会儿) 过好日子呗。

高洪亮　可什么样的日子算是好日子呢? 啊, 三间瓦房一头牛, 孩子老婆热炕头就是好日子了, 对不?

赵战生　对呀。

高洪亮　差远了! 我们要楼上楼下电灯电话。我们要让汽车、火车在陆地上跑, 我们要让飞机在天上飞, 我们还要让轮船在海里游。好不好?

赵战生　好。

高洪亮　你知道把这些东西制造出来, 靠啥呀? 靠电, 靠电你懂不懂?

赵战生　不懂。

高洪亮　正因为你不懂, 所以, 你就不知道干我们这行儿的重要性。我跟你这么说吧, 咱们来的时候, 是不是路过了丰满电厂?

赵战生　是呀。

高洪亮　丰满电厂是干啥的?

赵战生　那谁不知道, 是发电的呗。

高洪亮　对。电厂把电发出来, 是不得把它送出去呀?

赵战生　(恍然大悟) 啊, 我明白了。就通过我们抢修的线路把电送出去。

高洪亮　聪明! 你知道, 敌人也知道哇。所以, 人家就炸毁你的线路, 不让你通电, 没有电, 政府机关和百姓就得摸黑儿, 枪炮、子弹、炮弹就生产不了, 没有武器我们拿什么打仗?

赵战生　(忽然明白) 哎呀, 我明白了。敌人的这招儿真狠哪。(开始意识到问题的严重性, 挠了挠头) 怪不得司令员派你来, 问题严重啊。

高洪亮　明白了?

赵战生　明白了。

高洪亮　不走了?

赵战生　(双脚一磕, 立正道) 不走了, 坚决不走了。

高洪亮　好, 可光有决心留下还不够, 咱必须干出个样儿来。打仗咱没问题, 搞电, 咱可是白帽子啊。

赵战生　那有啥, 学呗!

高洪亮　说得好, 咱学, 共同学。

高洪亮下意识地打开图纸看了看。

赵战生也凑过来看，他指着施工图。

赵战生 团长，这线路抢修图跟咱军用地图也差不多呀，你看这是丰满电厂，这是吉林，这是磐石，这是东丰，这是海龙，最后到抚顺。

高洪亮 你小子还真行啊。

赵战生 这话说的。经常跟首长在指挥所和地图打交道，就是傻子也能悟出点儿门道儿对不？

高洪亮 都说你人小鬼大，确实不假。哎，对了，住处都收拾好了？

赵战生 早就收拾好了。陆技术员还表扬我了呢。

高洪亮 人呢？

赵战生 回工地了。我要跟她去，她不让。说现在是非常时期，指挥部必须留人，一个是接电话，更重要的是保证指挥部的安全。还说这是你和总工程师的命令。我就不敢动了。

高洪亮 做得对。难怪万局长对陆技术员情有独钟，真不一般，往后你得好好向人家学习。

赵战生 我知道。不仅向她学，谁有能耐就向谁学。绝对不能做门外汉，让人瞧不起，给四野丢脸。

高洪亮仔细研究施工图，头也不抬地对赵战生。

高洪亮 好！既然我回来了，你就自由了。

赵战生 这么说我可以上工地了？

高洪亮 明知故问。

赵战生 谢谢团长，不对，谢谢队长！

赵战生向高洪亮敬了个礼，戴上安全帽，非常高兴地跑出了指挥部。

电话铃响了，高洪亮拿起电话。

高洪亮 喂，您找谁？

刘局长 我找东北电管局基建总队的高洪亮队长啊。

高洪亮 我就是。您是哪位？

刘局长 我是市公安局的刘鹏。

高洪亮 刘鹏？该不会是从咱们独立团调走的刘鹏吧？

刘局长 就是我。

高洪亮 行啊，你小子干得挺冲，都当局长了。

刘局长 行了，你就别硌碜我了。说正事儿。根据东北电管局的命令，负责你们抢修线段的护线民兵，最迟明天下午就能到，接应秦凯运输队的小分队也已集结完毕，随时听候你的调遣。

高洪亮 行动这么快？

刘局长 不快不行啊，这是东北电管局的死令。

高洪亮 那好，就让他们沿着吉梅公路迅速接应，越快越好哇。这批物资直接关系到我们抢修的成败呀！

刘局长 放心吧老高。据内线的情报，最近军统头子毛人凤派了一个很重要的人物来东北，是个女的，代号黑玫瑰，此人阴险狡诈，来无影去无踪，心思缜密，手段高明，破坏输电线路就是她的主意，这招儿可挺损，也够狠的呀！

高洪亮 确实来者不善，狭路相逢勇者胜！她魔高一尺，咱就得道高一丈。老刘哇，谢谢你提供的情报和大力支持啊。

刘局长 扯远了吧。咱们可是刀尖上滚过来的生死弟兄。再说保卫东北经济大动脉的畅通，也是我们义不容辞的责任哪。真没想到你能来呀，不瞒你说，你们电力口的安全一直压得我喘不过气来。这回好了，你来了，我心里就敞亮多了。有机会，我一定请你喝酒。

听筒里又传来报告声：报告局长。

刘局长 不好意思老高，事儿太多了！就谈到这儿吧。

高洪亮 好好好，你忙吧。来日方长。

高洪亮放下了电话，起身在指挥部里来回踱步，他在思索下一步的打算和对敌斗争的良策……

就在高洪亮思索的过程中，外面隐约传来有人吵架的声音，他出了指挥部。

驻地伙房　日　内

伙房坐落在驻地的东北角上。设在和食堂紧挨着的帐篷里，很简陋。

靠东面是土坯砌的灶台。两口大铁锅，一口铁锅上的笼屉冒着蒸汽。

一个炊事员正在另一个铁锅炒菜。

伙房内热气腾腾，烟气缭绕。

炊事班班长大老王正在和帮厨的范协争吵。

大老王 范协，你安的是什么心哪！这么好的菜叶你都给扔了。现在多困难哪，再说，进城买一趟菜容易吗？

范　协 我也不是故意的，那叶子都黄了，干巴了，还有烂的，我怕不卫生，就扔了。要是吃中毒了你负责呀？要按你说的，这菜就不用择了。

大老王 放屁！择菜，择菜，就是把能吃的留下，把不能吃的扔了。节省点儿有什么不好。你是地主哇，还是老财呀？

范　协 你也不用跟我吵，我也不怕你。当个破班长，有啥了不起的。我是来帮厨的，不是来受你气的。我还不干了！

范协把手中的菜往地上一扔，气得要走。

高洪亮从外面进来，把范协拦住。

高洪亮 大家都冷静冷静，消消气。有话好好说嘛。

范　协 就是嘛！（愣了一下，见高洪亮一身军装，嘴角不由自主地抽动一下，声音变了调）哎，您是谁呀？

高洪亮 我叫高洪亮，刚来的队长。

范协是个老牌的潜伏特务，代号"蝎子"。这次上峰起用他也是迫不得已，并交代他新来的队长绝非等闲之辈，让他加倍小心，以防不测。没想到今天就撞见了，他不由自主地打了个冷战。

他的这些细小动作，早已被高洪亮敏锐地捕捉到了。

狡猾的范协很快也冷静了下来。他拉住高洪亮的手主动承认错误。

范　协 （装作惊喜）啊，您就是高队长吧？可把您盼来了，这些天叫特务都给折腾蒙了，抓心挠肝的。干活就溜号了。（对大老王）班长，你说得对，我错了。

高洪亮 这个态度很好嘛。班长啊，你是不也应该表个态呀？

大老王 没事儿了，我的态度也不好，你也别往心里去，都是哥们儿，说过就拉倒。

高洪亮 多好哇，大家都能开展批评和自我批评。我刚来，情况还不熟悉，正好有点儿时间，咱们一起干吧。

范协 不行，不行，这活儿哪能让队长干呢？是不是班长？

大老王 就是，队长，这活儿我们干就行了，您去忙大事儿吧。

高洪亮 人是铁饭是钢，炊事班的工作可不是小事儿啊，直接关系到我们的战斗力。来来来，我们一起干，一起干。

厨房内，烟雾缭绕。切菜声，刷锅洗碗声，谈笑声……

抢修现场 日 外

工人们在刘翰林的带领下，正在热火朝天地组塔。

墩子和酒懵子在班长牛二虎的监护下，正在塔上工作。

赵战生在塔下仰着头，好奇地看着工人们干活。

忙碌中的陆洁看到了赵战生，放下手里的活儿，来到赵战生身旁。

陆洁 战生，你不好好在家看电话，跑这儿来干啥？万一敌人破坏咱指挥部咋办？

赵战生 放心吧，队长回去了，他让我来的。（走到牛二虎旁）班长同志，干这玩意儿，好不好学呀？

牛二虎 好学。（对塔上喊）哎，你们注意点儿。

欧阳孝仁恨死了新来的这个毛头小子，更怕陆洁和他接触，不由得心生一计，非要让这个小当兵的吃点儿苦头不可。

欧阳孝仁拿着一条安全绳走过来。

欧阳孝仁 想学习呀？

赵战生 非常想学。正好，你这个大工程师也在，就好好教我几招儿。

欧阳孝仁 精神可嘉，但这可不是一朝一夕的事儿。我看这样吧，先练练基本功。来，我把安全绳扎好。

欧阳孝仁给赵战生系好了安全绳，指着铁塔。

欧阳孝仁 看到没有，你就从这个塔上去，再从这个塔下来，你能文能武，智勇双全，不用学就会。

赵战生 别听团长的，我可没那么能耐，不过，我愿意学。

赵战生跑到塔下，哈哈气，搓了搓手，正准备上塔。被陆洁喊住。

陆洁 战生，别上！你傻呀？

赵战生丈二和尚摸不着头脑，转身急问。

赵战生 咋地，不能上啊？

陆洁 （冲战生）不能上！你等会儿。（陆洁狠狠瞪了欧阳孝仁一眼）表哥，你这是干啥？

欧阳孝仁 我让他练上塔下塔呀！

陆洁 行了！我还不知道你。

陆洁赶紧摘下自己的手套扔给赵战生。

陆洁 来，快，把手套戴上。

赵战生 （接过手套）不用。

欧阳孝仁　瞧瞧，人家不戴。别献殷勤了！

牛二虎　戴也不能上。（对塔上喊）墩子、酒懵子你们先别干了。（对赵战生喊）战生，过来！过来，快过来呀！

赵战生不情愿地走过来。

牛二虎　陆技术员，你替我照看一下。

陆　洁　好。

牛二虎　墩子、酒懵子你们干吧，陆技术员给你们做监护。

塔上的墩子、酒懵子应了声，开始干活。

陆洁仔细观察塔上作业。

牛二虎　（对欧阳孝仁）我说欧阳工，上面作业呢，这要是掉下东西砸了他怎么办？这点儿安全常识你都不知道吗？真不知道你是咋想的。

赵战生　（懵懂地）咋回事儿啊，你们这是……

牛二虎　（怕赵战生尴尬）没事儿，没事儿。

上面作业的两个人看到这种情况停了下来。

牛二虎　（对上面喊）瞅啥瞅，赶紧干活！

赵战生疑惑不解，又问牛二虎。

赵战生　班长，这到底是怎么回事儿啊？

牛二虎　没事儿。（小声地）现在我跟你说不清楚，以后你就都明白了。兄弟，往后在现场干活，你就跟着我。（指着上面）你就在这看，看他们是咋干的，多看几遍就会了。就凭你，没问题。

刘二虎给赵战生讲一些安全、作业的知识，根本就不理欧阳孝仁。

欧阳孝仁自觉没趣儿，灰溜溜地离开这里。

陆洁狠狠地瞪了他一眼。

驻地指挥部　后半夜　外

漆黑的驻地，只有指挥部还亮着灯。

驻地周围布置的明哨和暗哨，都在各司其职。

驻地指挥部　后半夜　内

桌上摆满了图纸，还有一些书籍。高洪亮在潜心研究。

指挥部很静，只能听到马蹄表的声音，时针指向凌晨三点。高洪亮伸伸懒腰，紧了紧绑腿，挎上枪，拿起手电筒出了指挥部。

高洪亮和赵战生的宿舍　夜　内

赵战生睡得很香，高洪亮轻轻地叫醒了赵战生。

赵战生翻身坐起。

赵战生　（警惕地）团长，有情况？

高洪亮　暂时没有。今天这么消停，我觉得有点儿反常。走，咱们巡线去。

赵战生　好。（迅速穿衣服）团长，我得给你提意见，你叫人家睡，你不睡。弄坏了身体，我怎么向司令员交代。

高洪亮 你的意见我接受。

赵战生 得了吧，虚心接受，坚决不改。（他把绑腿紧好，挎上枪，拿起手电）走吧，团长。

两个人走出帐篷。

巡线路上 凌晨 外

黎明前，下起了小雪。邻近的村落传来几声狗叫，雄鸡报晓。

高洪亮和赵战生打着手电警惕地巡视。

正好碰上了下岗的山猫，他身上落满了雪。

高洪亮 刚下岗啊，辛苦了。

山 猫 没事儿，不辛苦。

高洪亮 没什么情况吧？

山 猫 没有。哎？队长，怪事儿了，昨晚儿特务咋不折腾了呢？

赵战生 团长一来把他们都吓跑了呗。

高洪亮 胡说。

山 猫 我看也差不多。

赵战生 这可不是吹，别说几个狗特务，国民党的王牌军怎么样？只要听到我们团长的名字，那吓得腿肚子都转筋。

山 猫 这么厉害？

赵战生 （自得地）那当然了。你就说……

高洪亮 （生气地）住嘴！赵战生。小心我处分你。（对山猫）山猫同志，我们情况还不大熟悉，能不能辛苦一下和我们去查一查线路？

山 猫 没问题，反正天也快亮了。走吧。

他们消失在黎明前的黑夜之中……

在某一塔号附近，高洪亮机警地发现了鞋印。他蹲下身仔细观察，这鞋印留下的时间不长，似乎被人有意覆盖过。高洪亮感到事态严重。

高洪亮 （指着地下的鞋印）你们看，这鞋印被人处理过。这鞋印绝不是我们人留下的，是国民党军野战靴印。太狡猾了，这雪要是多下一会儿，就全盖上了。咱们必须仔细搜查。

赵战生 是！

高洪亮 山猫，注意警戒。

山 猫 是。

山猫端枪警戒。

高洪亮、赵战生仔细地搜查。

他们俩用手扒塔基的积雪，突然发现一颗美式定时炸弹，定时秒针滴答滴答走着。

高洪亮 这帮家伙真够阴损的，定在我们上班的时间爆炸。多亏我们发现得早，不然就出大事了。（高洪亮熟练地停止了定时器）战生，你和山猫同志继续搜索，一定不要放过任何蛛丝马迹。我回去叫人！

赵战生 是。

赵战生和山猫继续往前搜。

高洪亮返回驻地。

抢修工程临时驻地　黎明前　内

一阵急促的哨音惊醒了熟睡的工人。他们懒洋洋地穿衣服，不耐烦地发着牢骚……

酒懵子　干啥呀？天还没亮就折腾啊。

牛二虎　八成是有情况。

酒懵子　啥情况啊？昨晚儿可一点儿动静也没有，反正我没听见。你听见了？

墩　子　我也没听见。怪事儿了，这帮狗日的咋不折腾了？

牛二虎　队长来了他们害怕了呗。

墩　子　我估摸也差不多。

高洪亮在外面喊。

高洪亮　同志们，起床，快起床，有情况！

牛二虎　怎么样，我说有情况吧？麻溜的！

驻地院内　黎明前　外

工人们相继都出来了，他们议论纷纷。

高洪亮　大家静一静，静一静，（举起定时炸弹）同志们，你们看，这是什么？这是定时炸弹。美国的，威力很大，是刚刚发现的。为了确保线路的安全，我们必须马上去搜。牛二虎、墩子，还有酒懵子跟我走，其余的吃过饭跟刘总去抢修。

陆　洁　队长，我也去。

高洪亮　不行，太危险了。再说，工地上也离不开你呀。

陆　洁　我不。

陆洁边说边往前走。

高洪亮　（生气地）老刘，把她给我拽回去！

高洪亮领着人跑出驻地。

刘翰林　（拉住陆洁）队长真生气了，服从命令，咱们的主要任务是抢修。（冲着大家）大家回去抓紧时间准备，今天提前开饭，早点儿干活。

众人议论着散去。

线路　黎明前　外

高洪亮带着人拿着铁丝、钢钎、树棍等工具，分散在各基铁塔的周围认真搜索。

高洪亮　同志们，我再说一遍，谁发现了炸弹，千万别动，要马上报告，我去处理，听见了吧？

大家都点着头，分头搜索。

酒懵子　哎，队长，听说你老厉害了。

高洪亮　别听战生瞎吹。

牛二虎　我听说您能百步穿杨，飞檐走壁。

墩　子　是啊，队长，有时间，让我们也开开眼。

高洪亮　我可没有你们想象得那么神，敌人也没有你们想象得那么不堪一击，他们阴险狡诈得很。所以，我们绝不能轻敌，一定要提高警惕。

某树林内　黎明前　外

借着树林的掩护，穿山甲和老狼两个特务踏着积雪，得意地闲聊。

穿山甲　怎么样？这回更够他们喝一壶的了。

老　狼　哎，别说。这小娘儿们还真行，够狠。长得也俊，水灵灵的，你说他妈的……

穿山甲　癞蛤蟆想吃天鹅肉。

老　狼　你不想啊？

穿山甲　想他妈拉巴子能咋地。这年头，多弄点儿这个（做数钱动作）比啥都强。

老　狼　说得也是，你猜，这回要是成功了能给咱多少（数钱动作）这个？

穿山甲　多了不敢说，赏个千把的好像没问题。

老　狼　那要是不成功呢？这小妮子可赏罚分明啊。

穿山甲　哎？你别说，咱还真得回去瞅瞅，可别他妈拉巴子的弄岔纰了。

老　狼　你疯了！天都快亮了。没听说呀，那个姓高的不好对付。

穿山甲　你怕，我不怕，我正想会会他呢，那叫十根金条哇。

老　狼　也是啊。好，听你的。（拔出手枪）豁出去了。

穿山甲　瞅你那熊样儿，没出息。（也拔出手枪）走！

两人折返。

线路　黎明前　外

大家在高洪亮的带领下仔细地搜寻。

在某塔号卜曲，赵战生乂发现一颗定时炸弹，他立刻示意身边的山猫等人卧倒。

自己也单膝跪地，并用标准的军事手语，向远处的高洪亮报告。

谁知山猫没看懂赵战生的手势，情急之下喊了起来。

山　猫　队长，队长，这旮垯又发现一颗！

赵战生　山猫！（小声喊了一声，严肃地用手示意不要出声）

山　猫　（意识到自己鲁莽，自责地）真该死。

高洪亮立刻奔跑过来。

高洪亮　（安慰地）以后可别这样了。

山　猫　（一个劲儿地点着头）哎，哎。

高洪亮　（命令赵战生）注意警戒。

赵战生　是。

赵战生机警地四处观察。

高洪亮迅速取出定时炸弹。

线路远处树林里　黎明前　外

老　狼　完犊子了！我埋的那颗被发现了。真他妈的晦气！

穿山甲　这么说，我的那颗也够呛。

老　狼　撤不撤？

穿山甲 撤？你没听见那小子喊队长吗？这八成就是那个共军的团长，干掉他！

老　狼 你真是贪财不要命啊！你没听特派员说吗，这人不好对付。况且，还有那么多人。别把小命儿搭上。

穿山甲 舍不得孩子，套不住狼。我穿山甲也不是吃素的。你要是害怕就滚犊子！

老　狼 得，得，豁出去了，听你的。

他们仔细搜寻。

穿山甲 你说哪个是呢？

老　狼 你看，那个。

穿山甲 哪个呀？

老　狼 哎呀，就那个那个。

穿山甲 啊，差不多。看我的。

穿山甲举枪，瞄准高洪亮。

机警的赵战生已经发现了特务。

就在穿山甲开枪的瞬间，赵战生跃起，用身体护住团长，同时扣动扳机。

赵战生和穿山甲都应声倒下。

躺在地上的穿山甲左胸中弹，鲜血直流。

穿山甲 （一脸痛楚对老狼断断续续地说）我，我真他妈是贪财不要命啊。

穿山甲说完，俩腿一蹬，脖子一歪，一命呜呼。

老狼吓得撒腿就跑。

山猫被这阵势惊呆了，一时不知怎么办了。

说时迟那时快，高洪亮迅速拽过山猫的长枪。

子弹上膛，举手一枪，老狼毙命。

牛二虎、墩子、酒懒子都跑了过来。

众大喊 战生，战生怎么样啊？

赵战生 （捂着胳臂）喊啥，没事儿。

牛二虎 还没事儿呢？全是血。

赵战生 行了，别大惊小怪的，赶快把急救包给我拿出来。

牛二虎 哎，在哪儿呢？

赵战生 在这儿，在这儿。（赵战生示意在兜里）你们注意敌情。

牛二虎在赵战生的上衣兜里掏出急救包。

高洪亮一看定时炸弹，起爆器的指针还有最后五秒。

他立刻拿起定时炸弹，就往远处跑。

墩子、酒懒子不知所措地也跟着跑。

赵战生 （捂着胳臂气得直骂）混蛋！趴下！快趴下！

墩子、酒懒子仍然往前跑。

没有办法，赵战生冲了过去，把他们俩按倒在地。

也就在这时，高洪亮扔出了炸弹，只听一声巨响。

一股浓烟滚滚升起……

第三集

高洪亮和赵战生的宿舍　　晨　内

帐篷里挤满了人。

赵战生胳臂缠着绷带披着衣服靠在床上。

牛二虎　多亏了战生兄弟，不然，你们俩就报销了。

酒懵子　可不是，咱也不明白呀，还傻乎乎地跟着队长往前跑呢。

墩　子　也不知道战生是咋整的，一下子就把我们俩都撂倒了。这还带着伤呢，这小子太厉害了。

牛二虎　这才哪儿到哪儿呀，光听说战生从小就在寺庙习武，功夫了得。今儿个为了掩护队长，他旱地拔葱，腾空而起，鹞子翻身一枪毙命。神，真神了！这回可真是开眼了。

酒懵子　那还用说，谢谢你呀，战生。等你好了，我请你喝酒。

陆　洁　行了，行了，你就知道喝酒。我求求你们，时间这么紧，赶紧去干活吧，战生也需要休息。

陆洁往外推大家。

酒懵子　那你得好好照顾他。

陆　洁　放心吧。赶快走，赶快走吧。

陆洁好不容易把这几个人都推了出去。

赵战生下地穿鞋。

陆　洁　你干啥去？

赵战生　上工地啊，多一个人就多一分力量。

陆　洁　（生气地）老实给我待着！你不要命了？

赵战生　这点小伤算个啥。二排长肠子都打出来，还坚持战斗呢。现在抢修多需要人哪！

陆　洁　我去，你也不能去。啊，我想起来了，队长说了，今天，护线的民兵要到，你要走了，谁接待呀？

赵战生　啊，要是这样，我就不去了。

陆　洁　你以为在家就轻巧哇？（拿出一些书）给你，学吧。

赵战生　这么多呀？

陆　洁　这才是冰山一角，往后要学的东西多了去了。告诉你吧，局长呢，把培养你的任务交给了我老师，我老师，又把这个任务交给了我。我既是你的姐，也是你的老师。姐的话可以不听，老师的话不能不听吧？

赵战生　姐的话、老师的话我都听。

陆　洁　这还差不多。安心养伤，好好学习，有问题就问。

赵战生　谢谢姐姐老师。

陆　洁　（扑哧一声笑）看你那傻样儿。

陆洁的脸突然红了。她拿起安全帽，快步走出了帐篷。

高洪亮和赵战生的宿舍　晨　外

陆洁从宿舍出来，正好和拿着图纸的欧阳孝仁撞了个满怀。

欧阳孝仁　（小声地）上哪儿去？

陆　洁　去现场啊？

欧阳孝仁怕让赵战生听见，做了一个不出声的动作，不容分说，拉着陆洁就往工地走。

通往抢修现场的路上　晨　外

他们出了驻地，陆洁使劲地挣脱了欧阳孝仁的手。

陆　洁　放开我。啥事儿啊，快说。

欧阳孝仁　抢修那么忙，你却在这儿……

陆　洁　我在这儿咋地了？战生负伤你不知道吗？

欧阳孝仁　不是伤得不重吗？

陆　洁　重不重也是伤啊。

欧阳孝仁　心疼了？

陆　洁　当然心疼了！大家都心疼！不像你，冷血动物。

欧阳孝仁　我冷血？为了你，我主动要求从局机关到这里来吃苦受罪。你还想让我咋样？

陆　洁　那是你自找的，我可没让你来。

欧阳孝仁　没良心。要不是为了你我能来吗？小妹呀小妹，你拍拍良心想一想，这么多年，我、我们家对你咋样？

陆　洁　好哇，这份恩情我一辈子都不能忘。

欧阳孝仁　算了吧。说得比唱得还好听。这才几天哪，连理都不理我了。

陆　洁　你做的事儿，叫人瞧不起。人家赵战生刚来，什么情况也不了解，咱能帮就帮点儿，不帮也就算了，干吗使坏儿呀！

欧阳孝仁　那是他自找的。

陆　洁　人家咋地了？那是红军的后代，爹妈都牺牲了。人家不来，咱盼人家，人家来了，咱给人家使坏儿。要不是队长和他排除炸弹，咱得吃多大的亏呀？你的良心都让狗吃啦！

陆洁越说越来气，控制不住都要哭了。

欧阳孝仁望着陆洁气成这个样子，知道自己做得太过分了，就安慰陆洁。

欧阳孝仁　（声音柔和地）小妹，别哭了，都是我不好，我就是太爱你了。你能原谅我吗？

陆　洁　（一扭身，坚定地）说实话，我接受不了你这种自私而又可怕的爱情。

欧阳孝仁　（急了）那你让我怎么做？

陆　洁　爱情是两情相悦的事儿，强扭的瓜不甜！你自重吧。

陆洁说完向工地跑去。

欧阳孝仁在陆洁的背后，边喊边追。

欧阳孝仁　小妹，你等等我，等等我……

驻地指挥部　日　内

高洪亮正在向万局长汇报。

高洪亮　报告局长，今天凌晨，我们在巡线时发现了两颗美式定时炸弹，已经排除了，还消灭了两个特务。赵战生负了轻伤，我已向公安局通报了。护线的民兵今天就到，公安局接应秦凯运输队的小分队也已经出发了。（声音压低）我感觉队里有内鬼。所以，除了加强保卫，反间以外，一定要注意敌人的投毒或者暗杀。可目前，我们缺医少药，既没有化验员，也没有化验设备。

万局长　这个问题我也在考虑，正好你们司令员已经决定把你爱人调过来了。翰林的爱人王芳就是化学老师，哪怕就是借，也要把她借来。

高洪亮　是吗？谢谢局长！

万局长　还有好消息呢，丰满电厂决定支援你们。要人给人，要材料给材料。估计今天下午也能到。

高洪亮　好，太好了！要是这样，我们组建临时塔的计划，就可以做备用方案了。（忽然想起什么）啊，对了，局长，鉴于目前的情况，我们想成立临时党支部，加强党的领导，充分发挥支部和党员的先锋模范作用。

万局长　好！我完全同意，并敦促组织部尽快明确你们基建总队党组织的建制。

高洪亮　好，谢谢局长。

高洪亮刚放下电话，工程师刘翰林兴致勃勃地拿着临时塔的小样进来。

刘翰林　老高，这就是临时塔的小样。您看行不行？

高洪亮　先不说这个，告诉你一个好消息。丰满电厂决定支援咱们，要啥给啥。如果秦凯运的物资，路上不出什么问题的话，提前十天通电是没有问题的。

刘翰林　这么说，临时塔就可以做备用方案了？（自语地看着塔样儿）乖乖，不一定能用上你喽，叫你在这儿，见证我们的奇迹。

刘翰林把临时塔样放在桌子上。

高洪亮　对了，还有一个好消息。

刘翰林　什么消息？

高洪亮　我们家的那口子于华和你家的王芳，也都快来了。一个搞医，一个搞化验。怎么样，没想到吧？

刘翰林　绝对没想到。东北电管局定的？

高洪亮　废话，我们俩谁能有这个权利？

刘翰林　（兴奋地）现在我越来越明白了，为什么共产党领导的军队在装备和人数上都处于劣势的情况下能够打败国民党军队。当然原因是多方面的，但有一点可以肯定，那就是人心齐泰山移！我们的上级，把我们当同志、当兄弟，而不是升官发财的工具。

高洪亮　说得好。

刘翰林激动地从兜里掏出入党申请书。

刘翰林　老高，这是我的入党申请。请组织考察我。

高洪亮接过申请书，紧紧地握住了刘翰林的手。

高洪亮　为党的事业，为新中国……

刘翰林　鞠躬尽瘁，死而后已！

两个人非常兴奋。

高洪亮　共同努力！

刘翰林　共同努力！

高洪亮　（冲着隔壁的赵战生高喊）赵战生。

赵战生　（响亮地）到！

赵战生左手臂绑着绷带应声跑了进来。

赵战生　报告团长，什么指示？

高洪亮　叫队长。

赵战生　是。队长有什么指示？

高洪亮　目前，三个任务。第一，密切监视在炊事班帮厨的范协，重点是防止敌特投毒。

赵战生　是。

刘翰林　老高，范协他……

高洪亮　（对刘翰林）这个事儿，回头再跟你说。（对赵战生）第二，把那两个空帐篷收拾出来，一个做医务室，一个做化验室。具体咋整你听陆技术员的。

赵战生　是。

高洪亮　第三，护线的民兵来了，你负责接待一下。（拿出一张护线哨位的分布图）你看，这就是咱们A线段护线哨位的分布图，你把它交给民兵连连长就行了。记住，明哨、暗哨都得设，还要有巡逻队。有问题吗？

赵战生　（立正道）没有。

高洪亮　那好。（拿起安全帽）翰林，走，咱们去现场。

刘翰林拿起安全帽，跟着高洪亮走出了指挥部。

公路上　日　外

一辆美式中吉普车在公路上疾驰。

中吉普车上　日　内

司机薛刚边开车边和坐在一旁的军医于华闲聊。

薛　刚　怎么样？于医生，刚缴获的，嘎嘎新。司令员就把这车给了高团长，够意思不？

于　华　那还用说。

薛　刚　其实，刚开始司令员是不同意让高团长到地方的。野司首长急眼了，他才不得不放。

于　华　是啊，老高天生就是打仗的料，司令员舍不得呀。

薛　刚　我看也不光是这个原因。高团长救过司令员的命，两个人有过命的交情。光送车还不算，这不，把我都搭上了。

于　华　司令员对老高真是没说的。

薛　刚　那当然了。

这时，薛刚发现前面有一辆嘎斯卡车抛锚了。

薛　刚　于医生，你看，前面有一辆嘎斯卡车好像抛锚了。

于　华　可不是。

远远望去，前面有一辆苏制嘎斯卡车真的抛锚了，司机正紧张地修车。

旁边有一位戴眼镜、年轻漂亮的女同志，急得直跺脚。她叫王芳，是刘翰林的妻子。

车上拉了不少物资，还有一些医疗、化学实验的器械和药品。

薛刚放慢了速度，停车。

公路上　日　外

薛刚和于华从车上跳下来，走到嘎斯卡车旁。

薛　刚　同志，哪儿出问题了？

司机李　不知道，这破车老出毛病。

薛　刚　来，我看看。（边修边问）你们去哪儿呀？

司机李　基建总队。

薛　刚　巧了，同路。

王　芳　（急切地）你们也上基建总队？

于　华　对呀。

王　芳　（仔细打量）这么说，你是于华，于医生了，高队长的爱人。

于　华　那你肯定是王芳同志，刘总的爱人了？

王　芳　没错儿，就是我。真没想到我们会在这儿相遇。

两人互相握手，攀谈起来。

薛刚和司机李紧张地修车。

薛刚放下工具，拿起摇把。

薛　刚　问题不大了。来，发动一下。

司机李赶紧抢过摇把。

司机李　这可不行，您上车，我来。

薛刚上了车。

司机李摇车，车发动了。薛刚跳下车。

司机李　哎呀，解放军同志就是了不起。谢谢你呀！

薛　刚　谢啥，往后咱们就是一家人了。

司机李　是吗？那可太好了。

薛　刚　同志，你路熟，前面走吧，我们跟着。

司机李　好。

于华拉着王芳的手。

于　华　来，王芳，咱们上这个车。

王　芳　好。

于华和王芳上了车。

嘎斯卡车开走。

薛刚的中吉普紧跟其后。

中吉普车上　日　内

王芳在车上左看看，右瞧瞧。

王　芳　哎呀，这车也太漂亮了！

薛　刚　那当然，刚缴获的，嘎嘎新。这是司令员送给高团长的。

王　芳　我的天哪！这么好的车，连东北电管局的领导都坐不上。（问于华）哎？于医生，你们家老高跟司令员啥关系呀？

薛　刚　啥关系？过命的关系！

王　芳　啊，原来这样。于医生，您穿这身军装真好看。年轻、漂亮、干练。你恐怕没有我大吧？

于　华　你多大了？

王　芳　二十五。

于　华　那我比您大一岁。

王　芳　真的？那以后我就叫你姐了。有孩子了吧？

于　华　有了，是个男孩。叫小兵，今年4月生的。你呢？

王　芳　是个女孩，叫小丹。5月生的。

于　华　只差一个月。

王　芳　可不是。华姐，你说，这是不是缘分？

于　华　当然是缘分了。

王　芳　我看，咱们两家轧亲家得了。

于　华　好哇！我举双手赞成。

王　芳　那就这么定了？

于　华　定了。

王　芳　家里还有什么人？

于　华　没什么人了。只有一个孪生的妹妹在国民党那边。

薛　刚　于医生的父亲是国民党著名的爱国将领，由于反对蒋介石打内战，被灭门了。

王　芳　这么狠？

于　华　（流着泪说）更可恨的是他们连我六岁的弟弟也不放过，并把罪行嫁祸给共产党。

于华说不下去了。

王　芳　真是灭绝人性，惨无人道。哎，华姐，你妹妹她不知道吗？

于　华　她要知道就好了。也怪我爸爸，当初就不该听戴笠的话进军统。

王　芳　这到底是怎么回事儿呀？

于　华　说来话长。我们俩是一对儿双，她可不像我，从小就爱舞枪弄棒，淘得没边儿没沿儿，谁也管不了。有一次，她偷着摆弄我爸的枪，三弄两弄，咣！枪走火了，把警卫员打死了。你说气人不气人？就为这事儿我爸还挨了处分。

王　芳　那么淘哇？

于　华　没治了！我爸把她绑起来，锁起来，都让她跑了。气得我爸爸放了狠话："谁能管好这孩子就把她送给谁。"这事儿一传俩，俩传仨，传到了戴笠的耳朵里了。他亲自登门要我妹妹，保证一定把她培养成党国的精英。我爸打心眼儿里讨厌军统，但话都说出去了，戴笠的面子又不能不给，没办法，就把我妹妹送进了火坑。

王　芳　啊，原来这样。

王芳静静地望着于华。

于华陷入了沉思。

于　华　（自语）小丽，你现在到底在哪儿呢？

公路上　日　外

嘎斯卡车在前，中吉普在后渐渐远去……

驻地指挥部　日　内

赵战生正在聚精会神地写日记。

陆洁进来。战生没有发现，她轻手轻脚地站在赵战生的背后，偷看赵战生写日记。她突然抢过日记本。

陆　洁　（念）还是团长说得对，这里的工作也是战斗。敌人太狡猾、太可恨了，他们不但要炸我们的塔，还想炸我们的人。要不是被我们及时发现，那亏可就吃大了。想一想，真可笑，堂堂的解放军战士还闹情绪，哭鼻子掉眼泪，真丢人……

赵战生急着去抢，陆洁不给。两人开始在屋里周旋，赵战生被气得一屁股坐下。

赵战生　行了，你爱给不给，我还不要了。

陆　洁　要，你也抢不去。

赵战生　笑话！别看我有伤，再来几个都不是我的个儿。

陆　洁　是是，文武全才、智勇双全的大英雄。跟你开玩笑呢，（自语）一点儿幽默感都没有。

陆洁把日记本还给赵战生。

陆　洁　（哄赵战生）好了好了，别生气了。（感慨地）真没想到，你的字写得这么漂亮，都快赶上刘总了。文笔也很好。是在延安学的吧？

赵战生　不光是。小的时候在庙里，老方丈就教我读书写字，慧觉师叔教我武功。

陆　洁　你做过和尚？

赵战生　当然了，我还能诵经呢。

陆　洁　你真是个传奇人物。喜欢诗吗？

赵战生　诗词我都喜欢。你呢？

陆　洁　我也是。我最喜欢岳飞的《满江红》。（朗诵）怒发冲冠，凭栏处、潇潇雨歇。

赵战生　抬望眼，仰天长啸，壮怀激烈。三十功名尘与土，八千里路云和月。

二人合　莫等闲，白了少年头，空悲切。

陆　洁　靖康耻，犹未雪。臣子恨，何时灭！

赵战生　驾长车，踏破贺兰山缺。壮志饥餐胡虏肉，笑谈渴饮匈奴血。

二人合　待从头，收拾旧山河，朝天阙！

陆　洁　我最恨小日本了。

赵战生　所有侵略者和反动派我都恨！所以，我们必须将革命进行到底，打倒蒋介石，解放全中国。当然，更是要建设新中国。

陆　洁　说得太好了。（神秘地）哎？战生，你是共产党员吗？

赵战生　是啊。

陆　洁　我也想加入，行不？

赵战生　咋不行。人家刘胡兰十三岁就参加革命，十五岁就被追认为共产党员了。

陆　洁　我要向刘胡兰学习，像高队长，像你一样，做一个真正的共产党员。

赵战生　我？我不行。

陆　洁　没看出，你还挺谦虚。

赵战生　不是谦虚，真不行。我得好好向你学习。

陆　洁　得得得，我不跟你争了，咱们互相学习好不好？

赵战生　好！就这么办。（忽然想起什么）哎？姐，你回来是不是有任务哇？

陆　洁　（一拍脑袋）哎呀！光顾唠嗑了，把收拾两个帐篷的事儿给忘了。

赵战生　那就赶紧干哪。

陆　洁　不行，你有伤，我一个人干就行了。

赵战生　这叫伤啊？行了，别婆婆妈妈的了，走吧。

赵战生拉着陆洁，跑出了指挥部。

抢修现场　日　外

工人们在欧阳孝仁的指挥下，正在热火朝天地组塔。

各项工作都在紧张有序地进行……

刘翰林　（兴奋地对高洪亮）老高啊，如果下午丰满电厂真能够给咱送塔材和导线的话，那我们就全部干永久塔。

高洪亮　我看行。

刘翰林　那好，我安排一下。

刘翰林走过去向欧阳孝仁布置任务。

驻地指挥部　日　外

医务室、化验室的牌子都已经挂好了。

赵战生和陆洁从医务室出来。

陆　洁　（对赵战生）你呀你干起活儿来就不要命。越不让你干你还非要干。真拿你没办法。

赵战生　共产党员就应该吃苦在前，享受在后嘛。

陆　洁　对对对，说得好。（欣赏牌子上的字）我们的小老革命就是厉害，这字写的，漂亮。

三江屯的蒋连长挎着驳壳枪带领两个背着长枪的民兵进了院子。

蒋连长　同志，请问，高洪亮队长在吗？

赵战生　他不在，有事儿跟我说吧。

蒋连长　您是……

赵战生　我是高队长的警卫员。

蒋连长　什么，什么？你就是排除定时炸弹，又一枪毙命狗特务的大英雄赵战生？

赵战生　我叫赵战生不假，可没你说的那么邪乎。

蒋连长　谦虚，谦虚是不？上面通报早就下来了，号召大家向你学习呢。（对两个民兵）这回可好了，咱们见到英雄本人了，必须好好地向英雄学习。

俩民兵　一定，一定。

赵战生　你们是……

蒋连长　我们是三江屯民兵连来领任务的。

赵战生　啊，您是蒋连长吧？

蒋连长　对呀。哎？你怎么能认识我呢？

赵战生　你们的情况早就通报过来了。

蒋连长　好家伙，高队长的警卫员都这么厉害，那高队长不得更厉害呀。

赵战生　这可不是跟你吹，你上四野打听打听，没人不知没人不晓。

蒋连长　那还用说，我们信，我们信。

赵战生　好了好了，都是自家人，快到指挥部吧。（忽然想起忘介绍陆洁了，一拍大腿）哎呀呀，忘介绍了，（指着陆洁）这是我们技术员陆洁同志。

陆　洁　您好，蒋连长。欢迎，欢迎。请到指挥部吧。

蒋连长　好好好，谢谢，谢谢。

赵战生和陆洁带蒋连长等进了指挥部。

驻地指挥部　日　内

赵战生指着凳子。

赵战生　别客气，请坐。

陆洁赶忙给连长和民兵倒水。

赵战生拿出 A 线段护线哨位的分布图，打开。

赵战生　（指着护线分布图）蒋连长，这就是你们民兵连护哨位的分布图。（指图）从这儿，一直到这儿。记住，这里、这里，还有这里，都要设明哨和暗哨，当然，还要有巡逻队。这样才能做到相互支援，万无一失。怎么样，有问题就提出来。

蒋连长　这么清楚，没问题，没问题。

赵战生　这图您带回去。

蒋连长　好。（卷图）有了这张图，那就更没问题了。好家伙，（和两个民兵）你们看，这叫啥？这叫强将手下无弱兵。

民兵甲　那还用说。

蒋连长　好了，好了，你们太忙了，我们就不打扰了。

赵战生　那也行，以后咱们就是一个战壕的战友了。来日方长，来日方长。请。（赵战生和陆洁把民兵送出了指挥部）

驻地指挥部　日　外

蒋连长　留步，留步。

赵战生　好好好，恕不远送。以后常联系。

蒋连长　少不了麻烦你们。替我们向高队长问好。

赵战生 没问题，慢走，慢走哇。

驻地指挥部　日　内

赵战生和陆洁进了指挥部，陆洁就把赵战生按在凳子上。

陆　洁 （非常感慨）我算看透了，你是一分钟也不想闲着哇。战生啊战生，你可真有本事，这事儿叫你安排得喊里喀嚓，井井有条。

赵战生 我有啥呀？傻大兵一个。

陆　洁 （脸唰地红了）住嘴，人家那是……反正只许我叫，别人谁也不许叫！

陆洁刚说完就听范协在外面喊。

范　协 赵同志在吗？

赵战生 这是谁呀？

陆　洁 是范协。

赵战生 范协？

陆　洁 是啊，怎么了？

赵战生和陆洁耳语。

赵战生 （小声地）这家伙很可能是特务，一切看我的眼色行事。赶紧把桌上重要的东西收拾收拾。

陆　洁 好。我有点害怕。

赵战生 （小声对陆洁）没事儿，有我呢。（大声地对门外）谁呀？有事儿吗？

范　协 （在门外）我是帮厨的范协。赵同志，听说您负伤了，我们班长特意叫我炖了鸡汤，给您送过来。

赵战生 （小声对陆洁）收拾好了吧？

陆　洁 好了。

赵战生 （大声地）啊，请进。

范协端着鸡汤进来，并把鸡汤放在桌子上。

范　协 陆技术员也在啊。

陆　洁 （镇定地）啊，这不是照顾伤员吗。

赵战生偷着给陆洁竖起大拇指。

赵战生 谢谢炊事班的同志们。我真的没什么大事儿，用不着喝这个。

范　协 哎，那可不行。伤筋动骨一百天，再说，您这是枪伤，流了好多血吧？

范协察言观色，搜寻他所需要的信息。

陆　洁 可不是，流了好多好多血呢，都把我吓坏了。

赵战生 没那么严重。范师傅，谢谢你呀。

范　协 陆技术员是个热心肠，心眼儿可好使了，还会疼人。（向赵战生诡秘地使了个眼神，套近乎儿）谁要能娶这样的媳妇，那可是前世修来的福哇。

陆　洁 范师傅，你说啥呢？

范　协 没，没说啥。你们忙，你们忙，我走了。

范协走出指挥部。

抢修现场　日　外

高洪亮和刘翰林正在指挥工人们组塔，山猫提着枪跑了过来。

山　猫　队长，总工，你们看，来了几辆卡车，是不是秦队长他们哪？

刘翰林　（看了看）我看不像。

高洪亮　可能是丰满电厂的吧，没想到来得这么快。老刘哇，咱们去迎迎。

刘翰林　好嘞。

车队越来越近。

人们看清了车上装的塔材和导线，还有一车人。

高洪亮　是他们。（对大家）同志们，丰满电厂的同志们来支援我们了，大家欢迎。

众挥舞手中的工具，欢呼声、掌声响成一片。

车队渐渐地停了下来。

人们纷纷下车，双方汇聚在一起。

高洪亮　（惊喜地）师傅！

姚大海　（仔细打量了好一会儿，突然大声地）亮子，哎呀呀，怎么你在这儿啊？想死师傅了！

两个人拥抱，姚大海潸然泪下。他擦了一下眼泪。

姚大海　没想到，咱爷儿俩能在这儿见面，这一别，就是十来年！你不是在部队上吗？怎么到这来了？

高洪亮　革命需要呗。

姚大海　好哇，咱们爷儿俩又干到一块儿了。（他转向刘翰林）不用说，这位肯定是大名鼎鼎的总工程师刘翰林同志吧？

高洪亮　你们认识？

姚大海　他到过我们厂。

刘翰林　（想了想）啊，对了，您就是护厂功臣姚大海！

工人甲　没错，就是他。现在是我们三分厂的厂长。

刘翰林　我说咋这么面熟呢？谢谢，谢谢你们来支援！

姚大海　应该，应该的。咱们本来就是一家嘛。再说了，我们的电送不出去，不也是干着急吗？帮助你们就是帮助我们。（冲自己的工人）大家说，对不对呀？

众　人　对！

刘翰林　说得好。姚厂长，您这个徒弟可不一般哪，太传奇了。

姚大海　那是呀，打小儿我就看出来了绝对有出息。鬼精鬼灵的！那帮小日本和汉奸叫他糊弄得是一愣一愣的，老交通喽。

高洪亮　师傅，那都是从前的事了，没有您和师娘，我不是冻死，就得饿死。师娘她还好吧？

姚大海　好好好。就是老想你，一提起你就哭，说这个苦命的孩子，现在到底咋样了，也不来个信儿……

姚大海说着说着眼泪又下来了，高洪亮也眼含热泪。

高洪亮　（激动地）对不起师傅，让你们惦记了。都是我不好。这回好啦，咱东北解放了，又在一个系统工作，我保证，只要这个抢修任务一完成，我就立马去看她老人家。（情绪一转）大家别愣着了，赶紧卸车，干活。

众人高兴地相互议论，开始干活。

卸车的卸车，组塔的组塔，各负其责，各干其事。

高洪亮 师傅，真得谢谢你们。雪中送炭哪！

姚大海 说远了，别说东北电管局有令，就是没令，我们知道也会支援的。亮子，师傅知道，压在你们身上的担子不轻啊。没事儿，我们大厂长说了，基建总队兄弟的事儿就是咱的事儿。缺啥给啥，全力以赴。我带来的这帮人，也包括师傅我，全都听你指挥。

他们说着说着来到塔材旁边，姚大海伸手就抬塔材。

姚大海 来，亮子。

高洪亮 师傅，别闪了腰。

姚大海 放心吧，没问题。起！

师徒二人抬起塔材，大家有说有笑，越干越起劲。

高洪亮带头唱起了劳动号子……

高洪亮 同志们呀么，

众　合 嗬咳！

高洪亮 快抢险呀么，

众　合 嗬咳！

高洪亮 我们和丰满的同志们哪，

众　合 齐抢险呀么，嗬咳……

驻地食堂　日　外

赵战生从厨房出来，在院子里仔细观察一番后向指挥部走去。

驻地指挥部　日　内

陆洁把指挥部收拾得干干净净，赵战生从外面进来。

赵战生 姐，你也太厉害了，我就离开这么一会儿，你就把指挥部收拾得这么干净利落。

陆洁看了看门外，见没人小声神秘地问赵战生。

陆　洁 怎么样，有什么发现没有？

赵战生 （也小声地）这家伙的确是个老手。但再狡猾的狐狸也能露出尾巴，队长早就安排好了，每时每刻都有人监视他，只要发现有不轨就立即拿下。

他们说话间，外面响起了汽车进院的声音。

陆　洁 战生，你听，好像有汽车来了。

赵战生 （仔细听了听）可不是。而且，是两辆。走，出去看看。

驻地指挥部　日　外

中吉普和嘎斯卡车在指挥部前停下。

薛刚和嘎斯卡车的司机分别跳下车，于华先下了车，然后扶王芳下车。

赵战生和陆洁从指挥部跑出来。

赵战生 （惊喜地）哎呀，于医生！（敬礼的同时）乖乖，薛刚！你怎么也来了？

薛　刚 （还礼）废话。兴你来就不兴我来呀？告诉你吧，我是连人带车一起来的。

赵战生 撒谎。

薛　刚 撒谎不是人！你问于医生。

于　华 是真的，战生，今后我们又在一起工作了。来，我介绍一下，这位是刘总工程师的爱人化验员王芳同志。

赵战生 （敬礼）您好，我叫赵战生。

王　芳 （面对赵战生的敬礼，有点儿不好意思）你好，你好。

陆　洁 师母。

王　芳 小洁。你好哇。

两个人拥抱，之后王芳向于华介绍陆洁。

王　芳 华姐，这是技术员陆洁，翰林的得意门生。

赵战生 小姑娘大才女。

陆　洁 （娇嗔地）去你的。

赵战生 这可是万局长说的。

王　芳 战生说得没错儿，小洁这丫头确实很有才气，人也漂亮。

于　华 确实，很可爱，有气质。

于华看见嘎斯司机领来几个工人，决定抓紧时间卸车。

于　华 战生，薛刚，李师傅把人都领来了，赶紧卸车，早点儿安顿，早点儿开展工作。

赵战生 是。

众人卸车，分别往医务室、化验室搬东西。

薛刚从车上把一个大箱子递给赵战生，正好碰到他的伤口，痛得他直咧嘴。

薛　刚 （见状）怎么，挂彩了？

陆　洁 可不是，今天早上中了特务一枪。

赵战生 没大事儿。

于　华 那也不行，赶快到医务室叫我看看。

陆洁推赵战生走。

陆　洁 于医生，您得好好管管他。流了好多血呢，把人都吓死了。

陆洁推着赵战生跟于华进了医务室。

医务室　日　内

陆洁小心翼翼地帮赵战生脱下衣服。

于华给赵战生检查伤口。

于　华 还成，问题不大，小陆同志，把医药箱拿过来。你去卸车吧。

陆　洁 哎。

陆洁拿过药箱。

于华打开药箱，取出医疗工具，棉花、纱布、消毒液等。

于华给赵战生处理伤口、包扎。

于　华　还有其他人负伤吗？

赵战生　没有。敌人安放的定时炸弹都叫我们排除了，两个狗特务也叫我们给报销了。于医生，你说就这点儿小伤算个啥，这陆技术员就当老大的事儿了。

于　华　人家不是关心你嘛！我看她好像对你有点儿意思。

赵战生　（不解地）有点儿意思，什么意思？

于　华　（给赵战生包扎好伤口）傻小子，以后你就明白了，快把衣服穿好，别感冒了。

赵战生　谢谢于医生。

赵战生边穿衣服，边跑出医务室。

于　华　（边收拾医药箱，边喊）战生，你小心点儿，别累着。

抢修现场　日　外

在丰满电厂的支援下，加快了抢修进度，工人们工作热情高涨，场面壮观。

欧阳孝仁前忙后，高洪亮、刘翰林和姚大海时而和工人们一起干活，时而研究抢修中出现的实际问题。

薛刚开着中吉普，陆洁坐在副驾驶位子上，抱着两个暖瓶。

于华和王芳坐在后面，扶着保温桶，旁边有个大盆，里面装着一些搪瓷缸子。

车在抢修现场停下，薛刚和陆洁跳下车，他们帮助于华和王芳下车。

众人围了过来，议论纷纷。

陆　洁　同志们，我给大家介绍一下。（指着于华）这位解放军同志是高队长的爱人于华，新到任的医生。（指着王芳）这位是刘总工程师的爱人王芳，新到任的化验员。（指着中吉普车）看到没有，这个车，刚缴获的，嘎嘎新！是高队长的司令员送给咱们的。这还不算，他还把自己的司机也送给了咱们，（指着薛刚）这位就是司令员的司机薛刚同志。

酒憨子　哎呀呀呀，咱基建总队真是烧了高香了。自从高队长来了之后，那是好事连连，喜事多多。定时炸弹排了不算，还干掉了两个特务，丰满电厂全力地支援我们，这又送车派人。

墩　子　（爱不释手地摸着车）这车，盖了帽了，那是小偷拉电闸，贼闭呀！那叫什么来的？

陆　洁　鸟枪换炮。

墩　子　对对对，鸟枪换炮。狗特务，我叫你们折腾，有强大的解放做后盾，你们蹦跶不了几天了。

众人欢呼雀跃。

高洪亮、刘翰林、姚大海挤进人群。

薛　刚　（敬礼）报告团长，薛刚前来报到。

高洪亮　哎呀，真没想到，你小子也来了。

薛　刚　支援地方建设嘛。

高洪亮　觉悟挺高嘛。

薛　刚　哪儿呀，这是司令员说的。司令员太够意思了，这车就是送给你的。怎么样？嘎嘎新。没想到吧？

高洪亮　没想到。

于　华　（敬礼）报告队长，于华、王芳前来报到。

王芳下意识地也敬个礼，手举反了，又改了过来。逗得大家一顿笑。

高洪亮　你们来得好快呀。

陆　洁　何止快呀，她们已经把医务室、化验室都收拾得井井有条、利利索索，这不，（指保温桶）熬了这么多姜汤给送来了。

姚大海　亮子，这个年轻的军医就是你媳妇？

高洪亮　对呀，没错儿。（忽然想起来没向师傅介绍，一拍大腿）哎呀，对不起师傅。（对于华喊）于华，你快过来。

于　华　哎。

于华跑了过来。

高洪亮　快，来来来，（指着姚大海）这就是我常跟你念叨的大海师傅。

于　华　（双手握住姚大海的手）师傅好。师母好吗？

姚大海　好好好，你师母要是知道亮子有媳妇了，说不上咋高兴呢。（对刘翰林）刘总，（指王芳）这是您夫人？

刘翰林　是。（对王芳）快，芳芳，见过丰满电厂的姚厂长。真得好好谢谢他们哪！

王　芳　（和姚大海握手）您好，谢谢电厂的同志。

姚大海　说远了，咱们是一家人，应该的，应该的。

陆洁端碗热腾腾姜汤送到姚大海手里。

陆　洁　姚厂长，喝碗姜汤吧，暖暖身子也预防感冒。

姚大海　好好好，我喝，我喝。

高洪亮　这样吧，大家就不要客气了，想喝的就快点儿，抓紧时间，别耽误抢修。

酒懵子　对对对，我来一碗。

牛二虎　我也来一碗。

墩　子　这待遇，咱也享受享受。来一碗。

王芳、于华分别给大家送姜汤，陆洁一手端一碗姜汤来到高洪亮和刘翰林跟前。

陆　洁　高队长、老师，你们也喝一碗吧。

高洪亮　好。

高洪亮和刘翰林都接过姜汤喝了起来。

高洪亮　小陆，你和薛刚先给大家发姜汤，叫于医生和你师母过来一下。

陆　洁　好。

陆洁去叫于华和王芳。

高洪亮和姚大海耳语了一会儿，姚大海点头应允。

高洪亮拉着刘翰林走出了人群，找一个比较僻静的地方。

于华和王芳跟了过来。

高洪亮　你们辛苦了，首先感谢你们来了就投入战斗。现在敌情非常复杂，斗争也非常激烈残酷。你们俩的主要任务就是保证队员的身体健康，避免非战斗减员。虽然，我们在对敌斗争中确实取得了一定胜利，但敌人绝不会善罢甘休，一定会采取最阴险、最狡猾的手段和我们较量。你们现在首要任务就是，对咱们吃的、穿的、喝的、用的，总之，凡是与大家生命有关的都要化验、检查，确保人身安全。我们队里可能有敌人潜伏的特务。

王　芳　啊？华姐，我害怕。

刘翰林 没出息。

于 华 没事儿，有我呢。

高洪亮 放心吧，我们把目标都控制了。你们就安心地做你们的工作。当然也要提高警惕，以防万一嘛。

刘翰林 老高，我总觉得哪儿不大对劲儿。这鬼天气，起风了，又要下雪了，也不知道秦凯他们走到哪儿了。

公路上　日　外

风在呼啸，雪花在飘。

秦凯的运输队艰难地行进。

驾驶室　日　内

秦凯手提驳壳枪，透过结着霜花的风挡玻璃，警惕地瞭望着。

司机杨 队长，这路太难走了。

秦 凯 是啊。可就是下刀子咱们也得往前赶！这关系到抢修的成败呀！

司机杨 队长，再往前走就是黑风口了，那可是土匪经常出没的地方啊。

秦 凯 就是龙潭虎穴咱也得闯啊。时间不等人！

司机杨 对，闯！

司机杨聚精会神地开车，秦凯警惕地观察敌情。

某匪巢　日　外

马五爷的匪巢依山而建。

木制大门外吊桥下有两米深的沟，沟沿上是用麻袋装土修筑成的掩体，里面有匪徒持枪站岗放哨。

大门里左右各有一排圆木构造的房子，正对着大门有一个也用圆木建造的起脊尖顶大房子，看着比两边的木房子高大许多，这就是马五爷的聚义厅。门两边有岗哨。

某匪巢　日　内

聚义厅是二进式格局。

正厅靠里墙下方正中有一个铺着虎皮的太师椅，太师椅背后上方用木条钉成的繁体"义"字足有两米见方，很是显眼。

马五爷懒散地坐在太师椅上。

下面两旁椅子上坐着几个小头目，他们都很不服气地盯着于丽。

于丽身着国民党美式中校军服，腰里挂着左轮手枪，她正在和匪首马五爷因为劫不劫运输队的事儿争论不休。

马五爷 （瓮声瓮气地）特派员，你就是说出个龙叫来，那些破铜烂铁我也不劫。

于 丽 五爷，你现在可是松江地区反共救国军的上校司令，这是毛局长的命令，你敢不从？

马五爷　少跟我扯犊子！拿毛人凤吓唬我，不好使。哼，有他我吃饭，没他我就喝西北风啦？他妈的，小鬼子关东军都没把老子咋地，我怕他！这叫将在外君命有所不受。特派员，咱们打开天窗说亮话，那点破铜烂铁到我手上那是丁点儿用都没有。这时局，整不好还得惹上一身骚，赔本的买卖我马某不干！

众　匪　大当家说得对，赔本的买卖我们不干。

于　丽　乡巴佬、土包子、白痴！你们懂什么？

马五爷　（往靠背椅上一靠抬起右手）我们就懂这个，（做数钱动作）有钱能使鬼推磨呀。

于　丽　那好。（一挥手）来，把五爷需要的东西抬上来！

几个土匪抬着重重的武器箱子进了聚义厅。

于　丽　打开，叫五爷开开眼。

箱子打开，全是美式装备，还有大洋。

马五爷大悦，他拿起枪比画了几下。

马五爷　（面露笑容，对于丽抱了抱拳）特派员果然出手大方，仗义，没说的。什么时候动手，你就下命令吧。

于　丽　那好，据可靠情报，共军的运输队今天一定通过黑风口，我们就在那里设伏。

马五爷　瞧好吧！弟兄们，抄家伙下山！

土匪们抄起家伙就往外走。

于　丽　（朝天放了一枪）都给我站住！纯粹是一群乌合之众，没有个计划怎么打？

马五爷　特派员，干别的咱不敢吹，干这个那是我五爷的强项。你就瞧好吧！

于　丽　（无奈地摇摇头，咬着牙骂道）真拿你们这帮乌龟王八蛋没办法。

于丽提着枪，跟着土匪离开聚义厅。

公路上　日　外

风雪中，运输队艰难地行进。
车上，全副武装的工人机警地观察。

山林中　日　外

于丽和马五爷带领匪徒们在深山老林中快速赶路。

公路上　日　外

车队行进。

山林中　日　外

土匪设伏。
市公安局派出接应秦凯的武装小分队队员们穿着白色斗篷滑雪赶路。

第四集

黑风口附近的公路上　日　外

司机杨放慢车速，停车。整个车队停下。

秦凯敏捷地跳下车。

秦　凯　（在风雪中大喊）同志们，前面就是黑风口了，大家一定要提高警惕，随时准备战斗。

某队员　放心吧，队长，人在物资在。

大家纷纷拉开枪栓，子弹上膛。

秦　凯　好，出发！

秦凯跑回头车，拉开车门上车。

驾驶室　日　内

秦　凯　（上车后对司机说）开车。

司机杨挂上挡。车开走。

车队快到黑风口了，秦凯发现迎面来了一个雪橇，上面似乎拉着一个抱着"孩子"的年轻女人。

秦　凯　（命令司机）停车、停车。

车停后，秦凯提枪跳下车。

黑风口附近山路上　日　外

秦凯下车后，告诉大家。

秦　凯　同志们，我们已经进入黑风口，大家一定要提高警惕，做好战斗准备。

秦凯提着枪，向迎面而来的雪橇走去。

当秦凯进入射程后，雪橇上的女人突然掏出手枪，扔掉"孩子"向秦凯射击。

秦凯中弹倒下。

架在车顶上的机枪手迅速开火。

赶雪橇人被当场击毙，于丽滚下雪橇逃进林子。

山坡上，匪首马五爷见势命令开火。

枪声大作，双方激战。

敌众我寡，土匪们号叫着冲下山。

情况万分紧急，小分队及时赶到，打退了土匪。

人们把秦凯抬上车，他已经奄奄一息。

秦　凯　（吃力地说）敌人打退了？

司机杨　打退了。幸亏公安局小分队的同志及时赶到，要不，我们就完了。

秦　凯　谢谢小分队的同志们。一，一定要抓住那个女的，她……我，我不行了，把我，埋，埋在塔，下……

秦凯牺牲了。

人们呼喊着秦凯的名字。

这声音在山谷中回响……

驻地指挥部　傍晚　内

高洪亮在接电话。

高洪亮　我们已经料到了，可是鞭长莫及呀。对对对，多亏你们，好好好，谢谢，谢谢。什么？秦凯同志牺牲了？是被黑玫瑰打死的。这笔血债我记下了。谢谢，谢谢刘局长。

高洪亮放下电话，气得在屋里乱转。

高洪亮　（大喊）战生。

赵战生　到。

赵战生应声跑进来。

赵战生　队长，什么事儿？

高洪亮　他妈的。咱们运输队被国民党特务和土匪劫了，幸亏公安局的小分队及时赶到，不然就坏菜了。秦队长牺牲了。该死的黑玫瑰，我一定要抓住你。

赵战生　伤亡大不大？

高洪亮　不小哇。好在都送进了附近的医院了。（思考片刻）如果，我估计没错的话，范协该有动静了。

赵战生　马上就要开饭了，这个时候，最容易放松警惕。

高洪亮　我们要内紧外松，给敌人造成假象。你和薛刚（贴近赵战生耳朵授意，赵战生不住地点头）明白了吗？

赵战生　明白了。

高洪亮　立即行动。

赵战生　是。

赵战生跑出指挥部。

指挥部外　傍晚　外

赵战生从指挥部出来，进了宿舍。

过了一会儿，薛刚从宿舍出来上了那辆中吉普，发动车，两个车灯照得院子通亮。高洪亮急匆匆上车，车急速开出院子。

所有这些都被躲在伙房仓库里的范协看得一清二楚。

范　协　（长出了一口气）天助我也。

驻地食堂　傍晚　内

伙房、食堂内，灯火通明，蒸汽萦绕。

范协里里外外地忙个不停，他在察言观色，寻找时机。因为，接头的时间快到了。

在丰满电厂的大力帮助下，抢修进展神速。高洪亮和刘翰林决定，今晚一定要设宴感谢丰满电厂的同志，并借此机会麻痹敌人，逼特务出手。

这边桌刘翰林在高洪亮的安排下，会同于华、王芳、陆洁正在和姚大海厂长等丰满同志推杯换盏喝得正酣，聊得开心。

旁边桌酒懵子喝得不过瘾，拿起酒瓶子就往嘴里倒，被牛二虎抢下。

牛二虎　酒懵子，你也太不地道了，这酒，差不多都让你一个人闷了，别人喝啥呀？

酒懵子　没，没你说话的份儿，你还欠我一顿酒呢。墩，墩子，你，你说，有，有没有这回事儿？

墩　子　有。我作证。

酒懵子　战，战生，你，你不知道，那天……（这时，战生看见哨兵小王进来，就迎了上去）哎？人呢？（看了半天）哎，这小子跑哪儿去了？不管他了。来，喝酒，喝酒。

赵战生　（故意高声）哎，小王，这个时候不是你的岗吗？

哨兵王　撤了。

赵战生　谁让撤的？

哨兵王　班长啊。（小声在耳边说几句，然后大声）班长说，撤了吧。今儿个有酒有肉的，不能让弟兄们亏着。我们班长真是这个（竖大拇指）。

赵战生　啊，啊，也对，也对。那赶紧趁热吃吧。

赵战生一直用余光观察着范协的一举一动，他拉着哨兵小王来到靠近门口的桌旁坐下。

范协赶紧过来给小王和战生端来酒菜。

范　协　小王辛苦了，是得放松放松了，整个东北都解放了，咱们的胜利也一个接一个，剩下几个特务能掀什么大浪。对不，战生？

赵战生　那是啊，来一个杀一个。

哨兵王　来两个杀一双。

范　协　对对对，把他们全杀光。你们先喝着，需要什么尽管吱声。

赵战生　谢谢范师傅，您忙去吧。

范　协　好嘞。

范协离开这里，向伙房走去。

赵战生示意小王跟出去。小王会意，他和赵战生悄悄离开食堂。

驻地伙房后面的树林　晚　外

范协从伙房出来，趁着夜色走到树林里解开裤带开始小便。他吹着口哨四处搜寻接头的人。

突然，从远处的树上飞过来一包东西。

范协赶紧提起裤子，去捡那包东西。

只听一声枪响，从树上掉下一个人。

没等范协弯下腰，赵战生的枪口已经顶住了他的脑袋。

赵战生 别动！动，就和他一样。

哨兵王迅速捡起那包东西。

赵战生 赶快把这包东西送给王老师。

哨兵王 好嘞。

哨兵王拿着那包东西一溜烟跑了。

埋伏在树林里的薛刚提着枪从树林里喊道。

薛 刚 战生，枪法太准了，一枪毙命，死了。

薛刚说完从树林里走出来。

范 协 （惊讶地）薛刚，你不是和队长走了吗？

薛 刚 为了你又回来了。走吧，到指挥部。

赵战生和薛刚押着范协向指挥部走去。

在食堂里吃饭的人，听到枪声都跑了出来。他们看到赵战生和薛刚押着范协，也就大概知道怎么回事儿了。

刘翰林 没事儿了同志们，进屋，进屋。咱们该吃吃，该喝喝，别让狗特务煞了我们的风景，坏了我们的好心情。

牛二虎 对对对！这个王八犊子，原来是狗特务哇。太狡猾了！

墩 子 狐狸再狡猾也斗不过好猎手。小样儿，这就是下场。

酒憓子 （已经有醉意了）那，那可不。走，走，接着喝，接着喝。

众人重回食堂。

驻地指挥部 夜 内

高洪亮和陆洁早已在指挥部等着呢。

赵战生和薛刚押着范协进来。

赵战生一脚就把范协端倒跪在地上。

赵战生 小样儿，跟我们玩儿。差远了！老实交代！

王芳进来，把化验报告交给高洪亮。

高洪亮接过报告看完之后，"啪"的一声，把报告拍到桌子上。

高洪亮 （厉声道）范协，你可真够狠的，砒霜、氰化钾一起用！

吓得范协连续磕头。

范 协 天地良心，我也不知道里面是什么，只知道……

高洪亮 让你投毒。

范 协 对。

高洪亮 为了实施这个计划，你利用帮厨作掩护找机会下手？

范 协 是。

高洪亮 刚被打死的那个是谁？

范 协 不知道他的真名，只知道代号是猴子，他身轻如燕，来无影，去无踪。

高洪亮 昨天清晨打死的两个人你认识吗？

范 协 不认识。

高洪亮　你的直接上级是谁?

范　协　雪狐。

高洪亮　雪狐是谁?

范　协　奉天王记茶铺的掌柜。

高洪亮　黑玫瑰是谁?

范　协　不知道。

高洪亮　真的不知道?

范　协　真的不知道哇。

赵战生　(用枪顶住范协的头)不说实话老子就毙了你。

范　协　你就是毙了我,我也不知道哇。我是彻底服了。(对高洪亮)您一来就把我盯上了,我已经感觉到了。啥也不说了,我要立功赎罪争取宽处大理。我带你们去抓雪狐,贵党贵军的政策我知道。

高洪亮　知道就好,你们俩先把他带到咱们住的帐篷,好好看着。

赵战生　是。

赵战生和薛刚把范协押出指挥部。

高洪亮　小陆,都记下来了?

陆　洁　一字不差。

高洪亮　好。

刘翰林、姚大海、于华进来。

刘翰林　审得怎么样?

高洪亮　该说的都说了,提供的线索非常重要。尤其,他想立功赎罪,我们要充分利用这一点。

姚大海　亮子,你小子就是厉害!看来,一切都在你的掌控之中,师傅真为你高兴。我看咱们趁热打铁进行夜战。你就放心,有我和翰林保证没问题。

高洪亮　那还有啥说的。就是……

姚大海　行了,你那点儿心思我还不知道,把师傅当外人了。你要还认我这个师傅就听我的……

没等姚大海说完,运输队的人抬着秦凯的遗体进来。

司机杨　快快快,让开,让开。

众人把秦凯的遗体放在地上。

司机杨　(突然发现于华,指着于华)你怎么在这儿,狗特务!同志们,是她,就是她打死队长的!(突然揪住于华的衣领,顺势掏出于华别在腰间的手枪,对准于华)我要给队长报仇!

就在司机杨扣动扳机之前,高洪亮已把他拿枪的胳膊举向上方。

枪响了,子弹从帐篷顶部穿出。

高洪亮迅速夺下司机杨手中的抢。

在场的人都蒙了。

刘翰林　(震惊后,马上回过神来,对司机杨大吼)小杨,你疯了!那是咱新来的于医生,高队长的爱人。

司机杨　（号啕大哭）我看得清清楚楚就是她嘛。扒了她的皮儿，我都能认出她的瓢。队长啊，队长，你死得好惨哪，太冤了……

众人也都跟着流下了眼泪。

高洪亮和于华心里都明白了。

俩人异口同声　黑玫瑰是小丽。

众　人　（议论纷纷）怎么回事儿啊，小丽，黑玫瑰，女特务，于医生……

高洪亮紧紧握住司机杨的手。

高洪亮　谢谢，谢谢你小杨同志。你提供了一个非常重要的线索。打死秦队长的是于华医生的孪生姊妹于丽，她就是军统高级特务，代号黑玫瑰。你放心，她跑不了，我们一定能抓到她绳之以法。

王　芳　华姐，你说的那个妹妹就是黑玫瑰？

于　华　对。就是国民党军统局的大阴谋。他们雪藏小丽这么多年的目的，就是要把她变成杀人工具，让我们自相残杀。太狠毒了！

刘翰林　老高哇，这到底是咋回事儿呀，都把我弄糊涂了。

王　芳　哎呀，这事儿一两句话也说不清楚。以后，我慢慢给你讲。啥也别说了，你就听高队长的吧。

姚大海　说得好！亮子，这个时候，你必须喊里喀嚓，当机立断！

高洪亮　那好。师傅，我就不客气了，就听您的。趁热打铁，连夜奋战，争取明天为秦队长举行葬礼。我和战生、薛刚连夜出击，配合公安部门抓捕特务，争取一网打尽。

刘翰林　（激动地）老高你放心，我和姚厂长今晚一定带领大家打个漂亮仗。

于　华　我和芳芳、陆洁一定会处理好秦队长的后事。

司机杨　啊对了，我想起来了。队长牺牲前对我们说，一定把他埋在山顶的铁塔下，他要看着我们取得胜利。

高洪亮　放心吧。我们一定要让英雄在最美、最风光的那个塔下，见证我们的奇迹！还有什么问题？

众　人　没啦。

高洪亮　好！大家各负其责，开始行动！

众　人　是。

于　华　运输队的同志跟我来，把秦队长抬到医务室。

司机杨　好，大家搭把手。

司机杨等人抬着秦凯的遗体和众人纷纷离去。

高洪亮拿起电话。

高洪亮　市公安总局吗？找刘局长。我是高洪亮，老刘，（声音压低变小）一个重要情况，奉天王记茶铺的掌柜，是军统辽北站的站长，代号雪狐。敌人投毒的阴谋被我们粉碎了。抓住一个潜伏特务范协，代号蝎子。击毙一个特务，不知名只知代号猴子。

刘局长　好，太好了。老高哇，你走到哪儿都能整出动静给人惊喜。你们哪是基建总队呀，简直就是独立的特别行动队！事不宜迟，我立刻派人去押解范协围剿雪狐，端掉他们的老窝。

高洪亮　好。（放下电话喊）赵战生。

高洪亮听到隔壁帐篷里赵战生答："到。"

不一会儿赵战生进来。

赵战生 队长，有什么指示？

高洪亮 范协又交代什么问题了，还老实吧？

赵战生 老实。态度可好了，痛哭流涕，决心立功赎罪、痛改前非。还说要带咱们去抓雪狐。

高洪亮 一会儿，公安总局就会把范协带走。我们也一定要加强保卫工作。

赵战生 放心吧，队长。明哨、暗哨都是双岗，没问题。

高洪亮 好。一会儿你跟薛刚交代一下，让他在家留守，一定保护好驻地的安全。我们俩去抢修现场加强警戒，顺便检查一下护线护塔情况。

赵战生 是。

赵战生跑出指挥部。

高洪亮带好武器，穿上大衣，戴好安全帽，拿着手电走出指挥部。

驻地指挥部　晚　外

高洪亮从指挥部出来。

赵战生也从关押范协的帐篷出来。

高洪亮 都安排好了？

赵战生 安排好了。

高洪亮 好，走吧。

高洪亮和赵战生向大门走去。

哨兵王 口令？

高洪亮 雄鸡。回令？

哨兵王 报晓。

高洪亮和赵战生走到哨兵王跟前。

高洪亮 不错，辛苦啦。

哨兵王 不辛苦。高兴还来不及呢，特务一个一个的不是被抓，就是被打死。痛快、解气！战生，你太厉害了。

赵战生 不行，不行。你今天表现得非常好，机智勇敢。

哨兵王 跟你比那不差远了吗？高队长，听说您更厉害！

高洪亮 你听谁说的？

赵战生偷偷地极力摆手，哨兵王会意。

哨兵王 啊，那什么，大家都那么说。

赵战生偷偷地给哨兵王竖大拇指。

高洪亮 （指着赵战生）是不是这小子说的？

哨兵王 不是，不是，确实大家伙都那么说。

高洪亮 啊，注意警戒。

高洪亮和赵战生离开这里。

赵战生边走边回身给哨兵王竖大拇指。

哨兵王用愉快、得意的笑目送着他最佩服的两个军人。

山顶上铁塔　夜　外

铁塔上，炸断的导线在风中摇动。

一个民兵站在塔下警惕地注视着周围的情况，当他发现高洪亮和赵战生的时候。

民兵甲　口令！

高洪亮　曙光。回令。

民兵甲　胜利。

高洪亮和赵战生走近站岗的民兵。

高洪亮　暗哨呢？

民兵甲　当然有了。

哨兵吹了一下口哨。

远处树林中有人喊。

暗　哨　什么情况？

民兵甲　首长查岗。没事儿了。

高洪亮　好，非常好。有你们站岗，敌人就拿咱们没辙。我们就能安心地搞抢修。谢谢，谢谢你们。

民兵甲　你们为了啥？不都是为了百姓嘛。多不容易呀，这大冷的天儿，没黑天没白天地干，应该谢谢你们。看，干得多热闹哇。

远远望去，一条由火把组成的长龙，抢修现场更加壮观。

各种劳动发出的声音汇聚成最美的交响乐在山谷里回响……

高洪亮　（十分感慨地）了不起，这是一场多么波澜壮阔的人民战争啊……（非常满意地）就这儿了，为英雄烈士举行葬礼。

山路上　夜　外

远远望去，只见两束灯光在山路上移动。

汽车内　夜　内

雪狐内着西装，外套是皮领的呢子大衣，头戴礼帽正在开车。

他心乱如麻，不知道下一步怎么办。要不是他早有准备，这次肯定会被公安总局一窝端。

于丽穿着貂皮大衣，头戴纯俄罗斯进口的贵妇人最时髦的帽子，坐在副驾驶位上一言不发。

雪　狐　（劝她）特派员，犯不着跟那帮土匪较劲。说句掏心窝子的话，好好的东北丢了，天津也丢了，北平被困危在旦夕，我看党国的气数已尽，兵败如山倒，咱还是想想后路吧。

于丽掏出手枪顶住雪狐的头。

于　丽　信不信，我一枪毙了你。

雪　狐　好哇。我雪狐能死在特派员的枪下，那是我的福分。反正我的站报销了，我也暴露了，横竖都是死。痛快点儿，早死早托生。

于丽把枪收起。

于　丽　没那么悲观吧，退一万步讲，我们还有长江天险，还有美国盟邦的援助，鹿死谁手还不一定呢。

雪　狐　天险能守，可人心呢？守不住哇！你什么时候回南京？

于　丽　我还有脸回去吗？

雪　狐　特派员，这是你的错吗？绝对不是，整个东北都被共军拿下了，我们还能翻多大的浪。你就够了不起的了，这动静搞得多大呀，把天都捅个大窟窿，要知道这是在共军的天下。哼，谁要是不服，那就让他们过来试试！

于　丽　路遥知马力，日久见人心。你这个朋友够份儿。

雪　狐　行了，我也不磨叽了，也知道劝不了你。你就说，干，还是不干，怎么干？反正我不想再为党国卖命了，但愿意为你去死！

旁　白　一种从来未有过的复杂的感受向于丽袭来，人非草木孰能无情？雪狐的肺腑之言，对自己的赤胆忠心，以及那种说不清的喜欢，还是爱，让这颗一向刚愎自用、冷酷无情的心似乎开始融化……

雪狐眼中蓄泪，继续开车。

尽管于丽极力控制自己，泪水还是流了出来……

医务室　夜　内

于华、王芳和陆洁从头到脚给秦凯打扮了一番。

秦凯烈士静静地躺在担架上。头发梳得非常规整，脸上干干净净，换了崭新的工作服，脚上是高洪亮没穿过的黑布棉鞋。

于华把白色床单慢慢地蒙在秦凯烈士的身上。

于　华　好了。秦队长可以干干净净、安安心心地走了。就让他静静地在这儿休息。

于华开始收拾药箱，准备去抢修现场。

王　芳　华姐我和你一起吧。我去换件衣服。

陆　洁　我也想去。

于　华　你忘了队长让你干啥了？协助薛刚做好驻地安全。赶快到指挥部值班。

陆　洁　好吧。

王芳和陆洁相继离开。

于华背好药箱刚要离开，一个蒙面黑衣人随即闪了进来。

枪口已经顶住了于华的头，她就是于华的胞妹于丽。

于　丽　别动，照我说的去做。

于　华　小丽！

于　丽　少啰唆，快把衣服脱下来。

于　华　小丽！你别干傻事儿。

于　丽　干傻事儿的是你们，我要为爸爸和全家报仇。

于　华　小丽！你听我说。

于　丽　我不听。快，快点儿！

于华脱下衣服后，扔给于丽。

雪狐从门外飞身进来。

女宿舍　夜　内

王芳进宿舍后，开始换衣服。

医务室　夜　内

雪狐用绳子在捆于华。

于丽把于华的全部行头换上，包括配枪，穿上军大衣。

雪狐捆好于华后，瞅了一眼于丽。

于丽示意药箱，雪狐领会于丽的意图，打开医药箱，把里面的药品等都倒了出来。然后，从行囊里掏出定时炸弹装在里面。

于华被捆住双手和双脚，嘴也被堵上了，她在地上拼命地挣扎、叫喊，但发不出声，她急得满头大汗。

于丽把貂皮大衣盖于华身上。

于　丽　好了吗?

雪　狐　好了。

雪狐把药箱盖上递给于丽。

于丽接过药箱背上。

于　丽　（命令）走，去工地，你策应我。

雪　狐　好。

两人迅速撤离医务室。

于华拼命地挣扎……

王芳在外面喊。

王　芳　华姐，走哇。

于华拼命地挣扎，喊不出声来。

王　芳　华姐，华姐，华姐。

王芳进屋见此情景惊呆了。

王　芳　啊，华姐，这是怎么了?

于华示意王芳把堵在嘴里的东西拿掉。

王芳会意，迅速拔掉塞在于华嘴里的东西。

于　华　赶快把绳子给我解开!

王芳给于华解绳子。

王　芳　（颤抖地说）华姐，这到底是咋回事啊?

王芳解开捆在于华手上的绳子。

于　华　快!快把薛刚给我找来!

王　芳　那脚上的呢?

于　华　我自己来，快去，快去!

王　芳　哎。

王芳转身跑出医务室。

于华自己解脚上的绳子。

王芳和薛刚跑了进来。

于　华　范协被公安总局的同志押走了吗？

薛　刚　押走了。（对于华）这是怎么了？

于　华　情况紧急，你赶紧发动车。黑玫瑰化装成我已经去抢修现场了。

薛　刚　是。

薛刚跑出指挥部。

于华的外衣都被于丽扒光了，她顾不了许多，穿上于丽的貂皮大衣就往外面跑。

王芳也赶紧追了出来。

驻地　夜　外

车已经发动。于华和王芳跳上车，车迅速开走。

抢修现场　夜　外

抢修现场热火朝天，塔上塔下人们在忙碌。

于丽穿着于华的军装背着药箱来到抢修现场。

雪狐为了配合于丽的行动躲在附近到处鸣枪。

这突如其来的枪声使现场一时慌乱起来。

于丽趁乱偷偷地往雪地里安放定时炸弹。

墩子和酒懵子在塔上看到这种情况感到奇怪。

墩　子　哎？酒懵子你看，于医生往雪地上放啥呢？

酒懵子　我哪儿知道。

墩　子　不对，我觉得于医生今天有点儿怪怪的。

查哨路上　夜　外

高洪亮和战生刚和一支巡逻队打完招呼，就听到了枪声。

高洪亮　不好，现场出事儿了。快走！

高洪亮和赵战生提着枪向现场跑去。

抢修现场　夜　外

工人们早已停下手中活儿议论纷纷……

酒懵子　咋整的，特务怎么又开始折腾了？

牛二虎　敌人能甘心失败吗？看你那熊样，吓尿裤子了吧？

酒懵子　滚犊子，你才尿裤子了呢。

随着刺耳的刹车声，薛刚的中吉普停在了抢修现场。

薛刚站在车上向天鸣枪。

于华和王芳也跳下车。

薛　刚　同志们！大家别慌。（指着于丽）她不是于医生，是黑玫瑰！（指着于华）她才是真正的于医生。大家别上当，抓特务！

工人们举着手中的工具迅速地把于丽围在中间，愤怒地高喊：打死这个狗特务……

于丽哈哈大笑。

于　丽　仗着人多势众？好哇，（她掏出枪，扯开军大衣，身上绑的全是炸药）来呀！来！大不了同归于尽！

众惊恐不知所措。

于华挤进人群。

于　华　小丽，听姐的话，别干傻事儿了。

于　丽　闭嘴。（肆无忌惮地叫嚣）高洪亮，高洪亮在哪儿？你不是英雄吗？怎么变成狗熊了。

于　华　小丽你听姐说，咱爸，还有咱们全家根本就不是共产党杀的，是蒋介石派你们军统干的。

于　丽　少废话！高洪亮，你给我出来！你杀了我那么多兄弟，我要给他们报仇！你这个缩头乌龟（声嘶力竭地）。高洪亮，高洪亮！

高洪亮　别喊了，我来了。

高洪亮走在前面，赵战生押着捆得结结实实的雪狐跟在后面。

高洪亮　小丽……

于　丽　少跟我套近乎。

赵战生把雪狐推到前面。

高洪亮　黑玫瑰，（指着雪狐）看看他是谁？

于　丽　（非常震惊）雪狐？

雪　狐　特派员，不要再执迷不悟，互相残杀了。

于　丽　这么快，你就反水了？

雪　狐　没有，我没有！党国的气数已尽，不要再做无谓的牺牲了。你看看，这漫山遍野的都是人，一直到抚顺全是民兵站岗护线，而我们呢？差不多都死光了。人家共产党打的是人民战争深得人心，而我们为了蒋家王朝打的是自相残杀的内战不得人心，能不输吗？

于　丽　你这么快就被赤化了？

雪　狐　（无奈地摇摇头）不是我被赤化了，这是事实。我知道劝不了你，还是那句话，我不想再为党国卖命了，但愿意为你去死！

雪狐说完咬碎藏在领口的氰化钾，痛苦地死去。

于　丽　（气急败坏地）我和你们拼了。

于丽歇斯底里地要拉身上的导火索。

高洪亮朝天开了一枪。

高洪亮　住手！

于　华　（大喊）小丽，吴妈还活着！

于　丽　不可能。

于　华　真的！在江南老家卖棉花糖呢。

于　丽　棉花糖？

于　华　对，就是你最爱吃的棉花糖。

于　丽　都死光了，她怎么能活下来呢？

于　华　事发当时吴妈去买菜，这才躲过一劫。回来时，她亲眼看见，是一个左眼皮上有个黑痣还长着毛的人领着干的。

于　丽　（打了个冷战）难道是他……

旁　白　于丽每个细小的情绪变化，都被高洪亮捕捉到了。一个大胆的计划开始了……

高洪亮　小丽，你姐已经把事情说得很清楚了，我知道你一时还转不过弯儿来。但雪狐的话，你应该好好掂量掂量。你也不动动脑筋想一想，咱爸是倾向共产党反对蒋介石打内战坚决抗战的，共产党怎么能杀他呢？现在可以告诉你，我和你姐就是共产党和咱爸接触的联络人。蒋介石心狠手辣，先发制人命戴笠派人血洗咱家。领头的就是你姐说的那个人，这个人你肯定认识。可悲的是你却蒙在鼓里死心塌地地为蒋介石卖命！并且，一而再再而三地做出令亲者痛仇者快的蠢事！小丽呀，雪狐的死还不能让你清醒吗？

于　丽　（近似疯狂地）别说了！别说了！姓高的你敢放我走吗？

高洪亮　天网恢恢疏而不漏，多行不义必自毙。全国很快就要解放了，蒋家王朝就快灭亡了。这一点你应该清楚。我知道你现在是怎么想的，也知道你想做什么。你走吧，但有个条件。

于　丽　讲。

高洪亮　说出你埋定时炸弹的位置。

墩　子　队长我看到她扔的东西了，（指）就在那里。原来是定时炸弹哪，够狠的。

酒憨子　对，我也看见了。

墩　子　都瞅我干啥，我确实看见她往雪里扔东西了。可不知道是炸弹哪。

高洪亮　好，同志们闪开，让她走吧。（对于丽）你的车就在那边停着呢。

于　丽　既然你们都知道了，也免得我费事儿了。我有一个请求。

高洪亮　说。

于　丽　（指着雪狐）请你们把他抬到车上。

高洪亮　没问题。

司机杨　（从人群中冲出来）不行，我一定要杀了她给秦队长报仇。

众怒吼　对！杀了她，杀了她！

于丽趁于华不注意，一把搂住她的脖子，用枪顶住于华的头。

于　丽　听好了！不想让她死就给我让开！（指着赵战生和薛刚）你，你，抬上他。

高洪亮　大家都不要乱动，往后退，后退，让开，让开！

赵战生　（不解）团长？

高洪亮　执行命令。

于丽挟持于华后撤。

赵战生和薛刚抬着雪狐遗体跟在后面。

他们来到车前。

于丽打开右侧后车门。

赵战生和薛刚把雪狐遗体放进车里。

于　丽　（命令赵战生）把后门关上，把前门打开。

赵战生把后门关上，拉开副驾驶位方向的车门。

于　丽　（用枪指着赵战生和薛刚）你，你，往后退，退得越远越好。

于丽挟持于华来到前门，一推于华。

于　丽　进去。

于丽举着枪对着大家，关上车门，来到驾驶舱侧，拉开车门，迅速上车，关上车门，发动车，车开走。

车上　夜　内

于丽见脱离了众人的视线后，把停下车。

于　丽　下去吧。

于　华　小丽你不要再与人民为敌替蒋介石卖命了！

于　丽　闭嘴，我知道该怎么做。趁我没改变主意，下车！

于丽打开车门奋力把于华推下了车。

于　丽　姐，对不起，多保重！

于丽关上车门，车急速开走……

高山上铁塔下　秦凯墓前　日　外

一轮红日冉冉升起，朝霞满天。

抢修进展神速，各基损坏的铁塔一夜之间拔地而起。

举目远望所有的一切都一览无余。

那些刚刚立起的铁塔在朝阳的辉映下显得更加光彩夺目。

秦凯的墓就建在这儿。

碑文：烈士秦凯，落款：东北电业管理局基建总队敬立，一九四八年十二月一日。

基建总队全体员工在烈士墓前列队站好。

高洪亮　秦凯兄弟，这个地方你还满意吧？你太累了，就先在这儿好好休息休息。我们保证按时完成抢修任务。同志们，有没有决心和信心？

众　人　有。

高洪亮　好，让我们开枪为烈士送行！为了新中国，前进！

众人向天鸣枪。

枪声在山谷里回响。

抢修现场　日　外

十几基塔已经组立完成，它们就像一个个钢魂铁骨的战士，更像一座座丰碑矗立在白茫茫的松辽大地上。

在塔上完成作业之后，赵战生、墩子相继下塔。

牛二虎对赵战生大加赞赏。

牛二虎　战生啊战生，我算服了。你是学啥会啥，干啥像啥。那活儿干得是板板正正，利利索索，比我们都强。我是教不了你了。

酒憋子　我说班长，你可是咱们队的（竖大拇指）这个。你都教不了，谁还能教，谁敢教哇？

牛二虎　你呀。

酒懵子　我？喝酒行，干别的咱不行。你砢碜人也不能这么整啊。

墩　子　班长是跟你开玩笑呢。战生就是了不起，人家万局长都说了将来必有大用。干这点儿活儿，那不是小菜一碟儿吗？

赵战生　行了行了，不愿意教就直说，这么整我受不了。

牛二虎　别价呀，我们也是跟你开玩笑。说真的，咱们是不是应该互相学习呀？

赵战生　那当然了。

牛二虎　我们教你了，你是不是也应该教教我们呀？（对墩子和酒懵子）你们说对不对呀？

墩子和酒懵子　对。礼尚往来嘛。

赵战生　别闹了。我，我能教你们啥呀？

牛二虎　太多了。射击、擒拿格斗，把所有特务全部干死。

墩　子　对。

赵战生　这行，没问题。队长不是说了吗，咱们要一手拿枪，一手搞建设！

酒懵子　对。

牛二虎　痛快！战生啊，你是个好人，没歪歪心眼儿，实惠。往后得留点儿神，别傻了吧唧的谁的话都听。别看欧阳工技术上有一套，可做事儿不地道。这大冷的天儿，怎么能让你不戴手套就上塔呢？幸亏陆洁拦着你，不然，只要你手往铁塔上一抓，立马就得秃噜皮。

赵战生　他跟我开玩笑呢。

牛二虎　玩笑有这么开的吗？听我的没错儿，往后防着点儿。

墩　子　班长说得对，害人之心不可有，防人之心不可无嘛。

他们的谈话，被高洪亮和刘翰林听得一清二楚，两个人不约而同地相视而笑。

山猫气喘吁吁地跑过来。

山　猫　队长，刘总，小青河没冻实成，放线没法过！咋整啊？

高洪亮　赵战生。

赵战生　到。

高洪亮　走，跟我去看看！

赵战生　是。

刘翰林　还是我去吧。

高洪亮　您得指挥全局，我俩过去看看就行了。

刘翰林　注意点儿安全。

高洪亮　放心吧。

牛二虎　（对墩子和酒懵子说）咱也去呗？

墩　子　那还说啥，走吧。

酒懵子　走。

牛二虎　队长，我们活儿都干完了，叫我们也去吧？

高洪亮　行。

高洪亮带着赵战生还有牛二虎他们，跟着山猫离开这里。

小青河放线现场　日　外

小青河宽有三十多米，由于河水流得急直到现在也没有完全冻实成。

河岸两边都结成了薄冰，湍急的河水携带冰碴在河中间奔流。

工人们在焦急地等待。

高洪亮带着人来到这里，他用脚踩踩水边的冰，破碎的冰碴随着河水流向下游。

高洪亮　（急问）有没有杆子？

某工人　有。

牛二虎接过工人递过的杆子跑了过来，又递给高洪亮。

高洪亮　（接过杆子探了探水深）谁有酒？

酒懵子　我有。

高洪亮　拿过来。

酒懵子掏出酒，高洪亮接过酒壶刚要喝就被赵战生抢了过去。

赵战生"咕咚咕咚"地喝了几口，"扑通"一声跳进了河里。

高洪亮　（大声喊）战生，小心你的伤！

赵战生　没事儿。

赵战生深一脚浅一脚地往河对岸走，他到了河对岸之后转过身向高洪亮喊。

赵战生　队长，没问题，放线吧。最深的地方也就到这儿（指胸部）。

众人一看能过了，都"扑通扑通"地跳下了河。

赵战生返回来和大家一起扛着导线喊着号子，在冰河里行进……

抢修现场　日　外

抢修线路导线已挂完。

赵战生、墩子、酒懵子在塔上做收尾工作。

所有人的目光都集中在赵战生一个人的身上，只要他把最后这个螺栓紧好，整个工程就竣工了。

万局长　（对高洪亮和刘翰林，还有陆洁、欧阳孝仁等人）怎么样？我说这小子行，没看走眼吧？

陆　洁　那还用说。光有千里马不行，必须得有伯乐，您就是伯乐。

万局长　会说话。听说，你的功劳也不小哇？

陆　洁　我可没做什么，都是他自己努力的。一点就透，一学就会。

刘翰林　这小子是块好钢啊！

赵战生用扳手紧螺栓。

所有人都跟着他的节奏使劲儿。

众　人　一圈，两圈，三圈……

当赵战生再也拧不动的时候，他长出了一口气。

赵战生　好了！（他举着扳子高喊）竣工了！

赵战生等人相继下塔。

人们欢呼雀跃，相互庆贺。

众　人　我们竣工了！我们胜利了！

高洪亮　同志们，同志们。大家静一静，静一静，下面，请万局长讲话。

万局长　同志们，真让人兴奋啊！在这么短的时间，在这样艰难困苦的条件下，在与大自然和敌人的殊死斗争中，你们创造了一个令人难以置信的奇迹！东北电管局谢谢你们，东北的父老乡亲谢谢你们，党和人民感谢你们。

众　人　我们成功了！我们胜利了！

万局长　同志们，北平已经和平解放了，其他战场也是捷报频传，全国解放指日可待呀！今天，我要告诉大家一个好消息，也是你们最光荣的任务，那就是，马上挥师南进，去完成党中央交给你们最光荣的送电任务。

众　人　中国共产党万岁！毛主席万岁！

人们沉浸在胜利和憧憬未来的喜悦中……

驻地仓库　日　内

仓库内的四周是一圈木货架子，整齐摆放着各种工器具，中间地上并排堆放着导线，过道另一边是瓷瓶和金具，靠门左边整齐地码放着盛粮食的麻袋和豆油桶。

保管员华春雨正在清点仓库。

马寡妇听说基建总队要撤离，赶紧来找华春雨。她通过打听，悄悄摸进了仓库，轻轻地走到华春雨的身后抱住他就是一顿狂吻。

华春雨迫不及待地去解马寡妇的衣服，马寡妇也急切地去解华春雨的衣服。

突然，华春雨停手了。

华春雨　不行，太危险了。

马寡妇　我都不怕，你怕啥？我就想让你们的人都知道呢。现在不是时兴自由恋爱吗？

华春雨　不是那么回事儿。

马寡妇　那是哪么回事儿，啧啧啧，我知道，你和老王家的那丫头也有一腿，咋地，她年轻嫩抽呗？

华春雨　不是。

马寡妇　是你的不是还是我的不是？人家好心好意地来找你，热脸贴了个冷屁股。我贱呗！行，你给我整点儿豆油。

华春雨　这都是有账的不好办哪。

马寡妇　（气急败坏地撒起泼）不好办是不是？好！（拉着华春雨就往外走）你这个没良心的东西，见你们当官儿的去。

华春雨　（极力挣脱）别别别，我给弄，我给你弄还不行吗？

华春雨无奈，只好不情愿地拿出一小桶豆油递给马寡妇。

华春雨　给你，给你，赶紧走吧。

华春雨推着马寡妇就往外走，马寡妇挣脱。

马寡妇　就拿点儿破东西打发老娘走哇？没门！咱俩的事儿必须说清楚，我决不能让你白睡了！

华春雨　那，那你想咋地？

马寡妇　两条路。要么娶我，要么给钱。你选。

马寡妇一屁股坐在麻袋上，从兜里掏出瓜子开始嗑。

华春雨　你这不是讹人吗？

马寡妇　（"腾"地站起来，使劲地吐出瓜子皮）我讹你？笑话！是哪个王八犊子说的要娶我？你是提了裤子就不认账啊。我跟你没完！

马寡妇上去就给华春雨一个大嘴巴。

两个人动手撕扯起来……

第五集

<hr />

驻地大门　日　外

王老汉领着姑娘王春艳来找华春雨，正跟哨兵王说着什么。

哨兵王看见墩子从指挥部出来。

哨兵王　（冲墩子喊）墩子，这爷儿俩找华春雨，你领他们去吧。

墩　子　行，没问题。（招手）跟我来。

爷儿俩进了院子，跟墩子去找华春雨。

驻地仓库　日　内

华春雨怕把事儿闹大，他任凭马寡妇打，只是招架不敢还手。

他的脸已经被马寡妇给挠破了，他到处躲闪。马寡妇披头散发追着打。

墩　子　（在外面就喊）华春雨，华管理员，有人找。

话音未落，墩子领着王春艳爷儿俩已经进了仓库。

他们见此情景都傻了。

王春燕心里知道这是怎么回事儿，她横下一条心来决定站在华春雨一边。

王春艳　马寡妇，你这是干啥？

马寡妇一看来人了更来神儿了。她索性往地上一坐，鼻涕一把泪一把地连哭带骂。

马寡妇　我的天哪，我不想活了，今后可怎么见人哪！你这个没良心的，挨千刀的……

华春雨　（更不知所措，强装硬气）我，我咋地你了？

马寡妇　咋地了，你不知道啊？

王春艳　马寡妇，谁不知道你呀？骚狐狸！跑这儿来撒野。

马寡妇　呀呀呀呀，我是骚狐狸。你是啥？你是养汉老婆，小骚货。

王春艳　你说谁呢？

马寡妇　说你呀。

王春艳　你再说一遍？

马寡妇　再说一遍咋地？小骚货，小骚货。

王春艳　我叫你说！

王春燕上去就给马寡妇一个大嘴巴。

马寡妇哪受过这个？她愣了一下后，上去一把拽住王春燕的头发，狠狠地往王春燕的脸上挠。

两个人打得天昏地暗。

在一旁的王老汉急得直跺脚，墩子更不知所措。

墩　子　哎呀妈呀，这不乱套了吗？

墩子说完立刻跑出了仓库。

身后仓库里的撕打吵骂还在继续。

驻地指挥部　日　内

高洪亮正在主持召开东北电业管理局基建总队第一次临时党支部成立会议。

高洪亮　行了，我看就这么定了，我任书记，于华同志任组织委员，战生同志任宣传委员，薛刚任党小组组长，如果没有什么意见，咱们就举手通过。

高洪亮第一个举手。

于　华　（举手）没意见。

薛　刚　（举手）同意。

赵战生　（举手）同意。

墩子急匆匆地跑了进来。

墩　子　队长，不好了，仓库打起来了，去晚了就出人命了！

高洪亮感到事态严重。

高洪亮　会议先开到这儿。于华咱们走。

高洪亮和于华跟着墩子离开指挥部。

驻地仓库　日　内

仓库内的"战争"仍在继续。

马寡妇　（突然大喊）别打了，别打了！咱们姊妹上当了！

王春燕　（脸出血了，头发也乱了，她把遮在眼前的头发往后捋一下）咋回事儿？

马寡妇　你想一想，他是怎么跟你说的？

王春燕　搞对象，他要娶我。

马寡妇　他跟我也是这么说的。我说，我一个寡妇家的没人稀罕，他说他就喜欢我这样成熟的女人。

华春雨　你，你别血口喷人。

马寡妇　姓华的，我血口喷人？你要是个爷们儿，就好汉做事儿好汉当。别叫人瞧不起！

华春雨　我，我做啥了？

马寡妇　装傻是不？你屁股蛋子上有块黑痣，还长着毛，春艳，是不是有这回事儿？

王春艳　（一听，"扑通"一声给马寡妇跪下）大姐，别说了！我丢不起这个人！

王春燕掏出剪子就要自杀。

高洪亮、于华和墩子及时赶到。

高洪亮　住手！

王老汉　（拽住王春燕的手）孩子！

华春雨　春艳！

华春雨夺过剪子刺向自己。

华春雨 我死了算了！

高洪亮一个箭步飞起一脚把剪子踢飞，剪子牢牢地扎到麻袋上。

高洪亮 混蛋！你还嫌不乱呐？墩子，把他带到指挥部。（对马寡妇、王春燕和王老汉）老乡，你们放心，我们基建总队一定会给你们一个满意的交代。于华。

于 华 到。

高洪亮 老乡的事儿由你全权处理。

于 华 （立正敬礼）是。

驻地指挥部 夜 内

临时党支部的会议因华春雨的事儿，不得不中断。华春雨的事儿非常棘手，多亏于华把事情平息了下来。

高洪亮 （看了看表）时间不早了，快到半夜十二点了，咱们抓紧时间开会。两个议题，一是关于华春雨的问题，二是关于组织发展问题。大家谈谈吧。

赵战生 太不像话了，必须严肃处理。

薛 刚 他真不是个东西，把咱基建总队的脸都丢尽了。

赵战生 于医生真了不起，不然，咱都没法收场。那个马寡妇根本就不是个省油的灯。

于 华 要我说呀，马寡妇还是挺讲理的。这要是遇上一个胡搅蛮缠的那真就没法收场了。华春雨确实是一个玩弄女人的败类，凭我的直觉他很难改正。

薛 刚 我也是这么看的。

于 华 我真的挺同情和可怜那个王春燕。她一直都以为华春雨是个好人，对他是真心地以身相许。没想到他和马寡妇又扯上了，这才寻死觅活的。华春雨那边怎么样？

高洪亮 吓尿裤子了，痛哭流涕地说，只要不开除他，队里怎么处分、怎么处理他都接受。

赵战生 这种败类给他严重警告都是轻的。

于 华 我认为，处分的问题可以往后放一放，当务之急是他必须娶人家王春燕。

高洪亮 刘总也是这个意见。

薛 刚 那马寡妇能同意吗？

高洪亮 问题难就难在这儿了。

于 华 说实话，马寡妇这个人还真不错，挺通情达理的。

高洪亮 这么说，你已经把问题解决了？

于 华 基本差不多吧。

高洪亮 了不起，你又立了一大功。这个事儿你就负责到底，一定处理。我要强调的是，华春雨的问题向我们敲响了警钟，一定要引起我们的高度重视。队伍刚刚组建，万事开头难。我们的工作性质跟部队差不多，南征北战和地方群众接触太多了，如果不加强思想道德教育、生活作风、工作作风建设，组织纪律管理，什么事情都可能发生。这也是我们支部工作的重点。

赵战生 我同意。

于 华 我赞成。

薛 刚 我也同意。

高洪亮 好，下面研究一下组织发展问题。刘总已经正式向我提出入党申请，非常真诚。

赵战生 陆洁也向我提出过。

高洪亮 好哇。不光是刘总、陆洁，工人中，像牛二虎、墩子、山猫等同志也都需要我们积极地做工作，不断发展壮大我们基建总队党的力量。我提议把刘翰林同志作为发展对象，陆洁作为积极分子重点培养。

于 华 同意。

薛 刚 同意。

赵战生 同意。

大家七嘴八舌讨论得非常热烈……

远远望去，指挥部那盏灯在黑夜中显得非常明亮……

"寡妇楼"走廊　傍晚　内

由于送电人的工作性质决定，老爷们儿常年工作在外，很少回家，他们的媳妇只能长时间地独守空房。基建总队的家属楼便被社会上称之为"寡妇楼"。

这里本来就不是标准的住宅楼，它是一个由两层仓库改造而成的筒子楼。

家属宿舍条件极为简陋，各家都没有独立的厨房，长长的大走廊就是他们公共的大厨房，谁家吃啥都知道。

户与户之间都是用胶合板间隔的，这屋有"动静"隔壁都一清二楚。在这个楼里没有任何私密可言。

听说前方将士凯旋，一向冷清的"寡妇楼"顿时沸腾起来……

她们打着荤相互开玩笑，忙着收拾屋子、洗衣服、贴窗花，准备自己男人爱吃的东西。

孩子们高兴地东家串，西家跑，欢快地楼上楼下跑，玩儿着捉迷藏……

酒懒子妻挎着一大篮子菜，手里拎着四瓶酒艰难地上楼。

二虎妻正在大走廊里自己的灶台旁包黏豆包。

墩子的妻子拿着剪子和一张红纸，来向二虎妻讨教怎么剪窗花。

二虎妻 喂呀，这是哪家的新娘子，打扮得这么俊俏。

墩子妻 别扯淡。二嫂，（自语地）我过去也剪过呀，怎么就不会了呢？

二虎妻 我也都就饭吃了。李玉珍手巧，你去问问她吧。

墩子妻 这我知道。可秦队长刚牺牲，咱们欢天喜地的，我怕这个时候去不好。别看她挺刚强，可是一个大活人说没就没了，谁也受不了哇。

二虎妻 可不是，玉珍的命真苦哇。

酒懒子妻来到自家门前，放下东西开门。

酒懒子妻 哎呀妈呀，累死我了。

二虎妻 大妹子，你可没少买呀，光酒就造了四瓶。

酒懒子妻 没办法，咱们那个死鬼就好这口儿。回来一看没酒，还不得跟俺急眼哪！再说了，也快过年了，多预备点儿没错儿。包豆包呢？

二虎妻 啊，要吃就吱声，我包得多。

酒懒子妻 行，咱姐妹儿没说的。说心里话吧，咱们老爷们儿不容易，风里来雨里去的，这大冷的天儿就在外面干，真叫人心疼啊。

二虎妻 唉，可不是。

　　酒懵子妻　最可气的是那帮挨千刀的狗特务、土匪，秦队长不就……（四下看了看）吓得我晚上都睡不着觉。唉，这回，可把他们盼回来了，咱不得牢实地犒劳犒劳哇？

　　二虎妻　嗯，要这么看，我得快点儿给咱家那口子把羊皮袄做好，省得冻着。

　　酒懵子妻　哎，这就对了。还是你会疼人儿。

　　二虎妻　废话！你不疼能买那么好的酒哇？啊，我明白了，趁着酒劲好"那个"呀？对吧。

　　酒懵子妻　去你的，没正经。

　　酒懵子妻笑着要进屋。

　　墩子妻　二嫂，他们到底什么时候回来呀？

　　二虎妻　（转过身逗趣儿地）怎么，等不及了？

　　墩子妻　咋地，你不着急呀？是谁呀，一大早就哼哼《王二姐思夫》来着，（学着二虎妻子的样子，唱道）"想必是二哥哥转回家。你进来吧你进来吧，从小的夫妻你怕什么？叫了半天无人答话，谁家的小伙儿吓唬奴家？"哎呀妈呀，贼啦难听，（小声戏谑地）不过，比猫叫秧子好听多了。

　　二虎妻　骚娘们儿，看我不撕烂你的嘴。

　　二虎妻起来佯装打，墩子妻躲闪。

　　墩子妻　（挑逗地）你过来，过来呀。

　　二虎妻在后面追她，两个人满走廊跑。

　　众人跟着起哄，好不热闹。

　　旁　白　都说三个女人一台戏，这戏唱大了。是啊，她们很久没有这样开心了。都说等人的滋味难熬，但这是幸福的充满期待的。

公路上　日　外

　　公路上，那辆熟悉的美式中吉普在前，几辆卡车载着工人和抢修设备呼啸而过，留下了欢声笑语……

中吉普车上　日　内

　　薛刚得意地开着车。高洪亮、刘翰林、于华、王芳、赵战生、陆洁、欧阳孝仁等坐在车上有说有笑。

　　王　芳　华姐，我听说马寡妇那个人挺难缠的，你是怎么把她说通的？

　　于　华　这事儿一时半会儿也说不清楚。将心比心，谁也咽不下这口气。其实，马寡妇这个人还真挺好，刀子嘴豆腐心。（鄙视地）华春雨这个人（摇摇头）太不像话了。

　　大家无语，一阵沉默。

　　也许是为了缓解这种气氛，一直在车上看书的赵战生合上书之后，开始背公式。

　　赵战生　当电阻一定时，电流与电压成正比；同样地，当电压一定时，电流与电阻成反比。电压是形成电流的原因，电阻，电阻是导体本身的属性。欧阳工，我背得对不对？

　　欧阳孝仁　（讽刺地）对，非常对。名师出高徒嘛。

　　陆　洁　表哥，别老是阴阳怪气的。帮战生同志那可是万局长的命令。

　　于华和王芳作为过来人，她们四目相视心照不宣地笑了笑。

　　刘翰林　对对对。战生刻苦学习的精神倒提醒了我，在我们队里，像战生这样爱学习的人还真不多。所以我想……

高洪亮 （马上接）办个夜校扫扫盲。利用休整的时间好好提高一下我们队的文化知识和技术能力。

刘翰林 知我者洪亮也。给党中央毛主席送电那可不是闹着玩儿的，绝不能出半点儿差错，没有真本事那可不行。

高洪亮 对对对，这就跟打仗一样，没有看家的本领，根本就打不赢。

刘翰林 说得好。

于华和王芳又会心地笑了。

赵战生 办夜校，我第一个参加。

薛　刚 我也参加。

于华和王芳 我们都参加。

刘翰林 好好好。教师就由欧阳和陆洁担任，必要时，我也讲一讲。哎，老高，思想政治工作的课就你了。

高洪亮 没问题。只要大家共同努力，我们这支队伍一定能成为一支有文化，打不垮拖不烂的电力铁军。

高洪亮不由自主地哼起了《中国人民解放军进行曲》。

众人跟着唱……

公路上　日　外

伴随着歌声，车队渐渐远去。

基建总队办公楼前　日　外

这是一座日伪时期的临街日式青砖小楼，坐西朝东南北走向共三层，现为基建总队的办公楼。

中吉普驶入，停在了基建总队办公楼门前的雨搭下面，众人下车。

刘翰林 老高，这就是咱们总队的办公楼。

高洪亮 不错嘛，咱这土八路也住进了小洋楼，哈哈。

刘翰林 （也一边笑一边对大家）别说，回家的感觉真好。

欧阳孝仁 （伸着懒腰）真累死了，领导，休息几天呢?

刘翰林 三天，让大家好好放松放松。

欧阳孝仁 领导万岁! 从未有过的血与火、生与死的殊死搏斗，我们胜利了!

高洪亮 是啊，一张一弛、张弛有度，文武之道也。

大家有说有笑提着行李和用品跟着刘翰林进楼。

一楼大厅　走廊　楼梯　二楼　日　内

一进一楼大厅，刘翰林就开始介绍。

刘翰林 （指着楼梯后面的大门）这个大门直通后院，后院比较宽敞，能放很多器材。顺着四周围墙我们盖了一圈仓库。这是职工食堂，那是医务室、夜校教室和卫生间。走，咱们上楼。

大家跟着上楼。

刘翰林 二楼是领导和机关各个科室的办公室。三楼是图书室，阅览室，活动室。

刘翰林领着高洪亮等上了二楼，陆洁指着右边靠楼梯口的第一个房间。

陆 洁 这就是我们技术科。

欧阳孝仁 老师，收拾完了，我们就可以撤了吧？

刘翰林 可以。别忘了，给你爸妈带好。有时间，我一定登门拜访。

欧阳孝仁 没问题，一定带到。

陆洁和欧阳孝仁拿着东西向技术科走去。

刘翰林带着高洪亮等人顺着左边走廊往里走。

他们走到左边走廊的最里面。

刘翰林 （推开朝东面左手边的房门）老高，这就是你的办公室，早就给你准备好了。

刘翰林 （指着对门）这是我的办公室，咱俩对门。你们先安顿安顿，一会儿，我过来。

高洪亮 好好好。

高洪亮、于华、赵战生进了办公室。

刘翰林和王芳进了自己的办公室。

高洪亮办公室 日 内

高洪亮的办公室是一个一大一小的套间。屋内红油漆面的地板，白灰粉刷的墙壁配着一米高的蓝色墙围子。

外面大屋里有三个木框窗户，每个窗户玻璃都用白纸条贴成米字形。灿烂的阳光照进来，屋里显得明亮而温暖。

坐南朝北靠南山墙前，有一个一头沉的办公桌，漆面斑驳，也就五六成新的样子。桌上有一部摇把电话机，笔筒里插着两个削好笔尖的红蓝铅笔。

桌对面靠窗户下放着一个长条木椅子，旁边有一个木制洗脸盆架子，放着搪瓷脸盆，盆里放一条白毛巾。

屋里简陋而整洁。唯一显得特别的是放在办公桌后面的一把半新不旧的黑色皮面转椅。

在办公桌的左手边的后方有一个木门通往里间。

里间放两张单人木床和一个办公桌，可供高洪亮和赵战生平时休息、办公、学习之用。

刘翰林来到高洪亮的办公室。

刘翰林 怎么样？

高洪亮 挺好。

赵战生、于华、薛刚收拾房间，整理内务，里里外外忙个不停。

高洪亮走到办公桌后，用力转了一下转椅，转椅受力旋转两圈之后，高洪亮把转椅停下来，坐上去。

高洪亮 （感慨地）老刘哇，打了这么多年的仗，冷不丁地坐办公室还真有些不习惯。

刘翰林 这个我信。好在，我们的工作性质跟部队一样，南征北战，四海为家。从这点上说，更适合你。好了，慢慢适应吧。你们先收拾收拾，一会儿，我领你到宿舍，离这儿也不远，咱们两家挨着。晚上，就在我那儿吃，大家乐和乐和。

高洪亮　太麻烦了吧？

刘翰林　跟我客气？

高洪亮　不是客气，就是……

刘翰林　行了行了，啥也别说，就这么定了。

高洪亮　也好，恭敬不如从命。

刘翰林　一会儿见？

高洪亮　一会儿见。

技术科　日　内

技术科的办公室和高洪亮办公室的朝向一样，有两个临街窗户，也贴着米字形的纸条。每个窗户下各有一张办公桌。

欧阳孝仁的办公桌和陆洁的办公桌相对，办公桌后都有一个木制卷柜。卷柜上整齐地摆满了图纸和资料。

陆洁和欧阳孝仁已经把办公室收拾得差不多了。

欧阳孝仁见陆洁还不知疲倦地用抹布擦着卷柜。

欧阳孝仁　（关心地）行了行了行了。别收拾了，赶紧回家吧，家里人都等着呢。

陆　洁　你还不了解我吗？收拾不利索就闹心。你要着急就先回去。

欧阳孝仁　你呀你，真拿你没办法。

欧阳孝仁不得不跟着陆洁收拾。

刘翰林办公室　日　内

刘翰林办公室的格局和高洪亮办公室是一样的，区别是刘翰林的办公室多几个卷柜和一个书橱，加上桌面上有三角板、木格尺、卡尺、圆规等计算器具。窗户是朝西面对着总队的后院，家属楼和俱乐部一览无余。

刘翰林和王芳很快把办公室收拾停当。

刘翰林　怎么样，差不多了吧？

王　芳　我看行了。

刘翰林　走吧，早点回去准备，晚上叫老高他们在咱家吃。

王　芳　好。

欧阳孝仁家客厅门外　晚　外

陆洁拎着一个暖水壶回自己的房间路过这里，听到了里面在争吵。

陆洁驻步倾听。

欧阳妈　孩子，你咋就这么傻呢？我给你们俩都算了八字不合。关键是这孩子命硬，克人！你说说，怎么就那么巧，你二姨和你二姨夫一下子都全被炸死了？不信不行。

欧阳孝仁　你那是迷信，告诉你，我坚决不娶那个朱晓婷，就相中表妹了。

欧阳妈　朱晓婷有什么不好？人家爸爸还是水利局的局长。再说了，朱家和咱家也是世交，晓婷姑娘国高毕业，心灵手巧，知书达理，人也长得漂亮，一看就是个福相。要说人情世故那就更没说的了，每次到咱家来都不空手，可招人稀罕了。

欧阳孝仁 你稀罕，我不稀罕。我非小妹不娶。

欧阳妈 （哭了起来）你怎么这么犟呢，非要把我气死呀？我怎么这么命苦啊……

陆洁再也听不下去了，她含着眼泪离开。

高洪亮办公室套间内　晚　内

赵战生在灯下刻苦地学习，薛刚进来。

薛　刚 好家伙，真用功啊。我是不行啊，一看就犯困。

赵战生 开始我也那样。都是一些数字、公式，还得计算，咱没学过真挺难的，慢慢就会好的。

薛　刚 你说得对。这么说吧，干活咱不惧谁，就是学这玩意儿打怵。（困意袭来，打个哈欠）看看看看，这还没学呢就困了。

赵战生 今晚喝多了吧？

薛　刚 没有。头一次在刘总家吃饭，我能好意思多喝吗？好了，不打扰你了，回去睡觉了。

赵战生 （继续看书）不送了。

薛　刚 用你送？看你的书吧。

薛刚走出高洪亮的办公室。

欧阳孝仁的家门外　晨　外

本来陆洁在基建总队是有独身宿舍的，因基建总队一下进来很多人，她有意让出，加上前一段时间驻现场，出于礼貌她回到姨妈家。不巧，昨晚姨妈的话，深深地刺痛了她。

陆洁一大早没和任何人打招呼，默默地背着包，拎着柳条箱子，出了欧阳孝仁的家门。

欧阳孝仁追了出来拽住陆洁。

欧阳孝仁 你发什么神经，为什么要走？

陆　洁 该走了，我在这儿不吉利。

欧阳孝仁 （一下明白原委）你别听我妈瞎说，我是爱你的。

陆　洁 听大姨的话去找朱小姐吧，她更适合你，更适合你们家。

欧阳孝仁 这不可能！我非你不娶！

陆　洁 现实点儿吧，表哥。我们不合适。

陆洁说完提着箱子离开。

欧阳孝仁 小妹，小妹，我是绝对不会放弃的！

刘翰林家　晨　内

刘翰林和王芳刚要吃早饭，陆洁敲门。

王　芳 谁呀？

陆　洁 （在门外）师母，是我，陆洁。

王　芳 （对刘翰林）是陆洁。

王芳赶紧去开门。

门开了。她见到陆洁背着包拎着箱子，有些诧异。

王 芳 小洁，你这是……（马上让）来来来，快进来，没吃呢吧？正好一起吃。

王芳接过陆洁的箱子。陆洁进屋。

陆洁再也控制不住自己，扑到王芳的身上就哭。

陆 洁 师母……

刘翰林 小洁，这是怎么回事儿？谁欺负你了。

陆 洁 没人欺负我，心里难受。

王 芳 这到底是咋回事儿啊？快说……别让我们着急！

欧阳孝仁的家门外　晨　外

欧阳孝仁西装革履，外着皮领大衣，头戴皮帽子，一手拎着一个皮箱，气冲冲地走出家门。

欧阳孝仁妈妈追了出来，拽住欧阳孝仁。

欧阳妈 我的活祖宗，今天就要和朱小姐见面了，你这是上哪儿去呀？

欧阳孝仁 去找陆洁小妹。

欧阳妈 你要气死妈呀！

欧阳孝仁 随你怎么说。解放了，时兴自由恋爱，谁也干涉、剥夺不了我追求爱情的自由和权利。

欧阳妈 （气得捶胸顿足）你，你怎么这么不听话，非要一条道儿跑到黑呀……

欧阳孝仁爸爸怒气冲冲出来。

欧阳爸 （冲着夫人）你嚷啥呀？滚，叫他滚，滚得越远越好。不争气的东西！

高洪亮办公室　日　内

赵战生正在套间学习，他真的太投入了，以至于办公室的电话响了好久，他才听见，赶紧去接电话。

赵战生 喂？哪里？您找谁？

刘翰林 就找你。

赵战生 哎呀，是刘总啊？

刘翰林 是不是学习太投入了？我可要了好长时间。

赵战生 对不起。您有什么指示？

刘翰林 先别学了，放松放松到我家来一趟。

赵战生 是，马上到。

赵战生进了套间，简单收拾一下，穿上衣服走出了办公室。

溜冰场　日　外

陆洁经过刘翰林夫妇的开导，特别是赵战生的到来，情绪好多了。

陆洁在赵战生的陪同下，步行在通往运动场的街道上。

远远就能听见冰刀与冰面接触的优美旋律。

冰场内冰面上，速滑的人根据自己的速度自由组合，一个跟一个成群结队地在大圈400米跑道上追逐……

中圈是学滑冰的人，有人在别人的搀扶下学滑冰，也有人自己跟跟跄跄地练习，不时有人摔倒，但他们爬起来继续滑。

小圈里是花样滑冰的天地，多姿多彩，各显神通，不时有人喝彩。

陆洁和赵战生来到这里，赵战生从未看到过这阵势，连连叫好。

赵战生 （看到速滑，模仿）哗，哗，哗，像箭似的，太快了！

陆　洁 那个叫速度滑冰，比快，比耐力。

赵战生 （指花样滑冰）那是……

赵战生跟着学花样滑冰的动作，自己也转了一圈，结果摔个跟头。

陆　洁 （大笑）老革命遇到新问题了。那叫花样滑冰，比优美，比难度。

赵战生 啊，挺好。姐，学这个难不难？

陆　洁 难者不会，会者不难。

赵战生 这么说，你肯定会了？

陆　洁 还行吧，就目前来说，做你的老师还是绰绰有余的。走，咱们去换鞋。

陆洁拉着赵战生的手向换鞋处走去。

陆洁付了钱，自己挑一副花滑刀，又帮赵战生选了一副。

他们坐在换鞋的地方边穿鞋，边聊。

赵战生 姐，你怎么突然离开你表哥家了？

陆　洁 这是早晚的事儿。总不能在人家待一辈子吧？

赵战生 那倒是。不过，我看你眼圈红红的，肯定有什么事儿，要是谁欺负了你，我一定给你出气。

陆　洁 没事儿，（想了想）战生，你相信我父母是我克死的吗？

赵战生 我才不信呢，要这么说，我父母也是我克死的了。胡说八道！姐，你可千万别信哪。

陆　洁 不信。一切都过去了。

陆洁穿好冰鞋后，帮助赵战生穿冰鞋。

这时，一个小伙子嗖嗖地滑了过来，到陆洁跟前来一个急刹刀，纹丝不动地站在那儿。

赵战生 （惊奇地）好家伙，太厉害了！

来　者 陆老师，好久不见了。今儿个怎么有空儿过来了？这位解放军……

陆　洁 我的同事赵战生。

来　者 幸会，幸会。不用说，一定也是个高手了。

赵战生 第一次上冰，还不会呢。

来　者 名师出高徒，有陆老师，没问题，一会儿见。

来者说完，唰，来个转身，箭一般地飞走了。

陆洁已经帮赵战生把冰鞋穿好了，她扶起赵战生。

陆　洁 走，咱们出发。

陆洁顺势推了赵战生一把。

赵战生向前滑行了一小会儿，由于掌握不好平衡很快就摔倒了。

陆洁忍不住哈哈大笑起来。

陆　洁　我叫你笑话我第一次骑马，我也让你尝一尝第一次滑冰的苦头。

赵战生　这个苦，我爱吃。我就不信学不会。

赵战生努力地保持平衡向前滑去。

陆　洁　（赞赏地）我就喜欢你这个劲儿。你的平衡能力真不错，走，（拉着赵战生的手）跟我一起滑。

陆洁拉着赵战生滑到了中圈学习滑冰的地方，用心地教赵战生花样滑冰的基本动作和要领，给他做示范。

赵战生学得很快，两个人能简单地配合了。

他们玩得非常开心……

领导住宅小楼门口　日　外

按照约定高洪亮提前出来了，他在等刘翰林。

随着一阵急切下楼的脚步声，刘翰林从楼里跑了出来。

刘翰林　等急了吧?

高洪亮　没事儿。刚才我转了一圈，正好十五分钟。我们的一亩三分地相互之间离得都不远，挺好哇。翰林，我听说陆洁到你家去了?

刘翰林　是啊，先在我这儿住几天，以后再进独身宿舍。她本来就住独身宿舍的，为了照顾别人就让了出来，调整一下就好了，这孩子真够可怜的。

高洪亮　噢? 她怎么会在欧阳孝仁家住呢?

刘翰林　说来话长，父母都被鬼子的飞机炸死了。她大姨，也就是欧阳孝仁的妈妈收养了她。这个人尖刻、吝啬，还迷信。陆洁受够了寄人篱下的苦，可她又找不出离开他家的恰当理由，就一直委曲求全地挨着。

高洪亮　啊，原来是这样。

刘翰林　昨天晚上，她无意中听到了欧阳孝仁和他母亲之间的谈话，这才下决心离开。你都想象不到欧阳孝仁的母亲迷信到什么程度。

高洪亮　什么程度?

刘翰林　竟然说陆洁父母被鬼子的飞机炸死了，是陆洁命硬克死的，硬给欧阳孝仁找了个水利局局长的女儿。欧阳孝仁不从，非要娶陆洁，家里发生了大战。

高洪亮　陆洁喜欢欧阳孝仁吗?

刘翰林　准确地说，不喜欢。

高洪亮　哎呀，这可难办了。

刘翰林　可不是。个人问题，咱还真不好插手。（指着家属楼）这就是咱的家属楼，社会上都管咱这个楼叫"寡妇楼"。（伤感地）没办法，工作性质决定的。

高洪亮　我们的职工和家属确实挺难。刚才我进去转了转，环境艰苦，卫生条件也差。但他们都挺乐观，咱的人太可爱了。所以，我们就更应该为他们做些实实在在的事儿。

刘翰林　是啊，这就是共产党和国民党最本质的区别。

高洪亮　说得好。走，先去看看李玉珍吧。

刘翰林 好。

两个人边聊边向"寡妇楼"走去。

"寡妇楼"走廊 日 内

牛二虎端着一盆衣服正要去盥洗室洗衣服。

墩子在自家"厨房"拎着茶壶正往暖瓶里灌水。

他们几乎同时发现高洪亮和刘翰林从外面进来。

牛二虎 队长、刘总,你们来了?

墩 子 我看队长已经来过一趟了。

一听说队长和刘总来了,"寡妇楼"的走廊可热闹了。

有的出来迎接,有的家属趴在门缝儿看热闹。

孩子们更是怯生生地躲在大人们的身后张望着。

刘翰林 怎么样?大家休息得还好吧?

牛二虎 回家了,舒坦。

墩 子 队长有事儿吧?

高洪亮 看看李玉珍。

墩 子 那好,我领你们去。

高洪亮和刘翰林跟着墩子去李玉珍家。

基建总队办公楼 日 内

收发室的王师傅正在大厅里打扫卫生。

欧阳孝仁一手拎一个大箱子进了一楼大厅。

王师傅 欧阳工程师,您这是……

欧阳孝仁 (放下箱子)来送点儿东西。王师傅,陆技术员来了没有?

王师傅 没看见。

欧阳孝仁 真的没来?

王师傅 来没来我不知道,反正我没看见。没来就是没来,不信,你自己找呗。

王师傅继续扫地。

欧阳孝仁自己提着箱子上楼。

欧阳孝仁 (自语)怎么搞的,能上哪儿去呢?

"寡妇楼" 日 外

高洪亮和刘翰林从"寡妇楼"出来。

刘翰林 俱乐部进去看了没有?

高洪亮 看了,挺好的。老刘,秦凯的儿子长得太可爱了,名字起得也好,秦继伟,继承伟业。李玉珍不错呀,骨子里就有一种刚强,人很开朗,豁达。

刘翰林 非常要强,没向组织提任何要求,难得呀!

高洪亮 越是这样,我们就越应该关心、照顾。她好像没有工作吧?

刘翰林 没有。

高洪亮 我看这样，宿舍的卫生太差了，这个事儿要是交给她，肯定会给你收拾得利利索索。有空儿还能照顾孩子。

刘翰林 好。我来落实。

两人走出"寡妇楼"。

马路上　日　外

他们说着说着，来到了马路上。

高洪亮 俱乐部后面的宿舍，我看住的人不太多，有闲房子。

刘翰林 对呀，主要是给后来同志留的，总队刚成立，缺的人还很多，我还怕不够用呢？

高洪亮 完全有这种可能。我说老刘，华春雨怎么处理和安排？

刘翰林 我想，应该给记过，记大过处分。影响太坏了！至于工作安排，（想一想）叫山猫接替他，让他在总队大院的仓库做保管员，免得到处惹骚，丢咱总队的脸。

高洪亮 我同意，为了严肃队纪，让大家吸取教训，我看要召开职工大会进行批评教育。

刘翰林 我同意。

基建总队办公楼　日　外

他们聊着聊着不知不觉已经来到了办公楼。

基建总队办公楼　日　内

刘翰林和高洪亮刚一进办公楼，收发室王师傅就迎了出来。

王师傅 两位领导来得正好。刚才，设计院的同志把图纸送来了，辛亏欧阳工程师在，他收了。

两　人 （高兴地同时说）玉泉山图纸到了。

两人兴奋地跑上楼。

技术科　日　内

欧阳孝仁正在打电话。

欧阳孝仁 什么？高队长也不在家呀。那好吧，谢谢。

非常兴奋的高洪亮和刘翰林推门而入。

刘翰林 图纸到了？

欧阳孝仁 到了。这回好了，我可以交差了。

高洪亮 谢谢你，辛苦了。

欧阳孝仁 （很伤感）不辛苦，命苦。

其实，高洪亮和刘翰林一进屋就都发现了两个大皮箱。他们都有预感，陆洁离开了他家，欧阳孝仁是否也要离开家呢？他刚才的话，证实了这一点。

刘翰林 （指着两个皮箱）你这是……

欧阳孝仁 和家闹翻了。

刘翰林　为啥?

欧阳孝仁　老封建。他们非要让我娶朱晓婷。

刘翰林　水利局局长的千金?

欧阳孝仁　对，就是她。

刘翰林　那姑娘挺好的。

欧阳孝仁　老师，别人不知道，您还不知道吗? 我一直喜欢陆洁呀。

刘翰林　(语重心长地)孝仁，恕我直言。常言说得好，爱情是两情相悦的事儿。剃头挑子光一头热，那不行。好了，这事儿一时半会儿也说不清楚，我劝你还是先回家，不然，家里会担心的。

欧阳孝仁　我是肯定不回去了。都解放了，还搞封建迷信、包办婚姻，我必须和他们做斗争。

刘翰林　看来，你们都是在气头上，给点儿时间，都冷静冷静也好。(对高洪亮)老高哇，那就让欧阳工搬到独身宿舍去吧?

高洪亮　行，你安排。

欧阳孝仁　谢谢队长和老师。

刘翰林　孝仁，这些图纸非常重要，一定要保管好，千万不能出差错儿。

欧阳孝仁　没问题。

刘翰林和高洪亮走出技术科。

办公楼走廊　日　内

离开技术科，他们向自己的办公室走去。

刘翰林　图纸到了，我们就可以做踏勘、征地和拆迁等准备工作了，夜校更要抓紧办起来。

高洪亮　一定要抓紧，上班就开课。

刘翰林　好! 我来安排教师和课程。

高洪亮　我做第一批学员。

他们到了各自的办公室，开门进屋。

夜校课堂　傍晚　内

这是基建总队夜校的开学典礼。

高洪亮、刘翰林、欧阳孝仁、陆洁、于华、王芳、赵战生、薛刚、牛二虎、墩子、酒懵子、山猫等把教室挤得满满的。

大家有说有笑，好不热闹。

刘翰林走上讲台。

刘翰林　同志们，大家静一静，静一静。今天，我们基建总队的夜校就算开学了。下面，请高队长讲话。

众人热烈鼓掌，高洪亮走上讲台。

高洪亮　(对大家)讲几句?

酒懵子　讲多少句我们都爱听。

牛二虎　对，我们都爱听。

高洪亮　就一句话，大家一定要好好学习。为什么？毛主席说过："没有文化的军队是愚蠢的军队，而愚蠢的军队是不能战胜敌人的。"我们是不是铁军？

众　人　是！

高洪亮　我们是不是不可战胜的队伍？

众　人　是！

高洪亮　但我们的文化水平高不高哇？

众　人　确实不高！

高洪亮　怎么办？

众　人　学！

高洪亮　怎么学呀？

酒懵子　好好学习！

墩　子　铆劲儿学！

高洪亮　对！一定要好好学习！我的话讲完了。下面，让我们以热烈的掌声，欢迎陆技术员给我们讲课。

众人又是热烈鼓掌。

陆洁红着脸走上讲台。

陆　洁　第一次走上讲台，真挺紧张，也不知道怎么讲，由于大家的文化程度有高有低，讲浅了吧，高的听了不解渴，讲深了吧，低的又听不明白。所以，我真的不知道该怎么讲。

牛二虎　那就讲中不溜儿丢的。

众人哈哈大笑。

陆　洁　大家别笑，二虎班长说得还真有道理，两下就乎就乎，这个课就好讲了，所以，我今天主要是普及一下电力知识。谁知道我们民用电的电压是多少伏？

酒懵子　220伏呗。

陆　洁　回答正确，那么工业用电或者说动力电呢？

墩　子　380伏。

陆　洁　对了。以上是用电的电压等级，那么输电呢，或者说我们所干的输变电的电压等级都有多少呢？二虎班长你说说吧？

牛二虎　我得想一想，有6千伏、10千伏、35千伏、66千伏，最高是110千伏吧，不对是220千伏，我们抢修的这条线路就是小日本修建的220千伏线路。

陆　洁　完全正确。将来，我们很有可能会建设自己的220千伏、330千伏，甚至是500千伏的输电线路。你们信不信哪？

众　人　信。

陆洁在黑板上写出一串公式。

除了刘翰林、欧阳孝仁，还有赵战生，在场所有的人全蒙了。

陆　洁　（微笑着）吓着大家了吧？今天，我不想和大家谈理论。我只想告诉大家，这个公式我们一辈子，或者说我们国家输电事业的发展都离不开它。下面请赵战生同志谈一谈对这个公式的理解。

陆洁的这个提议让在场的所有人都蒙了，包括刘翰林、欧阳孝仁。

赵战生 （没想到，惊讶地，指着自己）我？

陆　洁 对，就是你。你怎么跟我说的就怎么跟大家说。

赵战生满脸通红，连忙摆手，不想上台。

赵战生 不行，不行。

陆洁又烧了一把火。

陆　洁 还不好意思了，大家想不想听啊？

众　人 想，太想了。嗷嗷……

陆　洁 那就用掌声把他请上来吧。

在热烈的掌声和欢笑中，牛二虎、酒懵子、墩子等连拉带拽把赵战生推到了讲台。

赵战生的脸更红了，他不知所措地搓着双手。

所有的人也都紧张起来，尤其是欧阳孝仁。

赵战生 我怎么说呢？

酒懵子 你跟陆技术员怎么说的就怎么说。（煽动地）大家说对不对呀？

众　人 （七嘴八舌）对，对，对。

赵战生 那行，我，我就说说。

全场立刻鸦雀无声。

赵战生 关于这个公式，我还没有完全弄明白。但是，通过学习，还有高队长的批评和帮助，我弄明白了一件事儿，那就是，电，太重要了！没有电，一切都得瘫痪。老百姓就点不了电灯，工厂就开不了工。不能生产，怎么支援前线哪！敌人为什么要千方百计地炸我们的输电线路，这就说明它太重要了。

大家热烈鼓掌。

赵战生 我不怕大家笑话我，刚来的时候，我闹过情绪，认为这里没什么仗打，整天和铁塔呀，导线哪，还有金具啥的打交道，没意思。通过这一段的工作、战斗、学习以及和大家在一起生活，我才真正体会到，现在是打仗和搞建设同样重要，同样光荣。我们为什么要打仗？不就是要解放全中国，让人民过好日子吗？过好日子就得搞建设，搞建设就得用电。所以，我越想越觉得，咱们的工作太重要了，太光荣了。现在呀，撵我走我也不走了。

又是一片热烈的掌声。

赵战生 我，我还有个想法，也可以说是建议，不知道应不应该说？

牛二虎 说，战生。

刘翰林 讲嘛。

赵战生 那好，我就说一说。理论学习确实很重要，但是干，更重要。所以，根据我们部队的经验，在休整的时候要搞大练兵、大比武，在干中学，在学中干。效果可好了。不信，你们问问队长。这叫什么来着？

陆　洁 理论联系实际。

赵战生 对对。理论联系实际。行了，行了，不说了。一说起来还没头了。

赵战生跑回座位，陆洁回到讲台。

酒懵子 不行，继续讲，我还没听够呢，你们呢？

众　人 没听够。

陆　洁 大家都没听够哇？

大家七嘴八舌都说没听够。

陆　洁　没听够没关系，以后让他继续讲。

刘翰林早就坐不住了，他一个劲儿地给陆洁使眼色要讲话。

陆　洁　（会意）好了，好了，刘总要讲话。大家鼓掌。

陆洁走下讲台，刘翰林走上讲台。

刘翰林　说实话，我真的坐不住了，非得说两句不可。大家这样欢迎战生的原因何在？那就是因为他绝顶聪明，学啥会啥，干啥像啥；更可贵的是，他学东西绝不死记硬背，而是活学活用，有自己独到的见解。对敌斗争，他机智勇敢，不怕牺牲。工作上，吃苦耐劳，任劳任怨。他战功卓著，但从不居功自傲。难怪万局长说他有发展前途。真的，我们不知道在他身上还有多少潜能没有发挥出来。队长啊，赵战生是你的兵，你最了解，你说说吧。

众　人　对对对，队长说说。

在热烈的鼓掌中，刘翰林走下台，高洪亮走上讲台。

高洪亮　部队是个大熔炉，能把生铁炼成好钢。我们基建总队是个摇篮，年轻的同志一定会在这里茁壮成长！大家好好学吧，积累知识和技能，我们一定会在北京玉泉山打个漂亮仗，向党中央毛主席汇报，向新中国献礼！

刘二虎　向党中央毛主席汇报！

众　人　向党中央毛主席汇报！

墩　子　向新中国献礼！

众　人　向新中国献礼！

高洪亮走下台，陆洁走上讲台。

陆　洁　今天的课大家感觉怎么样？

酒憨子　好！太好了！

牛二虎　非常好。

墩　子　太过瘾了。

陆　洁　要不要听赵战生有关电压、电流、电阻最通俗、最简单，大家还能听明白的学习体会呢？

众　人　想，太想了。

陆　洁　那好，明天讲。下课。

下课了，大家谁也不愿意走。

他们相互间有说不完的话，唠不完的嗑，大家对学习的兴趣越来越浓。

第六集

基建总队办公楼门口　晚　外

今晚夜校大家的学习情绪太高了，即使出了办公楼也余兴未消。

刘翰林　老高，战生这小子太不可思议了，总能给你惊喜。

高洪亮　这得多亏你和陆洁呀。没有你们名师培养和帮助，他哪能进步这样快呀。

刘翰林　实话实说，我真没做啥，都是陆洁的功劳。

高洪亮　确实，小陆功不可没。哎？翰林，我怎么没看见陆洁出来呢？

刘翰林　被欧阳给缠住了。

高洪亮　欧阳什么时候讲课？

刘翰林　后天，后天有他的课。

高洪亮　好，我一定好好听听。

于华和王芳在后面说着悄悄话。

王　芳　华姐，都说强将手下无弱兵，你们家老高带出来的兵个个都是（竖着大拇指）这个。万局长更是慧眼识珠，一眼就看出来，这小子不一般，陆洁更没说的。

于　华　（非常感慨地自语）真是无巧不成书哇。一个是人小鬼大的奇才，一个是小姑娘大才女靓妹。这两个金童玉女真要是……

王　芳　哎呀，华姐，咱俩又想到一块儿了。他们就是天生的一对儿。（贴近于华耳边）欧阳追陆洁好多年了，她就是不动心，这回我看陆洁是主动的。

于　华　我也看出来了。可是我们战生啥也不懂，生瓜蛋子一个。

王　芳　这个事儿可不用懂，老天爷早就给安排好了。你信不信？

于　华　我信。这就叫缘分，有缘千里来相会。

王　芳　无缘对面不相识。

说完，两个人开心地笑了起来。

赵战生从里面送薛刚、牛二虎、墩子、酒懵子、山猫等出来。

墩　子　战生，你讲得太好了。我是真没听够。

牛二虎　我也没听够，明天接着讲。

酒懵子　哎？你们说怪不怪，以前，一上课我就犯困，今天晚上，我是越听越来劲儿。

赵战生　行了行了！你们就饶了我吧。（拱手）求你们，求求你们了。真没想到陆技术员能来这手，弄得我仓促上阵胡咧咧一通。

薛　刚　战生，你跟我说实话，你真是一点儿没准备？陆洁事先也没有和你打招呼？

赵战生 骗你是小狗，撒谎不是人！

薛 刚 哎呀呀呀，天才！你天生就是当老师做先生的材料。明天你必须得讲！

众 人 对对对，必须讲，必须讲……

"寡妇楼"走廊　夜　内

牛二虎、墩子、酒馋子等有说有笑地进了"寡妇楼"。

墩 子 （突然神秘地）哎？你们发现没有，今晚大家都特别高兴，只有一个不高兴。

酒馋子 谁呀？

牛二虎 欧阳孝仁呗。

墩 子 对对对，就是他。这俩人配合得简直是天衣无缝、珠联璧合。我看那小子气得鼓鼓的，眼睛都蓝了。

酒馋子 今儿个晚上过得真快，我到了。

牛二虎 哎，晚上悠着点，别累着。

墩 子 谁像你呀，跟个活驴似的也不注意点儿影响。

牛二虎 行了，谁也别说谁，彼此彼此。

他们互相要着鬼脸，心照不宣地分别进了自己的家。

牛二虎的家　夜　内

这是一个仅仅能放一张双人床的不到十平方米的小屋，所谓的双人床是两张单人床拼在了一起。二虎妻半裸地倚在床上，她已经等不及了。

二虎妻 （佯装有些不高兴地）死鬼，好不容易把你盼回来了又摸不着影儿，上哪疯去了？

牛二虎 窑子呗。

二虎妻 你敢！你就是有那个贼心，也没那个贼胆呀。再说了，解放以后都没窑子了，你上哪儿逛去呀？

牛二虎 这不就得了吗，（边脱衣服边说）夜校上课。这不，刚下课就跑回来了，想死我了。

牛二虎还没等脱完衣服就扑向妻子。他们刚要亲热，忽然感到隔壁在激烈地摇床。这使他们的欲火越燃越旺。

牛二虎 （把灯一关）咱也来吧……

"寡妇楼"走廊各家的"厨房"　晨　内

昏暗的灯光下，牛二虎正在炒菜。

墩子端着一大盆衣服从屋里出来。

墩子妻身披个小棉袄，露着半胸和白嫩的胳膊追了出来，正好看见牛二虎又赶紧缩了回去。之后，门又被轻轻地推开，只见一只手拎个兜兜从门缝慢慢地伸出来小声地喊墩子。

墩子妻 哎，你看你，毛楞三光的，把这个给忘了。

墩子接过兜兜，拎起来看了看，余兴未消地笑了笑，把兜兜放进大盆里，向盥洗室走去。

牛二虎 你小子表现不错呀！

墩　子 彼此彼此，你不也一样吗。

牛二虎 （小声地）昨晚儿，你可一宿都没老实啊。

墩　子 你不也一样吗？

他俩小声地开着玩笑。

牛二虎 （发现菜焦了）哎呀！菜煳了！臭小子，都怨你！

墩　子 活该！

牛二虎 我揍你。

牛二虎开玩笑地拿着铲子要打。

墩　子 （得意地边跑边说）活该！活该！

墩子一溜烟跑进了盥洗室。

烈士秦凯的遗孀李玉珍，身披着衣服，手拎暖水瓶从屋里出来准备生火做饭。当她来到自家炉子前不由得愣住了，发现炉子不但生着了，坐在炉子上的水马上就要烧开了。

李玉珍 （感动地冲着走廊大声问）是谁把俺家的炉子给引着了，还烧了一壶水？

牛二虎 管他是谁呢。嫂子，只要我们在家，您家的活儿我们包了。

酒懵子 是呀，在外干活那就讲不了了，只要在家，没问题。

牛二虎 我们不在家，不是还有老娘们儿在嘛，有事儿你就吱声。

旁　白 李玉珍是个坚强的女人，丈夫秦凯牺牲她没有当众掉一滴眼泪。但此时，她再也控制不住了，眼泪夺眶而出。

李玉珍 啥也不说了，这份情，俺领了。

牛二虎和酒懵子也很伤感。

牛二虎 嫂子，我们跟秦队长都是生死兄弟。你就是我们的亲嫂子，继伟就是我们的亲侄儿。

李玉珍 （抹了抹眼泪）知道，知道。

炉子上的茶壶早就开了，冒着白雾，李玉珍赶紧拎起壶往暖瓶里灌水。

酒懵子 嫂子，今儿个你就不用做饭了。我们都给你们娘儿俩带出来了，全都是好嚼咕儿，继伟起床咱就开饭。

李玉珍 这怎么行啊？

酒懵子 怎么不行，好久没在一起闹哄了，要是秦队长还在的话，早就聚了。我就喜欢热闹，一个人喝酒没意思。

牛二虎 我看行，今儿个就在酒懵子家吃，明天在我家吃，后天在墩子家吃。不用外道，就这么定了。除非你不认我们这帮兄弟。

李玉珍 俺认，俺认。

李玉珍感动得热泪盈眶，她赶紧拎起暖水瓶进了自己的家。

盥洗室　日　内

墩子正在卖劲儿地洗衣服，李玉珍穿着工作服，拿着工具进来。

李玉珍 墩子，表现不错呀。

墩　子 不行，差远了。怎么干也觉得对不起家里的人，欠家里的太多了。

李玉珍 咱们总队的男人都会疼女人。这要是继伟他爸在的话……

李玉珍倔强地擦一把眼泪开始干活。

墩　子 没事儿。嫂子，有我们呢。有事儿你就吱声，千万别客气。

李玉珍 好好好。

李玉珍认真地打扫卫生。

墩子十分卖力气地洗衣服。

比武练兵现场　日　外

听说总队要进行技术比武，职工和家属早早就来到现场加油助威。

目前进行的是"导线连接比赛"，一组四个人，用扳手将十几根铝绞线平整地缠绕在连接的钢丝线上。

牛二虎 （满头大汗地一边干活，一边喊）弟兄们别慌，平时咋干就咋干，墩子他们不是咱的个儿。

墩　子 （不服气地）净吹牛，谁赢谁输还不一定哪。弟兄们，别听他瞎咋呼，他们赢不了咱。

现场响起一阵又一阵加油声。

刘翰林嘴里含着哨子，手掐秒表。

高洪亮、陆洁、欧阳孝仁、赵战生聚精会神盯着比赛的进程。

牛二虎和墩子几乎同时举手示意完成比赛。

刘翰林按住秒表高喊。

刘翰林 五分三十秒，双方打成平手。

墩　子 （满头大汗过来拍拍牛二虎肩头）咋样班长？想赢我们没那么容易。

牛二虎 （擦了擦脸上的汗）不错，真没白学。你们进步得太快了。

墩　子 那还用说，这次夜校学习收获太大了。

高洪亮 下一场比赛是"上下塔"，各队做好准备。

比赛现场立刻紧张起来，人们注视着赵战生和牛二虎做着登塔前的准备工作。

陆洁帮助赵战生做上塔的准备工作，不时小声嘱咐着什么。

欧阳孝仁看到这一幕，气就不打一处来。他突然心生一计。

欧阳孝仁 （用手作喇叭状）陆洁，陆洁，你去办公室给我拿几张纸来，我有急用。

陆　洁 你没看我正忙着吗?（转身对身边的酒懵子说）连文哥你去给他拿吧,（掏出钥匙）给你，这是办公室的钥匙。

酒懵子 （接过钥匙）没问题。

酒懵子立刻向办公楼跑去。

陆洁仍继续帮赵战生做准备。

从陆洁和赵战生在课堂上珠联璧合的配合，到今天陆洁对赵战生比赛无微不至的关怀，把欧阳孝仁气得肺都要炸了。他狠狠地瞪了陆洁一眼，气哼哼地离开了比赛现场。

基建总队办公楼楼梯　日　内

整个比赛结束了。人们七嘴八舌地边议论边上楼。

牛二虎和赵战生并排走在前面，一大群人跟在后面。

技术科　日　内

欧阳孝仁趴在门缝儿听着人们议论。

基建总队办公楼楼梯　日　内

牛二虎　今天我是又开眼了，你咋就那么厉害呢。我连吃奶的劲都使出来了，还是没干过你。

赵战生　你是让着我，给徒弟点儿面子呗。

牛二虎　不行了，你这个徒弟我是教不了了。（问墩子）墩子，那叫什么来着？

墩　子　青出于蓝而胜于蓝。

牛二虎　对对！过去我说第二没人敢说第一。现在不行了，墩子都跟我弄个平手。服了，我是彻底服了。赶明儿个，酒懵子都能超过我。

酒懵子　你还别说，真有这种可能。

牛二虎　这家伙，说你胖你还喘上了。

众人欢声笑语上了三楼。

技术科　日　内

欧阳孝仁听他们已经上楼刚要出门，陆洁气哼哼地进来，她径直走到自己的座位把本夹子狠狠地摔在办公座上。

陆　洁　欧阳孝仁，你太不像话了！

欧阳孝仁　我要像画就挂在墙上了。哪像你那么风光，简直成了风云人物。

陆　洁　你别总是阴阳怪气的。我问你，不好好组织比赛你干什么去了？

欧阳孝仁　我干什么去需要告诉你吗？

陆　洁　你可以不告诉我，但你不能无故扔下比赛！太无组织纪律性了，连最起码的工作态度都没有。

陆洁气呼呼地坐在椅子上。

欧阳孝仁　哎呀呀呀，这完全是领导者的作风和口吻嘛。

陆　洁　这就是队长和刘总的原话。你就等着挨批吧。

欧阳孝仁　大惊小怪，有什么了不起的。不就你在课堂上让姓赵的那小子胡咧咧一通搞什么"大比武"，才弄得全队上下不得安宁吗？这家伙把他显的，天老大他老二了。我不服！

陆　洁　不服你也参加比武呀。

欧阳孝仁　笑话，我怕降低了我的身份。

陆　洁　你是什么身份？不就是个小小的工程师嘛。老师咋样？高队长咋样？万局长又咋样？大家都是平等的，不分职位高低，都是为人民服务的。

欧阳孝仁 这些大道理我懂，不比你差。我就是看不上那小子，一看见他我就烦！我就来气！

陆　洁 表哥呀表哥，我真不明白，人家赵战生哪儿得罪你了，你总是跟他过不去。

欧阳孝仁 （气急败坏地）就因为你！

陆　洁 因为我？

欧阳孝仁 对！我不容许他对你好，更接受不了你对他好。

陆　洁 凭什么？

欧阳孝仁 凭我是你的表哥，凭我对你的爱！

陆　洁 你是我的表哥不假，你爱我我也知道。但你绝对没有理由和权利干涉别人对我好和我对别人好的自由！

陆洁走到门口"呼"的一声把门关上，离开了技术科。

高洪亮办公室　　日　内

高洪亮站在办公桌前，聚精会神地盯着北京玉泉山施工图上 37 号塔下的状元坟和附近的张庄。

有人敲门，他仍盯着地图思考。

高洪亮 请进。

刘翰林开门进来。

高洪亮 来得正好，快过来。

刘翰林走过来看了一下图纸。

刘翰林 （胸有成竹地）老高，我知道你在想啥。

二　人 （异口同声）迁坟！

两人开怀大笑。

高洪亮 说好听的，这叫英雄所见略同。说不好听的，那就是……

刘翰林 臭味儿相投。

高洪亮 翰林哪，（仍然盯着图上标着的状元坟）工作难度挺大呀！

刘翰林 可不是。所以，我们一定要认真地进行通盘考虑。

高洪亮 说说你的想法。

刘翰林 我准备采取全线铺开，分段包干，重点施工。最后，集中兵力打歼灭战。

高洪亮 （赞赏地）哎呀翰林，完全是个战略家嘛。

刘翰林 这不都是拜你所赐吗？

高洪亮 净扯。具体打算怎么干？

刘翰林 这次施工，我准备分两个队进行，但是分工不分家，关键的时候还要通力合作。

高洪亮 所以，现在最重要的是解决队长的人选问题。你打算用谁？

刘翰林 赵战生和薛刚。

高洪亮 战生还可以，薛刚困难点儿。

刘翰林 没办法，就得这么用啊，现在是上级不给人还要调人。老高，我可听说，万局长已经多方活动了很长时间，准备把陆洁和赵战生送到苏联学习呢。

高洪亮 是吗？那可太好了！十年树木百年育人，有战略眼光。

　　刘翰林　可远水解不了近渴呀。他们俩一走，技术科有欧阳孝仁还可以顶一阵子，关键是我们少了一员战将。玉泉山的工程那可是天字一号工程，我就不相信你真能放赵战生走。

　　高洪亮　其实，我们俩又想到一块儿去了。从现实考虑应该把赵战生留下。

　　刘翰林　从长远考虑就送陆洁出国，不过技术科可就得好好考虑考虑了。

　　高洪亮　尽快招人，或者……我还没想好。

　　刘翰林　问题是，你说招就能招来吗？权宜之计就是调动欧阳孝仁的积极性，充分发挥他的作用。

　　两　人　（异口同声）让他做技术科长。

　　刘翰林　可问题是，能不能达到预期的目的，我不敢保准儿。别看他是我学生，我还真摸不透他。技术比武这么大的事儿都敢撂挑子，今后怎么样真不好说呀。

　　高洪亮　是啊，目前也只能走一步看一步了。（忽然想起）翰林，自从我放走黑玫瑰之后，心里总犯合计。是不是过分地相信了自己，如果黑玫瑰不能够弃暗投明，那可就放虎归山，后患无穷啊！

　　刘翰林　我觉得你的判断是正确的。只要黑玫瑰能查明"灭门事件"的真相肯定会报仇的。再说，在那种情况下你不放行吗？她很可能和我们同归于尽哪。不但抢修任务完成不了，我们的损失还会更大。

　　高洪亮　是啊，我就是这么考虑的才放了她。如果真是这样的话，她应该去找吴妈了。

铁路线上　日　外

　　一列火车呼啸而过。

江南某大站　日　内

　　列车还没有停稳，那些被解放军吓破胆的国民党高官和阔太太提着笨重的皮箱和包裹，完全失去了以往的威严与骄横，他们和逃难的平民一样叽叽歪歪、骂骂咧咧地使劲往车上挤。

车厢里　日　内

　　车厢内一片嘈杂，过道也挤满了人。

　　这种情景，一路上于丽见多了，她想党国真的要完了。为了伪装自己，于丽把自己扮成一个大学生，疲倦地坐在靠近车窗的位置上闭目养神。

　　旁　白　表面上于丽是在闭目养神，但她内心却翻江倒海，耳边不断响起雪狐临死前绝望的肺腑之言和那份对自己真情的告白。人非草木孰能无情，这让她第一次感到对死亡的恐惧和对生的渴望……

江南某小镇车站　日　外

　　列车喘着粗气停在站台上。

　　于丽拎着皮箱，艰难地挤下了火车，她跟着混乱的人群走出车站。

江南某小镇街市　日　外

街市上开门的店铺已经不多了，大一点的商家早就跑了。

除了躲避战火的民众惊慌失措地逃难外，街上的行人很少。

孤零零的小摊旁，吴妈做着棉花糖不断地叫卖。

吴　妈　棉花糖，卖棉花糖啦……

于丽拎着皮箱在街市上到处打听吴妈的下落。远处隐隐约约地传来了一个非常熟悉的叫卖声："棉花糖，卖棉花糖啦，谁买棉花糖……"

于丽欣喜若狂地顺着声音跑去，可没跑几步就停下了。她太想见吴妈了，但又特别害怕见到她；她既想知道真相，又怕知道真相。她的双脚就像灌了铅似的让她迈不动步。

旁　白　是啊。如果，真像雪狐和姐姐所说的那样，自己也查明了，这的确是一个灭绝人性的惊天大骗局，她还有脸苟活在这个世上吗？她真的不敢往下想。但是，复仇的烈火烧得她心跳加快，血往上涌。她完全不知道自己是怎么来到吴妈的面前的。

吴　妈　棉花糖，卖棉花糖啦……

望着吴妈那苍老的面容，带着为于家沉冤昭雪的期待，于丽再也控制不住自己，她扔掉皮箱，"扑通"一声，跪在地上。哭喊着……

于　丽　吴妈，吴妈，我来晚了。

旁　白　天天都在盼星盼月亮似的盼望于丽的吴妈，见到于丽从天而降，一时说不出话来。所有的一切都化作泪水和哭声喷发出来。

俩人不由得抱头痛哭。

吴　妈　小丽呀，老天有眼哪，你要是再不来，我怕是等不了啦。

于　丽　老天有眼，老天有眼。（她擦了一把泪）吴妈，咱不卖了，回家。

吴　妈　（擦着眼泪）哎哎哎，回家，回家。

于丽帮吴妈收拾摊子。她把皮箱放在小车上，拉起小车搀扶着吴妈离开这里。

吴妈家　日　外

于丽和吴妈来到门前，吴妈开锁。

吴　妈　小丽，把东西放到外面就行了。

于　丽　哎。

于丽把东西放好，提着自己的皮箱警惕地观察周围环境。

吴妈打开门。

吴　妈　小丽，快进屋。

于　丽　哎。

两人进屋。

吴妈家　日　内

家里非常简陋却很洁净，这是吴妈的习惯。

屋里一张床，一张长条桌，还有两把椅子。

于丽进屋后，一眼就看见了放在长条桌上她家的全家福。

她放下箱子，走到桌前，拿起照片，看到了阴阳两隔的家人，泪水模糊了双眼。

吴　妈　（扫着床）小丽，小丽，快坐呀。

于丽强忍悲伤，擦了一下眼泪。

于　丽　吴妈，您还是那么干净利落一点儿也不显老。

于丽拿着照片亲昵地依偎在吴妈的身旁。

吴　妈　不行了，老喽，干不动了。

于　丽　这照片太珍贵了。

吴　妈　就剩下这点儿念想了，镜框叫他们打碎了，这是我后配的。所有的东西都让他们给烧毁了，这帮挨千刀的，走路让汽车把他们轧死，打雷把他们劈死，吃饭让他们噎死，喝水让他们呛死。

于　丽　（充满仇恨地咬着牙说）放心吧，吴妈，我一定让他们血债血偿。

吴　妈　小丽呀，那些人心狠手辣，杀人不眨眼。你爸爸英雄盖世，都惨遭毒手。你一个女孩子能斗得过人家吗？你可千万别干傻事呀。

于　丽　您老放心吧，我自有安排。这张照片给我吧。

吴　妈　什么话，这叫物归原主。真没想到还能见到你，你姐姐他们还好吧，你见到他们了吗？

于　丽　见到了，挺好的，您就放心吧。他们让我给您带好。

吴　妈　有孩子了吧？

于　丽　有了，还是个男孩儿。

吴　妈　阿弥陀佛，于家终于有后了。你姐夫可是个好人，老爷最器重他了，听说他是共产党那边的人，小华也是。共产党咋了，说人家这，说人家那，可有一条，共产党不祸害老百姓，专跟小鬼子干。老爷就是替他们说了几句公道话，反对老蒋打内战，就惨遭灭门，还说是共产党干的。天理不容啊！

吴妈说着说着又哭了起来。

于丽也泪流满面，她把全家福收好，掏出老K的照片给吴妈看。

于　丽　吴妈，这个人，您见过吗？

吴妈接过照片愣住了，脱口而出。

吴　妈　是他？

为了确认，吴妈擦了一下眼泪，又仔细看了看。

吴　妈　是他！就是他！左眼皮上有颗黑痣，还长着毛。就是他领头儿干的！扒了他的皮，我都能认出他的瓢。（疑惑）哎？小丽，你怎么能有他的照片？

于丽再次给吴妈跪下。

于　丽　（追悔莫及地）吴妈，您是我们家的大恩人！

于丽接连磕了三个响头。

吴　妈　孩子，你这是怎么啦？起来，快起来。

吴妈扶起于丽。

于丽打开了皮箱，把钱、金银首饰，还有金条都拿出来放在床上。

于　丽　吴妈，这是我的全部积蓄。留一部分给小外甥，剩下的全部是孝敬您的。今后，咱娘俩就一起过，我一定给您养老送终。

吴　妈　这，这可使不得。你出门在外，用钱的地方多了。我一个老婆子，没地方花钱，还是你留着吧。

于　丽　那就先放在这儿，我要是用的话就来取。

吴　妈　啊，这还行。小丽呀，你可别嫌我唠叨，赶快找个合适的人家嫁了吧。你姐有主了，我就是不放心你呀，别让我死了都合不上眼哪。

于　丽　吴妈，别说丧气话，您得好好活着，您不想看你的小外孙子呀？

吴　妈　怎么不想啊，太想了。

于　丽　那您就去东北找他们。那儿，现在可太平了。

吴　妈　（高兴地）是吗？那可太好了。我真想他们。

于　丽　这好办。

于丽掏出钢笔，在皇历上写下了于华的地址。

于　丽　吴妈，这是我姐他们的地址，我写在这上了。要去，就早点儿去。

吴　妈　好好好，哎呀，光顾说话了，你还没吃饭呢吧？我去做饭。

吴妈刚要去做饭被于丽拽住。

于　丽　吴妈，别做了。走，咱们到外面去吃。

于丽拉着吴妈就往外走。

吴　妈　不行不行，那得花多少钱？

于　丽　吴妈，有钱不花，死了白搭。我给您留的钱，您可千万别舍不得花呀。走，今天您必须跟我走。

吴　妈　好好好，我跟你去。（指着衣服）这衣服穿不出去，我得换一件。

于　丽　您总是干干净净、利利索索的，一点儿都没变。好，既然您老都这样讲究，我也得收拾收拾。

两个人有说有笑，穿衣打扮，之后满意地离开了吴妈家。

当地某小酒馆　日　内

她们要了不少酒菜，久别重逢，有说不完的话，唠不完的嗑。

于丽喝了很多酒，吴妈也破天荒地喝了些酒。于丽醉了，吴妈也晕晕乎乎。

旁　白　于丽平生以来第一次这样地放松、开心。因为，所有的疑团、迷惑都解开了。吴妈更觉得福从天降，多年的期盼、纠结、等待，终于得到了释放。

吴妈家　夜　内

两人相互搀扶回到了家，衣服都没顾得上脱就相偎在一起睡着了。

于丽梦中情景：

老K带着手下闯进于将军的书房枪杀了将军。

于将军的夫人听到枪声跑进书房也被杀了。

特务们到处追杀于家的人。

小弟弟哭喊着就要跑出大门外也被杀了。

开枪的也是老K。

各个房间被砸得不像样子。

老K狰狞地拿着枪叫嚣：是我干的，就是我干的，你能把我怎么样？

于丽流着眼泪，挣扎着大喊。

于　丽　*我要杀了你！我要杀了你……*

吴妈被于丽的哭喊声惊醒了，她急忙叫于丽。

吴　妈　*小丽，小丽，醒醒，醒醒。*

于丽被叫醒。

吴　妈　*小丽，你在做噩梦？*

于丽含着眼泪点点头。

吴妈老泪纵横，一把搂过于丽。

吴　妈　*我苦命的孩子……*

技术科　日　内

欧阳孝仁和陆洁都在各自研究玉泉山施工的图纸。

欧阳孝仁看着端庄秀美的陆洁，不由得内心波澜起伏，他醋意十足地对陆洁发着牢骚。

欧阳孝仁　*小妹，你跟赵战生配合得不错嘛？*

陆　洁　*咋地，嫉妒了？*

欧阳孝仁　*笑话，他也配我嫉妒。一个生在荒郊野外的炮弹漏子，在延安读了几天破书，能耍点儿小聪明。这家伙，局长夸，大家捧，就不知天高地厚地上台讲课了。哼，差远了。*

陆　洁　*这可怪了事儿了。有人讲课鼾声起，人家讲课有掌声……*

欧阳孝仁　*（气急败坏地）你……*

陆　洁　*我，我说的不对吗？*

欧阳孝仁　*那，那是他们文化水平低，根本就听不懂我讲的高深理论。*

陆　洁　*明明是你教学方法有问题，表达水平也有限，才没人愿意听呢。老鸹落在猪身上光看别人黑，就是不知道自己也是黑的。还有脸说呢。*

欧阳孝仁　*小妹呀小妹，你胳膊肘怎么总是往外拐呢？我是你的表哥，亲表哥，为了你我和家都闹翻了。可你……*

电话铃响，陆洁拿起电话。

陆　洁　*喂，您找谁？对，是我，什么？出国学习？我怎么不知道呢？好好好，您等着。（捂住电话）找你的。*

欧阳孝仁　*（气急败坏地）不接。*

陆　洁　*这可是你叔叔的电话。*

欧阳孝仁　*他的电话也不接。*

陆　洁　*真不接呀？那我可挂了。*

陆洁刚要挂电话，欧阳孝仁突然想起什么。

欧阳孝仁　*哎，别别别，我接，我接。*

欧阳孝仁接过电话。

欧阳孝仁　*（态度马上转变）啊，是叔哇，什么？出国学习？是万局长特意给陆洁和赵战生争取的？啊，赵战生去不了？那好哇，我去呗。什么？给司徒佑了？我知道那小子。叔，你*

得帮我，我必须去。什么？你不好办？我不管，不管！我非去不可。叔，叔，叔……

对方把电话撂了。

欧阳孝仁 （对陆洁）他把电话撂了。

陆　洁 能不撂吗？哪有你那么说话的。

欧阳孝仁 那咋地，谁让他是我叔了。我必须去！（自得地）太好了，这真是天赐良机呀。（突然问陆洁）小妹，你真不知道出国学习的事儿呀？

陆　洁 不知道哇。

欧阳孝仁 你骗我。

陆　洁 我有必要骗你吗？信不信由你。

欧阳孝仁 小妹，跟我说句实话，你到底愿不愿意出国学习？

陆　洁 愿不愿意，那得听组织和领导的安排。

欧阳孝仁 我才不听那一套呢，我就信两条，一是事在人为，二是有钱能使鬼推磨，世界上就没有用钱办不成的事儿。不信你看着，我砸，往死了砸钱，看我能不能去。

陆　洁 你疯了，你简直是疯了。

陆洁气冲冲地走出技术科，门"呼"的一声被关上。

欧阳孝仁 我才没疯呢，你疯了。身在福中不知福，你走吧，你就是走到天涯海角，也甭想甩掉我。

刘翰林的办公室　日　内

刘翰林正在接电话。

刘翰林 好，好好，感谢领导和东北电管局对我们的关怀、理解和支持。把赵战生给我们留下，叫陆洁去吧。是，一定安排好工作，坚决完成玉泉山的施工任务。

陆洁敲门。

刘翰林 请进。

陆洁进来。

刘翰林 小洁呀，来来来，快坐下，我正要找你呢。

陆洁坐下，刘翰林起身给陆洁倒水。

陆　洁 老师别忙乎了，就几句话说完就走。

刘翰林 忙什么哪，咱得好好聊聊。刚才，东北电管局正式通知咱，要送你去苏联学习。

陆　洁 真有这事儿啊？

刘翰林 那当然了。（觉得不对劲儿）哎，你是怎么知道的？

陆　洁 欧阳叔叔刚来电话说的，有俩名额，原来是让我和战生去，听说战生去不了，就把这个名额给了东北电管局的司徒佑了。欧阳他想去，非要和人家争，还说，有钱能使鬼推磨。太不像话了，没意思，太没意思了。他去我就不去。

刘翰林把倒好的水放在茶几上。

刘翰林 （语气严肃）仅仅是因为他想去你就不去了？

陆　洁 对，我烦死他了。

刘翰林 这不是耍小孩子脾气吗？你还有没有一点儿组织观念了？再说了，他想去就能去吗？

陆　洁　老师，您别生气。我知道这是领导对我的关心，组织对我的信任。可是……

刘翰林　没什么可是。你不是为个人去学习的，而是为新中国去的，为人民去的。你知不知道，万局长为了培养你和战生，动了多少脑筋，想了多少办法，通过多少关系，费了多大的劲儿才弄到两个去苏联学习的名额？

陆　洁　那么费劲儿？

刘翰林　你以为呢？新中国马上就要成立了，百废待兴。建设新中国需要人才。万局长求贤若渴，视才如命，他站得高，看得远哪。

陆　洁　那战生为什么不去？

刘翰林　工作需要。

陆　洁　（忽然明白了）啊，我知道了，玉泉山施工离不开他。

刘翰林　（深情地）是啊，战生是个好同志，服从领导，听从分配，顾全大局，真是模范共产党员。

欧阳孝仁敲门。

刘翰林　请进。

欧阳孝仁进来。

欧阳孝仁　（对着陆洁）我一寻思你就会在这儿。

陆洁根本就没理欧阳孝仁。

陆　洁　老师，我明白了，改日再聊。

陆洁说完离开了刘翰林的办公室。

刘翰林　孝仁，有事儿啊？

欧阳孝仁　没啥大事儿，过来看看老师。

刘翰林　你要真没重要的事儿，咱们就改日再聊。我太忙了。

欧阳孝仁　那什么，您看，自从咱总队成立就没闲过。抢修那会儿，您被特务打伤，我一直都想给老师买点儿补品补一补，可那么忙，根本就没有时间和条件，这回说什么也得补上。

欧阳孝仁边说边从兜里掏出一沓钱放在桌上。

刘翰林　孝仁哪，你的心意我领了。（把钱递给了欧阳孝仁）这钱，你拿走。

欧阳孝仁　老师不给面子。

刘翰林　这个面子我肯定不给。（指着钱）一整这东西就变味儿了，它亵渎了我们师生之间的关系和感情。

欧阳孝仁　（无奈地）好吧，恭敬不如从命。（边装钱边说）老师，听说，陆洁要出国学习？

刘翰林　我是刚刚才接到正式通知，你的消息也太灵通了。

欧阳孝仁　您忘了，我叔叔不是在东北电管局吗？

刘翰林　别说，我还真把这茬儿给忘了。

欧阳孝仁　整个的来龙去脉我都知道，出国的两个名额是万局长给咱总队陆洁和赵战生要的。赵战生不去了，就应该我去，凭什么让给东北电管局的司徒估哇？这不是肥水流给外人田吗？

刘翰林　看来你知道的比我们组织还详细呀。你知道赵战生为什么不去吗？

欧阳孝仁　条件不够呗。就他那两把刷子，差远了。

刘翰林　孝仁哪，孝仁，没想到你这样自负。我可以负责任地告诉你，赵战生除了电工理论比你差一些，其他的什么都不比你差。而且，有的还比你强，强多了。他的微积分、三角函数、物理和化学等知识，几乎已经和陆洁不相上下了，他的文学功底、诗词歌赋、书法也不在我之下。他机智勇敢，吃苦耐劳，不怕牺牲，英勇杀敌，武功高强，战功卓著，技术过硬，比赛第一。这些你更是望尘莫及。

欧阳孝仁　越说越玄了，不过我也承认，他确实挺能耐。可我就不明白了，他为什么不去？

刘翰林　工作需要，组织决定。这就是一个共产党员的高贵品质。

欧阳孝仁　他去不去我不管，反正我得去。

刘翰林　要是我们不同意呢？

欧阳孝仁　我想办法也要去。

刘翰林　你一点儿也不考虑工作？

欧阳孝仁　地球离开谁都能转。（撒娇地）哎呀，老师，求求你了，就让我去吧。

刘翰林　（强忍怒气）恐怕醉翁之意不在酒吧？

欧阳孝仁　（高兴地）真是知我者恩师也。对，我就是要和陆洁一起出国学习。

刘翰林　难道你就一点儿也不考虑工作需要吗？

欧阳孝仁　那倒也不是。明摆着，我和陆洁都走了，技术科就得黄摊儿，我心里也过意不去。但是组织完全可以找人哪。可对我来讲，陆洁只有一个，我找不到第二个，也不想找！赵战生不是全能吗？技术科完全可以让他干嘛。这岂不是两全其美的事儿吗？老师，我跟你说句掏心窝子的话，我要离开陆洁，一天都活不了。

刘翰林　爱情高于一切？

欧阳孝仁　那当然。生命诚可贵，爱情价更高嘛。

刘翰林　别忘了，下两句，若为自由故，两者皆可抛。断章取义，简直不可理喻。你爱陆洁我知道，可人家爱不爱你呀？

欧阳孝仁　我对她那么好，把她视为生命。她凭什么不爱我？没良心。（轻蔑地）哼，要是没有我们家，说不定她早就冻死、饿死了。

刘翰林　你这是爱情吗？这是施舍、怜悯、占有。爱情是两情相悦的事儿，应该互敬互爱，更应该相信对方。说穿了，你是怕陆洁跟了别人，所以才要破釜沉舟地一定要和她出国。

欧阳孝仁　老师，您算说到我心里去了。

刘翰林　我认为，爱情这东西，是你的，谁也抢不走，不是你的，你留也留不住，强扭的瓜不甜。听我一句劝，咱们要像战生那样，安下心来好好地工作。你的担子不轻啊，好好干，将来肯定会有发展的。

欧阳孝仁　谢谢领导的抬爱，我没那能力，也承担不起。老师，我求求你了，就让赵战生干吧。

刘翰林　我算明白了，不管说什么你也要出国？

欧阳孝仁　对。

刘翰林　你不想想，你想出就能出得去吗？战生的名额已经给东北电管局的司徒佑了。

欧阳孝仁　这我知道。

刘翰林　知道你还要去？

欧阳孝仁 事在人为嘛。我也看透了，指着你们，白扯！

刘翰林 你想怎么办？

欧阳孝仁 自己办。

刘翰林 我们不同意。

欧阳孝仁 刘翰林！我认你，你是我老师，是我领导。不认你，你算个老几！小妹离家出走，你根本就不应该收留她。是你拆散了我们，是你……

刘翰林气得浑身发抖，他把水杯往地上一摔。

刘翰林 滚！滚！你给我滚！

欧阳孝仁也不示弱。

欧阳孝仁 （冷冷地）别发那么大的火嘛，小心气大伤身。

他"呼"的一声把门一摔，扬长而去。

刘翰林 你……

刘翰林突然感到一阵心绞痛，头晕目眩，他一句话也说不出来，瘫坐在椅子上。

某医院病房外　日　内

走廊上挤满了人，大家议论纷纷。

牛二虎 这欧阳孝仁，就他妈是个小人，把刘总气成这个样子。

墩　子 那小子一肚子坏水儿，根本就不是个好饼。

酒懵子 哎，怎么陆洁、战生、薛刚他们没来呢？

山　猫 不知道了吧，刘总就是他们三个送来的。高队长让他们先回去了。

高洪亮从病房出来。

大家呼啦一下围了上来，七嘴八舌地问刘总病情。

高洪亮 请大家放心，刘总没事儿了，就是一股火。大夫说，休息几天就会好的，有于华和王芳在这儿照顾，没事儿，大家都回去吧，快回去吧。

众人恋恋不舍地离开。高洪亮见众人离开，转身回病房。

某医院病房内　日　内

刘翰林躺在病床上。

刘翰林 老高，真没想到会出这事儿，丢死人了。

高洪亮 翰林，啥也别说，好好休息，任他去。我就不信，没他这个鸡蛋，我们就做不了槽子糕了！我就不信，东北电管局能任他胡来吗？笑话！

刘翰林 那倒是，你说得对，咱们要顾大局、看主流。技术科的事儿就当没有他，我先担起来，顶多就是累一点儿，没什么了不起的。

高洪亮 哎，这就对了。还有咱翻不过的山，过不去的河，越不过去的坎儿吗？

刘翰林 没有。

高洪亮 对，绝对没有。

高洪亮办公室　日　内

这是第二次临时党支部会议。

高洪亮、于华、赵战生、薛刚正为刘翰林和陆洁入党进行最后表决。

高洪亮　好，全票通过。下面我宣布，刘翰林同志、陆洁同志正式成为中共预备党员。今晚就举行入党宣誓，我们都参加，重温入党誓词。战生、薛刚你们负责布置会场。于华负责找新党员谈话，并通知晚上举行入党宣誓。有问题吗？

众　人　没有。

高洪亮　好，抓紧时间行动，散会。

大家相继离开办公室。

夜校课堂入党宣誓会场　晚　内

灯光下，一面鲜红的党旗挂在黑板上。

高洪亮等人庄重地列队面向党旗。

高洪亮领誓。

高洪亮　我自愿加入中国共产党。

众　人　我自愿加入中国共产党。

高洪亮　承认党纲党章。

众　人　承认党纲党章。

高洪亮　执行党的决议。

众　人　执行党的决议。

……

每个人的眼角都挂着庄严、激动、幸福的泪花……

高洪亮办公室　日　内

高洪亮坐在办公桌后面，陆洁坐在长条凳子上，他们正在谈话。

陆　洁　队长，昨晚儿，我说啥也睡不着了，刘总从宣誓回来就一直小声地唱《国际歌》，今天一大早起来还哼哼，他太激动了，我也是，别说入党宣誓了，就是哼哼《国际歌》，都让你热血沸腾。

高洪亮　是啊，我们党的宗旨就是为人民服务，为了党，为了祖国和人民，我们随时可以牺牲自己的一切。所以这次出国学习，你一定要用共产党员的标准来严格地要求自己，刻苦学习，一定要以优异的成绩向党、向祖国、向人民汇报，向东北电管局汇报。

陆　洁　放心吧，队长，我一定做到。

高洪亮　我完全相信。快走了，还有什么困难和需要都提出来，队里一定想办法帮你解决。

陆　洁　什么困难和需要都没有。有个事儿，我想跟组织汇报一下。

高洪亮　什么事儿，说吧。

陆　洁　我喜欢赵战生同志，不知道可不可以。

高洪亮 （笑了）小陆哇，小陆，我们共产党从来都不干涉党员的恋爱和婚姻自由，可以，完全可以呀。

陆　洁　这我就放心了。

高洪亮　那你和欧阳孝仁……

陆　洁　那是他一厢情愿。队长，您觉得他合适吗？说实话，我早就把他看透了，即使没有战生，我也不会跟他。自私自利，心胸狭窄，做事儿让人恶心。我之所以没有和他撕破脸，主要是考虑姨妈收留我一回……

他们的话匣子打开了，收也收不住……

第七集

在去往冰场的路上　日　外

欧阳孝仁为了跟陆洁出国学习，不惜重金到处拉关系，今天就要去东北电管局做最后的努力。他背着包急匆匆地赶路，无意识地回头看了一下，发现远处的赵战生和陆洁背着冰刀谈笑风生地走了过来。他索性躲了起来，很想看个究竟。

赵战生和陆洁边走边聊。

赵战生　姐，这回我算彻底弄明白了，为什么要高电压输电。导线越粗电阻越小，电压越高电流的流量就越大，流速也越快。输电电压等级每升高一倍，就能提高四倍的输送能力。所以，最好是发展高电压。

陆　洁　是啊，这就是我们追求的目标，或者说是梦想吧。按照世界电力工业发展的惯例，每隔十五到二十年左右，就有一次电压提升的机会，我们太落后了。但是新中国是一定能够改变这一切的，也许在不远的将来，就能赶上他们。

赵战生　肯定能够赶上。姐，你好好学，回来还教我。

陆　洁　那可不好说，你进步太快了，我都教不了你了，以后是个啥情况，都不好说。咱这样吧，开展学习竞赛怎么样？

赵战生　好哇。

他们谈得非常起劲，在欧阳孝仁的视线中渐渐远去。

欧阳孝仁望着他们的背影，气得牙根发痒。

欧阳孝仁　（狠狠地自语道）小子，看把你美的，你等着。

欧阳孝仁狠狠地呸了一口，他急忙赶路，很快就消失在人流之中。

某滑冰场　日　外

第二次滑冰的赵战生已经比较熟练了，大家也都给他鼓励。

冰友甲　不错嘛，名师出高徒，对对对，就这么滑。（鼓励地）对对对，非常好。

陆　洁　来，我们一起滑。

陆洁带着赵战生，开始练一些配合，难度也在不断地增加，这引起众人的喝彩。

冰友甲　陆老师，好久没看你表演了，叫我们再开开眼吧。（问大家）冰友们怎么样啊？

众　人　好。

冰友乙　对，给我们表演表演。大家让一下，让一下，把地方留出来。

众人围成一圈。

陆 洁 好吧。献丑了。

陆洁进场，她在冰上尽情地发挥，各种优美、高难度的动作，引起了众人一阵阵热烈的掌声。陆洁最后做了个造型，敬礼。在一片掌声和喝彩中陆洁滑出了场外。

不一会儿她拿着相机入场，她把相机交给冰友甲，求他给照相。冰友甲欣然同意。

陆洁拉着赵战生摆好姿势，冰友甲给他们拍照。

某山野　树林　日　外

陆洁和赵战生在雪地里打雪仗。

陆洁在前面跑，赵战生在后面追。他们在雪地里、山岗上、树林中追逐、打闹、嬉戏，最后累得躺在雪地上，他们谈工作、谈未来、谈人生……

陆 洁 战生，你第一次入党宣誓的时候流泪了吗？

赵战生 流了，控制不住。那种感觉说不出来。

陆 洁 庄严神圣！真无法用语言表达，只有眼泪最能表达一切，说明一切。

赵战生 老师就是老师，总结得太准确了。

陆 洁 现在我终于明白了，为什么刘胡兰那么小，面对敌人的铡刀英勇不屈；为什么你不怕困难，不怕牺牲，总是冲在前头；为什么党叫你干啥，你就干啥，并且干啥像啥，学啥会啥。因为，你认为自己是个共产党员，要起先锋模范带头作用。

赵战生 对，我就是这么想的，可是我做得还不够。说真的，要是没有你的帮助，我绝不会有今天。姐，你为什么对我这么好？

陆 洁 你说呢？

赵战生 因为……

陆 洁 因为什么？

赵战生 因为你是我姐。

陆 洁 看你那傻样儿。

赵战生 你说谁傻？

陆 洁 就说你。

赵战生 再说一遍？

陆 洁 傻大兵，傻大兵，傻大兵。

赵战生 好哇，看我怎么收拾你。

两个人又打闹起来……

他们抱在一起在雪地上滚。

陆洁再也控制不住自己，她去吻赵战生。

赵战生开始迟疑了一下，也就在这一刹那，他明白了所有的一切。

他用更加热烈的吻，去释放和表达他对陆洁的爱……

高洪亮办公室　夜　内

高洪亮正和赵战生在图纸前，研究为党中央毛主席抢建送电专线的事儿。陆洁敲门。

高洪亮 请进。

陆洁背个挎包高兴地进来。

陆　洁　你们在研究工作？那我一会儿再来。

高洪亮　（忽然明白了）鬼丫头，是找战生吧？好，好好，正好我还有事儿找刘总，你们聊，你们聊。

高洪亮说完离开办公室，两个人互相做了个鬼脸儿。

赵战生　你胆儿可真肥呀。

陆　洁　那有啥，队长非常赞成和支持我们。再说，明天我就走了。

陆洁拉着赵战生的手进了里屋。

高洪亮办公室套间　夜　内

他们来到屋后。

陆　洁　（命赵战生）转过身去，把眼睛闭上。

赵战生照做。

陆洁从包里拿出镶好了镜框的她和赵战生的合影。

陆　洁　转过身来吧，睁开眼睛，看，（指着合影）怎么样？

赵战生　（激动地，爱不释手地）哎呀，太好了！

陆　洁　送给你的，咱们一人一个。

赵战生　好，太好了，这回无论你走到哪儿，我都能天天看到你。

陆　洁　你真的这样在乎我？

赵战生　撒谎不是人。

陆洁含着眼泪。

陆　洁　不用起誓，我信，我信。

两个人拥抱在一起

某车站月台　夜　外

赵战生提着行李，高洪亮、刘翰林、于华、王芳、薛刚、酒懵子、牛二虎、墩子、山猫等人都来送陆洁。

列车进站，上下车的人不多。赵战生提着行李上车，他要先把陆洁的行李放好。

高洪亮　（握住陆洁的手）好好学。一句话，绝不能给咱总队、东北电管局和中国人丢脸。

陆　洁　（流着泪，说不出话，不住地点头）嗯，嗯。

刘翰林　记住，咱们是共产党员了，就要用共产党员的标准严格要求自己。放心地去吧，战生学习的事儿就交给我了。

王　芳　（抱住陆洁）那儿可比咱们这儿还冷啊，要注意，别冻着。常来信。

于　华　不多说了，任重道远，好好学吧。常来信儿。

陆洁含着眼泪不住地点头。

站台扩音器　各位旅客，开往满洲里的旅客列车就要从本站开车了，有送亲友的请赶快下车。

高洪亮　（依依不舍地）好了，快上车吧。

众人送陆洁上车。

列车上　夜　内

赵战生基本把陆洁的行李放好了，陆洁来到自己的座位。

赵战生　姐，（指着放好的行李）行李都放这儿了。

陆　洁　好，车要开了，快下车吧。

陆洁掏出一封信递给赵战生。

赵战生接过信，才想起自己要送给陆洁的礼物。

赵战生　（一拍脑袋）哎呀，差点儿忘了。

赵战生急忙掏出陆洁见过的蓝色印花的小包袱递给陆洁。

赵战生　送给你的。

陆洁接过包袱，深情地望着赵战生，眼泪再也止不住了。

赵战生也眼含热泪。

乘务员　（大喊）那位送人的，赶快下车，车就要开了。

陆洁推了赵战生一把。

陆　洁　快，快下车吧！

赵战生擦了一把眼泪，转身跑下车。

某车站月台　夜　外

赵战生刚从车上跳下，列车就开了。

陆洁含着眼泪，探出车窗向众人挥手告别。

众人挥手告别。

列车驶出月台。

欧阳孝仁在远处比较隐蔽的地方含着泪水送陆洁。

旁　白　其实，欧阳孝仁早就来了，但他不敢露面，只能躲在角落里偷偷地为陆洁送行。这次他真的闹大了，他叔叔被东北电管局点名批评了，总队怎么处理他更不得而知。望着远去的列车，他仰天长叹。

远去的列车。

高洪亮办公室套间　夜　内

赵战生急急忙忙进屋，迫不及待地打开信。

陆　洁　（画外音）战生，我的"傻大兵"。"寻寻觅觅，冷冷清清，凄凄惨惨戚戚"。这是我在没有遇到你之前最真实的写照。快十年了，我受不了寄人篱下施舍的白眼，更接受不了表哥那种无休止的令人作呕的爱情纠缠。可我有什么办法呢？我只能在冰冷的世态炎凉中，无助地瑟瑟发抖。然而，苍天有眼哪，让你闯进了我的生活，改变了所有的一切，更没想到的是，我还光荣地加入了中国共产党。战生，你放心，我一定会用共产党员的标准来严格要求自己，刻苦学习，努力钻研，一定学出个样儿来，报答党，报效祖国和人民。玉泉山的工程光荣而又艰巨，尤其，你负责的那段困难更多，好钢用在刀刃上，领导这样安排是对的，我相信你一定能干好。要说的话太多了，就写到这儿吧。

赵战生放下信，拿起照片仔细端详，浮想联翩……

列车上　夜　内

车厢内没有几个人，显得空荡荡的。

陆洁趁着夜深人静，轻轻地打开蓝布印花的小包袱，露出叠得平整的白色丝巾。

她小心翼翼地展开丝巾，一幅水墨画展现在她的眼前。

湖面上绿色荷叶簇拥着两朵绽放的红色荷花，在湖面的左上方，有一处被子弹洞穿浸有血迹的弹孔。陆洁惊呆了！

这就是弥足珍贵的战生父亲送给他妈妈的爱情信物。

旁　白　望着这条弥足珍贵的血染丝巾，陆洁百感交集，思绪万千，内心久久不能平静……

列车在黑夜中行驶。

车窗如镜，映照出车厢内的情况。

不知什么时候，一个端着水杯的英俊男士，就站在她的后面，也在欣赏这条不寻常的丝巾，此人不由自主地发出了赞叹。

司徒佑　哈拉少，太美了。

这声音打断了陆洁的思绪，她下意识地转过头来，礼貌地点了一下头，小心地收起丝巾，把它叠上包好。

司徒佑　您好。

陆　洁　您好。

陆洁把包好的纱巾装好。

司徒佑　如果我没猜错的话，您就是基建总队的陆洁同志吧。

陆　洁　您？您怎么认识我？

司徒佑　您的风度、气质、美貌已经告诉了我。（伸出手）来，认识一下，司徒佑。

陆　洁　哎呀！原来您就是东北电管局的第一才子、大名鼎鼎的司徒佑哇？（握手）来来来，快坐，快坐。

司徒佑在陆洁的对面坐下。

司徒佑　"小姑娘，大才女"，您在东北电管局也是无人不知，无人不晓哇。今日一见，真是三生有幸。

陆　洁　司徒，能不能别这么文绉绉的？听着别扭、生分。

司徒佑　同意，完全同意！我也不喜欢这样，俗，太俗了。

陆　洁　一言为定？

司徒佑　绝不食言。

司徒佑　其实，我这个人真没什么城府，心直口快有啥说啥。

陆　洁　朋友之间就应该这样。

司徒佑　那好！不怕你生气，你的表哥，（摇摇头）算了，还是不讲的好。

陆　洁　有话就直说嘛。

司徒佑　恕我直言，他是金玉其外，败絮其中。表面看，那是风流倜傥一表人才。其实，内心龌龊、肮脏，俗不可耐。

陆　洁　你们见过?

司徒佑　何止见过,简直是一场人生最卑劣的闹剧。他绕了很大一个圈子,最后还是图穷匕首现了,他让我把名额让给他。

陆　洁　你同意了?

司徒佑　差点儿。这悲情牌打的,绝了。他哭天抢地,磕头作揖地求我,千万不要拆散你们这对儿生死鸳鸯,只要我同意,他会感恩我一辈子。最后,拿出了很多钱给我。真是情真意切,感天动地呀!我这个人有个毛病,就是心太软。差点儿就被他俘虏了。

陆　洁　看来,你真是个性情中人。

司徒佑　可后来一想不对呀。出国学习这是组织安排的,不是个人的行为。我就是想让,组织会同意吗?

陆　洁　对呀。

司徒佑　可他不理解,翻脸不认人,说了很多不该说的话,简直不可理喻,气得我都想揍他。

陆　洁　(无奈地)他这个人就这样,无利不起早,见便宜就上,属狗的,得不到就咬你一口。这样下去,总有一天,他会撞得头破血流,自食其果。

司徒佑　还真让你说着了,他怎么处理我不知道,他叔叔被东北电管局点名批评了。

陆　洁　司徒,咱们不谈他好不好?

司徒佑　好好好,我呀,就这毛病,一打开话匣子就搂不住。

陆　洁　可以理解。

司徒佑　理解就好,咱换个话题,我听说,你那儿有一个叫赵战生的,人小鬼大,文武双全,才华横溢。我这个名额是万局长给他要的,他去不了,我才捡了这个便宜。听说玉泉山……

陆洁迅速地制止了司徒佑。

司徒佑意识到后,抽了自己一个嘴巴。

司徒佑　这个臭嘴。(小声地)别看我没见过赵战生,但这个人真不一般,叫人佩服……

两个人小声地,极其神秘地继续谈了起来……

铁路线上　夜　外

黑夜中列车呼啸而过,远去。

北平玉泉山　日　外

旁　白　北平玉泉山因山有水,因水得名。泉水自山间石隙喷涌,水卷银花,宛如玉虹。明代以前便有"玉泉垂虹"之说,被列为燕京八景之一。相传清乾隆帝常到此处。因水清质优,醇厚甘甜,便赐封天下第一泉,并题字"玉泉趵突"。北平解放后,为了确保党中央和毛主席在这里办公、生活,必须修一条"送电专线"。

北平玉泉山张庄坟地　日　外

蓝天白云,远山近水,山水一色与村庄构成了一幅恬谧的山水画。

旁　白　"送电专线"必经张庄坟茔地。而且，有一基塔就建在房东张爷爷家的坟地，为了做好群众工作，赵战生费尽心机做了大量工作，老人家很顽固，拒绝迁坟。

这天，赵战生、牛二虎、酒馕子、墩子等在踏勘测量。

总队那辆熟悉的中吉普由远至近驶来，在路边停下。

薛刚跳下车向坟地走来。

赵战生老远就看见了薛刚，他吩咐牛二虎等继续工作，赶紧去迎。

赵战生　真没想到你能来，你那边儿离得开吗？

薛　刚　我们那边儿还行，有队长和刘总在，我省了不少心。不像你这儿，就耍你一个人。队长到市公安局了解敌情和社情去了，他不放心你这儿，叫我来看看。还有，陆洁给你来信了。

薛刚掏出信递给赵战生，赵战生接过信装好。

赵战生　可不是，都快把我急死了，我们房东老张家的坟就在这儿，那老爷子太倔了，好话说了三千六，就是不听。不过，他孙女儿倒是挺支持的。

薛　刚　这就好。咱们刚进点儿，我是赶鸭子上架，啥也不懂，可把队长和刘总忙坏了。他们知道你这儿情况复杂，难度大，过几天就来。

赵战生　真不好意思，总叫领导操心。

薛　刚　行了，别谦虚了。你不比我强多了，没办法，逼上梁山，只能干了。好了，领导的指示我传达了，信也送到了，我的任务完成了。撤！

薛刚跳上中吉普一溜烟开走了。

赵战生刚要打开信看，忽然，听到远处传来女人喊叫声……

赵战生赶紧把信装好顺着声音跑去。

柿子树林里　日　外

离张庄坟地不远的路旁，是一片柿子林。鲜艳的柿子挂满枝头，在微风中摇摆，散发着诱人的香气。

树下方村长的儿子方春生正强迫房东张爷爷的孙女儿张秀香亲热。

张秀香拼命地挣扎、喊叫……

赵战生赶到，大吼。

赵战生　住手。

赵战生上去一把就把方春生拽住，顺势一扔。

方春生四脚朝天地摔在地上。

见张秀香上衣被撕破裸露着胸，缩成一团，赵战生脱下自己的衣服扔给张秀香。张秀香赶紧裹住上身。

方春生从地上爬起来，冲着赵战生骂道。

方春生　姥姥！姓赵的，你不就是个施工队的队长吗，有什么了不起？我的事儿你管不着！

赵战生　你欺负秀香就不行！今天这个事儿，我管定了！

方春生　别仗着当过两天兵我就怕你。你大爷的，看家伙！

方春生拿起锄头就朝赵战生打来。

赵战生躲过后，一个扫堂腿就把方春生撂倒在地。

赵战生 想跟我比画，差远了，滚！

方春生自知打不过赵战生，后退几步。

方春生 （气急败坏地）小子，你等着！

方春生说完连滚带爬地跑了。

赵战生 秀香，快把衣服穿好。

张秀香这才缓过神儿来，她慌乱地把衣服穿反了。

赵战生 穿反了。

赵战生转过身。

赵战生 别着急，别急，慢慢穿。

张秀香 （边穿衣服边哭着说）这，这以后可让我怎么见人哪？

赵战生 这有啥，没事儿。

张秀香 （穿好衣服后）赵队长，我穿好了。

赵战生转过身来，拉起张秀香。

赵战生 快回去吧，省得叫老人担心。

赵战生扶张秀香走出树林。

通往张庄的路上　日　外

赵战生 秀香，我感觉春生好像喝了不少酒？

张秀香 可不是，满身酒气。

赵战生 我看得出，他好像非常喜欢你？

张秀香 嗯，他总都我家干活，人也挺好的，没想到他会这样……

赵战生 可能他太喜欢你了吧？

张秀香 那也不应该这样啊，我接受不了。

赵战生 哎？秀香，我怎么一直没见到你的父母哇？

张秀香 他们都被日本鬼子给害死了。

赵战生 这帮畜生！

张秀香 他们连畜生都不如。有一天，鬼子杀进了我们庄儿。

回忆画面：

鬼子进庄，奸淫烧杀，无恶不作。

一群鬼子进了张家。

指挥官指着秀香娘，示意拖进屋。

几个日本兵拖着秀香娘进了屋。

张奶奶跪在地上求饶。

秀香爹举起铡刀砍向鬼子，鬼子开枪打死了秀香爹。

秀香娘披头散发，穿着被撕烂的衣服冲出屋外，一头撞死在磨盘上。

鲜血洒在磨盘上……

回忆结束

张秀香 赵队长，您说，我的命咋就这么苦哇？

赵战生 我的命也跟你差不多，父母都在反围剿中牺牲了。我是在战场上生的，为了我，牺牲了不少红军战士。

张秀香 哦，你也是个苦命人哪？

赵战生 天下的穷人，哪家没有苦难史、血泪账？

张秀香 赵队长，你们真的要扒坟哪？

赵战生 你听谁说的？

张秀香 大家都这么说。尤其那个刘半仙，说得有鼻子有眼儿的。

赵战生 那是造谣，小心上当。我们不是扒坟，是迁坟。迁坟是啥意思呀？迁坟就是让乡亲们选好坟址，我们按当地的风俗习惯帮助迁，这还不算，还要在经济上给予补偿。说白了就是政府给钱，绝不能让乡亲们受损失。

张秀香 啊，不过迁坟也破坏风水呀。我们张庄的这块坟茔地，风水特别好，出了不少大人物。

赵战生 那个状元坟我看过了，面积挺大，有石狮、墓碑，很气派。不过我们的线路不经过那儿，所以不需要迁。就是您家，还有方村长那几户得迁。

张秀香 那你们的塔就不能挪一挪，要不拐个弯儿呗？

赵战生 如果能的话，我们扯这些干啥？那不是脱了裤子放屁吗？

张秀香扑哧一笑。

张秀香 你可真逗。

赵战生 实话实说嘛。秀香你真信风水呀？

张秀香 其实，我也不咋信，就说我家吧，如果风水好，仙人保佑我们，我爹妈就不应该死得那么惨。还有刘半仙，他那么能算，他家坟地风水一定是最好的吧，可他那几个孩子，没有一个有出息的。

赵战生 说得好！从来就没有什么救世主，也不靠神仙皇帝，这是《国际歌》唱的。要靠就靠共产党毛主席，靠咱们自己。新中国就要成立了，人民当家做主，好日子在后头哪。如果迁坟顺利的话，我们这条线路很快就会建成，到那个时候，你们这儿就很可能会通电，你们就可能点上电灯。

张秀香 电灯？

赵战生 对呀，你没见过？

张秀香 （摇头）没见过。

赵战生 电灯，比你们点的煤油灯要亮几百倍、上千倍。而且，不用油，不用火柴点，一按开关，哗，就亮了。

张秀香 那么好哇？

赵战生 那当然了，今后用电的地方多了，你像城市照明，工厂的机器做工，农村的磨米磨面……

两个人越唠越起劲儿，越唠越投缘，越唠越热乎。

方村长家 日 外

方村长家在张庄的西面，是一座典型的京郊民房，院内整洁。

西厢房墙上挂着大蒜、红辣椒、苞米等。

院内几只鸡悠闲地吃着散在地上的苞米。

方春生气急败坏地进院，吓得这些鸡尖叫着四处逃窜。

方村长家　日　内

小玲妈和方小玲悠闲地纳着鞋底聊着天。

方春生浑身是土，脸也擦破了，还流点儿血，一瘸一拐地进了屋。

小玲妈　（惊讶地）天哪！你这是咋弄的？

方春生　（愤愤地）叫姓赵的那小子打的。

小玲妈　哪个姓赵的？

方春生　就是施工队的那个呗。

方小玲　赵队长？不可能！

小玲妈　他凭什么打你？

方春生　因为秀香。

小玲妈　甭管因为啥，打人就是不对！不行，我得找他去说说理。

小玲妈拉着儿子就往外走。

方村长气冲冲地进来。

方村长　站住！干啥去？

小玲妈　找那个姓赵的说理。他凭什么打人？

方村长　你们还嫌不丢人哪！不争气的东西，老方家的脸都让你给丢尽了，我非打死你不可！

方村长抄起棍子就朝方春生打去，只听"哎呀"一声。

方春生捂着腿痛苦地在倒在地上呻吟……

小玲妈不知何故，顿时坐在地上大哭。

小玲妈　哎呀我的天哪，这都是为了啥呀……

方小玲　（哭着说）爹，我哥在外面挨欺负你不管就算了，还往死里打。没有你这样当爹的！妈……

方小玲扑到妈妈怀里也哭了起来。

方村长　哭，哭，哭，你们就号丧吧！

赵战生、牛二虎等赶来。

赵战生　村长，您这是干啥？春生酒喝多了一时糊涂，干点儿傻事儿，说一说也就算了，您不应该这样。来，春生我看看。

方春生　用不着，你给我滚，滚！

方小玲　你别猫哭耗子了，我家不欢迎你。

方村长　小玲，你给我住嘴。要不是赵队长及时赶到，你哥的祸就闯大了！人家赵队长练过，他还想跟人家比画，不自量力。赵队长是手下留情了，不然他早就废了。

方小玲　是吗？我说呢。

赵战生给方春生检查，他埋怨方村长。

赵战生　村长，您下手太重了，可能骨头劈了，不过没断，来，大家把春生抬到炕上去。

牛二虎、墩子等把方春生抬到炕上。

赵战生 二虎，你们几个快去找一些小木板，实在没有找一些树枝也行，还有绷带。

牛二虎应声跑了出去。

方小玲 我也去。

方小玲说完也跑了出去。

张爷爷家　日　内

张家住在村的东边。三间房，坐北朝南。中间是堂屋，有两个灶台。靠墙边放着碗架、水缸和一些杂物。

东西两间房，都是南北炕。本来秀香自己住西屋，因赵战生他们来了，就搬到东屋和爷爷奶奶一起住，晚上在北炕挂个帘子遮掩一下。

西屋地中间放着一个木制的方桌，这是给施工队办公用的。

张家东屋　傍晚　内

张秀香被方春生欺负了，又回来晚了，被张爷爷骂了一顿，张秀香觉得委屈正在炕上流泪。

张爷爷 这个混账王八蛋，敢欺负我孙女儿，我饶不了他。

张爷爷说着就往外走，被老伴儿拉住。

张奶奶 行了，别添乱了！

张爷爷 这怎么叫添乱呢？

张奶奶 你想让满村的人都知道哇？这以后让秀香还怎么见人。反正也没把咱怎么着，就是受点儿惊吓，往后咱防着点儿不就行了吗？姑娘大了，也该找个婆家了，省得操这份心。

张秀香 我不嫁。

这时，方小玲进来。

张爷爷没好气地瞪了方小玲一眼，愤愤地出去了，张奶奶也跟了出去。

方小玲凑到秀香的跟前。

方小玲 对不起，我哥真不是东西，被我爹把腿给打断了，赵队长正给他治腿呢。

张秀香 是吗？

方小玲 撒谎不是人！我不知道咋回事儿，还骂了人家赵队长了，真难为情。

张秀香 不知者不怪嘛。他又不是那种小肚鸡肠的人，没事儿。

方小玲 我感觉也不是，赵队长这个人真不错，心眼好，不记仇，讲义气，人长得也好看。

张秀香 咋地，你喜欢上了？

方小玲 说不上，反正我没见过这样的好人。你喜欢上了吧？

张秀香 去你的，净瞎掰。

方小玲 说真的，我倒想，就怕咱没那个命。

张秀香 是啊，谁知道人家有没有，再说，人家能看上咱们吗？

方小玲 说的也是。

张家堂屋　日　内

两个老人一边干活，一边偷听屋里的谈话。

张奶奶　听见没有？他们俩都喜欢那个队长了。

张爷爷　我又不聋。走吧，别听了。

两个老人出了屋。

方村长家　傍晚　内

赵战生把方春生的腿用夹板固定好。

赵战生　行了，没什么大事儿了，记住，不能下地，躺在炕上静养一段时间就好了。

小玲妈　不是说伤筋动骨一百天吗？

赵战生　按常理是这样，不过，春生骨头没断，可能裂了，只要不动，慢慢就长好了。没事儿，过两天我再来，有什么事儿尽管叫我。

小玲妈　那可太好了，谢谢您。

赵战生　别客气。我也是一时性急，动了手。春生，对不起，好好养病，不打不相识。说不上，将来咱们还能成为好朋友呢。事儿过去就过去了，你也别多想，好事儿多磨吧。都挺忙的，我们就不打扰了。二虎，咱们走吧。

赵战生和牛二虎就往外走。

小玲妈　（拉住赵战生）不行，吃了饭再走。

方村长　是啊，赵队长。一定吃了饭再走。

赵战生　不行啊，村长，我们有纪律。再说，食堂也做好了，不吃那不浪费了吗？以后有机会再说。

方村长　得了，来日方长。

赵战生　来日方长。春生，好好养病。

方春生下意识地点点头。

赵战生、牛二虎出屋。

夫妻二人送出。

张家西屋　深夜　内

牛二虎等都睡了。

赵战生坐在桌旁，借着灯光看陆洁的信。

陆　洁　（画外音）战生，我的傻大兵。一切都安顿下来了，我在这儿很好。工程进展得顺利吗？其他方面，我真的不很担心。因为，你具备能力。我最担心的是迁坟的问题。这个问题很复杂，牵扯的面又广，敌人很可能利用这个事儿，煽动群众向我们发难。你一定要提高警惕，加倍小心！

赵战生拿起笔给陆洁写信。

状元坟　夜　外

月亮被浓浓的乌云遮住了，漆黑的坟场不时传来猫头鹰的叫声，使这里显得非常阴森恐怖。

一个身轻如燕的黑衣人，毫无声息地来到坟前的石狮子旁，轻轻按动机关，石碑慢慢地移开，露出一个地道口。

黑衣人钻进了状元坟的地道，石碑缓缓合上。

当年，日本鬼子为什么如此疯狂地在张庄一带烧杀抢掠，就是要在这儿制造无人区，修建一个关东军特高科最高级别的秘密据点。他们在东北抓来了近千名劳工日夜兼程，在状元坟地下修建了集武器弹药、通信联络、秘密审讯、情报档案、作战指挥、后勤仓储等为一体的一整套系统。这个工程建成后，日本鬼子把所有劳工分批、分期地转移，全部秘密杀害。日本投降后，特务头子土肥原贤二把此处秘密移交了给军统，即使在军统内部，也没几个人知道。现在是非常时期，不得不启用了。

状元坟　夜　内

在一个小会议室里，老Ｋ、梅花七、刘半仙正焦急地等待于丽的到来。

老　Ｋ　按照黑玫瑰的行事风格，她没有理由姗姗来迟呀？

刘半仙　我看是被共军给吓怕了吧？女流之辈嘛，啊？哈哈。（冷笑）

梅花七　我觉得此人背景复杂，爸爸亲共，姐姐和姐夫也都在那边，她为什么在斩首行动失败之后，还能够全身而退，我看这里面是大有文章啊。

老　Ｋ　放屁！你以为共军都是白吃干饭的吗？她就够可以的了，换个人试试，谁能搞出那么大动静？不服，你去东北呀。

梅花七　我，我可不行。

老　Ｋ　不行，就别说三道四的。现在是非常时期，大家一定要精诚团结。于丽中校，我是最了解的，绝对效忠党国。

于丽鼓着掌，傲慢地从外面走进来。

于　丽　还是有人说公道话嘛。我他妈最恨背后扯老婆舌捅刀子的人，有能耐当面来。难怪国军兵败如山倒，内斗是好手，跟共军作战都是孙子，跑得比谁都快。好哇，把我抓起来呀？老娘还不干了呢。

于丽把枪"啪"地放在桌上。

她坐下来，狠狠地瞅了瞅刘半仙和梅花七，弄得他们很窘。

老　Ｋ　息怒、息怒，大家也是没事儿闲聊，期待你的到来，别人不了解你，我还不了解你吗？你可是我一手培养的军统一枝花呀。

于　丽　没事闲聊？好哇。咱们就在这儿观赏共军开国大典的胜利召开，笑谈共军打过长江，最后，我们再一起给这个老状元陪葬。太惬意了。

老　Ｋ　好，软中带硬，柔中带刚，一语中的。诸位，我再次重申，以后，谁要是再相互猜疑，离间同仁，格杀勿论！据可靠情报，共军要在十月一日举行开国大典，毛局长责令我们必须开展爆炸、袭扰、暗杀、投毒等一切手段，干扰、破坏、阻挠共军开国大典的召开。我就不信，凭我们潜伏在北平的三千精英，肯定能把京城搅它个天翻地覆，人仰马翻。

众兴奋，点头赞赏。

老K掏出照片扔在桌上，让大家传看。

老　K　知道这个人是谁吗？他是北平最重量级的人物，傅作义，和共军谈判的首席代表。我们第一个要做掉的就是他。

梅花七　杀一儆百。

老　K　对。可问题是，我们这个苦心经营的据点也快要保不住了。

刘半仙　我不正在煽动村民阻止他们施工吗？大不了和他们同归于尽。

老　K　精神可嘉，做法愚蠢。老实说，我们阻止得了吗？记住，我们只是延缓施工进程，给我们转送物资、撤离据点赢得时间。必要时，可以把这里炸毁。毛局长已经任命于小姐为我的副手，军衔上校。你们一定要听从她的调遣。

刘半仙　是。

梅花七　于上校，以前多有得罪，还请海涵。

刘半仙　是啊，还请于上校多多指教。

于　丽　不敢。

张家东屋　　日　　内

张家屋内，刘半仙正在口若悬河地蛊惑张爷爷。

刘半仙　大舅哇，别人的事儿，我可以不管，可咱家自己的事儿，我就不能不管。这几天，我一直都在观察，他们正在测量，用不了几天就要扒坟了。

张奶奶　（着急地）哎呀，这可咋办？

张奶奶哭泣起来。

张爷爷　哭啥，我还没死呢。谁敢扒咱家的祖坟，我就跟他拼命。

刘半仙　对对对，跟他们干。共产党咋地，共产党也不能干伤天害理的事儿，对不对？

张爷爷　说的就是嘛，共产党也得讲理呀。

刘半仙　我跟您老这么说吧，这施工队到咱这儿来就没安好心！

张秀香　爷爷，您别听他的。刘半仙，你赶紧走，少在我家胡咧咧。人家施工队咋了？帮咱们挑水、扫院子、干活，就像当年的老八路，多好哇。

刘半仙　大舅，您看这孩子里外不分，把好心当成驴肝肺了。您老可得心里有数。不管怎么说，扒坟就是伤天害理。

张秀香　扒坟，扒坟，人家扒了吗？那叫迁坟。

张爷爷　死丫头，大人说话，没你插嘴的份儿。你净向着那小子说话。

刘半仙　大舅，我给您提个醒儿，领头的那个姓赵的小子您得提防着点儿，鬼得很。他们为什么住在咱家？为什么对您这么好？那叫醉翁之意不在酒，黄鼠狼给鸡拜年——没安好心！

张秀香　刘半仙，你要是再胡说八道，散布封建迷信，我就上村里告你！

刘半仙　秀香，你这不是狗咬吕洞宾不认真假人吗？大舅，这丫头，肯定是中邪了。

张秀香　刘半仙，你才中邪了呢。

张爷爷　死丫头，别没大没小的。人家图啥，还不是为咱们好吗？

刘半仙　就是嘛，要不是实在亲戚，我才不管这事儿呢。

张秀香　（冲着刘半仙）少套近乎。爷爷，您真是老糊涂了，他的话您也信，小心上当！

张爷爷 我看你才上当了呢。挺大个姑娘也不嫌害臊，总跟那个姓赵的小子屁股后转，还净替他说话。

张秀香 我愿意。

张爷爷 你愿意，你愿意就嫁给他。不要脸的东西！给我滚！别在这儿丢人现眼！

张奶奶 老东西，你说啥呢？（冲着秀香）秀香，别听他的。

张秀香 我才不走呢，这是我家。要走，（指刘半仙）让他走！

张奶奶 他大外甥，您的好意我们领了，赶快走吧，您看这闹得不安生啊。

张秀香 就是嘛，（指刘半仙）都是你干的好事儿！（拉着刘半仙）走走走，赶紧走。以后少上我家来妖言惑众。

张秀香推刘半仙往外走。

刘半仙 大舅，大舅，您看看这孩子。

张家院　傍晚　外

张秀香好不容易把刘半仙推出门外，正好碰上赵战生、牛二虎、墩子等人从院外进来，他们和刘半仙打个照面。

张秀香 （生气地）以后少上我家来，别说我对您不客气。

刘半仙看到赵战生等赶紧溜走，气得张秀香唾了刘半仙一口。

张秀香 呸！不要脸，净瞎掰。

赵战生 秀香，刚才那个人是谁？

张秀香 刘半仙呗。又来讲八卦，谈风水，一句话，就是不让我爷爷迁坟。

赵战生 我觉得这个人有问题呀。

张秀香 我也是这么想的，和他吵起来了。可是我爷爷不听啊，还说我胳膊肘往外拐，还骂我……

赵战生 骂你啥？

张秀香 （不好意思）不告诉你。

张奶奶 赵队长，秀香早就把水给你们烧好了，叫大家赶快洗洗吧。

赵战生 真不好意思，太麻烦你们了。

张秀香 那你们帮咱挑水、扫院子，干了那么多好事儿又怎么说呀？

赵战生 那是我们应该做的。

张奶奶 是啊，这也是我们应该做的。赵队长，都是一家人就别客气了。

赵战生 好好好，谢谢您了。

赵战生、牛二虎、墩子、酒懒子等人赶紧洗漱。

张秀香打水，递毛巾，里里外外忙个不停。

赵战生 秀香，你就别忙活了，我们自己来，自己来。

这时，方村长的女儿方小玲也来了。

方小玲 秀香，吃了吗？

张秀香 还没呢。你呢？

方小玲 早就吃完了，就等到这儿凑热闹了。

张秀香 （小声地）想人家了吧。（意指赵战生）

方小玲 净瞎说。

方小玲的眼睛总是离不开赵战生。

张秀香 （边洗衣服边看方小玲）行了，别看了。眼珠子都掉进去了，小心挖不出来。

方小玲 挖不出来更好。

张秀香 不嫌害臊。

方小玲 没办法，我就是想看他。

张秀香 那好，今天，你就在这儿看个够。

方小玲 那不行，我得住在这儿。

张秀香 行，咱俩一被窝。

这时，张爷爷拿着烟袋背着手来到赵战生跟前。

张爷爷 （气鼓鼓地说）年轻人，我告诉你，你们在我家住，行，我欢迎。要是一门心思地要动我家的祖坟，趁早滚蛋！

张爷爷说完扭身就走，赵战生刚要说什么，被张秀香轻轻拽住。

张秀香 （小声地）刚才我跟爷爷吵了一架，他正在气头上，您说什么也没用，慢慢来吧。

赵战生 谢谢你。

赵战生的举动让张秀香心里很满足，因为他听她劝了，但方小玲却吃醋了。

方小玲 哎呀妈呀，这又拉又扯的，太近乎了，说什么悄悄话儿呢？

张秀香 说方大小姐美丽、漂亮。

方小玲 看我怎么收拾你。

方小玲追着张秀香满院子跑，引起众人一片笑声……

夜深人静的张庄　夜　外

天空中，月亮在云中时隐时现，静静的张庄。

张家西屋　夜　内

炕上，二虎他们都睡了，赵战生躺在炕上，望着天空时隐时现的月亮，就是睡不着，翻来覆去地烙"大饼"。他索性打开手电看书。

张家东屋北炕　夜　内

方小玲挤在张秀香的被窝里，她们唠起了悄悄话。

方小玲 秀香，现在时兴自由恋爱。你说，喜欢和爱是不是一回事儿？

张秀香 这我可说不清，我寻思，只有喜欢，才能去爱，你要是爱了，那就肯定喜欢了呗。

方小玲 我肯定是爱了，一天看不着他就受不了。

张秀香 所以就天天往这儿跑。

方小玲 哎，你算说对了。（忽然想起啥）哎，秀香，你是不也特喜欢他？

张秀香 你说呢？

方小玲 肯定喜欢。这可咋办哪？秀香，我求求你让我呗。

张秀香　我还想求求你把他让给我呢。

方小玲　那咱俩就都嫁给他，咱们不分大小。

张秀香　傻话、疯话，现在时兴一夫一妻制，不兴娶俩，再说了，咱们喜欢人家，人家喜不喜欢咱？是喜欢你呢，还是喜欢我呀？咱们都说不清楚。

方小玲　那咋办呀？

张秀香　我也不知道。反正我觉得，只要你真心地喜欢一个人，爱一个人，就应该多为他做事儿，以后怎么样，谁也说不清楚，只能看缘分了。哎呀，太晚了，睡吧。

张秀香转过身睡了，方小玲却瞪着眼睛望着房梁。

张家东屋南炕　夜　内

她们俩的谈话被张爷爷、张奶奶听得清清楚楚。

张奶奶抬起头看了看北炕的秀香和小玲，她俩已经睡着了。

张奶奶　（小声地）老头子，听见没有，秀香和小玲都喜欢上赵队长了。

张爷爷　我又不聋，听见了。

张奶奶　我也稀罕这孩子，长得好，还有能耐，关键是脾气好。你不兴老对人家那样啊。

张爷爷　他要不张罗迁坟，我能对他那样吗？

张奶奶　这话说的，迁坟也不是这孩子说了算的，那是官家定的。你老冲人家孩子发火有啥用？再说，这迁坟也不光咱们一家，咱挑那个头干啥？你呀，就是出马一条枪，早晚有你后悔的。

张爷爷　不管怎么说，迁坟就是不吉利。

张奶奶　那也说不准，都说穷搬家，富挪坟。说不定这一挪，咱家就富了呢？

张爷爷　做梦吧。

张奶奶　你也不想想，这孩子这么小就当队长了，将来还不知道能当多大的官儿呢？咱秀香要是跟了他，能错儿吗？小玲一天见不到就想，天天往咱家跑。咱要是不先下手，叫小玲抢了去，那后悔可就晚了。那可是村长的闺女儿呀，咱和人家能比吗？

张爷爷　这倒是。

张奶奶　你还看不出来呀，秀香这孩子对人家也是十个头儿的。

张爷爷　怪不得，这丫头老向着那小子说话。

张奶奶　我说话你可别不爱听啊，咱们是顾活人还是顾死人？咱们老张家本来就人丁薄，现在就剩这么一个丫头了，咱还能活几年？能给孩子找个好人家比什么都强。（捅了一下张爷爷）哎，你听见没有？

张爷爷　听见，听见了，我不正在合计呢吗。

寂静的张庄，不时传来几声狗叫。

第八集

张庄　清晨　外

雄鸡报晓。绚丽的朝霞。炊烟缭绕。

张家院　清晨　外

酒憋子和二虎铡草，墩子扫院子。
赵战生挑着满满一担水进了院，直奔堂屋。

张家堂屋　清晨　内

张秀香和方小玲边烧火边小声地说话。
赵战生挑水进屋，他不放扁担，一手提着一桶水，很轻松地分别把两桶水倒进缸里。
方小玲看傻了。

方小玲　（对张秀香）哎呀妈呀，这哪是挑水呀，这简直是玩儿，（模仿赵战生）你看人家，这么一倒，这么一倒，真是太美了。

张秀香　这算啥，他的事儿多了去了。没两下子，这么年轻就当队长啊？

方小玲　我看也是，你说，他咋那么招人儿稀罕呢？

张秀香　不招人儿稀罕你能总往这儿跑哇？
赵战生在外面喊。

赵战生　走了，走了，开饭了。
几个人跟着赵战生走出了张家。
方小玲在门口一直目送着他们出院。

张秀香　哎哎哎，别看了，咱俩去看看有什么脏衣服帮他们洗一洗。

方小玲　好哇，走。
两个人来到了赵战生他们住的西屋。方小玲望着叠得整整齐齐的被子看傻了。

方小玲　哎呀妈呀，你看看这被叠得棱是棱角是角。这大老爷们儿比咱们姑娘家还干净利索。（脸上泛起红润）这要是……

张秀香　（挑逗地）这要是啥呀？

方小玲　（抿着嘴笑）不告诉你。

施工线路踏勘现场　日　外

赵战生带人在即将开工的线路上，用白灰画线，打桩。

张庄街道　日　外

刘半仙在村里到处嚷嚷。

刘半仙　不好了，不好了，施工队要扒坟了……

男人、女人、半大孩子从家里往外跑。

年岁大的隔墙、扒窗朝外张望。

不少青壮村民拿着锹镐冲出院子来到街上。

刘半仙来到张爷爷家大叫。

刘半仙　大舅，不好了，施工队要扒坟了，快点去吧，晚了可就来不及了。

张爷爷抄起镐把就往外走，张奶奶怎么拉、怎么劝也不行。

张爷爷推开张奶奶冲出院子。

正在屋里唠嗑的张秀香和方小玲听到外面的喊叫跑了出来。

张秀香　不好，可能要出事儿！小玲，赶快叫你爸到坟地去，越快越好。

方小玲　哎。

方小玲撒腿就跑，张秀香也跑出了院子，她边追边在后面喊。

张秀香　爷爷，爷爷……

村民拥出张庄，奔向坟地……

施工线路要占用的坟地　日　外

赵战生等人刚到坟地，就被村民围了起来。

张爷爷　（手握镐把，激动地）我看你们谁敢动，动，我就跟他拼命！

赵战生　张爷爷，您先别动气，我们这是在测量、打桩，根本也没动土啊。

张爷爷　动就晚了。

二愣子　可不是，叫他们滚蛋。

狗剩子　对，让他们滚。

三胖子　你们赶紧给我滚，不然，别怪大爷不客气。

刘半仙　乡亲们，我算了，这个地方是最好的风水宝地。有仙气、有灵气，一旦动了，那就大祸临头了。前一阵子，为什么状元坟那儿老闹鬼呀，就是他们引来的。

二愣子　对呀！我也看着了，血淋淋的，吓死人了。

狗剩子　我也遇到过，没把我吓死。

刘半仙　（得意地）怎么样，我说得没错儿吧？他们就是祸星、丧门星。

赵战生　刘半仙，这一切都是你背后搞的鬼吧？你信不信，我现在就可以把你送到县公安去。

刘半仙　你吓唬谁呀？我一没偷，二没抢，我是替民请愿。你们刨人家的祖坟就是伤天害理。乡亲们，叫他们滚！

狗剩子　对，叫他们滚。

二愣子　我看不动真格的不行了。

二愣子举起棒子就朝赵战生打过来。

张秀香　（吓得大喊）战生哥！小心！

赵战生不慌不忙躲过棒子，一个腿绊就把二愣子给撂倒了。

三胖子　哎呀，还挺厉害。看我的。

三胖子拉开架势上来就是一拳，被赵战生使了个反关节，痛得他嗷嗷直叫……

赵战生顺势一推就把三胖子摔倒在地。

赵战生　乡亲们，有话好好说，不要这样嘛。

牛二虎　乡亲们，省省力气吧。动手打仗？你们不行，不用我们动手，就他一个，你们全上来也不是个儿。

墩　子　乡亲们，这是真的，再这样下去你们会吃亏的。

刘半仙　别听他们的！好虎架不住一群狼，大家一起上！

狗剩子　对，咱们一起上。

众呼啦一下拥了上来。

方小玲　爸，你快点儿呀，看，都打起来了。

方村长和方小玲迅速跑了过来。

方村长扒开人群来到中间。

方村长　（大喊）你们都给我住手，谁再动手，我就把他捆起来。你们这是干什么？啊？干什么？打人是犯法的，要蹲号子的。你们懂不懂？

二愣子　是他先动手的。

三胖子　可不是，（对方村长）您看，就是他把我手腕子都快拧断了。

方村长　行了，我离老远就看见了，你们先动的手。人家这是手下留情了，不然你胳膊就断了。别在这儿丢人现眼了。

刘半仙　那他们刨咱祖坟就行啊？

方村长　人家刨了吗？

刘半仙　现在没刨，将来肯定刨。不信，你们就看着。

方村长　你怎么知道？

刘半仙　这你就甭管了，反正我知道。

方村长　好。我问你，这儿有没有你家的坟？

刘半仙　没有。

方村长　没有，你到这儿来干啥？

刘半仙　我，我替乡亲们请愿，讨回公道。

方村长　呀嘁，新鲜，太新鲜了。想当年，小日本、国民党欺负乡亲们，你干啥了？刘半仙，你在日伪时期所干的那些事儿，乡亲们可都记着哪！国民党来了你也没消停。实话告诉你，公安局早就注意你了。你恶习不改，妖言惑众，跟政府作对。有句老话说得好，不怕闹得欢，就怕将来拉清单。弄不好你就得进去，你信不信？

刘半仙　（见势不妙，皮笑肉不笑点头哈腰地）我信，我信。哎呀，瞧我这记性，王庄正好有个丧事儿让我去操办，我得走了，走了。

刘半仙边说边退灰溜溜地走了。

方村长 乡亲们，有话好好说，有事儿好商量，咱不能动粗对不对？人家工人兄弟抛家舍业到我们这儿干啥来了？给咱们送电来了。我想你们大家还不知道电是怎么回事吧？那家伙，一按开关，"嗨儿"电灯泡就亮了，都晃眼睛啊。当然了，我们一时半会儿可能还用不上。可人家工人兄弟说了，用不了多久，我们就能用上电，你们不但不领情不道谢，还打人家，丢不丢人哪？啊？赶紧都给我回去，回去。

方村长劝大家离开。

张爷爷 那他们要真动我们的祖坟咋办？

方村长 这个请大家放心，如果真要迁，也会和大家商量出一个让乡亲们都比较满意的万全之策，赵队长，您说是吧？

赵战生 对对对，政府不但在经济上会给予补偿。而且，在迁坟的过程中，还会充分考虑乡亲们的意愿，尊重当地的风俗，绝不会乱来的。

方村长 怎么样，我说得没错吧？走吧，大家都回去吧。秀香啊，赶快扶你爷爷回去。

张秀香 哎。

张爷爷不愿意走。

张秀香 哎呀，爷爷，走吧。

张秀香拉着爷爷就往回走。

张爷爷 （边走边叨咕）死丫头，胳膊肘往外拐。去，用不着你扶。

张爷爷拎着镐把气哼哼地自己往前走。

回张庄的路上　日　外

赵战生、方村长、方小玲等在路上边走边说。

赵战生 方村长，真得好好谢谢您。要不是您及时赶来，我还真不知道该怎么收场。

方小玲 （对赵战生）真没劲，您就光知道谢我爸，就不应该谢谢我呀？这是本姑娘报的信儿。

方村长 是啊，要不是小玲及时告诉我，今天这事儿还真挺悬。

赵战生 谢谢小玲姑娘。我想跟村长说点儿事行吗？

方小玲 不行。必须当着我的面儿说。

方村长 工作上的事儿，你就别掺和了。

赵战生 二虎，墩子，你们继续画线、打桩。

方小玲 二虎哥，我也跟你们去。

牛二虎 行啊，走吧。

方小玲边走边打听赵战生的事儿。

方小玲 二虎哥，早就听说你们队长非常厉害。今天，总算是开眼了。

牛二虎刚要说，被墩子抢先。

墩　子 要说我们队长的事儿啊，三天三夜也说不完。

他们边走边聊。

赵战生和方村长谈得更加投入。

赵战生 村长，我看刘半仙只是一个在前面煽风点火的小人物。眼看新中国就要成立了，敌人不搞破坏那才怪了。尤其，这条是给党中央、毛主席送电的专线，他们是绝对不会放过的。

方村长 怪不得我听公安的同志跟我说，最近，在我们这个地区出现了神秘的电台，要是这么看，敌人肯定会有大的动作。

赵战生 所以，您一定要想办法监视、控制住刘半仙。而且我们要放长线钓大鱼，不但粉碎敌人的破坏阴谋，还要一网打尽。

方村长 对对对。您放心，我马上把这个情况向公安部门汇报。

赵战生 还有，您还要多做张爷爷的工作。只要他想通了，迁坟的事儿就好办了。

方村长 您说得很对，我一定做好他的工作。

赵战生 那好，谢谢村长。

他俩边走边聊，远去。

张爷爷气哼哼地往前走，一不小心摔了一跤。

张秀香 （赶紧过去扶爷爷）叫您慢着点儿、慢着点儿，您就是不听，还不让人家扶，怎么样？摔坏了没有哇？

张爷爷 死不了，脚崴了。

张秀香 要不要紧？

张爷爷 没事儿，走吧。

张秀香扶起爷爷一瘸一拐地往回走。

张家院　日　外

张秀香扶着爷爷一瘸一拐地进了院。

张秀香 奶奶，奶奶，爷爷脚崴了。

张奶奶从屋里出来扶张爷爷。

张奶奶 活该，不让你去，你非去不可，到底要紧不要紧？

张爷爷 滚一边儿去，不用你管。

张奶奶 嘿嘿嘿，好赖不知，没人管你。（甩开张爷爷）秀香啊，我看去了那么多的人，拿啥的都有，动没动手哇？战生那孩子吃没吃亏呀？

张爷爷 就放心吧，那小子没事儿。

张奶奶 真的？

张爷爷 不信，你问秀香。

张秀香 爷爷没骗您，战生哥太厉害了，二愣子、三胖子、狗剩子他们不由分说拿棒子就打，人家战生哥没费劲儿统统给摞倒了，听说，十个八个都近不了他的身。

张爷爷 哎，你还别说，这小子心眼儿还挺好使，不下死手。要不，就那几个小子，都得伤胳膊断腿，好人哪。这要是不迁这坟，那该多好了……

张奶奶 我就说嘛，秀香这孩子有眼光儿。

张秀香 奶奶……

张奶奶 还不好意思了，昨晚上，你跟小玲说的话，我们都听见了。你要是真的跟他，那是咱老张家的福哇。

张秀香 那我爷爷……

张爷爷 我咋地了？这是抽大烟拔豆梗——一码是一码。

张奶奶 老东西，我可告诉你，人家老方家可是积极迁坟，小玲就是他的宝贝闺女，人家的条件可比咱们好，到时候，让老方家抢了去，我看你后悔不后悔。

张秀香 爷爷，事情都到这个份儿上了，您爱听不爱听，我也得说几句，您老别总说什么扒坟扒坟的，人家那是迁坟，说挪坟也行。

张爷爷 迁也好，挪也好，那不都得扒吗？

张秀香 那可不一样，扒坟那都是仇家或者盗墓贼干的，他们光扒不埋，甚至曝尸荒野。人家这是跟你商量换个地方，这跟咱们活人搬家不是一样？坟址由咱自己选。人家不但帮你迁坟，在经济上还给予补偿。在迁坟过程中，完全尊重当地的风俗习惯和咱们的意见。这是解放了，要在过去，小日本、国民党，别说扒你坟了，就要你的命，你也是敢怒不敢言！我爹、我妈是怎么死的，您忘了？

张秀香气得哭了起来。

张奶奶 你瞅瞅，瞅瞅，秀香说得多在理儿呀。

他们说话间，听到赵战生在外面边喊边往院里走。

赵战生 秀香，秀香，听说爷爷脚崴了？

张秀香 可不是。

张奶奶 老东西，你看看人家这孩子。工地那么忙，还跑回来看你，（转身对赵战生）谢谢你呀赵队长。

赵战生 奶奶，这不说远了吗？我们能住到你家这就是缘分，就像一家人一样，互相关心互相爱护嘛。

张奶奶 这话我爱听，说得好。

赵战生 我还懂点儿跌打扭伤，来，爷爷，让我看看。

赵战生让老人家坐好，给他检查伤情。

赵战生 啊，是脱臼了，这好办。

赵战生活动活动张爷爷的脚，往上一使劲儿，只听"喀嚓"一声，就恢复了原位。

赵战生 爷爷，您走一走，估计问题不大了。

赵战生和张秀香扶起张爷爷。

张爷爷自己走了几步，觉得没事儿。

张爷爷 哎，别说，真好了。（不好意思地笑了笑）你小子是真有能耐。

张秀香 告诉您吧，他能耐大了去了，春生的腿就是他给治好的。

大家都喜出望外。

张奶奶 秀香啊，一会儿，把咱家老母鸡杀了，再打瓶酒，晚上，叫战生他们在咱家吃。

张秀香 哎。

赵战生 奶奶，这可使不得。我们有纪律，不拿群众一针一线，更不能在老百姓家吃饭。我们不能违反纪律呀。

张奶奶 你刚才不是说了吗，咱们是一家人。这怎么见外了。

赵战生 您的心意我们领了。这个事儿可万万使不得呀。

张家西屋　深夜　内

牛二虎、墩子、酒糟子早就睡着了。

赵战生在微弱的灯光下看书。

牛二虎鼾声如雷，他翻个身，揉揉眼睛，睡眼惺忪地看了看赵战生，说了一句。

牛二虎 几点了，你还不睡觉？

赵战生 睡不着，还不如看点儿书，你睡吧。

赵战生继续看书。

外面响起了雷声，山雨欲来。

张家院　深夜　外

电闪雷鸣，风越刮越猛，雨越下越大。

张家东屋　深夜　内

屋内，到处漏雨。

张奶奶推醒张爷爷。

张奶奶 老头子，快起来，又漏了！

张奶奶划着火柴点亮油灯，两个老人赶紧拿盆罐接雨。

秀香也起来一起忙活……

张秀香 这破房子，一下雨就漏，早就该修了。

张奶奶 谁说不是呢？可咱们老的老，小的小，咋修哇？

张爷爷 别说那没用的，接你的雨吧。

张家西屋　深夜　内

赵战生住的西屋也漏雨了，他赶紧叫醒大家。

赵战生 起来，快起来，外面下雨了，这屋子漏得挺厉害，赶快出去看看，想想办法。

几个人穿起衣服就往外跑。

张家院　深夜　外

雨借风势，风助雨威。满身是雨水的赵战生通过梯子爬到房上。

赵战生 （大喊）二虎，快，把帆布拿上来，再拿几个杆子、绳子，快，快……

牛二虎、墩子、酒懵子等人分别抬着帆布，拿着杆子、绳子等爬到房上。

他们开始铺帆布，并进行固定。

这时，张秀香也跑了出来，蹬着梯子上了房。

张秀香 赵队长，你们可得小心点儿。

赵战生 赶快下去回屋，这里用不着你。危险。

张秀香 我不怕。别以为我啥都不会干。今儿个，就让你们瞧瞧。

张秀香说完迅速地上房和他们干了起来。

赵战生 （摇摇头）真拿你没办法。注意点儿安全。

几个人顶风冒雨紧张干活……

张家东屋　深夜　内

屋内漏雨的地方，水滴渐渐变缓，最后不滴了。

张奶奶喜出望外。

张奶奶　老头子，老头子，多亏了这帮孩子，不漏了。

张爷爷　（不解地）哎，你说，这个小伙子年纪不大，怎么就这么有抻头儿。我跟他那么横，还骂了他，他都不急眼，也不生气，真是宰相肚子能撑船。难怪年轻轻地就当了队长，再看他所做的那些事儿，叫你心服口服。这孩子确实不一般，好！要这么看，咱这坟还真得迁哪。

张奶奶　哎，老头子，这就对了。你只要同意迁坟，战生那孩子肯定会知恩图报。咱就趁这个热乎劲儿，赶紧把他和秀香的事儿给办了。免得夜长梦多，叫小玲抢了去，那可就鸡飞蛋打了。

张爷爷　那，那要是这小子不同意呢？

张奶奶　咱就不迁坟。

张爷爷　你这是唱的哪一出哇？迁坟是你，不迁坟还是你。

张奶奶　咱把迁坟当作条件。他要同意这门儿婚事儿我们就迁。不同意，我们就不迁。往后咱不喊、不闹，也别骂人，就是拖着。我看政府也不能把咱咋样儿。战生那孩子一门心思地盼着快点儿迁坟好开工。那孩子心肠软，重情重义，我寻思他能同意。

张爷爷　看来，你真把这孩子给吃透了？

张奶奶　这话儿说的，这孩子一来我就喜欢上了。哪像你浑了吧唧的。（用手指戳老头子的脑袋）你呀，你，说你什么好呢？

张爷爷自知做得不对，不好意思地嘿嘿笑了。

这时，张秀香满身湿漉漉地跑了进来。

张秀香　爷爷，不漏雨了吧？

张爷爷　不漏了。

张奶奶　看把你浇的。

张秀香　他们浇得比我还厉害呢。奶奶，赶快烧开水，叫他们洗洗，我换完衣服就过去。

张奶奶　好，我正要去呢。多亏了这帮孩子呀，要不，咱们老的老小的小，可咋整啊。

张奶奶走出了东屋。

张家堂屋　深夜　内

张奶奶在堂屋紧忙活，往锅里添水。

张秀香麻利地生火添柴火。

张家西屋　深夜　内

西屋，赵战生等人脱下上衣，往脸盆里拧雨水。

发达的胸肌，坚实的臂膀，雨水顺着他们的脸往下滴答。

他们有说有笑……

张家堂屋　深夜　内

张秀香在灶台烧火，她的脸被炉火映得通红。她透过门缝儿，偷偷地看着战生他们。

旁　白　眼前的这一幕在张秀香的心里，产生了一种前所未有的青春骚动。她既害羞，又想看，这个年轻英俊的队长，着实让她痴迷……

幻觉画面：

火光中，她幻想着自己坐花轿，和赵战生拜堂。

可是，不知为什么新郎突然没了。

她追呀，追呀……

张奶奶　秀香，发什么呆呀，水都烧好了。

张秀香一激灵，从幻觉中醒过来。

她赶忙盛了一大盆水，吃力地端起那盆水向西屋走去。

张秀香　（大声地）我进来了？

赵战生　进来吧。

张家西屋　深夜　内

这么大的一盆水，秀香确实端不动了。

张秀香　快点儿，快点儿，我端不住了。

赵战生　来来来，快给我。

赵战生赶紧跑过来，接住水盆。

张秀香　水有的是，管够。

赵战生　谢谢，谢谢。来来来，大家洗洗。

赵战生给大家倒水，牛二虎和墩子开起了玩笑。

张家堂屋　深夜　内

张秀香从西屋出来继续在锅台忙活，透过半敞开的门，屋内的情况一览无余。

祖孙二人都被这种浓郁的青春气息深深地感染了，张奶奶抿着嘴笑得非常开心。

张奶奶　这帮年轻人太招人稀罕了。

正在烧火的张秀香没有回答，仍在想着心事。

张家西屋　深夜　内

赵战生　哎哎，别闹，别闹了。说正经事，如果，明天要是晴了的话，咱们就把张爷爷家的房子彻底修一下。不光是漏雨的问题，其他的地方统统都整。

牛二虎　我看行。

墩　子　我同意。

酒懒子　我赞成。

牛二虎　队长啊，我看，张秀香对你好像有点儿那个意思。

墩　子　不光是秀香，方小玲姑娘追得更厉害，跟着屁股问咱队长的事儿。

牛二虎 哎呀，我想起来了，陆技术员对战生队长更好。

墩 子 好能咋地，那么老远，在莫斯科呢。什么时候回来，能不能回来还不一定呢。

赵战生 行了，行了，别瞎扯了。睡觉，赶快睡觉吧。

西屋灯被吹灭了。

张家 晨 外

雨过天晴，赵战生调来了一些人。

队员们热火朝天地给张爷爷家修房子。

张家祖孙三人里里外外跟着忙活。

张秀香挽着裤腿卷着袖子，和墩子等人和泥。

张奶奶 孩子们，太感谢你们了。

牛二虎等人扛着水泥、沙子、木杆等从院外进来。

张奶奶 哎呀，扛这么多呀，快点儿，快点儿，放下，放下。别累着。

牛二虎 奶奶，很长时间没干活了，手都发痒了，这点儿活儿不算事儿。

张奶奶 （冲屋里喊）老头子，水烧好了没哇？快拿过来，别让孩子们渴着。

赵战生 （在房上喊）二虎，搬点儿砖来，把猪圈那块儿也砌上。

牛二虎 好嘞。

众人房上房下，屋前屋后忙个不停。

方小玲早就来了，也跟着忙活。

张家院外 晨 外

村里来了不少人看热闹，尤其是妇女们，这回更有嗑唠了。

王快嘴 您看人家多有福哇，这么多人给修房子。

五 嫂 您还别说，这帮人真不错，就像当年的老八路，挑水、扫院子，什么活都帮咱干。

小六娘 我听说，为迁坟的事儿好悬没打起来？

王快嘴 啥叫好悬哪，就是打起来了！咱们那个二愣子、三胖子、狗剩子，（对小六娘）可能还有你家小六子。真不知好歹，跟人家动粗。好家伙，就那个赵队长，不知道怎么整的都给撂倒了。后来村长去了，不然得出人命。

小六娘 小六子去是去了，可他没动手。算了，事儿都过去了。我寻思，那方小玲总往老张家跑，是不是看上那个赵队长了？

五 嫂 光是看上了吗？是非要嫁给人家。

小六娘 我听说，秀香对那个队长更好。可她爷爷就是不同意迁坟，这事儿也不好办哪。

王快嘴 这老倔头儿也真是的，不顾活人顾死人。秀香要跟了人家能吃亏吗？进城当阔太太多好哇。哎，你们看……

张秀香拎着暖壶到处送水。

张秀香 来，战生哥，喝水。

赵战生 （接过水）哎。（他喝了一口水，端着碗）同志们，加把劲儿，争取一天干完，不过，一定要保质保量。

牛二虎　没问题，放心吧，队长。

方小玲　（掏出手帕）来，战生哥，擦擦汗。

方小玲给赵战生擦汗，弄得赵战生怪不好意思。

王快嘴　看到没有？都叫哥了，这两个人都围着人家转呢。

五　嫂　这回可有好戏看了。

小六娘　哎，你们说，她们俩谁能争过谁？

王快嘴　我看小玲面儿大，人家可是村长的千金。

五　嫂　我看秀香面儿大，这个赵队长对老张家多上心哪。

王快嘴　那不都是为了迁坟吗？也许赵队长谁也没看上，都是一厢情愿也说不定呢。

三个女人诡秘地笑了起来。

方村长家　夜　内

方春生和方小玲都睡着了。

方村长和小玲妈躺在炕上，小声地合计事儿。

小玲妈气得推了方村长一下。

小玲妈　去你的！这事儿有让的吗？你没看见小玲像着了魔似的整天往张家跑哇？这可是女儿的终身大事呀！

方村长　我怎么不知道？我打心眼儿里就喜欢这个赵队长。小玲要是跟了他，那是再好不过了。可你不知道这坟要是不迁，就开不了工。你知道这条线路有多重要吗？

小玲妈　不知道。

方村长　所以，你就不要瞎掺和。我是没法跟你说呀，上面下了死令了，工程必须按时完工。

小玲妈　这工程上的事儿跟你有啥关系？

方村长　关系大了。我是干吗的，是给政府干事儿的。

小玲妈　这我知道，咱不是带头同意迁坟了吗？

方村长　光带头就行啊？其他几户不迁，尤其那个老倔头儿打横炮硬别着。你不得做工作呀？

小玲妈　跟他们磨叽啥呀，抓起来算了。

方村长　你以为这是小日本和国民党啊？说刨就刨，说抓就抓。

小玲妈　这倒也是，共产党多好哇，跟你商量，帮你迁坟，还给钱。我看就是惯的。（忽然想起）哎呀，不对呀？咱们积极带头迁坟，那赵队长就应该娶咱家小玲，你凭什么硬别着，非要让他娶老顽固的孙女，啊？你到底安的什么心？

方村长　头发长见识短。现在最重要的是什么？是时间。我敢说，张老爷子同不同意，迟早都得迁。可是工程等不了哇，赵队长更等不了，他是个要强的人，我太了解他了。如果，赵队长娶了秀香，那就是一家人了，那老倔头儿还能不迁吗？

小玲妈　要这么说，咱也不迁，逼着他娶小玲。

方村长　屁话！这事咱能干吗？我这脸往哪儿搁，我这个村长还干不干了？

小玲妈　不干更好。挨累不说，净吃亏。

方村长　不干，赵队长就能娶你姑娘啊。别说赵队长对咱小玲没那个意思，就是有，人家也不会同意。你这是乘人之危,不地道!

小玲妈 那张老爷子怎么就行啊?

方村长 他是群众,咱是党员,是干部。(不耐烦地)行了,行了,我跟你说不明白,啥也不懂棒槌一个。睡觉睡觉……

方村长一口气把油灯吹灭了,屋内一片漆黑。

方村长家　傍晚　内

为了做好张爷爷的工作,方村长准备了丰盛的酒菜,决定好好地和张爷爷谈一谈。

方村长给张爷爷倒酒。

方村长 来来来,满上,满上。(倒酒)从我们家老太太那论,您可是我舅哇。娘亲舅大,今儿个咱爷儿俩非得好好喝一喝。来,舅,喝酒,喝酒。

两个人碰杯喝酒。

方村长给张爷爷夹菜。

方村长 来来来,吃菜,吃菜。

张爷爷 没想到你小子还能认我这个舅舅。

方村长 瞧您说的,不是忙吗?今儿个,咱们爷儿俩就喝个痛快。

张爷爷 你小子不错。这两年你确实给乡亲们做了不少好事儿。大家都挺赞成你的。

方村长 不行了,挨批了。

张爷爷 为啥呀?

方村长 我说您老是真不明白,还是揣着明白装糊涂哇?为迁坟的事儿呗。

张爷爷 这就不对了,你是积极带头,我反对呀?要批也得批我呀。

方村长 这就是新旧社会的区别。

张爷爷 怎么,要改朝换代了?

方村长 对呀,新中国就快成立了。

张爷爷 共产党八路军的天下?

方村长 对呀,就是共产党八路军的天下。

张爷爷 这回好了,再也不受小日本和国民党的气了。

方村长 不光是不受气,咱们还当家做了主人。

张爷爷 别扯了,啥时候咱老百姓能说了算?

方村长 不信是吧?那就拿迁坟的事儿来说吧。您老想一想,过去小鬼子祸害咱们那会儿,光修炮楼就刨了多少家的祖坟?咋地了,谁敢滋楞毛?咱不说小鬼子,就说国民党修工事,不就把我们家的坟给刨了吗?我跟他们说理,给我打成啥样儿您老不也都看见了吗?

张爷爷 是啊,那帮挨千刀的真是太损太狠毒了。

方村长 现在怎么样,这条线路是给共产党,给咱们修的。让咱们迁坟,和您商量,帮咱迁不说,还给钱作补偿。您可倒好,不领情不道谢,张嘴骂人,还带头闹事儿。人家把您咋地了,就差没给您供起来了。要搁过去,不给您关起来打个半死,也得扒您一层皮吧?弄不好就得枪毙。您信不信?

张爷爷 我信,我信。

方村长 大舅哇,你千不该万不该,不应该和刘半仙搅和在一起。按理说,他那么能算,他家祖坟肯定风水最好，可他们家富了吗？他那几个孩子，哪个有出息？我可告诉您，公安局早就把他盯上了，您也想进去呀？

张爷爷 这话说的，他是啥人，咱是啥人。

方村长 知道就好。咱千万不能敬酒不吃吃罚酒哇。

张爷爷 那是那是。大外甥，今天您就是不找我，我也要找您。这坟，我一定迁。

方村长 真的？

张爷爷 真的。可迁是迁，赵队长必须答应我一件事儿。

方村长 啥事儿？

张爷爷 我家秀香看上赵队长了。你得给我们保这个媒。

这时小玲妈端菜进来。

小玲妈 这可不行，我们家小玲也看上赵队长了。我们还想请您老给做媒呢。

方村长 去去去，这儿没你说话的份儿。

小玲妈狠狠瞪了方村长一眼。

小玲妈 那可是你亲闺女！（瞥了一下张爷爷）做人，也得讲究，别啥好事儿都想自己占。

小玲妈说完气哄哄地出去了，弄得张爷爷也不好说啥。

方村长 舅哇，话说到这个份儿上，我就得实话实说了。您老也知道我家小玲都着魔了，整天往你家跑，非要嫁给赵队长。说句心里话，我早就相中赵队长了。不像您，有眼不识泰山！送上门来的姑爷都不要。您说您做的这叫啥事儿？

张爷爷 别说了！我肠子都悔青了。大外甥，只要他能娶我孙女，别说迁坟，就是让我跪在地上给他磕仨响头我都干。我们张家就这么一个独苗了，她就是要天上的星星，我也得摘呀。我给您磕头了。

张爷爷跪在炕上就要给方村长磕头。

方村长赶紧扶起张爷爷。

方村长 大舅哇，这可使不得，使不得呀！这不是折我的寿吗？快起来，快起来。

张爷爷 你要不答应，我就不起来。

方村长 我答应，指定答应。

张爷爷 你说话算数？

方村长 说话算数。

张爷爷 那好，我就信你。

张爷爷坐回原处。

方村长也坐下来给张爷爷倒酒。

方村长 大舅，您看这么办行不行？

张爷爷 您说。

方村长 这解铃还须系铃人，迁坟的事儿，您要不亲自向赵队长承认错误，赔不是，明确表态迁坟，就让人家娶秀香，那指定不行，也说不过去呀！

张爷爷 （点头赞同）那是，那是。那您家小玲？

方村长 （使眼色，暗示屋外的小玲妈）这事儿您就不用操心了，我会处理好的。回去好好想想，千万别再把事情办砸了，到时候，别说我帮不了您，就是神仙也没办法了。

张爷爷 （非常感激地）谢谢，谢谢大外甥。您真够爷们儿，仗义！您这个共产党干部我赞成、拥护！事不宜迟，我得赶紧回去。

张爷爷急忙下地穿鞋。

方村长 那也好，免得夜长梦多。

张爷爷 说的就是呢。

张爷爷刚起身，忽然想起什么。

张爷爷 大外甥，我可把丑话说在前头。要是赵队长嫌弃我们，那可别怪我翻脸不认人。这坟，我指定不迁。跟您说实话吧，我不打、不闹，也不骂人，更不会带头闹事儿。就这么拖着、靠着，我看谁能靠过谁？要是他同意，我们就红白喜事儿一起办，越快越好。

方村长 哎呀，大舅哇，看来您老这是有备而来呀。好事多磨，好事多磨吧。

张爷爷 借您吉言。赶明儿个，我一定请您喝酒。

张爷爷下地穿好鞋，匆匆地走出方家。

方村长 大舅，您慢走……

方村长长舒了一口气。

张家东屋 傍晚 内

张爷爷急匆匆地回到了家，刚一进屋，张奶奶就埋怨起来。

张奶奶 老东西。怎么才回来呀？都愁死人了！

张爷爷 啥事呀？

张奶奶 这不，小玲她妈刚走，让咱把赵队长让给她家小玲。

张爷爷 你答应了？

张奶奶 我傻呀。我告诉她，咱家秀香早就看上赵队长了，那个赵队长也相中我家秀香了。你猜咋地，人家不信。

张爷爷 凭啥不信？

张奶奶 还不是你干的"好事儿"！人家说了，"秀香那是没说的，百里挑一。我们不争，争也争不过。可是冲着你家我大舅那样对待赵队长，我们看不惯，气不过！白瞎赵队长了，我们还非争不可了！"你说，这可咋办？

张爷爷 咋办？我只能豁出这张老脸了。你把秀香给我找来。

张奶奶 哎。

张奶奶出了东屋。

张家西屋 夜 内

牛二虎、墩子、酒憋子正在给张秀香和方小玲讲有关赵战生的事。

牛二虎 怎么样，我们队长厉害不？

张秀香 厉害。

方小玲 简直太厉害了。不行，还得讲一个。

牛二虎 再讲一个就再讲。（想了想）再讲一个排定时炸弹的事儿吧。这可是我和墩子、酒憋子亲身经历过的。那家伙，老险了！

方小玲 行了行了！别卖关子了，快讲，快讲。

这时，张奶奶进来。

张奶奶　你们这儿挺热闹哇。战生队长不在呀？

牛二虎　到村儿里去了。有事儿吗？

张奶奶　啊，没事儿，没事儿。秀香，你过来一下。

张秀香　不，我听故事呢。

张奶奶　叫你过来就过来，快点儿。

张秀香　哎呀，啥事儿呀。

张奶奶　死丫头，快走吧。

张奶奶拉着秀香离开了西屋。

张家东屋　傍晚　内

张秀香跟着张奶奶进了东屋。

张秀香　啥事儿呀？这么急。

张奶奶　你的婚姻大事儿呗。刚才，小玲她妈来找我，让咱把赵队长让给小玲。

张秀香　啥，您同意了？

张奶奶　我傻呀，能同意吗？

张爷爷　秀香啊，你跟爷爷说实话，你到底愿不愿意嫁给赵队长？

张奶奶　净说没用的话，你看不出来呀？

张秀香　光我愿意有啥用。您老不迁坟，还对人家那样儿。这事儿能行吗？

张奶奶　可不是，都怨你，老不死的。

张爷爷　别说那没用的。我就问你，你到底愿不愿意？

张秀香　愿意！

张爷爷　愿意就行，别的事儿你就甭管了。战生在不在？

张秀香　不在。

张爷爷　去哪儿了？

张秀香　说是到村儿里去了。

张爷爷　我跟你们说，今晚儿，无论如何一定把这个事儿定下来。秀香你过去盯着点儿，只要赵队长一回来，你就把他领到这屋来！

张秀香　爷爷，你这是唱的哪一出哇，一会儿风一会儿雨的。

张爷爷　我叫你去，你就去。快去吧！

秀香不解地走出东屋。

村委会　傍晚　内

村委会非常简陋。一张破办公桌，还有几个凳子。这还是日伪时期留下的。

墙上贴着"解放了""人民当家做主"等标语和宣传画。正中央并排挂着毛主席和朱德的画像。

方村长　事情就是这样。只要你答应娶秀香，张老爷子就立马迁坟，还说要红白喜事儿一起办。

赵战生怔住了，他陷入了两难。

赵战生　我要是不同意呢？

方村长 那就不迁哪。他可有老猪腰子了，他不打、不骂，也不闹，就这么硬拖着。你怎么办？一点儿办法都没有。

赵战生 可我已经有心上人了。

方村长 莫非是我家小玲？

赵战生 不是。

方村长 那是谁？

赵战生 是我们队的技术员陆洁。

方村长 我怎么没见着？

赵战生 她在苏联学习呢。

方村长 不用说，你非常中意？

赵战生 对。

方村长 完了完了！全乱套了，怕啥来啥。战生啊，你知不知道我们家小玲早就看上你了，还发毒誓非你不嫁。

赵战生 是吗，我怎么一点儿也不知道哇？

方村长 我问你，小玲为什么天天往老张家跑哇？

赵战生 她和秀香是好朋友哇。

方村长 那是幌子。就是奔你去的，这丫头也不嫌害臊，公开说，一天看不见你就心难受，整天就像丢了魂儿似的。

赵战生 坏了坏了！秀香的事儿我都不知道咋办，这又蹦出个小玲，再加上陆洁，这不乱套了吗？

方村长 谁让你那么优秀了，我要是姑娘也不能放过你。

赵战生 您就别开玩笑了，我都快急死了。

方村长 你以为我轻松啊，也闹心！（平静了一会儿）我问你，现在关键的问题是什么？

赵战生 那还用说，迁坟呗。

方村长 对，迁坟，我们就围绕迁坟的问题想办法。迁坟的关键问题是张老爷子不同意。要想他同意，你就必须娶秀香。你要娶秀香就对不起陆洁。

赵战生 还有小玲呢。

方村长 小玲的问题你可以不考虑。陆洁这个人到底怎么样？

赵战生 非常优秀，不然也不能送她出国留学。更重要的，她是共产党员。

方村长 她是共产党员？

赵战生 怎么了？

方村长 （松了一口气）这就好办多了。我这么跟你说吧，你们这个工程是不是一场战斗？

赵战生 是啊，而且是非常重要的战斗。

方村长 就是嘛。现在，冲锋号已经吹响了，部队全面进攻，前面就有一个暗堡。敌人的机枪疯狂地扫射，战士们一片一片地倒下了，你怎么办？

赵战生 （激动地）把它炸了。

方村长 炸了，你就可能牺牲。

赵战生 那也得炸呀！

方村长 对。这就是你赵队长，我没看错你。这个工程的重要意义不用说，你比我还清楚。现在别的工地都干起来了你急不急呀?

赵战生　咋不急呀,都快急死了。

方村长　光急有用吗? 得想办法。

赵战生　该想的我都想了,该做的我也都做了。

方村长　关键的问题你没做,娶秀香。

赵战生　娶秀香? 我做不到。

方村长　做不到也得做。我最清楚,你赵队长绝不是喜新厌旧的花花公子,更不是忘恩负义的小人,你是为了这个工程,才忍痛割爱娶秀香的,天地可鉴! 我就想用这些说服小玲,还有她妈,省得她整天缠着你,给你添乱。我愿意吗? 不愿意。小玲,那是我亲闺女呀。她那么爱你我不知道吗? 我不想有你这个姑爷吗? 可为了早日迁坟,我必须忍痛割爱! 因为,这可是天字一号的工程啊。

方村长满脸泪水,他说不下去了。

赵战生　您,您太了不起了。

方村长　您可别给我戴高帽。难道您赵队长不是这样吗? 谁不知道,为了这个工程您早就把生死置之度外了。可这不是碉堡,也不是火坑。这可是个如花似玉的大姑娘啊! 咱说话得凭良心,秀香和你那个技术员可能没法比,可在我们这十里八村那也是数一数二的。要不,我家春生能那么着迷吗? 能做出那样的傻事儿吗? 可你来了,一切都变了,小玲爱上了你,秀香爱上了你,张庄的人就没有一个不佩服你,不喜欢你。就连和你打仗的那几个浑小子都不得不佩服你! 按常理说,春生应该恨你,可他恨不起来,他知道自己没法跟你比,也希望秀香能找个好人家。他是打掉门牙往肚里咽哪! 不错,我是共产党员、是村长,可,可我也是一个父亲! 一个是我姑娘,一个是我儿子,人心都是肉长的,我就好受吗? (强忍热泪)不好受! 啥叫共产党员? 为了党,为了人民,关键时刻就得忍辱负重,该牺牲的就得牺牲啊! 我想,作为共产党员,陆洁会理解你的。

赵战生再也控制不住自己,他抱住方村长哇的一声哭了出来。

赵战生　方村长……

二人抱头痛哭……

第九集

————————

张家东屋　夜　内

张爷爷和张奶奶正在焦急地等待秀香的消息。

张秀香拉着赵战生进来。

张秀香　爷爷，赵队长我给您找来了，有什么话您就说吧。可是有一条，您要是再不迁坟，我就不认您这个爷爷。

张秀香说完跑出了屋。

张爷爷　秀香，你就这么恨爷爷呀？

张奶奶　死老头子，你看你做的这些事儿！秀香，秀香……

张奶奶说完去追秀香。

屋里只剩下赵战生和张爷爷。

张爷爷"扑通"跪在赵战生面前，他老泪纵横，不断地扇自己的嘴巴。

张爷爷　我，我对不起您呀孩子，我老糊涂了，我鬼迷心窍，不是人，我该死……

张爷爷突如其来的举动让赵战生惊呆了。他不知如何是好，赶紧扶起张爷爷。

赵战生　张爷爷，您这是干啥呀？起来，快起来。

张爷爷执意不肯起来。

张爷爷　您要不原谅我，我就不起来。

赵战生　我原谅，原谅。

张爷爷　真的？

赵战生　真的。

张爷爷　那你必须答应我一件事儿。

赵战生　什么事儿？

张爷爷　娶秀香。

赵战生　要是我不同意呢？

张爷爷　那我就死在这儿。

张爷爷说完就撞向炕沿，被赵战生一把拽住。

赵战生　（大喊）别！张爷爷，我同意！（捶胸顿足地哭喊）陆洁，我对不起你呀……

村委会　夜　内

高洪亮、刘翰林、于华、王芳围坐在那张破办公桌旁，他们在聚精会神地听着赵战生的汇报。

赵战生越说越激动，他索性站起来讲述进点儿以来所发生的一切。

赵战生 事情就是这样，我一咬牙，一跺脚，就答应了。

高洪亮、刘翰林、于华，听了赵战胜的汇报，愕然了，他们面面相觑，不知怎样回答赵战生。

这种近似于凝固的沉默，弄得赵战生不知所措，急得他直跺脚。

赵战生 你们，你们倒是给个痛快话呀？

高洪亮沉默良久，他含着眼泪突然站起来抱住自己的爱将。

高洪亮 战生，真难为你了。

赵战生 （含泪笑着说）队长，别这样，别说咱白捡个大姑娘，为了这条线路，就是牺牲自己的生命也应该做呀。我，我就觉得对不起陆洁。

赵战生说不下去了，眼泪夺眶而出。

一阵沉默。

刘翰林 我想，陆洁会理解你的。还是方村长说得好，你不是见异思迁，更不是喜新厌旧，你是为了这个工程，为了秀香一家的真情，不得已而为之的义举。正像方村长能够牺牲自己女儿的爱情一样，令人敬佩、叹服。

于 华 是啊，我们都会帮你做工作的。战生，既然答应了这门婚事，就不能三心二意，一定要好好地对待人家。

王 芳 是啊，战生，咱千万不能辜负人家呀。

赵战生 我会的。

高洪亮 既然张家那么急，又把一切都交给你处理，你打算怎么办？

赵战生 明天就选坟址，后天就迁坟。如果，没什么变故，趁着你们都在，大后天结婚。耽误太久了，不能再拖了！

高洪亮 好！开弓没有回头箭，就按你说的办。下面，我通报一下敌情。我军已经顺利地打过长江占领了南京，蒋家王朝败局已定。开国大典将在十月一日举行。但敌人绝不会甘心失败，一定会变本加厉地搞破坏。

赵战生 我就说嘛。这次迁坟难度这么大，就是刘半仙煽动的。我已经叫方村长秘密监视他了。

高洪亮 做得好，但这远远不够。我已经和北平、玉泉山等公安部门联系过了，决不能给敌特可乘之机。

突然，一个飞镖带着纸条飞了进来，插在墙上。

赵战生拔枪冲出了村委会。

高洪亮从墙上拔出飞镖，摘下纸条，仔细看内容。

纸条上写 吴妈已经找到，老K已在我掌控之中，状元坟暗道机关在牌楼右边石狮子下面，明晚零点将被我炸毁。老K必须为他所犯下的滔天罪行付出代价，咱家的冤案也可以昭雪了。

高洪亮看后把纸条交给于华。

高洪亮 小丽写的。

于 华 小丽，小丽悔悟了，悔悟了。

于华看后激动地流着眼泪。

赵战生提枪回来。

赵战生 这家伙太厉害了，我连人影都没见着。

高洪亮 不用找了，是于丽。你看看这个。

高洪亮把纸条递给赵战生，赵战生看完纸条。

赵战生 怪不得都说状元坟闹鬼，原来如此。队长，怎么办？

高洪亮 明晚行动，全力支援小丽。

赵战生 是。

新坟地 日 外

高洪亮、刘翰林、赵战生、方村长等，张爷爷全家，还有一些村民。

高洪亮 我看这个地方不错，依山傍水，环境优美，好地方啊！方村长，您看呢？

方村长 我觉得也挺好。怎么样？（对村民）大家看看这个地方行不行？如果没有什么意见就这么定了？

众 人 同意。

就在这时一个村民跑上山来。

村 民 （气喘吁吁地说）二叔，不好了，小玲，小玲不想活了，在家闹呢，谁也劝不了，您赶快回去看看吧。

方村长 是吗？这个不懂事的丫头，净给我添乱。高队长，我得回去了。

高洪亮 赶快回去吧，别着急，慢慢来。

方村长 哎，（自语）这个死丫头，真不让我省心。

方村长急忙跑下山，报信的村民也跟着往回跑。

赵战生 方村长，您慢点儿。

方村长家 日 内

方小玲寻死觅活，家里各种东西被她摔得满地。

方小玲 （哭喊着）我不管，我不管，我就要嫁给赵队长！

小玲妈 孩子，你可不能一条道儿跑到黑呀，你要是有个好歹，让妈可怎么活呀。

方小玲 反正我也不想活了，死了倒干净！没有他，我活着也没什么意思。

方村长气喘吁吁地跑进屋。

方村长 死死死！你死去吧！没你这样的孩子，一点儿都不懂事儿。你喜欢赵队长这是好事儿，我巴不得让你嫁给他，可这得看缘分，咱是有这个缘，没那个分哪！

方小玲 得了吧，我还不知道您是怎么想的？为了让那个老顽固迁坟，您就想让赵队长娶秀香。没见过您这样的爹，不为自己闺女着想，净替别人打算，我恨你！

方村长 （对小玲妈）你是不跟她说啥了？

小玲妈 这不明摆着吗？凭什么一个老顽固的孙女儿就能嫁给赵队长，我们带头迁坟的倒不行了？共产党咋地，就得当孙子啊，还讲不讲理呀？

方小玲 就是嘛。再说了，我哪点儿比不上秀香，他赵战生凭什么看不上我？不行，我得找他问个清楚！

方村长 你给我站住！不嫌丢人哪！你这是单相思！人家赵队长早就有心上人了，不但人长得漂亮，文化还高，在苏联学习呢。要不是因为迁坟，也不会有这档子事儿。你知道赵队长有多难吗？哭得都让人心疼啊！你要是真心喜欢他，就应该理解他，就别再给他添乱了，好不好？我的小祖宗。

方小玲 是吗？（突然，心疼起赵战生）那，那要是这样儿，不嫁他也行，你必须在施工队给我找一个跟他一样的。哪管差一点儿也行，我就相中他们那儿的人了。

小玲妈 他爹呀，我看孩子想得也对。这帮人儿一个赛一个，你认识人多，帮孩子找一个。过这个村儿可就没这个店儿了。

方村长 我也是这么想的。放心吧，老爸一定给你选一个好的。不过，你也别高兴得太早，这个事儿是可遇不可求的。好了，叫你闹得把正事儿都给耽误了，我得赶紧走了。

方村长说完，急匆匆地出了门。

张家院　日　外

高洪亮、刘翰林、赵战生、秀香搀着张爷爷从院外进来。

于华、王芳和张奶奶也迎了出来。

高洪亮 谢谢您，老人家。您能够明辨是非，深明大义，主动迁坟，功不可没呀。

张爷爷 中了中了，您可别寒碜我了。

高洪亮 新坟址还满意吗？

张爷爷 满意满意，大家都满意。

他们说着说着都进了屋。

张家西屋　日　内

高洪亮等相继进屋，赵战生长出了一口气。

赵战生 唉，谢天谢地总算有些眉目了。真不容易呀！

于华和王芳给大家倒水。

刘翰林 同感，同感。今晚还有行动，你们仨好好休息休息，我和芳芳就先走了。

高洪亮 也好。

王芳和刘翰林刚要走，方村长急匆匆赶来。

方村长 真不好意思，让你们久等了。不怕你们笑话，小玲把家都闹翻天了，怎么劝也不行。

高洪亮 闹一闹也是可以理解的。小玲姑娘那么喜欢战生，没想到是这个结局。这事儿搁在谁身上也受不了，真难为小玲了。不过，我相信小玲是通情达理的，过些日子就会好的。

方村长 可不是，我好说歹说总算劝住了。不过，她提出个要求。

高洪亮 （急切地）什么要求？

大家的心也一下子提到了嗓子眼儿。

方村长 小玲就喜欢你们的人，除了赵队长，别人也可以，但必须像赵队长一样优秀。哪管差一点儿也行。

高洪亮长出了一口气，大家也都放了心。

高洪亮 啊，原来是这样。这好办，我一定帮小玲选一个如意郎君。这个人嘛……

除了方村长，在场的其他人都想到了薛刚，大家异口同声。

众　人　薛刚！

方村长　薛刚？

高洪亮　对，薛刚。

方村长　（忽然想起）啊，是不是给您开车的那个小薛呀？

高洪亮　对，就是他。

方村长　不错，不错。

赵战生　何止是不错呀，无论从哪方面讲都比我强。他是302队的队长兼司机。

方村长　是吗？

赵战生　那当然了。

高洪亮　他们确实不分伯仲。

方村长　那可太好了，小玲准能同意。不过这个事儿……

于　华　叫秀香去说，也缓解一下她们姐妹的关系。

方村长　对对对，叫秀香去说。

于　华　战生，还愣着干啥，赶紧让秀香去呀。

赵战生　好好好。

赵战生出了西屋直奔东屋。

方村长家　日　内

方小玲还在家里哭闹，张秀香拿着鞋底来找她。

张秀香　（一掀门帘扑哧一笑）听说，有人大闹天宫，我来看看。

小玲妈　秀香啊，你来得正好，快劝劝小玲吧。

方小玲　我用不着她劝。她来我更生气。

张秀香　（假意地）那好，我走，你可别后悔。

张秀香转身装作要走，被小玲妈拽住。

小玲妈　别走，别走哇。

方小玲　（生气）叫她走！

张秀香　（给自己下台阶）叫我走，我还不走了呢。

方小玲　说实话，我真恨你！坐吧。

张秀香　抢走了你的如意郎君，恨我也是应该的。

方小玲　你还有点儿良心。

张秀香坐下，拿起鞋底开始纳，她看了看里屋。

张秀香　春生呢？

方小玲　出去遛弯了。

张秀香　好了吗？

小玲妈　早好了。赵队长真是妙手神医。唉，这事儿弄的。秀香，你可别记恨他。

张秀香　看你说的，事儿都过去了。春生对我好，我知道。他不记恨我就行了。哎呀，不说这些了。小玲，我给你介绍一个人，准保你满意。

方小玲　谁呀？

张秀香 这个人你见过。

方小玲 我见过的人多了，谁知道你说的是哪个呀？

张秀香 薛刚。

方小玲 薛刚？（想了想）啊，就是那个开车的小薛？

张秀香 对呀。

方小玲 人嘛，长得还算行，他哪能和赵队长比呀。

张秀香 门缝瞧人不是？你以为他只是个开车的？人家原来是给纵队司令开车的，现在是302队的队长，能耐大去了。

方小玲 是吗？我怎么没看出来。

张秀香 这叫真人不露相，露相不真人。山外有山，人外有人。他们基建总队就是一个藏龙卧虎的地儿，一个赛一个！

小玲妈 我看行。人家能干吗？

张秀香 话儿说的，他敢！告诉你们吧，这是总队高队长做的大媒。再说了，咱小玲差啥？要不是迁坟这档子事儿，兴许小玲就嫁给战生哥了。哪儿能轮到我呀？这家伙，你这孙悟空大闹天宫，把玉皇大帝都给搬动了，妹子，你可太厉害了！

方小玲 （破涕为笑）去你的，哪儿有你厉害呀，不吱声、不言语地就把战生哥给弄到手了。我可没你那两下子。

张秀香 妹子，姐得感谢你呀。你要是真跟我争，那就惨了，我能争过你吗？我这一辈子都得感激你。不说这些了。跟你说实话吧，你未来的夫君，论工作、论人品、论能耐、论长相，哪一点也不比战生差！

方小玲 得了吧，既然这么好，那咱就换。

张秀香 换就换。

方小玲 真的？这可是你说的。

张秀香 只要战生同意就行。

方小玲 还不是吗？

小玲妈 行了，行了！你们俩也甭闹了。我看，这门儿亲事就这么定了。

状元坟据点小餐厅　夜　内

于丽亲手为老 K 做了几道他最喜欢吃的小菜，力争把老 K 灌醉。于丽在给老 K 倒酒。

于　丽 来来来，恩师，今儿个难得高兴。为了庆祝暗杀成功，我亲手做了几道您最喜欢吃的小菜，咱们喝个痛快，不醉不归。

老　K 好，不醉不归。

于丽给老 K 倒酒，两个人推杯换盏。

旁　白 自从于丽见到吴妈后，姐姐说的话都得到了证实。她反复回忆血案现场，尽管做了伪装，但仔细揣摩、分析，完全是军统一贯的手法，尤其一刀毙命，更是活阎王老 K 的拿手绝活儿。一股强烈的复仇烈火在于丽的心中熊熊燃烧，今夜的行动就是她最后一搏。

他们谈天说地，老 K 高兴，越喝越想喝。

于丽又开了一瓶洋酒给老 K 满上，端起来亲昵地让他喝。

状元坟据点　夜　外

旷野阴沉，夜风阵阵，草动虫鸣，萧瑟一片。

高洪亮、于华、赵战生和薛刚等人早就埋伏在状元坟的周围。

赵战生一手持枪，一手驱赶面前的蚊虫，扭头对埋伏在身边的高洪亮小声地请示。

赵战生　队长，咱行动吧。

高洪亮　不急，再等等。（小声地对大家）注意隐蔽。

状元坟据点小餐厅　夜　内

虽然老K是军统中高手中的高手，但现在他也不得不像丧家之犬东躲西藏。这种日子他也过够了，难得放松一下。终于，他醉成烂泥。

于丽扶起老K，架着他走出小餐厅。

状元坟据点老 K 的卧室　夜　内

于丽架着老K进了卧室，帮他脱下衣服，扶他躺下，顺手把他的保险柜钥匙取出迅速藏好。

早就对于丽垂涎三尺的老色鬼即使醉成这样，仍忘不了要占于丽的便宜。他拉住于丽断断续续吃力喃喃地说。

老　K　小小小，小丽，你你你，你知道吗，我我我，我是多么喜喜欢你，爱你。

于丽强忍着心中的怒火。

于　丽　知道，知道。您醉成这个样子怎么行。好好睡一觉，日子长着呢。睡吧，这些天您实在太累了，复兴党国大业还指望您呢。睡吧，睡吧。

于丽拍着老K让他睡觉，当她确信老K睡着了，迅速离开卧室。

状元坟据点弹药库　夜　内

于丽就地取材，她把所有的定时炸弹都定在午夜十二点。

刘半仙进来，于丽迅速地拔出枪对准刘半仙。

刘半仙　别别，是我，别开枪。

于　丽　你怎么来了？

刘半仙　我是来向您请教的。不不不，向您汇报，向您汇报。

于丽收起枪。

于　丽　啥情况，说吧。

于丽佯装检查弹药。

刘半仙　不愧是军统一枝花，出枪速度如此之快，真是大开眼界，大开眼界。

于　丽　行了，别背后捅刀子，我就万幸啦。

刘半仙　（满脸堆笑）您看您，我是有眼不识金镶玉，胡说八道，您大人有大量。我真有事儿向您汇报。

于　丽　我也是开个玩笑，事儿都过去了，现在最重要的就是精诚团结。是吧？有事儿您就说。

刘半仙 唉唉唉，是这样，其实早就应该向您汇报，刚才不是您正在和头儿喝酒吗，我怕扫你们的兴，就没敢打扰。

于丽真有些后怕，原来这家伙一直在跟着自己。万一露出破绽那就毁了，她镇定自若地谈笑风生。

于　丽 党国的利益高于一切。有情况必须及时汇报，不必拘泥。

刘半仙 是是是，我们阻止共军迁坟的计划泡汤了。不知怎么搞的，我盯准的那个老家伙不但积极迁坟，还把孙女儿嫁给了那个姓赵的队长。今天选坟茔地，后天就迁坟。

于　丽 啊，就这个事儿呀，没啥大不了的。头儿不是说了吗？我们只是延缓，阻止是阻止不了的，你已经完成任务了。怎么样，没暴露吧？

刘半仙 有点儿悬。我太立功心切了，领头闹事儿，恐怕被盯上了。

于　丽 你呀你！我说你什么好呢？这不是飞蛾扑火自投罗网吗？

刘半仙 真叫您说着了。

于　丽 为党国建功是应该的，那也要保护好自己呀，绝不能做无谓的牺牲。

于丽顺手掏出两根金条递给刘半仙。

于　丽 先拿去赶快躲一躲吧。没有老K和我的命令，不准搞任何行动。经费你放心，绝对少不了你的。过几天我会派人给你送去。这两根黄鱼就算赏给你了。

刘半仙接过金条千恩万谢。

刘半仙 谢谢，谢谢于上校，跟您干就是痛快。今后，只要您一声令下，就是赴汤蹈火我也在所不辞。

于　丽 好，你提供的情报非常有价值，这个地方真的保不住了。这不，我正在清点物资准备撤离。你必须抓紧。

刘半仙 好好好，那我就不打扰了，不打扰了。

刘半仙说完急忙离去。

于丽长出了一口气。

于　丽 （鄙视地自语）老东西险些误了本小姐的大事儿。

于丽拿起一个包，装上定时炸弹向武器库奔去。

状元坟据点武器库　夜　内

于丽来到武器库，把定时炸弹放在最隐蔽和最重要的地方，然后撤离。

状元坟据点老K的办公室　夜　外

于丽来到门前，观察一下四周，确信没人，掏出钥匙熟练地打开门锁，闪身进去。

状元坟据点老K的办公室　夜　内

于丽闪进屋迅速关门锁好。

她环视屋内情况，稍微镇定一下，轻手轻脚来到酒柜旁按动机关，酒柜慢慢被打开露出保险柜。

于丽插进钥匙，转动密码，仔细辨别密码旋钮转动的声音，不大一会儿保险柜被打开了。她快速查找文件，拿出了蒋介石下令灭门她家的手谕，还有破坏开国大典的 K 计划装好。

于丽迅速整理好文件，放进保险柜锁好，按动机关，酒柜慢慢复位。

她走到门口，仔细听听没有动静，轻轻打开门锁，闪身出去。

就在这时，一支乌黑冰冷的枪口顶住了她的头，她不得不退回屋里。

老 K 伸手去掏她怀里的文件，于丽顺手来个反关节，并飞起一脚把老 K 的枪踢掉。

两人开始了一场殊死的肉搏……

状元坟据点外　夜　外

时间一分一秒地过去，高洪亮看了看表，时针指向午夜十一点半。

高洪亮　不能再等了，小丽可能遇到麻烦了。战生，咱俩进去接应，薛刚，你和于医生在外面守住洞口。

于　华　老高，你们一定要小心！

高洪亮　放心吧。记住，无论遇到什么情况，你们都不能离开洞口，不管是坟内、坟外的敌人，无论出来或进去，一律击毙，决不能干扰小丽的行动。公安局的同志一会儿准到。

赵战生已经把洞口打开。

赵战生迅速进洞，高洪亮随后跟进。

状元坟据点甬道　夜　内

赵战生和高洪亮刚从洞口的楼梯下来就发现了倒在地上的于丽。

于丽右背插着飞镖，鲜血不住地往外流。

她艰难地往洞口爬，地上留下了长长的血迹。

高洪亮　小丽。

于　丽　（吃力地）姐，姐夫，咱，咱家的仇我报了。

就在这时，老 K 左胸靠心脏部位也插着同样的飞镖，他捂着流血的胸口，提着枪跌跌撞撞地跑过来。

老　K　（恶狠狠地）黑玫瑰，行啊，把我教你的本事都用上了，好，真是我的徒弟，够狠！

老 K 举枪就要射击，被赵战生一枪击毙。

高洪亮抱起于丽就往洞口跑。

这时，刘半仙、梅花七等特务追了上来。

赵战生边打边撤掩护高洪亮。

公安战士进来接应。

双方激烈交火。

赵战生　快，快撤，快撤，这里马上就要爆炸了。

众人跟着赵战生撤出。

状元坟据点　夜　外

高洪亮把于丽抱出坟外，于丽已经奄奄一息。

高洪亮　小丽，小丽，挺住，挺住……

于华赶紧跑过来要给于丽包扎。

于丽笑着断断续续地说。

于　丽　姐，不用了，抱抱我。

于华接过于丽把她紧紧地抱在怀里，眼泪夺眶而出。

于　丽　见到你们真好，咱们终于团圆了。

于　华　（哭喊着）薛刚！赶快开车送小丽去医院！

于　丽　（摇摇头）不用了，来不及了。

于丽耗尽最后的力气从怀里掏出带血的文件。胳臂慢慢垂下，那张全家福跟着掉在地上……

高洪亮和于华　小丽！小丽……

赵战生和公安战士刚跑出洞口。

巨大的爆炸声震耳欲聋。

状元坟飞上了天……

村外小河旁　日　外

张庄村外小河边，阳光灿烂，岸柳成行，碧草萋萋，水面倒映着树影，潺潺的流水，蛙鸣伴着鸟啁，恰似一幅有声有色的水墨画。

薛刚穿着一套崭新的军装特别拘谨，赵战生嘱咐他。

赵战生　哎，你这臭小子，今天是怎么了，叫霜打了？

薛　刚　人家不是紧张嘛。

赵战生　有啥紧张的，又不是让你去炸碉堡。

薛　刚　要是炸碉堡就好了，咱绝不含糊。可这事儿，（摇摇头）真不知道咋整，心里没底儿。不像你，老手了。

赵战生　别扯没用的！我可告诉你，小玲来了你一定得主动点儿，男同志嘛。小玲姑娘不错，心眼儿好、热情、爽快，人长得也漂亮，你见过。

薛　刚　见过？（想了想）哦，确实不错。

在去往小河边的路上　日　外

方小玲穿一身新衣服，又经过了一番梳洗打扮，显得楚楚动人。

秀香和她边走边聊。

张秀香　小玲，如果你跟薛刚要是真成了的话，一定会过得很好，说不定比我俩还好。

方小玲　得了吧，别捡了便宜还卖乖。

张秀香　我跟你说的是实话。人家战生哥早就有心上人了，是他们总队的技术员，现在在苏联学习呢，人长得漂亮不说，还是个大才女，又是战生哥的老师，对战生哥好得要命。有一次我无意中看到了他们俩的照片，那长得就甭提了。

　　方小玲　我好像也听说过，可他们也没订婚。再说，离那么远回不回来还不一定呢。既然战生哥同意和你结婚，那就没问题。

　　张秀香　爷爷奶奶也这么说，可我总觉得对不起战生哥和那个陆技术员。

　　方小玲　你这个人就是有毛病。要是战生哥选择了我，我才不管谁愿不愿意呢。人家都说爱情是自私的。你又没逼他，是他自己愿意的。

　　张秀香　可那是我爷爷逼的。你不知道，有一天半夜，对，就是我去你家的那天，他坐在外面望着天空发呆。看他那个难受的样子，我都心疼死了。我赶紧跑出去对他说，战生哥你不要为难，你还是和陆洁好吧。你猜他说啥？

　　方小玲　说啥？

　　张秀香　秀香，你是个好姑娘，也是个苦命人，为了帮助我们迁坟，做了那么多工作，甚至都跟家闹翻了。我感激你，谢谢你。为了尽早地迁坟，完成施工任务，别说让我娶你，就是牺牲性命，我也心甘情愿！也许陆洁不理解我，恨我，但我认了！说着说着眼泪就下来了，他哭得非常伤心，让人心碎呀……

　　方小玲　行了，行了，别说了！我都受不了。为这样的男人，咱就是给他当牛做马也愿意呀。

村外小河旁　日　外

赵战生还在喋喋不休地做薛刚的工作，他看见秀香和小玲来了。

　　赵战生　（高喊）秀香，我们在这儿。

　　张秀香　哎。

秀香拉着小玲就往这边跑。

她们到了跟前以后。

　　张秀香　这个地方选得不错呀。小玲，这就是薛刚同志，302队的队长兼司机。

　　方小玲　（不好意思地）见过。

　　张秀香　薛刚，这可是我们村儿第一大美女，方小玲同志。按照现在时兴的拉拉手吧。

　　赵战生　那叫握手。

　　张秀香　反正都一样。薛刚，男同志主动点！

薛刚刚要伸出手，不好意思地又缩了回去。

　　张秀香　呦呦呦，还不好意思呢。来来来。

秀香索性把两个人的手都拽了过来放在一起。

　　张秀香　都啥社会了，还封建呢。好了，好了，我们的任务也完成了，剩下的就是你们俩的事儿了。战生，还愣着干啥？走哇。

张秀香拉着赵战生走了，赵战生还有点儿不放心，回过头冲着薛刚直比画，意思让他主动点儿。

张秀香拽着赵战生。

　　张秀香　放心吧。快走，快走吧。

一向大方的方小玲这时也显得有些拘谨。

　　方小玲　秀香，秀香姐。

　　张秀香　自己的梦自己圆吧。

薛刚和方小玲看着他们跑远了。

薛刚选了个地方。

薛　刚　来，小玲同志请坐。

薛刚坐下，小玲不好意思地挨着薛刚也坐下了。

薛　刚　这衣服穿在你身上，真好看。

方小玲　光衣服好看？

薛　刚　不不不，人更好看。咱当兵的不会说话，你别见笑。

方小玲　我都听说了，您可不是一般人，原来是给纵队司令开车的。哎，我问您，那纵队司令的官有多大呀？

薛　刚　哎呀，这个我可说不好，你说北平大不大？

方小玲　我没去过，听说特大。

薛　刚　我们司令员可以管半个北平吧。不过我们部队不讲这个，官兵平等，不分大小，都是为人民服务的。

方小玲　这我知道。听说你们高队长官也不小，可一点儿架子都没有，你们施工队的同志都挺好，就像当年的老八路。我就喜欢解放军。

薛　刚　解放军好，不等于我好，我这个人毛病挺多。

方小玲　都吃五谷杂粮，哪能一点儿毛病都没有，只要心眼儿好就行。

薛　刚　我，还算可以吧。反正不坏，不像战生，没什么能耐。

方小玲　得了吧，没什么能耐能让你当队长啊？你们的人都这样，净说别人好，不说自己好。那个词叫什么来着？

薛　刚　谦虚。

方小玲　对，谦虚。战生哥就这样儿，您肯定也是这样儿。

薛　刚　战生比我好。

方小玲　得得得，又来了。（突然笑起来）你们是不是都有毛病啊？

薛　刚　（也笑起来）对对对，有毛病，有毛病。您说得没错儿，我们是患难与共的生死弟兄，当然，就臭味儿相投了。

方小玲　（笑得更厉害）有意思，太有意思了！没想到您还真挺逗。我就喜欢你们这帮人。

薛　刚　小玲，你放心，我一定会对你好的。我要是说半句谎话就天打五雷轰……

方小玲　（急忙捂住薛刚的嘴）不许你胡说。我信，我信。

薛刚不好意思地想拉开方小玲的手，结果，方小玲顺势躺在薛刚的怀里。

方小玲　（喃喃地）我太幸福了。

薛　刚　我更是。

薛刚紧紧地搂着小玲。

绚丽的晚霞把幸福和快乐洒向了他们。

小河泛着夕阳的余晖静静地流淌……

新坟地　日　外

阳光明媚，郁郁葱葱的小树林间。

在张家新祖坟前。

赵战生和张爷爷一家在前，高洪亮、刘翰林、于华、王芳等人，还有方村长一家等村民在后。

赵战生手捧一束野花放在碑前。

张爷爷、张奶奶跪下磕头。

赵战生和秀香也跪下磕头。

张爷爷起身。

张爷爷 施工队的同志们，张庄的老少爷们儿们，我，我浑哪！和刘半仙这种人搅和在一起反对迁坟。他是什么人？狗特务！现在想起来真后悔、真后怕呀！共产党对咱这么好，可我不领情不道谢净做浑事儿！我，我真是白活呀！

张爷爷打自己嘴巴。

高洪亮、刘翰林和村长赶紧过来劝张爷爷。

高洪亮 老人家，事儿都过去了，也不要太自责了。

方村长 大舅，高队长说得对。过去的事儿咱就不提了。（冲着大家）我看这样，请高队长给咱们大家讲几句怎么样？

众 人 好，太好了！

众人热烈鼓掌。

高洪亮 乡亲们，苍天在上，大地作证，我们感谢张庄的后人，支援电力建设大义迁坟，实在是感天动地。我想，长眠在地下的祖先们也会感到高兴的。因为，你们的后人，为新中国成立献上了一份厚礼。祖国会记住你们，人民会记住你们！

……

张家西屋 日 内

温暖和煦的阳光，透过窗户照进张家的西屋，让人感到暖融融的。张家的西屋已被布置成了新房。

心灵巧手的姑娘、年轻的媳妇们张罗着贴窗花、贴喜字，屋里屋外紧忙活。

年纪大的老人和孩子们不时地在窗户外往屋里瞧。

院子里更是欢声笑语，热闹非凡。

于华正在给张秀香打扮。

张秀香 于医生您结婚的时候比这热闹吧？

于 华 "热闹"，"可热闹了"！两张单人床一拼，两个行李卷儿放在一起，贴个喜字儿，就算完婚。要是能给战发发几块糖，那就算不错的了。

张秀香 那么简单？

于 华 就这么简单，战争时期都那样儿。

王快嘴 秀香，你可真有福，我们瞅着都眼热。

小 菊 三婶，你要眼馋也找一个呀？

王快嘴 死丫头，拿我开涮是不？你还别说，要是倒退十几年，你寻思我不找一个呀？

小 菊 看我三叔不打断你的腿。

王快嘴 他敢！看我不打断你的腿。

王快嘴说着拿起笤帚追着小菊就打。

众人笑得前仰后合。

这时，二丫跑进来，

二　丫　快点儿，快点儿，迎亲的都来了。

屋里已经听到了锣鼓唢呐声。

张秀香　（有点儿急了）好了吧？

五　嫂　看把你急的？咱得稳住神儿。叫他们等，新媳妇就那么好娶的呀？

姑娘甲　对对对，叫他们等。不知道小玲姐那边准备得怎么样了。

二　丫　人家那边都快上轿了。

小　菊　是吗？那咱可得快着点儿。

于　华　好了，好了，可以上轿了。

张家院　日　外

赵战生身披红绸戴着红花从由部队带来的那匹马上下来，在众人簇拥和欢呼声中来到张秀香新房门前。

小菊、二丫等一群小姑娘、小媳妇儿拦着不让进。

赵战生急中生智立刻向她们敬军礼。

赵战生　报告，301 队队长赵战生奉命前来接新娘，请姑娘们开恩、放行。

姑娘们面面相觑，一时不知所措。

小　菊　既然新郎官儿这样求咱们，那就放行吧。

她们闪开了一条道。

张家西屋（新房）　日　内

赵战生满脸笑容，进了新房，来到秀香跟前。

赵战生　准备好了吗？咱们走吧。

张秀香起身就要走。

王快嘴　不行，不行，按规矩新娘上轿脚不能沾地儿，新郎官儿必须抱新娘子上花轿。

众姑娘　（起着哄）对，对。快，新郎官儿，抱呀，抱呀。

五　嫂　（在起哄中大声喊）急什么急，（拿起盖头）先把盖头给新娘子盖上，不能破了规矩。真是的。

于　华　这规矩还挺多的嘛。

张秀香　可不是，我倒希望简单点儿好。

五嫂给秀香蒙盖头。

王快嘴　对对对，蒙上，蒙上。

小　菊　等不及了吧？

张秀香　去你的。

王快嘴　来吧，新郎官儿抱起新娘子。让开，让开。

赵战生在欢声笑语中，抱起秀香走出新房。

张家院　日　外

赵战生抱着秀香从新房出来，在众人的簇拥下把秀香抱上花轿。

轿帘一落。

司仪喊声："起轿！"

锣鼓唢呐响起。

通往张庄场院的路上　日　外

在通往张庄场院的路上两支迎亲队伍会合。

赵战生和薛刚都骑着马，显得十分威武英俊。

后面两顶并排的花轿显得更加喜庆。

小孩子们跟着迎亲队伍跑来跑去打闹嬉戏……

张庄场院婚礼现场　日　外

场院搭起了临时牌楼和婚庆的台子。

台子上方悬挂横幅，上书：新郎赵战生、薛刚，新娘张秀香、方小玲结婚典礼。

台子中央悬挂毛主席和朱总司令的画像。

两边挂有对联。

上联是：翻身不忘共产党。

下联是：幸福感谢毛主席。

临时牌楼的那副对联出自刘翰林之手，字迹雄浑流畅。

上联是：两姐妹两情相悦悦婚庆。

下联是：双兄弟双星捧月月儿圆。

横批是：喜结良缘。

这对联引起不少人啧啧赞叹。

婚礼正式开始了。

高洪亮　乡亲们，同志们：说实话，这种场面我见过，可是我没有这样的经历。不怕大家见笑，我结婚那会儿，就是贴个红喜字儿，两个行李卷儿往起一搬，给战友们发几块糖，就算完事儿了。可现在不同了，这个场面气派呀！这说明什么？解放了，我们过上好日子了。我敢说，今后，我们的日子会过得更好！

众热烈鼓掌。

高洪亮　乡亲们，同志们：我们共产党不信神、不信鬼，但我们信缘分！也就是老话儿说的那样，有缘千里来相会，无缘对面不相识。我们能来这里建设这条线路，赵队长和张秀香、薛队长和方小玲能喜结良缘，这都是缘分。所以，我们要加倍珍惜！说实话，来之不易呀！新社会了，咱们的喜事儿就得新办，别的礼数和过场咱就不走了，这也是方村长和张爷爷两家的意思。但是，这喜酒咱得喝，洞房也得闹哇！

掌声四起，众欢呼、呐喊……

高洪亮　好好好，大家静一静。下面请方村长代表张庄和两家讲话。

众热烈鼓掌。

方村长 工人老大哥，乡亲们：今儿个高兴，双喜临门，这也是我们张庄从来都没有过的大喜事儿。我们两家的姑娘和基建总队的赵队长、薛队长喜结良缘，这就是说，我们张庄和基建总队也结了亲。往后，咱们就是一家人了。过去的事儿咱就不提了，打明儿起，施工队上的事儿就是咱张庄的事儿，咱们就是头拱地，也要帮助他们把耽误的时间给抢回来，大家说行不行啊？

众 人 行，好，就这么办！

方村长 好，大家静一静，静一静，我还有话呢。状元坟这个重要的特务据点被咱们给端了。大快人心哪！但是敌人绝不会甘心失败。所以，我们一定要提高警惕，防止敌人卷土重来再搞破坏。上级已经下了命令，让我们民兵连护塔护线，保卫我们的家园。方春生。

方春生 到。

方村长 你们民兵连这几天干得不错，今后要加倍努力，绝不能给咱乡亲们丢脸哪！

方春生 是。

方村长 好了，好了，我就不多说了，大家吃好喝好。

又是一阵热烈的掌声和欢呼声。

方村长 哎，对了，对了，基建总队的高队长要给大家敬酒。大家鼓掌欢迎。

掌声过后，高洪亮端着酒，对大家说。

高洪亮 谢谢，谢谢乡亲们！我这是借花献佛呀。一会儿，两对儿新人会给大家敬酒的。过去，我们打仗靠的就是老百姓的支持，现在，我们组塔、架线搞建设靠的也是老百姓。所以，这杯酒我要代表基建总队的全体同志敬乡亲们一杯。

高洪亮一饮而尽。

众 人 好，痛快，痛快。

大家也都兴奋地喝了起来。

高洪亮 赵战生。

赵战生 到。

赵战生 （紧跟着就跑了出来）队长，有什么指示？

高洪亮 你现在可是一身兼两职，既是施工队的队长，又是张庄的姑爷儿，今后，打算怎么办？

赵战生 全心全意地为乡亲们服务，一心一意地干好工作。（小声地）队长，秀香有话要说。

高洪亮 好哇，下面请张秀香同志讲话。

众 人 好，好，好。

张秀香 我和小玲还有全村儿妇女都商量好了，往后，凡是施工队上的缝缝补补，洗洗涮涮的，啊，对了，还有做饭，我们全包了。

众 人 好，好，太好了。

张秀香 还有，还有，今后，要是总队的哪个小伙子看上我们张庄的姑娘了，咱们张庄的姑娘有的也看上他们哪个小伙子了，就跟我和小玲说一声，我们一定做这个大媒。

方小玲 没问题，找我们俩谁都行。

众人热烈鼓掌。

众高喊 好好好。

二愣子 哎呀，完了，完了，好姑娘都让他们娶走了，咱们咋办？

三胖子 打光棍儿呗。

狗剩子 要打你打，我才不打呢。

三胖子 就你那个样儿，谁家的姑娘肯嫁给你呀？

狗剩子 你好，胖得像个猪似的。

三胖子 猪咋地，猪八戒在高老庄还招了亲呢。狗剩子，连狗都不吃的东西，哪个姑娘能看上你呀？啊？（冲着桌旁的几个人）对不对？

三胖子逗得大家哈哈大笑。

赵战生、张秀香、薛刚、方小玲，分别给大家敬酒。

赵战生、张秀香、薛刚、方小玲，来到二愣子他们这桌。

这个桌的几个人端起酒也都站了起来。

赵战生 你们这儿可真热闹。来，兄弟们，我们敬大家一杯。

二愣子 别别别。兄弟，我得自罚一碗！

三胖子 二愣子说得对，我也得自罚一碗！

狗剩子 还有我呢，也该罚。

他们说完三个人一起干了。

赵战生 好好好。这叫不打不相识，今后咱们就是好兄弟。来，我也干了！

赵战生刚要喝。

方春生端着酒来到赵战生跟前。

方春生 别急呀，还有我呢，我得自罚一碗。

赵战生 你们要都这么说，我也得自罚一碗。今儿个高兴，过去的事儿咱们就翻过去，不提了。

薛　刚 对对对。

方小玲 哥，你们民兵连是不是应该请个教头哇。

方春生 你们看看，还是我妹子最了解我。打今儿个起，战生队长就是咱张庄民兵连的教头、总指挥。一句话，您指到哪儿我们就打哪儿。绝对听从指挥。（冲着这个桌的几个人）怎么样？

二愣子等人立正敬礼。

众　说 保证听从指挥。

狗剩子把礼敬反了。

方小玲 狗剩子，反了，敬反了。

逗得大家又是一阵哄堂大笑。

方春生 够朋友，好哥们儿，秀香跟着你我放心。这碗酒我干了！

这时，欧阳孝仁背着包，扛着行李来了。

欧阳孝仁 二虎，看我都累成这个样儿了，也不帮个忙儿。

牛二虎不情愿地过来帮忙。

牛二虎 你不是出国了吗？

欧阳孝仁 行了，你就别砢磣我了，我现在寻死的心都有。

墩　子　哪儿能呢? 你呼风唤雨,手眼通天哪。

欧阳孝仁　墩子,我求求你,给点儿面子行吧。

酒馕子端一碗酒过来。

酒馕子　喝酒,喝酒,喝酒哇。

欧阳孝仁　你们这是……

酒馕子　看见没有?(指着横幅和赵战生、薛刚他们)我们这是喝战生队长和张秀香姑娘、薛刚队长和方小玲姑娘的喜酒呢。

欧阳孝仁　啊啊啊,好好好。

开始欧阳孝仁有点儿茫然,但他马上就意识到,这对他无疑是个好事儿。他赶紧给自己倒上酒。

欧阳孝仁　来得早不如来得巧。

他端起酒朝赵战生他们走去。

欧阳孝仁　战生队长,薛刚队长,恭贺你们,恭贺你们。

赵战生　欧阳工,你怎么回来了? 你不是……

欧阳孝仁　唉,别提了。今天是你们的大喜日,不提那些烂事儿。我祝贺你们新婚快乐,白头偕老。

赵战生　好好好,谢谢,谢谢。

欧阳孝仁说完一饮而尽。

赵战生也喝了。

欧阳孝仁　(拉着战生来到人少的地方,小声地)队长,求你个事儿。

赵战生　啥事儿? 说吧。

欧阳孝仁　把陆洁的地址给我呗。

赵战生　就这事儿? 行。

欧阳孝仁　你可别忘了。

赵战生　你放心,忘不了。

欧阳孝仁　谢谢,谢谢。

欧阳孝仁向高洪亮和刘翰林走去。

欧阳孝仁　高队长、刘总,我回来了,给我什么处分都行,就是别赶我走。

欧阳孝仁说着假惺惺地挤出了几滴眼泪。

高洪亮　好了。今天是战生和薛刚大喜的日子,不提那些不愉快的事儿。来,咱们喝酒。

欧阳孝仁　哎哎,好好,喝酒喝酒。

欧阳孝仁毕恭毕敬地和高洪亮、刘翰林喝酒。

第十集

莫斯科动力学院女生宿舍　晚　内

这是典型的俄式建筑。

室内天花板正中一盏俄式蜡烛型吊灯把室内照得通明。

陆洁倚在床上满怀深情地在赵战生送给她的那条富有传奇色彩的丝巾上绣着什么。

窗户开着，微风拂动着窗帘，并把美妙的俄文歌曲《小路》歌声送了进来。

这时的陆洁已经基本把弹孔绣成了由丘比特箭射中的红心。

她小声地跟着唱《小路》，欣赏着自己的杰作，脑海中浮现着她和赵战生甜蜜的爱情往事。

　　陆洁　（唱）

> 一条小路曲曲弯弯细又长，
> 一直通向迷雾的远方。
> 我要沿着这条细长的小路，
> 跟着我的爱人上战场。
> ……

不知什么时候，同寝的室友俄罗斯姑娘卡琳娜已经站在陆洁的身旁，她早被这条不寻常丝巾的故事所吸引，今天又平添了被丘比特箭射中的红心，她兴奋地用中文脱口而出。

　　卡琳娜　呜，丘比特箭。太浪漫，太动人了。我也被丘比特箭射中了。谢廖沙约我去浪漫。（掏出信举着）瞧，你的白马王子来信了。

陆洁这才缓过神儿来。她急忙去抢信。

卡琳娜不给。

　　卡琳娜　洁，你必须答应我一个请求。

　　陆　洁　好，说吧。

　　卡琳娜　教我中国的刺绣。太美了！

　　陆　洁　没问题。

　　卡琳娜　一定？

　　陆　洁　一定。

　　卡琳娜　那好吧。给你。

卡琳娜把信交给陆洁。

　　卡琳娜　我的任务完成了，我要约会去了。

卡琳娜亲了陆洁一下，兴奋地离开了寝室。

卡琳娜出屋以后突然又把门拉开。

卡琳娜　洁，尽情地陶醉吧。

卡琳娜说完之后把门关上。一阵快速的下楼声……

陆洁听到下楼声渐渐远去，她刚要打开信，忽然发现是欧阳孝仁的笔迹，她心生疑虑。

陆　洁　（自语）表哥？又在搞什么鬼。

陆洁下意识地把信拆开，拿出信看。

欧阳孝仁　（画外音）小妹：现在是午夜十一点，同屋的其他人都睡了，但我夜不能寐，感慨万千。其实，早就要给你写信，可不知道你的确切地址，所以，一直拖到现在，你不怪我吧？小妹，我不止一次地对你说，在这个世界上只有我是最爱你的。你根本就想不到，就在此时此刻，赵战生这个喜新厌旧，见异思迁，忘恩负义的小人正在和他们房东家的孙女张秀香洞房花烛呢。小妹，你被他耍了。

陆洁再也看不下去了，她气得把信撕得粉碎。

陆　洁　卑鄙、无耻、下流。这，这不可能，绝对不可能！欧阳孝仁，你这个王八蛋！

陆洁迅速拿出纸和笔，她流着眼泪奋笔疾书，眼泪一滴一滴落在信纸上。

301 施工工地　日　外

工人们热火朝天地干活。

老坟地的塔基已经浇筑完毕。

牛二虎、墩子、酒馕子等人正在组塔。

远处，二愣子荷枪实弹警惕地站岗。

小河边，妇女们在给施工队的同志洗衣服。

于华和王芳巡诊。

方春生、狗剩子、三胖子等背着枪也帮着干活。

赵战生和欧阳孝仁走了过来。

赵战生　大家不要急于赶进度，一定要注意安全，保证质量。

欧阳孝仁　对对对，百年大计，质量第一。安全更不能忽视。大家一定要按照队长的要求去干。

牛二虎　放心吧，队长，我们一定能注意安全，保证质量。

赵战生　好，我到薛刚那边儿去看看。

欧阳孝仁　你去吧，我在这儿，你就放心吧。

赵战生向薛刚那边走去。

张秀香、方小玲，还有一些妇女，抬着水桶，拎着水壶到处送水。

张秀香和小玲来到牛二虎他们这儿。

张秀香　来来来，大家休息一会儿，喝点水。

牛二虎　弟兄们，新娘子给咱们送水来了，这水咱得喝呀，甜！

墩　子　秀香，抓紧点儿，我们可想抱侄儿了。

酒馕子　来个侄女也不错嘛。

张秀香　等着吧，都会有的。（岔过话题）这是欧阳工程师吧，来，喝碗水。

欧阳孝仁接过秀香递过来的水。

尽管欧阳孝仁对陆洁是情有独钟，但对眼前这两位楚楚动人的新娘子也是垂涎欲滴。

欧阳孝仁 谢谢，谢谢弟妹。怪不得能把我们队长给迷住，原来这么漂亮。薛夫人更是争芳斗艳，楚楚动人！

牛二虎 欧阳工，我就看不惯你之乎者也酸不溜唧的样子。

欧阳孝仁 本来嘛。（冲着大家）你们说，新娘子漂不漂亮啊？

众　人 漂亮，漂亮。

欧阳孝仁领头这么一闹，弄得秀香和方小玲都挺不好意思。她们都想尽快脱身。

张秀香 好了，好了，你们忙吧。我们到302队那儿去。

张秀香和方小玲离开这里。

302 施工工地　日　外

薛刚带领302队的同志前来支援，干得热火朝天。

赵战生来到这里。

赵战生 302队的同志们，感谢你们的大力支持，大家辛苦了。

薛刚走了过来。

薛　刚 战生，太客气了吧。

赵战生 我看你们才客气呢，来了这么多人，你们那边儿怎么办哪？

薛　刚 不瞒你说，我们早就干得差不多了，就等你们这边儿了，要不然，不好放线哪。

赵战生 你看我，忙得把这个茬儿都给忘了。（冲着大家）弟兄们辛苦了。晚上咱们喝酒。

众　人 好。

这时，邮差走了过来。

邮　差 赵队长，有您的信，是外国来的。

赵战生接过信。

赵战生 真不好意思，让你跑了这么远的路，放在家里不就行了吗。谢谢啊。

邮　差 应该的，应该的。要是没什么事儿，我就走了。

赵战生 好好，谢谢，谢谢。您慢走。

邮差离开这里。

赵战生迫不及待地打开信。

薛　刚 是陆洁来的吧？

赵战生 是。

赵战生打开信看。

陆　洁 （画外音）战生：你好吗？欧阳来信说，你已经和房东的孙女儿张秀香结婚了，是真的吗？他是不是又在搞什么名堂？你一定要告诉我真相，姐都快要急疯了。大家都好吧？工程进展得顺利吗？俄语这一关我已经提前过了，这应该感激我的室友卡琳娜的帮助。我在这边儿挺好，勿念！

赵战生看完了信一句话也没说，他把信递给了薛刚。

薛　刚 这，这合适吗？

赵战生 有什么不合适的。看吧。

薛刚接过信看完后，把信递给赵战生，拉着赵战生来到一个僻静的地方。

薛　刚　战生啊，战生，你是不是有病啊？陆洁的地址是不是你告诉欧阳的？

赵战生　是啊。谁想到他会这样。

薛　刚　你呀你，你没想到的事情多了。这下好了，我看你咋办？

赵战生　纸里包不住火，总得告诉她吧？

薛　刚　用你说呀？问题是什么时候说，怎么说。他欧阳插这一杠子，非把事情搞砸了不可。你知道，这对陆洁意味着什么？晴天霹雳，五雷轰顶！而这正是欧阳那小子想要的结果。

赵战生　真该死！那你说咋办？

薛　刚　赶快给陆洁写信吧。

赵战生　怎么写呀？

薛　刚　照实写，我相信陆洁，虽然感情上过不去，但在情理上，她迟早会理解你的。

赵战生　事到如今，也只有这么办了。咳，没想到做人这么难，太闹心了！走，干活去。一干上活儿就啥都忘了。

两个人向最忙的现场走去。

施工线路某山岗上　日　外

高洪亮和刘翰林拿着图纸在研究问题。

方村长兴致勃勃地向他们走来。

他望着这如此壮观的施工场面，非常感慨。

方村长　高队长、刘总，真没想到，这些塔呼啦一下子就都立起来了。地也平好了，又栽上了树，看着舒坦。

高洪亮　要是没有乡亲们的大力支援，哪能这么快。真得感谢乡亲们哪！

方村长　这话儿说的，咱们不是一家人吗？

高洪亮　对对对，一家人。照这样下去，我们提前竣工是没问题了。

远远望去，那一条由铁塔组成的巨龙向玉泉山的远处延伸。

运送塔材、导线、金具等物资的汽车在公路上穿梭。

在汽车无法行进的山路上，乡亲们用马车、驴车倒短儿。

更加难走的地方，就用马驮、驴驮，或者人拉肩扛。

场面十分壮观……

张家西屋　夜　内

秀香已经睡着了。

赵战生却无法入睡。

他轻轻地起身打开手电，用被蒙着头，趴在炕上给陆洁写信。

莫斯科动力学院女生宿舍　晚　内

陆洁在看赵战生的信。

赵战生　（画外音）姐：不管欧阳孝仁出于什么目的，我确实和房东张爷爷的孙女儿张秀香结婚了。姐，我对不起你，也对不起自己。但我敢说，我对得起党中央毛主席，对得起自己的良心，对得起我们所热爱的事业！现在，工程进展非常顺利，可我就是高兴不起来。因为，这是以牺牲我们最纯洁、最真挚的爱情为代价所换来的。姐，我不求你理解我，原谅我；只希望你能忘掉我，忘掉这个根本就不值得你爱和付出的丧门星、傻大兵……

陆洁看不下去了，她已泪流满面，泣不成声。

她拿起笔给薛刚写信。

泪水一滴一滴地掉在纸上。

陆　洁（画外音）薛刚，我的好兄弟，看来，战生和那个秀香姑娘结婚是真的了。他写信没有说得太多，但我从字里行间能够感受到，他是顶着巨大的压力，而做出的无奈选择。我了解他的为人，更相信他的人格，我真的不想责怪他、怨恨他，我只想知道事情的真相，真相！你能够告诉我吗？薛刚，我求求你了……

张家西屋　晨　内

赵战生正在穿衣服。

张秀香（边叠被边说）战生，水已经给你打好了，赶快洗脸吧。

赵战生看到温水中放着毛巾，牙膏也挤好了，心里一热，眼泪好悬流出来，他边洗脸边说。

赵战生　谢谢你。

张秀香　往后，不许你这么客客气气的。这哪像一家人？

张秀香突然呕吐。

赵战生（关切地）怎么，你病了？要不要让于医生看一看？

这时，张奶奶进屋。

张奶奶　傻小子，你媳妇儿有喜了。

赵战生　是吗？这么说，我要当爹了？

张奶奶　那可不，我要抱重外孙子了。

张秀香　奶奶，还不知道是男是女呢。

张奶奶　我看是男孩儿，酸男辣女，你就想吃酸的，那还有跑哇？

赵战生　那好，我就专给你买酸的吃。你看你，这么大的事儿也不跟我说一声。

张秀香　要不是奶奶告诉我，我也不知道是怎么回事儿呀。

赵战生　既然这样，以后你就不要再往工地跑了。在家帮奶奶干点儿轻活儿就行了。

张秀香　哎呀，咱乡下人没有那么娇贵。

张奶奶　行了，听战生的。你看你多有福哇，遇到这样知冷知热的男人。哪像奶奶那会儿，啥活儿不得干？这世道真的变了，能把女人当回事儿。

赵战生　奶奶，以后您就得受累了。

张奶奶　累也高兴！忙你的去吧。

赵战生　哎。

赵战生走出了西屋。

张家堂屋　晨　内

赵战生进了堂屋，挑起水桶走出门。

通往施工现场的山路上　晨　外

薛　刚　战生，给陆洁回信了吗？

赵战生　回了。

薛　刚　怎么写的？

赵战生　没写太多，只是告诉她我和秀香结婚了，希望她忘了我。

薛　刚　战生，你糊涂哇！陆洁是啥样的人你不知道吗？她能忘了你吗？你应该把情况如实地告诉她。你看看她给我来的信。

薛刚掏出陆洁写给他的信递给赵战生。

赵战生接过信看后，打了自己一个嘴巴。

赵战生　浑，我太浑了。这不让她更着急了吗？

薛　刚　就是嘛，挺精挺灵的人，怎么能办这种傻事儿。算了，还是我给陆洁回信吧，有些话也好说。

赵战生　（长出了一口气）唉，现在，我算真的理解了什么叫无奈。

赵战生眼含着泪水。

薛刚也很伤感。

薛　刚　好了，好了，不说这个了。小玲怀孕了，秀香有没有动静？

赵战生　也怀上了，听奶奶说想吃酸的就是小子。小玲呢？

薛　刚　哎呀，生啥都行。没想到，咱们俩都快当爸爸了。

赵战生　是啊，这一切都来得太突然，太不可想象了。

两个人边聊边向工地走去。

莫斯科动力学院女生宿舍　晚　内

陆洁在看薛刚的信，泪水一滴一滴地掉在信纸上……

旁　白　薛刚的信让陆洁越来越清楚地感到，这就是她所爱的赵战生，也只有他才能做出这样非常人所能为之的壮举来，是啊，为了党中央毛主席，为了新中国，为了他所热爱的送电事业，作为一名共产党员，他只能做出这样的牺牲！她非但不恨他，而且，更加理解他，更加深爱这个让她引以为自豪的"傻大兵"。

陆洁拿起笔来奋笔疾书。

陆　洁　（画外音）战生，我最最深爱的傻大兵。你知道初恋少女的吻吗？那是刻骨铭心一生一世的爱呀！我深知你送给我的那条血染的凝结着革命烈士伟大、崇高、圣洁爱情丝巾的真实含义，矢志不渝，地老天荒！然而，为了早日完成给党中央毛主席送电的任务，你必须首先拿下坨垃这个最难攻克的碉堡。而要拿下这个碉堡，你又必须牺牲我们的爱情去娶秀香。这是一种何等壮烈的牺牲啊！这就是你赵战生！我没看错你！既然你已经和秀香结婚了，那就要负起责任，好好地待她，千万不要辜负人家。我在遥远的莫斯科为你们祝福……

一阵急促的敲门声，让陆洁不得不停笔。她赶忙擦了擦眼泪，起身去开门。

门开了，卡琳娜醉醺醺地蹒跚进来，她兴奋地手舞足蹈。

卡琳娜　（用不太流利的汉语）陆洁，我是世界上最幸福的女人，谢廖沙向我求婚了。

卡琳娜幸福地躺在床上。

陆　洁　你喝得太多了。

陆洁赶紧去倒茶。

卡琳娜　不多。我还能喝。

陆洁倒好茶放在桌上。

陆　洁　来喝点儿热茶。

卡琳娜　谢谢，多愁善感的女人，又在想你的心上人吧？

陆　洁　没，没有，我正在准备功课。

卡琳娜　不不不，你的眼泪已经告诉了我，你在说谎。

卡琳娜确实喝得太多了，但她很兴奋。

陆　洁　你确实喝多了，好好休息吧。

卡琳娜　你们中国人不行，爱一个人还不好意思说出来，我们俄罗斯女人就敢喊出来。（喊）谢廖莎，我爱你！我是世界上最幸福的女人，我是最幸福的女人……

卡琳娜渐渐地睡着了，陆洁帮她脱衣服把被子给她盖好。

陆洁把灯关掉，走到高大的窗前，轻轻拉开窗帘。

一阵冷风袭来，她打了个寒战。接着就是一阵喷嚏，但她仍然站在那里，任凭夜风吹袭，泪水一滴一滴落下。

月亮在云中时隐时现。

苏联某医院　日　内

这种突如其来的打击，加上那晚的凉风吹袭，使陆洁高烧不退住进了医院。卡琳娜焦急地守在陆洁的床前。

司徒佑急匆匆地走进病房。

司徒佑　（焦急小声地）卡琳娜，（指着陆洁）怎么样？

卡琳娜用食指做了个嘘声动作，然后，指着陆洁。

卡琳娜　（小声地）她烧得太厉害了，她在想她的白马王子。

陆　洁　（流着眼泪，断断续续地说）战生，我的傻弟弟，这不是绑架、逼婚吗？姐，姐不甘心哪！可这有什么办法？没办法，没办法……

司徒佑　（小声地）卡琳娜，这到底是怎么回事儿？

卡琳娜　（小声地）她的白马王子和别人结婚了。

司徒佑　（小声地）怎么会这样？

卡琳娜　（小声地）这个问题很复杂，我很难说清楚，等她的病好了，你还是问她吧。

两个人小声地交谈。

陆洁躺在床上，输液的玻璃管的药水一滴一滴地滴着……

张家苞米地　日　外

玉米长势很好，秧苗已经过膝了。

秀香和爷爷正在锄地。

张爷爷　看这长势，年景不错呀。哎，秀香，你说这战生怎么干啥像啥呢？这种地也是把好手。

张秀香 那当然了，他能耐大了去了。他们东北电管局的领导都非常重视他。

张爷爷 这我早就看出来了，要不，我能把宝贝孙女儿嫁给他呀？你还别说，这坟还真挪对了。

张秀香 还说呢，没把人家气死、难为死。老封建，老倔头儿。

张爷爷 臭丫头，爷爷这辈子就做错这点儿事儿，你就抓住不放，我孙女婿可不像你，宰相肚子能行船。还是你奶奶说得对呀，咱们老祖宗显灵了，让咱遇上了这样好的人。

张秀香 爷爷，进城您去不去？

张爷爷 城里咱住不惯，守着这片土地踏实，不想去，你去吧。

张秀香 你们不去，我就不去。

张爷爷 傻丫头，你有病啊？告诉你，我们也没几年活头了。你可不要为了我们两个棺材瓢子，耽误了你和孩子的前程。听到没有？

张秀香 听到了，再说吧。

爷孙俩继续干活。

张家院　日　外

张奶奶正在喂鸡，邮差骑着自行车来了。

邮　差 张奶奶，喂鸡呢？瞧这日子过得多红火。您老真有福啊。

张奶奶 有福，有福。进屋喝口水吧？

邮　差 不了，这有赵队长的信，您收好了，这可是国外来的。

张奶奶 哎，谢谢，谢谢。

张奶奶擦擦手接过信，仔细地放好。

张奶奶 有空儿过来。

邮　差 哎。

邮差离开张家。

这时，方小玲挺着大肚子，拿着鞋底儿进院。

方小玲 奶奶，秀香姐在家吗？

张奶奶 跟爷爷下地了。

方小玲坐下，拿出鞋底纳了起来。

方小玲 （边纳鞋底边说）秀香姐真能干。我不行，老犯困。

张奶奶 你多金贵呀。秀香，挨累的命。

方小玲 这战生哥可就不对了，应该关心秀香啊？咱家那个啥都不让我干。

张奶奶 这你可冤枉战生了。咱们战生对秀香好着哪，想吃啥就买啥，也不让她干活，秀香不听啊。也是的，我们都老了，干不动了，她不干谁干哪？哪能和你们家比呀。

方小玲 奶奶，来信了？

张奶奶 啊，是战生的，说是从国外来的。

方小玲 我知道了，那是陆技术员来的信。

张奶奶 你怎么知道？

方小玲 我当然知道了，他们是郎才女貌，天上的一对儿。这事儿，谁都知道哇。

张奶奶 这可不好，人家都结婚了，还这么藕断丝连，不应该呀。等战生回来，我得说道说道。

方小玲 奶奶，您老是不知道，人家战生哥和陆技术员好得就像一个人似的，这突然和秀香结婚了，孩子都有了。这事儿搁在您身上，您怎么想？总得让人家把这个事情说清楚吧？您得理解。

张奶奶 理儿倒是这么个理儿。可夜长梦多，老这么打连连也不好啊。

方小玲 奶奶，这男女之间的事儿，您老不懂。您就别跟着掺和了。战生哥是啥人，您老不清楚吗？陆洁也肯定不是那种不通情达理的人。

张奶奶 这我也信。可就是不踏实。

方小玲 哎呀，奶奶。我跟您说不明白。好了好了，我走了。

方小玲收起活计边走边说。

方小玲 奶奶，我劝您还是别掺和好。

张奶奶 这孩子，这怎么是掺和呢？一家人的事儿，能不管吗？

张奶奶不解地摇摇头，继续在院子里干活。

张家苞米地　傍晚　外

大地里酷热难耐，蝈蝈燥热之中起劲地聒噪着。

秀香汗流浃背地锄地。

张爷爷 行了，秀香，就干到这儿吧？天都快黑了，小心累坏了身子。

张秀香 没事儿，爷爷，快到连雨天了，赶早不赶晚，再说，也没多少了。

张爷爷 就这点儿活儿呀，叫战生他们一撒欢儿就干完了。

张秀香 那可不行，工程越是收尾就越忙，咱可不能牵扯他们的精力。

张爷爷 傻丫头，爷爷不是心疼你嘛。本以为你和战生会享福，没想到还这么累。

张秀香 累我也高兴。您不高兴啊？

张爷爷 高兴，高兴。

爷孙俩继续锄地。

张家西屋　傍晚　内

赵战生收工回来，秀香打水让战生洗漱。

张奶奶拿出信要交给战生。

张奶奶 战生，这儿有你一封信，说是国外来的。

赵战生 （边洗脸边说）谢谢奶奶，放到炕上吧。

张奶奶 战生，别嫌奶奶多嘴，以后少跟那个姓陆的姑娘来往。

张秀香 奶奶，您怎么什么事儿都管呢？

张奶奶 我不是怕那个陆姑娘不肯放过战生吗？

赵战生 奶奶，我跟陆洁是清清白白的，没什么见不得人的。秀香，你把信拆开给奶奶念念。

张秀香 战生，这，这……

赵战生 没事儿，拆吧。事到如今，不管发生什么事儿，躲是躲不过的，我们必须面对。

张秀香 那，那我就拆了？

赵战生 拆吧。这样对大家都好。

秀香拆开信。

张秀香 （读信）战生，我知道。为了早日给党中央毛主席……

张秀香惊讶地不敢读下去了。

张秀香 （惊讶地）战生，你们修的这条线路是……

赵战生 对。所以……

赵战生心情非常复杂，他强忍着不让泪水流出来。

赵战生 行了，行了，你们知道就行了，这是绝对保密的。

张奶奶 哎呀妈呀，原来是这样啊。

赵战生 念吧，接着念。

张秀香 （诚惶诚恐地）哎，哎，（接着念）为了早日完成给党中央毛主席送电，你就是赴汤蹈火，流血牺牲也在所不辞的。这就是赵战生！我太了解你了。既然你已经和秀香结婚了，那就要负起责任好好地待她，千万不要辜负人家。我在遥远的莫斯科为你们祝福……

秀香早已泪流满面，读不下去了。她把信交给赵战生。

张秀香 （哭着对奶奶）奶奶，您听听，听听！

张奶奶 （老泪纵横地）我活了这么大岁数，没见过这样通情达理、有情有义的好姑娘。这不是咱们对不起人家？（使劲打了一下自己的嘴巴）老不死的东西，真是白活呀！

祖孙俩抱头痛哭……

村外的小河旁　夜　外

皓月当空，远处隐约能看见建好的线路。

静静流淌的小河。

赵战生 太静了，这种生活还真有点儿不习惯。

薛　刚 可不是，腻腻歪歪的。

赵战生 （非常感慨地长出了一口气）咳，总算完成任务了！

薛　刚 这哪是一般地完成任务哇，我们在这里又创造了一个奇迹。你看啊，咱粉碎了敌人的阴谋，端了他们的重要据点，工程提前保质保量地完工，受到了党中央和北京电业局的通令嘉奖。你立了头功，大家都跟你借光儿，全队上下一片欢腾。可我看你小子怎么就是高兴不起来呢？

赵战生 说不清楚。

薛　刚 （忽然想起）是陆洁，对，你觉得对不起她。不过，陆洁理解你了，原谅你了。

赵战生 （哽咽着）她越这样，我心里就越难受。我原谅不了自己！

薛　刚 可在那种情况下你不这样做行吗？咱们把这个工程看得比自己的生命还重要！你不是拈花惹草，更不是移情别恋，你是为了这个工程而作出的最悲壮的牺牲！这就是陆洁能够理解你，并且和你一起献出爱情的最根本的原因。太了不起了，太悲壮了。（狠了狠心）不谈这些了。你打算什么时候归队？

赵战生 我现在就想归队。

薛　刚 我也是。

赵战生 吹吧，小玲能让你走？她和秀香可都有团长的尚方宝剑。还是按照团长规定的时间吧。

薛　刚　人生太不可思议了。谁能想到我们能来基建总队，谁又能想到，在部队那得"二五八团"才能做的事儿，到了地方稀里糊涂全都办完了，孩子都要出生了。

赵战生　是啊，想不到的事情太多了。是对是错，是福是祸，谁也说不清楚。

赵战生起身捡起一块石头扔在河里，只听"扑通"一声。

静静流淌的小河泛着涟漪……

基建总队职工俱乐部　日　内

会场简朴明亮。

主席台口上方悬挂一红底白字条幅，上书：银龙送变电工程公司成立庆典。

台口两侧一副对联。

上联：跨山川牵银龙走遍神州创大业。

下联：担日月竖铁塔追光逐梦送电人。

主席台正中央悬挂毛主席像，两边分列六面红旗。

基建总队职工俱乐部回廊　日　内

回廊两侧对联鲜艳夺目。

上联书：铁塔高耸接九天祥云横空开新宇。

下联书：银龙飞舞跨万里江山光照不夜天。

这些对联出自刘翰林、赵战生之手，引起了不少人的赞许。

基建总队职工俱乐部前厅　日　内

高洪亮、刘翰林、赵战生、薛刚等谈笑风生地走进俱乐部。

高洪亮　战生，一晃快两年了，干得不错。北京电业局给咱们东北电管局打了好几次报告要把你留下，那可是个好地方啊，你去不去呀？

赵战生　我哪儿都不去，这辈子跟定你了。

高洪亮　翰林，你说，咱们是不是有点儿太本位了。

刘翰林　要说本位也轮不到咱，那是万局长舍不得。这回咱们可是窗户眼儿吹喇叭——名（鸣）声在外了，中央都挂号了。

高洪亮　是啊，咱们的担子越来越重了。今天晚上，叫大家都到我那儿去，把孩子也带上。咱们好好聚一聚。

刘翰林　我同意，就这么定了。

他们进入会场。

会场　日　内

在一阵热烈掌声过后，局长万琛满面笑容走上主席台。

万　琛　同志们，打今儿起，我们东北电业管理局基建总队，就已经完成了它的历史使命，"银龙送变电工程公司"正式成立。这可是我们新中国第一支电力建设的专业队伍，作为电力系统送变电行业的长子，我们东北电业管理局为你们骄傲，祖国和人民为你们骄傲！

全场响起了雷鸣般的掌声。

万　琛　下面我宣布东北人民政府工业部命令：任命高洪亮同志为银龙送变电工程公司经理兼党总支书记，任命刘翰林同志为副经理兼总工程师，任命赵战生同志为副经理兼第301队队长，任命薛刚同志为副经理兼第302队队长。

众热烈鼓掌，兴奋不已。

万　琛　好，大家静一静，静一静，我还有更好的消息要告诉你们，还有更重要、更光荣、更艰巨的任务要交给你们，那就是由苏联老大哥援建的"506"工程。这可是我国第一条220千伏超高压输电线路，在世界上也是为数不多的，作为新中国第一个五年计划的重点工程，你们的担子不轻啊。但是，东北电业管理局相信你们，东北人民政府和父老乡亲相信你们，祖国和人民相信你们，一定会在中华大地上创造新的奇迹！

全场响起了经久不息的掌声和欢呼声……

高洪亮家厨房　晚　内

为了今晚的聚会，于华和王芳在厨房紧忙活。

王　芳　哎，华姐，你什么时候把小兵接回来呀？

于　华　明天，小丹呢？

王　芳　后天，爷爷奶奶给送来。

王　芳　我看，咱俩的约定今天就宣布。

于　华　我看行，就这么办。

高洪亮家客厅　晚　内

高洪亮和刘翰林正在客厅谈论"506"工程。

听到有人敲门，知道是赵战生他们来了，他俩赶紧去迎接。

门开了，只见赵战生在前，薛刚抱着一个男孩，小玲抱着一个女孩，秀香抱着建华进来了。

客厅顿时热闹了起来。

高洪亮　来来来，快坐快坐，这小家伙就是建华吧。来，叫我抱抱。

高洪亮从秀香怀里接过建华。

刘翰林去看薛刚的两个孩子。

高洪亮　来，让我看看，嗬，长得真带劲儿。

这时，建华撒尿了，尿了高洪亮一身。

张秀香赶紧接过孩子。

张秀香　（对建华）没出息，尿了伯伯一身。

高洪亮哈哈大笑。

高洪亮　好好好，这小子实交，实交哇。

薛刚和小玲各抱一个孩子过来。

薛　刚　两位领导，这两个孩子还没取名呢，就等你们取呢。

高洪亮　取名，这可是刘经理的强项。老刘，你就给取一个吧？

刘翰林　（思考了一下）他俩是龙凤胎，龙凤呈祥，（灵感来了）我看，男孩儿就叫薛大龙。

高洪亮　女孩就叫薛小凤。

刘翰林　龙凤呈祥。

高洪亮　前途无量。

薛　刚　好，太好了！就这么定了。

于华端着菜高兴地从厨房出来。

于　华　来来来，让一让，让一让，准备开饭喽。

于华把菜放在餐桌上，用围裙擦了擦手。

于　华　今儿个真热闹。来，让我也稀罕稀罕。

说着就要去抱赵建华，被秀香拦住。

张秀香　别别别，于医生，这孩子没出息，别再尿您一身。刚才都把高经理给尿了。

逗得众人哈哈大笑。

于华摸着赵建华的小脸蛋儿。

于　华　对嘛，就得尿他，谁让他是你大伯了。

于华逗完赵建华，转向大龙和小凤。

于　华　嚯，这两个小宝贝更可爱，谁是哥哥，谁是妹妹呀？

薛　刚　这个是哥哥，叫薛大龙。

方小玲　这个是妹妹，叫薛小凤。是两位领导刚给取的。

于　华　好好好，太好了。我们银龙就是人丁兴旺，事业发达！来来来，上桌，上桌。（冲厨房喊）芳芳，人到得差不多了，赶紧上菜。

王　芳　好嘞，来了。

王芳端着菜来到了客厅。

张秀香赶紧把孩子交给赵战生，卷起袖子进了厨房。

大家一起忙活，不一会儿所有的菜都摆好了。

于　华　来来来，把孩子都给我抱到卧室去，我看着，你们敞开儿吃，敞开儿喝。

方小玲　不行，不行，还是我来吧。

方小玲抱着小凤进了卧室。

薛刚和赵战生也都抱着孩子跟着进去了。

高洪亮拿起酒瓶准备开酒。

高洪亮　（忽然想起）哎，李玉珍怎么还没来呀？

于　华　她工作就兢业业，一丝不苟，不到下班时间是绝对不会提前离开的。下班后回家还要给孩子收拾收拾吧，不容易，她说话算数，一会儿准到，咱就别等了。

高洪亮　也好。

高洪亮打开酒给大家倒酒。

高洪亮　很难和大家在一起聚一聚，没办法，这是工作性质决定的。今儿个，是咱银龙公司成立的大喜日子，秀香和小玲也都把孩子带来了，这个机会太难得了，太高兴了！（端起酒杯）来，咱们共同干一杯。

众　人　好，干！

刘翰林刚要喝，王芳捅了一下刘翰林。

王　芳　老刘，你的酒量行吗？

刘翰林　行不行也得喝，你没看今天是什么日子。来，干。

大家都一饮而尽。

赵战生拿起酒瓶给大家倒酒。

这时，有人敲门。

于　华　准是李玉珍。

于华赶忙去开门。

李玉珍领着儿子秦继伟急匆匆地进来了。

李玉珍　太对不住了，紧赶慢赶还是来晚了。（端起酒杯）来，我自罚一杯！

高洪亮　不行，不行，玉珍嫂子，这个使不得，使不得呀。来（让座），坐下来，慢慢喝，慢慢喝。

于　华　来来来，继伟，到阿姨这儿来。让你妈妈喝酒，我陪你吃饭好不好哇？

秦继伟　好，谢谢阿姨。

于　华　哎呀，这孩子真乖。来来来（又盛饭又夹菜，然后，放在桌上问秦继伟）自己吃好吗？

秦继伟　好。

秦继伟刚要吃，又把筷子放下了。

于　华　继伟，怎么不吃了？

秦继伟　妈妈说，到别人家吃饭，大人不吃，小孩儿就不能吃，你们都没吃，我就不能吃了。

于　华　继伟呀，你妈说得对，你做得也非常好，今天咱们是喝酒吃饭一起来。大人们喝酒，你吃饭好吗？来，快吃吧。

于华夹一块肉喂秦继伟。

秦继伟放松多了，他开始自己吃饭。

旁　白　在这种场合下，最能引起李玉珍对丈夫的怀念。尤其，看到小继伟这样懂事儿，一向刚强的她，再也控制不住自己，鼻子一酸，潸然泪下……

李玉珍极力控制自己。她擦了一下眼泪笑着说。

李玉珍　高兴，我是太高兴了。

她的情绪深深地感染了大家。

高洪亮擦了一下眼泪，动情地说。

高洪亮　嫂子，真难为你了，工作上勤勤恳恳，任劳任怨，邻里的事儿，您也是该帮的就帮，该管的就管。特别是把小继伟培养成这样儿。我们真是打心眼儿里高兴啊。（又擦了一下眼泪）说起来惭愧！我每次看见我们的孩子，大冷的天儿，穿那么单薄的衣服在外面玩儿，冻得鼻涕拉瞎的，我这心里难受哇！我们应该给他们创造好一点儿的生活条件，及早让他们接受教育。而我们忽视了，应该自罚一杯。

高洪亮说完，一饮而尽。

刘翰林　就是就是。我也有责任，该罚！

刘翰林说完也一饮而尽，呛得他直咳嗽。

王芳心疼地埋怨丈夫。

王　芳　不能喝就别喝，逞什么强！

李玉珍　（感动地）两位经理，你们可别这样说，组织上对我们家属的关心和照顾都挺周到，再说，咱穷人家的孩子也没有那么娇贵。

刘翰林　老高，啥也别说了，我们应该尽早地把幼儿园办起来。

高洪亮　知我者，翰林也。来，为了我们的下一代干杯！

众　人　好，干。

大家把酒喝掉，话匣子打开了，你一言我一语，唠得非常投机。

这时，方小玲和张秀香从卧室出来。

于　华　（小声地）都睡了？

方小玲　都睡了。

于　华　太好了，来，快坐下。

方小玲和秀香坐下。于华给她俩拿碗筷、酒杯、倒酒。

于　华　（对方小玲）别客气（给方小玲夹菜）。

方小玲　我自己来，自己来。

于华和王芳交流了一下。

于　华　谈到孩子，我和王芳有个约定要告诉大家。我们家的小兵和他们家的小丹是同年，只差一个月生的，我们小兵大。这事儿呢，我和芳芳第一次见面的时候就说好了，今天公布。

张秀香　不会是轧亲家吧？

王　芳　对，就是轧亲家。

于　华　（指着高洪亮和刘翰林）你们俩同意不？

高洪亮　同意。

刘翰林　同意，完全同意。

这时，秀香捅咕一下方小玲。

张秀香　咱们也说一说呗？

方小玲　说呗。

张秀香　你说吧。

方小玲　你说。

高洪亮　你们俩嘀咕什么呢？

张秀香　巧了，我们俩也早就说好了要轧亲家。我们建华就娶他们家的小凤。（瞅瞅战生和薛刚）你们俩同意不同意呀？

赵战生　同意。

薛　刚　同意。

高洪亮　好好好，我们这叫三喜临门，一是银龙公司成立，二是即将建设的"506"工程，三是（指自己和刘翰林）我们两家，（指赵战生和薛刚）你们两家结了亲家，这酒怎么喝呀？

赵战生　干呗！

薛　刚　对，干！

众　人　好，干杯。

大家又都把酒干掉。

高洪亮　好，高兴，痛快！我看这次秀香和小玲都来了，就别回去了。翰林哪，给他们办手续，尽快安排工作。

刘翰林　没问题，立刻就办。

方小玲　（非常激动）真没想到，我这辈子能进城，还能有工作。（对薛刚）当家的，给我倒一杯。

薛　刚　你，你行吗？

方小玲　行不行也得喝。来，倒上，倒上。

薛刚倒好酒递给小玲。

小玲接过酒一饮而尽，虽然呛了呛，但她非常高兴开心。

大　家　好，太好了！

张秀香　战生，来，给我也倒一杯。

赵战生　你也要喝呀？

张秀香　那当然了，这酒我非喝不可！（对战生）倒上。

赵战生给秀香倒满酒递给她。

秀香接过酒也一饮而尽，她擦了一下嘴，眼泪下来了。

张秀香　领导对我的关心，我领了。可……可我得回去。

方小玲气得把酒杯放桌上一放。

方小玲　（气哼哼地）秀香啊，秀香，我说你啥好呢，放着城里不进，工作不干，回哪门子山沟哇？

薛刚捅了一下小玲。

薛　刚　你知道啥？待着。

方小玲　（不服地）本来嘛，这不傻吗？

张秀香　你以为我不想进城啊？可爷爷、奶奶谁照顾？

高洪亮　把老人接来不就完了吗？

张秀香　你们还不知道我爷爷那个人哪，太犟了，死活不来。我有什么办法。

张秀香说着说着哭了起来。

赵战生　别哭了。确实难为你了。

高洪亮　要不这样，秀香啊，先回去也行。翰林哪，秀香的工作可以先往后放一放，但城市户口必须办。

刘翰林　我也是这么想的，必须办。

高洪亮　秀香，战生，好事多磨，好事多磨吧。来来来，大家喝酒，喝酒。

大家很快就把情绪调整过来。他们推杯换盏，谈笑风生……

第十一集

高洪亮办公室　日　内

高洪亮办公桌堆满了"506"工程的图纸，高洪亮和刘翰林正在找某一张图纸。

高洪亮　（自语）哎呀？刚才咱俩还看了，怎么就找不着了？完了，完了，得健忘症了？

刘翰林　（边找边说）净瞎扯。这都几宿没睡了，我不是也糊涂了吗？看看看，这不在这儿呢吗。骑驴找驴，咱俩都得病了。

刘翰林说完两个人都笑了。

高洪亮忽然想起一个问题。

高洪亮　哎？翰林，"506"工程马上就要开工了，事儿太多忙不过来，如果，幼儿园和子弟校不能一起办的话……

刘翰林　那就先把幼儿园办起来，学生可以就近到地方学校学习嘛。

高洪亮　对对对，园址咱们都看好了，至于人选嘛，我看，让芳芳做园长，她是教师，有经验。于华协助她，小玲做保育员，李玉珍责任心强，干活麻利，就让她管食堂。先支巴起来，以后再调整。

刘翰林　原则上我同意，就是园长应该让于华来干，芳芳教课没问题，当领导照于华差远了。哎？老高，举贤不避亲，你是不是有点儿（暗示）太那个了？啊？

刘翰林憋不住大笑起来。

逗得高洪亮不好意思地也笑了起来。

高洪亮　厉害，厉害，我服了。就按你说的办。

欧阳孝仁拿着图纸进来。

欧阳孝仁　正好两位领导都在，那我就一起汇报了。（他摊开图纸）你们看，我已经和铁路部门都联系好了，在我们施工范围内有四百公里的铁路沿线，我们共设立了三百一十九个材料供应站，也就是说，每一公里多一点儿就有一个供应站。而且，铁路部门表示，凡是"506"工程的各种器材和物资，当然也包括人，一定保证优先运输，必要时，铁路的专线电话也无偿地提供给我们使用。真没想到，人家会这样支持我们。

高洪亮　你没想到的事儿还多着呢。党中央、毛主席都非常关注这个工程。国家计委主任、副主任亲自下令，调给咱们四十台苏联最新产的汽车。薛刚已经带人去接了，估计下午就到。

欧阳孝仁　哎呀！这下干大发了。

刘翰林　是啊，一场前所未有的电力建设大会战就要打响了。我们必须做好一切准备，一点儿都不能马虎。老高，苏联专家后天才到。我们等还是不等？

高洪亮　不等了。抓紧时间先进点儿，但接待工作一定要做好，绝不能出半点纰漏。

刘翰林　好。这事儿我来办。

幼儿园　日　外

公司幼儿园是由家属区内闲置的三间平房改建而成的。

院子，包括大门，都是用废旧的电线木杆破成的板材围成的，显得别具一格。

院子不大不小，青砖铺地，还有一个简易的滑梯。

三间房东屋是大班，西屋是小班，堂屋就做食堂了。

东屋的炕扒了，修了地火龙，以便冬天取暖，孩子们用的小桌椅排得整整齐齐，黑板前有一个讲桌。

西屋小班南北炕，炕沿是折叠的栅栏，防止孩子掉下。

醒目的"银龙送变电工程公司幼儿园"的牌子挂在小院的门口。

送孩子的家长络绎不绝，人们相互打着招呼，欢声笑语。

于华、王芳陪着高洪亮、刘翰林从幼儿园出来。

高洪亮　不错，不错，这才几天的工夫你们就把幼儿园办起来了，功劳不小。翰林，你看呢？

刘翰林　没说的，优质工程。我们的后代将会在这里苗壮成长。

于　华　别净拣好听的说，多提点儿意见。

高洪亮　意见没有，任务倒很重。

于　华　行了，别卖关子了，有啥任务你就布置。

高洪亮　这只是我个人的想法，也没和大家商量。你们能不能搞一台节目，在"506"工程竣工时，向职工和家属做汇报演出？

于　华　老高哇老高，你可真够狠的。这不难为我们吗？芳芳，怎么样？这可是你的强项，我可没多少信心。

王　芳　没问题，搞不好还搞不赖呀，反正给自己人看，咱们争取呗。

高洪亮　（气于华）哎，这才叫正确的工作态度，不像有些人。好，就这么定了，到时候看你们的演出。

高洪亮和刘翰林走出幼儿园。

"506"工程指挥部　日　外

雪后初晴，太阳照在雪地上，泛起刺眼的白光。

"506"工程指挥部设在吉林与辽宁的交界海龙县城，这是一个独立的很大的院子，院中间有一个小二楼。早年间，这里是个大车店，后改成旅社。

院里院外整齐地停放着苏联新产的载重汽车。

大门两侧赵战生书写的对联鲜艳夺目：银线横空播光导热遍华夏，龙飞腾云掠风挟雷送电人。

院内整齐堆放着塔材等一些物资。

工人们在清理积雪。

前来办事的人和工作人员，你进我出，人来人往。

银龙送变电工程公司那面大旗迎风招展。

"506" 工程指挥部会议室　日　内

会议室设在二楼，宽敞明亮。

正面墙中央挂着"506"工程施工图。

图的最上面悬挂着毛主席像。

两边墙上贴有中苏友好和抗美援朝的宣传画及标语。

会议桌上铺着草绿色的军用毛毯。

桌上带有"506"工程字样的军用搪瓷缸子有的盖着，开着盖的冒着白色的蒸汽。

会议室的陈设和布置，就像一次大战前的军事战略会议。

东北电管局万琛和高洪亮、刘翰林、苏联专家戈尔捷耶夫等坐在第一排。

会议室挤满了人。

高洪亮　有关我们公司对"506"工程的施工计划和具体安排就是这样。请各位领导和专家，尤其是苏联专家多提宝贵意见。

戈尔捷耶夫　（用不太熟练的汉语说）经理同志，我想提醒您的是，整个工程设计和施工作业，都是按照我国规程制定的，是科学的、严谨的。所以，希望中国朋友能够严格地按照我们的要求进行施工。

高洪亮　戈尔捷耶夫同志，我们也想这样。可是，有些事情我们是无法做到的，单就运输这一块儿来说，采用机械化，谈何容易？要不是苏联老大哥援助我们四十台汽车，那就更难办了。您是知道的，我们共和国是在战争废墟上建立的，积贫积弱，百废待兴。尤其，又赶上抗美援朝战争。

戈尔捷耶夫　好了，好了，经理同志，这些我都知道，我只想提一个问题，四百多公里的线路你们怎么解决运输的问题？

高洪亮　这个问题，请我们副经理兼总工程师刘翰林同志谈一谈。

刘翰林　好吧。

刘翰林起身，来到"506"工程施工图前，拿起教鞭指着图。

刘翰林　我们之所以把指挥部设在海龙县，主要是因为它特殊的地理位置。请看，这里是沈吉线、四梅线、梅集线三条铁路的交会处，也是黑河至沈阳，大连至丹东，集安至锡林浩特两条公路的交会处，更是我们"506"工程线路的中心部位。

众人相互交流、赞许。

戈尔捷耶夫也点头表示赞赏。

刘翰林　（双手拿着教鞭，自信地）我要强调的是，整个施工线路大都在山区，山高路滑，有的地方根本就没有路，别说我们没有那么多的现代化的车辆和机械，就是有也上不去。所以，我们必须发扬蚂蚁啃骨头的精神，打一场电力建设的人民战争。为此，我们在铁路沿线上共设立了319个材料供应站，也就是说，每一公里多一点儿就有一个供应站。除了苏联老大哥援助的40台汽车以外，前期将投入民工6500人，马车5000多辆。我们就是用人拉肩扛也一定要完成运输任务！同志们，解放战争就是广大人民用小车推出来的，我们完全有理由相信，"506"工程必将会在人民的马拉肩扛中取得巨大的胜利。

众热烈鼓掌。

戈尔捷耶夫 （赞叹地）噢，原来是这样，太不可思议了。哈拉少！欧钦哈拉少！

戈尔捷耶夫站起来和高洪亮拥抱。

大家相互握手、拥抱。

某火车站　日　外

标有"506"工程字样的专列火车从站台驶进、驶出。

公路上　日　外

苏联援助的嘎斯车运输车队满载塔材、导线，一辆辆驶过。

山路上　日　外

满载"506"工程物资的马车运输队在蜿蜒的山路上行进。

车把式乙吆喝着甩着响鞭。

车把式乙　喔喔喔，驾！

他从狗皮帽檐儿里掏出了卷好的旱烟叼在嘴上。

一掏兜没有火柴，他跳下车，紧跑了几步向前车的车老板借火。

车把式乙　兄弟，借个火。

车把式甲掏出火柴递给他。

车把式乙接过火柴点着烟，把火柴递给了车把式甲。

车把式乙　谢谢。兄弟，老把式了。

车老板甲　好眼力。想当年，我就是赶着这辆马车支援辽沈战役的。枪林弹雨我经历多了！随时都有掉脑袋的可能。这回可就不一样了，多好哇，平平安安，顺顺当当，还能挣钱。美透了！

车把式甲得意地打了个响鞭，吆喝着。

车把式甲　驾！

车把式乙　可不是，（感慨地）哎呀，做梦都想不到哇。我家大小子能进"506"工程当民工，一个月几十块。这家伙，过去想娶媳妇没人给，现在可倒好，提亲的都挤破了门儿。

车把式甲　你可真有福。不像我，三个丫头片子。你说，这老了可咋整啊。

车把式乙　现在是新社会了，丫头小子一个样。兴许丫头比小子更好，更有出息。

车把式甲　哎？你还别说，我那二丫头在县中学，年年考第一。

车把式乙　怎么样？将来你肯定错不了。好了，不聊了。有空儿咱们喝两盅。

车老板甲　好哇，我还真馋酒了。

车把式乙说完往回走。

马车运输队在山路上行进。

"506"工程某山岗上　日　外

高洪亮、戈尔捷耶夫、刘翰林把图纸摊在中吉普的机器盖子上研究问题。

高洪亮 好，就这么办。

刘翰林卷起图纸。

他们瞭望整个施工现场。

戈尔捷耶夫 （大发感慨）太壮观了，正如你们所说的，真是一场人民战争。中国人了不起，了不起呀。

高洪亮 苏联老大哥更了不起！十月革命一声炮响，给我们送来了马克思列宁主义，中国革命成功了！同样，没有老大哥的援助，社会主义建设就不会如此之快。走，咱们到301队看看。

他们上了中吉普。高洪亮启车、开走。

"506"工程基础施工现场　日　外

虽说阳春三月，但东北还是乍暖还寒。

积雪开始融化，施工现场一片泥泞。

赵战生带着工人们正在挖基础。

某塔基坑内积满了水。

酒糟子和墩子等人正一桶一桶往外淘水。

这时，赵战生跑了过来。

赵战生 怎么搞的？到现在也没淘干。

墩　子 好像是一个泉眼，你看，一直往上翻花。都淘了大半天了。

高洪亮、戈尔捷耶夫、刘翰林等也来到这里。

戈尔捷耶夫 经理同志，这样干不行。得用抽水机，抽水机。

高洪亮 我也知道，可眼下咱不是没有吗？

赵战生 不行，得想个办法。（思考了一会儿）我就不信治不了它。墩子，你们赶紧找一个粗一点儿的木桩，越粗越好，多几个也行。再拿一个12磅的大锤。

墩　子 好。

戈尔捷耶夫 你们要干什么？

赵战生 一会儿您就知道了。团长放心，我一定能治住它。

戈尔捷耶夫 （对刘翰林）团长？他叫高经理团长？

刘翰林 对呀。高经理过去在部队是团长，智勇双全，战功卓著。叫习惯了，不好改。

戈尔捷耶夫 噢，这就对了，我总觉得在高经理的身上有一种军人的气质。

墩子等找来了木桩和大锤。

赵战生脱下上衣，用铁丝把衣服捆在木桩上，抱着木桩跳下水，顺着翻花的地方使劲插了下去。

赵战生 （命令）墩子，给我铆劲砸。

墩子跳下水里，抡起大锤就砸。

不一会儿，泉眼渐渐地被堵住了。

高洪亮 战生，墩子，赶快上来，上来。

赵战生和墩子在大家的帮助下从坑下爬上来。

赵战生 好了，赶快淘水吧。

酒懵子等人赶紧拿着大衣给赵战生和墩子披上。

戈尔捷耶夫 高经理，你们这个赵经理太了不起了，这么复杂的问题，就这么简单地解决了。

刘翰林 戈尔捷耶夫同志，他可不是一般的人哇，人称"铁塔大王"，什么难题儿到他那儿，都小菜儿一碟儿，迎刃而解。

戈尔捷耶夫 哈拉少，哈拉少，你们中国人都哈拉少！

众大笑。

东北某车站月台　日　外

一列火车进站，还没有停稳，众多焦急等待的旅客，呼啦一下拥向了车门。

赵战生带着牛二虎、酒懵子、墩子等一队人马扛着行李急匆匆地从进站口跑了过来。他们分开人群往前挤。

群众甲 挤什么，挤什么。还有没有先来后到哇。

赵战生 同志，我们有急事儿。

群众甲 谁没有急事呀？

群众甲用肩使劲儿撞了牛二虎。

牛二虎 咋地，想打架呀？

群众甲 打就打，谁怕谁呀？

乘务员 别吵了，别吵了。同志，你们是"506"工程的吧？

赵战生 对对对。

乘务员 那就赶紧快上车吧。请大家让一让，让一让，乘客同志们，铁道部有通知，凡是"506"工程的同志一律优先上车。请大家理解、支持。

群众甲 啊，原来你们是"506"工程的，早说呀。好好好，你们先上，你们上。

赵战生 谢谢，谢谢了！

众人有秩序地上车。

列车开走。

山区组塔工地　日　外

山高路陡，车辆上不去，运送塔材、导线、金具等光靠人拉肩扛，不但费力，进度也慢。尤其，山的背阴处有的积雪还没有化透，扛器材上山的人经常滑倒，甚至摔伤。

赵战生焦急地对刘翰林说。

赵战生 刘总，这样下去可不行，窝工不说，还不安全。得想个办法。你看能不能采用索道？

刘翰林 哎，这个想法好。我也在琢磨这个事儿呢，你看，图纸我都画出来了。

刘翰林拿出图纸摊在地上对赵战生说。

刘翰林 你看，这是701号塔，我们在这儿到这儿架设第一条索道。然后，在这儿到山顶架设第二条索道。现在关键是弄到滑轮、钢缆，还有大马力的卷扬机。

赵战生 这些我来想办法，我派二虎回省城去买。不行，就到煤矿去求援。总之，我们一定要把这些东西弄到手。

刘翰林 好，就这么办。

东北某车站月台 日 外

一列火车进站，牛二虎提着旅行袋上车，列车开走。

山区组塔工地 日 外

赵战生和墩子高兴地从某矿山机械厂的汽车跳下。

赵战生招呼人卸车。

吊车把卷扬机吊下。

墩　子 谢天谢地，总算把卷扬机弄到了。队长，矿山机械厂的同志太够意思了，不仅把卷扬机借给咱们，还派人给送来。

赵战生 这就叫全国一盘棋，一方有难八方支援。

墩　子 看来，咱"506"工程真是家喻户晓，人人皆知。人家矿山机械厂的同志说得太好了，你们电力是经济的命脉。没有电我们矿山就开不了工，工厂也不能生产。支援你们，就等于支援我们。你看，人家认识多高。

赵战生 所以，我们更应该早日拿下"506"工程。（自语）也不知道牛二虎的零件都买到没有。

"寡妇楼"走廊 日 内

牛二虎非常高兴，他已经提前完成了采购任务。而且，副经理兼队长的赵战生还特意放了他一天的假。

牛二虎哼着小曲来到自己家门前，掏出钥匙开门。

牛二虎家 日 内

牛二虎的妻子正在和华春雨风流。

忽听有开门声。

二虎妻 完了，死鬼回来了。

华春雨 不可能啊？现在工地上那么紧张，是不是有人开错门了？没事儿，来吧。

华春雨又扑了过去。

这时牛二虎已经开门进屋，发现妻子和华春雨抱在一起，立刻暴跳如雷，冲了上去一顿拳打脚踢，把华春雨打得嗷嗷直叫。

牛二虎 （一边打一边吼叫）你这个不要脸的东西，老子在前方趴冰卧雪拼命，你在家里快活风流，我今天就废了你！

牛二虎一气之下抄起菜刀，向华春雨砍去，被他媳妇拦住。

二虎妻 （冲着华春雨喊道）想死啊！还不快跑！

华春雨趁机抱起衣服溜了出去。

牛二虎举刀就追，二虎妻死死地抱住牛二虎的大腿，被牛二虎踢开，他冲出门。

牛二虎 （边追边骂）不要脸的东西，我非砍死你不可。

走廊里挤满了人。大家议论纷纷。

李玉珍上前拦住牛二虎，夺下他的刀。

李玉珍　二虎兄弟，别犯傻，和这种人较劲不值。跑了和尚跑不了庙，我就不信治不了他！

众人气得议论纷纷。

酒憋子妻　对这种不要脸的东西，就应该像二虎这样，砍死他算了。

墩子妻　那可不行，杀人偿命！

酒憋子妻　那你说咋办？

墩子妻　找公司，找领导。

酒憋子妻　太便宜他了，找公安局，找派出所，叫他蹲笆篱子！

墩子妻　对对对。

众人点头称是。

公司会议室　日　内

会议室里，高洪亮、赵战生、薛刚、刘翰林等正在研究如何处理华春雨和牛二虎的问题。

赵战生　华春雨的问题必须严肃处理，影响太坏了！兔子还不吃窝边草呢，屡教不改，必须从重处理。

薛　刚　我同意，必须严惩，绝不能手软。不然，后患无穷。

刘翰林　怎么处理我都没意见。可这种事儿，一个巴掌拍不响，这给我们敲了警钟，我们家属这个"空房"难守哇。所以，我们必须加强教育，更应采取必要的措施，稳固我们的大后方。

高洪亮　我完全同意翰林的意见。没有稳固的大后方，前方就很难打仗，更打不了胜仗。这个道理我们不懂吗？都懂，可是我们做得不好哇。当然，主要责任在我。

刘翰林　我们大家都有责任。

赵战生　这个事儿出在我们队，我更有责任。

高洪亮　不能再拖了！立即成立家属委员会。其实，早在华春雨第一次犯这种错误的时候，我们就提出过，但一直没有落实。我建议让李玉珍负责，于华和王芳协助她。

刘翰林　老高哇，你又来了。当然，李玉珍是个热心肠，敢说、敢做、敢担当，在家属中也有威信。但要真掌这个舵还欠火候儿，不如让她做副手主持工作，也包括幼儿园都由于华统管起来，带带她们。这叫扶上马再送一程。老高哇，在于华的安排问题上，你不地道哇。

高洪亮　好，我接受批评，也同意你的安排。牛二虎的问题怎么处理？

赵战生　我看教育教育就行了，也没出现什么后果。这事儿放在谁身上也受不了哇。

薛　刚　我同意。教育要严，处理要宽。我们绝不能伤了前方将士的心哪！华春雨太可恨了！应交公安部门处理。

刘翰林　对于二虎同志的处分，给予警告、记过都可以，关键是心灵的创伤很难抚平，更没有面子。所以，我们必须做深入细致的思想工作。能不能破镜重圆更是个问题，这个难度挺大呀。

高洪亮　我同意大家的意见，抓紧时间落实，绝不能干扰前线的施工。华春雨的问题比较复杂，过去我们知道的就有两个，现在发现了和二虎妻，没发现的呢？为了杀一儆百，以绝后患，必须交公安部门调查处理。同志们，咱银龙公司成立一年多的时间就由党总支变成党委，施工队也变成工区了，这说明我们的事业在不断发展壮大。可我这个党委书记还没做到位呀。在座的都是党委委员，我建议，应该像部队一样把党的支部建在连队上，各工区建立党的支部，原各队的指导员转任工区党支部书记，在党委统一领导下，加强政治思想工作，发扬党的绝对领导的光荣传统，团结引导广大职工紧紧围绕党的中心工作，扶正压邪，锻造一支听党指挥的电力建设铁军，大家看怎么样？

大家热烈鼓掌。

刘翰林 高书记说到点子上了。没有共产党，就没有新中国，也就没有电力建设的突飞猛进。我举双手赞同，在工区建立党支部，这是落实我党我军"支部建在连上"的重要举措，可以充分发挥支部的战斗堡垒作用。增进我们党的凝聚力和战斗力，确保党的绝对领导。

众人鼓掌。

公司门前　日　外

华春雨被警察带上车。

"寡妇楼"走廊　日　内

华春雨之妻王春艳正在和二虎妻对骂。

王春艳 臭不要脸的东西，贱货、骚货！你还我男人！

二虎妻 呸！大姑娘就让人整出孩子来了，还有脸到这儿来撒野。管不住自己男人的还叫娘们儿，死了算了。

王春艳 骚货！（动手）我让你去死！

二虎妻 你敢打我？我撕烂了你。

两人打成一团。她们的脸都挠破了，衣服也都撕烂了。王春艳一只鞋也掉了。

走廊里围满了人。

酒惜子妻 打，往死里打。没有一个好货！

墩子妻上前拉架。

墩子妻 行了，别打了，别打了，你们不嫌碽碜哪！

这两个人根本不听劝，越打越厉害。

李玉珍赶来，上去就把她俩分开。

李玉珍 还有完没完了，真不嫌害臊，丢不丢人哪！不嫌丢人就上大街上打去！

李玉珍指着围观的人。

李玉珍 你们也是的，不拉架，还加纲儿。不怕事儿大是不？咱银龙丢不起这个人哪！

墩子妻 （拉着二虎妻）走吧，走哇。

墩子妻把二虎妻拉进了屋。

李玉珍 大家也都散了吧，散了吧。

众人纷纷离去，李玉珍去捡鞋，她把鞋递给王春艳。

李玉珍 穿上吧。

王春艳无奈地穿上了鞋，坐在地上不想走。

李玉珍 咋地，还想打呀？

王春艳 不是，玉珍姐，那个死鬼被抓进去了，剩下我们娘儿俩，这可怎么活呀？

王春艳说完号啕大哭。

李玉珍 怎么活？照样活。我说话你也别不爱听，你老爷们儿真不是个东西，连我的便宜他都想占，这叫罪有应得。行了，别哭了，赶紧回去吧。日子还得过呀。

李玉珍拉着王春艳离开这里。

牛二虎家　日　内

墩子妻拿毛巾给二虎妻擦脸。

墩子妻 看看，脸上都是血，衣服也破了。

二虎妻一下抓住墩子妻的手，"扑通"跪在墩子妻面前。

二虎妻 （哭诉）妹子，出了这种事儿，我也没脸见人了。姐就求你一件事儿，今后，你就是小虎的娘。别让他饿死，给口吃的就行，来世，我就是当牛做马也要报答你的大恩大德。

二虎妻说完使劲地磕头。

墩子妻一时不知所措，她哭着说。

墩子妻 姐，我胆小，你可别吓唬我。事已至此，你可不要想不开呀。啊？听到没有？快起来，起来。其实，这事儿也不能全怪你，华春雨那个王八蛋，谁的便宜不想占哪，那天还借由子跑到我家，叫我给骂走了。咱们家属谁不知道他呀？你怎么就……（无奈地）咳！

二虎妻 现在说啥也没用了，脚上的泡是自个儿走的，活该！（她擦了一把眼泪）妹子，回去吧，我没事儿了。一会儿，我洗巴洗巴，换件衣服，还得去幼儿园接小虎呢。

二虎妻把墩子妻推出了家门。

赵战生的办公室　下午　内

赵战生正在和牛二虎谈话。

赵战生 怎么样，对组织的处理有没有意见？

牛二虎 没有。我，我就是觉得窝囊、憋屈，咽不下这口气！

牛二虎说完，"喔喔"地哭了起来。

赵战生 这事儿摊在谁的身上也受不了。可咱有组织，有纪律，不能胡来，更不能动刀。辛亏李玉珍把刀夺下，不然，就可能出人命。你这不是浑吗？你呀你，叫我说你什么好呢？真要和你媳妇离婚啊？

牛二虎 那可不，现在我一看她就恶心。给我戴绿帽子，不好使！骚货，不要脸的东西！

赵战生 二虎哥，家属也不容易，说不好听的，咱们常年在外，她们吃苦受累不说，那就是守活寡呀！我听人家管咱们家属宿舍叫"寡妇楼"，心里就不是个滋味儿。（动情地）

牛二虎 正因为这样，我们一回来就拼命地干活。就觉得欠她们的太多了，百般地呵护，可这骚娘们儿给鼻子上脸，干出这种事儿，我看就是欠揍！

赵战生 看看，匪气又来了。你这脾气就不能改改呀？我不是替你媳妇说话，华春雨那个人见到女人就走不动道儿，谁的便宜都想占，听说还要占李玉珍的便宜呢。

牛二虎 可不是，当时我就在场，叫李玉珍连打带骂，给轰跑了。

赵战生 所以我说，这事儿就不能全怪你媳妇。咱不得不承认，华春雨搞女人是真有两下子，一般女人都架不住他黏糊。咱们队刚组建那会儿他就挂上俩。这是咱知道的，不知道的呢？

牛二虎 依着我，对这种人就得给他阉了，省得祸害人！

墩子妻慌慌张张地跑进来。

墩子妻 赵队长，二虎哥，不好了，不好了，嫂子喝毒药了，快不行了。李玉珍和于医生已经把她送进了医院。快看看去吧。

牛二虎 活该，她死了才好呢。

赵战生 屁话，赶紧跟我去医院。

赵战生拉着牛二虎就往外跑，墩子妻也跟着跑了出去。

某医院抢救室门外　傍晚　内

人们焦急地等待抢救的结果。

赵战生、牛二虎、墩子妻一起跑来。

赵战生 于医生，怎么样，要不要紧？

于　华 不好说，脉搏微弱，神志恍惚。

赵战生 （指着牛二虎）孽障，我让你孽！我看你怎么向小虎交代。

刚下班的王芳领着小虎走过来，小虎哭喊着要妈妈。

牛小虎 妈妈，妈妈。我要妈妈……

旁　白 这撕心裂肺的喊声，使这个倔强汉子的心一下子就软了。是啊，孩子不能没有娘啊！

牛二虎一把拉过小虎，紧紧地抱在怀里，他含着眼泪。

牛二虎 小虎，小虎，爸爸在这儿，爸爸在这儿。

牛小虎 不，我要妈妈，我要妈妈……

抢救室的门开了，人们呼啦一下围了上去。

众　人 （急切地问）怎么样，怎么样了？

医　生 （摘下口罩）幸亏送来得及时，真是不幸中的万幸啊。

于　华 谢谢，谢谢。

医生转身进去。

于　华 好了，大家都回去吧。我和玉珍留在这儿就行了。

王　芳 我也留下。

于　华 你留下，咱幼儿园还开不开了？

王　芳 那行吧，我就先回去，有事儿叫我。

牛二虎 儿子，别哭了，你妈没事儿了。

监狱会客室　日　内

王春艳抱着孩子，隔着栏杆焦急地等待。

华春雨被带进会客室。

王春艳 当家的……

华志强 爸爸，爸爸，我要爸爸。

华春雨潸然泪下。

华春雨 我真没脸见你们。

说完哭了起来。

王春艳泪流满面。

王春艳 行了，这回，你也作到头了。咋样，他们打没打你呀？

华春雨 没有。

王春艳 那就好。二虎他媳妇喝毒药了，好悬没死，抢救过来了。

华春雨 都是我作的孽呀！

王春艳 你作的孽还少吗？你要是再不改，我就和你离婚。

华春雨 别别别，我一定改，一定改！肠子都悔青了，想死的心都有哇。

王春艳 咳，好好地改造吧，家里的事儿你就不用操心了，领导也给我安排了工作，打扫宿舍卫生，孩子在幼儿园也挺好的，别的倒没啥，就是抬不起头，没脸见人。

说着说着又哭了起来。

华春雨 春燕，别哭了，我要是再不改，就让车压死，雷劈死！

狱　警 好了，好了，会客时间到了。

华春雨起身要走，王春艳隔着栏杆抓住他的手不放。

孩子哭得很厉害，华春雨无奈挣脱王春艳的手，流着眼泪跟着狱警走了。他不住地回头。

王春艳 孩子他爹，好好改造，我们等着你！

幼儿园　日　外

远远就听见了幼儿园排练节目的歌声：

> 正月里来是新春，
> 赶上了猪羊出呀了门。
> 猪啊羊啊送到哪里去，
> 送给咱英雄的送电人。
> 嗨呀梅翠花嗨呀海棠花，
> 送给咱英雄的送电人。
> ……

幼儿园食堂　日　内

李玉珍正在忙着给孩子们做饭，方小玲进来。

方小玲 玉珍姐，真忙啊，这是下周的食谱。

李玉珍放下手里的活儿，擦了擦手，接过食谱看了一会儿。然后，放好。

李玉珍 小玲，你说现在的孩子多有福哇，有吃有喝，还有玩儿的，特别是这么早就能读书学习，你听听，唱得多好啊。

方小玲 可不是，大龙和小凤都会背唐诗了，王园长说，他们俩特有天赋，说不定将来成音乐家、歌唱家呢。

李玉珍　可不是，我家继伟也会唱不少歌了，唐诗更不用说，都能读报纸了。听说还有他的节目呢。

方小玲　咳，也不知道建华那孩子怎么样了。我真挺惦记的。

李玉珍　那是啊，丈母娘疼姑爷嘛。你说这秀香要是进城那该多好哇。

方小玲　可不是，家家都有难唱曲，人人都有一本难念的经。秀香的命苦哇。

山路上　日　外

北风呼啸，大雪纷飞。

秀香背着柴火，在山路上艰难地行走。

公路边　日　外

张爷爷背着粪筐捡粪。

张家　日　内

炕上，张奶奶正在和小建华玩儿。

他们唱着古老的儿歌：

> 拉大锯扯大锯，
> 姥姥家门口唱大戏，
> 接姑爷唤女婿，
> 小外甥也要去。
> ……

赵建华　（没兴趣地）没意思，不玩儿了，不玩儿了。

张奶奶　那你想玩儿啥？

赵建华　捉麻雀。

张奶奶　傻孩子，这大雪的天儿哪来麻雀呀，都躲起来了。背唐诗吧，你妈教了你那么多，都忘了吧？

赵建华　没忘。

张奶奶　没忘，那你就给太姥姥背背呀？

赵建华　背就背。

赵建华开始背。

> 秦时明月汉时关，
> 万里长征人未还。
> 但使龙城飞将在，
> 不教胡马度阴山。

张奶奶　（鼓掌）好好好，我们建华太了不起了。

赵建华　那当然，我还会呢。

赵建华继续背。

国破山河在，
城春草木深。
感时花溅泪，
恨别鸟惊心。
烽火连三月，
家书抵万金。
白头搔更短，
浑欲不胜簪。
……

"506" 工地　日　外

空中索道架好，各种塔材和金具源源不断地送往山上。

组塔工作顺利进行。

高洪亮　太好了。既省工，又省力，更重要的是安全。照这样下去，我们的工程肯定能提前。现在看来，我们干工作不能蛮干，要苦干加巧干，也就是说，要重视技术革新。

刘翰林　说得好，我建议成立技术革新小组，多搞点儿革新项目，这样我们的工作就会事半功倍。这个小组就让战生负责。

赵战生　不行，不行，你是全国最有名的技术权威。我懂得啥？过去陆洁教我的那点儿东西也早都就饭吃了。你这不是难为我吗？

高洪亮　战生，看把你吓的，你放心，翰林绝不会坐视不管的，他这是给你压担子，充分发挥你的才智。

刘翰林　我是执行万局长的命令，当然，更是咱银龙的需要。你不干行吗？

赵战生　干倒行，就怕干不好。

刘翰林　行了，别谦虚了，我还不知道你。老高哇，这几天，新华社和中央新闻电影制片厂，还有《东北日报》的记者都蜂拥而至。搞得我是焦头烂额。但我高兴、骄傲、自豪！因为，我们又干了一件前无古人，但一定后有来者的誉满祖国、震惊世界的大事！

高洪亮　是啊，中华民族任人奴役、宰割的历史已经一去不复返了。中国人正沿着自己所选择的道路奋勇向前。哎，二虎的事儿怎么样了？

赵战生　二虎和他媳妇和好了，华春雨的媳妇也安排工作了，两家的矛盾也缓和了。后方稳定，前方士气高昂。家属委员会功不可没呀。

各种施工场景的转换　日　夜　外

春去秋来，秋去冬至。

四季更迭各种施工场景。

"506" 工程某段展放导线现场　日　外

北国风光，千里冰封，万里雪飘。

在全长四百公里的沿线上，九百一十九基塔拔地而起。"506"工程进入了大规模架线阶段。

在某展放导线的现场，银龙送变电工程公司那杆大旗迎风飞舞。

牛二虎、酒憋子、墩子等人在前面扛着导线，后面跟着百十号人。

热汗化作蒸汽在头上升腾，胡子、眉毛、帽子上都结满了霜花，他们一个个就像冰雕的雪人。

他们踏着没膝的积雪艰难地行进。

牛二虎回过头大声地叮嘱。

牛二虎 弟兄们，坚持住，谁也不能把导线给我撂在地上，这可是苏联老大哥用飞机给咱运来的宝贝疙瘩，听见没有？

众　人 没问题，放心吧。

酒憋子 墩子，来段号子，咱们要耍耍这条银龙。

墩　子 （掂了掂肩上的导线）好嘞！（他清了清嗓子）

嘿哟……
老天爷呀！
嘿哟！嘿哟！
见没见哪！
嘿哟！嘿哟！
地球上面，
嘿哟！嘿哟！
有人送电，
嘿哟！嘿哟！
喝的是风，
嘿哟！嘿哟！
流的是汗哪！
嘿哟！嘿哟！
牵来星啊！
嘿哟！嘿哟！
送去电哪！
嘿哟！嘿哟！
肩上扛的，
嘿哟！嘿哟！
是导线哪！
嘿哟！嘿哟！
超高压呀，
嘿哟！嘿哟！
我们建哪，
嘿哟！嘿哟！
……

这铿锵有力的劳动号子在山谷中回荡。

高洪亮家厨房　晚　内

厨房里，于华正在哼着小曲做饭，高小兵进来。

高小兵　妈妈，今天怎么做这么多好吃的呀？

于　华　咱们的"506"工程已经竣工了，你爸爸他们马上就要回来了。

高小兵　这么说，我们的节目就要演出了。

于　华　对呀，你准备得怎么样了？

高小兵　没问题。王老师经常表扬我。继伟老笨了，我和小丹一学就会。

于　华　你就是骄傲，谦虚点儿。

高洪亮家客厅　晚　内

高洪亮哼着《咱们工人有力量》的歌进了家门。他刚进门就喊。

高洪亮　于华，饭做好了吗？赶快吃饭，今天晚上有重要新闻。

于华在厨房回答。

于　华　马上开饭。

高小兵从厨房跑出来。

高小兵　爸爸，是不是"506"工程竣工了？

高洪亮　你怎么知道？

高小兵　我们天天排节目不就是为了庆祝"506"工程竣工吗？

高洪亮　你准备得怎么样啊？

高小兵　没问题，不信，你问妈妈。王老师经常表扬我。妈妈，你说呀。

于华已经把饭菜摆好。

于　华　对对对，我们家小兵就是了不起。好了，赶快吃饭吧。

高洪亮　快，好儿子，吃饭喽。

三人开始吃饭。

刘翰林家厨房　晚　内

刘翰林和王芳忙得满头大汗，他一边熟练地掂着大勺精心地烹饪自己拿手的美味佳肴，一边饶有兴致地和王芳聊着。

刘翰林　好长时间都没干了手都生了。对于我们来说，能下厨房简直是一种奢侈。家对送电人来说，永远是最向往、最温馨的港湾哪。真想家呀。

这时，电话铃响。

王芳冲着外面喊。

王　芳　小丹，接电话。

刘翰林把炒好的菜，往盘子里盛。

客厅小丹的声音。

刘　丹　爸爸，找您的。

刘翰林　好，来了。

刘翰林用围裙擦了擦手，快步走出厨房。

刘翰林家客厅　晚　内

刘翰林来到电话旁拿起电话。

刘翰林　您好，（惊喜）啊，是戈尔捷耶夫？对对对，我是刘翰林。什么？苏联《真理报》也报道了咱们"506"工程？不不，这是我们共同努力，精诚合作的硕果，是我们共同的智慧和汗水的结晶啊。哪儿的话，要感谢，也得感谢苏联老大哥对我们的大力支援，更要感谢您哪。啊，过几天就要回国了？我争取去送你们。好，好，好，再见！

刘翰林放下电话，哼着《喀秋莎》进了厨房。

高洪亮家客厅　晚　内

晚饭很快就吃完了。于华收拾碗筷，高洪亮来到沙发上坐下。

高洪亮　来，儿子，听说你很有表演天才。

高小兵　那当然了。

高洪亮　那就给老爸展示一下吧。

高小兵　没问题。

于　华　好，我也来欣赏。

于华坐在高洪亮旁。

于　华　开始吧。

高小兵模仿报幕员。

高小兵　下一个节目，儿童歌谣《长大要当送电工》。

开始朗诵：

> 巍巍的塔，
> 粼粼的线，
> 长长的线路连成片。
>
> ……

于华看了看表，站起身来，打开收音机调着台。

这时，收音机里传来播音员的声音。

于华示意高洪亮一下，高小兵也随即静了下来。

全家人立刻聚精会神地倾听。

播音员　（画外音）新华社沈阳25日电，东北地区新建规模巨大的22万伏超高压输电线路，已在1月23日提前建成。在白雪皑皑的东北原野上，这条由九百一十九基塔组成，全长三百六十九点二五公里的大动脉，将成为东北地区超高压电力网的主要干线，并把强大的电流送往四面八方……

高洪亮激动地抱起高小兵在地上转圈。

这时，外面响起了震耳欲聋的鞭炮和锣鼓声。

高洪亮　儿子，我们又创造了奇迹。

于　华　行了，行了，看把你美的，赶快把孩子放下，别摔着。

高洪亮　长大要当送电工，好，儿子，有志气！

高洪亮放下小兵，拿起电话。

高洪亮 接刘总家。老刘哇，听到了吧？对对对，太让人振奋了。什么？苏联《真理报》也报道了咱们的工程？对对对，国际反响挺大。据说，邮电部正准备发行纪念邮票呢。这些都是对我们的最高奖赏。看来，咱们得好好庆祝庆祝。什么？你都准备好了？怪不得今天你提前回家，原来早有安排。好吧，恭敬不如从命，我们马上就到。

高洪亮 （放下电话对于华）走，到翰林家去，战生他们都等着呢。

于 华 好，（对高小兵）小兵，快穿衣服。

他们急忙穿好衣服走出家门。

第十二集

───────────

刘翰林家　晚　内

桌上摆满了酒菜。

刘翰林、赵战生、薛刚都已经坐好了，就等高洪亮他们了。

听到敲门声，刘翰林去开门。高洪亮、于华领着小兵进来。

刘翰林　来晚了，自罚一杯。

高洪亮　别说一杯，两杯也行。还是你们想得周到，我光顾高兴了，把这茬儿给忘了。

于　华　这都是我的疏忽，我也得自罚一杯呀。小兵，找小丹去玩儿吧。

高小兵应声去找刘丹。

大家落座。

不一会儿，刘丹和小兵一人端一盘菜从厨房出来。

于　华　看看，咱小丹多能干。

高小兵　我就不能干啊?

赵战生　谁说小兵不能干，非常能干嘛。

于华帮两个孩子把菜放好。

于　华　好了，你们先喝着，我帮芳芳去。（冲着小兵和小丹）你们俩去玩儿吧。

高小兵　噢，我们解放了。

于华进了厨房。

刘丹高兴地拉着高小兵进了卧室。

刘翰林　（举着茅台酒）今天，我们喝这个。

高洪亮　看来，你是早有预谋哇。

刘翰林　那是啊。（他边倒酒边说）从建队初期的抢修，到北京玉泉山的不辱使命，可以说，我们是披荆斩棘，势如破竹，战功卓著!"506"工程又让我们创造了新的辉煌。今天必须喝个够，不醉不归。来，咱们干了。

众应声举杯，一饮而尽。

刘翰林　来来来，吃菜吃菜。

高洪亮拿起酒瓶倒酒。

高洪亮　"506"工程的竣工说明了什么? 说明我国电力发展已经进入了一个新的历史阶段。确切地说，就是超高压发展的阶段。要想实现社会主义的工业化，电力必须先行。这就是我们光荣的责任和使命。

电话铃响。刘翰林去接电话。

高洪亮等继续唠嗑。

刘翰林 您好，（惊喜万分地）哎呀，是万局长啊？对，是我翰林。您怎么知道高经理在我这儿啊？

众人一听是万局长，立刻静了下来。

万　琛 （听筒声）我把高经理单位、家的电话都打爆了，全没人接，我一分析就在你那儿。还有谁？

刘翰林 还有战生和薛刚。

万　琛 （听筒声）是得好好庆祝庆祝哇，如果不是离得远，我一定也凑这个热闹。党中央、国务院，对"506"工程非常满意，国际上影响也很大。告诉你们一个好消息，也可以说是通知吧。根据上级的要求，东北电管局决定让你们的"铁塔大王"赵战生进京参加"全国先进集体、先进生产者代表大会"，很有可能被毛主席接见啊。

刘翰林 是吗？太好了。这可是特大喜讯啊。

万　琛 那还用说，你们是喜事儿连连，真为你们骄傲和自豪啊！好了，就不打扰你们了。替我敬他们一杯。

刘翰林 是，一定，一定，好好好。

刘翰林放下电话，兴奋地来到桌前。

刘翰林 听到了没有，东北电管局决定让战生参加"全国先进集体、先进生产者代表大会"，还可能被毛主席接见。高兴，太高兴了！来来来，喝酒，喝酒。

这时，刘丹和小兵戴着安全帽，挎着工具，从卧室出来。

刘　丹 我们也是送电工。

高小兵 我们也要见毛主席。

他们这一出，笑得大家前仰后合。

赵战生 你们看看，这两个小家伙太可爱了，绝对是天生的一对儿。

薛　刚 那还用说。哎，战生，建华怎么样了？

赵战生 建华？啊，挺好的。

旁　白 尽管赵战生极力掩饰，但对亲人的思念和愧疚是送电人永远挥之不去的痛。在场的人都有些伤感。

高洪亮 （含着眼泪）战生，收拾收拾，明天就回张庄吧，好好陪家人过个年。

刘翰林 那开会的事儿呢？

高洪亮 我估计年前不大可能，怎么也得年后，再说张庄就在北京郊区，比咱这儿还方便。战生，你就老老实实地在家待着，等候通知。没有我的命令不准回来！我们欠家属的太多了！

高洪亮说完，端起酒杯一饮而尽。

高洪亮 （含泪）没办法……

赵战生 那……

薛　刚 那什么那！听团长的。毛病！来来来，喝酒，喝酒。

高小兵 妈，我困了。

刘　丹 我也困了。

于　华　可不是，排了一天节目，这又疯了这么长时间，确实累了。好了，你们喝吧，我带小兵回去。

于华领着小兵就要走，刘丹拉着小兵。

刘　丹　不，我不让小兵走。

王芳从厨房出来。

王　芳　我看也是，就让小兵在这儿睡吧。他们说不上能喝到啥时候，咱们也好长时间没唠嗑了。今晚，他们喝他们的，咱们唠咱们的。

刘翰林　我看行。来来来，咱们喝，咱们喝。

于华和王芳领着孩子进了卧室。

四个男人推杯换盏，掏心掏肺，诉说衷肠……

公司俱乐部　日　内

幼儿园的汇报演出。

舞台上方挂着"公司幼儿园庆祝'506'工程竣工汇报演出"的横幅。

高洪亮、刘翰林、薛刚等领导坐在前排。

职工家属坐满了会场，他们相互议论，等待演出开始。

一阵热烈的掌声过后。

刘丹上台。

刘　丹　各位领导，爷爷、奶奶、叔叔、阿姨，大家好！为了庆祝"506"工程竣工，我们幼儿园赶排了一台节目，献给这个伟大的工程。下面演出开始。第一个节目，表演唱《送给咱英雄的送电人》。

一阵热烈掌声。

音乐起，随着音乐，高小兵、刘丹、秦继伟等扭着秧歌上台。

> 正月里来是新春，
> 赶上了猪羊出呀了门。
> 猪啊羊啊送到哪里去，
> 送给咱英雄的送电人。
> 嗨呀梅翠花嗨呀海棠花，
> 送给咱英雄的送电人。
> ……

孩子们精彩的表演，赢得了观众一阵又一阵的喝彩。

北京玉泉山某汽车站　日　外

天空下着小雪，一辆长途巴士在汽车站停下。

战生背着重重的旅行袋下了车，直奔张庄而去。

张庄　日　外

临近春节，家家都在打扫卫生、贴春联、贴窗花，准备年货。

孩子们在街上打闹，有的放着小鞭，有的玩耍。

女孩们欢快地跳着皮筋儿。

赵战生不时地和认识的人打招呼。

在路过方村长家的时候，看见小玲妈和方春生正在贴春联。

赵战生 大婶，贴春联呢？

小玲妈 啊，（转过身惊喜地）哎呀，是战生啊，你可回来了，小玲他们回不回来呀？

赵战生 不一定。公司那边儿事儿多，他们先让我给家报个平安。

小玲妈 就是惦记大龙和小凤。

赵战生 他们也都挺好的，大龙和小凤在幼儿园学了不少东西，这次庆祝"506"工程竣工表演的节目可受欢迎了。

小玲妈 是吗？那可太好了。城里就是比农村好。哎呀，光顾说话了，快进屋，快进屋。

赵战生 不了。

战生从旅行袋里拿出两瓶酒递给小玲妈。

赵战生 过年了，这两瓶酒送给方叔和春生喝。

小玲妈 你看你，总是惦记着我们。

赵战生 咱们谁跟谁呀。方叔没在家呀？

小玲妈 这不快过年了吗？事儿也多，在村儿里忙呢。

赵战生 平常他也闲不住哇。

小玲妈 你算说对了。快进屋吧。

赵战生 着急回去，改日我再来。（对春生）春生，有空儿到我那儿去，咱俩喝两盅。

方春生 （下意识地）好，好。您慢走。

赵战生 那你们忙，我回了。

赵战生说完背起旅行袋向自家走去。

张家院 日 外

张家院内，柴垛旁有个小竹筐，用一个小木棍支着，筐底下放着小米，绳子一头绑在小木棍上，另一头伸进门里。

赵建华躲在门后，握着绳子，目不转睛地观察麻雀飞来飞去觅食，随时准备拉动绳子。

赵战生扛着旅行袋，风尘仆仆地进院，吓飞了麻雀。

赵建华 （气哼哼地出了门，踩着脚）都怨你，把麻雀都给吓飞了。

赵战生 哎呀，真对不起，我不知道你在捉麻雀呀。

赵建华 你是谁呀？到我家来干啥？

赵战生 我是你爹呀，回来看你呀。

赵建华 你是我爹？我怎么老看不着你呀？你是坏人吧？太姥，太姥……

张奶奶 哎，来了，来了。

赵建华转身就往屋跑，正好张奶奶从屋子出来。

赵建华 （喊声）太姥姥，咱家来人了。

赵战生 奶奶。

张奶奶一见到赵战生，眼泪流了下来。

张奶奶 战生啊战生，你可回来了，怎么也不捎个信儿呀？建华，快叫爹。

赵建华 不，他不是我爹。

张奶奶 傻孩子，他就是你爹。（对战生）快，快进屋。

祖孙三人进屋。

张家西屋　日　内

赵战生进了西屋，把重重的旅行袋放到炕上。

张奶奶 哎呀，这么重啊，累坏了吧？建华，快叫爹。（冲着东屋喊）老东西，战生回来了。

东屋传来张爷爷的声音。

张爷爷 战生回来了。

赵战生赶紧迎出去。

赵战生 回来了，爷爷，您老可好哇？

张爷爷 不行了，真老了，干不动了。

赵战生边收拾旅行袋边说。

赵战生 秀香呢？

张爷爷 打柴去了。

张奶奶端一碗热水进来。

张奶奶 来，战生，喝点儿水，暖暖身子。没办法，这家里老的老小的小，那活儿，不都得指望秀香啊。人瘦多了。

赵战生 奶奶，我去接她。

赵战生说完跑出了屋。

张奶奶 （喊）战生，叫她早点儿回来。这孩子干活恨债呀！

赵战生 哎。

山路上　日　外

雪还在下，秀香背着一大捆柴，艰难地往回走，她几乎变成了一个雪人。在这个银色的世界里，扎在她头上的红围巾，格外显眼。

赵战生远远就看见了秀香。

赵战生 （边跑边喊）秀香，秀香……

听到喊声，又看到了自己魂牵梦绕的丈夫。张秀香惊喜万分，她扔掉了肩上的那捆柴，跑向赵战生。

两人紧紧拥抱在一起。

张秀香 （连捶带打哭着说）你可真狠心啊！早就把我们忘了吧？

赵战生无语，深情地望着秀香，任凭她发泄、撒娇……

过了一会儿，秀香平静下来，倒有些不好意思了。

张秀香 看啥看，都老太太了。

赵战生 瘦多了。（有些哽咽）我对不起你们。

赵战生紧紧地把秀香抱在怀里，狂热地亲吻她。

张秀香 （含着泪）没办法，这就是命。为了孩子、老人，我就得撑下去。

赵战生 别说了，我知道，知道。走吧，快回家，奶奶都着急了。

赵战生背起柴火。两个人下山。

赵战生 秀香，你说建华他咋不认我呢？

张秀香 活该，谁让你老不回家了。其实，他挺想你的，总跟我念叨你。

赵战生 （高兴地）是吗？

张秀香 你信不信，过两天就好了，非缠着你不可。

他们边走边唠，雪地上，留下两行长长的脚印……

张庄 日 外

赵战生背着柴火和秀香进了庄。

王快嘴、五嫂、小六娘等都在贴对子和窗花。

王快嘴 哎哟，秀香，今儿个，您可是满面春风啊。

五 嫂 那是啊，战生回来了嘛。

小六娘 悠着点儿，秀香，别把战生给累坏啦。

张秀香 去你的，狗嘴吐不出象牙。有空儿到我家来玩儿。

小六娘 你还甭说，我早就想到你那儿替鞋样儿了。不是怕给你添麻烦嘛。

张秀香 咱们姐妹儿还扯这个，远了。不嫌弃，您就来。

小六娘 谢了，我一准儿去。

王快嘴 我也去。

张秀香 （边走边回头说）来呗，谁来我都欢迎。

赵战生和秀香往家走去。

这三个妇女又是一顿议论、神侃。

张家院 日 外

赵战生和秀香来到自家院外。

秀香开门，赵战生背着柴火直奔柴垛。他放下柴火，开始码垛。

张秀香 行了，就放到那儿吧。快进屋吧。

赵战生 （边干边说）一会儿就完，你先进屋吧。

张秀香进屋，赵战生继续码垛。

旁 白 此时的赵战生，恨不得一天就把家里所有的活儿都干完。因为他深知，欠家里的太多了！

张家堂屋 日 内

张奶奶正在做饭，秀香进来。

她抖落身上的雪，挽起袖子。

张秀香 奶奶，我来吧。

张奶奶 不用了，战生带回来不少东西，赶快收拾收拾，一会儿就吃饭。

这时，赵建华举着小手枪从西屋跑出。

赵建华 不许动，缴枪不杀！

张秀香 哪儿来的手枪？

赵建华 他拿来的。

张秀香 他是谁呀？

赵建华 他说他是我爹，娘，他是我爹吗？

张秀香 他就是你爹。

赵建华 是吗？他真是我爹呀？

张秀香 那还有假？

赵建华 那他怎么老不在家呀？

张秀香 记住，你爹可是干大事儿的人，他在外面的工作非常重要。他给咱家挣钱，买好吃的，好穿的，还给你买小手枪。你说他好不好哇？

赵建华 好。

张奶奶 是啊，建华，你爹可是个大好人，长大你能像你爹那样，太姥姥就烧高香了。快去吧，叫你爹进屋吃饭。

赵建华 哎。

赵建华拿着手枪，做打枪的动作，高兴地跑出了屋。

张家院　日　外

赵战生还在码柴火垛，赵建华跑出屋。

赵建华 爹，太姥姥叫你吃饭。

赵战生 哎。（突然惊喜地转过头）你叫我啥？

赵建华 我叫你爹呀，你不是我爹吗？

赵战生 是是是，来，宝贝儿子让爹稀罕稀罕。

赵战生抱起建华就亲，胡茬扎得建华嗷嗷直叫。

赵建华 哎呀，太扎了，太扎了。

赵战生抱着建华进了屋。

张家西屋　傍晚　内

炕上的桌子已经放好，秀香和奶奶忙来忙去。

张爷爷在炕上抽着烟袋，高兴地看着爷儿俩做游戏。

赵战生拿着一根棍子当步枪。

赵建华举着手枪。

两人对射。

赵建华 缴枪不杀。

赵战生举起棍子投降。

赵战生 我缴枪，我投降。

赵建华学放枪的声，给了赵战生一枪。

赵战生应声倒下。

赵建华 敌人消灭了，我们胜利了。

赵战生 （起身）不行，不行。敌人投降了，就不能再开枪打死他了。枪毙俘虏是犯错误的。明白没有？

赵建华 明白了，刚才不算，重来。

张奶奶乐得合不上嘴。

张奶奶 瞧瞧这爷儿俩，刚才还那么生分，现在好得像一个人似的。

张爷爷 这就叫骨血情深，打断骨头还连着筋呢。

张秀香 行了，行了，别玩儿了，赶快吃饭吧。

赵建华 不行，我还没玩儿够呢。

张秀香 反正你爹还能待一些日子，让你爹天天陪你玩儿。

赵建华 真的？

张秀香 那当然啦。不信，问你爹。

赵建华 爹，是真的吗？

赵战生 千真万确。

赵建华 那行，我吃饭。

赵建华高兴地上桌就要吃饭。

张秀香 不行，不行，赶快洗手去。

赵战生 对，儿子，咱得讲卫生。来，爹领你去洗手。

赵战生把赵建华抱下炕，领着建华出了西屋。

张家堂屋　傍晚　内

赵战生给赵建华洗手。

赵战生 建华呀，长大想干啥呀？

赵建华 当解放军，当英雄。

赵战生 好，有志气。哎，像爹这样当送电工怎么样？

赵建华 不行，不行。你们老不回家，我该想娘，想太姥、太姥爷了。

赵战生 臭小子，没出息，男儿志在四方。走，吃饭去。

张家西屋　傍晚　内

赵战生领着儿子进了屋。

桌上已经摆满了酒菜。

赵战生脱鞋上炕。

赵战生 来，儿子，坐爹这儿。

赵建华美滋滋地坐在了战生的旁边。

赵建华 娘，您坐这儿。

赵建华拉着秀香坐在他的旁边。

张秀香 好好好，我坐这儿。

张爷爷 （感慨地）哎呀，一家人总算团聚了。不易呀！

张爷爷有些哽咽，张奶奶潸然泪下。

张奶奶 可不是，要是总这样该多好哇。

赵战生 都怪我，回来太少了。

张秀香 这不回来了吗？大过年的不说这些。

张爷爷 对对对，（张爷爷端起酒杯）战生，咱们喝酒，喝酒。

赵建华 我也要喝。

张秀香 去，小孩子不能喝酒。爷爷，这回战生又带了不少酒，您就管够喝吧。奶奶您也喝一点儿，这是好酒。

张秀香倒酒。

赵建华举着碗。

赵建华 给我也倒点儿，倒点儿嘛。

张奶奶 傻孩子，辣。

张秀香 这孩子也不知道像谁，犟！来来来，给你倒点儿，倒点儿。

赵建华喝了一口，辣得直叫唤。

赵建华 哎呀，太辣，太辣了。

逗得大家哈哈大笑。

张秀香 怎么样？不听老人言，吃亏在眼前。来，赶快吃点儿菜，吃菜。（夹菜喂建华）看你以后还听不听话？

赵战生端起酒盅深情地望着家人，眼睛有些湿润。

赵战生 爷爷、奶奶、秀香，小年没赶上，大年总算回来了。今儿个高兴，首先，祝爷爷、奶奶，健康长寿。这杯酒我干了，您二老慢慢喝。

赵战生一饮而尽。

张爷爷 好。我也干。

张爷爷刚要干，被张奶奶拦住。

张奶奶 年岁大了，少喝点儿吧。

张秀香 是啊，爷爷，您就慢慢喝吧。

张爷爷 不行，这第一杯酒我一定得干。

张爷爷一饮而尽。

赵战生 爷爷，您仍不减当年哪。不过奶奶说得对，您还是慢慢喝，别的我不敢保证，这酒，肯定管够。

张爷爷 这个我信。好，听人劝吃饱饭，慢慢喝，慢慢喝。

赵战生给张爷爷倒完酒，给秀香倒，然后自己满上。

他举杯对秀香。

赵战生 秀香，你是咱家的功臣，辛苦了，这杯酒我敬你。

张奶奶 应该，应该，我可不是老王婆卖瓜自卖自夸。你这媳妇难找哇！这十里八村的谁不夸呀？

赵战生 知道，知道。

张秀香 行了，奶奶，不管怎么说，苦也好累也好，我愿意。啥人啥命，我就是这个命。今儿个高兴，来战生，（碰杯）我干了。

张秀香一饮而尽，呛得她直咳嗽。

赵建华 娘，你不怕辣呀？

张秀香 娘不怕，再辣心里也甜。

秀香亲了建华一口。

赵建华夹起菜送到秀香嘴边。

赵建华 娘，您吃菜，吃菜。（之后夹给赵战生）爹，您也吃。

张奶奶 建华这孩子就是招人稀罕，还会疼人。（对战生）像你，长大了准错不了。

张爷爷 那还用说。

赵战生 这都是您二老和秀香管教得好。我这个当爹的惭愧呀！儿子，爹对不起你，对不起你娘，对不起这个家呀。

赵战生眼圈红了，他说不下去了。

赵建华 娘说了，爹是天底下最好的人，是干大事儿的人，是英雄。

张爷爷 那是啊，这话说起来可就远了，那会儿，还没有你，为了迁坟，咱村儿一大帮小子拿着棍棒打你爹，你爹没费吹灰之力就把那几个人都给撂倒了，你说厉害不？

赵建华 厉害，太厉害了！太姥爷，他们为啥打我爹呀？

张奶奶 （对张爷爷）你还有脸说呢？（对建华）建华呀，那都是你太姥爷惹的祸。

张爷爷 祸是我惹的不假，可咱也因祸得福了。要不，你能白捡这么好的姑爷儿？（端起酒喝了一口，捋一下胡子）偷着乐吧。建华呀，你爹不光武功好，还会治跌打损伤。有一次太姥爷的脚崴了，就是你爹给治好的。

赵建华 那我也要练武。

赵战生 练武可苦哇？

赵建华 我不怕。

赵战生 好，明天我就教你。

赵建华 （高兴地蹦了起来）太好了，太好了。

张秀香 （冲着赵建华）看把你美的，好好吃饭。

张奶奶 这爷儿俩太像了，都是个急性子。

赵战生给张爷爷倒酒。

赵战生 爷爷，告诉你们一个好消息，过了年，我就要进京参加"全国先进集体、先进生产者代表大会"，听说还能见到毛主席。

张爷爷端起的酒杯好悬没洒了，他赶紧放下酒杯。

张爷爷 什么？你能见到毛主席？这事儿要是搁在以前，那就是见皇上啊。（一拍大腿）哎呀！咱老张家的祖坟真的显灵了。战生啊，我咋说的，你就是神仙下凡，再世的关云长啊！这酒我就更得喝了。

张爷爷端起酒，一仰脖子就喝进去了。

张奶奶 秀香啊，这可是你前世修来的福哇。我活了这么大岁数，从来没有这么高兴过，来，我老太婆也喝一杯。

张爷爷 哎呀，这太阳是打哪边儿出来了？秀香啊，快给你奶奶倒上，倒上。

张秀香赶紧给奶奶、爷爷倒酒，又给战生倒满后，给自己倒满，她端起酒杯。

张秀香 爷爷，奶奶，咱们共同举杯祝贺战生参加"全国劳模会"，祝福他一定能见到毛主席。这是我们家最大最大的荣耀和幸福哇。

大家兴奋地举杯共饮。

张庄　晚　外

张庄灯火通明，充满了过年的喜庆。

天上星光闪烁。

透过窗纸能够看到张家其乐融融的剪影。

张家西屋　夜　内

赵战生收拾他带回来的东西。

张秀香正在炕上铺被褥准备睡觉。

赵建华爱不释手地玩儿着手枪。

张奶奶进来。

张奶奶　大宝子，别玩儿了。走，跟太姥、太姥爷睡觉去。

赵建华　不。我还没玩儿够呢。我要和爹娘一起睡。

张奶奶　不行，他们还得收拾一会儿，说不上什么时候睡呢。你不是要和你爹练武吗？

赵建华　对呀。

张奶奶　那就得早睡早起。不听话，你爹就不教你。

赵建华　那，那好吧。爹，明天您一定教我。

赵战生　没问题。早点睡吧。

赵建华不情愿地跟着张奶奶出了西屋。

赵战生和秀香会意地笑了笑。

赵战生抱着秀香就亲，秀香也欲火燃烧。

这时，对面屋传来了张奶奶的嘱咐声。

张奶奶　秀香，别太晚了，简单收拾收拾就行了。

张秀香　知道了。

两人会意地互相吐了吐舌头，他们忙着收拾东西。

张秀香　你说你，买这么多东西，那得花了多少钱哪？大老远地背这么多回来，你不嫌累呀？

赵战生　挣钱不就是为了花的吗？（拿出连衣裙）哎，你试试，肯定好看。

张秀香　哎呀妈呀，这我可穿不出，露骨露相的。

赵战生　老封建，城里的女同志都穿这个。不信，你去看看。他们都说我土，你比我还土。你知道那叫啥吗？

赵战生把连衣裙递给张秀香。

张秀香　叫啥？

赵战生　布拉吉，也叫连衣裙。

张秀香展开裙子。

张秀香　别说，真好看。可在这农村，咋穿呢？

赵战生　那你就永远不进城了，不探亲了？再说，农村咋地，要是赶个集了，有个大事小情儿的，咱该穿就穿。有啥呀？没出息。

张秀香　谁像你有出息呀？都能见到毛主席。

赵战生 你贫嘴是吧?(就要胳肢张秀香)看我怎么收拾你。

张秀香 (赶忙躲开)我穿,我穿。

张秀香 转过去,不许看。

赵战生 假正经,连我都不准看?

张秀香 (撒娇地)就一会儿嘛,求求你了。

赵战生 好好好,我不看,不看。

赵战生转过身。

秀香开始换衣服。

张秀香 转过来吧。

换好衣服的张秀香亭亭玉立地站在那儿。

白净的肌肤,修长的腿,隆起的胸,真没想到秀香竟如此美丽,楚楚动人。

赵战生看呆了。

赵战生 (赞美地)哎呀!漂亮,太漂亮了!

欲火烧得赵战生血往上涌,他再也控制不住自己。

他急迫地脱衣服,秀香也迫不及待地脱衣服。

张家　夜　外

西屋的灯灭了……

张家院　晨　外

东方露出鱼肚白,山村晨雾迷漫,雄鸡唱晓。

赵战生正在扫院子,秀香挑着水桶出来。

赵战生急忙上前抢过水桶和扁担。

赵战生 你怎么也起来了,不是让你多睡一会儿吗?

张秀香 我可享不了这个福。你要不起来,我还能睡一会儿,你这一起来,我怎么也睡不着了。

赵战生 我回来了还用你挑水呀,这不硌碜我吗?回去,回去。

赵战生担起水桶哼着《军队和老百姓》走出了院子。

张秀香望着丈夫的背影,心中充满了甜蜜和幸福。她转身进屋。

张家堂屋　晨　内

张奶奶在烧火做饭,她见秀香进来。

张奶奶 秀香,你们咋起得这么早哇,我寻思让你们多睡会儿。战生比你起得还早。

张秀香 可不是,刚扫完院子,就抢着挑水去了。

张奶奶 这孩子,就是勤快,更知道疼人。唉!这牛郎织女的日子什么时候是个头儿哇?

张秀香 奶奶,战生给您二老买了不少东西,一会儿,我就给您送过去。

张奶奶 这孩子,又不知道花了多少钱。

秀香进了西屋。

赵战生挑水进来，仍然不放扁担提起两个水桶直接往缸里倒水，这是他的习惯动作。

张奶奶 不大离儿就行了，也不嫌累得慌。

赵战生 奶奶，我恨不得一下子就把咱家的活儿都干完了。我欠家里的太多了。

张奶奶 一家人，谁欠谁呀？以后不兴说这话。多回来几趟就行了。

赵战生 奶奶最会说话，最会疼人。您二老把身体养得棒棒的，那就是我们的福哇。

赵战生挑着水桶出了屋。

张奶奶烧火。

秀香拿着赵战生给爷爷、奶奶买的东西出来。

张秀香 奶奶，这东西放在哪儿啊？

张奶奶 放到炕上就行了，一会儿我归拢。

张秀香 好吧。

张秀香进了东屋。

张爷爷从东屋出来。

张爷爷 你说战生这孩子，又买了那么多东西。真舍得花钱啊！

张奶奶 可不是，这孩子重情、重义，也孝顺。你就是要他命，他都能给你。

张爷爷 那还用说。咱们得济了，知足了，有福哇！

张爷爷背起粪筐，拿着铲子准备出屋。

张奶奶 早点儿回来。城里人都吃三顿饭，别让人等。

张爷爷 知道了。

张爷爷说完走出了屋。

张家东屋　晨　内

赵建华睡得很香，张秀香放下东西看着儿子，轻轻地亲了建华一口。

赵建华 （梦语）缴枪不杀。

建华这一出，把秀香吓了一跳。

张秀香 这孩子，着魔了，做梦还喊。

没想到建华一骨碌爬起来，他揉着眼睛。

赵建华 娘，我爹呢？

张秀香 挑水去了。

赵建华 不对，他是不是走了？

张秀香 没走，真的去挑水了。你再睡一会儿吧。

赵建华 不行，学武就得早起，就得吃苦。

张秀香 好。来，把这身衣服穿上，这是你爹给你新买的。

张秀香帮建华穿衣服。

张秀香 看看，我们的小英雄穿上这身衣服多好看、多精神啊。

赵建华 娘今天穿的衣服更好看。

张秀香 臭小子，你懂啥。

赵建华 我就知道爹回来了娘就高兴。

张秀香 （红着脸不好意思地）去你的。

张家堂屋　晨　内

赵战生挑水回来刚进屋。

赵建华就从东屋跑了出来。

赵战生　建华，你怎么也起来了？

赵建华　跟你练武啊。

赵战生　好。咱一会儿就练。

赵建华高兴地跳起来。

他边喊边比画，跑出了屋。

赵建华　练武了，练武了。

张秀香　看把他乐的。

张奶奶　（非常感慨）这才叫过家呀！

赵战生把水倒在缸里，放好扁担和水桶，走出了屋。

张家院　晨　外

早上的太阳洒满院子。皑皑白雪闪着耀眼的光芒。几只母鸡悠闲地梳理着羽毛，一只公鸡不时地引吭高歌。

赵建华在院子里，随心所欲地蹦来蹦去，前踢后打，吓得几只小鸡四处奔逃。

赵战生从屋里出来，看着儿子天真快乐地玩耍，乐得合不上嘴。

赵战生　（边鼓掌边说）好，好。不错！儿子，看爹的。

赵战生练起了少林拳。

秀香从屋里出来，跟着儿子不断地喝彩。

公司幼儿园　日　内

王芳给高小兵、刘丹、秦继伟、大龙、小凤等孩子们上课。

王　芳　同学们，今天，我要告诉大家一个特大的喜讯，咱们的赵战生经理就要去北京参加全国劳模会，还能见到毛主席。

秦继伟　（举手）老师，为什么他就能见到毛主席呀？

王　芳　因为他工作干得好，贡献大，是劳动模范，所以就能见到毛主席呀。

高小兵　（举手）那我们要好好学习，都考满分呢？

王　芳　当然也有机会见到毛主席了。同学们，你们知道黑板上方"好好学习，天天向上"，这八个大字是谁题写的吗？

孩子们齐声回答　毛主席。

王　芳　对，是毛主席。

王　芳　你们听不听毛主席的话呀？

孩子们齐声回答　听。

王　芳　那你们应该怎么样啊？

孩子们齐声回答　好好学习，天天向上！

苏联某市咖啡馆　日　内

咖啡厅内，灯光暗淡却格外柔和，轻曼舒缓的俄罗斯古典音乐，使这里充满了特殊的浪漫。

四周墙上装饰的油画显得古朴典雅。

吧台的服务员认真仔细地为客人准备上好的咖啡。

一对男女招待，彬彬有礼热情地招待客人。

陆洁选好了位置刚刚坐下，司徒佑就满头大汗地捧着一束鲜花进来。他在快速地搜索陆洁。

陆洁从座位起身向他招手，司徒佑径直来到座位，非常真诚地把鲜花送给陆洁。

司徒佑　（压低声音）送给你的。

陆　洁　谢谢！

陆洁非常感激地接过鲜花。

司徒佑　喜欢吗？

陆　洁　非常喜欢。

司徒佑　快坐吧。

两人落座。

陆　洁　（心疼地）看把你累的，（掏出手帕递给司徒佑）赶快擦擦。肯定跑了不少花店。这个季节不好买。

司徒佑接过手帕擦汗。

司徒佑　没事儿，只要你喜欢就行。

这时，漂亮的女招待拿着菜单走过来，她把菜单递给司徒佑。

女招待　请问两位需要点儿什么？

司徒佑　两杯咖啡，两份牛排，一盘水果沙拉，两份面包。

女招待　好的，请稍等。

女招待离开。

陆　洁　司徒，太多了吧？

司徒佑　不多，咱们慢慢吃。这种机会本来就不多，以后恐怕也不会再有了。

陆　洁　谢谢你，没有你真诚的帮助，我真不知道……

徒佑佑　不要再说了，一切都在不言中。不求回报的爱才是最真挚、最纯洁、最高尚的爱。不要忘了，这可是你的格言。

陆　洁　司徒，难得你这样理解我。说实话，你真的非常非常优秀，也值得去爱。可是我……

司徒佑　我非常理解你。这个话题也许永远也说不清楚。不谈这些了，陆洁，你真的一定要回国吗？

陆　洁　回去，一定回去。

司徒佑　这个机会可太难得了，能跟苏联最著名的电力专家一起学习和工作，你未来事业的发展将是不可限量的。而且，据我所知，彼得洛夫非常喜欢你，多少人都羡慕你，我真替你惋惜呀。

陆　洁　如果，让你留下呢？

司徒佑　我？没想过。

陆　洁　司徒，我们是怎么来学习的，为什么来学习，你我心里都非常清楚。当然，从个人，或者从纯科研的角度来说，留下来很可能会更有发展。但这绝不是我们的初心，更不是东北电管局送我们来学习的目的。不忘初心，信守诺言，报效国家，这是我做人的原则。

司徒佑　浓浓赤子心，拳拳报国情。真令人敬佩。但赵战生已经跟别人结婚了，你为什么还要拒绝我和彼得洛夫对你的爱呢？如果，我不够资格，那么彼得洛夫还不够优秀吗？不管怎么说，在客观上赵战生抛弃了你们的爱情。

陆　洁　这对他不公平。他确实和别人结婚了，但那是被迫的，也许，这可能是最好的婚姻，但绝不是最好的爱情。我们的爱情在玉泉山迁坟的攻坚战中壮烈地牺牲了，它使我们的爱情永远定格在那一刹那！司徒，谢谢你对我的爱，但我没法献出我的爱。我心中的爱已经装得满满的，早就容不下别人了。我不能欺骗自己，更不能欺骗别人。

司徒佑　多么崇高、神圣、悲壮！真令人赞叹、崇敬！你们的爱情已经超出了一般意义上的爱情而变成了一种大爱。这让我明白了一个道理，婚姻不一定等于爱情，爱情也不一定等于家庭，爱不是占有，而是一种奉献。爱不一定能得到，得到的也不一定是真爱。爱到极致那是一种超然的境界。不然，你绝对不会理解赵战生的这种牺牲，并和他一起去壮烈。陆洁，你太完美了，完美得几乎让人找不出一点点瑕疵。所以，才会有那么多人追求你、羡慕你、崇敬你。

陆　洁　司徒，言重了，太过了。我根本就没有你说的那么好。其实，我这样做也是一种无奈之举，充其量就是一种变相的殉情罢了。不过，我非常感谢你对我的理解。

司徒佑　理解万岁，理解万岁。

两人动情地都眼含热泪。

女招待端来了他们点的餐。见此情景，也一时不知所措，她只好快速地摆好餐点，说了声"请慢用"，耸了耸肩，疑惑地离开了他们。

为了缓和这种气氛，司徒佑拿起餐具，劝陆洁用餐。

司徒佑　你看，光顾唠嗑了，赶紧趁热吃，我真饿了。

司徒佑切了一大块牛排塞到嘴里。

陆洁更是个明白人，她尽量控制自己的情绪，也切了一小块牛排送进嘴里细细品尝……

某车站月台　日　外

银龙的人在月台上列队站好。

他们打着"热烈欢迎全国劳动模范载誉归来"的横幅，等待赵战生归来。

列车进站，锣鼓喧天，口号声四起。

牛二虎　热烈欢迎英雄归来！

众　人　热烈欢迎英雄归来！

墩　子　向全国劳动模范学习！

众　人　向全国劳动模范学习！

酒憨子　向全国劳动模范致敬！

众　人　向全国劳动模范致敬！

赵战生刚下车。

高小兵和刘丹捧着鲜花向赵战生献花。

高洪亮、刘翰林、薛刚、于华、王芳等迎了上去。

高洪亮紧紧握住赵战生的手。

高洪亮 怎么样，见到毛主席了？

赵战生 见到了，见到了。他老人家还和我握手了，激动得我眼泪都下来了。

高洪亮 好，太好了！啥也别说了。（激动地用拳头捣了几下赵战生的肩膀）你小子太有福了！来来来，让我们都和英雄握手，分享一下这种幸福。

众人争先恐后地和赵战生握手。

激动的人们把赵战生抛向空中，锣鼓声、口号声响彻整个站台……

银龙公司办公大楼　日　外

楼门雨搭悬挂着"热烈欢迎陆洁归来"的横幅标语。

彩旗飞舞，银龙的大旗迎风飘扬。

高洪亮、刘翰林、于华、王芳等站在雨搭下面，兴奋地等待陆洁归来。

门前广场，工人们手举鲜花列队两旁。

薛刚开着那辆中吉普驶入。

锣鼓喧天，鞭炮齐鸣。

赵战生跳下汽车，他急忙打开车门。

陆洁从车上下来。

高洪亮等迎了上来。

他们相互握手，热烈拥抱，随即簇拥着陆洁通过夹道人群。

陆洁含泪和大家挥手示意，不停地和大家握手。

银龙公司食堂　晚　内

几乎所有基建总队的老面孔都来了，大家谈笑风生。

酒幌子 （拿起酒瓶）泸州老窖，好酒，好酒。

他用牙咬开瓶盖，倒酒，端起酒就要喝，被墩子抢下。

墩　子 又来了。没出息，还没开始呢。

酒幌子 你看你，今儿个不是高兴吗？

牛二虎 高兴也没有你这样的，没文化，不讲究。

酒幌子 好好好。

这时，高洪亮、刘翰林、赵战生、薛刚、陆洁、于华、王芳、李玉珍等进来。

众人起立热烈鼓掌。

高洪亮 （看了一圈）嚯，咱基建总队的老人儿基本都来了，好好好，快坐，快坐。

众人落座。

高洪亮等也都坐好了。

食堂内鸦雀无声。

刘翰林 （小声地）老高，快说吧，大家都等着呢。

高洪亮 （小声地）你说，你说。

刘翰林 （小声地）那好吧，我先说。（站起）今儿个，怎么这么静啊？

酒懵子 就等着领导发话呢，快说吧，我们都等不及了。

墩　子 就你等不及了吧，酒鬼。你们看，哈喇子都淌出来了。

墩子逗得大家哄堂大笑。

刘翰林 好，好了，大家静一静，静一静。说实话，这酒，我也馋啊！想喝，太想喝了！本来这酒赵经理载誉归来就应该喝。可是，听说陆洁要回来，那咱就得等，好事成双嘛。大家说，对不对呀？

酒懵子 对对对。

墩　子 太对了，就应该这样。

牛二虎 这回我们的人总算齐了。高兴，太高兴了。说心里话，陆技术员，我们是真想你呀。

陆　洁 我也想家呀！身在异国他乡，那滋味儿不好受哇。

陆洁说不下去了。

高洪亮 好好好，我说两句。从基建总队到银龙公司，从新中国成立初期的线路抢修，北京玉泉山为党中央毛主席送电，一直到震惊世界的"506"工程。这一路走来，我们银龙送电人没有辜负党和人民的重托，战胜了各种困难，创造了一个又一个奇迹。还有一个更好的消息，那就是，我们英勇的志愿军和朝鲜人民军，在朝鲜战场上也取得了绝对性的胜利，美国在《朝鲜停战协定》上签了字。就为这，大家说，这碗酒应该怎么喝呀？

酒懵子 敞开儿喝！

牛二虎 铆劲儿喝。

众人七嘴八舌 对对对，喝个痛快，喝个够！

刘翰林 好好好，我们今天是不敬酒、不拼酒，酒管够，敞开儿喝。

众　人 好好，太好了。

又是一阵热烈鼓掌。

高洪亮 （示意大家静下来）高兴，太高兴了！都说，贴心的酒，千杯不醉，知心的话，万言不赘，今儿，就是醉了，心里也甜、也美呀。（端起酒）这碗酒，我干了！

高洪亮一饮而尽。

众叫好，碰杯，喝酒。

刘翰林 刚才，我说了，这酒是为谁喝的呀？

众　人 赵战生、陆洁。

刘翰林 对！咱们的"铁塔大王"赵战生进京参加"全国劳模大会"载誉而归，不但被毛主席接见了，并且还握了手。陆洁同志学成回国，衣锦还乡，荣归故里。这是我们何等的骄傲与自豪哇！在这里我要告诉大家，陆洁能够回到咱这儿，那真是不易呀！莫斯科动力学院没有留住她，北京、东北电管局也没有留下她，原因何在？我不说大家也都很清楚，那就是对咱银龙的这份永远也割舍不了的情，这份爱。不说了！（端起酒）这碗酒，我干了！

刘翰林一饮而尽。

众叫好，碰杯，喝酒。

高洪亮从兜里掏出一份文件，起身打开。

高洪亮 大家静一静，静一静。我宣布一下东北电管局的任命。前面我就不念了，免去刘翰林同志总工程师职务，任命陆洁同志为银龙送变电工程公司总工程师兼技术科科长。

众鼓掌叫好。

陆洁起身行礼致谢。

陆　洁　谢谢，谢谢。（端起酒）这碗酒我干了。

又是一阵欢呼。

陆洁坐下。

赵战生　（小声关切地）你行吗？喝这么多。

陆　洁　高兴，太高兴了。战生，你真的见到毛主席了，还握了手？

赵战生深情地望着陆洁点了点头。

陆洁赶紧在身上擦了擦双手。

陆　洁　来，让我也沾沾光！

陆洁紧紧地握住赵战生的手，他们心有灵犀地都端起酒杯起身。

赵战生　今天我们在这儿发个誓，生为银龙人。

陆　洁　死为银龙鬼。

他们说完共同一饮而尽。

众　人　（都端起酒齐声）对！生为银龙人，死为银龙鬼。

此时的气氛达到了最高潮……

第十三集

字幕：四年以后

银龙公司办公大楼　　日　外

银龙公司办公大楼外彩旗飘舞。

到处都是总路线、大跃进、人民公社等类的标语和宣传画。

高音喇叭播放着《社会主义好》的歌曲。

银龙公司办公大楼走廊　　日　内

司徒佑穿着银龙公司的工作服正在打扫走廊的卫生。

赵战生拿着一捆图纸经过这里。

赵战生　司徒，这么早就来打扫卫生，真难为你了。

司徒佑　应该的。

赵战生　好！大丈夫能屈能伸，真金不怕火炼。是非曲直自有公论。

司徒佑　谢谢！人在做，天在看。无论做什么，对得起党，对得起国家，对得起人民，对得起自己的良心就行。

赵战生　说得好！有时间，咱俩好好聊聊。

司徒佑　不好吧？

赵战生　兄弟，你记住，银龙这个地方还是讲理的。（拍着司徒佑的肩膀）坚持就是胜利。

赵战生说完离去。

旁　白　赵战生的亲切抚慰、真诚鼓励，就像一股暖流涌遍了司徒佑的全身。他望着赵战生的背影，感慨万千，自从下放到银龙以来，他所听到的、看到的，以及亲身体验到的有关赵战生的一切，让他更加理解了陆洁为什么那么钟情于他，能与这样的人为友，真是人生一大幸事啊。

司徒佑继续打扫卫生。

欧阳孝仁提着公文包经过这里。

欧阳孝仁　（恶意地挖苦）哎呀呀呀！这不是东北电管局的大才子，留苏的高才生，我们的顶头上司吗，怎么到我们这儿干起粗活儿了？这太阳究竟是从哪边儿出来的呀？不可思议，太不可思议了。

司徒佑气得手在发抖，他极力地控制自己，一言不发只管干活。

欧阳孝仁自觉没趣，色厉内荏地弹了弹衣袖，拢了拢头发，斜着眼睛瞅着司徒佑。

欧阳孝仁　我知道你不服。没办法，这就叫三十年河东，三十年河西。好好干，别偷懒！（咬牙切齿，小声地）臭右派。

欧阳孝仁说完，自鸣得意地迈着方步哼着小曲儿离开了。

司徒佑望着欧阳孝仁的背影，"呸"了一口。

司徒佑　无赖。中山狼！

银龙公司会议室　日　内

这是个班子会，研究海丰线 220 千伏线路设计和施工的问题。会议还没正式开始，人们相互闲聊。

薛　刚　（对身旁的陆洁）陆洁，你是专家肯定更清楚。我反复研究了海丰线的设计。司徒说得没错儿，这就是一个脱离实际、违反科学的产物。按照这个设计施工，非出事儿不可，而且会出大事儿！

陆　洁　是啊，头脑发热已经到了无以复加的地步，根本就不讲科学。

赵战生　有时头脑发热也不一定就是个坏事儿，敢想敢干嘛。不讲科学也可以理解，但最起码应该听听别人的意见吧。司徒仅仅用科学的方法论证了这个设计是不可行的，虽然没明确给他定性为右派，但被免职下放到咱这儿劳动。别说司徒佑没错，就是错了也不应该这样用人啊。这不是浪费人才吗？也好，上面不用咱用。

陆　洁　（捅了一下赵战生，十分担心地）你疯了？这不明摆着和上面对着干吗？这事儿非常敏感，把万局长都牵扯进去了。

高洪亮和刘翰林进来。

这三个人一见高洪亮和刘翰林进来都不作声了。

高洪亮　喊哪！再大点儿声，让满走廊的人都听见你赵战生的慷慨陈词。司徒的教训你还不吸取呀？找病！

赵战生　（不服地）那……

陆　洁　（赶紧拉了拉赵战生，小声地）行了，别说了。

高洪亮把本子往桌子上一摔，坐下。

刘翰林把一堆图纸放到桌上，也坐下。

高洪亮　那什么那，一点儿自我保护意识都没有。这都啥时候了，也不看看火候。现在开会。这次会议主要研究海丰线的设计和施工的问题。（停了一下）我想，这几天你们也都在认真地研究和准备了吧。首先，我宣布一条纪律，大家可以畅所欲言，不打棍子，不扣帽子，也不做记录，会后一律不准乱说。谈谈吧。

赵战生　经理，你到底是让说还是不让说呀？

高洪亮　你说呢？

赵战生　我，我整不明白了。

陆　洁　（小声地）你傻呀，会上你可以说，会后不准说。这是纪律。

赵战生　（想了想，顿时明白）啊，明白，明白了。

高洪亮　既然明白了，你就说吧。

赵战生　那我可真说了，不说得憋死。

众笑。

赵战生 我认为，这个设计就是一个脱离实际、违反科学的产物。现在喊出的口号是越喊越邪乎，"人有多大胆，地有多大产"。一亩稻田能打几千斤，怎么打的呀？领导来检查的头天晚上，把其他稻田的稻子都移到这亩稻田来。有一幅画，那家伙，一个胖娃娃能够躺在丰收的麦穗上竟然掉不下来。我就不明白，那么密的稻子连风都不透能长好吗？连最基本的农业常识都不懂吗？这样下去怎么得了！

高洪亮 哎哎哎！战生，扯远了，扯远了。

赵战生 没扯远！咱们海丰线的设计比稻子产量弄虚作假还严重，更可怕。

陆 洁 战生说得没错。这条线路的设计确实问题很大。咱别的先不说，就说增大塔间的距离吧，表面上看，确实比传统设计能节约一定的塔材，但这就必然要增加导线的长度，这将产生什么样的后果呢？一，导线和金具的重量增加了。我计算了一下，它们的荷重已经达到了两个塔之间所承受荷重的极限。二，导线加长了，在塔高不变的情况下，导线的悬垂度就增加了，距离地面的安全距离就减小了，甚至会碰到高的建筑物，极不安全。三，导线的长度增加，遇到风所产生的导线舞动的概率就会增大，舞动的幅度也会增大，不用十级以上的大风，我看五六级风就会形成导线舞动，造成崩断，甚至倒塔。这给国家所造成的损失将是无法估量的。

赵战生 这简直就是在犯罪！我们银龙绝不能助纣为虐。

薛 刚 对，我们绝不能干这种事儿。

陆 洁 我坚决支持他们俩的意见。这个工程，咱真的不能干！

高洪亮和刘翰林相互交流了一下，会心地笑了。

赵战生 （不解地）人家都急成这样，你们，你们还笑？

高洪亮 战生啊，战生，都说你人小鬼大，鬼点子多。你好好动脑子想一想。

赵战生 我想不明白。

高洪亮 干。

赵战生、薛刚、陆洁 （异口同声）啊？真干啊？

赵战生 真没想到你会这样。要干，你们干。我是坚决不干，爱咋咋地！

刘翰林 干！没有任何商量的余地。但是怎么干，这就有文章可做了。没错儿，刚才大家谈的都对。尤其，陆总分析得更加透彻。但顶着不干肯定不是上策，不但我们的风险大，司徒佑的问题也解决不了，万局长也难逃干系。因为，万局长对银龙的重视是人所共知的。战生，你那么聪明，就没想出点儿什么门道儿？

高洪亮 我看白瞎了万局长的一片苦心哪。还什么"铁塔大王"，是不是当了全国劳动模范，又见过毛主席，尾巴就翘到天上去了，就不知道北了？好好想想！

高洪亮的一席话，确实让赵战生冷静了许多，他快速地开动脑筋，寻找对策，终于想出一条妙计。他一拍桌子。

赵战生 有了！先搞几基塔进行试验，最多不超过十基。

陆 洁 塔址选在风口。

薛 刚 重要的是，一定要确保施工人员的安全。用事实说话。

刘翰林 对！这就是我和高经理经过深思熟虑所做出的决定。但这要经过组织程序，请大家举手表决吧。

刘翰林第一个举手。

其他的人也都举手。

高洪亮 好，一致通过，就这么定了。

刘翰林 这个报告我来写，大家多提意见，最后你定夺。

高洪亮 好吧，就这样。我再强调一下纪律，大家走出这个会议室，别说是敏感的问题，就是其他的问题，多一句话也不要说。如果，这个问题整清楚了，司徒佑的问题就能解决，万局长那就更好办了。大家能不能做到？

众　人 能。

高洪亮 好，散会！

陆洁办公室　日　内

陆洁开完会刚从外面进来，就听有人敲门。

陆　洁 请进。

门开了，欧阳孝仁进来。

欧阳孝仁 会开完了？海丰线咱们得干吧？

陆　洁 你怎么知道？

欧阳孝仁 这不明摆着吗？现在是箭在弦上不得不发，干也得干，不干也得干。司徒那小子不自量力，怎么样？"右派"的帽子戴上了。这叫什么？咎由自取。

陆　洁 （平静地）上面都定了，你就给定了。他只是下放到咱这儿劳动而已。

欧阳孝仁 只要这条线路一开工，他就得玩儿完。（咬牙切齿地自语）我叫你臭美，这就是和我争的下场！

陆　洁 人家和你争啥了？

欧阳孝仁 争啥？你不知道吗？

陆　洁 表哥，我看你是昏了头了。

欧阳孝仁 没有。我清楚得很！为什么到现在，你还不接受我？是不是因为他？

陆　洁 （脸色严肃，极力平复内心的反感）不是。我可以明确地告诉你，司徒确实对我好，说爱也行。但这也是不可能的。

欧阳孝仁 那就是说，你还想着赵战生。

陆　洁 （忍无可忍，厉声道）无聊！你给我出去，出去！

欧阳孝仁 （也动气）狗咬吕洞宾——不识好人心。陆洁！我告诉你，总有一天你会后悔的！

欧阳孝仁气急败坏地"呼"的一声把门关上，扬长而去。

某酒馆　傍晚　内

赵战生和司徒佑聊得非常投机，酒喝得也特别痛快。两个人碰杯同时干掉，又同时抢着给对方倒酒。还是赵战生手快，他抢过酒瓶给司徒佑倒酒。

赵战生 司徒，你抢不过我。

司徒佑 这个我服。我在东北电管局没出国之前就听了你不少动人的故事，出国后，陆洁给讲的就更多了。佩服，佩服。

赵战生 别听她瞎吹。说真格的，谢谢你司徒，你能把我当成朋友。陆洁确实值得你爱，你要继续坚持下去。

司徒佑　不行，不行，绝对不行！尤其，我现在这个德行，那不是给她添乱吗？而且，你应该知道，陆洁除了你以外，心里早就装不下任何人了。我太了解她了，我们是无话不说的红颜知己，但永远也不会发展到那一步。爱是什么？爱是一种无怨无悔的付出、奉献，而不是索取，更不是占有。爱一个人不一定能得到，得到的也不一定是真爱，爱情、婚姻、家庭这是一个复杂的结合体。看似完美的爱情，其结局都是悲剧。国外的罗密欧与朱丽叶，哈姆雷特与奥菲莉娅；我们国家那就更多了，最典型的梁山伯与祝英台，贾宝玉与林黛玉，等等，数都数不清。原因就是爱情不可能不受政治、经济，以及社会方方面面的制约。你知道这都是谁的格言吗？

赵战生　谁？

司徒佑　陆洁。

赵战生　啊？（仔细想了想）对，她就是这种人。我对不起她。

赵战生端起酒一饮而尽，眼睛湿润。

司徒佑也很动情。

一阵沉默之后司徒佑也端起酒杯一饮而尽，呛得他咳嗽两下。

司徒佑　战生啊，陆洁可从来都没有一点儿怪你的意思，她是那样地理解你，坚守你们那段最美好的爱情。起初我真的不理解，后来我渐渐理解了、明白了、接受了。这才是真正的爱情。并且，要向她那样对待爱情。爱一个人并不一定非要让对方接受，更不苛求非要得到。就像她对你一样，为了你她可以无怨无悔地和你一起去牺牲你们的爱情。多么崇高、神圣、悲壮！真令人赞叹、崇敬！你们的爱情已经超出了一般意义上的爱情而变成了一种超凡脱俗的境界……

赵战生　行了行了，你不要再说了。她越这样，我心里就越难受。

司徒佑　你千万不要这样，更不要为了所谓的赎罪，就给陆洁搞拉郎配，那是对你们圣洁爱情的亵渎。她已经把所有的爱都献给了祖国和人民，献给了她所热爱的电力事业，献给了银龙。

赵战生　（深情地）这里是她的根、她的魂。

司徒佑　没错儿。所以，她谢绝了苏联动力电气化部技术总局的挽留，北京和东北电管局的任用，毅然决然地回到你们银龙。说心里话，开始，我也不太理解。

赵战生　现在呢？

司徒佑　我被你们燃烧了、融化了、升腾了。

赵战生　太夸张了吧？不过，我看得出你很投入，也很动情。跟来的时候完全不一样了，在你的眼神中我看到了自信和坚强。

司徒佑　有人说，一个人的性格决定了他的生活。可我要说，一个人的生活又决定了他的性格。刚来的时候，我觉得天都塌了这辈子完了。人心险恶，世态炎凉，没有理可以讲。可到了你们这儿，大家是那样地重情重义，你敬我一尺，我敬你一丈。好事儿大家让，出了问题责任大家扛，重承诺，敢担当。当然，也有不怎么样的，但他绝对成不了气候，翻不了大浪。

赵战生　你指的欧阳孝仁吧？这种人你就不要理他。我听说，你们早就打过交道？

司徒佑　算了，算了，不提他了，扫兴！来来来，喝酒，喝酒。

赵战生　对对对，喝酒，喝酒。

两人越谈越起劲儿，酒自然也就越喝越起兴……

银龙公司办公大楼走廊　晨　内

司徒佑总是很早就来到公司，他要在大家还没有上班前，就把卫生打扫得干干净净。他拿着扫除工具刚从一楼上到二楼的拐弯处，就发现了一个用油墨印的类似宣传品的纸团。远处墙角也散落几张类似的东西，他下意识地把纸团扫进了撮子，好奇地从撮子里捡了出来，打开一看，他惊呆了！

上面竟是写着：右派司徒佑不好好改造，癞蛤蟆想吃天鹅肉穷追陆洁。赵战生作风败坏，吃着碗里望着锅里贼心不死。

他断定墙角那几张也是，紧跑几步推开厕所门，发现里面也有。

司徒佑气得浑身直抖。

司徒佑　卑鄙、下流、无耻、混蛋！

他气得"呼"的一声，把厕所门关上，拿着传单向高洪亮办公室跑去。

高洪亮办公室　晨　内

高洪亮正在和赵战生通电话。

高洪亮　战生啊，海丰线试验线段的施工进行得怎么样了？

赵战生　（听筒声）一切都在按照咱们的计划进行。虽然，大家都有些情绪，但活儿干得相当好。十基塔全部组立完毕，导线也挂上了。天公作美呀，从昨晚就开始刮风。各观察组都已经到位。现在风越刮越大，据气象部门预测最大风力可达七级到八级。报告完毕。

高洪亮　真是天助我也，太好了！安全，一定要保证人员的安全！坚决不能出事儿！

赵战生　（听筒声）是，保证完成任务。

一阵急促的敲门声打断了他们的通话。

高洪亮　好，就这样。进来。

高洪亮放下了电话，司徒佑气哄哄进屋，把一张发皱的传单放在高洪亮的办公桌上。

司徒佑　高经理，您看看吧。

高洪亮拿起传单一看，气得他把传单"啪"的一声，拍在桌上。

高洪亮　太不像话了！造谣、攻击！在哪儿发现的？

司徒佑　二楼楼梯拐角儿。

高洪亮　别的地方还有没有？

司徒佑　有。二楼走廊墙角、厕所都有。

高洪亮　他妈的，翻天了。

高洪亮抓起电话。

高洪亮　接保卫科，王科长吗？马上到我这儿来，越快越好。

刘翰林拿着传单推门而进。

刘翰林　老高哇，今儿早上一开门我就发现了这个，（举起传单）这简直是造谣，无耻的诽谤！

司徒佑见两个领导都知道此事了，自解地说。

司徒佑　既然两位领导都知道了，你们忙，我走了。

高洪亮　司徒，是非曲直自有公论。放心吧，我们一定会处理好的。

司徒佑 我，我完全相信。

司徒佑说不下去了，他匆匆地走出办公室。

刘翰林 多好的同志啊。

高洪亮 可不是。翰林，你分析这是谁干的？

刘翰林 除了欧阳孝仁，还有谁？

高洪亮 对，就是他干的。可是证据呢？我们需要证据。

男厕所门外走廊里　日　内

这里围了不少人，牛二虎等人气愤地直骂。

牛二虎 这他妈是谁干的？有种的站出来。

墩子拿一张传单跑过来。

墩　子 二虎，咱屋也有一张，太损了。

欧阳孝仁从技术科走过来。

欧阳孝仁 （假装不满）啥事儿啊？满走廊吵吵，还让不让办公了？

牛二虎 呀嗬，装得挺像啊。说实话，（拿着传单）这是不是你干的？

墩　子 我看就是他干的。

欧阳孝仁 啥玩意儿啊就说我干的。（抢过传单，看了看）牛二虎同志，说话要有证据。（拍拍二虎的肩膀）还是管好自己的女人吧。

牛二虎 你放屁！（揪住欧阳孝仁的衣领子）大丈夫敢作敢当，有种的就公开干，孙子才干这种下三烂的事儿呢！别惹我，小心我揍扁你！滚！

牛二虎用力一推，欧阳孝仁跟跄摔倒，他坐在地上指着牛二虎。

欧阳孝仁 你敢打人！牛二虎，打人是犯法的。

牛二虎 你造谣惑众同样犯法。小样儿，爷爷还没动手哪，你要再敢滋楞毛儿，我就废了你。

欧阳孝仁 你敢？

牛二虎 你看我敢不敢。

牛二虎咄咄逼人地走过来，吓得欧阳孝仁快速地爬起来，跑进了技术科。

牛二虎 呸，不要脸的东西。

众起哄拍手叫好。

高洪亮办公室　日　内

高洪亮和刘翰林正在交谈。

高洪亮 翰林，你说欧阳孝仁为什么要这么干？

刘翰林 这不明摆着吗？他一直都在追陆洁，可陆洁喜欢战生，后来战生娶了秀香，他感到机会来了，可没想到半路杀出个司徒。而且，在各方面都比他强，他又感到没戏了。这回司徒被下放到咱这儿劳动，他感到机会又来了。

高洪亮 所以就先发制人，把他俩都整臭。

刘翰林 没错儿，就是这回事儿。

门外有敲门声。

高洪亮 请进。

王科长进来。

王科长 两位领导都在。我查过了，昨天欧阳孝仁走得最晚，都半夜了才走。我估计他是趁半夜没人干的，别人干不出来这种事儿。

高洪亮 光靠推测不行，必须拿出证据。继续查，一查到底，一定查个水落石出。

王科长 是，我们一定抓紧查。

就在这时电话铃响。

王科长迅速离开办公室。

高洪亮拿起电话。

高洪亮 喂，是战生啊。好，你说。

赵战生 （听筒声）报告经理，1958 年 5 月 20 日上午 9 点 10 分，海丰线试验线段发生倒塔。当时，风力也就六级左右，导线舞动非常厉害，塔身摇晃，大部分导线相撞、缠绕、崩断，十基塔相继倾倒，整个过程持续不到十分钟。报告完毕。

高洪亮 这么说，你们的实验报告和事故报告都已经写完了吧？

赵战生 （听筒声）那当然了。有陆洁在，这都是小菜儿。

高洪亮 好，干得漂亮。保护好现场，我立刻向东北电管局汇报。你们立刻做好接待调查组的一切准备，我们现场见。

赵战生 是。

高洪亮放下电话，兴奋地和刘翰林击掌。

放学路上　日　外

高小兵和刘丹都斜背着书包在前面走，秦继伟左手夹着书包气喘吁吁地从后面跑上来。

秦继伟 不是都说好了吗，让你们等我一会儿，为什么说话不算数？

高小兵 我们都等你老半天了，不就扫个除吗，咋磨叽了这么长时间。

秦继伟 那不得认真点儿呀？谁像你，净糊弄。

高小兵 我那叫会干、巧干，你懂不懂？老师都表扬过我。瞧你那笨样儿，背个课文都吭哧瘪肚的。

刘　丹 你们俩咋到一起就没好事儿呢？

高小兵 这怨我吗？你说，咱俩等没等？马路牙子都快踩平啦。

刘　丹 （朝高小兵娇嗔地撇了撇嘴，对正擦着额头汗水的秦继伟）继伟，我们确实等了。你这时间也太长了。

高小兵 怎么样？

秦继伟 （憨态可掬地）对不起，那我错怪你们了，都怪二毛那小子不干活，还捣乱。太气人了！

高小兵 那小子就是欠揍。

秦继伟 我可不真想揍他咋地。后来一想，算了，自己多干点儿也没啥。

刘　丹 我看继伟做得对，不像你，动不动就打人。

高小兵 我没打好人，要不是那小子偷你橡皮，还欺负你，我能打他吗？没良心。行，以后你的事儿我不管了。走，继伟。

高小兵拉着秦继伟就走，刘丹知道自己错怪了小兵。

刘　丹　小兵，你别生气。

高小兵　（虎着脸不作回应，对秦继伟）不和她好了，我们走。

刘　丹　小兵，小兵。我错了还不行吗？

刘丹说着说着就哭了，秦继伟见状拉住小兵。

秦继伟　行了，小兵，刘丹都认错了。

高小兵　这还差不多。（主动拉着刘丹的手）走吧，今天到我家写作业。

刘　丹　（破涕为笑）那走吧。

三个孩子手拉手，连蹦带跳地跑远了。

银龙公司办公大楼前　日　外

春意盎然。院内，垂柳枝芽吐着新绿。

那辆美式中吉普在银龙公司办公大楼前停下。

高洪亮、刘翰林、赵战生、陆洁、薛刚等从车上下来，径直走进办公楼。

银龙公司办公大楼内　日　内

进楼后，他们从前厅、过道、走廊，一直聊到上楼。

刘翰林　看来，有些事儿真不能硬顶。

赵战生　我现在更加明白了"政策和策略是党的生命"。

高洪亮　还觍脸说呢，是谁光顾出气了？

赵战生　还能有谁，我呗。

高洪亮　知道就好。

赵战生　不管怎么说，我们干得咋样？

高洪亮　没说的，漂亮。

赵战生捅了一下薛刚，示意他。

赵战生　那是不是得意思意思呀？啊，薛刚？

薛　刚　那还用说。

高洪亮　不就是馋酒了吗？好，翰林啊，你看……

刘翰林　我安排，晚上见。

他们各自开门进自己的办公室。

高洪亮办公室　日　内

高洪亮刚进办公室电话铃就响了，他赶紧去接电话。

高洪亮　（拿起电话）对，我是高洪亮。什么？马上让司徒估回东北电管局？啊，啊，晋升为科技部总工了？好，好，太好了。我马上通知他。啊，啊，海丰线正在重新设计。好，好。请领导放心，我们已经做好了海丰线进点儿的一切准备，只要东北电管局一声令下，我们立即出发。

银龙公司食堂　晚　内

菜都齐了，就等高洪亮和司徒佑。

刘翰林、赵战生、陆洁、薛刚等聊得非常起劲儿。

赵战生　爱谁谁呀，咱们经理就是高明。

薛　刚　那当然了。这叫一箭三雕。首先解决了设计脱离实际的问题。其次，为司徒恢复工作提供了依据。再有，也化解了万局长的窘境。

陆　洁　更重要的是，避免了给国家造成巨大经济损失。

刘翰林　所有这些也说明了我们东北电管局还是讲科学，重实践的。那些头脑发热，脱离实际放卫星的人毕竟还是少数。

陆　洁　对对对。这次现场会就充分证明了这一点。不少专家都私下里跟我说，大家都心知肚明，可谁敢说呀？这事儿也就你们银龙吧，换个地方，绝对不行。而你们，那是有理、有利、有节。确实高人一筹哇。

高洪亮和司徒佑从外面进来。

高洪亮　嚯，真热闹啊。

众人立刻站起来和司徒佑握手。

赵战生　来来来，坐这儿，坐这儿。

赵战生拉着司徒佑坐在自己和陆洁中间。

其他人也都纷纷落座。

高洪亮拿起酒瓶刚要开酒，赵战生敏捷地抢先拿过来给大家倒酒。

赵战生　还是我来吧。

高洪亮　也好。我先通报一下，海丰线正在重新设计，司徒明天就回东北电管局，并且，晋升为科技部总工程师。今天这酒，你们说咋喝？

赵战生　高高兴兴，痛痛快快，敞开儿喝！来来来，满上、满上。

司徒佑　酒逢知己千杯少。

薛　刚　话要投机唠通宵。

陆　洁　难得有这样的机会，今天，我也豁出去了。

刘翰林　司徒，你是大机关来的，千万别见笑，我们就这"德行"，不喝则已，要喝就喝它个天翻地覆。

高洪亮　翰林说得对。我们就这"德行"。

司徒佑　我就喜欢你们的这种"德行"。侠肝义胆，热情豪放，大智大勇，出师必胜。

高洪亮　既然喜欢，那我们就是"臭味儿"相投了。来，这第一杯酒，就为我们的"臭味儿"相投，干杯！

众都端起酒杯一饮而尽。

司徒佑和赵战生几乎同时去拿酒瓶。

赵战生望着司徒佑诚恳的眼神，他把手拿开了。

司徒佑十分感激，他拿起酒瓶给大家倒酒。

司徒佑　（深情地对战生）谢谢。（冲着大家）对不起，失礼了，我实在憋不住了。"臭味儿"相投，这是一个多么诙谐、亲切、而又充满深情厚谊的称谓。其实，从我下来的那一天开始你们就没有把我当外人。真是路遥知马力，患难见真情。就为这，我连干三杯作为对银龙、对大家的感谢。

司徒佑果然连干三杯。

陆　洁　（关切地）司徒，你疯了！（对大家）他没有酒量。

赵战生　是啊司徒，你这是干啥，咱们还长着呢，慢慢来，慢慢来嘛。

高洪亮　战生，（深情地）该让他释放了。

司徒佑　（喝完了三杯后，一抹嘴）其实一个"谢"字，根本就表达不了我们之间的那种无以言表的深情厚谊。一句话，没有银龙就没有我司徒的今天！大恩不言谢。我已经想好了，什么东北电管局、总工，狗屁！我哪儿都不去，就在银龙扎下了。哪管继续扫地，我也无怨无悔！因为在这里，我找到了做人的尊严，体会到了人间的真情，更感受到了兄弟同心其利断金的力量。我越来越明白了，为什么陆洁哪儿都不去，非要回银龙的真正原因，这里就是她深深扎根于心灵的根，不灭的魂，温暖的家！

司徒佑再也控制不住自己，终于哭出了声来……

旁　白　人是个特殊的动物，当他的情感达到最高峰的时候，就往往缺乏理智；尤其，在心灵遭受巨大创伤，蒙受不白之冤的时候，就更需要释放、宣泄……

大家被司徒的真情所感动，抚慰着他、劝他。

银龙公司办公大楼前　日　外

高洪亮等送司徒佑从大楼走出。

他们来到那辆中吉普前。

司徒佑　（含着眼泪）谢谢，谢谢！真不好意思，昨晚儿失态了，失态了……

高洪亮　理解，理解，非常理解。

司徒佑　还是您说得对，应该从大局出发，还是回去。

刘翰林　说实话，我们巴不得你能留下。可是……

司徒佑　明白，明白。（对高洪亮）听君一席话胜读十年书。君子有所为有所不为，夹着尾巴做人没有坏处。放心吧，银龙的魂已经融化在我的血液中了。（拱手）大恩不言谢，来日方长。

司徒佑挥泪告别。他们含泪——握手、拥抱。

高洪亮　好了，好了。送君千里终有一别，上车。我和翰林就不远送了，战生、陆洁、薛刚你们去送司徒。

赵战生　好嘞。

司徒佑、战生、陆洁上车。

薛刚上车后启动。

他们挥手告别。

车渐渐远去。

大街上　日　外

中吉普在大街上行驶。

车上　日　内

薛刚开着车，他们谈笑风生。

赵战生　司徒，怎么样？咱们薛副经理亲自给你开车，够级吧？

司徒佑　那还用说？太提气了。说实话，我真舍不得离开银龙，更不想离开你们。

司徒佑的眼圈又红了。

陆　洁　（含泪笑着说）好了，好了，又来了。不说这些，太伤感了。哎，我听说，咱们国家正考虑在西北建设 330 千伏的输电线路呢。

司徒佑立刻来了兴致，他擦一下眼泪。

司徒佑　是啊，如果，西北上 330 千伏线路，那我们内地就要上 500 千伏线路了。

陆　洁　没错。

赵战生　不管上多少千伏，第一条，都得我们干！

薛　刚　那是啊。

司徒佑　非银龙莫属。

陆　洁　（非常感慨地）我们要干的事情太多了。

司徒佑　你是不是在做这方面的研究？

陆　洁　是啊，要不回来干啥？

司徒佑　悠着点儿，别累坏了。战生、薛刚你们可要注意，她可是个拼命三郎，世界级人物。保护不好她，我找你们算账。

赵战生和薛刚　是，总工大人。

四个人开怀大笑……

街上　日　外

中吉普渐渐远去，消失在车流之中。

陆洁办公室　晚　内

赵战生、薛刚在陆洁的办公室研究海丰线施工的问题。

赵战生　（看完图纸）哎，这就对了。要早这么整，何必费咱们那么大的劲儿。劳民伤财！

薛　刚　这就叫坏事儿变好事儿。咱要不这么整，说不定这条线路就上马了，到那个时候，那给国家会造成多大的经济损失呀。

陆　洁　好了，好了，你们是不是没事儿找事儿呀？说这些还有意义吗？高经理的约法三章你们又都忘了吧？现在关键的问题是如何把这个工程干好。

赵战生　对对对。这可不是吹，干 220 千伏线路咱们是轻车熟路，没问题。

薛　刚　那当然了。现在不是还有你嘛。有这么大的专家给我们保驾护航，还怕干不好这个工程？再说，咱们不是早就做好了进点儿的一切准备了嘛。

陆　洁　薛刚，你又忽悠我，（感慨地）时光催人老哇。

赵战生　姐，你根本没老。（捅一下薛刚）

薛　刚　（会意）那还用说，越来越成熟，越来越年轻，越来越漂亮，越来越……

陆　洁　说呀，往下说呀？没词儿了吧？

赵战生　姐，我们是说，趁着你还年轻……

陆　洁　打住。我就知道，你们俩今天来就没好事儿。搞拉郎配是不是？

赵战生和薛刚哑口无言，面面相觑。

赵战生　姐，你就这样一个人生活下去，我，我受不了。

薛　刚　是啊，我们大家都替你着急。其实，司徒这个人……

陆　洁　你们要是再提这些就给我出去。同情我、可怜我是不是？可你们理解我吗？不理解，一点儿都不理解！

陆洁伤心地流下了热泪，陆洁这一举动，弄得赵战生和薛刚不知所措。

陆洁平静一会儿。

陆　洁　战生，你不要老觉得对不起我。如果，我不理解你，那我就不是陆洁，更不配做你姐！可是，你理解我吗？是！司徒非常优秀，对我也非常好，说爱也行。但我不能欺骗自己，更不能欺骗他。我的爱情永远定格在出国前。

薛　刚　这，这现实吗？你总不能一个人过一辈子吧？

陆　洁　为什么不能？我觉得这样非常好。我可以全身心地投入到我所热爱的事业，追逐我的梦想，不，应该说是我们共同的梦想，不然我回来干啥？别人不理解我，无所谓。你们也不理解我，太让我失望了……

陆洁的肺腑之言，让赵战生和薛刚无言以对，更不知所措。

陆洁极力控制自己。

陆　洁　你们走吧，让我静一静。

赵战生和薛刚进退两难，不知道走好，还是不走好。

陆　洁　没听见吗？我让你们走，快走！

赵战生　姐，你别生气，我们走，我们走。

两个人悻悻地不得不离开陆洁的办公室。

他俩走后，陆洁哭得更厉害。

牛二虎家　傍晚　内

牛小虎跪在地上，牛二虎气得拎着皮带满地转。

牛二虎　（大声吼道）你这个不争气的东西，今天又死哪儿去了？

牛小虎　没上哪儿，上课了。

牛二虎　放屁！老师家访刚走。说，到底干啥去了？

牛小虎　和华志强玩儿去了。

牛二虎　这么点儿你就敢逃学，还敢撒谎。胆子也太大了。我打死你！

牛二虎抢起皮带就抽。

牛小虎　（哭喊着求饶）爸，别打了，下回不敢了。

二虎妻　（夺下皮带）他参，别打了，孩子都认错了。就饶了他吧。

牛二虎　（气得冲着妻子）都是你惯的。

二虎妻　对，都是我惯的！你是干什么吃的？一年三百六十五天，你在家待几天？我是又当爹，又当妈，柴米油盐，大事小情哪件不得我张罗？我容易吗？（说着说着就哭了起来）小虎

哇，你咋就不让妈省心哪!（哭得更厉害）

牛小虎 （劝他妈）妈，我错了，以后一定改。你别哭了，别哭啦。

牛二虎 这还像句人话。孩子，你妈不容易，你爹就容易吗? 一年四季风里来雨里去，数九寒天也得干哪! 有什么办法，这就是你爹的工作。小虎哇，人往高处走水往低处流，咱得向好的学习，你看小兵哥、继伟哥、刘丹姐那学习都呱呱叫! 爹不求你学得像他们那么好，可咱也得差不离儿吧?

牛小虎 爸，我记住了。

牛二虎 记住就好。起来吧，赶快学习去。

这时外面响起了口哨声。

小虎偷偷地溜到窗前，冲着窗外比画，"不行"。

华志强迟迟不走。

二虎妻 得，又来勾魂了。

牛二虎 敢去，看我不打断你的腿。

牛小虎 谁去了?

牛二虎 （来到窗前，冲着窗外大喊）滚，滚犊子! 以后少找我家小虎。该干啥干啥去。

华志强悻悻地离开。

陆洁办公室　夜　内

快过元旦了，陆洁更加紧张忙碌。

办公桌、凳子上、茶几上到处摆满了各种书籍、资料。

她在埋头研究问题，听到有人敲门。

她头也不抬地说了声。

陆　洁 请进。

欧阳孝仁哼着《祝你生日快乐》，捧着鲜花，拎着生日蛋糕进来。

陆洁抬头见欧阳孝仁这一出不解地问。

陆　洁 表哥，你这是?

欧阳孝仁 祝你生日快乐!

陆　洁 今天是我的生日?

欧阳孝仁 千真万确，12 月 27 日，正是今天。

欧阳孝仁把蛋糕放下，双手捧着鲜花送给陆洁。

陆洁接过鲜花。

陆　洁 谢谢表哥。都把我忙糊涂了，早就忘到脑前脖子后了。

欧阳孝仁打开生日蛋糕的包装。

欧阳孝仁 看，这是为你特意定做的生日蛋糕。本来想请你到外面去吃，怕你不赏脸，只好这样了。

陆　洁 表哥，我很感动。快坐吧。

欧阳孝仁坐下，陆洁给欧阳孝仁倒水。

陆　洁 表哥，问你一件事儿，那小字报是不是你弄的?

陆洁端着水送给欧阳孝仁，欧阳孝仁接过水。

欧阳孝仁 （脸色一红，赶紧喝了口水，借烫嘴掩饰，随即矢口否认）我？我能干那种事儿吗？你把表哥看成什么人了。

陆 洁 最好不是你。说实话，怎么埋汰我，无所谓。不应该埋汰人家赵战生和司徒哇。说人家右派？谁给定性了？现在回去了，当上了总工。

欧阳孝仁 那还不都是咱银龙的功劳吗？就凭他？小样儿。当个破总工有啥了不起的，他就是当上局长，我也不服他！

陆 洁 不打自招了吧？我就不明白，人家招你惹你了，采取这么卑劣的手段造谣生事，有意思吗？

欧阳孝仁 我看到别人对你好就来气。

陆 洁 太自私了吧？

欧阳孝仁 爱情就是自私的，唯一的，排他的。

陆 洁 我早就跟你说过，我接受不了你的这种爱。过去不行，现在不行，将来也不行！你应该明白。

欧阳孝仁"扑通"给陆洁跪下，摆出一副可怜巴巴的样子，声泪俱下。

欧阳孝仁 小妹，你可怜可怜我吧，为了你，我什么都没了。家里不认我，朱晓婷早就和人结婚了，孩子都上学了，我事业无成，到现在还是个工程师；可是我不后悔。为了你，所有这些都无所谓！难道你就这么狠心吗？在这个世上，我可是最疼你、最爱你，为你可以去死的亲表哥呀！

陆 洁 这些我都知道。我也曾多次强迫自己尝试去接受你。

欧阳孝仁一听说到这儿破涕为笑，立刻起来。

欧阳孝仁 我就知道你是爱表哥的。你放心，以后我保证处处听你的，你让我向东，我绝不向西。

陆 洁 听我把话说完。没有办法，我真的接受不了你。

欧阳孝仁 没有赵战生和司徒你肯定会接受我的。

陆 洁 所以，你就……

欧阳孝仁 对，就是我干的。他们不让我好，我也不让他们快活。量小非君子，无毒不丈夫。

陆 洁 （无奈地自语）真是无药可救了。（极力控制自己）表哥，谢谢你的花和生日蛋糕。你走吧。放心，这事儿我是不会说出去的。恕我直言，过去，我觉得你自私自利，心胸狭窄，不够爷们儿。现在，我是彻底看清了你卑鄙、龌龊、肮脏的灵魂。表哥，我求求你，走吧。别逼我，不然，我会疯的……

陆洁泪流满面，她实在说不下去了。

欧阳孝仁再一次给陆洁跪下，声泪俱下，并不断扇自己耳光。

欧阳孝仁 我不是人，我该死。我对天发誓，这些都是为了你呀。我爱得痴情，爱得发狂，爱得神魂颠倒，才做出了蠢事，原谅我吧小妹。没有你，我一天也活不下去呀。我求求你，求求你嫁给我吧，我一刻也等不了了……

欧阳孝仁跪着往前行，要去抱陆洁的腿。

陆 洁 出去，你出去！

欧阳孝仁 我的心肝，我的宝贝，可怜可怜我吧。

欧阳孝仁跪着一把抱住陆洁的腿，陆洁挣脱。

陆　洁　行了！别闹了！你到底走不走？

欧阳孝仁　我不走。

陆　洁　好，你不走我走。

欧阳孝仁恼羞成怒，他"呼"地站起来。

欧阳孝仁　姓陆的！你别逼人太甚。我欧阳也不是好惹的，咱们走着瞧！

欧阳孝仁将门"呼"的一声关上。愤愤离去。

第十四集

高洪亮办公室　日　内

春节前，海丰线胜利竣工，银龙已班师回朝，高洪亮正在打电话。

高洪亮　对对对，那可不，海丰线竣工了，是得让这小子回去了。行行行，就按你说的办。可有一条，你不能太拼了，你要是累坏了，万局长非找我算账不可。重要的是，我们要保护好你这个国宝级人物，绝对不是开玩笑，陆洁，听我的，不，应该说听大家的好吗？哎，这就对了。

有敲门声。

高洪亮　可能这小子来了，好，就这样。请进。

高洪亮放下电话，赵战生推门进来。

赵战生　经理，又有任务了？

走到椅子前坐下，高洪亮起身倒水。

高洪亮　有哇。赶紧收拾收拾回张庄。（端着倒好的水）这一晃，又两年没回去了吧？（把水递给赵战生）

赵战生　（接过水）可不是。

高洪亮回到原位。

高洪亮　都是我不好。饱汉子不知饿汉子饥，陆洁批评得对呀。女同志就是心细，刚才来电话又批评我了。

赵战生　我看，咱们谁也别说谁。都那样儿，干起工作个个不要命。

高洪亮　（无限感慨地）所以，我们更应该互相关心，互相爱护，互相帮助。战生，你说陆洁老这么一个人，我这心里……

赵战生　得，千万别提这事儿。你说司徒那个人多好哇，有一回我和薛刚去劝她，好家伙，急眼了，把我们给撅出来了。还伤心地说，我们不理解她。

高洪亮　是啊，陆洁的思想境界和追求是常人无法理解的。你赵战生不也这样吗？一句话，为了祖国的电力事业，你们什么都可以奉献，什么都可以牺牲！（自语）就像蜡烛一样，燃烧自己，照亮世人……

高洪亮说不下去了，眼泪一滴一滴地滚落下来。

山路上　日　外

银龙那辆熟悉的中吉普在银装素裹的山路上奔驰。

车上 日 内

薛刚悠闲自得地开着车，赵战生坐在副驾驶位置上。后面座位上方小玲坐中间，一边是薛大龙，另一边是薛小凤，他们都非常开心，话也就自然多了。

薛小凤 妈，这车是缴获敌人的吗？

方小玲 是啊。

薛大龙 解放军就是厉害。爸，你打死过国民党反动派吗？

薛 刚 我？我是给司令员开车的，一般不参加战斗。你赵叔厉害，他是战斗英雄，立过很多战功。

薛小凤 噢，我想起来了，老师给我们讲了，赵叔是全国劳动模范，还见过毛主席呢。

薛大龙 对。他从北京开会回来，咱们还去车站欢迎了呢，小兵哥和刘丹姐还给赵叔献花了呢。

赵战生 （十分感慨地自语）城里的孩子和农村的孩子就是不一样，见识多，懂得的东西也多呀。

薛大龙打个哈欠。

薛大龙 怎么还不到哇？我都困了。

薛小凤 我也困了。

方小玲 那就赶紧睡。等你们一睁眼睛就到家了。

薛大龙 那可太好了。我睡。

两个孩子不一会儿都睡着了。

窗外掠过银白色的山川，雪满枝头的树木。

赵战生 怎么样？累不累？

薛 刚 这算啥，想当年打锦州那会儿，老子一口气开了两天一夜。

赵战生 是啊，有时候一想，很多事儿就好像昨天发生的。往事不堪回首哇。

薛 刚 可不是。战生，这次咱俩能一块儿回来，真得好好感谢陆洁。没有她，你能回来，我就不好说了。更没想到的是，还能让咱开车回来。

赵战生 我听说，她给团长算了一笔账，油钱和我们俩往返的火车、汽车，还有住宿费大体相当。而且，时间短，机动性大，一旦有什么情况，我们可以随叫随到。而最重要的是公司的形象，她问团长，你知道外面都管我们叫什么吗？

薛 刚 "远看是逃荒的，近看是要饭的，仔细一看是送变电的"呗。

赵战生 对，就这句话对团长刺激非常大。然后，她接着说，你让战生他们像驴似的扛着大包小绺地回家，那可是咱们银龙的两个副经理呀，叫不叫人家笑话？再说了，你就不心疼啊？团长二话没说，行行行，就按你说的办。

薛 刚 说实话，陆洁这个人总是替别人着想，重情重义，恨不得把心都掏出来。司徒说得对，她不是人是神，真是可望而不可即呀。她心胸开阔能容得下大海，她信守承诺，痴心不改，笃信爱情，矢志不渝。她现身祖国的电力事业，无怨无悔。她一边干工作，一边搞科研，你看瘦的，真让人心疼啊！哎，战生，你就不能劝劝她？

赵战生 她那个人你能劝得了吗？认准的事儿，十头牛都拉不回来。你忘了，那天咱俩去说司徒的事儿？

薛　刚　好家伙，那把咱俩损的，屁都不敢放。人家说得在理儿，陆洁真想跟司徒的话，还用别人说吗？那不早就成了吗？

赵战生　对呀。还有，苏联最著名的电力专家彼得洛夫也非常喜欢她，要把她留在顶级的科研单位，她就是不干。看来，咱们还是真不了解她，所以，就很难理解她。（有些哽咽）不说了。

一阵沉默……

方小玲在后面越听越入神，他们突然不说了，急得方小玲直央求。

方小玲　说呀，怎么不说了？陆洁到底跟你们说了些啥？我看司徒和她挺般配的。

薛　刚　谁都这么看，可陆洁就是不接受，司徒还非常理解她。哪像有的人哪，把家都作翻天了，就怕别人不知道。

方小玲　待着！那咋地，说明我方小玲和女神一样有眼力。你就偷着乐吧，捡个大便宜。求求你们了，陆洁到底跟你们说些啥？

赵战生　这辈子就这么一个人过了，谁跟她谈这事儿，她就跟谁急。她把自己早就和电融在一起了，并为此献身！（无限感慨地）没有她那样干的，简直就是玩儿命啊！

方小玲　你们这帮人哪个不是这样儿，一个赛一个！战生，你跟我说实话，她是不是还想着你呢？

薛　刚　废话！能忘吗？那是一生一世刻骨铭心的爱呀！

方小玲　嗬嗬嗬，还挺能整词儿的呢，不过，太有道理了。薛刚，（竖大拇指）你挺了不起呀。

薛　刚　我有那两下子吗？这是陆洁的原话。

方小玲　她跟你说的？

薛　刚　她给我和战生信上写的。

方小玲　哎呀呀，战生，你把陆洁的信都给他看了？

赵战生　对呀，所有的信他都看过。

薛　刚　这有啥大惊小怪的。我们俩谁跟谁呀？

方小玲　那倒是。不然，我也不会嫁给你。

薛　刚　这么说，你现在还想着战生吧？

方小玲　说实话？

薛　刚　当然说实话了。

方小玲　不生气？

薛　刚　绝对不生气。

方小玲　陆洁说得真对。有时候，一想那回子事儿，真挺有意思的，鬼迷心窍，我和秀香一起抢这小子，可是我们俩谁都不恨谁，后来知道陆洁和战生的事儿，也都觉得对不起陆洁，可是那个时候……（害羞地）哎呀，不说，不说了。

赵战生　人和动物的最大区别就在于，人有感情，但能控制感情。而这种控制是建立在良心、道德和法律的基础上。

薛　刚　说得太对了。你赵战生不是拈花惹草，见异思迁，是为了那条比生命还重要的线路。你这个人就是心太软，既不想伤害陆洁，也不想伤害秀香和小玲。因为，她们都是真心实意地爱你，这一点，别说秀香，小玲都可以作证。

方小玲 对对对，就是这么回事儿。

薛 刚 所以，陆洁非常理解你。但她能忘了你吗？不能，根本不能！反过来，你能忘了她吗？更不能！但有良心、道德和法律的约束，你们都能控制自己，绝不能做出任何出格的事儿，只能深藏在心底。你希望她找一个，她希望你和秀香过得更好。而且，你们俩还有一层关系，那就是姐弟关系，我认为，现在她把所有情感都凝聚在这种关系上，陆洁，的确是天上难找、地上难寻的女神啊！

方小玲 哎呀呀，薛刚，没看出来，你分析"倍儿"透。

赵战生 爱一个人和被爱都无可厚非，关键看你去怎么爱。像欧阳孝仁那样，别说陆洁，一般人都接受不了。

薛 刚 这种人不值得一提。还整传单了，亏他想得出来！卑鄙、无耻、下流。

方小玲 我好像也听说了一点儿，到底是咋回事儿啊？

薛 刚 造陆洁、战生、司徒他们三个人的谣呗。

方小玲 他这不是傻吗？陆洁不得恨死他呀？

薛 刚 这就叫聪明反被聪明误，偷鸡不成倒蚀把米。

方小玲 女人的直觉最准了。我一看那小子就不地道。别说陆洁了，我都看不上他。哎，你们说，这世界之大真是无奇不有。人的一生也确实不容易。不知道你能遇到啥人，也不知道能遇到啥事儿。认死理儿，一条道跑到黑的人不光陆洁，我哥不也那样吗？

薛 刚 哎呀，小玲。你说得太对了！别人给他介绍了那么多对象，他连看都不看，咱们谁都清楚，不就是过不了秀香这个坎儿吗？用时髦的话说，就是太爱秀香了。可他知道自己和战生没法比，他只能放弃，并把这种爱深深地埋在心里。我们谁都不怀疑他这样做会破坏秀香和战生的婚姻。恰恰相反，他真希望秀香过得更好。在这点上看，他和陆洁一样，可歌可泣，令人敬佩。过去不理解，现在越来越明白，越来越理解了。哪像欧阳孝仁那个王八蛋，就是一条疯狗。

方小玲 行了，行了，别提他了。闹心！

赵战生 也是。谈点儿高兴的事儿吧。我透露一下，陆洁正在研究500千伏超高压输电问题呢。据说，国家下决心了，所有设备都要国产化，尤其是主要设备。

薛 刚 是吗？那可太好了。

赵战生 我听团长说，为了研究国产500千伏变压器，司徒决定离开东北电管局到华夏变压器厂。报告已经打上去了，就等批了。其实陆洁和司徒在苏联就开始做这方面的准备了。

薛 刚 啊，我想起来了，陆洁回来的时候，带了好几个大箱子，估计就是书等研究资料。

赵战生 你算说对了。我真怕把她累坏了。

陆洁办公室　夜　内

办公桌上堆满了各种书籍、资料和图纸。

陆洁查阅资料，不时地计算、思考、写论证方案。

时钟不停地转动，昼夜交替。

张庄 日 外

中吉普驶进张庄，车后面跟着一群小孩，不少人出来看热闹，议论纷纷。

张家院外 日 外

汽车在张家门前停下，薛刚、赵战生跳下车，往下搬东西。

方小玲从车上下来，抱下大龙和小凤。

张爷爷、张奶奶、秀香和建华闻声迎了出来。

赵建华 爹，我可想您了。您瞧瞧，我给您练两手。

赵建华有模有样地练了起来，大家鼓掌加油。

大龙和小凤急着喊。

薛大龙 太厉害了！爸，我也要练。

薛小凤 我也要练。

薛　刚 行，赶明儿个叫战生叔教你们。

方小玲 秀香，想死我了。让我看看，（端详）哎呀，瘦多了。

张秀香 你可是越来越漂亮了。走走走，快进屋。

方小玲 不了，改日吧，反正过了年才走，有时间。家里都等着呢。

张秀香 那也好。

薛刚帮着赵战生往屋里搬东西。

薛大龙和薛小凤跟着赵建华有模有样地练起了武术。

方小玲和秀香唠个没完。

张爷爷和张奶奶看到此景乐得合不上嘴。

东西搬完了，薛刚和赵战生从屋里出来。

薛　刚 大龙、小凤别玩儿了，赶快上车回家，改天再玩儿。

方小玲 对对对，快上车，上车。

薛大龙 不，我们还没玩儿够呢。

薛小凤 爸，叫我们再玩儿一会儿呗。

薛刚抱起大龙，方小玲抱起小凤。

薛　刚 不行，姥爷和姥姥在家都等着急了。听话，明天再玩儿。

薛刚和方小玲把两个孩子抱上了车。

薛刚让他们坐好后，关上车门。

薛　刚 回吧，明儿个见。

赵战生 明儿个见。

赵建华 大龙、小凤明儿个来玩儿。

薛刚上了车，打着火，一踩油门，车向方家驶去。

小孩子们照样跟在后面跑了。

张家西屋　晚　内

因为有车，这次赵战生带回来的东西特别多。

晚饭后，他和秀香整理东西。

张爷爷　（抽着旱烟袋、乐呵呵地盘腿坐在炕上）你这是把供销社都搬回来了。要啥有啥。

赵战生　以前每次回来，高经理和那几个领导，还有其他的同志都给带东西，我拿不了哇。这回不是有车吗，好家伙，使劲儿装。

张奶奶　人就在处，你敬我一尺，我敬你一丈，战生对别人好，人家自然就对他好了。

张秀香　（拿起战生给奶奶买的衣服）奶奶，您穿这件衣服肯定好看。战生，你真会买衣服。

张奶奶　可惜了喽，土都埋半截子的人了，这衣服穿不出哇。

张爷爷　怕啥，该穿咱就穿，别人想穿还穿不着呢。这可是战生的一片孝心哪。

张奶奶　你甭说，我心里乐着呢。

赵战生　还是爷爷想得开，奶奶您得向爷爷学习呀。

张秀香　就是嘛，来，您试试。

张秀香逼着奶奶换上了衣服，张奶奶换好衣服后非常不自然。

赵建华　（乐得拍手大喊）太好看了，太好看了，像新娘子，新娘子。

张奶奶　臭小子，你也跟着起哄？

张爷爷　嗯，这老太婆一捯饬还真不赖。

张奶奶　去，老没正经的。

赵建华　你们都有了，我的呢？

赵战生　（顺手拿过一个包打开）臭小子，这些都是你的。一年级小豆包，什么东西都给你预备齐了。

张秀香　哎呀妈呀，这么多呀？你看看，有铅笔、橡皮、格尺、算术本、田字格，这个文具盒漂亮不？

赵建华　漂亮。

赵战生　还有呢，你不是愿意当解放军吗？（拿出衣服）这是陆军的、海军的，还有空军的。得，这回海陆空全齐了。

赵建华　那我就是海陆空的三军司令。

张爷爷　哎呀，这可不得了了，我家祖坟又冒青烟了。

赵建华　您那是老迷信。

张爷爷　哎，你这个臭小子，怎么哪壶不开提哪壶呢？

众笑个不停。

赵战生　（拿出一大包鞭炮）儿子，每次老爸回来都想给你买鞭炮，可惜火车不让带。这回是自己开车回来就好办了，瞧瞧，这是二百响的挂鞭、二踢脚，还有各种各样花炮，够你放一气儿的了。

赵建华　太好了，太好了，我现在就去放。

赵建华拿起一挂鞭，就要往外跑。

赵战生　不行，不行，太晚了，影响别人睡觉，听话。

赵建华 那好吧。

张奶奶 好了，好了，这么多东西一时半会儿也收拾不完，你爸坐了那么长时间的车也累坏了，叫他好好歇歇，走跟太姥爷、太姥姥睡觉去。

张奶奶拽着建华就往东屋走。

赵建华 不嘛，我不困。

张奶奶 不困也得走，（抢下鞭炮）不然，这炮仗就不让你放。

赵建华 那好吧。

建华不情愿地跟着两个老人走出西屋。

秀香和赵战生会意地笑了。两人收拾东西，铺被。

赵战生 这小子像谁？急活儿，说干就干，认死理儿。

张秀香 像你呗。

赵战生 不像你呀？一条道跑到黑死活不进城。害得我这个牛郎八辈子也见不到织女。

张秀香 进城就能见到哇？小玲没少跟我诉苦。咱们那个家属楼不叫"寡妇楼"吗？

赵战生 没办法，这是我们永远挥之不去的痛。好了，不说这个了。（拿出化妆品）你看这是什么？

张秀香 雪花膏？

赵战生 对，雪花膏，外国货。你看看。

张秀香 可不是，全是洋文。你疯了，乱花钱。

赵战生 不是我买的，是陆洁送给你的。

张秀香 她送的？我不要。

张秀香气得把雪花膏扔在炕上。

赵战生 为啥呀？

张秀香 黄鼠狼给鸡拜年，没安好心。

赵战生 这你可冤枉人了，她是一片好心。

张秀香 那是啊，情人眼里出西施，你当然看她什么都好了，要不，能吃着碗里看着锅里吗？

赵战生 啊？你怎么知道这事儿？

张秀香 要想人不知，除非己莫为。

赵战生 坏了，准是欧阳孝仁那小子搞的鬼。

张秀香 你怎么知道？

赵战生 这小子坏透腔了。在公司就到处撒传单，造我、司徒佑和陆洁的谣。他是不是到张庄来了？

张秀香 来了。

赵战生 真没想到他竟然跑到乡下来造谣。（咬着牙）真是无可救药了。你见到他了？

张秀香 见到了。

赵战生 他跟你说什么了？

张秀香 没有。我们离得挺远，我本想请他到家里吃顿饭，他可倒好，就像老鼠见了猫似的，转身就走了。

赵战生 你没看错？

张秀香　我还不认识他？绝对错不了。

赵战生　那这事儿你是怎么知道的？

张秀香　王快嘴说的呗。

赵战生　她们都说啥了？

张秀香　我懒得说那些破事儿。

赵战生　秀香，我求求你，不然，人家把咱卖了，咱还帮人家数钱呢。他造的那些谣，公司里没有一个相信的，二虎他们气得都要揍他，本来要给他处分，就是抓不到证据。

张秀香　真的？

赵战生　我能骗你吗？不信，你问问薛刚和小玲，一切都清楚了。

张秀香　我信你。

张秀香赶紧拿出传单递给赵战生。

张秀香　你看看吧。

赵战生　（接过传单看）对，就是这个。（气得浑身发抖）欧阳孝仁，你他妈真是地地道道的小人啊！行，你不仁就别怪我不义了。你信不信秀香，我真想一枪崩了他。（仔细地把传单叠好、装好）王八蛋！这回我看你还怎么抵赖！哎，秀香，这传单怎么会到你手里？

张秀香　从王快嘴儿那儿要来的呗。她说欧阳孝仁给她不少张，叫她愿意给谁就给谁。现在村里都传开了，我想死的心都有。

赵战生　你真信啊？

张秀香　我信不信有用吗？吐沫星子淹死人哪……

张秀香再也控制不住自己，她扑到赵战生的怀里真想大哭一场，可又怕老人听见。她死死地咬住赵战生的肩膀，尽量不让自己哭出声来。

旁　白　其实，赵战生的委屈一点儿也不比张秀香少。准确地说，他所承受的情感压力和舆论压力是常人难以想象的。他太想发作了！但他必须极力控制自己，把眼泪往肚里咽，尽量抚慰这个因他而受伤的女人。

两个人抱头抽泣……

方村长家　傍晚　内

大年初五这一天的傍晚。

方村长家，赵战生和薛刚两大家子聚在了一起。由于人多，地下、炕上都坐得满满的，三个孩子更加开心。

张爷爷、张奶奶、方村长、战生、薛刚、春生坐在炕上。

地下小玲妈领着秀香、小玲屋里屋外紧忙个不停。

酒过三巡，菜过五味。老村长看上去已经衰老了许多，但精神很好，他打开了话匣子。

方村长　真没想到，你们都回来了。别说咱两家了，就连全村的乡里乡亲也都跟着高兴啊。想当年，你们在这儿施工，那就跟昨天的事儿一样。哎呀，这一晃都八年多了。我们也都老了，可你们俩一个赛一个，干得好哇！孩子也都这么大了，大舅哇，高兴不？

张爷爷　高兴，高兴。

小玲妈　看把你美的。

方村长　这话儿说的，你不高兴啊？

小玲妈 高兴，高兴。

方村长 这不就结了吗？来来来，喝酒，喝酒。

众举起杯刚要喝，张爷爷放下了酒杯。大家不知何故，面面相觑。

张爷爷捋了一下胡子。

张爷爷 不行，这酒我还不能喝。（冲着方村长）大外甥啊，想当年迁坟那会儿，你做的事儿，够爷们儿，讲义气，别说我这个老混蛋了，就是全村的老少爷们没有一个不赞成的。可春生都那么大了，你怎么还不张罗给他娶个媳妇呀？

奶奶赶紧拽了张爷爷一下。

张奶奶 喝酒也堵不住你的嘴。

张爷爷借着酒劲儿，根本就没有理会张奶奶。

张爷爷 拽我干啥，本来嘛。娘亲舅大，这事儿我能不管吗？

方村长 管得对，管得好。舅哇……

赵战生 （赶紧抢过话）爷爷，今儿个高不高兴？

张爷爷 高兴。

赵战生 高兴，那咱就谈高兴的事儿。（捅了一下薛刚）是吧？

薛　刚 啊，对对对，（暗示小玲）小玲你说呢？

方小玲会意。

方小玲 那还用说。要我说，你们哪，光顾喝酒了，根本就没注意到今天谁最漂亮。

薛小凤 我最漂亮。

赵建华 你漂亮，我太姥姥更漂亮！

张奶奶 （不好意思地）臭小子，净瞎说。

赵建华 我才没瞎说呢。你们说，我太姥姥漂亮不漂亮？

众　人 漂亮，漂亮。

方小玲 哎呀！您瞧瞧，我姑爷比你们谁都强，最懂事儿了。来来来，让丈母娘亲一个。

赵建华不好意思过去。

张秀香 这家伙，丈母娘疼姑爷一点儿都不假呀。（拉着赵建华）建华，快去，快去呀。

赵建华 妈，我吃饱了，想到外面放炮去。

薛大龙 我也去。

赵建华和薛大龙拿起鞭炮就往外跑，急得薛小凤放下饭碗也跟着跑了出去。

薛小凤 大龙，建华，你们等等我。

张庄的街上　傍晚　外

太阳落山，天渐暗。张庄家家的红灯笼都亮了起来。

张庄的街道上已经很热闹了，爆竹在天空中炸响，孩子们嬉戏打闹。

一些孩子见大龙、小凤、建华都穿着新衣裳，手里拿着用棍子拴着的长鞭都感到新奇，就"呼啦"一下子都围了过来，七嘴八舌地问这问那。

小孩甲 哎，建华，你咋有这么多炮仗呢？

赵建华 我爸买的。

小孩甲 城里什么新鲜玩意儿都有，你看人家那鞭比咱们的大多了。

小孩乙　那有啥了不起的。他爸和别的女人好了，都不要他们了，臭美啥。

赵建华　你胡说！

小孩乙　骗你是小狗，听我妈说的，这事儿谁都知道，不信，你问问他们？

薛大龙　你们瞎说啥呀？乡巴佬。

小孩乙　你说谁是乡巴佬？

薛大龙　就说你！咋地！

小孩乙　再说一遍？

薛大龙　再说一遍就再说一遍。乡巴佬，乡巴佬，乡巴佬！

小孩乙　我叫你美。

小孩乙上去一推，把大龙推倒。

赵建华急眼了，他把鞭炮给了小凤。

赵建华　拿着。你敢打人？

赵建华上去一拳，把小孩乙打倒。

小孩乙也不示弱，起来就和赵建华扭打在一起。

小孩乙　别看你会两下子，我也不怕你，（对其他小伙伴）他们人少，咱们人多，上！

双方混战在一起。

薛小凤吓哭了，她拿着鞭炮就往家跑。

方村长家　夜　内

炕上的人喝得正高兴，薛小凤哭着跑进来。

薛小凤　妈妈，不好了，我哥他们俩和人打起来了，快去吧。

方小玲　是吗？秀香，快走。

方小玲拉着秀香就往外跑……

张家西屋　夜　内

张秀香拉着赵建华进了屋。

赵建华满身是土，有的地方都撕破了。

赵战生拿着鞭和张奶奶、张爷爷也跟着进来了。

张秀香　一眼照顾不到你就给我惹祸，大过年也不消停。快说，到底是怎么回事儿？

赵建华哭得很伤心，他指着赵战生。

赵建华　你问他。

赵战生　问我？我怎么知道？

赵建华　你在外面有女人，不要我们了。

张秀香　你听谁说的？

赵建华　他们都这么说。这炮仗我不要了，这衣服我也不穿了，我不认他这个爹！

赵建华一边脱衣服，一边愤怒地把鞭摔在地上，用力踩碎。他哭得非常伤心。

张秀香　（哭着说）孩子，别听他们瞎说，你爸不是那种人。

母子俩哭成一团……

赵战生 （愤怒地攥紧拳头）欧阳孝仁，我日你八辈儿祖宗！

公路上　日　外

中吉普在原野上急驶。

车上　日　内

这个年，被欧阳孝仁这么一搅和，两家都没过好，他们提前离开了张庄。

薛刚心情沉重地开着车，赵战生更是一言不发。

大龙脸上青一块紫一块，靠在小玲的身上睡着了。

薛小凤 （不解地）妈妈，赵叔真的不要建华哥了吗？

方小玲 没有的事儿。别听他们胡说八道。

薛小凤 我说也不可能，赵叔对建华哥那么好，怎么能不要他呢？那帮孩子真坏，净说瞎话。建华哥真可怜。妈妈，叫张阿姨和建华哥进城多好哇？

方小玲 谁不想进城啊，可你太姥爷、太姥姥谁照顾哇？

薛小凤 那就让他们一起进城呗，我们和建华哥还能一块儿玩儿。多好哇？

方小玲 太姥爷、太姥姥不愿意进城。你秀香阿姨也没办法呀。

薛小凤 他们真傻，城里多好哇。妈，要不就让建华哥一个人进城，就住咱家，他一个人在乡下多孤单哪？还受那帮坏孩子的气。他们要是欺负他那可咋办哪？爸，妈，我求求你们了，求求你们。

薛小凤的一番话把方小玲感情的闸门打开了。

她一把搂过小凤，泪如泉涌。

方小玲 小凤，我的好孩子，妈妈也这么想过，可是……

赵战生 （赶紧接过话）这丫头太懂事儿了，知道疼人。这门亲事定得好哇。

方小玲 小凤，你真的喜欢建华哥哥吗？

薛小凤 那当然了，可喜欢了。

方小玲 那将来做他的媳妇行不行啊？

薛小凤 啥叫媳妇啊？

方小玲 媳妇就是……这么说吧，我就是你爸的媳妇，你秀香阿姨是你战生叔的媳妇；等你将来长大了，打扮得漂漂亮亮地坐上花轿，敲锣打鼓，呜哇铛，呜哇铛……好不好哇？

薛小凤 好。

娘俩的对话，使车上的气氛缓和了许多。

方小玲 行了，快睡觉吧，不然，就不让你做新娘子了。

薛小凤 那好吧，我睡，我一定要做建华哥哥的新娘子。

方小玲 好好好，快睡吧。

薛小凤靠在方小玲的身上，闭上眼睛不大一会儿就睡着了。

车内一阵沉默，只能听见汽车行进的声音。

崎岖的山路，以及不断掠过的景色，但车上的人都无心观景。

薛　刚 （瞅了一眼赵战生）战生啊，对欧阳孝仁再也不能客气了。你还老替他说话，怎么样？尝到苦头了吧？

赵战生　真没想到他这样卑鄙、无耻！

薛　刚　其实，你早就该想到。建队初那会儿，他就玩阴的，让你不戴手套，爬零下40多度的铁塔，你和秀香结婚，他又向陆洁告你的刁状。你怎么吃一百个豆也不嫌腥呢？

方小玲　战生，你就是心太软哪。

薛　刚　可不是。看着吧，说不上这小子还会使什么阴招儿呢。

赵战生　他就是一条狗，一条疯狗。见谁咬谁！

薛　刚　你才看明白呀？他追陆洁都追疯了，你和司徒就是他最大的情敌，不咬你们咬谁呀？

赵战生　他咬我们行，可他不应该连陆洁也咬哇，这对他有什么好处？

薛　刚　他已经利令智昏了！想得美，一箭三雕！叫你们谁也不敢接近谁，他好乘虚而入。过去，咱没抓到证据，这回，人证物证都在，治不了他？还反了他了。

薛小玲　处分是轻的，应该开除。不要脸的东西，太可恨了！

赵战生　说心里话，我倒不担心怎么处分他，我最担心的是秀香和建华，抬不起头哇。

赵战生说不下去了，他尽量控制自己不让眼泪流出来。

方小玲已泪流满面了，她尽量劝这个曾经让她爱得死去活来的人。

方小玲　战生，你放心，那天我跟秀香整整聊了一宿。秀香门儿清，心里明白着呢。她说："战生啥人，你我最清楚。陆洁我没见过，你见过。咱姐儿俩，你说的话我能不信吗？人家哪一点儿不比咱强！本来战生就是人家的，咱给抢来了，人家不但不恨咱，还对咱这样好，这天底下哪有这样的人哪！咱要是再怀疑人家，对人家不敬，那咱还是人吗？"说一千道一万，秀香心里苦哇……

方小玲说不下去了，他们三人都想大声地哭个痛快。但怕影响孩子，可又控制不住，只能抽泣……

薛刚气得骂娘。

薛　刚　欧阳孝仁！你他妈不得好死！

方小玲　你俩听着，我找了王快嘴和一些妇女谈了，把陆洁、秀香、战生，还有司徒之间的关系，为人处世通通都讲了，把欧阳孝仁的事儿也都跟他们说得一清二楚，大家都后悔上当了，恨死那个王八蛋了。我觉得这次回来太及时了，不然，后果不堪设想。特别是咱们一起回来，要是战生一个人回来，那就惨了，有口难辩！跳进黄河也洗不清啊！

赵战生　可不是。谢谢你，小玲。多亏你呀。

薛　刚　要说谢呀，咱还真得好好谢谢陆洁。

方小玲　对对对，陆洁这个姐，我认定了。

公路上　日　外

中吉普急驶而过，奔向远方。

刘翰林的办公室　日　内

墙上挂着"李石寨—鞍山"的线路施工图纸。

刘翰林坐在自己办公的位置，欧阳孝仁坐在对面的椅子上。

刘翰林从抽屉里拿出对欧阳孝仁的处分决定，递给他。

刘翰林　看看吧，这是组织对你的处分决定。有什么意见可以提出来。

欧阳孝仁接过处分决定，越看越紧张。

欧阳孝仁　这，这，这太重了吧。行政记大过，留职察看。这可是咱银龙破天荒的处分啊！

刘翰林　你做的事儿不是破天荒吗？

欧阳孝仁　我做得确实有点儿过分，那也不应该给这么重的处分啊？

刘翰林　重吗？我看一点儿也不重。这是在咱们中国，要在国外，那就是诽谤罪，毁誉罪，是要坐牢的。

欧阳孝仁　我没想那么多，只想出出气。

刘翰林　狡辩！仅仅是出气吗？你做的这些事儿，性质严重，手段卑劣，影响极坏。你知道有多少职工和家属联名要求开除你吗？留职察看，这已经是最大限度地给你悔过和改正的机会了。

欧阳孝仁　处分也行，能不能不公开呀？

刘翰林　为啥？

欧阳孝仁　影响多不好哇，以后……

刘翰林　你还好意思谈影响，我问你，你做的这些事儿，考虑过会给战生、司徒、陆洁，特别是那个淳朴善良的秀香，还有那天真纯洁的孩子建华所造成的影响吗？也许，这将是他们一生都挥之不去的伤痛。

欧阳孝仁　我，我……

刘翰林　这回你满意了吧？得意了吧？高兴了吧？撒谎！秀香在张庄抬不起头，建华不认爹了！应该再给你加一条，破坏家庭罪！欧阳，大家都说你是个小人。我还替你辩解过。现在看来你不但是个小人，而且是个坏人。说实话，你不是没有才华，也不是没有能力，我和高经理一直都对你寄予厚望。你太令人失望了。

欧阳孝仁　你，我信。他？我不信。你看他那两个手下，何德何能，那家伙，嚼嚼地都干到副经理了，和你都平起平坐了。我呢，还是个小小的工程师。现在又一撸到底。这不是往死里整我吗？

刘翰林　这不都是你自己作的吗？到现在你还不认错儿，大闹东北电管局，造谣生事。你看看人家司徒佑，遭受那么大的打击，人家趴下了吗？没有，挺住了。咱银龙的人，歧视他了吗？小看他了吗？相反，大家是那样地敬重他，爱护他。可你呢？落井下石，非要置人家于死地。人在做天在看，做好事儿积德，干坏事儿那是要遭报应的。就你这样，还想让陆洁接受你，做梦吧！

欧阳孝仁　那我要是改了呢？彻底改了呢？

刘翰林　改了就是好同志嘛。

欧阳孝仁　那陆洁能不能接受我？

刘翰林　这我可不好说，但有一条可以肯定，一定能改善你们的关系。大家也会慢慢地接纳你。

欧阳孝仁　那好，我一定改。

刘翰林　说话算数？

欧阳孝仁　算数。你就看我的实际行动吧。

刘翰林 哎，这就对了。孝仁啊……

他们继续交谈。

银龙公司办公大楼　日　外

字幕：三年以后

银龙公司办公大楼外彩旗飘舞。

前两年悬挂和张贴的总路线、大跃进、人民公社等类的标语和宣传画已经褪色了。

现在又多了"打倒帝国主义！""打倒修正主义！""坚决和修正主义斗争到底！"等宣传画和标语。

高音喇叭正在播放《列宁主义万岁》的文章。

高洪亮办公室　日　内

室内挂着一张围绕鞍山修建的多条施工线路图：阜新至鞍山，营口至鞍山，阜新至青堆子至鞍山，水丰电厂至鞍山，李石寨至鞍山等。

高洪亮和刘翰林正在研究线路施工的技术问题，听到外面的广播，有感而发。

高洪亮 翰林，听见了吧。我们开始反击了。其实，政治上的分歧是可以争论的，真理越辩越明嘛。可是撕毁合同，撤走专家，逼我们还债，还真有损大哥的风范。什么国际主义都荡然无存了。

刘翰林 一句话，国家不强大，就得被人欺。

高洪亮 要想国家强大，就必须要发展经济；而要想发展经济，电力就必须先行。鞍钢工人不愧是老大哥，有志气，研究出咱们自己的合金钢。这可是个宝贝疙瘩呀！可鞍钢的电力严重不足，（指着几条施工线路图）所以，这几条线路一定要同时上，并且越快越好。

刘翰林 人无远虑必有近忧，陆洁和司徒就了不起看得远哪，他们早就开始研究我们上330、500千伏超高压输电的问题了。

高洪亮 是啊，这就是我们电力事业的希望所在。翰林，当务之急就是调配好人员，把几个工区都摆上去，形成各司其职、全面攻坚的态势。具体你来部署，技术你和陆洁负责。

刘翰林 好。老高，我可听说你要调走，有这回事儿吗？

高洪亮 一切听从组织安排吧。党叫干啥就干啥，先不管这些，你说说下步各队怎么安排吧。

两人认真讨论。

"李鞍线"施工现场　日　外

"三年困难"时期，银龙的将士们在李石寨—鞍山的线路上已经战斗快八个月了。工程快要接近尾声，但银龙的将士们也到了弹尽粮绝的境地。

时值寒冬腊月，冰天雪地，寒风刺骨，天上飘着小雪。

施工现场插着已经褪了色的彩旗。

上面写着旧标语：打倒帝国主义！打倒修正主义！坚决和修正主义斗争到底！克服困难咬牙干，早日拿下李鞍线！坚决贯彻调整、巩固、充实、提高八字方针不动摇。

最醒目的是银龙的那杆大旗还在迎风飘扬。

墩子扎好安全带刚要上塔，觉得眼前发黑晕倒了。

众人赶快围了过来。牛二虎是又掐人中，又喊叫。情急之下，他抓起一把雪就塞到墩子的嘴里。

墩子慢慢苏醒过来。

牛二虎 臭小子，吓死我了。

墩　子 没事儿，我做了个梦。梦见咱们工程竣工了，那家伙，猪肉炖粉条，小鸡炖蘑菇，干豆腐卷大葱，还有酒。酒馋子拿起酒瓶子，咕咚咕咚地往嘴里灌哪，这给我馋得抢过来就喝，不对呀？这酒怎么不辣呢？还瓦凉瓦凉的。真没劲，好梦叫你们给搅和了。

赵战生跑了过来。

赵战生 墩子，没事儿吧？

墩　子 没事儿。

墩子吃力地站起来，拍拍屁股上的雪，还要上塔，被赵战生拽住。

赵战生 不行。塔上的活儿不能再干了，地面上的活儿也要挑轻的干。二虎主任你安排一下。

牛二虎 没啥大事儿，就是饿的。经理，编筐编篓重在收口，在这个关键时刻，就是再难也要咬牙挺住哇。我就不信了。

牛二虎紧了紧裤带，晃了晃膀子，就要上塔。没想到腿也不听使唤，右脚刚一迈步，左脚一滑，摔了个大屁股蹲儿。

众　人 （急喊）主任！

牛二虎坐在地上，仍不服气地。

牛二虎 呀嗬？还真不给面子。

酒馋子去扶他。

牛二虎 不用，我就不信了。

牛二虎起来，还要上，被赵战生拦住。

赵战生 二虎主任别逞强了，听我的吧。（对大家）同志们！大家的心情我理解，精神更可嘉。可是，我们要面对现实，不要再浪费体力做无谓的牺牲了。仗打到这个份儿上，我赵战生对不起大家呀。

牛二虎 说啥呢，经理。没有你，我们能挺到今天吗？

酒馋子 主任说得对。

众　应 对！

赵战生 谢谢，谢谢同志们。没有你们，我赵战生就是有三头六臂，也不可能撑到今天。可这就是现实，残酷的现实！帝国主义封锁我们，蒋介石叫嚣反攻大陆，赫鲁晓夫背信弃义，落井下石，往死里整我们，老天也不开恩，自然灾害，粮食减产。可以说，我们中华民族又到了最危险的时刻。（哼唱）起来，不愿做奴隶的人们，把我们的血肉筑成我们新的长城……

众人跟着唱。在国歌的激励下，同志们更加团结、坚定、信心百倍。

银龙那杆大旗猎猎飘扬。

这声音在辽南的大地上回响……

"李鞍线"工地宿舍　夜　内

夜深，牛二虎等人累得呼呼地大睡。

旁　白　自从欧阳孝仁留职察看以来，已经换了好几个班组了。他干活偷懒、要滑，还事儿多，谁都不愿意要他。赵战生做了不少二虎主任的工作，好歹把他留了下来。他之所以要留在二虎的工区，主要是能有机会接触陆洁，监视她与赵战生的关系。他每天都睡得很晚，即使躺下，也难入睡。他听到外面有脚步声，知道是赵战生来了，欧阳孝仁赶紧装睡。

赵战生穿着那件军大衣，打着手电筒轻轻地进来。今天，他主要检查大家的腿是否浮肿。他掀开墩子的被角，发现两腿已经浮肿，他轻轻地用手指按了按，出现了坑。他接连看了好几个人的腿，发现都是这样。

赵战生鼻子一酸，眼泪顿时流了下来，他赶紧抹了一把眼泪，悄悄地出了门。

赵战生出门后，欧阳孝仁悄悄地开始穿衣服。

第十五集

"李鞍线"工程指挥部　夜　内

办公室内，挂着一张围绕鞍山修建的多条施工线路图。其中，李石寨至鞍山的线路用红色标出。指挥部里的电话一直在响，赵战生含着眼泪跑进屋，接电话。

赵战生　喂，啊，是团长啊？

高洪亮　我的电话都打爆了，是不是查铺去了？跟谁生气了？

赵战生赶紧擦了一把眼泪，尽量保持平静。

赵战生　没有。

高洪亮　没有？你还想骗我。快说说，什么情况？

赵战生　没什么情况。

高洪亮　到了现在，你还跟我打埋伏。为了支援其他工程，你们把老本都舍出来了。现在不好办了吧？

赵战生　是，基本弹尽粮绝。刚才我查铺回来，发现大家的腿都浮肿了，有些同志连饿带累都晕过去了，但是醒了还接着干，我们发誓一定要拿下李鞍线。可人是铁饭是钢，真干不动了，仗打到这个份儿上，丢人哪！

高洪亮　你觉得丢人，可我，不，整个银龙都为你们骄傲，为你们自豪！你们是铁人、是英雄。咱们银龙要不是推广你的生产自救搞农场的经验，能够坚持到现在吗？早就垮了。你们就是咱银龙的一面旗帜，整个鞍钢送电的三个工程都看着你呢，东北电管局、水电部也都在关注着你们，在这种关键的时刻，你一定要挺住。要说丢人，我不比你更丢人吗？现在薛刚负责的工程情况更糟，我和翰林也是干着急，无计可施呀，而且，根本就不知道还会发生什么情况。

赵战生　团长，不，经理。你也不要太着急了。我们现在应该以不变应万变。在这种情况下，我们一定要注意安全，保存实力，绝不能为了抢进度而蛮干。所以，我决定在我们这儿，塔上的活儿暂时不干了，如果能干就干点儿地面上的活儿，千方百计地解决粮食问题和医疗问题，不然，可真就垮了。

高洪亮　你呢？

赵战生　我，我没事儿。

高洪亮　战生啊，你千万不能给我倒下，咱银龙这杆大旗更不能倒哇！告诉你一个好消息，家属委员会已经发动家属大力开展"每天节约一把米、一把面"的活动，积极支援前线。过两天，我就让于华带着粮食和药品到你们那儿。

赵战生　哎呀！那可太好了。我们也要积极地想办法，活人总不能让尿憋死。放心吧，我们一定能坚持到最后的胜利。

高洪亮 这一点我深信不疑，好了，早点儿休息吧，记住，你千万不能给我倒下。这是命令！

赵战生 是，团长。

赵战生放下电话，心情非常复杂，他在屋里踱步，思考怎样渡过难关，可是没走几步，就晕倒在地上了。

"李鞍线"工程陆洁的办公室兼寝室　夜　内

陆洁的办公室兼寝室与指挥部仅一墙之隔。她的办公桌上摆满了各种有关 500 千伏输电的中外书籍和资料。

赵战生和高洪亮的通话她听得一清二楚，她的心情和赵战生一样非常沉重和复杂。她突然听到指挥部有人倒地的声音，赶紧抓起一包东西，跑出了自己的办公室。

"李鞍线"工程指挥部　夜　外

小雪一直在下，躲在角落里的欧阳孝仁身上已经落满了雪。他看见陆洁从自己的办公室出来，跑进了指挥部，就赶紧跟了过去，偷偷地监视他们到底干什么。

"李鞍线"工程指挥部　夜　内

陆洁进了指挥部，发现赵战生昏倒在地上，她赶紧去抱战生。

陆　洁 战生，战生，你怎么了，赶快醒醒，醒醒，快醒醒，你可别吓唬我呀。

陆洁的哭喊，使赵战生渐渐苏醒。

他躺在陆洁的怀里，有气无力地。

赵战生 我，我这是怎么了？

陆　洁 晕倒了！吓死人了！来，赶快起来，我扶你到床上去。

陆洁把赵战生扶到床上，让他躺下，把大衣给他盖上，然后，去给赵战生倒热水。她把倒好的水放到床边，然后，从地上捡起她带来的那包东西，小心翼翼地打开，里面是四块蛋糕。

一个饥饿难忍的人看见这样的美食，都会本能地拿过来就吃，赵战生也不例外。他拿起一块一口就吞在嘴里，可他刚要嚼立刻又吐了出来。

赵战生小心翼翼地把蛋糕放在原处，他要给陆洁留着。

赵战生 （眼泪在眼圈里打转转）姐，看到弟兄们都在挨饿，我吃不下。

陆　洁 吃不下也得吃。这是命令！你要是饿倒了，咱这个工程还干不干了？听话，（把蛋糕送到他的嘴边）快吃吧，不然，我生气了。

赵战生再也控制不住自己，他一下子抱住陆洁，就像一个小孩子呜呜地哭了起来。

赵战生 姐，我心里难受，仗打到这个份儿上，丢人！我没用啊……

陆　洁 （抚摸着赵战生的头）哭吧，这样会好受些……

就在这时，欧阳孝仁突然闯了进来。

欧阳孝仁 （歇斯底里地大喊）好哇，现在大家都在挨饿，你们却在这里吃蛋糕谈情说爱，好，我叫你们臭美！

欧阳孝仁破门而出。

"李鞍线"工程指挥部外　夜　外

欧阳孝仁跑出指挥部，站在院子里，扯着脖子到处乱喊。

欧阳孝仁　同志们，快来看哪，快来看哪！什么铁塔大王，劳动模范，都是十足的伪君子，一肚子男盗女娼……

"李鞍线"工地宿舍　夜　内

熟睡中的人，被欧阳孝仁的喊声惊醒。墩子揉揉眼睛。

墩　子　这个疯子喊啥呢？

酒憋子　说经理呢，咱们得去看看，万一出啥事儿不好。

墩　子　要去你去，反正我不去，明天还干活呢！

墩子把被一蒙。

牛二虎　（把被掀开）墩子，咱们必须去看看，看看这个家伙又在搞什么鬼。

墩　子　（掀开被）对呀！走，看看去。

大家赶紧穿衣服跑出了门。

"李鞍线"工程指挥部　夜　内

指挥部里挤满了人，牛二虎等人扒开人群挤了进来。

欧阳孝仁站在屋子中间张牙舞爪的。

欧阳孝仁　大家看看，看看。咱们都饿成啥样儿了，他们却在这里吃蛋糕，根本就不管我们的死活。更可气的是他们还抱在一起，那个场面我都不好意思说。

陆　洁　不好意思说，不是也说了吗？还有什么，继续说！（怒吼）说！

欧阳孝仁　难道，难道这还不够吗？

陆　洁　不够，远远不够。你不就是要埋汰我们吗？（大吼）来呀！

欧阳孝仁从来也没看见过陆洁发这么大的火。

欧阳孝仁　你……

陆　洁　同志们，有些话我本来不想说，既然大家都来了，我就说一说，刚才赵经理晕倒了。他是人，他不是神，你们看看他瘦成啥样了？啊？咱们银龙之所以能够挺到今天，没有他行吗？

牛二虎　不行。

墩　子　绝对不行。

众　人　对。

牛二虎　兄弟们，大家拍拍良心想一想，没有赵经理提出的生产自救，所有的工程都推广咱们的经验。咱银龙早就饿垮了。他白天和大家一起干活，晚上又要查铺，考虑和解决公司的问题。就是铁人也受不了哇。

赵战生　别说了。

陆　洁　不，我非要说！刚才他去查铺时，发现弟兄们腿都浮肿了，回来就哭了。这蛋糕是我拿来的，他饿得恨不得一下子就吞了下去，可他又吐出来了，他心疼大家，吃不下去呀！大家看看，这块蛋糕就是他刚吐出来的。对这种为了工作，为了大家肯舍出命的人，我们不应该关心关心他吗？他把自己工资大部分的钱都贴补在咱们的伙食上了，你们不知道吗？

站在后面的山猫大喊。

山　猫　对！这个我可以作证。赵经理千叮咛万嘱咐地不让我说，事情到了这个地步，我非说不可了。陆总也是这样。我们上哪儿去找这样的领导哇！欧阳孝仁，你他妈的就是个害群之马，今儿个，我要揍死你！

牛二虎　对，我早就想揍他了。

大家群情激愤都要揍欧阳孝仁。

赵战生　（急得猛地站起）住手！同志们，大家一定要冷静！还是省省力气吧，把劲儿用在工程上。大家跟我吃苦了，受罪了，我赵战生对不起大家。

赵战生感觉一阵头晕目眩，陆洁赶紧扶他坐下。

众惊呼　经理！

陆　洁　战生，听话，你先冷静冷静。天无绝人之路，总会有办法的。（端起水杯）来，先喝口水吧。

赵战生接过水杯喝了一口，他放下水杯。

赵战生　（忽然想起）啊，对了，告诉大家一个好消息，咱们家属为了支援我们，正在开展"每天节约一把米、一把面"的活动。家属都行动起来了，我们应该怎么办哪？

众　人　克服困难咬牙干，坚决拿下李鞍线。

牛二虎　对。同志们，听我说两句，过去咱不知道，赵经理和陆总把工资都拿出来了，家属也行动起来了，咱们老娘们儿和孩子都为咱勒紧裤腰带，咱们能落后吗？我兜里就这么多钱了，全部上交。

牛二虎把钱放在赵战生的办公桌上。

酒懵子　打今儿个起，我他妈的酒不喝了，省下的钱上交，对，我这还有粮票，（掏出钱和粮票）这是我的。

墩　子　这是我的。

大家纷纷捐钱和粮票。

"这是我的，这是我的……"

桌上的钱和粮票越来越多。

旁　白　经过欧阳孝仁这么一折腾，赵战生倒觉得轻松了许多。人们更加看清了他卑鄙龌龊的灵魂，更加坚定了战胜困难的决心。

"李鞍线"工程指挥部　晨　外

雪过天晴，东方欲晓。

赵战生睡得很晚，但质量特好，仍然按时起床。今儿个精神轻松，他练起了拳。山猫走了过来。

山　猫　经理，起得真早。

赵战生　（边练边说）你不也一样吗？

山　猫　高兴，睡不着。有了大伙捐的钱和粮票，我就来神儿了。有个事儿，想跟领导汇报一下。

赵战生　（收了拳）走，进去说。

两人走进指挥部。

李鞍线工程指挥部　晨　内

两人进屋后。

赵战生　来，坐。看你高兴的，啥事儿？说。

山猫坐下。

山　猫　昨天夜里我和陆总把大家捐的钱和粮票数了数，钱八十七块两角八分，全国和地方粮票共六十七斤二两。这家伙，把我乐得睡不着了。我连夜就告诉炊事班班长今早苞米面窝窝头每人两个，干菜粥管够。

赵战生　好，应该让大家吃顿饱饭了。哎，你来不止跟我说这个吧？

山　猫　要不说经理你厉害呢？前几天我路过一个豆腐坊，那香喷喷的豆腐给我馋的，都走不动道儿了。

赵战生　可不是，我都馋了。

山　猫　所以，我就想整点儿豆腐改善改善生活，这玩意儿蛋白质高哇。

赵战生　用你说，可咱吃不起呀？

山　猫　所以就得想办法呀。

赵战生　你有办法？

山　猫　办法倒有，就怕你不同意。

赵战生　你还没说，怎么就知道我不同意？说。

山　猫　那好，离咱这儿不远有个豆腐坊，老豆腐匠有三个儿子，都没娶上媳妇，就因为家里的房子太破了，想翻盖没有木料。四个"跑腿子"有的是力气，他们开了不少荒，打了小千斤黄豆，可是由于粮食统购统销，他们不敢卖。做豆腐吧，又没有多少人吃得起。所以，我就想，咱们能不能以物换物。

赵战生　有点意思，你是想……

山　猫　对，咱们仓库里有的是旧电线杆子，就连建队初期抢修时，做临时塔的废旧杆子还放在那儿呢。根本就用不上了，还占地方。不如废物利用，既帮助了老乡，又解决了咱们的燃眉之急。

赵战生　我看行。

山　猫　那就这么定了？

赵战生　就这么定了。

山　猫　万一出了什么问题？

赵战生　我兜着。为了鞍山这个工程，为了兄弟们的生命，我豁出去了。

山　猫　我也豁出去了。反正咱不是为了自己。经理，我去落实了。

山猫说完，高兴地走出了指挥部。

"李鞍线"工程炊事班　晨　内

巧妇难为无米之炊。炊事班班长的手艺真不赖,可是要啥没啥。除了面糊糊,就是菜粥。眼看着大家一个个面黄肌瘦,近来腿都浮肿了,急得老班长满嘴起了大泡。昨晚儿,听管理员说要蒸纯苞米面的窝窝头,干菜粥管够。乐得老班长一大早就把全班轰起来了。

大家都非常高兴地忙活着,管理员山猫哼着小曲来到这里。

炊事班班长　管理员,人逢喜事儿精神爽,看你高兴的。什么事儿啊?也让我们高兴高兴。

山　猫　那当然了。军事秘密,无可奉告。你们就瞧好儿吧。

陆洁来到炊事班。

陆　洁　好家伙,我离老远就闻到了久违的苞米面窝窝头的香味儿了,口水都流出来了。管理员,太奢侈了吧。

山　猫　陆总,要不是大家捐了钱和粮票,我哪儿敢这么铺张浪费呀?

陆　洁　可不是。你什么时候进城?

山　猫　吃了饭就走。

陆　洁　那好,我和你一起去,顺便办点儿别的事儿。

山　猫　好,到时候我叫你。

陆洁刚要走,忽然想起赵战生的吩咐。

陆　洁　啊,对了,老班长,昨晚儿折腾了半宿,叫大家多睡一会儿,晚一点儿开饭吧。

炊事班班长　好。

工地食堂　晨　外

炊事班班长拿着勺子和盆,从里面出来,后面跟着一个炊事员央求他。

炊事员　班长别叫了,陆总不是说了吗,叫大家多睡一会儿。

炊事班班长　开饭时间都过半个小时了,现在还没起床,好久没做这好的饭了,凉了就不好吃了。没事儿,听我的。

炊事班班长　(拿着勺子,敲着盆在外面大喊)开饭了,开饭了,今天是纯苞米面窝窝头每人两个,干菜粥管够……

"李鞍线"工地宿舍　晨　内

昨天晚上折腾了半宿。人困马乏,大家都睡得很死。赵战生有意让大家多睡一会儿,所以也没叫大家。

牛二虎听到外面的喊声,他揉揉眼睛看了看表,一骨碌爬起来。

牛二虎　哎呀!这扯不扯,睡过头儿了。起床,快起床,开饭了。

墩　子　听见没有,纯苞米面窝窝头每人两个,干菜粥管够?

酒懵子　这可是过年哪。

欧阳孝仁　穷折腾啥,困死了。

牛二虎　你他妈还有脸说,这不都是你折腾的吗?要不是赵经理拦着,削不扁你!爱吃不吃，咱们走。

大家相继出去。欧阳孝仁赶紧起床也灰溜溜地跟了出去。

某县城邮局　日　外

汽车在某县城邮局前停下，陆洁跳下汽车。

陆　洁　（对山猫）管理员，我办完事儿就去找你们。

山　猫　好。

汽车开走。

陆洁走进邮局。

某县城邮局　日　内

陆洁来到窗口，要张汇款单。她开始填写：北京玉泉山张庄张秀香收，落款：银龙送变电公司。她掏出十五元连同汇款单递给服务员，办完手续后，离开邮局。

张家院　晨　外

下了一夜的雪，早晨也没停。

张秀香满脸憔悴，疲惫地端着一盆脏水从屋里出来，吃力地泼在雪地上。

白茫茫的地上立刻留下了水洒过的痕迹。

大门口有一个小袋子，鼓鼓的，虽然被雪覆盖了一些，看得出这是刚刚放在这儿的。这引起了秀香的注意，她走过去，蹲下身打开袋口，里面装的是苞米面。

张秀香举目四周寻找，没有发现任何人，但门前的两行脚印让她明白了，这是谁送来的。

张秀香　（非常感慨地自语）春生，你为什么要这样，我对不起你呀。

张秀香拎起面袋子，抖落掉上面的雪回了屋。

躲在远处的方春生，看到这一切，露出了满意的微笑，转身离开了。

张家堂屋　晨　内

秀香干活麻利，和面，生火，贴大饼子，堂屋厨房热气腾腾。

秀香用围裙擦了擦手，进了西屋。

张家西屋　晨　内

赵建华面色蜡黄蜷曲着身子睡得很香。

张秀香看着儿子饿成这个样子，鼻子一酸眼泪流了下来。她赶紧擦了擦眼泪，轻轻地叫醒儿子。

张秀香　建华，快起来，吃了饭赶快上学去，别迟到了。

赵建华　我身上没劲儿，不想去了。

张秀香　那怎么行。快起来，看看，妈给你做什么好吃的了？

赵建华　啥好吃的，野菜粥呗。

张秀香　傻孩子，妈妈贴的大饼子，黄洋洋的还冒油呢。今天上学也带这个。

赵建华　你骗人！

张秀香　妈骗你干啥。听话，赶快起来。

赵建华　好，我起来。

赵建华赶紧起来穿衣服。张秀香走出了西屋。

张家东屋　晨　内

两位老人饿得都快起不了炕了。

尽管张爷爷是个勤快人，但他已经没有体力去捡粪了。他躺在炕上听张奶奶唠叨。

张奶奶　老头子，这共产党的天下也闹灾呀？

张爷爷　老天爷才不管你哪个党，他该刮风就刮风，该下雨就下雨，该发洪水就发洪水，谁也管不了。

张奶奶　唉！这日子真没法过了。

张爷爷　行了，别嘟囔了，省点儿力气吧，你想早死啊？

张奶奶　早死早托生。省得遭这个罪，还拖累秀香。哎，老头子，我怎么闻到了苞米饼子的味儿了？真香啊。

张爷爷　是啊，这丫头从哪儿弄的粮食呢？

张奶奶　准是战生寄钱来了。

张爷爷　不对，邮差好长时间没来了。

张秀香从堂屋拿着炕桌进来。

张秀香　你们俩又叨咕啥呢？

张爷爷　说你神，不知道从哪儿弄的粮食，今天，是不是贴苞米面饼子了？

张秀香　（放好桌子）您老的鼻子真挺灵啊？能不能起来？要不就趴在炕上吃吧？

张爷爷　那不行，这么好的东西，说什么也得起来吃啊。

张秀香　那好，慢点儿。

张秀香扶两位老人起来穿衣服之后，她走出东屋。

不大一会儿，张秀香就一手端着一个碗进来。

张秀香　爷爷、奶奶，您二老一人半个饼子，半碗苞米面粥，粥里我放了点咸菜汤。（边说边将二个碗放在桌上）饼子还有，但现在不能多吃，都饿了好几天了，得先一点点地溜着来，要不容易撑坏了。

张爷爷　哎呀，真没想到日子过得这么难。

张爷爷说着往炕桌前费劲地挪身子。

张奶奶　谁不说是呢。老太太过年，一年不如一年啊！哎，秀香，战生最近没来啥信吗？

张秀香　没有，听说工地上的粮食也不够吃，这冰天雪地的，连挖野菜的地方都没有。

张奶奶　你是听谁说的？

张秀香　小玲来信说的呗。

张奶奶　哎呀，这可完了。怪不得战生不来信，钱也邮得越来越少。那这苞米面是哪儿来的？

张秀香　哎呀，这您就甭管了，反正不是偷的。

秀香说完走出了屋。

方村长家　日　内

方春生蹲在灶坑前烧火，小玲妈端着盆从里屋出来。到外屋北墙面柜前，她打开柜盖。

小玲妈　（突然大喊）这苞米面怎么少了，昨晚儿来小偷了？

方村长也从里屋出来。

方村长　不可能，别一惊一乍的。

小玲妈　不信你看看？差不多少了一半。

方村长　少就少了吧，你喊有用吗？

方春生头也不抬，只顾烧火。

春生妈见两人这个态度，一屁股坐在地上号啕大哭。

小玲妈　哎呀，我的天儿呀，这日子没法儿过了。你整天忙公家的事儿，家里的事儿你一点儿都不管，油瓶子倒了你都不扶一下儿。

方小玲妈哭得非常伤心。

方村长　嚎啥嚎，你想让全村儿的人都知道哇？

小玲妈　知道才好呢。

方春生实在憋不住了。

方春生　你们别吵了，面是我拿的。

方村长明白了，小玲妈一时还没有反应过来。

小玲妈　你拿它干啥？

方村长　明知故问。（拍了拍春生的肩膀）春生啊，这事儿做得对也不对。跟家里说一声嘛，你妈也不是无情无义的人哪。

方春生　我怕……

小玲妈　你怕我不同意？孩子，妈是那种见死不救的人吗？甭管怎么说，跟妈说一声。你放心，有咱家吃的就有他们家吃的。唉！秀香真不容易呀。

张庄山上的树林里　日　外

大雪过后，天空放晴。太阳照在雪地上，虽然很刺眼，但却让人感到一丝暖意。

张秀香在砍柴，方春生在帮她。

张秀香　春生，那粮食是你送的吧？

方春生憨笑，不回答。

张秀香　谢谢你呀，爷爷奶奶饿得都起不来炕了，建华也越来越瘦，这可是救命粮！

方春生　秀香，真难为你了。上有老下有小，支撑这个家不容易。虽说，战生隔三差五地寄钱，可有些事儿也不是钱就能解决的呀。

张秀香　可不是，现在寄钱也越来越少了，又没个信儿，真让人惦记。

方春生　他把自己的工资都贴补给施工的伙食上了，薛刚也这样，这是小玲来信说的。银龙现在是最难的时期，粮食也都快断顿了。

张秀香　怪不得。这事儿他能干出来。

方春生　我就佩服这样的人。处处为别人，为大家着想。当个领导也不易，自己苦，家里人也跟着受苦。小玲老叨咕。

张秀香　没想到你真能这样理解人。

方春生　将心比心嘛。除非心眼儿长歪的人才往别处想呢。就像那个欧阳孝仁，阴损咕咚坏，还什么工程师呢，我根本就瞧不起他。

张秀香　给他处分了，记大过留职察看。

方春生　活该！太坏了。告诉你秀香，你一定要相信战生和那个陆洁，他们根本就不可能做出对不起你的事儿。林子大了什么鸟都有，有好的也有坏的，但我相信，还是好人多。秀香，你还记恨我吗？

张秀香　说啥呢春生？过去我年轻不懂事儿，现在啥都明白了。这世上真有痴心的人哪！陆洁为了战生不嫁，你为了我不娶。春生，我不值得你这样！

张秀香说不下去了，眼泪涌了出来。

方春生　说心里话，有时，我真想恨你，忘了你。可是，我做不到。人就是贱哪！真要喜欢一个人，你为他做什么都行。你不也这样吗？

张秀香　可不是。有些事儿，真是说不清楚。

方春生　说不清楚那就不说，一句话，只要咱们做的事儿对得起良心，对得起天，对得起地。别人爱咋说就咋说，管他呢。

说话间，方春生已经把两捆柴草都捆好了。

方春生　来，背上。

方春生帮张秀香背好柴，自己也背一捆，他们边走边聊，身后雪地上留下了两人长长的脚印……

张家院　日　外

张秀香背着柴进了院，她放好柴，拍掉身上的雪和灰尘进了屋。

张家西屋　日　外

张秀香刚进自己的西屋，张奶奶就拿着汇款单，乐呵呵地进来。

张奶奶　秀香，快看，战生寄钱来了。

张秀香　（下意识地脱口而出）这个时候还寄钱来？

张奶奶　这个时候不寄啥时候寄呀？

张秀香　奶奶，您不知道。战生他们……

张秀香欲言又止，她怕老人担心，她不想告诉他们战生公司的真实情况。

张奶奶　你这孩子，整天也不知道你都想些啥，给你。

张奶奶把汇款单交给秀香，转身出了西屋。

张秀香看着汇款单，她发现汇款单上的字迹有些不对。

粗犷的草书变成了秀美的字迹，她立刻想到了这是陆洁寄来的。

张秀香　（不由自主地叹声道）陆洁，你真是这世上最好最好的人。我张秀香对不起你呀！

"李鞍线"工程食堂　傍晚　内

食堂里喜气洋洋，热热闹闹。

欧阳孝仁 哎呀，我好久没吃过这么香的豆腐了。这要是再放点儿肉，那可就没比的喽。

牛二虎 能吃到豆腐就已经烧高香了。

炊事班班长 （又端出一盆豆腐汤出来）可不是，这都是管理员的功劳。这还有，不够的过来盛。

欧阳孝仁 太好了，我再来一碗。

墩　子 你都喝三碗了，小心别撑着。

欧阳孝仁 这年头，撑着总比饿着强。哎，你还别说，山猫还真有两下子。老班长，管理员到底用了什么招法？

炊事班班长 军事秘密，无可奉告。

酒懵子 我说你这个人哪，就是有病！整事儿来精神，干活就蔫茄子。

欧阳孝仁 看你说的，这不关心集体吗，别把好心当成驴肝肺。

酒懵子 你呀，哼，不好说。

现场附近的村庄　日　外

欧阳孝仁、墩子、酒懵子三个人扛着水平仪路过此村庄。

墩子和酒懵子非常烦欧阳孝仁，两人边走边聊在前面。

欧阳孝仁肩扛三脚架跟在后面，他发现一豆腐坊的院内，父子三人正在整理废旧的木制线杆。

欧阳孝仁眼珠一转，计上心来。他放下三脚架，急忙蹲下。

欧阳孝仁 （大喊）哎哟，我的肚子……

墩子和酒懵子唠得非常起劲，忽然听到欧阳孝仁的喊声，他俩停住脚步，回过头来。

墩　子 咋地了，要紧不？

欧阳孝仁 没啥大事儿，就想"那个"，憋不住了。

酒懵子 就你事儿多。行了，把设备给我吧。快点啊。

酒懵子接过三脚架，跟墩子继续往前走。

欧阳孝仁看着他俩走远，立刻钻进了这家的院子。

豆腐匠家院子　日　外

欧阳孝仁 老乡，您这是要盖房子呀？

豆腐匠一看欧阳孝仁穿戴就知道是银龙送变电的，便热情地打招呼。

豆腐匠 哎呀，哪能盖得起房子，就想翻修一下。要是没有你们的帮助，我连想都不敢想啊。

听豆腐匠这么一说，欧阳孝仁就明白了。

欧阳孝仁 啊？啊，是啊，您做的豆腐太好吃了，手艺不错。你贵姓？

豆腐匠 我姓周，大号周长顺。做了一辈子豆腐了，没别的能耐。您这是？

欧阳孝仁 啊，工程快要竣工了，进行复测、收尾。（假装看房子）哎呀，这房子也确实应该修了。

豆腐匠 谁说不是呢。老大都三十多了，老二二十八了，老三也二十出头了，可到现在都没说上媳妇。提亲的人倒是不少，一看我家这破房子，都吓跑了。多亏姜管理员哪。您贵姓？

欧阳孝仁 啊，我，我免贵刘。

豆腐匠 你们银龙的人好哇。要是没有你们送来的这些木料，这破房子还想修？做梦吧！多亏了你们哪。

欧阳孝仁 应该的，应该的。你们忙，我就不打扰了，有事儿就吱声，别客气。

豆腐匠 好，少不了麻烦你们。您慢走，有空儿就过来。别的不敢保证，豆腐管够。

欧阳孝仁 那好，有空儿，我一定来。

欧阳孝仁说完快步走出这家院子。

现场附近的村庄街道 日 外

欧阳孝仁来到街道上，掏出本子，写了好一会儿。然后，合上本。

欧阳孝仁 （得意地自语）谢天谢地！这叫踏破铁鞋无觅处，得来全不费工夫。倒卖木材，破坏统购统销，挖社会主义墙脚。哼！山猫哇，山猫，你敢打我，我叫你吃不了兜着走！赵战生，你也脱不了干系！

欧阳孝仁说完扬长而去。

"李鞍线"工程指挥部前 日 外

家属送粮的车驶入院子，工人们敲锣打鼓，夹道欢迎。墩子带头喊着口号。

墩 子 向家属学习！

众 人 向家属学习！

牛二虎 向家属致敬！

众 人 向家属致敬！

酒憨子 感谢家属的大力支持！

众 人 感谢家属的大力支持！

于华带着李玉珍、王芳、方小玲、二虎妻等在车上使劲地挥手。

运粮车在指挥部前停下，人们开始卸车。他们有说有笑。

赵战生、陆洁、山猫等迎上前来，他们相互握手。

赵战生 嫂子，这可是雪中送炭啊。你们不光送来了粮食，更重要的是送来了家属们的一片心啊。

于 华 说得好。本来想再多攒点儿，知道你们快断顿了，就急忙送过来。少是少了点儿，救急嘛。我还带来了治浮肿的药。不治好大家的病，我就不走了。

赵战生 啥也不说了，全是眼泪。这大冷的天儿，都赶快到指挥部喝点水，暖和暖和。

大家刚要进指挥部，突然锣鼓又响了起来。

鞍钢的送粮车也来了。

墩 子 向鞍钢老大哥学习！

众 人 向鞍钢老大哥学习！

牛二虎 向鞍钢老大哥致敬！

众 人 向鞍钢老大哥致敬！

酒憨子 感谢鞍钢老大哥的大力支持！

众 人 感谢鞍钢老大哥的大力支持！

牛二虎 坚决拿下李鞍线!

众　人 坚决拿下李鞍线!

牛二虎 以实际行动支援鞍钢老大哥。

众　人 以实际行动支援鞍钢老大哥。

赵战生等人和鞍钢的送粮的同志相互握手、拥抱。场面极其热烈、感人。

"李鞍线"施工现场　日　外

银龙那面大旗迎风招展。

展放导线工作已经结束。

墩子等正在塔上安装绝缘子和金具。

欧阳孝仁在地面上做监护人。

赵战生和陆洁来到这里。

赵战生 (冲着塔上的同志们喊)同志们,关键时刻我们一定要保证质量和安全哪!

牛二虎 放心吧经理,这是咱银龙的光荣传统,哪个工程不都是这么干下来的,你就放心吧。

不知为什么炊事班班长气喘吁吁地跑来了。

炊事班班长 不好了,经理,姜管理员被警察给带走了。

赵战生 为啥?

炊事班班长 有人告他倒卖塔材。

赵战生 这是污蔑、诽谤、造谣!谁干的?

炊事班班长 这我哪儿知道哇。您快去吧。

众人议论纷纷,义愤填膺,只有欧阳孝仁暗自得意。

牛二虎 欧阳孝仁,又是你干的吧?

欧阳孝仁 我?开玩笑。我怎么能干那种事儿呢?

墩　子 真不是你?

欧阳孝仁 绝对不是。

酒憋子 要是你咋办?

欧阳孝仁 天打五雷轰!

赵战生 行了,到派出所就知道了。陆总,你在这儿盯着,千万不能再出啥事儿了。我去找他们。妈的,(顺脚踢飞了脚下的一块石头)我就不信这个邪了!

陆　洁 好好跟人家说,千万别动气。要不,我跟你去吧?

牛二虎 去吧,这么大的事儿。放心,这儿有我呢。

赵战生 那好吧,(示意陆洁)走。

两人快步离开这里。

牛二虎 好了,好了。大家集中精力干活。

众人紧张而有秩序地工作。

某乡镇派出所办公室　日　内

山　猫 警察同志,你们是不是搞错了?

警　察　没错，你叫姜云海？外号山猫？

山　猫　呀嚍，你们调查得挺细呀，连这个也知道？

警　察　那当然了，职务，食堂管理员。

山　猫　也对。

警　察　有人举报你，倒卖塔材挖社会主义墙脚儿。

山　猫　越说越玄了。这是造谣、污蔑、诽谤！

警　察　我们核实了，人证、物证都有。老实交代吧，坦白从宽，抗拒从严。

山　猫　我没什么可交代的。

警　察　没什么可交代的？我问你，做豆腐周长顺家的旧电线杆子是不是你卖给他的？这就是倒卖塔材。

山　猫　警察同志，那叫以物换物。

警　察　就算是以物换物也不能拿公家的财产和私人交易呀？

山　猫　谁规定公家财产不能和私人做交易？再说了，这个交易不是为了我个人，是为了我们银龙公司，为了国家的重点工程建设，为了鞍钢的生产。

警　察　挺能上纲上线哪。

山　猫　事实如此嘛。警察同志，你们办案应该尊重事实吧。不要听风就是雨，这会误事儿的。

警　察　我们会尊重事实的。

山　猫　这就好。那你就好好调查调查。

警　察　我们找你来不就是调查吗，但你一定要说实话。

山　猫　这就好。你们调查情况，我一定积极配合。您可知道，我们为什么要拼死拼活地干这条线路吗？

警　察　为了给鞍钢送电哪。

山　猫　钢是什么？钢是国家的脊梁。

警　察　说得对，没有钢就不能造飞机大炮，就不能造原子弹，那你的腰杆就不硬，就得被人欺负。

山　猫　说得好。所以，我们才豁出命地干啊！可是人是铁饭是钢，我们的劳动强度太大了，国家配给的粮食根本就不够吃！可我们为了鞍钢的同志早日多炼钢，炼好钢，我们不顾自己的死活，饿昏了，醒了再干，现在大部分人的腿都浮肿了。您看看，连我的腿都肿了。

山猫把自己的裤腿撸起来，按一下脚脖子出现一个坑。

警　察　（看见后很感动）哎呀，真难为你了。赶快放下来，别冻着。

山　猫　我是食堂管理员，大家饿成这样，我有责任哪！心里难受哇！可我是干着急，没办法。有一次我外出办事，路过老周家的豆腐坊，那香喷喷的豆腐给我馋的，走不动道了。我进去和老周师傅一唠才知道，他家的情况，也不容易。

警　察　可不是。三个儿子都没说上媳妇。提亲的人倒是不少，一看他家那破房子，都吓跑了。

山　猫　哎呀，您真是人民的好警察呀！太了解情况了。你看，他们缺木料，我们缺粮食。

警　察　所以，就来个以物换物。

山　猫　对对对。跟您说吧，（往前挪了挪凳子）我们现在的电线杆几乎全都换成水泥的了，木制的线杆基本不用了。再说，我们给他们的线杆也不是整根的，都是我们新中国成立初期抢修做临时塔剩下的边角余料，我们用不上，放在仓库里还占地方，烧火还白瞎了。我们帮了他的忙，他也解决了我们的燃眉之急，这不一举两得嘛。这怎么能叫挖社会主义墙脚呢？这是为社会主义建设做贡献哪！您想一想，我们一个一个的都饿倒了，线路建不成，电力供不上，鞍钢就不能扩大再生产，那损失得有多大呀？

警　察　可不是，你说的真在理儿。

这时，县公安局长和赵战生、陆洁进来。

警察立刻起立，敬礼。

警　察　局长，您怎么来了？

局　长　来看看你们哪。小王，我给你介绍一下，这位是银龙公司的赵副经理，这位是陆总工程师。

他们相互握手寒暄。

局　长　情况都搞清楚了？

警　察　不仅搞清楚了，而且，还受到了一次教育。银龙公司了不起。

局　长　就是嘛，强将手下无弱兵。全国劳动模范，人称"铁塔大王"，受过毛主席接见的英雄手下，哪个都不含糊。咱应该好好向他们学习呀！

警　察　那是，那是。局长，我觉得揭发检举的人对银龙公司的情况很了解，也许就是他们的人。赵经理，这是检举信，您看看。

警察从文件夹取出检举信递给赵战生，赵战生接过检举信看完递给陆洁。

陆洁接过检举信，一眼就看出来，这是欧阳孝仁写的。

陆　洁　（惊呼）肯定又是欧阳孝仁搞的鬼！这纸都是从我送给他的笔记本上撕下来的。

赵战生　郑局长，你这强将手下更无弱兵嘛。他跟我们分析的一样。

陆洁把检举信递给警察。

陆　洁　没错儿，就是我们公司受行政记大过留职察看的欧阳孝仁干的。他是我表哥，从小一起长大，他的字我不会认错的。

局　长　看来此人还真是个屡教不改的主儿。

赵战生　所以，就得劳烦公安部门帮我们教育教育。

局　长　必须的。不然公理何在，正义何在？

赵战生　说得好。

警　察　（忽然想起）啊，对了，我想起来了。周长顺跟我说，银龙公司他只认识两个人，一个是姜管理员，另一个就是姓刘的，前几天他去过老周的家。

山　猫　姓刘？我们队姓刘的没几个，不对，就是欧阳孝仁干的，这家伙做贼心虚没敢报真名，当面对质一下就行了。

局　长　对，这好办。（对警察）小王，这个案子你就负责到底。一定要还银龙公司这支铁军的清白！让他们全身心地投入社会主义的建设之中。

警　察　明白。说小了这是诬告，说大了这就是破坏重点工程建设。

局　长　对，我们就是要做人民和社会主义建设的卫士。

赵战生　好好好，有你们做后盾，我们就更能甩开膀子干了。（握住局长的手）谢谢，太感谢你们了。如果没什么事儿，我们就撤了。工程越是临近收尾，就越不能放松啊。

局　长　是啊，编筐编篓重在收口。祝你们早日完成施工任务。

赵战生　那好，就此别过。

他们相互握手道别。

上工的路上　日　外

自从家属和鞍钢送来了粮食，现在又有豆腐吃，于医生也把大家的浮肿治得差不多了。银龙的战斗力明显提升，工作热情更加高涨。

他们身披朝阳谈笑风生地走在上工的路上。

墩　子　哎，主任，昨晚上睡觉我咋没看见欧阳那小子呢？

牛二虎　进去了。经理不让说，怕影响大家的情绪。

酒懵子　活该！作死！

墩　子　你们说说，这小子咋那么损呢？他告的不光是山猫，他告的是咱银龙啊！

酒懵子　不要脸的东西，那豆腐他吃得比谁都多，调过屁股就告你。这他妈的叫什么人！

牛二虎　小人、恶人、损人！你看他那个熊样儿，我一瞅他就来气。真想痛痛快快地揍他一顿。

他们渐渐远去。

第十六集

银龙公司小会议室　日　内

万琛、高洪亮、刘翰林、赵战生、薛刚、陆洁开会。

万　琛　下面我宣布东北电业管理局党组任免通知。

免去高洪亮银龙送变电工程公司经理兼党委书记，调东北电业管理局工作。

任命刘翰林同志为银龙送变电工程公司经理。

任命赵战生同志为银龙送变电工程公司党委书记兼副经理。

任命薛刚同志为银龙送变电工程公司副经理兼工会主席。

任命陆洁同志为银龙送变电工程公司副经理兼总工程师。

万琛宣读完任命通知后，将文件放在会议桌上，他环视一下与会人员，充满深情地。

万　琛　任免通知我就宣布完了。接下来就想和大家谈谈心、叙叙旧、说说心里话。在座的都是东北电业管理局的元勋和功臣。我们一起摸爬滚打到现在，真是舍不得，离不开呀！但作为一名共产党员就得时刻听从党的召唤，服从组织的安排。老高哇，你说说吧？

高洪亮　万局长说得非常对。我也没想到能来到银龙，更没想到又离开了银龙。但有一条可以肯定，那就是，我们无论走到哪儿都是干革命，都应该为祖国电力事业的发展去努力，去拼搏。

刘翰林　是啊，万局长到部里工作，高经理到东北电管局工作。从局部讲，这对我们银龙公司是个损失，但对整个电力工业发展的全局来说，那是有利的。请两位领导放心，我们一定能把你们的好思想、好作风、好经验、好精神传下去，并且，发扬光大。

万　琛　这一点，我完全相信。你们银龙是什么，是我国电力建设的长子，是一面旗帜，是熔炉，是摇篮，是热土，是转战南北、屡立奇功的铁军。这是司徒临走流着泪跟我说的，他在你们这儿没待够呀！是你们救了他。当然，也包括我。（很激动，尽力控制自己）不说这些了。这次，你们在极其艰难困苦的条件下，为鞍钢送电又打了个漂亮仗！受到了党中央和地方政府的高度赞扬。鞍钢的同志们更是感谢你们呀。战生、陆洁，我没看错你们，银龙就是一个藏龙卧虎之地呀。

赵战生　陆洁没说的，我差远了。说实话，要是没有您的指示，没有高经理和刘经理的精心呵护和培养，没有陆洁老师的诲人不倦，我绝不会有今天。

万　琛　还挺谦虚的嘛。

刘翰林　战生说得没错。千里马常有，而伯乐却不长在呀。

高洪亮　尊重知识，尊重人才，实事求是，这是我们老领导的一贯作风。我们一定要传承下去。惭愧呀，在培养人才方面我们做得很不够哇。拼来拼去还是我们这几个人。

万　琛　这，我有责任！给你们的人太少了。

高洪亮　所以，我想，也是希望吧，银龙要在人才的引进和下一代的培养上多下功夫。小兵他们几个马上就快毕业了，虽然，他们有专升本的机会，但我认为还是让他们先到公司来锻炼。我们一定要把好钢用在刀刃上。

万　琛　我完全同意洪亮的意见。我本想让万胜也到你们银龙来。但我们电力工业门类太多了，发、输、供，哪儿都需要人才，我们不可能也不应该把鸡蛋都装在一个篮子里。所以，我想让他留校将来任教，为党和国家培养更多的电力人才。

他们越谈越起劲儿。

某市公园　日　外

艳阳高照，青山下，绿水旁，秦继伟、高小兵、刘丹、万胜等正在野餐。

秦继伟和高小兵趴在草地上掰腕子，万胜做裁判，经过激烈的角力秦继伟赢了。

秦继伟　不行吧，服不服？

高小兵　不服。再来！（还要比）

刘　丹　行了，行了，别闹了。说正事儿。你们到底是怎么打算的？

万　胜　我是没办法了，老爸有令，必须留校专升本，好好深造当老师。

秦继伟　你就应该留校深造。天生就是当老师的料。

万　胜　得了吧，刘丹不比我强啊？学校都找她谈了。不信你问她。

高小兵　哎，这事儿我咋不知道呢？保密工作做得挺好哇。继伟你知道吗？

秦继伟　（摇头）我哪儿知道哇。哎，万胜，你咋知道的？

万　胜　领导找完我就找她了，傻子都知道是怎么回事儿。

秦继伟　我看，一个女孩子当教师，挺好的。

高小兵　我倒认为到实践中闯一闯，更好！

刘　丹　其实，咱们说啥都没用，（对小兵）你爸和我爸早就和学校说好了让咱们回银龙。只不过学校还不死心罢了。说实话，我也真想回去。

高小兵　就应该这样！咱们仨从小就在一起，绝对不能分开。有福同享有难同当嘛。

秦继伟　对呀！我妈也常说。为什么给我取名叫继伟，那就是要继承先辈们的伟业。

万　胜　我爸对你们银龙公司那真是情有独钟啊，你们知道司徒佑吧？

高小兵　那谁不知道，好悬没打成右派。

万　胜　对，就是他。他总跟我爸磨叽，就想去你们银龙。关于你们银龙的故事太多了，真美慕你们。来，咱们合个影吧。

万胜拿出相机和三脚架调好自拍，高小兵、刘丹、秦继伟找好位子摆好姿势。

万　胜　告诉你们，这是自拍。把我的位置留出来，刘丹在中间，知道吗？这叫众星捧月，继伟你个儿高到刘丹后面，对对对，右边给我留着。（三个人调整好位置）预备，开始！

万胜按下快门，跑到自己的位置。四个人摆好造型，只听"咔嚓"一声，四个人的合影定格。

"寡妇楼"外的马路上　日　外

牛小虎和华志强百无聊赖地坐在马路牙子上。看着街上来往的人流，心里空荡荡的，平时随随便便，打架斗殴，根本就不愿意学习，这回瘪茄子了。

牛小虎　志强，毕业考试门门不及格，连个结业证都没拿到，混个肄业证。咋整啊？

华志强　你问我，我问谁呀？没被开除就算不错了。

牛小虎　我妈还好对付，要是我爸回来，非扒了我的皮不可。

华志强　你爸真够狠的，我总感觉我爸好像很怕你爸。不知咋回事儿？

牛小虎　哎呀，老人的事儿咱不管。咱俩好就行。关键是怎么过关。

华志强　哎？小虎，干脆咱们上公司干活得了。

牛小虎　对呀！不用学习。干活，咱没问题呀！

华志强　给不给钱没关系，管吃管住就行。省得听他们成天磨叨。

牛小虎　可不是，离他们越远越好。

华志强　哎？不行，不行，咱到银龙你爸是工区主任，那不是羊入虎口吗？你不怕你爸呀？

牛小虎　哎呀！完了，完了，我咋把这茬儿给忘了呢？

他们无事可干，华志强边说边把脚上穿的篮球鞋脱了下来放在路上。

牛小虎　喊，你他妈的不洗脚啊？这味儿，顶风都能臭出十里地。

华志强还真把鞋拿起来闻闻。

华志强　我去，真臭。

华志强赶忙把鞋穿上。这时，他忽然发现有两个打扮得非常"特儿"的姑娘走了过来。华志强来神了。

华志强　哎哎哎，看见没有？来了俩小妞，别说，真盖了。

牛小虎　我又不瞎，早看见了。好像不是咱这旮垯的。

华志强迅速系好鞋带，跳起来，挡住了两个姑娘的去路。

牛小虎在后面也堵住了两个姑娘的退路。

华志强　哎，姐们儿，哪儿去呀？

两个小姑娘没好眼地瞥了一眼华志强，手拉手想躲开。华志强在前面左拦右拦。

牛小虎　哎，靓妹怕啥呀？有哥呢，打听打听，桂林路上谁不给我小虎面子，咋样？玩儿玩儿？

姑娘甲　哎哟，吓死我了。（傲慢地）没听说过。

姑娘乙　臭嘚瑟啥！让开！别找不自在。

牛小虎　（更来劲了）呀嗬，真碰上茬儿了，有意思。

华志强本能地觉得身后有动静，他刚一转身，脸上就挨了一拳。他捂着脸，喊了一声。

华志强　小虎，有人！

牛小虎毕竟久经沙场，他迅速掏出兜里的电工刀。只见有五六个和自己年龄相仿的年轻人，怒不可遏地围拢过来。

牛小虎晃动手里的电工刀，摆出一副社会老大的模样。

牛小虎　嘿，嘿嘿，哥儿几个哪儿来的，报上名来，我是桂林路的小虎，有话好说。

青年甲　什么？小虎？桂林路的？兄弟们，听说过吗？

青年乙　没听说过。屎壳郎滚粪球——硬装大尾巴狼。想挂我们老大的马子？真是吃了熊心豹子胆了。

青年丙　（掏出电工刀冲着甲）哥，您一句话，我废了他！

牛小虎　（一副滚刀肉的样子）仗着人多是吧？哥们儿不怕！

青年乙　孟哥，这小子太嚣张了，干死他！弟兄们，上！

瞬间，双方混战在一起，不到两分钟，地上有人倒下。

牛小虎捂着流血的肩膀和华志强飞快地钻进了胡同。

赵战生的办公室　日　内

高洪亮调到东北电管局接万局长班之后，在刘翰林的再三催促下，赵战生才搬到了高洪亮的办公室。

赵战生正在接电话。

赵战生　您好！对，我是赵战生。您是哪位？噢，是潘所长啊，什么事？

潘所长　（听筒）赵经理，你们银龙公司子弟牛小虎、华志强和社会上几个小流氓打架，昨天晚上被我们拘留了。

赵战生　（脸色严肃地解开风纪扣）问题严重吗？

潘所长　（听筒）挺严重，对方有一个被牛小虎扎伤了腹部，牛小虎左肩挨了一刀，其他几个人也都受了点儿轻伤。赵经理，你们的牛小虎和华志强在桂林路是挂了号的，经常打架斗殴，对方是流氓团伙，在社会上影响很坏。这次要严加处理！领头的被劳教了，你们两个子弟我们准备拘留。想听听您的意见。

赵战生　首先，我非常感谢派出所的同志对我们银龙公司和家属区治安的管理。潘所长，能不能少拘留几天，这俩孩子的父亲都长年在外施工，顾不上教育子女。当然，这都是我们领导的责任。今后，我们一定要加强这方面的工作。

潘所长　（听筒）这个我们非常理解，所以，才事先跟您打个招呼。时间的问题我们可以考虑，但处罚是必需的。不然，就很难维持社会治安了。

赵战生　对对对，搞好社会治安也是我们共同的责任和义务。谢谢了，潘所长。

潘所长　（听筒）不客气，我就愿意和你们银龙打交道，痛痛快快，喊里喀嚓。您就放心吧，我们会处理好的。再见。

赵战生　好，再见。

赵战生刚放下电话，就有人敲门，他下意识地说了一声。

赵战生　请进。

刘翰林开门进来。

赵战生　（起立迎接）刘经理，我正想找你呢。来来来，快坐，快坐。

赵战生去倒水，刘翰林坐下。

刘翰林　是不是关于牛小虎和华志强的事儿？

赵战生把倒好的水端过来。

赵战生　你是怎么知道的？我刚刚才知道。

赵战生把水杯递给刘翰林。

刘翰林 （接过水杯）你开会去了没在家，昨天晚上我就没得消停！他俩刚被派出所带走，牛小虎和华志强的母亲都来了，哭着喊着就要把这俩小子交给公司，干什么都行，她们是真的管不了了，你说咋办，真愁人。

赵战生 是啊，子弟的教育问题确实向我们敲了警钟。其实，二虎队长跟我叨咕过，说小虎不爱学习。

刘翰林 何止是不爱学习呀，最难办的是经常打架斗殴，惹是生非，学校也管不了。

赵战生 潘所长说了，连派出所都拿他俩没办法。这次闹大发了，扎伤了人，必须拘留了。

刘翰林 也好，不然，真就没法儿管了。

赵战生 问题是最多也就十五天。出来怎么办？

刘翰林 是啊，初中肄业了，高中考不上，进技校也没门儿，只能在社会游荡，那可就彻底废了。

赵战生 可不是。我也正为这事儿发愁呢。现在，唯一的办法就是让他们进公司远离社会，让银龙这个熔炉好好炼炼，说不定还可能会成为一块好钢。关键是年龄太小不符合规定啊。

刘翰林 事在人为嘛，规定也是人定的。想当年你当警卫员的时候也不满十八嘛。

赵战生 哎？你这么说倒提醒了我。咱们可以不做正式工人，也不往上报。让他们跟着师傅学徒，不发工资，给点补助，等年龄一到就转正。这样既不违反规定，也解决子女的教育和安置问题。

刘翰林 好，就这么定了。回头跟薛刚、陆洁打个招呼就行了。

"水鞍线" 220 千伏线路施工驻地　日　外

在一片高低错落丘陵环抱中的一块凹下的平地上，"水鞍线"施工驻地的几个帐篷非常显眼。银龙的大旗迎风招展，帐篷前整齐堆放着银光闪闪的塔材和金具。在不远的山顶上工人们正在组塔。

一辆卡车拉着高小兵、刘丹、秦继伟、牛小虎、华志强等第二代送变电人来到了施工驻地。

牛二虎、墩子、酒懵子等代表工区欢迎新职工的到来，帮着卸车拿行李。

牛小虎怕见爸爸，直躲。牛二虎拽着小虎的耳朵就把他拉了出来。

牛二虎 臭小子，想躲？那你就别来呀。我可告诉你，要不是领导关心咱、照顾咱，就你这个熊样儿，想进银龙，做梦吧！

牛小虎 我知道。爸，现在说啥也没用，你就看我的行动吧。

牛二虎 你真想好好干？

牛小虎 我向毛主席保证，绝对。

牛二虎 那好，走吧，先到宿舍。（冲大家喊）其他的同志都跟上。

大家有说有笑跟着牛二虎走。

牛二虎 小虎啊，在学校没学好，在这儿咱得补上。

牛小虎 哎呀妈呀，到这儿还学呀？

牛二虎 没出息！干啥不得学呀？

牛小虎 我尽量努力吧，不过，你放心，干活，我绝对没问题。

牛二虎 行吧，我也不逼你。看你的实际行动。到了，这就是你们的宿舍。大家进来吧。

众人相继进了宿舍。

施工驻地食堂　傍晚　内

工地夜校利用食堂作教室，餐桌作课桌，两盏汽灯把食堂照得通明。

新来的员工围坐在几个餐桌周围认真地听刘丹讲课。

一块黑板写满了计算公式和图表，牛小虎趴在桌子上睡着了，华志强漫不经心地玩弄手中的一把木制格尺。

刘　丹 组塔的程序和计算方法今天就讲到这儿，有不明白的地方，下课以后可以随时来问我，当然，问小兵和继伟都可以。

华志强一不小心把用手绷起的格尺打在桌上，"叭"的一声，吓了大伙一跳。牛小虎从睡梦中惊醒，口水都流出来了。他赶紧擦了擦。这狼狈的样子引起了哄堂大笑。

高小兵 （愤怒地站起身来，指责华志强）你搞什么鬼？不想听就滚犊子。

华志强 （满不在乎地，看着高小兵）让谁滚？你滚一个我瞅瞅。

秦继伟 就叫你滚，听见没有？上课不听讲，还影响大家。

高小兵 继伟，跟他磨叽啥，收拾他。

高小兵过来刚要拽华志强的领子，华志强一甩胳膊就给化解了。

华志强 哎呀，还想动手？告诉你，小爷不怕。

刘　丹 （怕出事）好了，小兵，你冷静点儿。别跟他一般见识。

华志强 （嬉皮笑脸地）呦呦呦，到底是娃娃亲，真向着哇。

又一阵子哄堂大笑。

刘　丹 这课没法上了。

刘丹气得扭身离开教室。

秦继伟 哎呀，小破孩儿，参翅儿是吧？

牛小虎 咋地，要干哪。别看你们比我们大，我们不怕！

秦继伟 行啊，你有种，我倒要看看桂林路的小混混到底有啥能耐。

秦继伟刚要动手。

高小兵 别，继伟，咱们出去，别把公物损坏了。

牛小虎 走就走，谁怕谁呀？

不怕事儿大的不断拱火。

某工人 打呀打呀，看谁能打过谁？

某工人 这回可有好戏看喽。

室内气氛非常紧张，牛小虎、华志强、高小兵、秦继伟他们刚要出门。

刘丹抹着眼泪和牛二虎出现在门口。

牛二虎 （威严地）臭小子，到这儿要横儿，看老子怎么收拾你！

牛二虎冲向小虎。

高小兵怕事情闹大了，赶紧拦住牛二虎。

高小兵 （立刻满脸堆笑）牛叔，不对，牛主任，师傅。您别生气，我们是闹着玩儿呢。

牛二虎 什么闹着玩儿？刘丹都跟我说了。行了！我啥也不说了。是狗改不了吃屎。白瞎了领导的一片心。你们俩收拾收拾回去吧，滚！快滚！不然，我真要动手了。

屋里顿时鸦雀无声，牛小虎"扑通"一下跪在地上。

牛小虎 爸，我错了，你打吧！你就是打死我，我也不走！

华志强也跪下。

华志强 牛叔，不关小虎的事儿，都是我惹的祸。要揍你就揍我吧！

高小兵 牛叔，消消气，真的没啥大事儿。不信，你问刘丹。

高小兵给刘丹使眼色。刘丹会意。

刘　丹 对对对，牛叔，确实没啥大事儿。我们夜校自己解决。班长、副班长，你们处理吧。其他人也都走吧。牛叔，走走走，我还有一个技术问题想请教您呢。

刘丹好歹把牛二虎劝走了。

食堂里就剩牛小虎、华志强、高小兵、秦继伟了。

高小兵 起来吧，两位少侠。

牛小虎 不起。

秦继伟 哎呀？还想整事儿啊？

牛小虎 不敢。

高小兵 那你们到底想干啥？

牛小虎 不想干啥，就想让你们做老大。

华志强 对。

高小兵 做老大不行，做哥们儿没问题。

牛小虎 真的？

秦继伟 傻帽，我们本来就是兄弟、哥们儿嘛。

华志强 （一拍大腿）对呀。咱们子一辈儿，父一辈儿不都是兄弟、哥们儿吗？

高小兵 算你小子还明白，说句心里话，这种关系你认也得认，不认也得认。打断骨头还连着筋呢。

牛小虎 哎呀！太对了。

牛小虎起来了，华志强也起来了。

牛小虎 真是不打不相识。小兵哥，太够意思了！就凭这，我俩就认你们这个大哥。

华志强 其实，你们的大名早就如雷贯耳了，学习好，为人好，特仗义。

牛小虎 对对对，我爸一打我，就拿你们数落我，（学牛二虎）"你看看你那个损样儿，一点儿都不给我争气。你看看小兵哥、继伟哥，谁不夸呀。不好好学习，还净给我惹祸。我削死你！"接着就是一顿胖揍。

小虎这一出逗得大家哈哈大笑。

秦继伟 你们俩也真不是个省油的灯，让大人操了多少心哪；并且，越来越不像话了，动刀子捅人，还进去了。给咱银龙丢了多大的脸。要不是赵书记把你们要出来，蹲着去吧。

牛小虎 知道，知道。我们错了，真的错了。

高小兵 人非圣贤孰能无过，知错就改，善莫大焉。

华志强 小兵哥，你这之乎者也的我们也听不明白啊。

秦继伟和高小兵被气得笑了。

秦继伟 （笑得前仰后合）你们俩呀你们俩，不好好学习，太可怕了，连这个都听不懂，他是说，谁都可能犯错误，知道错了能改就是好同志、好兄弟、好哥们儿。

牛小虎 哎呀呀呀，你们太有文化了，真了不起。今后，你们就是我们的大哥。你们说往东，我们绝不往西，你们说削谁，我们就干死谁。

秦继伟 哎哎哎，这个可不行。

牛小虎 （扇了自己一个嘴巴）靠，老毛病又犯了。一句话，你们让我们干啥，我们就干啥。

华志强 对，我们全听你们的。

高小兵 一言既出。

牛小虎 驷马难追。

高小兵 谁要失言。

华志强 不得好死！

高小兵 好，就这么定了。

高小兵伸出手，四个人的手紧紧握在一起。

秦继伟 定了。

牛小虎 定了。

华志强 定了。

"水鞍线"中朝边境某组塔现场　日　外

中朝边境界碑旁，高小兵正在塔上进行组塔作业。

牛二虎正在指挥工人组装抱杆打拉线。

牛小虎和华志强扛着枕木。

墩子拽着准备锚固的拉线越过界碑向朝方境内走去，准备锚固抱杆拉线。

两名朝鲜边防军战士立刻跑过来阻止。

朝兵甲 （用手比画着，用不熟练的汉语）不行，不行。你们必须撤回去。

墩　子 （焦急地）同志，同志！我们在组塔，要在这里锚固拉线。用不了多长时间就完。

朝兵甲 不行，不行的。你们必须撤回去。

牛小虎 （跑过来）同志，我们只是临时占用一下这个地方，干完活儿就撤。

朝兵甲 对不起，我们没有接到指示。这是绝对不可以的。

牛二虎 （无奈地）墩子，小虎，别磨叽了，回来吧。

墩子和牛小虎、华志强不得不撤回。

墩　子 （拽着拉线返回界碑内）那这塔还干不干了？

牛二虎 人家不让，咋干啊？

墩　子 净他妈扯犊子，打个拉线有什么了不起的。有能耐，抗美援朝别找我们啊！

牛二虎 行了，少说两句吧。这个事儿还真得通过外交解决。大家注意啦，这基塔先放一放，干下一基塔吧。

高小兵等不情愿地从塔上下来，众人整理工具准备撤离。

"水鞍线"某组塔现场　日　外

春天，万物复苏，社员们耕地、春种。

工人们在组塔。秦继伟在地面指挥利用抱杆往塔上起吊组装好的塔片。

社员甲哼着《我们村里的年轻人》插曲，赶着牛在犁地。牛来到外拉线锚固坑处过不去停下了。

社员甲使劲儿抽了一鞭子，牛绕过锚固拉线，把地犁偏了，社员甲也好悬被甩下去。他不高兴了。

社员甲　工人师傅，你们这么干，还让不让我们蹚地了？

社员乙　就是嘛，再有，你们这地下挖了那么深的坑，还埋了个大枕木，到时候，你们完工了，我们的苗都长出来了，你们肯定要把这东西挖出来吧，那我们的苗不就毁了吗？

秦继伟　您放心，我们会加倍小心地把地平好，把垄给您备上，把苗给您栽上，实在不行还会给您赔钱的。社员同志，这条线路可是为国防"三线"建的。

社员甲　别拿这个吓唬人！我们种地也是为国家。没有我们种的粮食，你们吃啥，喝西北风啊？

秦继伟　对对对，我们都是为了国家。好了，好了，咱们也别争了，你们干你们的活儿，我们干我们的活儿。有什么问题请你们队长找我们公司的领导谈。但有一点可以肯定，我们决不能让你们受损失的。（冲着工人）大家抓紧时间干活。

工人和社员各自干自己的活儿。

"水鞍线"驻地食堂　傍晚　外

美丽的夕阳晚霞，大地暖融融的。这个时候，在屋里吃饭倒有些凉意；所以，大家打了饭都愿意在外面吃，谈天说地也方便。

秦继伟　哎？小兵，听说，你们把抱杆拉线都打到朝鲜那边儿去了？

高小兵　可不是，87号那基塔就挨着国境线，锚固拉线就得打到那边去。人家说什么也不让干。这个问题得想办法解决，不然，中蒙、中苏、中越、中缅，总之在边境线组塔都有可能遇到这种情况。你们那边儿呢？

秦继伟　别提了，82号塔就立在社员的地边儿，抱杆拉线打到庄稼地里，耽误人家耕地，好悬没吵起来。

高小兵　就是，这个外拉线抱杆真别扭。

牛二虎　这要是在山顶上组塔根本就没法锚固拉线，抱杆用不上，就得一根一根地往上搂，那劲费的，别提了。

高小兵　哎？主任，能不能把外拉线改成内拉线固定抱杆组塔呢？

牛二虎　那敢情好了，哎？墩子，你说咱们干了这么多年，怎么就没想过这个问题呢？

墩　子　要不说年轻人有文化，敢想敢干呢，小兵啊，大胆地干，我们支持你。

秦继伟　（思考问题，嘴里嚼着饭）你还别说，我觉得这个事儿还真有点儿门儿。

高小兵　（想了一会儿）我就不信想不出办法。

秦继伟　那是啊，你是谁呀，小诸葛。

高小兵　别整事儿，反正咱不能受这窝囊气。

牛小虎　继伟哥说得对，不是小诸葛，也是智多星啊。

高小兵　你小子什么时候学的也会拍马屁了？

牛小虎　本来嘛，不信你问问志强。

华志强 没错儿，小兵哥就是厉害。

牛小虎 小兵哥，这个事儿肯定能带我们吧？

高小兵 必须的。说话不算数那还叫爷们儿吗？现在方案没出来，等方案出来了，你们不干都不行。

牛小虎 那敢情好，我们随叫随到。

牛二虎乐得合不上嘴，远处的墩子和酒懵子等见此情景也都非常高兴。

酒懵子 （小声地）队长，队长，这俩小子真变了！

牛二虎 可不是，我都没想到。真得谢谢银龙，谢谢小兵和继伟，谢谢大家呀。

墩　子 说一千道一万，咱银龙就是个大熔炉，什么铁到这里都能炼成好钢。

"水鞍线"施工驻地某工棚　晚　内

这是一个维修车间。里面有老虎钳台、台钻等各种维修工具，氧气瓶、电焊机等一应俱全。

高小兵正在和秦继伟研究自己画好的内拉线抱杆的草图。

秦继伟 别说，小兵，你真厉害！用内拉线固定抱杆，在技术上我看问题不大，关键是塔身能否承载抱杆加上起吊最大、最重物件的重量？这需要经过计算。

高小兵 这个问题我已经让刘丹做了，有经理和陆总的支持很快就能计算出来。

秦继伟 那就最好不过了。按理说，这塔都能够承载那么重的导线、绝缘子串、金具，肯定就能承载最重最大的塔片哪。

高小兵 我也是这么想的。但科学需要准确的数据，大约莫可不行。

牛小虎和华志强抬着角钢和钢管进来，轻轻地放在地上。他们拍拍手和身上的灰尘。

牛小虎 哥，还需要啥，尽管吩咐。

"水鞍线"指挥部陆洁的办公室兼寝室　夜　内

陆洁的办公桌上，摆满了各种有关330和500千伏输电的中外书籍和资料。她在潜心研究，有人敲门。

陆　洁 请进。

刘丹拿着一沓纸进来。

刘　丹 陆总，还忙呢？

陆　洁 怎么，这么快就计算出来了？

刘　丹 小兵要得急呀，再说边界那基塔都停了好几天了，我也着急呀。您看看准不准确。

刘丹把计算数据递给陆洁。陆洁接过数据仔细地看，不住地点头。

陆　洁 不错，不错。数据翔实、准确。叫小兵他们干吧。

陆洁把数据递给刘丹，刘丹接过数据。

刘　丹 谢谢阿姨，不，谢谢陆总、陆经理。

刘丹拿起计算数据高兴地迅速离开了陆洁的办公室。

"水鞍线"施工指挥部　晚　内

赵战生和刘翰林正在研究问题。

赵战生　关于到朝方施工的事儿，我已经向东北电管局汇报了，他们正在和朝鲜驻沈阳的领事馆联系，估计问题不大。

刘翰林　这我倒不担心。关键是麻烦，耽误事儿。小兵这孩子脑袋冲啊，考虑问题也全面，有发展。

赵战生　小丹也不错嘛，好多关键数据都是她计算的。继伟做事儿踏实，有准儿。

刘翰林　我看，那两个浑小子进步更快，简直换了一个人。

赵战生　可不是，小兵和继伟还真挺会做工作的。刚来的时候这俩小子还想闹事儿，拔梗梗，好悬没跟小兵和继伟干起来，现在相处得非常好。咱们后继有人了，真高兴啊。

刘翰林　咱俩去看看?

赵战生　去看看，走。

二人说完离开了指挥部。

"水鞍线"实验工棚　晚　内

用内拉线抱杆组塔的小样基本做出来了。

牛小虎正在打磨落地抱杆连接的焊接钢板。

华志强用台钻钻连接钢板的孔。

秦继伟在组装落地抱杆。

高小兵戴着焊帽正在焊接组立塔小样，电弧光闪烁，焊花四射。

刘丹闭着眼睛帮小兵扶着塔样儿。

刘翰林和赵战生进来。

高小兵　(边焊边喊)闭上眼睛，转过身去，别伤了眼睛，我一会儿就完。

刘翰林和赵战生转过身去，高小兵继续焊接。

淡蓝色的烟气弥漫，工棚内充满了刺鼻的电焊味，不一会儿高小兵就焊完了。

高小兵　好了，大功告成!

刘翰林和赵战生转过身来。

刘翰林　好家伙，进展神速哇。

高小兵　欢迎领导光临指导。

刘翰林和赵战生围着屋转了一圈，这儿摸摸，那儿看看，最后来到小样塔前。

刘翰林　了不起，太了不起了。完全超出了我的想象。

赵战生　真没想到，这一下子把内拉线抱杆的两种方法都研究出来了。小兵啊，这两种方法都叫什么哪?

高小兵　我还没太想好，请两位领导命名吧?

赵战生　老刘，你是技术权威，非你莫属哇。

刘翰林　好，那我就不客气了。这两种内拉线抱杆组塔方式，一个叫"落地式"，一个叫"悬浮式"，怎么样?

高小兵　太好了。准确、形象。正好两位领导都在，我就说说我们的想法。虽然，我们把两种内拉线抱杆的组塔方式都想出来了，小样也做出来了。但根据目前的情况，我建议还是先集中力量把内悬浮式抱杆组塔的方法搞成，抱杆是现成的，用咱们外拉线的抱杆就行。只不过是把外拉线改成内拉线，难度小点。火烧眉毛顾眼前嘛。

赵战生 老刘哇，我怎么觉得在小兵的身上能看到团长的影子呢？

刘翰林 龙生龙凤生凤，老鼠的儿子会打洞。遗传基因嘛。小兵考虑得非常周到。虽然，落地式比悬浮式稳定性好，但我们的塔高一般是在18~51米，这样，落地式抱杆的高度最低要20米，最高要53米，小兵他们都已经考虑到了。

秦继伟 对对对，我们仨就在做落地式抱杆的小样呢。

赵战生 这么高的抱杆，材质就成了关键，最好用铝合金，重量轻，强度高，便于运输和组装。可是材料能不能买到，如何加工这都是问题。所以，只能往后放一放，好饭不怕晚嘛。

刘翰林 我同意。集中力量搞悬浮式抱杆。明天给你们一天的时间，不行就两天，先把操作程序写出来，找一基塔做实验，如果成功，我们就利用这种方法把中朝边境上的那基塔组装起来。也让朝鲜兄弟看一看我们中国工人阶级的智慧和成果。

秦继伟 也让农民兄弟看看，咱工人老大哥的风采。

刘翰林 这几天给你们都累坏了，太晚了，我看今天就到这儿吧。

高小兵 我们不累。再干一会儿吧？

牛小虎 是啊，我们刚干出点儿情绪。

华志强 可不是，还没干够呢。

赵战生 不行，这是命令。不会休息就不会工作。

赵战生说完就往外推高小兵。

高小兵 赵叔，我们坚决执行命令，不干了。那我们也得收拾收拾，归拢归拢吧，这东一块儿，西一块儿的，多乱哪。这可不是您的行事风格呀。再说了施工收尾也是有标准的嘛，咱得按标准规定办事儿。是吧？

赵战生 你小子可真能对付呀。那好吧，收拾完了就立马回去休息。你们可不能给我打埋伏。

高小兵 哪儿能呢？

赵战生 那可说不准，你小子鬼点子太多了。

高小兵 那也比不上您哪，有名的"人小鬼大"（示意秦继伟）。

秦继伟 （会意）对对对。（给小虎和志强使眼色）

牛小虎 （会意）那是啊，智勇双全，机智勇敢的大英雄。

华志强 "铁塔大王"，还见过毛主席，神了。

赵战生 你们合起来忽悠我是不是？刘经理，这帮小子可不白给呀？

刘翰林 这不都是跟你学的吗？想当年……

赵战生 行了，行了，打住，打住。（拉着刘翰林）赶紧撤，赶紧撤，这帮小子不好对付。（快出门回过头喊）小丹，你给我看着他们，收拾完立马让他们回去休息。

刘　丹 是，保证完成任务。

赵战生和刘翰林出去了之后，几个年轻人高兴地几乎跳了起来。

高小兵 耶！太好了，大家配合得天衣无缝。继续干活。

他们又忙碌起来。

"水鞍线"中朝边境某组塔现场 日 外

在牛二虎的指挥下，高小兵、秦继伟、牛小虎、华志强等正在用内拉线悬浮式抱杆进行组塔。

高小兵把吊钩钩在组装好的大片塔片上，走到安全距离以外的位置，吹响起重哨。

秦继伟、牛小虎、华志强等控制起吊绳起吊。

酒懵子和墩子操纵控制绳，控制塔片与铁塔的距离和方向，塔片徐徐升空。

朝方边防战士，还有翻译惊喜地看着我们工人组塔，竖起大拇指。

不断地高喊：哋嗒！哋思密达！

赵战生、刘翰林、陆洁、刘丹等兴奋地发着感慨。

赵战生 老刘，朝方已经同意我们过境打拉线了。瞧见没有，（指着朝方翻译）那个就是翻译。我告诉他们：我们已经研究了一种新的组塔方式，不用过境了，谢谢你们的支持。一会儿，你们可以看一看。

刘翰林 没说的，这几个年轻人太了不起了。不仅解决了边境线上用外拉线抱杆组塔的麻烦，还解决了在高山上无法打拉线的实际问题，不仅节省了器材，更提高了效率。这种方法，目前在国内还没有。可以说，我们是首创啊。

陆 洁 这就叫，长江后浪推前浪，一代更比一代强。小丹哪，你们功劳不小哇。

刘 丹 差远了。没有你们领导和前辈的支持与帮助，我们绝不会成长进步这样快。

工人们在组塔。

绵延起伏的山脉，奔涌的鸭绿江水。

"丰钢线"施工现场 日 外

绿水青山，一排新组立的铁塔沿着山脉伸向云端。

半山坡上，高小兵、秦继伟、牛小虎、华志强抬着笨重的水压机，吃力地往山上走。

他们边走边齐声朗诵着："下定决心，不怕牺牲，排除万难，去争取胜利！"

高小兵 （满头大汗，龇牙咧嘴）哎呀，不行了。肩膀压得实在受不了了，放下歇会儿吧。

秦继伟 （大声地）胡扯！不能歇，器材往哪儿放啊，出了人命你负责呀？走！再坚持一下，马上就到塔号了。小虎，你行不行？

牛小虎 没问题。

高小兵 志强呢？

华志强 我也没事儿。

众人不敢怠慢，继续前行。

秦继伟 坚持住，谁他妈要放，谁就是王八犊子。使劲，使劲。

众人终于把水压机抬到了塔号，高小兵等人累得躺在地上喘着粗气。

高小兵 这破玩意儿，又笨又重，真是累死人不偿命啊。

此时已至中午，炊事员挑着饭菜来到这里。

炊事员 开饭啦，开饭了。

高小兵 累死了，累死了，不吃了。

炊事员 不行，不行。人是铁饭是钢，一顿不吃饿得慌。不吃饭怎么行，下午还得干活呢。

秦继伟拽高小兵。

秦继伟 起来，起来吧，大公子，有能耐你再发明一个，不用抬这破玩意儿，那才是名副其实的小诸葛呢。

高小兵 你还别刚我，本少爷还真有这个想法。

华志强一骨碌爬起来。

华志强 小兵哥，你要真能整出来，我就喊你万岁。

牛小虎 我喊你万万岁。

秦继伟打好了饭送给高小兵。

秦继伟 那都白扯，我请你喝酒。

高小兵接过饭，秦继伟转身去盛饭。

高小兵 一言为定？

秦继伟、牛小虎、华志强 驷马难追。

四个人哈哈大笑。

他们各自打饭，席地而餐。苍蝇到处乱飞，他们一边用手驱赶着落在碗边的苍蝇，一边啃着插有咸菜条的窝头。

高小兵 继伟呀，我听牛主任说，这破水压机又笨又重不说，到了冬天最冷的时候，里面的水都冻过，必须换成酒精或酒才能用。

秦继伟 可不是，我也听说过。要改成液压的兴许能好点儿？

高小兵 用液压能解决冻的问题，但笨重的问题解决不了。

秦继伟 我是没辙了，就看你这个高人了。

高小兵 别别别，三个臭皮匠赛过诸葛亮。（对牛小虎和华志强）你们俩也别闲着，都得想办法。

牛小虎 我们？打死我们也憋不出来呀。

华志强 小兵哥，还是饶了我们吧。叫我们干活没问题。

大家吃完了饭正准备调试水压机，刘翰林、赵战生、陆洁等人从山下上来。

高小兵 （捅了一下身旁的秦继伟）你看，差不多都来了。

秦继伟 （没有停下手里的活儿）可不是，就差薛叔了。

赵战生 我说，你们是怎么搞的，放线马上就到眼眉前了，这设备还没调试好，进度太慢了吧？

说话间，三个人来到了小兵他们跟前。

高小兵 赵叔，这您可就冤枉我们了。光抬水压机上来就用了差不多一个上午。抬这家伙上山都快把人累死了。

秦继伟 是呀，经理。这东西又重又笨。

赵战生 别跟我讲条件，人家大庆铁人王进喜不是说了吗，有条件要上，没条件，创造条件也要上！

高小兵 （突然灵感来了）哎？赵叔。我听说大庆用爆炸技术压接钢丝绳，咱就不能利用爆炸技术压接导线吗？（指着水压机）用这玩意儿多笨哪，死沉死沉的。到了冬天还容易冻，更耽误事儿。

赵战生 （对刘翰林和陆洁）别说，这小子又来新点子了，可以试试吗？

刘翰林 我看完全可以。（思考一下）小兵啊，有几个关键问题你们需要考虑考虑，一是钢丝绳那是同一材质，好接，而我们的导线里层是钢芯，外层是铝绞线，怎样爆接需要考虑；二是炸药药量的控制，多了不行，少了也不行；三是，导线是叠加还是断面相接，这些都需要深入研究，反复论证和试验才行。

陆　洁 还有，用什么材质包装炸药和导线，怎样包装，都需要充分研究和反复试验。不要怕失败！有什么问题可以随时找我。

高小兵 好，太好了！经理，那您看这炸药和雷管……

刘翰林 这都没问题。记住，一定要按规定领取和使用，更要做好安全措施，绝对不能出事儿。

秦继伟 放心吧，我们一定照办。

赵战生 （亲切地）小虎，志强，听说你们俩最近表现得不错，进步挺大呀。

牛小虎 不行，不行。差远了。

华志强 说实话，要是没有小兵哥，继伟哥，还有刘丹姐的帮助，我们早就土豆搬家滚球子了。

刘翰林 行啊，还挺谦虚。这么看还能进步。你们一定要好好地向老师傅们，向他们三个学习。学无止境啊。

牛小虎 您说得太对了，不学不知道，一学吓一跳，不懂的东西太多了。

华志强 可不是，过去净胡打烂凿了。现在真后悔没好好学习。

赵战生 能认识错误就好。浪子回头金不换，今后，你们肯定有出息，错不了。

牛小虎 （来一个尽量标准的军礼）谢谢领导鼓励。

刘翰林 （惊讶）哎呀，（对赵战生）老赵，还挺标准的嘛。

华志强 跟啥人学啥人。咱不能给老师丢脸，给书记、经理丢脸，给咱银龙丢脸不是。

赵战生 好好好，有志气。你们干活吧，我们到别处看看。

刘翰林、赵战生和陆洁离开这里。

高小兵等继续干活。

第十七集

"丰钢线"施工驻地技术室　下午　内

刘丹正在办公室兼宿舍的办公桌旁全神贯注地研究图纸。

高小兵轻轻地推门进来，刘丹没有察觉。

高小兵悄悄地走到刘丹的背后，把一捧刚采的野花伸到刘丹眼前。

刘　丹　哎呀妈呀，吓死我了！这么多呀，哪儿采的？

高小兵　山上呗。喜欢不？

刘　丹　（假装）不喜欢。

高小兵　那就撇了！（装作要扔）

刘　丹　（一把抢过）傻样儿，一点儿幽默感都没有。（欣赏着花）早都把我忘了吧？

高小兵　净说昧良心的话，能吗？

刘　丹　都多长时间了，也不来看我。

高小兵　不是太忙了吗？今天真倒霉，抬那个破水压机，好悬没把我累死。你看看。

高小兵解开衣扣露出肩膀，刘丹看到小兵红肿的肩膀非常心疼。

刘　丹　哎呀！肿这么厉害，还渗血呢。

刘丹用手轻轻摸了下。

高小兵夸张地喊。

高小兵　哎哟，疼死我了。

刘　丹　（心痛地）也是的，那玩意儿又笨又重，尤其，往山上抬真难为你们了。

高小兵边系衣扣边说。

高小兵　活人不能让尿憋死，咱得想辙。

刘　丹　这么说，你又有高招儿了？

高小兵　也不是什么高招儿，跟人家学呗。

刘　丹　行了，行了，别卖关子了，什么题目，叫我干啥？快说。

高小兵　小丹，你知不知道大庆油田用爆炸技术压接钢丝绳的事儿？

刘　丹　好像听说过。（突然明白了）啊，你是想用这种爆炸技术压接导线？

高小兵　要不说，知我者刘丹呢。对，我就不信咱就搞不成。书记、经理、陆总都支持。就看你的了。

刘　丹　我更没问题，全力以赴。资料查询、计算数据、技术论证、技术报告都由我负责。你们负责试验。但有一条，一定要保证安全，绝对不能给我出事儿！

高小兵 （立正、敬礼）是。（亲昵地）你真好。

高小兵亲了刘丹一下就跑出了门。

刘　丹 你干啥去？

高小兵 （边跑边说）暂时保密。

刘　丹 （喊）别胡来。

高小兵 （边跑边说）没事儿，你就瞧好吧。

望着高小兵远去的背影，刘丹既高兴又担心，她转身回屋拿起电话。

刘　丹 您好，我要大庆油田……

"丰钢线"驻地旁小河边　傍晚　外

夕阳西下，天边一片彩霞。

高小兵和秦继伟把爆压导线的实验地点选在小河旁的一片空地上。

高小兵把自己画的图纸摊在地上。

高小兵 继伟，这是我画的草图，你看看。

秦继伟端详了一会儿。

秦继伟 不错，挺好。

高小兵 （指着图纸）看来，姜还是老的辣呀。刘经理提的几个问题非常关键，所以，我们必须进行两次爆压。

秦继伟 第一次爆压先连接同一材质的钢芯，第二次爆压连接铝绞线。

高小兵 对，下一个问题就是连接的方式，是采用叠加还是对接？

秦继伟 采用叠加省事，但接触面积小，（用两个手指比画）尤其是四股线叠在一起，接头部分就太粗了，导电性能也不好。

高小兵 所以，采用截面对接，而要想固定好这个截面，里面就必须采用同一材质的钢套管，外面是铝套管。现在没有现成的，为了抓紧时间，我们只能先利用钢或铁片、铝片自己做了。

秦继伟 没问题，这个我来完成。关键是尺寸。

高小兵 我看外面的铝管最长不要超过五十公分，里面的钢管最短不能低于二十公分，粗细你看着办，以能套进去，并装适量的炸药为原则。

牛小虎和华志强拎着一个大包跑了过来。

牛小虎 报告组长，炸药、雷管和导火已经按规定领来了。

华志强 铁片和铝片，还有我和小虎的破衣服和麻袋片也都找来了。

高小兵 好了，试验的器材基本凑齐了，我和小虎落实爆炸的事儿，你们俩解决套管的事儿。

四个人开始做试验前的准备。

高小兵把两个导线头接好，用秦继伟做的套管套好。用纸壳卷个筒套在套管上，然后，往纸壳筒和套管的夹层放炸药，用木棍把炸药夯实，放进安好雷管的导火索，最后用麻袋片捆扎好。

高小兵 （高兴地）完活儿。可以试验了。

秦继伟 这样行吗？

高小兵　行不行，试试就知道了。

牛小虎　小兵哥，我可一点儿谱也没有。

高小兵　我也没有，试一试呗，说不定就成了呢。

牛小虎　那行，你们都躲起来，干这个，我是大拿。

华志强　你行吗？注意点儿，我可害怕。

牛小虎　没事儿，你们赶快找地方隐蔽。

高小兵、秦继伟、华志强迅速离开找地方隐蔽。

牛小虎　不行，不行，再远点儿。

他们继续往后撤，寻找隐蔽点。

牛小虎　行了，行了，就在那儿吧。

他们分别趴下。

牛小虎见他们隐蔽好。

牛小虎　注意了，我要点火了。

牛小虎点燃导火索，随后跑到高小兵躲的石头后面趴下。

爆炸过后，他们站起身来跑向爆炸点。

当他们跑到爆炸处一看，都傻眼了，两根导线不但没接上，反而被炸开了。

高小兵拿起导线看了看，懊恼地将导线摔在地上，随后用手抹了一把脸，脸顿时成了花脸。

刘丹跑过来。

刘　丹　（怨气地）你们几个可真行啊！不告诉我就偷偷地跑来试验，怎么样？没伤着吧？

高小兵　伤是没伤着，（指着地上的导线）你看，没接上。

秦继伟　小兵，是不是炸药放多了？刘经理提醒过控制药量很关键。

高小兵　对对对，我故意放多了。这好办，咱们一点儿一点儿减，总能找到合适的药量。

刘　丹　你们不用试了，我打电话问了，人家不用炸药了，都用导爆索了。

高小兵　导爆索？咱没有哇。

刘　丹　所以，才要跟领导汇报看怎么解决呀。

高小兵　怎么解决？实践出真知，导爆索用多粗，多长？咱不知道，我们把炸药的药量找准了，就能计算出导爆索的直径和长度。

秦继伟　小兵说得对，我们就得摸索。来，继续干，这回少装点儿。

说着，大家又开始忙碌起来。这时刘丹才发现高小兵脸上的黑道儿，笑得她前仰后合。

刘　丹　小兵啊，小兵，（掏出镜子递给小兵）你看看，简直就像一只小花猫。

高小兵　（接过镜子一看，也忍不住大笑，他顺手往刘丹脸上抹了一下）我让你变成小耗子。

刘　丹　你坏，你坏。

他们逗得大家哈哈大笑。

"丰钢线"施工指挥部　傍晚　内

刘翰林和赵战生正在研究问题，远处响起了爆炸声。

赵战生　老刘，这几个小子又干上了。

刘翰林 可不是。我查了一下资料，用导爆索——也叫传爆线，比用炸药好，但咱现在没有。还有套管最好是按同一材质定做。本来，我不主张他们马上做试验，可小兵不干，说非要摸索摸索，也好，让他们先蹚蹚路子。

赵战生 是啊，年轻人热情高，咱不能挫伤。看来，我们第二代已经成长起来了。他们比咱们强，有知识、有头脑。我们不但要向他们学习，更要给他们更多的锻炼机会。

刘翰林 说得好，这次试验后，让他们好好总结总结。然后，让小兵回城加工定做套管，购买导爆索，再向爆破专家取取经，必要的话，也可以到大庆学习嘛。

赵战生 我同意。老刘，能不能让欧阳孝仁也参与他们的试验研究？他劳教回来也有一段时间了。

刘翰林 我也有这个想法，真希望他能痛改前非，重新做人。

赵战生 但愿如此吧。老刘，我还有一个想法，鉴于我们的工程越来越多，人员也在不断地增加，应该再成立几个工区，叫小兵和继伟担任主任，让刘丹担任技术科长，这样既锻炼了新人，也大大缓解了陆洁的压力。

刘翰林 我看可以。

银龙公司旁某小饭店　夜　内

这个小饭店没几张桌子，客人也不多。自从欧阳孝仁劳教回来之后，他是这里的常客。

公司对欧阳孝仁还是很宽容的，本应让他离职，可还是把他留了下来，让他在技术科和图书室管管资料。他为人虚伪、尖刻，特别总爱搬弄是非，谁都不愿理他，为了陆洁他早就和家里闹翻了，他恨家里的人，家里的人也不待见他，实在没处可去，只能在这里借酒消愁。

高小兵对欧阳孝仁的事儿也略知一二，说心里话，要不是经理和书记的指令，他也不愿意接触这个人。高小兵回来后一直到处忙"爆压导线"的事儿，偶尔，也找过他几次，都没找到，后来听独身宿舍的门卫说欧阳孝仁总是醉醺醺地半夜回宿舍，经常在附近的小饭店喝酒。高小兵没走几家就把他找到了。

今晚，欧阳孝仁又喝了不少。

旁　白 是啊，欧阳孝仁太孤独、太寂寞了。现在，他想找一个骂他的人都没有，人活到这个份上也真的太没什么意思了。当他影影绰绰看到高小兵进来，并喊他的名字时，苦闷之极的欧阳孝仁，就像在沙漠里即将渴死的人见到水一样，看到了生的希望。

高小兵 欧阳工，你让我找得好苦哇。

欧阳孝仁 你，（醉意地指着小兵和自己）找我？

高小兵 对呀。想请你帮助我们搞爆炸压接导线的研究。

欧阳孝仁 我？爆炸压接导线？

高小兵 对呀。既然，大庆能用爆炸压接钢丝绳，我们就能用这种方法爆炸压接导线嘛，那可就省事、省力多了。

欧阳孝仁 对呀。我看可以试试。需要我做什么尽管吩咐，我一定效犬马之劳。（立刻站起身来拉高小兵坐下）来来来，坐、坐，陪我喝点儿。（喊）服务员，再拿一个酒杯和碗筷。

服务员快速把酒和餐具拿了过来，欧阳孝仁急忙拉高小兵坐下，给他倒酒。

旁　白 现在的欧阳孝仁虽说有些颓废，但头脑反应还是敏捷的，他认为这是一个千载难逢的绝佳机会，他一定要抓住这次难得的机会证明自己绝不是白给的，更让陆洁看看，他欧阳孝仁是有实力的。想到这儿，酒已清醒了一大半，眉头一皱计上心来。

欧阳孝仁　小兵啊，你怎么会想到我呀？

高小兵　说实话，我确实没想到，是经理和书记让我来请您的。

欧阳孝仁　此话当真？

高小兵　千真万确。

欧阳孝仁　（心头一惊）真没想到，他们还能想到我。（假意忏悔地）咳！我对不起银龙，对不起领导，对不起大家呀。我是银龙的罪人啊！

欧阳孝仁激动地嘴角颤抖，不停地搓着双手。

高小兵　金无足赤，人无完人，知错能改，善莫大焉。论辈分，我应该叫您欧阳叔叔。别气馁，和我们一起干吧。

欧阳孝仁　只要你们不嫌弃，让我干啥都行。（端起酒杯）来，喝一个。

高小兵　好，为我们的合作干杯。

两人碰杯喝酒。

欧阳孝仁　小兵，能交你这样的朋友，是我欧阳的福哇。我也是有情有义，有血性的爷们儿，可是，知我者，（摇摇头）太少了。

高小兵　秦桧还仨朋友呢，何况您呢？

欧阳孝仁　对对对，有缘千里来相会，无缘对面不相识。你这个后生可敬、可交。（举起酒杯）来，再喝一个。

高小兵　（举起酒杯）好，再喝一个。

欧阳孝仁　（喝完，放下酒杯，一抹嘴）不喝了。（冲服务员喊）服务员，结账。

服务员　好嘞！

高小兵　真不喝了？

欧阳孝仁　不喝了，今天晚上就进入情况。

高小兵　好，痛快，我就喜欢这样的人。

服务员快速走过来，欧阳孝仁和服务员结账。

高小兵和欧阳孝仁走出饭店。

街上　夜　外

高小兵和欧阳孝仁从饭店出来就一直聊，他们聊得挺投机。

旁　白　这可能是，欧阳孝仁有生以来第一次体会到自己存在的价值和被人认可的欢欣。他甚至开始怀疑自己，过去是否真的错了。他不知道也想不明白，但不管怎么说，必须抓住眼前的这个大公子和天赐的良机，拼一把。

"丰钢线"某放线施工现场　日　外

在放线场，顺着延绵的山脊望去，一排新组立的铁塔伸向远方。

巨大的导线轴整齐地堆放在现场，放线架上的导线轴蓄势待发。工人们紧张有序地工作。

高小兵、秦继伟、牛小虎、华志强正在做爆压导线前的准备工作。

刘翰林、赵战生、陆洁、欧阳孝仁、刘丹和牛二虎、墩子、酒馇子等工人在安全地带静静地观看爆压导线首次进入施工现场的应用。

高小兵和牛小虎按照他们多次试验总结的操作方法，把两根导线、套管、导爆索、雷管，都安装完毕后，缠好胶布，接好起爆装置。

高小兵　（对大家）一切准备就绪，撤！

他来到起爆装置前，秦继伟拿起起爆器。

高小兵　（四周看了看）预备，起爆。

秦继伟按下起爆器。随着一声炸响，一股淡淡的硝烟渐渐散去。

高小兵、秦继伟、牛小虎、华志强、刘丹、欧阳孝仁跑到爆压导线地点。众人也都跟着跑到现场。

高小兵、秦继伟、牛小虎、华志强四个人抬起导线，仔细检查接头，兴奋地高喊。

高小兵　成功了！我们成功了！

众　人　（欢呼）成功了！我们成功了！

刘翰林、赵战生和一群工人围了过来，仔细地观看。

刘翰林、赵战生、陆洁、刘丹、欧阳孝仁等又仔细看了一遍爆压成功的导线，大家都非常兴奋。

旁　白　其实，更加兴奋的还是欧阳孝仁，他从未体会过成功的喜悦，在这种情况下，他怎能错失表现自己的良机呢。于是，他主动介绍起来。

欧阳孝仁　同志们，大家静一静，静一静，为了研究实验这个爆炸压接导线的新工艺，我，不，准确地说是我们，那可是倾尽全力，刻苦攻关哪。刚才，我们做的这个应用，其实应叫"内爆压接导线"，就是以无烟药为能源，将其装入特制的内爆管内，用电阻丝引燃连接铝绞线或钢芯铝绞线。

现场响起热烈的掌声。欧阳孝仁见陆洁也热情地鼓掌，内心充满了满足感，他挥挥双手。

欧阳孝仁　大家静一静，静一静，听我继续说，和这个"内爆压接导线"相对应的是"外爆压接导线"。

现场一片哗然，连高小兵、秦继伟都没想到，欧阳孝仁会来这一手。

秦继伟　（不解）哎？小兵，这个他怎么没跟咱们说呢？

高小兵　（也疑惑）是啊，我也寻思呢。

欧阳孝仁　（更加得意）科学上的事情就是举一反三，触类旁通，根据内爆原理，为了不给小兵他们增加负担，我一个人开始了外爆压接的试验。难哪，太难了，可我挺过来了，成功了。我要将功补过，给大家一个惊喜。

众人热烈鼓掌。

高小兵　（话里有话地）哎？我说欧阳老师，这您就不对了，有福同享，有难同当嘛。

欧阳孝仁　小兵，你别误会。这个成果绝不是我个人的，是我们大家的，是咱银龙的。

刘翰林早就看透了欧阳孝仁的用意，为避免尴尬，他走上前。

刘翰林　同志们，同志们。欧阳工程师说得对，不管怎么说，这个成果是大家的，是咱银龙的，是值得推广和应用的。欧阳工啊，能者多劳，你尽快把实验报告、两项新技术的操作规程拿出来，我们好进行技术鉴定，以便推广。

欧阳孝仁 放心吧，经理。我一定尽快拿出来。

赵战生 世上无难事，只要肯登攀。只要我们开动脑筋，积极想办法，什么人间奇迹都能创造出来。大家不要小看这个发明，这种爆压技术不光能接导线，也能接地线。而且，操作简便，不受地形、气候的影响，往后在山上压接导线，就不用抬那又笨又重的水压机了。

大家再也按捺不住喜悦的心情，现场一片欢呼雀跃。他们抬起高小兵和秦继伟就往空中抛。工地上一片欢腾……

"丰钢线"施工指挥部　傍晚　内

刘翰林正在和高洪亮通电话。

刘翰林 老高，不，应该称局长同志，举贤不避亲嘛，我看这个问题你是一直都过不了关哪。想当年关于于华、战生，还有薛刚的任用上，你都是存有私心的。哎，这就对了，应该尊重我们基层的意见嘛。什么时候抽时间回来看看。好，我们翘首以盼。好，好，有空儿再聊。

刘翰林刚放下电话，赵战生和陆洁进来。

赵战生 老刘，是不是高局长的电话？

刘翰林 可不是。关于小兵他们的任用还是有点儿放不开，我说了他两句，后来同意了。来来来，快坐，快坐。

刘翰林给二人倒水，赵战生和陆洁落座，刘翰林边倒水边说。

刘翰林 我看，高小兵、秦继伟和刘丹的任用问题和薛刚通通气就这么定了。关键是欧阳孝仁应该怎么安排，我一直拿不准主意。（把倒好的水送给两人）想听听你们二位的意见。

赵战生 据小兵反映，欧阳孝仁这次表现得确实不错。但此人反复无常，很难捉摸，这次爆压导线研究又搞了这一出，江山易改，本性难移呀。我看还是正常使用吧，再观察一段时间。

陆洁 我真希望他能做一个正常的人。

刘翰林 是啊，为了稳妥起见，还是观察一段时间吧。刘丹的任用要做一下调整，先让她做副科长主持工作。这样，既能让欧阳孝仁感觉落差不太大，又能让他看到希望。

赵战生 我看也行。（对陆洁）你看呢？

陆洁 就得这么办了。

银龙公司办公大楼　日　外

字幕：1966 年
悬挂在办公楼顶上的高音喇叭正在播放《无产阶级文化大革命就是好》的歌曲。
大楼正面，"坚决把无产阶级文化大革命进行到底""誓死捍卫党中央，誓死保卫毛主席""革命无罪，造反有理"等大幅标语非常醒目。

银龙公司办公大楼　日　内

楼内走廊里到处贴满了大字报。
赵战生穿着工作服正在打扫卫生，他时不时地看看大字报。
"坚决打倒走资本主义道路的当权派刘翰林"

"坚决打倒苏修特务和反动技术权威陆洁"

牛小虎和华志强戴着井冈山兵团的袖标走了过来。

牛小虎 书记，你这是……

赵战生 没什么事儿，打扫打扫卫生。

牛小虎 （见四周无人，凑近赵战生）秦主任特意让我俩回来保护你们的。

赵战生 谢谢你们。

华志强 这活儿怎么能让您干呢？（抢过工具）我们干吧。

赵战生 那好，正好我要去市电业局办点儿事儿。

牛小虎 （把赵战生推走）放心吧，我们一定把这儿打扫得干干净净，包您满意。

在去往银龙公司的路上　日　外

几十辆自行车组成的车队从街道上飞奔而来。

自行车队里有男生，有女生，有独自骑行的，也有前或后驮着人的。

他们全部着草绿军装，腰扎武装带，斜肩背着军用挎包，左臂上戴着红卫兵袖标，左胸佩戴各式各样闪闪发光的毛主席像章，雄赳赳气昂昂。

骑在最前面的红卫兵头，后车座上绑着印有"106中学全无敌战斗兵团"呼啦啦作响的大旗。

欧阳孝仁身穿一身蓝色工作服，左臂戴着"挺进纵队"的袖标和骑在最前面的红卫兵头并肩骑行。

欧阳孝仁喋喋不休地煽动这群红卫兵。

欧阳孝仁 司令，我们银龙公司就是资产阶级的王国，那是针插不进，水泼不进哪！

红卫兵头 有那么严重？

欧阳孝仁 这话说的。我向毛主席保证，千真万确！要不怎么能请你们来呢？我早就听说了，你们是最革命的了。

红卫兵头 那当然，我们是舍得一身剐，敢把皇帝拉下马！刀山敢上，火海敢闯的革命小将。

欧阳孝仁 所以，我们银龙公司阶级斗争的盖子能不能揭开就看你们了。

红卫兵头 放心吧，我们就是砸，也要把它砸开！

自行车队呼啸而过。

银龙公司办公大楼　日　外

牛小虎和华志强打扫完卫生后，书记不在，又没什么事儿可做，吹着口哨从办公大楼出来，老远就看见了欧阳孝仁领着一队红卫兵骑着自行车浩浩荡荡地奔银龙公司俱乐部而去。

华志强 （惊讶地）我靠，那不是欧阳孝仁吗？

牛小虎 （顺着华志强手指的方向一看）可不是吗，坏菜了。志强你赶快跟过去，我去找赵书记去，我不来你不许乱动，听见没。

华志强答应一声，撒腿就朝俱乐部方向跑过去。

牛小虎直奔办公楼门前的自行车棚，他顺手抓起一辆自行车就推，推不动，车上了锁。他急中生智，不顾一切地抬起左脚，脚后跟猛地一磕，"哗"的一声，车锁开了。

牛小虎飞身上去，由于情急使劲太猛，没蹬几下子车链掉了，差点将牛小虎摔倒。他急忙蹲下身去挂车链子，可没有成功。气得他用脚狠狠地踹向自行车，疼得直咧嘴，活动活动后拔腿就跑。

银龙公司俱乐部　日　内

礼堂里人声鼎沸，连过道都挤满了人。扩音器播放着《大海航行靠舵手》的歌曲。礼堂两侧安全门全部洞开着，过堂风吹得墙壁上贴的大字报不时翻动着。主席台前站着一排手持武装皮带的红卫兵，个个面部严肃。主席台上一个红卫兵卖力地晃动着印有"106中学全无敌战斗兵团"的大旗。通往主席台两边的台口分别由两个手持武装皮带的高个子男红卫兵把守。

台下，拥挤的人群里有银龙的职工、家属，也有红卫兵和社会闲散人员。大家相互议论，预感要有大事儿发生。

一个红卫兵头左手持《毛主席语录》，迈着正步来到主席台正中讲台前，冲着麦克风大喊。

红卫兵头　把反动技术权威陆洁，拉出来。

只见陆洁已被剃成阴阳头，脖子上挂着大牌子和两只高跟皮鞋，被几个女红卫兵反剪双臂押进会场。

红卫兵甲　（高呼口号）打倒反动技术权威！

场内有稀稀拉拉的回应声。

红卫兵甲　革命无罪，造反有理。

除了来的红卫兵之外，其他很少有人跟着喊。

人群顿时骚动起来，众人议论纷纷。

陆洁不屈地昂着头，面色苍白，毫无表情。

华志强在拥挤的人群中不时和他熟悉的人贴耳说着什么。听者点头意会，然后，纷纷跟随华志强悄悄地挤向主席台。

得到牛小虎的报信，赵战生很快赶到。赵战生虽经历过无数次枪林弹雨以及战火的考验，惨烈的鏖战，生离死别，但眼前所发生的一切让他震惊了。

华志强见牛小虎和老书记来了，心里有数了，他贴在牛小虎的耳边，快速告知他的打算和安排。牛小虎不住地点头。

牛小虎　（咬着后槽牙对华志强）是哥们儿不？

华志强　说啥呢？你就说咋办吧，哥们儿都等着呢，这都他妈的欺负到家门口了，咱要再不管还叫人吗？

华志强身旁的一个男青年，从兜子掏出红袖标套在左臂上，并抻出裤腰带。

男青年　（对牛小虎）小虎哥，咱他妈的也是红卫兵。哼！还轮不上他们到这儿来拔豪横，打他个兔崽子，不然太没名了。

红卫兵头煞有介事地掏出一份印着银龙公司稿纸的讲话稿，在喧闹声中对着麦克风念稿。

红卫兵头　广大银龙公司的革命工人同志们，我们全无敌战斗兵团受革命群众的委托，要以大无畏的革命精神，揭开银龙公司阶级斗争的盖子……

台下一片混乱。起哄声、质问声此起彼伏。

牛小虎、华志强等一群人此时与台前红卫兵相互推搡了。

红卫兵头见场面失控，把讲话稿扔在讲台上，抓起麦克风色厉内荏地大喊。

红卫兵头 反动技术权威、大破鞋陆洁你要老老实实交代你的罪行，说！

押着陆洁的红卫兵推搡着逼迫陆洁说。

陆洁昂着头，咬着牙一言不发。

后面的红卫兵使劲地按陆洁的头，让她低头认罪，陆洁就是不低，无声地抗争。

旁边的一个红卫兵飞起一脚，重重地踹在陆洁的腰上，陆洁痛苦地弯下腰。

赵战生再也忍不住了。他大吼一声"住手"！一个箭步越过红卫兵组成的人墙，跳上舞台，推开押陆洁的红卫兵，摘下挂在陆洁脖子上的牌子和高跟鞋，狠狠地扔在地上。

陆洁见到赵战生后再也支持不住了，身体一软瘫在赵战生的怀里。

牛小虎见赵战生跃上舞台，他把手一挥。

牛小虎 弟兄们，给我上！

他们冲破了红卫兵组成的防线占领了舞台，把陆洁和赵战生护在中间。牛小虎向红卫兵头走去。

华志强命人把舞台上的几个红卫兵挤到台边，自己和赵战生把陆洁扶到后台。

红卫兵头仍拿着麦克风声嘶力竭地高喊。

红卫兵头 （对着麦克风）革命的战友们，你们受蒙蔽了。陆洁只不过是个反革命小卒，我们要揪出走资本主义道路的当权派赵战生。

赵战生从后台走出。

赵战生 我就是赵战生。（指着红卫兵头）你过来，到底要文斗，还是要武斗？

红卫兵头一看这阵势，知道不妙。

红卫兵头 当，当然是文斗了。（色厉内荏地）赵战生，你的罪行确凿，你……

他突然想起了欧阳孝仁给他写的批判材料，他翻遍全身也没找到。

牛小虎 别找了。（从讲台上拿起讲话稿）在这儿呢。

红卫兵头 你，你把批判稿还给我。

牛小虎 笑话！告诉我，这个东西是谁给你写的？

红卫兵头 我，我自己写的。

牛小虎 放屁！这办公用纸是我们银龙公司的。你个小破孩儿，你了解我们银龙公司的光辉历史吗？（指赵战生）你知道他是谁吗？

红卫兵头 他，他是走……

牛小虎 他是在战场上出生的革命烈士的后代，十八岁就入党的老共产党员，令敌人闻风丧胆的战斗英雄，全国著名劳动模范"铁塔大王"，受过毛主席接见，还握过他老人家的手呢！你们敢斗他？那就是反革命！

红卫兵头 这，这，这我们也不知道哇。

牛小虎 什么也不知道你们来干啥呀？你们上当了，受骗了！说实话，是谁让你们来的？这稿又是谁写的？（故意揪了揪红袖标）不说，今天，这个大门你们就甭想出去！工人阶级领导一切，我们是产业大军。明白不？

众怒吼 对！说，快说！

红卫兵头 我，我说，叫我们来的他说姓侯，说这儿一切都准备好了，就等我们来批斗走资派。（发现欧阳孝仁没了）哎？人呢？（问自己的人）你，你们看见没有？

红卫兵 没有，没有哇。

红卫兵头 （一拍大腿）坏了，真上当了。

牛小虎 小兄弟，我亲眼看见是谁带你们来的。他叫欧阳孝仁，不姓侯。他是个卑鄙、无耻、下流专能造谣挑事儿被专政过的对象。他把你们骗来，就是要挑动群众斗群众。革命小将们，光有革命热情不行，必须要有政治头脑，不然，就会上阶级敌人和坏人的当，做出令亲者痛仇者快的事情啊。

红卫兵头 对对对。

红卫兵甲 头儿，这小子也太坏了，把咱们骗来了他跑了。

红卫兵乙 咱们绝不能轻易饶了他。

红卫兵丙 对，非找他算账不可。

红卫兵头 对对对，绝对不能放过他。走！

红卫兵头为了给自己下台阶，他带头喊口号。

红卫兵头 向工人阶级学习！向工人阶级致敬！坚决把无产阶级文化大革命进行到底！

这些红卫兵灰溜溜地撤走了。众人拍手称快。

银龙公司某破旧仓库　日　内

银龙公司后院有一个破旧的小型材料仓库。走廊设在中间，两边是库房，最里面有一个卫生间。

"文化大革命"中，这里就变成了隔离审查"走资派、地富反坏右"的场所。

陆洁住的"住室"外，大字报从天棚到地上贴了一层又一层。隔壁是看护她的李玉珍住的房间。

陆洁的"住室"　日　内

这是一间靠南的窗户上安了铁栏杆的"住所"。

室内，靠近窗户有一个三屉桌。旁边放着一张单人床，床上铺着洁白的床单。靠床的一头摆着几个破木箱子。

桌子上和床上零星地放着书和资料。

赵战生把陆洁放在床上，众人焦急地呼唤。

陆洁渐渐地醒来。她从来没受过这样的屈辱和折磨，想说说不出来，想哭哭不出来，两眼直勾勾地大口大口地喘着粗气。

李玉珍 （急哭了）陆总，我们都知道你苦、委屈，你就哭出来吧。

众　人 是啊，哭出来会好受些。

在众人劝导下，陆洁终于让人心碎地号啕……

赵战生更是心如刀绞，万箭穿心。他欲哭无泪，怔怔地呆立在陆洁的床边。

众人议论纷纷，义愤填膺。

李玉珍 这个挨千刀的犊子玩意儿，不得好死！

牛小虎 欧阳孝仁我绝饶不了你！

华志强 这小子不知道躲哪儿去了，必须抓住他给陆总报仇。

牛小虎 （气愤至极）对！有种的跟我走，今天就废了他。

牛小虎转身冲出房间，众跟出。

赵战生 （大吼）都给我站住！

众人站住。但仍有几个控制不住地执意要走。

牛小虎 那，那就这么便宜他了？

华志强 对呀！不整死他也让他缺胳膊断腿。

众 人 对对对。

大家说什么的都有。

赵战生 同志们，现在的形势非常复杂，越在这个时候，我们就越应该保持冷静。我谢谢大家，谢谢大家。千万不能动粗、犯法呀！刚才在俱乐部小虎和志强做得就非常好，有理、有利、有节。欧阳孝仁阴险狡诈，我们也要讲究斗争策略和方法。密切监视他的动向，有事儿你们多和小虎和志强商量办。听到没有？没什么事儿大家就先离开这儿，让陆总好好休息休息。

牛小虎 好。（对众人）大家先撤吧，撤！走走走。

牛小虎和华志强把众人劝走了。

众人走后，仓库里就剩下了陆洁、赵战生、李玉珍、牛小虎和华志强。大家的情绪基本稳定下来了。赵战生看到桌子上有几本书和资料立刻警觉起来，他开始收拾书。

赵战生 姐呀，这可不行，在这个时候你不能再搞研究了，这不是顶烟上吗？

陆 洁 （强打精神）哎呀，要这么说，我从国外带回来的那些书和资料要尽快找地方藏起来呀。

赵战生 对对对，这个事儿我马上就办。

陆洁吃力地坐起，掏出钥匙递给赵战生。

陆 洁 （对战生）来，钥匙。

赵战生接过钥匙，把收拾好的书和资料装在一个兜子里。刚要背，被牛小虎抢过背在身上。

赵战生 好。（对牛小虎、华志强）我们马上走。（李玉珍）嫂子，这儿就交给你了。

李玉珍 放心吧书记。

李玉珍送走赵战生三人。

赵战生走后，陆洁支持不住一头栽倒在床上。李玉珍赶紧跑过来。

李玉珍 （急切地）要紧不？

陆 洁 （摆摆手，有气无力地）没事儿。

李玉珍脱下陆洁的鞋，把被给陆洁盖上，心痛地叨咕起来。

李玉珍 还没事儿呢，把人都吓坏了。这帮虎犊子太损了，怎么能这么干呢？

李玉珍安抚地用手捋着陆洁散乱的头发。

李玉珍 陆总，没什么，不管怎么样，你在大家的心目中永远都是最干净、最美、最有人缘儿、最喜欢的人。今儿个你也看到了，动你，不好使！哎呀，饿了吧？我给你弄点儿吃的吧？

陆 洁 不用，我吃不下。

李玉珍 那可不行，你都一天没吃东西了，这么折腾，别说你，就是大小伙子也扛不了哇。你先休息，我也不跟你唠叨了。回家给你熬点儿粥，弄点儿小咸菜，好不好？

陆　洁　（盛情难却地）好吧，麻烦你了，真过意不去。

李玉珍　说啥呢？咱们不是亲姊妹吗？好好休息，我一会儿就回来。

李玉珍说完，转身离开这里。

街上　傍晚　外

欧阳孝仁提着一个大网兜，里面装的是糕点、水果罐头，急匆匆地从某商店出来。

他在门口四处张望了一下，见没有熟人，不由得松了口气，然后，快速拐进了一条小巷。

他警惕地不时回头张望，为了尽快见到陆洁他加快了脚步。

旁　白　欧阳孝仁导演的这场旨在揪斗赵战生的批判会，让这些毛手毛脚的生荒子给演砸了，本来他想乘机来个英雄救美的好戏，来博得陆洁的欢心。可当这群红卫兵把陆洁剃成阴阳头押上台时，他震惊了，祸闯大了。可他无法控制这始料未及的局面，更怕引火烧身，所以，他只能溜之大吉。

欧阳孝仁一心想着赶路，没想到和一个戴着军帽用手指转着篮球的红卫兵撞个满怀。

水果罐头摔碎了，糕点撒了一地。红卫兵被这突如其来的事情惊呆了，不知所措地望着撒在地上的东西。

欧阳孝仁　（急眼了）你瞎呀！

红卫兵本来有些愧意，听对方出口不逊也来劲了。

红卫兵　你才瞎呢。咋地，想打架呀？

红卫兵立刻摘下军帽揣在兜里，把篮球往地上一放，拉开架势准备开战。

欧阳孝仁见对方摘下的军帽，他立刻想到了陆洁被剃的阴阳头，心想戴上军帽既有革命气息，也能遮点儿丑。

欧阳孝仁　（立刻转怒为喜，换了个笑脸）好好，我不用你赔还不行吗？更不想跟你打架。小弟弟我跟你商量个事儿行吧。

红卫兵　（狐疑地）啥事儿。

欧阳孝仁　你看这罐头也好几块钱，算我倒霉，我再给你三块钱，你把这军帽卖给我。

红卫兵　那不行，绝对不行，我爸好不容易给我弄的。

欧阳孝仁　（套着近乎）小弟弟，你爸是干啥的呀？

红卫兵　我爸是零九部队的，咋地？

欧阳孝仁　我说呢，一看你就是"革干"子弟，根红苗壮，英俊帅气，绝对是这个（竖起拇指）。我给你出个主意包你满意，咋样？

红卫兵　你说。

欧阳孝仁　小兄弟，你爸不是部队的吗？弄顶军帽那不小菜儿一碟呀。你看这样，我再给你加两块，这就五块了，不少了。咋样？你绝对不吃亏。

红卫兵　那我爸问我军帽哪儿去了，我怎么说？

欧阳孝仁　打球不小心弄丢了，在街上被小流氓给抢了，说啥不行啊？

这红卫兵架不住欧阳孝仁诱惑，动心了。

红卫兵　那，那行吧。

欧阳孝仁　一言为定？

红卫兵　一言为定。

欧阳孝仁立即拿出五元钱递给红卫兵。红卫兵接过钱，刚要把军帽递给欧阳孝仁，看到军帽上的毛主席像章立即收了回来。

红卫兵　不行，这个像章不能给你，我老喜欢了，是夜明的，给多少钱也不卖。

红卫兵说着摘下像章，把军帽递给欧阳孝仁。他捡起地上的篮球离开这里。

欧阳孝仁望着地上破碎的罐头，心情沮丧地朝小青年远去的背影，狠狠地啐了一口。

欧阳孝仁　小兔崽子，让我破了财。

银龙公司某破旧仓库　晚　外

黑暗中，欧阳孝仁蹲在仓库不远的一个油桶堆后面观察着仓库的动静。不一会儿，李玉珍拎个兜子匆匆进了仓库大门。

陆洁的"住室"　夜　内

陆洁躺在床上，李玉珍拎着兜子进来把兜子放在桌上，从兜里拿出用毛巾裹得严严实实的饭盒和一罐头瓶的咸菜。

李玉珍　饿坏了吧？要不是找这个罐头瓶啊，我早就回来了。找了好几家。

陆　洁　真难为你了。

李玉珍拉开抽屉，取出碗筷，用暖壶的热水涮涮碗筷。

李玉珍　跟你说，陆总。你要是总这么客客气气的我可生气了。咱们谁跟谁呀？再说了，你可是国宝级人物，没保护好你我老闹心了。挺住，没有翻不过去的山，也没有蹚不过去的河。

陆洁费力气地坐起，靠在床头。

陆　洁　说得好。我真得好好向你学习，这么多年，就带着继伟过，不容易！

李玉珍　容不容易不也都挺过来了？人活着就要争口气。

陆　洁　是啊，就你的这个精神气质，在咱们银龙没有不佩服的。

李玉珍打开毛巾，取出饭盒，打开盒盖，往碗里倒粥。

李玉珍　行了，行了，您可别给我戴高帽了，照您比差远了。你看，光顾唠嗑了，快吃饭，赶紧吃饭。

李玉珍端起碗递给陆洁。

银龙公司某破旧仓库　晚　外

欧阳孝仁蹲在油桶堆后面，继续观察仓库的动静，透过陆洁屋的窗户，能影影绰绰地看到李玉珍的身影。

陆洁办公室　夜　内

赵战生带着牛小虎和华志强把陆洁办公室的书和资料都包装好了，捆不大，便于拿和隐藏。

赵战生　地方我看选得挺好。抓紧时间，注意安全。

牛小虎　那当然了，谁也想不到。

牛小虎和华志强一人拎两捆，走出了屋。

第十八集

────────────

银龙公司某破旧仓库　夜　外

欧阳孝仁发现陆洁屋的灯熄灭了。

不一会儿，李玉珍屋的灯开了。

欧阳孝仁　（祈祷）快点儿，快点儿。

又过一会儿，李玉珍屋的灯也灭了。

欧阳孝仁这才慢慢起身，提着东西悄悄地摸向仓库。

半路，他被埋在地上的一段铁丝绊了一下。他随口小声地骂了一句。

欧阳孝仁　妈的，你也给我找病。

欧阳孝仁刚走几步又转回来，费劲地从地里拽出铁丝。

欧阳孝仁　（看着铁丝自语）这么说，我还得谢谢你呀。

欧阳孝仁卷起来揣进兜里，向仓库走去。

银龙公司某破旧仓库大门　夜　外

欧阳孝仁来到仓库大门前，他透过门玻璃观察里面和外面的动静。里面很黑，静静的，好在走廊尽头卫生间的灯没闭。灯光从门的上亮子射出，还能影影绰绰看出走廊的轮廓。欧阳孝仁确认安全后，悄悄地打开大门，蹑手蹑脚地摸了进去。

仓库走廊　夜　内

欧阳孝仁进了仓库后，轻轻地把门关上。他站了一会儿。一是再听听动静，二是给自己瞳孔放大的时间。

欧阳孝仁来到李玉珍的房门前，轻轻地放下买来的东西。掏出铁丝，借着走廊尽头微弱的灯光，小心翼翼地把门锁鼻子绑好。即使发生不测李玉珍也出不来。

陆洁屋的灯开了，灯光从门缝里射了出来。

欧阳孝仁立刻躲进陆洁门旁大字报的后面，屏住呼吸。

陆洁开门出来，径直向洗手间走去。

欧阳孝仁从大字报后面的缝里看见陆洁进了洗手间后，他长出了一口气，提着东西，从大字报后面出来，溜进了陆洁的住室。

陆洁的"住室" 夜 内

陆洁从洗手间回来，反手把门插上。突然，发现了门后的欧阳孝仁，她刚要喊，被欧阳孝仁迅速地捂住了嘴。陆洁挣扎，发出愤怒的呜呜声。

欧阳孝仁 （贴在陆洁耳边小声地）别害怕，我没有恶意，只是来忏悔。我错了，真的错了。我求你不要声张，就几句话，说完就走。也许，这是最后一次了。

欧阳孝仁流下忏悔的眼泪。

惊魂未定的陆洁似乎被这眼泪打动了。因为，毕竟是她的表哥，她无奈地只好点头默许。

欧阳孝仁松开手，一下子双膝跪在地上。

欧阳孝仁 小妹，我不求你原谅，只希望你能听我把话说完……

陆 洁 好，你说吧。

陆洁走到床旁坐下。

欧阳孝仁起身，拎着带来的东西来到桌前，把东西放到桌上，拿出军帽。

欧阳孝仁 小妹，看到你这个样子，我心都碎了。这是我刚给你买的军帽，你戴上肯定好看。

陆 洁 不用了，这样挺好的，为了忘却的纪念。

欧阳孝仁 小点儿声。

陆 洁 你怕了？

欧阳孝仁 我不怕，后悔了。我对天发誓，真的不是冲你来的。

陆 洁 冲谁，赵战生？

欧阳孝仁 对，就是冲他。没想到那帮兔崽子把事情搞成这个样子，我肠子都悔青了。

陆洁怒不可遏地一把就把大网兜摔到地上，把军帽甩到欧阳孝仁的脸上。

陆 洁 卑鄙、下流、无耻、狠毒！你不得好死！滚！给我滚！

欧阳孝仁 （露出狰狞）你说得都对！量小非君子，无毒不丈夫！我得不到的，谁也别想得到！

陆 洁 你想干什么？

欧阳孝仁 我想干什么你知道。

陆 洁 李玉珍就在隔壁，你就不怕我喊人吗？

欧阳孝仁 我就想让她见证你的悲哀，我的疯狂！

欧阳孝仁迅速用被把陆洁蒙上。

隔壁李玉珍房间的门 夜 内

房门被欧阳孝仁用铁丝给拧上了，尽管李玉珍拼命地砸门就是开不开。

李玉珍 （在屋里愤怒地大骂）欧阳孝仁，你这个王八蛋，你不得好死。开门，快开门！

李玉珍不停地砸门，不停地骂。

银龙公司某破旧仓库　夜　外

欧阳孝仁从仓库大门冲出。

隔壁李玉珍房间的门　夜　内

李玉珍拼命地砸门。

李玉珍　陆总，陆总，你可不要想不开呀！来人哪，来人。救命啊，救命啊……

陆洁的"住室"　夜　内

门开着，欧阳孝仁带来的糕点撒满屋地，床上凌乱。

隔壁的李玉珍拼命的砸门声、哭喊声、叫骂声……

陆洁穿着洁白的长裙静静地坐在桌前对着镜子，平静地梳着自己凌乱的阴阳头发。她把叠得平平整整的那条赵战生送给她的弥足珍贵的染有烈士鲜血、还有后来自己绣上丘比特之箭的纱巾打开，围在自己的头上，系好。

她拿出笔纸，开始写信。

陆　洁　（画外音）战生并银龙的兄弟姐妹们，我陆洁清清白白，干干净净地来到这个世界，没想到却屈辱混沌地即将离开这个世界。可叹，壮志未酬身先死，我心不甘哪！但我不想没有尊严地活着，原谅我的不辞而别。欧阳孝仁卑鄙、下流、人面兽心，他要赶尽杀绝，快到工地救老师！

陆洁写完信放好，静静地坐在床上，开始撕白色的床单，并把它接好……

隔壁李玉珍房间的门　夜　内

李玉珍　（哭喊、砸门、叫骂）陆总妹子，你要挺住，你可不要想不开呀……

陆洁办公室　夜　内

赵战生在整理陆洁的衣物，发现那张他们的合照，感慨万千，浮想联翩……

远处滚滚的雷声打断了赵战生的思绪。

牛小虎和华志强轻轻地推门进来。

牛小虎　（小声地）书记，都藏好了。保证万无一失。

赵战生　谢谢，谢谢你们，太辛苦了，赶快回去休息吧。明天还不知道会发生什么事儿呢。你们成熟了，我很高兴，银龙的希望就寄托在你们身上了。记住，不管发生什么事儿，你们一定要保持冷静，绝不能蛮干。

牛小虎　您放心吧，我们记住了。

赵战生　这就好。赶快回去吧。

牛小虎　不行，我们放心不下陆总。

赵战生　一会儿我就过去。

牛小虎　那也不行。保护领导的安全是我们的责任。

华志强　对。现在形势非常复杂，什么情况都可能发生。我们必须提高警惕。

赵战生 （略考虑一下）那好吧。咱们走。

他们三个人急匆匆地离开了陆洁的办公室。

银龙公司办公大楼走廊　楼梯　夜　内

三个人急促的脚步。

银龙公司办公大楼一楼后门　夜　内

他们推开后门，外面已是风雨交加。

三个人冲进雨中。

银龙公司某破旧仓库门外　夜　外

三个人顶风冒雨来到仓库门前，推门而入。

一进走廊就听见了李玉珍声嘶力竭的哭喊声、叫骂声、砸门声。

三个人拼命地往里跑。

李玉珍拼命地哭喊，叫骂声、砸门声越来越大。

赵战生　志强，快开门！

华志强　是！

华志强急忙开门。

赵战生和牛小虎撞开陆洁屋的门。

一道电闪，一声炸雷。

陆洁吊在空中。

赵战生冲上去抱住陆洁垂下的双腿用力向上举。

赵战生　（大吼）陆洁，你要挺住哇！

电闪雷鸣，倾盆大雨……

某医院急救室走廊　夜　内

被大雨淋透的人们在急救室门外焦急地等候。

李玉珍趴在门缝焦急地往里看。

赵战生如困兽焦虑不安地来回踱步。

薛刚坐在椅子上默默地注视着赵战生。

走廊内死一般的沉静，只能听到牛小虎不停地拔出、插进匕首的声音。

华志强捅了一下牛小虎，示意别摆弄了。

牛小虎猛地抽出匕首刺了出去，从牙缝挤出低低的愤怒。

牛小虎　欧阳孝仁，我非宰了你！

急救室的门开了，医生从里面出来，众人"呼啦"围了上去。

齐声问　（低声地）怎么样？

医　生　（摘下口罩，压低声音）幸亏你们送来得及时，我们抢救也没耽误，患者暂时醒过来了。真是不幸中的万幸啊！

李玉珍　（长出了一口气）哎呀我的妈呀。

李玉珍瘫在了地上。

薛刚紧紧和赵战生拥抱，高兴地流出了热泪。

牛小虎　（低声对华志强）好人有好报，陆总命不该绝呀。

华志强　（冲着医生喊）医生万岁！

医　生　你们安静点儿！（压低声音）当然，你们也不要高兴得太早。患者受到强烈的刺激和伤害，神志不清，身体虚弱，很可能会有反复。你们是银龙的吧？我怕你们着急，先通报一下。

赵战生握住医生的手。

赵战生　（含着眼泪压低声音）谢谢，谢谢！

医　生　（仔细观察赵战生忽然发觉认识，压低声音）哎？你就是"铁塔大王"赵战生吧？（握住赵战生的手）见过毛主席。

牛小虎嘴快凑过来。

牛小虎　（压低声音）对，他是我们书记。不但见过毛主席，还握过手呢。

医　生　（压低声音）是吗？这么说，他握过毛主席的手，我握他的手，这就等于我和毛主席也握过手了。

华志强　那当然了，我们都握过，那滋味儿甭提了。

赵战生　（压低声音）医生，请您一定要把陆总医治好哇，她可是国宝级人物哇。

医　生　（压低声音）放心吧，我们一定会尽力的。

医生转身回急救室，门被轻轻关上。

大家这才松了一口气。

这时牛小虎想起了陆洁的信，他一拍大腿。

牛小虎　哎呀，瞧我这臭记性，光知道着急，忘个大事儿。

华志强　啥事儿呀，一惊一乍的。

牛小虎掏信。

牛小虎　书记，陆总的信。快给你！

赵战生接过信快速地看完之后。

赵战生　不好，翰林有危险。欧阳孝仁很可能去工地了。我必须尽快赶到工地。

薛　刚　我干脆送你去工地算了。

赵战生　不行，你必须留在家掌控全局，保护陆洁。除了李玉珍外，必须加双岗，二十四小时保护陆总的绝对安全。小虎、志强你们必须留在这儿，等一切落实后，你们迅速赶往工地。大家都听明白了吗？

众　人　明白。

赵战生迅速离开这里。

220千伏"营大"线路秦继伟队施工现场　日　外

地处辽南的营口至大连的220千伏的送电工程，按工期应该在秋季到来之前完成铁塔的组装工作。

秦继伟工区基本完成了任务，刚组建完的铁塔像哨兵一样一个个矗立在自己的塔位上。

近处的塔底部也贴了不少"将无产阶级文化大革命进行到底"等最流行的标语。

工人们都佩戴"风雷兵团"的袖标，正在秦继伟的指挥下，进行现场地面扫尾工作。

由于高小兵大部分时间和精力搞"文化大革命"了，他们工区组塔工作只完成一多半。但高小兵本是一个争强好胜的主儿。他既想在运动中有突出表现，也不想在施工中落后他人。

此时，他正带领"挺进纵队"路过此处，前往他们工区的施工现场。

秦继伟为了缓和两派之间的紧张关系，并利用这个机会再次提醒高小兵不要被欧阳孝仁利用。他带头喊口号。

秦继伟　向挺进纵队的战友们学习！

众　应　向挺进纵队的战友们学习！

秦继伟　向挺进纵队的战友们致敬！

众　应　向挺进纵队的战友们致敬！

就在大家喊口号的时候，秦继伟拽住高小兵小声地对他说。

秦继伟　小兵，我早上就有急事儿找你，可你不在。十万火急！

高小兵　（不耐烦地）行了，行了，有事就说，（对自己的人说）哎哎哎，你们先走吧，我这儿有点儿事儿。

高小兵的人马离去。

秦继伟拉着高小兵来到一个僻静的地方。

秦继伟　昨天晚上薛副经理就来电话告诉我，欧阳孝仁带着106中学的红卫兵批斗陆总了，老惨了！陆总上吊了，幸亏抢救得及时，不然就没了。现在还躺在医院呢。

高小兵　不可能。危言耸听。欧阳孝仁？借他八个胆儿，他也不敢哪。

秦继伟　（稍有些激动）你被他蒙蔽了！他拉大旗作虎皮，借着你的威望和势力，挂羊头卖狗肉，以达到他不可告人的目的。你被他当枪使了。

高小兵　（不屑地）笑话，他拿我当枪使？我是在利用他。不过，他整材料确实有两下子。

秦继伟　这么说，刘经理和陆总的材料都是他整的呗？

高小兵　当然了。

秦继伟　问题就在这儿。反党反社会主义的走资派，反动学术权威，苏修特务。你信吗？要知道，你爸就是刘经理的入党介绍人，你妈是陆总的入党介绍人。他们都错了吗？他们在一起工作了这么多年，怎么就成了走资派了呢？别说没问题，就是有问题，组织上也早就做过结论了。这不明摆着是整黑材料嫁祸于人吗？

高小兵　请注意，这是群众运动，大鸣大放，大辩论。真金不怕火炼嘛。有问题，该咋办咱就咋办，没问题也一定还他一个清白。这有什么不好？

秦继伟　这就是欧阳孝仁假借群众运动搞的阴谋。连这个都看不明白，还什么智多星，小诸葛，都是徒有虚名。

高小兵　秦继伟，群众是真正的英雄，革命不是请客吃饭，不能那样恭良温俭让。亲情、友情代替不了革命的原则。你们保皇派说糟得很，我们革命派说好得很。

秦继伟　得得得，我现在算看明白了，在你眼里，所有的领导都是走资派，所有的群众都是保皇派。就你高小兵是革命派行了吧？就算兄弟我求你，你一定要注意欧阳孝仁，他很可能来工地了，矛头直指刘经理，你一定要加倍小心哪！

高小兵 你们保皇派就是大惊小怪，群众运动嘛，批斗当权派是革命行动。

秦继伟 你！你真是不可救药了。那可是你未来的老泰山哪！混蛋玩意儿。我不跟你说了。

秦继伟气哭了，扭头就走。

高小兵 你说谁混蛋？

秦继伟 （回头）就说你。爱咋地咋地。

高小兵望着秦继伟的背影。

高小兵 臭小子，本司令今天有事儿，不跟你计较。你等着！

他转身离去。

220 千伏"营大"线高小兵队施工现场　日　外

高小兵工地虽然组塔落后，但革命气氛相当浓。组立一半的铁塔上贴满了各种颜色的口号标语，彩旗飘舞。

一面"挺进纵队"的旗帜替代了银龙的大旗插在地上。

工作现场很混乱。在一个小帐篷前，一个戴有"挺进纵队"袖标的队员靠在帐篷边儿睡着了。

本来他们工区组塔落后了，造成工程放线受阻。这让高小兵很没面子，今天早晨又让秦继伟数落了一顿，气就不打一处来。他上去就是一脚，把那个看守队员踢醒了。

高小兵 大白天的别人干活你睡觉？不想干就趁早滚蛋。省得在这儿给我丢脸。

这位队员连屁都没敢放，一骨碌爬起来，赶紧去干活了。

高小兵强压心中的火，给队员们鼓劲儿。

高小兵 挺进纵队的战友们，彻底的无产阶级革命者就是要舍得一身剐敢把皇帝拉下马。我们挺进纵队是最革命，也是最能战斗的队伍。我们永远做革命的最先锋。

工人甲 司令，人家"风雷兵团"的进度可比咱们快呀。

高小兵 （不耐烦地）我知道。那有什么了不起的。抓革命、促生产，就是要先抓革命后促生产嘛。今天我们就是要革命加拼命，拼命干革命，撵上去！大家有没有信心哪？

众人 有！

远处传来"下定决心，不怕牺牲……"毛主席语录的歌声。

抬眼望去，一队徒步大串联的红卫兵高举着"红卫长征队"的大旗路过这里。

"红卫长征队"的红卫兵向银龙的工人们高喊口号：

> 向工人阶级学习！
>
> 向工人阶级致敬！
>
> 坚决把无产阶级文化大革命进行到底！

高小兵这边也响起了口号：

> 向革命小将学习！
>
> 向革命小将致敬！
>
> 抓革命促生产！

"红卫长征队"雄赳赳地走了过去。

"营大线"工地临时"牛棚"　日　内

在工地临时库房里，特意栅出一个里外间。

里间辟为"牛棚"，外间是看守用的。

刘翰林被关押在里间"反省"。

门外墙上贴满大字报、标语。

为了保护刘翰林，今天，秦继伟特意派墩子和安插在高小兵组织的酒懵子一起保护老经理。

外间屋里，桌上一包花生米被打开了一个小口。

酒懵子手握酒瓶子，吃一粒花生米，对着瓶嘴喝一口酒。

悠然自得地哼着样板戏："临刑喝妈一碗酒，浑身是胆雄赳赳……"

墩子劝他。

墩　子　别喝了行不行，今天八成会有什么事儿。

酒懵子　能有什么事儿，一惊一乍的。我也没让你喝，我自个儿喝还不行啊。

墩　子　是狗改不了吃屎。（摇着头）真拿你没办法。没事儿继伟能派我来吗？小心没大错儿。

酒懵子根本听不进去墩子的话，他继续喝酒，哼着："千杯万盏会应酬……"

墩　子　你能不能听我一句劝，别喝了，精神点儿。

酒懵子不听仍在喝。

去往"营大线"工地指挥部的路上　日　外

欧阳孝仁戴着"挺进纵队"的袖标，仍在喋喋不休地煽动"红卫长征队"的红卫兵。

旁　白　自从欧阳孝仁俱乐部批斗会弄巧成拙之后，他知道陆洁是绝对不会原谅他了。他只能破釜沉舟、孤注一掷地彻底复仇了。所以他肆无忌惮地当着李玉珍强奸了陆洁。今天，他要再借红卫兵的手杀死刘翰林。所有这一切都是欧阳孝仁精心策划好了的。

欧阳孝仁　革命小将们，现在全国革命形势那是大好不是小好。可我们这儿的阶级斗争盖子仍然没有揭开。

红卫兵头　不可能啊？

欧阳孝仁　千真万确！我向毛主席保证，要不怎么能请你们来呢？

红卫兵头　这你还真找对人了，我们是最革命的。你打听打听，我们斗倒了多少个走资派。

欧阳孝仁　是吗？（喊口号）革命小将万岁！革命无罪！造反有理！看到没有？（指着银龙驻地）革命小将们，前面就是资产阶级司令部，你们要攻克的堡垒。

在欧阳孝仁的煽动下红卫兵头极其亢奋。

红卫兵头　革命的战友们，冲啊。

他们喊着口号拼命地向施工驻地跑去。

"营大线"工地临时"牛棚"外屋　日　内

酒懵子不听墩子的劝，仍在喝酒。墩子气极了抢过酒瓶猛地摔在地上。

墩　子　我让你喝！

酒瓶被摔碎了，玻璃碴子散落一地。

门外一阵嘈杂，墩子刚一开门。

欧阳孝仁带着一帮红卫兵蜂拥而入。

墩　子　（伸出双臂阻拦）你们要干什么？

红卫兵们不容分说地推倒了墩子，就往里间闯。

墩　子　酒懵子保护经理。

墩子一骨碌爬起来和红卫兵厮打起来。

喊声未落，就被推进了屋。

酒懵子看见墩子被推倒，仗着酒劲，怒不可遏地抄起板凳，没等动手就被红卫兵牢牢地控制住了。

二人挣扎怒骂。

红卫兵头　（对手下命令）把他们俩保皇派给我捆起来。快点儿，快点儿。

墩　子　放开我们，我们也是造反派、革命派，你们他妈的敢绑我们。

红卫兵头　你们是保皇派，我们就得革你们的命。

欧阳孝仁　（从后面进来）看见了没有？顽固的保皇派。我说这里不但阶级斗争揭盖子没有揭开，而且顽固得很。你们都是小爬虫。真正的大走资派在里屋呢。革命小将们，冲啊。

欧阳孝仁带头冲进里屋，其他人也都冲了进去。

屋外的红卫兵不由分说开始绑他们俩。

酒懵子　（大骂）欧阳孝仁，你这个王八蛋，老子跟你拼了。

墩　子　欧阳孝仁，你丧尽天良，不得好死！红卫兵小将们，你们上当了！

红卫兵拼尽全力使劲绑。墩子、酒懵子拼命地挣扎，不停地骂。

屋里面不时传来口号声，打击声，刘翰林的惨叫声，欧阳孝仁歇斯底里的狂叫声……

欧阳孝仁　老东西，你也有今天哪。给我打，打，往死里打！

只听刘翰林一声惨叫，里屋平静了。

墩子和酒懵子停止挣扎侧耳倾听。

某红卫兵　头儿，好像没气了。

红卫兵头　装死吧。

某红卫兵　真没气了。

红卫兵头　这就是走资派的下场！撤！

众人拥出。

欧阳孝仁撒腿就跑。

外屋的红卫兵也随后跑出了屋。

墩子和酒懵子奋力挣扎，呜呜呜地直叫，急得满头大汗。他们知道，出大事儿了。

酒懵子忽然发现地上的酒瓶碴子，他示意墩子用瓶碴子割断绳子。

墩子会意。

他们用嘴叼起了大个的碎片，割捆在手上的绳子。

墩子很快解开了捆在身上的绳子冲进了里屋。只听墩子一声惨叫。

墩　子　刘经理，你死得好惨哪！

酒馋子解开绳子也冲进了屋。

"营大线"工地临时"牛棚"里屋　日　内

刘翰林浑身是血到处是伤静静地躺在地上。

墩子跪在地上哭泣。

酒馋子冲进来跪在地上大哭。

酒馋子　刘经理，你不能死啊，银龙离不开你呀。

墩子"呼"地蹦起来。

墩　子　（哭喊）欧阳孝仁，我劈了你！（对酒馋子）还愣着干啥，我找继伟，你找小兵。快，快！

墩子撒腿就跑。

酒馋子这才缓过神儿来，跳起来跟着墩子冲出了屋。

"营大线"工地临时"牛棚"日　外

墩子和秦继伟跑在前面，后面跟了一大群人。他们冲进了"牛棚"。

"营大线"工地临时"牛棚"　日　内

整个仓库挤满了愤怒的工人，哭声一片，骂声连天。

刘翰林静静地躺在床上，怒目圆睁，他死不瞑目哇。

秦继伟含泪用手轻轻地帮刘翰林合上了眼睛。

刘丹扑向爸爸，号啕大哭。

刘　丹　爸你睁开眼睛看看，看看我，我是小丹哪。

秦继伟　（一擦眼泪愤怒地）墩子叔，欧阳孝仁呢？

墩　子　早跑了。

秦继伟　赶快去追呀，就是大海捞针，挖地三尺也要抓回来！

众　人　对！叫他血债血偿！

墩　子　弟兄们，跟我走！

众人义愤填膺地跟着墩子冲出了屋。

刘　丹　爸，你不能死，不能死啊，我离不开你，银龙离不开你呀……

高小兵冲进屋，"扑通"跪下。

高小兵　（哭喊捶胸）刘叔，都是我的错，是我害了你呀！

刘丹愤怒地跳起，"啪"，一个嘴巴扇在高小兵的脸上，接着就是一顿拳打脚踢，她哭喊着……

刘　丹　你还我爸爸，还我爸爸……

刘丹悲痛万分晕厥了，被高小兵一把抱住。

"营大线"刘丹的办公室兼宿舍　日　内

靠近窗户是一个办公桌。办公桌后两个铁卷柜当作屏风。

卷柜后是一张单人床,床头一个小方桌作为床头柜。

床头柜上台灯下一个精致的镜框,刘丹、高小兵、秦继伟、万胜四个人的合影青春靓丽。

昏迷的刘丹躺在床上。

秦继伟、高小兵含着眼泪焦急地守在床边。

刘丹渐渐苏醒,又是一阵撕心裂肺的哭喊。

刘　丹　爸,你死得冤,死得惨。爸,你等等我,我跟你去。

高小兵　(含泪)小丹,你不能这样,你死了我咋办。

刘　丹　你去"革命"助纣为虐吧!滚,滚,滚!你给我滚哪!

秦继伟示意高小兵出去。

高小兵　好好好,我滚,我滚。继伟,小丹就拜托你了。

高小兵冲出屋。

高小兵　欧阳孝仁,我要杀了你!

"营大线"工地临时指挥部　夜　内

赵战生悲痛欲绝,追悔莫及,无处发泄。他只能来回踱步,缓解压力。

赵战生　(无比自责地自语)晚了,还是来晚了。陆洁说得对,壮志未酬身先死,苍天无眼哪!其实大家早都预见到了,可我,我就是个白痴、混蛋!欧阳孝仁一次又一次地兴风作浪,我是一次又一次地迁就、忍让,纵虎为患,纵虎为患哪!

高小兵拖着疲惫的身体从外面进来。

高小兵　赵叔,方圆二十里我们都找遍了。

赵战生　没找到吧?

高小兵　没找到。

赵战生　让你们找到,那就不是欧阳孝仁了。他处心积虑,蓄谋已久,就等着这一天呢。人家继伟看得明明白白,可你,狂妄自大,目空一切,谁的话你都听不进去了,就听欧阳孝仁的花言巧语,阿谀奉承,觉得自己是最革命的布尔什维克了。怎么样?酿成悲剧,自食其果。

赵战生掏出信给高小兵。

赵战生　你看看,看看,这就是翰林的绝笔信。

赵战生如困兽一般气得在屋里来回地踱步。

高小兵用颤抖的双手接过信,诚惶诚恐地打开。

刘翰林　(画外音)老高、战生、薛刚、陆洁,银龙的生死弟兄们:也许我刘翰林杞人忧天。这场革命风暴来得太突然,太出乎人们的意料和心理准备了。我想不明白,为什么,那些和我们朝夕相处的好兄弟、好姐妹,乃至亲人,在一夜之间就变成了对立派,甚至成了仇人。

此时此刻,我不想谈咱们干了多少惊天动地的伟业,给国家做出了多大的贡献。我就想把心掏出来,让党中央毛主席,让祖国和人民,让银龙的弟兄们看看,我刘翰林的心到底是红的还是黑的。

别的我不担心，咱银龙在这种动荡的关键时刻，能够稳住阵脚，抓革命促生产，干了那么多条线路，咱对得起党，对得起毛主席，对得起国家，对得起人民。我最担心的是小兵啊，他天资聪颖，才华横溢，工作上屡建奇功。可他心高气盛，思想单纯，太容易上欧阳孝仁的当了！而我们呢，只能扼腕痛惜，无能为力。我不知道我会不会有明天，如果我真的去见马克思了，请把我的骨灰撒在我们一生都为之奋斗的巍巍铁塔和银线下面。我生为送电人，死为送电鬼！

高小兵再也看不下去了。他悔恨交加，悲痛欲绝，仰天长叹！

高小兵　（悲痛欲绝地）天哪，我都干了些什么？

"营大线"工地工棚　夜　内

夜阑人静。高小兵久久地呆立在窗前，望着星空，百感交集，思绪如麻。眼前闪现出以往他和秦继伟、刘丹以及刘翰林昔日情景。

往昔情景闪回：

儿时上学。

水中荡桨。

林中追逐。

雪地上打闹嬉戏……

刘翰林亲切的关怀与呵护。

一行苦涩的泪水，顺着脸颊流了下来。

远处夜空闪着雷电。一阵冷风吹来。高小兵打了个冷战。

秦继伟拎着一瓶酒，醉意蹒跚地进来。

秦继伟　（醉话）高小兵，你真牛啊，谁叫你都不好使，是吧？

高小兵赶紧把眼泪擦干转过身来。

高小兵　我就想一个人静一静。也省得大家看着我闹心。刘经理后事安排了吗？小丹怎么样？

秦继伟　这些都不用你操心了，有赵书记在，全，全都没问题。（打开带来的纸包）你看看，这都是你爱吃的。这可是刘丹的一片心哪！（拿过缸子，给小兵和自己都倒满了，端起酒）来，喝！（见小兵不动）怎么？瞧不起我呀？知道你能喝，可是我不服你，别看我喝多了，照样让你趴下，你信不信？

高小兵　我信。

秦继伟　那就来呀。（碰杯）喝！

秦继伟一饮而尽，看高小兵没喝，来劲儿了。

秦继伟　咋地？你还是不是爷们儿？你不好受，谁的心里好受哇！是爷们儿，就挺起腰杆儿，在哪儿跌倒就在哪儿爬起来！别让我瞧不起你！

高小兵　（痛苦万状）继伟！我求求你别说了……

秦继伟　不！我非要说！人无完人，谁都有错。错了就改嘛，有什么了不起的！人死不能复生，咱得往前看，朝前走！刘经理走了，整个施工技术问题的担子都压在刘丹一个人身上，你不为她分忧，还给她添乱，你还是不是人！（指着吃的）这是刘丹让我给你带来的。

高小兵望着桌上的东西，热泪盈眶，良久没有说话。

过了一会儿，他端起酒咕咚咕咚地就往肚里灌。

他放下缸子，一抹嘴。

高小兵　继伟，咱是不是哥们儿？

秦继伟　屁话。一辈子的生死弟兄。

高小兵　好！既然是生死弟兄，我问你，你喜不喜欢刘丹？

秦继伟　喜欢哪。

高小兵　爱不爱她？

秦继伟　爱呀。

高小兵　真话？

秦继伟　我对天发誓！

高小兵拿起酒瓶咕咚咕咚地往秦继伟的缸子倒酒，直到倒完为止，把酒瓶子放下。他指着这缸酒。

高小兵　好，那就把这缸酒喝了。

秦继伟　全喝？

高小兵　全喝。一滴都不许剩。

秦继伟　喝就喝，有什么了不起。

秦继伟端起酒，一口气就喝个精光。

他把酒缸倒过来。

秦继伟　怎么样？

秦继伟喝得太多了，眼睼着就往下倒。高小兵赶紧抱住秦继伟，把他扶到床上，躺好。

回到桌前拿出纸笔。

"营大线"工地工棚　外　夜

夜很静，远处的闪电，隐约的雷声。

淅淅沥沥的雨点，打在各种物体上发出不同的声音。

"营大线"工地工棚　夜　内

秦继伟鼾声如雷睡得很沉。

高小兵含泪写信，泪水时不时地掉在纸上。

高小兵　（画外音）继伟，我的好兄弟，我真后悔，后悔没听你的劝。可世界上是没有后悔药的，我必须为自己的清高、自负、无知、固执和偏见而付出代价！现在我才真正体会到，什么是生不如死。我无法面对含冤惨死的翰林叔叔，更无法面对刘丹和你们，面对银龙啊。如果，你还认我这个兄弟，就大胆地去爱刘丹、呵护她、给她幸福。否则，我做鬼都不会原谅你、放过你。外面起风了、下雨了，这会儿越来越大，老天都恨我呀！也好，那就让这暴风雨冲刷我身上的污泥浊水，让我干干净净地离开这个世界……

高小兵写完信，把信用酒缸子压好。

他穿好衣服，深情地望着自己的发小、好哥们儿，泪如泉涌，他咬咬牙，一跺脚冲出工棚……

一道闪电，一声炸雷，风夹着雨倾盆而泻。

旷野　雨夜　外

高小兵在黑夜的风雨中踏着泥泞狂奔……

"营大线"工地工棚　晨　内

秦继伟醉得如一摊烂泥，鼾声大震。

刘丹进屋一看，她给小兵买的爱吃的下酒菜，基本没怎么动。地上有一个缸子。

桌子上缸子下面压着一封信。

刘丹推掉缸子，拿起信快速浏览。

刘　丹　（哭喊着）不好！小兵走了。

刘丹冲向秦继伟，摇晃、拍打。

刘　丹　继伟，继伟，醒醒，醒醒，快醒醒。

秦继伟一扒拉，好悬没把刘丹扒拉倒。

秦继伟　（醉话）喝，你不行，刘丹，我爱，我真的爱着她……

刘丹顾不了许多，她狠狠地扇了秦继伟一个大嘴巴。

秦继伟这才醒了过来，他"呼"地坐起。

刘　丹　喝喝喝，小兵跑了！

秦继伟　（惊喊）啊？（发愣）

刘　丹　（声嘶力竭地）还愣着干啥，快去找哇！

刘丹随即跑出了屋。

秦继伟　（自抽一个嘴巴）真他妈该死！

秦继伟蹦下床，冲出了屋。

李奶奶家　日　外

长白山余脉的靠山屯。这是个不大的小山村，坐落在一条东西走向通往山外的土路边。有十几户人家顺着这条路南北而居。

初秋的中午骄阳似火，村中一片寂静。

村东头的一个小院，大门上方"光荣烈属之家"的牌子显得格外醒目。

园子里秧苗如茵，秀色宜人。三间不大的土墙草房，上下开的木窗敞开着。

挨西山墙的烟囱遮阳处，一条不大的小黄狗懒散地趴在地上伸着舌头喘息着。

这是烈属李奶奶的家。家里只有奶奶和孙女两人。

李奶奶家　日　内

屋中北墙上，悬挂着镶在镜框里的毛主席像，下面镜框里"革命烈士证书"已经泛黄。

地上摆放一个画着各种花鸟的红帮黑盖的柜子，柜盖上一尘不染。

东墙上粘贴着《沙家浜》十八棵青松剧照年画。

西墙上也贴一幅《红灯记》李铁梅高举红灯的年画。

和煦的阳光透过窗户照进屋里，恬静温馨。

坐在炕梢的祖孙俩谁都不言语，不时地察看躺在炕头上的高小兵。

窗外不时传来母鸡下完蛋的叫声。

祖孙俩小声地唠嗑。

李奶奶　英子，这个人，我好像在哪儿见过，咋就想不起来了呢？

英　子　（嫣然一笑）奶奶，大白天的说梦话。

李奶奶　（认真地）别打岔，我想起来了。打小日本鬼子那会儿，我救过一个抗联的排长，跟他长得可像了。

英　子　那都是哪辈子的事儿了，根本就不可能！

李奶奶　是啊，我觉着也不大可能。可真的太像了。

英　子　奶奶，我大伯就是为了掩护那个排长被鬼子打死的吧？

李奶奶　可不是。打那以后，他就非认我这个娘不可。他跟你爹处得可好啦。要不是我拦着，你爹也当兵走了。咳，你命苦短哪，为了给咱村打井，他把命都搭上了，你娘也走了……

李奶奶越说越伤心，不觉潸然泪下。

英　子　（含着眼泪）奶奶，事儿都过去了，咱就不提了。

李奶奶　（无奈地）人老了就爱唠叨嘛。（忽然想起）那什么，英子，鸡下蛋了，赶快捡回来，留着给这小伙子补身子。

英子应了一声出去了。

伴随公鸡高亢的打鸣声，高小兵渐渐苏醒。

高小兵　水，水……

李奶奶惊喜地从炕梢的炕沿儿上起来，走到炕头俯下身。

李奶奶　（轻声亲切地）小伙子，醒了。想喝水？

高小兵点点头。

李奶奶　谢天谢地，你可醒了。

英子拿着鸡蛋进来。

李奶奶　英子，快倒水，他醒了。

英　子　（惊喜地）是吗？太好了。

英子放下鸡蛋，赶紧倒水。

李奶奶　不要太热，温的就行。

英　子　知道。

英子把倒好的水端了过来。

李奶奶接过水吩咐。

李奶奶　傻丫头，拿个匙儿来。

英子飞快地跑出屋，从外屋拿着匙儿跑回来。

英　子　奶奶，我来吧。

李奶奶　我来吧，照顾伤员奶奶比你强。（接过汤匙儿）快去，熬点儿小米粥，一会儿喂他。

英子应声去了外屋。

李奶奶用匙儿喂小兵水。

高小兵　（咽了一口水之后）我，我怎么在这儿？

李奶奶 别说话，呛着不好。你命真大。是我孙女从地里把你背回来的。都昏迷两天了，还净说胡话。小伙子，咋地了，是迷路了，还是病了，怎么躺在地里呀？

高小兵 我……

英　子 （从外屋跑进）奶奶，人家刚醒。

李奶奶 好好好，人老就是话多。

高小兵 （挣扎着起来）不行，我不能在这儿，我得走……

高小兵他刚要起来，支撑不住又躺在炕上。

英　子 （有点生气）高主任，你愿意走，我们也不留你，可你这身体行吗？

李奶奶 （惊讶）英子，他姓啥？

英　子 姓高哇，叫高小兵。是银龙送变电工程公司一工区主任。

李奶奶 你是怎么知道的？

英　子 我在给他洗衣服的时候，看了他的工作证，那上面写得清清楚楚哇。

李奶奶 （急切地对高小兵）孩子，你爹是不是当过抗联？

高小兵 当过。

李奶奶 他叫啥？

高小兵 高洪亮。

李奶奶 （喜出望外）小亮子，高排长！我说嘛，怎么长得这么像。

高小兵 （喜出望外）您就是救过我爸爸的李奶奶？哎呀！我爸一直都在找您呐。

李奶奶 咳！上哪儿找哇。小鬼子和汉奸到处抓我们，今天在这儿躲躲，明天在那儿藏藏，那日子过得难哪！太难了！

高小兵 为了掩护我爸，您让您的儿子引开鬼子，结果，被打死了。奶奶，我替我爸，替我们全家给您磕头了。

高小兵刚要起身，被英子和奶奶按在炕上。

李奶奶 不兴这个。孩子，你爸爸还好吧？

高小兵 好，挺好的。

李奶奶 这就好，这就好。

高小兵 奶奶，我，我没脸见他。奶奶，我不是人，我该死！

高小兵痛苦万状，自己打自己，眼泪喷涌而出。

李奶奶 （含着泪抚摸着高小兵）孩子，不管怎么说，就是遇到天大的事儿，咱也要先把身体养好。再说了，还有奶奶和英子不是？

英　子 就是嘛。你就放心老老实实地在这儿待着，人这一辈子都不容易，可怎么也得活呀！咱们是一家人，奶奶念叨一辈子了。这回好了，奶奶又多了个说话的人了，（对奶奶）是不奶奶？

李奶奶 （抹着泪水）谁说不是呀，就在这儿待着。

英　子 小兵哥，你醒了，我这心也落地儿了，这两天，没上队里干活，你要认这个家，就安心静养，我上工了。奶奶，小兵哥就交给你啦。

李奶奶 （微笑地）去吧，去吧，别看奶奶年纪大了，照顾伤病员那可有一套。

英子哼着《军队和老百姓》走出了屋。

某医院病房外走廊　夜　内

空荡荡的医院走廊，只有李玉珍和二虎妻不安地透过陆洁病房门的小窗向里张望。

病房里一片漆黑。

里面不时传出陆洁撕心裂肺的哭声。

李玉珍不停地抹着眼泪对二虎妻自责地说。

李玉珍　（小声地）你说，我这嘴咋就这么欠呢。

二虎妻　（小声地）土命人儿心眼实呗。这么大的事儿你也敢说？（冲着屋里）就她那个性子……

李玉珍　谁说不是呢，（扇自己的嘴巴）都怪我这张臭嘴。这可咋办哪，急死我了。

说着说着李玉珍也哭了起来。

寂静的走廊里，传来急促的脚步声。

李玉珍和二虎妻目不转睛地盯着病房里的动静。

脚步声越来越近。

李玉珍转头看见薛刚铁青着脸快步走来，仿佛见到了救星。

李玉珍　哎呀，您可来了薛经理，我闯大祸了。一不小心把刘经理和小兵的事儿都给说出去了。陆总听说后，就把我们撵出来了，把自己关在屋里一直哭，说啥也不开门。吓死我们了，可别再出啥事儿呀。

薛　刚　（听完，欲言又止）你呀你……

薛刚无奈地摇摇头，敲病房的门。

薛　刚　陆洁，开门，我是薛刚，薛刚啊。

哭声止了，但没有回答。

薛　刚　（又敲了敲门）陆洁，咱是经过大风大浪的人，阎王爷那儿都闯过来啦。还有什么打击咱承受不了？是，翰林走了，小兵失踪了，小丹病倒了，欧阳孝仁他妈也跑了，但咱银龙没垮，也垮不了。赵战生一个人在现场撑着呢！作为共产党员，在这个关键时刻不挺身而出，还要添乱吗？开开。

这时，屋里灯亮了。

门开了，薛刚一步跨进屋。

李玉珍瘫靠墙边如释重负，她长出了一口气。

李玉珍　（双手合十）阿弥陀佛，谢天谢地。

第十九集

"营大线"工地临时指挥部　日　内

赵战生正在和高洪亮通电话。

高洪亮　（听筒）你小子长能耐了，发生这么大的事儿都敢瞒着我。

赵战生　老团长，您消消气。我是怕您着急上火呀。

高洪亮　（听筒）臭小子，你太小看我了。我高洪亮什么大风大浪没经过，什么困难没扛过？

高洪亮一阵咳嗽。

赵战生　咋地了？

高洪亮　（听筒）没事儿，一点儿小感冒。

赵战生　别骗我了。请团长放心，我们就是挖地三尺也要把小兵找到。

高洪亮　（听筒）我就知道你们会这么干，不然，我就不会给你打这个电话了。现在我命令你，不能再找了。他死了才好呢，混账东西。当务之急就是稳定军心，一定要处理好翰林的后事，化悲痛为力量，把耽误的时间和工程进度抢回来。这是大局，大局，你明白吗？

高洪亮又咳嗽起来。

赵战生　团长，您别急。我明白，明白。人在，阵地在！咱银龙垮不了。

高洪亮　（听筒）好，这才是我的兵。陆洁怎么样了？

赵战生　没啥大事儿了，我在医院加了双岗昼夜守护。

高洪亮　真是不幸中的万幸啊。

高洪亮又是一阵咳嗽。

赵战生　团长，团长……

高洪亮　喊啥，死不了。我现在也是泥菩萨过河自身难保。真的很无奈，银龙只能靠你们了。

赵战生　我非常理解您此时此刻的心情，放心吧团长，咱银龙是拖不垮，打不烂的。过去不能，现在不能，将来也不可能！我们一定要重振银龙的雄风。

高洪亮　（听筒）好。这我就放心了。不过，你们也得小心点儿，局机关对你们的事儿说法不一，争论得也非常厉害，你们要做好思想准备呀。

赵战生　兵来将挡，水来土掩。我就是拼了性命也要保住银龙。

高洪亮　（听筒）好，记住，千万不要再找那个不争气的东西了。这是命令！

高洪亮又是一阵咳嗽。他放下了电话。

赵战生 团长，团长。

电话听筒里传来了嘟嘟的声音，赵战生无奈地放下了电话。

刘丹和秦继伟进来。

刘 丹 是不是高伯伯的电话？

赵战生 可不是。看来，咱银龙发生的这一系列事儿对他打击不小哇。他好像病了。

刘 丹 要不要紧哪？

赵战生 不好说，老咳嗽。

秦继伟 这都是欧阳孝仁这个王八蛋造的孽，老天都不会饶恕他。

刘丹掏出一封信交给赵战生。

刘 丹 从字迹上看肯定是小兵写的，但发信地址是银龙送变电工程公司一工区。

赵战生接过信看了看。

赵战生 他肯定是不想让咱们找到他。不管怎么说，这小子还活着。谢天谢地呀。

赵战生打开信看，刘丹和继伟也围了过来。三个人一起看。

高小兵 （画外音）战生叔叔：对不起。我已经没脸，也没有资格再待在银龙了。我只想用我的生命赎罪，告慰刘叔叔的在天之灵，洗清陆洁阿姨的不白之冤。可是老天爷偏偏不让我死。我被曾经牺牲自己的儿子救了我爸爸的李奶奶的孙女英子给救了。为了报恩，我决定留下，代表我们高家两代人为李奶奶尽孝。我本想不告诉你们，但怕你们担心、怕你们着急，更怕你们找我影响工作，这才不得不写这封信。请您转告小丹，我真的是非常非常爱她，可我不配，临别前，我已经把她托付给继伟了，我知道继伟一直都在深深地爱着她。这也许就是天命吧。

他们面面相觑，屋里一片寂静，过了良久。

赵战生 继伟，有这事儿吗？

秦继伟 有。

秦继伟掏出小兵临走留下的信递给赵战生。

秦继伟 这就是那天晚上小兵留下的。

赵战生接过信看。

"营大线"工地临时指挥部　日　内

赵战生、刘丹、秦继伟、牛二虎等开会。

赵战生 首先，告诉大家一个好消息。高小兵找到了。他本想死，可没死成，被曾经牺牲自己的儿子救了高局长的李奶奶的孙女给救了。

牛二虎 哎呀，这可真是无巧不成书，太神奇了，看来小兵真是命不该绝呀。他什么时候回来呀？

赵战生 肯定一时半会儿回不来。

牛二虎 这咋整啊，他那工区咋办哪？

赵战生 今天，我们就重点研究这个问题。为了抓紧时间，我先说说，叫牛小虎先管起来，华志强配合他。我们大家都给他做后盾，我看问题不大。

牛二虎 什么什么？叫那个兔崽子管？不行，不行！不给公司惹祸就不错了。当主任，不说别人，就我这关他就通不过。

秦继伟 牛叔，这您可说错了。小虎绝对不一般，不然，我也绝不能派他和志强回去保护老领导。他干得多漂亮啊。

刘　丹 是啊，牛叔，小虎和志强通过学习和技术革新的锻炼，现在无论在理论还是实践上都有很大的提升，你都不知道，他一有空儿就找我给他补课，进步可大了。

赵战生 看到没有，你这个做父亲的不够格呀，门缝瞧人。小虎怎么不行？不客气地说，有些地方比你强。在批斗陆洁的会上，他机智勇敢，胆大心细，出手不凡。

秦继伟 牛叔，您没发现，在小虎身上有当年赵书记的影子吗？

牛二虎 哎？还别说，真有点儿那个意思。

赵战生 哎，这就叫，尺有所短，寸有所长。小虎当然有缺点，我们就是要扬长避短，充分调动和发挥他的积极性和创造性。时势造英雄嘛！行了，行了，这个事儿就这么定了。

秦继伟 同意。

刘　丹 同意。

牛二虎 我总觉得有点儿悬。

赵战生 那你就多帮助点儿。现在都啥时候了，你还这么磨叽。少数服从多数。就这么定了。过去的事儿我不提了，从现在起，我们一定要把耽误的时间抢回来，把工程进度赶上去，重振我们银龙的雄风，银龙这杆大旗不能倒，也绝对倒不了。

牛二虎 对对对。坚决不能倒。

赵战生 来劲儿了？

牛二虎 来劲儿了。

赵战生 好。鉴于目前这种特殊情况，刘经理的追悼会就不开了。但是葬礼一定要进行。我们一定要让刘经理风风光光地去见马克思。时间，就定在竣工那天。

众　人 好，太好了。

"营大线"原高小兵工区施工现场　日　外

太阳初升，红霞满天。

塔上"挺进纵队"的旗子仍在飘荡。

塔下原高小兵的队员们列队等待新主任牛小虎上任讲话。

牛小虎全副武装手持银龙那杆大旗站在队员们的对面。

华志强检查完着装、工具之后回到队首。

华志强 （冲牛小虎）哥们儿，完事了。

牛小虎 （对华志强）靠，我现在是代理工区主任，正规点儿。

华志强 我去，蒙了，报告主任，牛主任。

调皮的样子把牛小虎和大伙都逗乐了。

牛小虎 行了，行了。吭哧瘪肚的，一点儿都不正规。今天就免了，以后正规点儿。

华志强 是。

牛小虎举着银龙的大旗迈着不太正规的正步走到队伍中间，他把大旗往地上一插，来了一个不太标准的军礼。

众人憋不住笑，有的笑出声来。

牛小虎 严肃点儿！别笑啦，哥们儿，靠，我也这个熊样儿。不过，咱得改，听到没有？

众　人　听到了，改。

牛小虎　哎，这就对了。这么说吧，我跟继伟、小兵，还有我爸都没法比。可领导信任咱，咱就得干。（指着旗）看到没有？别的工区我不管，（不好意思地）当然，咱也管不了。可但是，但可是，在我牛小虎这一亩三分地，谁也不许搞派性！大家都是革命派。今天，我正式宣布退出风雷兵团，从今往后，我无门无派，就做咱银龙的革命派。

众高喊　"我也做银龙的革命派""我也做""我也做""我们大家都做"。

牛小虎　好好好，我谢谢大家的支持。其实，我说来说去，就是要强调毛主席他老人家所倡导的"五湖四海"。说实话，大家都是生死兄弟，干吗非争个你死我活。大家想一想，就是由于我们不团结，才让欧阳孝仁这个王八蛋钻了空子，给我们银龙造成了极其惨痛的无法挽回的损失。所以，我们必须吸取教训团结起来，把浪费的时间抢回来，把落下的工程进度追上去。一句话，就要重振我们银龙的雄风。

大家热烈鼓掌，欢呼声、呐喊声响成一片。

牛小虎　今天，我就要把这面大旗插上去，也就是说，不管你是哪个组织的，都必须集合在银龙这杆大旗的麾下。我们银龙就是捍卫党中央，捍卫毛主席，建设国家，造福人民的特别能战斗的铁军。

又是一片热烈鼓掌、欢呼声和口号声。

银龙的革命派联合起来！

抓革命促生产！

坚决把浪费的时间抢回来！

坚决把工程进度赶上去！

重振银龙的雄风！

在欢呼声中，牛小虎整整着装来到塔下。

他身手敏捷地登上塔头。

他拆下挺进纵队的大旗，换上银龙的大旗。

银龙的大旗在塔头上迎风飘扬。

掌声雷动，欢呼一片。

站在远处的赵战生更是激动不已。

旁　白　站在远处的赵战生感慨万千，他想起了当年刚来基建总队时的情景，这小子的这番话，跟团长在关键时刻讲的话真有异曲同工之处，他高兴地流下了热泪。是啊，他选对人了，这小子真是一块好钢啊。

某医院陆洁病房　日　内

病房内，阳光充足。陆洁躺在病床上和坐在旁边的薛刚聊天。这些天银龙发生了这么多事儿，陆洁早已在医院待不下去了，她已经做好了出院的准备。不管是谁再想拦住她。

薛　刚　（削着苹果皮）这么说，将来咱们国家上330、500、750千伏的输电线路都是有可能了？

陆　洁　不是可能，而是一定。从理论上讲800和1000千伏也是有可能的。（小声地）我在苏联的老师，早就开始特高压基础理论的研究了。

陆洁突然觉得失言，捂住嘴警觉地四处看看，不好意思地伸了一下舌头。

两人会意地笑了笑。

薛　刚　1000千伏特高压？太有诱惑力了。

陆　洁　所以，我们必须把眼光放远一点儿，抓紧时间搞好基础理论研究和应用科学研究。早日建成我们的特高压电网。好了不谈这些，你快说说前方的事儿吧。都快把我急死了。

薛　刚　好吧。高小兵有信了。

陆　洁　（惊喜）是吗，太好了。到底是怎么回事儿你快说说。

薛　刚　他本想死，可没死成。更想不到的是，他被曾经牺牲自己的儿子救了高团长的李奶奶的孙女给救了。你说，天下哪有这么巧的事儿。高团长找了那么多年没找到。这家伙，（想）那句话叫什么来的？（一拍大腿）对！踏破铁鞋无觅处。

陆　洁　得来全不费功夫。（非常感慨地）但这个代价太大了。万一小兵真死了，一切可就无法挽回了，就像我。（无限感慨地）咳，人生无常，真是世事难料哇。（问薛刚）翰林老师的后事怎么办？

薛　刚　遗体已经火化了。战生考虑，鉴于目前这种状况，追悼会就不开了，咱也不能顶烟囱上对吧。（陆洁表示赞许）但葬礼一定进行。而且，必须按照翰林的遗愿办，地点就选在我们正在干的"营大线"，时间定在这条线路经过七十二小时试运成功后的次日清晨。

陆　洁　好，非常好，我一定参加。

薛　刚　你的身体行吗？

陆　洁　早就好了。你们俩要是再关我的"禁闭"，我就上诉高局长。

薛　刚　那行啊，看看高局长是听你的还是听我们的。

陆　洁　（忽然明白了）不行，不行。高局长肯定向着你们。

薛　刚　知道就好。

陆　洁　（忽然撒娇地）哎呀，薛刚，求求你了。

薛　刚　我说了不算哪，最后的决定权在战生那儿。

陆　洁　我知道，你给说说好话嘛，你就忍心让我急出病来呀。再说，"前线"多需要人哪。小兵什么时候回来？

薛　刚　这可不好说，据说他不想回来了，要替高家尽孝，为李奶奶养老送终。

陆　洁　这倒有可能，回银龙，无论在思想上，还是心理上他都没做好准备。尤其刘丹这一关，是他无法逾越的坎儿呀。那孩子我了解。

薛　刚　是啊。给他点时间，慢慢来吧。

陆　洁　继伟怎么样？

某医院陆洁病房　日　外

李玉珍和二虎妻也都非常关心"前线"的情况，趴在门缝倾听。

李玉珍一听到继伟的事儿，就更想知道个究竟，她竖起耳朵仔细倾听。

从病房里传出薛刚和陆洁的谈话声。

薛　刚　继伟这孩子，听战生说，进步可太大了。咱们都靠边儿了，翰林更是自身难保，小兵头脑发热，叫欧阳孝仁煽呼得更不知道天高地厚了，一心搞革命。工地上就靠他和刘丹支撑。他稳住阵脚，柔中带刚，稳中求进，低调行事，统观全局。小虎和志强就是他派回来保护咱们的。

陆　洁　啊，多亏了小虎和志强，不然，光靠战生也无法控制那种局面。后生可畏呀。咱银龙后继有人了。

薛　刚　可不是，现在看来，继伟完全可以挑大梁了。

陆　洁　这真是时势造英雄。长江后浪推前浪，一代更比一代强。小虎怎么样?

二虎妻一听说到小虎，更来情绪了。她推了推李玉珍。

二虎妻　（小声地）让开点儿，叫我听听啊。

李玉珍不情愿地让开点儿地方。

从病房里传出薛刚和陆洁的谈话声。

薛　刚　这小子，更让你刮目相看，完全有战生的影子。战生没看错人，大胆起用了小虎，让他临时代替高小兵一工区的主任。这家伙，提出了不准搞派性，要求各组织必须团结在银龙铁军的大旗下，抓革命促生产，把浪费的时间夺回来，把施工进度赶上去，重振银龙的雄风。一工区动员大会那天，战生就在现场。小虎讲得是咔咔的，下面是掌声、欢呼声一片哪!战生激动得都流泪了。

二虎妻听完这些，高兴得热泪盈眶。

二虎妻　（小声地）天哪，没想到我们家小虎这么能耐，没有银龙就没有我们牛家。

某医院陆洁病房　日　内

陆　洁　这就叫浪子回头金不换。好好培养肯定是块好钢。

薛　刚　你说得太对了，现在一工区的进度噌噌地往前赶，再加上继伟二工区、二虎三工区鼎力相助，按时竣工没问题。

旁　白　陆洁早就从阴影走了出来，更加坚定了献身祖国电力事业的决心和信心，追逐电网发展的梦想。她再也按捺不住自己。

陆　洁　薛刚，不管你们同不同意，今天，我必须出院。谁拦我就跟谁急。

陆洁说完夹着包就走。

薛　刚　看来，你早就做好了准备，那也得办手续呀。你慢点儿，等等我。

薛刚追出了病房。

"营大线"刘丹的办公室兼宿舍　夜　内

刘丹太累了，进屋后一头扎在床上。

旁　白　忙了一天的刘丹疲惫不堪，但她不能休息，也没有时间休息。整个工程上的技术问题和外联工作都由她负责，父亲的惨死，小兵的出走，对她的打击实在太大了。如果没有赵战生和秦继伟的关心照顾与支持，她早就垮了。

外面有人敲门。

山　猫　小丹，刘科长，休息了吗?

刘丹急忙从床上爬起，整整衣服，拢拢头发忙答。

刘　丹　没有，请进。

已是后勤部门领导的山猫拿一封信进来。

山　猫　小丹，作为长辈儿，我得说说你，不能这么拼了，看看你都瘦成啥样了。我看着心疼啊。你整天在现场忙，根本就抓不住你的影儿，这信下午就送来了，你不在我就替你收了。看你屋的灯亮了，就知道你回来了。

山猫把信递给刘丹。

刘 丹 谢谢叔叔。

刘丹接过信。

山 猫 太晚了，早点休息吧。

山猫转身离开了这里。

刘丹接信的时候瞥了一眼就知道是高小兵寄来的，她急忙拆开看。

高小兵 （画外音）小丹，都说初恋是难忘的，何况我们从小就定了娃娃亲呢。这种子一辈父一辈的亲情、友情和爱情是多么珍贵和幸福哇。可我却把她毁了。这种痛苦是常人难以想象和理解的，是永远也无法愈合的伤痛。你已经深受其害了，不应该再受这种折磨了，与其这样，不如就让我一个人去承受吧。继伟怎么样，咱们从小一起长大，你我都心知肚明。最重要的是他一直都在深深地爱着你，而这种爱是在不干扰和伤害他人的情况下默默珍藏的，这是多么纯洁和高尚的爱呀！都说真人不露相，露相不真人，这正是我和继伟最真实的写照。仔细想想，在咱公司最混乱的关键时刻，是谁默默地挑起了银龙的大梁。而我，简直是造孽呀！就为这，临走前我把你托付给了他，这是我们仨关系的最佳选择。英子是个好姑娘，我看得出她很喜欢我，小丹，我已经伤透了你的心，我不想，也不能再伤英子的心了。那我高小兵还是人吗？放下我去接受继伟的爱吧。

刘丹被这一个个突如其来的打击击倒了。她放下信泪流满面地喃喃自语。

刘 丹 小兵啊，小兵，你让我说什么好呢？

"营大线"秦继伟工区施工现场 日 外

秋高云淡，骄阳似火。刘丹头戴白色安全帽，左臂戴着黑纱，腋下夹着一个厚厚的本夹子，来到秦继伟的工作现场。

她站在现场安全围栏外边，仰着头看着塔上正在进行的安装瓷瓶的作业。他们汗流浃背，工作服背后白色的汗碱清晰可见。

秦继伟头戴红色安全帽在塔脚下把一个军用水壶系在吊绳上，扬手示意塔上工人往上拉。

刘丹在安全围栏外轻轻地喊。

刘 丹 继伟，继伟，你过来一下。

秦继伟回头看见刘丹，对上面喊。

秦继伟 先休息一下，我有点儿事儿。

塔上工人 好嘞。

秦继伟小跑来到刘丹面前，擦把汗。

秦继伟 到半天啦？

刘 丹 没有，刚一会儿。

秦继伟 （来到刘丹面前）有事儿？

刘丹指着眼前这基塔。

刘 丹 你们干得真快。这85号塔瓷瓶眼瞅着就快安装完了，我怕87号塔你们要换完就得返工就跑来了，还好赶上了。你看。

刘丹打开本夹子，秦继伟凑过来。

刘　丹　（用手指着图纸）设计院有一点变更，前面87号转角塔由于地势高要加一组瓷瓶。这是变更单，可千万别忘了。

刘丹顺手把变更单递给秦继伟。这时，突然来了一阵风，把变更单吹跑了，秦继伟和刘丹赶紧去捡。在慌乱中，刘丹抓到了变更单，秦继伟却无意识地抓住了刘丹的手。

一时间两人四目相对。秦继伟发现刘丹憔悴得很，好像又瘦了很多，眼圈还有血红。秦继伟也一时忘了松开握着刘丹的手。

刘丹迟疑片刻，轻轻地往回拽了拽手。

秦继伟这才回过神来立刻松开。

秦继伟　（低声心疼地）小丹啊，这样下去可不行，你都瘦成啥样了，我看着心疼啊。有什么事儿咱大家扛嘛。

刘　丹　（点点头）知道，放心吧，我能挺得住。（递过变更单）抓紧时间落实吧。

秦继伟接过变更单。

秦继伟　放心吧，一定干好。

刘　丹　你也要保重。整个施工担子都压在你身上了，不容易。

刘丹极力控制自己，可眼泪还是掉了下来，为了不让继伟看见，她转身离开了这里。

旁　白　男人最怕女人的眼泪，何况是刘丹的呢？说实话，秦继伟早就深深地暗恋着刘丹，但他恪守"朋友妻不可欺"的格言，从未表露过，就像大哥哥一样地呵护她。但小兵临别的托付，不但让他燃起了爱情之火，也承担了一份责任。作为两小无猜的发小，秦继伟不是第一次碰刘丹的手，但那种感觉绝不会像今天这样令他心跳。爱情真的很神秘，很神奇，更让人说不清楚。

"营大线"原高小兵工区施工现场　日　外

银龙的大旗在塔头上飘扬。

秦继伟带队来支援小虎的一工区，工人们正在热火朝天地组装塔头。看到这些秦继伟非常感慨地对牛小虎说。

秦继伟　小虎哇小虎，你太了不起了。能在这么短的时间内就把大家的积极性调动起来了，而且嗷嗷叫！真不可思议。现在多好哇，大家和和气气，团结一致，一撒欢儿就把工程进度给追上来了。而且，安全工程质量也不错。全公司上下没有一个人不为你和一工区拍手叫好哇。

牛小虎　继伟哥，你可不能这样抬举我，要是没有银龙，没有你和大家的帮助，我小虎能有今天吗？人得讲良心，懂报恩。我就是豁出命干，也报答不了银龙和大家伙对我的恩情啊。

赵战生、薛刚、陆洁、刘丹来到现场。

牛小虎、秦继伟迎了上去。

牛小虎　陆姨，不对不对，陆总您怎么来了，好利索了吗？

陆　洁　听说你们的事儿，看到你们的进步，有病也没病了，就剩高兴了。

陆洁的话把大家都逗乐了。

赵战生　（感慨地）江山代有人才出，长江后浪推前浪。大浪淘沙，是金子总会发光啊。

薛　刚　是啊，你们年轻人就是银龙的未来。高兴，真是太高兴了，久违的高兴。

秦继伟 看到领导这样高兴，我们也非常开心、高兴。

牛小虎 对对对，太开心了。看到陆姨受的那个罪，我都要气疯了。当时，欧阳孝仁要是在那儿，我非杀了他不可。

赵战生 杀人是要偿命的。

牛小虎 偿就偿呗。用我的命能换回老经理的命，值。最起码欧阳孝仁不能再祸害人了。

一阵沉默，大家面面相觑。他们都为小虎的侠肝义胆而动容。这让牛小虎丈二和尚摸不着头脑。

牛小虎 怎么？我又说错了？

秦继伟激动得热泪盈眶，他一把拽过小虎，紧紧地拥抱。

秦继伟 小虎，我的好兄弟。

“营大线”工地临时指挥部 夜 内

赵战生、薛刚、陆洁、秦继伟、刘丹、牛二虎、牛小虎、华志强在开会。

赵战生 真没想到，我们在如此艰难困苦的条件下，能够安全地保质保量地提前完成了施工任务，顺利地通过了七十二小时试运行，受到了方方面面的赞扬。不容易，太不容易了。在这里，我要感谢大家，特别感谢继伟、刘丹、小虎和志强。当然，也要感谢二虎主任。

牛二虎 行了，别砢碜我了。老脑筋、老保守，差点儿误事儿。

薛 刚 我认为小虎和志强最大的贡献就是，提出了各派组织要联合不搞派性的倡议，深得人心。现在，我们银龙的革命和生产形势不是小好，而是大好。功不可没，功不可没呀。

陆 洁 刘丹能够在父亲惨死，小兵出走的双重打击下，挺了过来，了不起，真的了不起。比陆姨强。我应该向你学习呀。

刘 丹 陆姨，您可别这么说，您永远都是我的恩师，是我学习的榜样。说实话，要没有领导和大家的关心、帮助和爱护，我早就垮了。

陆 洁 同感，同感。没有银龙就没有我们的一切呀。

赵战生 （无限感慨地）生为银龙人，死为银龙鬼。这是我们早就立下的誓言。就目前银龙的形势来看，我们可以告慰翰林经理了。翰林经理的一生是革命的一生，战斗的一生，是光明磊落、无私奉献的一生。是我党最优秀的共产党员，是祖国和人民最优秀的儿子，是我们银龙的创始人、引路人，是我们民族的瑰宝哇。可他死得惨，死得冤，死得窝囊啊。

牛小虎 我就不明白，那么好的革命老前辈，怎么一夜之间就变成了“走资本主义道路的当权派”“反动的学术权威”“大汉奸”“大特务”了呢？这不是颠倒黑白，无中生有吗？

秦继伟 这就给欧阳孝仁这种人提供了机会。他利用群众的革命热情，煽阴风，点邪火，泄私愤，图报复，惨无人道地打死了自己的恩师，我们的好领导。真是罪恶滔天，罄竹难书。

华志强 人死不能复生，但必须还老经理的清白！

牛小虎 对！给老经理开追悼会。

赵战生 好了好了，我和大家的心情一样。憋屈、窝火、不平啊！可是，咱不能对着干，顶着干。咱得讲策略，咱得忍。绝不能意气用事，咱银龙再也伤不起了。

华志强 那咋办哪？

赵战生 我想来想去，追悼会咱就先不开了。等老经理平反了咱再大大方方、风风光光地开。但送葬必须进行！而且，必须按照老经理的遗愿办！（忽然想起）哎？老薛，王芳同志接来了吧?

薛　刚　接来了。就是情绪太激动,埋怨我们为什么不早通知她。

赵战生　可以理解。小丹,你妈现在的情绪稳定了吗?

刘　丹　还行吧,冷静多了。

陆　洁　真难为师母了,老师被学生害死了,准姑爷又出走了。这种打击一般人都承受不了,这道坎儿,不好过呀。今晚儿,我再好好劝劝安慰安慰她。

赵战生　一会儿,我也过去看看。继伟,明天送葬安排得怎么样了?

秦继伟　一切准备就绪。就等您一声令下了。

赵战生　好,就按原计划进行。

秦继伟　是。

已经投入运行的 220 千伏"营大线"线路　晨　外

清晨,喷薄欲出的朝阳放射着霞光把天边染红,近处的铁塔和树木被朝阳映成剪影。送葬的队伍在哀乐声中,沿着220千伏"营大线"缓缓前行。

刘丹捧着刘翰林的遗像,陆洁挽着王芳在刘丹的右边,秦继伟在刘丹的左边,他们走在前面,赵战生、薛刚、山猫、牛二虎、牛小虎、华志强、酒槽子、墩子等紧随其后,他们悲痛欲绝地向天上抛撒刘翰林拌着鲜花的骨灰。

于　华　翰林哪,我代表你的好兄弟和全家来送你了!

赵战生　壮志未酬身先死,翰林经理,你要一路走好哇!

薛　刚　刘经理,这就是我们刚刚建成的工程,您还满意吧?

陆　洁　老师,您的精神,您的灵魂将永远激励我们前行。

秦继伟　放心吧,老经理,我们一定继承您的遗志,重振银龙的雄风。

华志强　老经理,我们保证,绝不会给咱银龙丢脸的。

牛小虎　老经理,我们保证,一定要给咱银龙增光。

送葬队伍迎着朝阳沿着线路渐渐远去……

秦继伟办公室　日　内

秦继伟正在专心致志地研究施工图纸。听到有人敲门。

秦继伟　(继续思考头也不抬)请进。

牛小虎拿着一封信进来。

牛小虎　真是废寝忘食,刻苦钻研哪。看看几点了?

秦继伟　(看看表)这家伙也太快了,该喂脑袋了。你小子不也一样吗?

牛小虎　那可不一样。你是百尺竿头再进一步,我是赶鸭子上架从零开始。现在我才真正体会到,书到用时方恨少。差距太大了,不学不行啊。

秦继伟　找我有事儿?

牛小虎　你算说对了。学了一上午了,弄得我头昏脑涨,就想出来透透气放松放松,在收发室看到了这封信,写的是你收,落款是我们一工区。怪了事儿了,谁吃饱了撑的整这个景儿?

秦继伟　小兵呗,这小子怕咱们找他,始终不告诉他确切的地址。

牛小虎　我说嘛，小兵哥办事儿就是有道儿，就说搞技术革新那会儿，总能给你惊喜。（感叹地）那个时候真痛快。继伟哥，你说他到底能不能回来呀？不光我，大家都想他。

秦继伟　依我看，回，小兵肯定能回来。这儿是他永远也忘不了的家呀。

牛小虎　我也是这么想的。咱们看看他是不是要回来了？

牛小虎刚要拆信，被秦继伟一把抢了过去。

秦继伟　臭小子，这是私人信件，你拆是犯法的。

牛小虎　有啥可保密的。咱们兄弟之间也不行？

秦继伟　不行。赶快吃饭去吧。

秦继伟往外推牛小虎。

牛小虎　你不吃了？

秦继伟　不吃了。

牛小虎　那可不行。我给你打回来吧。

秦继伟　那就谢谢了。

牛小虎　（不解地自语）什么事儿啊，神神秘秘的。

牛小虎很不情愿地离开了秦继伟的办公室。秦继伟马上拆信，回到办公桌坐下看信。

高小兵　（画外音）继伟，工程快要收尾了吧？如果不是我瞎折腾，可能早就竣工了。往事不堪回首，刘叔的后事怎么处理的？真是一失足成千古恨哪！我拜托你的事儿，你可不能让我失望。不然，我会恨你一辈子的。当然，你也不要操之过急，给小丹一些时间，她会接受你的。顺便告诉你，我和英子已经结婚了。你们可要抓紧啊。

秦继伟　小兵啊小兵，你真是用心良苦哇。

秦继伟激动地流下了眼泪。他赶紧给小兵写信，泪水一滴一滴地落在纸上。

秦继伟　（画外音）小兵啊小兵，真难为你了。啥话也不说了，我向你保证，不管小丹能不能接受我，我一定会照顾她一辈子。工程提前竣工了，受到了方方面面的赞扬。刘叔的葬礼庄严肃穆，完全是按照他老人家的遗愿进行的。他可以笑卧九泉了。

牛小虎端着饭哼着《大海航行靠舵手》推门而入。

秦继伟快速擦去眼泪，盖上信纸。

牛小虎见此情景忙说。

牛小虎　咋地，小兵哥又有事儿了？

秦继伟　没有。

牛小虎　那你这是？

秦继伟　没事儿，没事儿。就是想他了。

牛小虎　真没事儿？

秦继伟　真没事儿。

牛小虎　别说，叫你这么一整，我都有点儿那个了。（眼睛湿润了）行了，赶快吃饭吧。

秦继伟　谢谢。

牛小虎　别整那没用的。我走了。

牛小虎离开了秦继伟的办公室。

秦继伟赶紧继续写信。

某公园　日　外

公园内，苍翠幽静，花红柳绿，莺啼燕语。刘丹今天穿了一身白色百褶长裙，背着陆洁交给她必带的相机，更加楚楚动人。秦继伟也换上了一套中山装，虽然有些拘谨，仍不失英俊洒脱。

自从毕业以后，刘丹、秦继伟、高小兵、万胜都忙于工作，别说四个人了，他们谁都没有再来过此地。物是人非，故地重游，刘丹和秦继伟都非常感慨。两个人边走边聊。

刘　丹　（慨叹自语）时间过得真快，一晃四五年过去了。真是"月有阴晴圆缺，人有悲欢离合"，难道这就是天意？

秦继伟　你信上帝？

刘　丹　不信，但我没法解释。

秦继伟　是啊，我也百思不得其解。你说小兵，多么优秀哇。他天资聪颖，才智过人，总能给人以惊喜，咱公司那几样叫得响的技术革新，虽然，咱们也都参加了，可是关键技术思路和方案都是这小子拿的。没想到他聪明一世，糊涂一时，偏偏就被欧阳孝仁给利用了。

刘　丹　而更可恨的是鬼迷心窍，谁说也不听。

秦继伟　对对对，那是一条道儿跑到黑呀。就是不听劝，气得我都要揍他。结果，酿成了这么大无法挽回的悲剧。其实也怪我，当我得知欧阳孝仁要对老经理动手的消息后，我只派墩子叔配合酒憨子叔保护老经理，把希望都寄托在小兵身上了，他要出马欧阳孝仁就翻不了大浪。可他不信，不听啊。在这个时候，我就应该多派些人去支援，可是又怕小兵生疑引起两派的冲突，更怕影响生产。当断不断必有后患。结果……

刘　丹　继伟，你不必自责。其实，你已经做得够好的了，要是没有你的支撑，咱银龙就完了。

秦继伟　小丹，这个高帽我可戴不起。别人忽悠我两句倒也没什么。可是你不能这样，咱们谁跟谁，我几斤几两你还不清楚吗？

刘　丹　正因为我清楚，才这么说。在那种形势下，是谁默默挑起了银龙的担子，是你秦继伟。尽管战生叔还有威望，可是他靠边儿站了，有劲使不出啊，小兵又瞎折腾，不帮你还净给你添乱。你是打不得，骂不得，也说不得，只能忍辱负重和他周旋。真难为你了。

秦继伟　行了行了，你都把我捧上天了。

刘　丹　继伟呀，我有必要捧你吗？你用得着吗？我这是就事论事。你的最大优点就是，明事理，懂敬畏，知报恩，不求名利，谦卑做人。用毛主席的话讲就是有"自知之明"。不像小兵，狂妄自大，目空一切，唯我独尊，刚愎自用，把自己逼上了绝路，真是害人害己呀。

秦继伟　小兵就是让人难以捉摸，让你恨他恨不起来，让你喜欢他又觉得还差点儿什么。但不管怎么说，小兵是个爷们儿，纯爷们儿，他敢作敢当。不惜用自己的生命偿还他所欠下的债，弥补过失，洗刷耻辱。我敬重他。

刘　丹　哀莫大于心死。小兵已经深深陷入了悔恨、自责、纠结的泥潭之中，而不能自拔。强烈的自尊心和挥之不去的负罪感，又压得他喘不过气来。

秦继伟　于是就选择死，了却这一切。

刘　丹　但老天爷又非常眷顾他，不让他死，传奇地让英子给救了。这不是天意是什么？你给我一个合理的解释。

秦继伟 我无法解释。但有一点可以肯定，那就是善有善报，恶有恶报。积德行善，好人一生平安。小兵绝对是个好人，虽然有些清高自负，但他不整人，不害人，防人之心没有，害人之心更无哇。他爱你这是没说的，想当年万胜追你，都好悬动手。真要动手，我肯定帮小兵。小兵离开你是他无奈的选择。因为，刘叔的死是他永远挥之不去的伤痛，尽管你原谅了他，但他决不肯原谅自己。我太了解小兵了，他是宁缺毋滥。与其让你谈起这件事就伤心，还不如快刀斩乱麻，断了你的念想，把所有的是非非，恩恩怨怨都由他一个人扛。这种人老天能不眷顾吗？

刘 丹 真难为小兵了。说实话，这正是我最纠结、最痛苦的心病。小兵越是这样，我就越放不下他。

秦继伟 别说你了，我不是也一样吗？咱银龙谁不这样？你越恨他，反而更爱他。自从他把你托付给我之后，我就一直在想，难道小兵不爱你了吗？不是，这是爱的另一种方式和表达。就像战生叔和陆姨，他们的爱情是最纯洁、最高尚的，已经完全超越了世俗与家庭。成为千古绝唱。

刘 丹 深刻，太深刻了。女人的直觉是最准的，为了断我的念想，成全你对我的爱，根据小兵的行事风格，他很可能和英子结婚。

秦继伟 真让你言中了。小兵已经和英子结婚了。

刘 丹 你怎么知道？

秦继伟 小兵来信说的。不信你看。

秦继伟掏出信递给刘丹。

刘丹接过信急切地看。她越看越控制不住自己，泪水夺眶而出。

刘 丹 小兵啊小兵，你真是用心良苦……

刘丹说不下去了，眼泪喷涌而出。

秦继伟非常理解刘丹的心情，忙说。

秦继伟 都怨我，不该提这些伤心的往事儿了。

秦继伟见旁边有个长凳，立即扶刘丹坐下。

秦继伟 往事不堪回首，不提啦。小丹，咱们干啥来了，玩儿来了。送电工咋地，懂生活，咱也会浪漫。

啊，请坚持你那高傲的忍耐，
在西伯利亚那深深的矿坑中，
你们的希望并不会落空，
幸福和爱情就会降临，
命运就会掌握在自己的手中。

刘丹被秦继伟一本正经而又诙谐的朗诵逗得破涕为笑。

刘 丹 什么乱七八糟的，普希金才不是那么写的呢。

秦继伟 我秦继伟改编的。你就说，有没有那点儿意思吧？

刘 丹 别说，还真有那么点儿意思。

秦继伟 有点儿意思就行。只要小姐开心，我就快乐。（从刘丹肩上取下照相机）相机咱们不能白带，更不能瞎了领导的苦心。（边摆弄照相机边说）说实话，要不是几个老领导用心良苦，轮番轰炸，我真不敢约你到这儿来。

刘　丹　我就那么可怕吗?

秦继伟　不是。我怕你……

刘　丹　还不是怕我吗? 你到底怕我啥呀?

秦继伟　我怕你，怕你不给面子。

刘　丹　继伟呀，咱们是发小，是最知心的朋友，我就那么不近人情吗?

秦继伟　不是，不是。咳，我不说了。小丹，你能来，我就心满意足了。啥也不说了，咱们去划船，再多照几张相。

秦继伟不由自主地唱起歌。

让我们荡起双桨，

小船儿推开波浪。

海面倒映着美丽的白塔，

……

刘丹也跟着唱起来，他们手牵手欢乐地跑向湖边。

第二十集

陆洁办公室　黄昏　内

夕阳斜射，光线暗淡。墙上的时钟指向午后五点四十五分。

陆洁抬手拧亮了办公桌上的台灯，室内明亮了许多。

身后书柜的书籍和资料，虽早已被战生带领牛小虎和华志强转移走了。但现在有些必要的书籍和资料还是摆上了一些。

办公桌上的书籍和资料以及图纸虽然也比以前少了，但仍摆满了办公桌。

经过一系列的打击，陆洁憔悴了不少。阴阳头不见了，留个男式短发。

她仍强打精神不知疲倦地工作着。

突然一个干呕，她猛地站起身来，想去洗手间，没走几步，很快就平复了。

她摇摇头，活动活动臂膀伸伸腰，又回到了座位坐下继续工作。

银龙公司办公大楼走廊　夜　外

赵战生提着一包东西从一楼上来，径直向陆洁的办公室走去。

静静的走廊里只有赵战生那标准军人富有节奏感的脚步声。

陆洁办公室　夜　内

灯光下，陆洁仍在紧张地工作。

门外传来敲门声。

陆　洁　请进。

她头也不抬仍在继续工作。赵战生拎着一兜东西进来。

陆　洁　你先坐，还有一点儿，马上就完。

陆洁在计算着什么。赵战生悄悄地走到茶几前，把买来的东西轻轻放在茶几上，然后坐下，静静地看着陆洁，生怕打扰她的工作。

过了一会儿，陆洁紧张的眉头舒展了，她放下笔，心满意足地伸了伸懒腰。

陆　洁　太好了。战生啊，你猜猜，如果采用咱们首创的"装配式基础"新工艺和"内拉线抱杆双吊组塔方法"，能够给国家节省多少资金？

赵战生　多少？

陆　洁　每公里至少一万元。

赵战生　哎呀，（心算）"刘天关"330千伏超高压输电线路一共五百三十四公里。那就是五百三十四万哪。太令人兴奋了。

陆　洁　是啊，科学就是生产力。所以……

赵战生看到陆洁的高兴劲儿，起身打开兜子，拿出买来的东西放在茶几上。

赵战生　（紧接陆洁的话）你就拼命。（自语）反正我也劝不了你。这是鼎丰真的蛋糕，饿了就垫巴垫巴。还有麦乳精，这东西缺，我是托人买的。

陆洁走过来，看到桌上的东西。

陆　洁　嚯，这么多呀。你就不怕再有人拿蛋糕说事儿？

赵战生　在咱银龙啊，除了欧阳孝仁，就再也没有像他那样王八蛋的人了。

陆　洁　这倒是。别说，我还真有点儿饿了。

陆洁走过来。

赵战生　那就快吃吧，我给你倒水。

赵战生马上倒水。

陆洁拿起蛋糕刚要吃，猛然干呕，她立即用手捂住嘴。

赵战生赶紧放下暖瓶和水杯，轻拍陆洁的后背。

赵战生　我说要注意身体别累着，你就是不听。看看。

就在赵战生给陆洁拍背时，脑海闪现出张秀香怀孕时的情形。

闪回画面：

张秀香突然呕吐。

赵战生　怎么，你病了？

张奶奶　傻小子，你媳妇有喜了。

赵战生　是吗？这么说，我要当爹了？

张奶奶　那可不，我要抱重外孙子了……

陆洁停止干呕，直起腰。

赵战生分神没有注意，仍在轻拍着陆洁的背。

陆洁发现赵战生直勾勾站在那儿发呆，转过头用手在赵战生眼前晃了晃。

陆　洁　哎哎，想啥呢，都拍疼我了。

赵战生这才尴尬地收回手。

赵战生　没，没想啥呀。

陆　洁　没想啥？不对吧，眼睛都直了。

赵战生　（没有接陆洁的话茬儿）你应该去医院检查检查。

陆　洁　你还想让我泡病号呀？那个破地方我都待够够的了。

赵战生　（脸色严肃、语气坚决地）必须去！

陆　洁　（见赵战生严肃起来，喃喃地）我才不呢。（走回办公桌收拾桌上东西）我现在就回去睡觉总行了吧？

赵战生　那行。但明天早上必须去检查，我陪你。

陆　洁　别别别。还是我自己去吧。咱都这么忙，别卖一个再搭一个，不划算。我保证去。

赵战生　说准了？

陆　洁　骗你是小狗。

他们边说边离开了陆洁的办公室。

某医院化验室走廊　日　内

化验室门前的候诊椅子上坐满了等候取化验结果的人。

一护士拿着化验单从化验室出来喊了几声："陆洁，陆洁。"陆洁全神贯注地看书，没有听见。护士见没人应答，不满地将化验单放在门口的桌上，反身进去。

不知何时，等候化验结果的病人几乎都走了。一对儿小两口拿着化验单经过这里。

女　的　真怪，这人一直都在这儿看书，干啥来了？

男　的　你就是爱管闲事儿。

女　的　肯定精神有问题，不然，能跑这儿来看书？

小两口对话提醒了陆洁，她合上书，来到化验室门口。

陆　洁　您好护士同志，我的化验单呢？

护　士　叫啥名？

陆　洁　陆洁。

护　士　（一听没好气地）你就是陆洁呀？我都喊你好几遍了。（一指门口的桌上）那儿呢。

陆　洁　（拿起看了看）这加号是怎么回事？

护　士　（更没好气地甩了一句）怀孕啦。（头也不抬地继续工作）

陆　洁　啊？

陆洁惊呆了，手中的书和化验单落在地上。

陆洁宿舍　午后　内

窗帘紧闭。窗台下一个三屉桌上铺着一块玻璃板。玻璃下压着陆洁的个照、工作照，最醒目的是她和赵战生的合照。

赵战生面对窗帘背对着薛刚和陆洁气得发狂。

地上散落被撕碎的化验单。

一个茶缸斜躺在墙角，一汪清水泼洒在旁边。

被撕成条的一个蓝白格的床单也在床边的地上。

陆洁趴在床上捂着枕头抽泣。

薛刚则来回地踱步思考问题。

只听"哐"的一声，赵战生一拳砸在桌子的玻璃上。

赵战生的拳头被玻璃碎片刺伤，鲜血流在破碎的玻璃板上。

赵战生　（怒不可遏地）欧阳孝仁，你他妈就是个禽兽！我要杀了你！

薛　刚　战生，冷静点儿。现在的首要问题是陆洁咋办。医生说，现在已经不能做人工流产了，否则会出人命的。

陆　洁　（爬起身来狠狠地捶打着肚子，哭喊）我不管，我不管！我一定要做掉这个孽种！

薛　刚　（连忙制止）胡来！你不想活了？

陆　洁　（咬着牙）对，我就是不想活了。医院不给做，我自己做。（欲下地）

薛　刚　（按住陆洁）陆洁，你要冷静！

陆　洁　（泪如泉涌）我冷静得了吗？（呜呜）欧阳孝仁，我做鬼也不会放过你……

陆洁哭得更厉害。

面对这两个挚友如此激愤的情绪，薛刚想了想，他拽过赵战生，把他强按在椅子上。

薛　刚　战生，我们是不是最亲密的战友？

赵战生　废话。

薛　刚　是不是生死弟兄？

赵战生　（不解）你什么意思？

薛　刚　回答我是，还是不是？（语气透着不容置疑）

赵战生　（只好）是是！

薛　刚　那陆洁呢？

赵战生　也是。

薛　刚　好。过去咱就不说了，现在是什么时候？啊？你们不知道吗？别看我们都靠边儿站了，陆洁还被批斗了。但公司上上下下都看着咱们哪。咱悲悲切切，毫无理智地冲动，让人笑话不？影响工作不？咱银龙还能稳定不？再说了，欧阳孝仁作孽，可孩子是无辜的。既然做不了，那就生下来，好好地教育培养，不是龙就是凤，这也是给咱银龙添人进口嘛。谁爱说啥就说啥，管他呢。孩子生下来就放我家，我养！

赵战生恍然大悟。

赵战生　对呀，我养。

两　人　（激动地紧握对方双手齐声坚定地）我们大家养，咱银龙养！

公路上　日　外

阳光明媚，天空几朵白云舒卷。远处群山起伏，大地葱郁苍翠。

一条公路蜿蜒掩映在两排参天的白杨树间，宁静而又舒缓。

公路两旁的庄稼随着微风浮动。

巍峨耸立的铁塔，绵延起伏的银线在灿烂阳光和翠绿原野的映衬下，构成一幅幅美妙的水彩画。

银龙那杆大旗在车上猎猎飞扬。

浩浩荡荡的车队正向施工现场开进。

头车驾驶室　日　内

刚刚新婚的秦继伟和刘丹望着窗外的美景谈着什么。

旁　白　自从秦继伟和刘丹在公园经过推心置腹的长谈之后，都觉得事已至此，也没必要再拖下去了。尤其，"清四线"工程任务重，工期短。两个人一商量就把结婚证领了。连新房都没布置，只请高洪亮夫妇、薛刚夫妇，赵战生、陆洁等几个银龙的老人儿吃顿饭，就算把婚事儿办完了。今天他们带领的两个工区的机械设备和人马正浩浩荡荡地向"清四线"220千伏线路工程现场进发。

司机李兴奋地边开车边哼着电影《青松岭》的主题歌。

刘　丹　小李，没想到你歌唱得挺好哇。

司机李　不行，不行，瞎哼哼。今儿个高兴整两句儿，为你们新婚助助兴。你们俩绝配！

大家都为你们高兴。

秦继伟　真的假的?

司机李　撒谎不是人。不信你去问问。不过,就是有一点大家都不太满意。

秦继伟和刘丹不解地互相对视了一下。

刘　丹　那就说出来嘛,别憋在心里。这对谁都不好。

秦继伟　对对对。咱们兄弟之间有啥不能说呀。

司机李　其实也没啥。就是你们结婚这么大的事儿也不告诉大家,太不够意思了。

刘　丹　(如释重负地)啊,是这件事儿呀。不就是欠顿酒吗?没问题,赶明儿个一定补上。叫大家喝个够。

秦继伟　对!来个开怀畅饮,一醉方休。

刘　丹　你想喝死啊?

秦继伟　我这不是形容形容,拽点儿词儿嘛。是谁说我文学功底儿差,没有幽默感了?

司机李　继伟哥,人家丹姐是心疼你。

刘　丹　就是嘛,连这点儿都看不出来。傻帽儿。

司机李　丹姐,说继伟哥傻,那我可不同意。那叫大智若愚。自从"文化大革命"以来,老领导都靠边儿站了,是谁撑起了银龙,是继伟哥!小兵哥厉害不?人称智多星,小诸葛。可聪明反被聪明误,被欧阳孝仁那个王八蛋给利用了。结果……(想了想)不说了。不管怎么说,小兵哥是个爷们儿,纯爷们!重情重义,敢作敢当,肝胆相照。老天都保佑他。说心里话,我真挺想他的。

司机李说着说着动了情,眼泪流出来了,他擦了一下泪水继续开车。

车内顿时沉默,静得只能听到汽车行驶的声音。

山间土路　傍晚　外

天色渐暗,乌云密布,电闪雷鸣之中下起雨来。

雨越下越大,车队在山路上艰难地行驶。远远望去,只有车前灯光在雨中移动。

头车驾驶室　傍晚　内

车窗上的雨刷器不停地摆动,刷着落在车窗上的雨水。透过车窗,在车灯的照射下,才能看清雨下得很大。

司机李聚精会神地开着车。

秦继伟　真倒霉,遇上这样的鬼天气。小李,慢点儿开,一定要注意安全。

司机李　放心吧,主任。

秦继伟　小丹,真得感谢你,要不是你及时提醒我,验收的时候肯定会出问题。

刘　丹　那你还不让我来?

秦继伟　我不是怕你身体吃不消?

刘　丹　是担心你的孩子吧?

秦继伟　你这个人真歪。老婆孩子我都担心。

刘　丹　说得好听。

秦继伟　你不信就拉倒,反正我没说假话。

司机李 （憋不住笑）哈哈，继伟哥要当爹了，恭喜恭喜。人家丹姐又跟你开玩笑了。你可真实惠。

刘　丹 土老帽儿，一点儿幽默感都没有。好了，不跟你说了。既然来了就不能白来。"清四线"的施工方案我都做好了。（指着脚下的公文包）就在这儿，看你的表现。

秦继伟 好家伙，谢谢夫人。

刘　丹 我可不能贪天功为己有，关键问题都是陆总的大手笔。

秦继伟 那还说啥了。别说在咱东北，就是在全国有几个陆姨呀？

司机李 那当然了，国宝级。可惜，被欧阳孝仁害惨了。

一道闪电，一声炸雷。

司机李 看看，老天发威了，欧阳孝仁必遭天谴，不得好死。

雨越下越大，尽管雨刷器开到最高挡位，但车窗前仍模糊一片，能见度极低。

三个人一下紧张起来。也就在这时，车一打滑掉进了泥坑。

司机李冒雨推开车门下车。

刘丹也要下车，被秦继伟一把拽住。

秦继伟 别动，就在车上待着。

秦继伟说完也下了车。

山路上　夜　外

狂风暴雨仍在肆虐。

整个车队不得不停下来。

墩子、酒槽子、牛小虎、华志强等从后面跑了过来。

秦继伟 小李，赶快上车，挂一挡，慢踩油门。

司机李 好。

司机跳上车，挂好挡，等待命令。

众人围在车旁准备推车。

秦继伟 大家铆足劲儿，听我口令。一、二、三。

众人奋力推车。

怎奈车载太重，轱辘干打滑，弄得大家满身满脸都是泥。

秦继伟 这样不行，有没有草袋子？

牛小虎 有。

秦继伟 赶快拿过来。

牛小虎 好。

牛小虎跑去取草袋子。

刘丹下了车。

秦继伟 你下来干啥？

刘　丹 大家推车，我在上面坐着，亏你想得出，把我当啥人了？

秦继伟 净胡闹。你不是有身孕吗，出了事儿咋整？

这时牛小虎拿着草袋子跑过来，垫在车轮底下。

牛小虎 好了，试试吧。

秦继伟　大家准备好了吗?

众　人　准备好了。

秦继伟　听我口令。一、二、三。

众　人　一、二、三。

大家奋力推车。最后，终于把汽车推上了路面。

秦继伟　（抹着脸上的雨水）好了，雨天路滑，小心开车，一定要注意安全。大家赶紧上车，出发。

众纷纷跑去上车。

刘丹转身也要上车，突然脚一滑，只听"哎呀"一声，多亏秦继伟手疾眼快一下抱住刘丹。

秦继伟　（惊喊）哎呀，我的活祖宗，多悬啊! 快快快，快上车，上车。

秦继伟抱起刘丹，司机打开车门，帮秦继伟把刘丹扶上车。

车队在黑夜雨中艰难地行进。

头车驾驶室　雨夜　内

车在雨中行进。司机李小心谨慎地开车。

秦继伟生气地埋怨。

秦继伟　不让你下车，你非下车。多危险哪?

刘　丹　喊啥喊，不是没摔着吗?

秦继伟　摔着就晚了。

刘　丹　正好，再找一个呗。

秦继伟　（情急之下大吼）你放屁! 我秦继伟是那种人吗? （自觉不妥忙自解）呸呸呸，臭嘴，臭嘴。

刘丹扑哧一笑。秦继伟和司机也笑了起来。

司机小心驾车。

车队在雨夜中行进……

银龙公司办公大楼门前　日　外

"银龙送变电工程公司革命委员会"白底红字牌匾十分醒目地挂在大门的左侧。

透过办公大楼的玻璃门隐约可见墙上贴满了大字报。

一辆军用北京 212 吉普车在银龙公司办公大楼门前停下。

警卫员兼司机王长海先跳下车，他拉开车门。

一身戎装的肖亮敏捷地下车，快步走向大楼。

早已等候在公司门口的赵战生、薛刚、挺着大肚子的陆洁等迎了上去。

赵战生　（兴奋地高喊）肖亮!

肖　亮　（也兴奋地高喊）赵战生!

赵战生　哎呀，亮子，真没想到是你呀。

肖　亮　哈哈，我也没想到是你们哪。

两人快速跑向对方，紧紧拥抱。

赵战生　好，太好了。真是天佑银龙。（拉着肖亮的手）来，肖主任，我介绍一下。

赵战生刚要介绍薛刚，被肖亮摆手制止。

肖　亮　薛刚。司令员的大司机。

薛　刚　别以为我不认识你，爆破英雄肖嘎子。

肖　亮　我和战生是老相识了，在延安就认识。你怎么能认识我呢？

薛　刚　四平天桥最后那个暗堡是不是你小子炸的？

肖　亮　这事儿你还记着哪？

薛　刚　能忘吗？四战四平咱牺牲了多少战友。

肖　亮　是啊，太惨烈了。咱们也是的，光老战友热乎了，把陆总给冷落了。（冲陆洁拱手）恕罪，恕罪！

陆　洁　何罪之有，（佯装生气）我是外人嘛。

肖　亮　小姑娘大才女，国宝级人物，就是厉害。不服不行啊。

赵战生　亮子，看来你是做足了功课呀。

肖　亮　不准备行吗？我面对的可是南征北战屡立战功的铁军哪！现在我这腿肚子还转筋呢。

赵战生　行了，行了，你就别整事儿了。一切行动听指挥，你就放心大胆地领着我们干。（拉着肖亮）走走走，进去说，进去说。

他们谈笑风生地进入了办公楼。

银龙会议室　日　内

毛主席彩色画像悬挂在会议室正中央。

会议室墙上贴着标语：

坚决把无产阶级文化大革命进行到底！

抓革命、促生产、促工作、促战备。

发扬革命传统，争取更大光荣。

深挖洞广积粮，备战备荒为人民！

正面墙上装饰了银龙在不同时期、不同地点的施工线路、变电站的施工图，只不过平时都藏在绛紫色金丝绒大幕的后面。

赵战生、肖亮、薛刚、陆洁等一同进入会议室。

大家落座以后。

赵战生　（对肖亮）肖主任，真没想到你来得这么快。真是雷厉风行啊。

肖　亮　"四野"的嘛，都这样。

赵战生　既然是一家人，就不要客气了。我先介绍一下情况。

战生起身走到银龙全国线路施工图面前，把绛紫色金丝绒的大幕拉开露出了非常气派的施工图。

赵战生拿起教鞭指着图说。

赵战生　肖主任，请看。

肖　亮　好家伙，太壮观了。这简直就是作战室嘛。

赵战生　肖主任，我们银龙公司积极响应伟大领袖毛主席的号召，抓革命、促生产、促战备。先后建成了（指着各条线路）珲春至本溪的"珲本线"、新宾至永陵的"新永线"、瓦房店轴承厂线、通化2128线、鹤岗至大丰的"鹤大线"、辽宁平庄至凌源的"平凌线"、黑龙江佳木斯至勃力的"佳勃线"、省内丰满至蛟河的"丰蛟线"、跨省吉林丰满至哈尔滨的"丰哈线"出口，还有盘石线，仅东北三省，我们就干了十条线路。除此之外，我们还干了四川成都到九星的"成九线"，云南宣威到昆明的"宣昆线"共计十二条线路，那么变电站呢？十五座。

肖亮不由自主地站起来鼓掌。

肖　亮　了不起，了不起。现在是机关瘫痪，学校停课，工厂停工停产，你们还能干这么多条线路。铁军，真不愧是铁军哪。

赵战生　（无限感慨地）可是，代价也太大了。陆洁蒙冤，刘翰林经理惨死，有些现场不断遭受冲击。可我们却无能为力，无奈、憋屈、窝火呀！

肖　亮　（不由自主地）所以，我们必须认真吸取血的教训，稳扎稳打。中央一再强调稳定，稳定是大局呀。在这儿我表个态，别的地方我不敢说，但在咱银龙这儿，决不能让悲剧重演！

众热烈鼓掌。

赵战生　军民团结如一人。

肖　亮　试看天下谁能敌。

薛　刚　重振银龙有希望。

陆　洁　壮怀激烈创奇迹。

赵战生　痛快，痛快！好久没有这样痛快了。肖主任，你就说怎么干吧，我们全听你的。

肖　亮　让我下车伊始就哇啦哇啦？这是毛主席他老人家最反对的，没有调查就没有发言权。你想害我呀？

赵战生　亮子，我们绝对听你的。

薛　刚　是啊。新官上任三把火，你总得烧烧吧。

陆　洁　哪管先烧一把也行啊。

肖　亮　哎呀，我算看出来了。你们三个合起来对我一个，三十六计走为上策，我还是打道回府吧。

赵战生　别别别，老九不能走。我们银龙这一亩三分地儿，全仰仗您呢。

薛　刚　亮子，你放心，我们绝对一切行动听指挥。

肖　亮　那也不能瞎指挥呀？你们要是真认我这个战友，就把我当成银龙的人，那就帮帮我。少拿我开涮。

肖亮假装生气。

薛　刚　行了行了行了，别闹了。亮子真生气了。战生，你就先说说吧。

赵战生　那我就先说说。

肖　亮　（摆摆手）停。都把我气糊涂了。咱们革委会还有几个年轻人，他们怎么没来呀？如果，我没记错的话，他们是，秦继伟，刘丹，牛、牛小虎。

薛　刚　你们看看，说他糊涂，谁信哪。倒是咱们丢三落四了。是这样，肖主任，"清四线"220千伏工程已经下来了。为了提前进点儿，秦继伟带领刘丹、牛小虎两个工区的人马已经打前站去了。

肖　亮　看看，这个情况我就不知道吧。叫我说，那不是乱弹琴无的放矢吗？战生，接着说，接着说。

赵战生　看到没有？水平就在这儿。刚才，肖主任已经传达了中央的指示，稳定是大局。我们坚决拥护。谈到这一点，我就得说说三个年轻的革委会成员。尤其是牛小虎同志，他早就提出了不搞派性，各组织要联合起来的倡议，受到了公司上下的一致欢迎。革命生产形势越来越好。

肖　亮　银龙就是了不起呀。真是想中央之所想，急中央之所急呀。接着说，接着说。

赵战生　就银龙来说，现在的形势确实稳定了很多，但要想真正地让大家心情舒畅，全身心地投入革命生产之中，还是要做很多艰苦细致的工作。对刘翰林经理所遭受的迫害，陆洁同志蒙受的不白之冤，甚至他妈的被……（强忍怒火）这个问题以后我再个别跟你汇报。总之，如果我们不尽快地给这些同志恢复名誉，公理何在，正义何在？

肖　亮　说得好，只有这样才能更好地稳定军心。

薛　刚　我想补充一下，在积极落实党的政策，给蒙冤受屈的同志平反的同时，一定要对在"文化大革命"中，浑水摸鱼，挑动群众斗群众，犯下命案的罪魁祸首给予严惩。

肖　亮　你们说的是欧阳孝仁吧？

赵战生　对。就是他。这个王八蛋阴险毒辣，令人发指，害得高小兵以死来告慰刘翰林经理的在天之灵。

肖　亮　（摆摆手）停停，高小兵是不是老团长的儿子？

薛　刚　对呀。

肖　亮　可临来时，我到过老团长那儿，他只介绍了欧阳孝仁、刘经理和陆总的情况，没说小兵的事儿呀。

薛　刚　你傻呀。老团长能说吗？他说不出口哇，欧阳孝仁就是利用小兵的革命热情钻了空子，找来一群红卫兵先是批斗陆洁，后到工地打死了刘翰林经理。小兵这才幡然悔悟，在一个风雨交加的夜晚留下了绝笔信，离开了工地准备以死谢罪。我们找了一夜也没找到。老团长知道此事以后，当即下了死令，不准再找了。

肖　亮　你们真就不找了？

赵战生　能不找吗？可大海捞针，上哪儿去找哇？

肖　亮　那可咋办哪？

赵战生　苍天有眼，小兵没死成。并且，被牺牲自己儿子，救了高团长的李奶奶的孙女英子给救了。你说巧不巧？

肖　亮　真的？

赵战生　绝对是真的。

肖　亮　哎呀，吓死我了。好了，情况我基本了解了。欧阳孝仁这个败类必须绳之以法。刘经理和陆总的问题由我来办。

薛　刚　太好了。我们全力配合。我就知道亮子绝不是一般战士。

肖　亮　那我就是二班战士呗。

赵战生　不管是一般的，还是二班的，都是我党、我军最优秀的指战员。是我们银龙的主心骨、掌舵人。

肖　亮　不用你给我戴高帽。我干啥来了，稳定大局，扬善惩恶，凝心聚力，抓革命促生产。做不到这一点，别说对不起党中央毛主席了，我都没脸穿这身军装。

陆　洁　讲得太实在了。这就是咱银龙的定海神针。好，太好了。

薛　刚　他让我们在黑暗中看到了希望，看到了光明。

赵战生　薛刚，你感觉到没有，我们现在所经历的和四平战役是何等相似，亮子把最后一个暗堡炸掉了。我们怎么办？

薛　刚　冲呗。障碍扫清了，我们就可以放心大胆地去干工作了。

赵战生　是啊，有军代表给我们撑腰掌舵，又有群众的支持。我们害怕什么？待从头，收拾旧山河。

陆　洁　朝天阙。

薛　刚　朝天阙。

肖　亮　（鼓掌）不瞒诸位，这就是我要烧的第一把火。

陆　洁　随风潜入夜，润物细无声。在不知不觉中，就让你激情燃烧，热血沸腾。这就是肖主任的领导艺术。

赵战生　高，实在是高。你烧的第二把火呢？

肖　亮　恢复党组织生活，积极发展党员，让党重新掌握银龙的领导权。

薛　刚　我们何尝不想啊，可是，"踢开党委闹革命"把我们统统干趴下了。你就是想干，也是干着急使不上劲儿。我们还算幸运，翰林经理不但蒙冤受屈，还惨遭毒手，陆总也好悬命丧黄泉。

陆　洁　是啊，那些日子真是太难熬了。

肖　亮　银龙就是银龙。党在群众心中的威望和地位早已经深深地扎下了根。表面上看，你们似乎都靠边儿站了，但在群众的心里你们仍然是主心骨。而你们呢，谁停止了工作？战生、薛刚，你们俩我就不说了，刘翰林经理为了不影响线路施工，主动要求造反派到施工现场批斗他，他忍辱负重，顾全大局，痴心不改。陆总遭受了那么多的精神和肉体上的摧残仍不忘初心坚持工作和科研。所有这些都展现出了一个共产党员的高风亮节。银龙还是在党的领导下。群众的心里都有一杆秤，他们都会看在眼里，记在心上的。而这就是银龙大旗不倒的根本原因。

薛　刚　肖主任，你总结概括得太对了。你像秦继伟、刘丹、牛小虎、华志强等都多次提出要加入党组织的要求。党在我们银龙人的心中，永远都是最神圣、最光荣、最伟大的。

肖　亮　所以，我的第三把火，就是坚持党的领导，抓革命促生产，去夺取更大的胜利。

大家热烈鼓掌。

旁　白　军代表肖亮的到来，进一步明确了党在银龙的绝对领导。他们的思想更统一了，意志更坚定了，斗志更旺盛了，他们揩干身上的血迹，掩埋好同伴的尸体，又踏上了新的征程。

某医院产房门前　日　内

产房门前围了很多人。于华、王芳、李玉珍、方小玲等家属正焦急等待。

肖亮、赵战生、薛刚等匆匆赶来。

肖　亮　怎么样？生了没有？（突然发现于华）嫂子，您也来了？

于　华　这么大的事儿，我能不来吗？老高太忙了脱不开身，要不，也来了。

赵战生　（问于华）嫂子，没什么问题吧？

于　华　不好说。陆洁身体弱，又是大龄产妇，风险挺大。

产房门开了，一个护士走了出来。

护　士　产妇身体非常虚弱，又是大龄产妇，无法自然生产，只能剖腹产了。谁是家属？同意就签字吧。

赵战生　我们都是。

护　士　笑话，我说的是直系亲属，不懂啊？

赵战生　这……

于　华　（见状走上前来，对护士）我是她姐，我签吧。

护　士　姐？不行。

肖　亮　我签。

护　士　你是她丈夫？

肖　亮　不是。我是军代表革委会主任。出了事儿，我负责。

护　士　（迟疑了一下）那，那行吧。救人要紧。（摇摇头）没见过。

护士递过病历，肖亮接过，签字，递过病例。

护士接过病例，看着病例。

护　士　你们银龙公司怪事儿就是多。老婆生孩子没几个男人陪着的，这个更离谱，革委会主任亲自签字。净新鲜事儿。

护士摇摇头转身回了产房。

肖　亮　（非常感慨地）真难为银龙的家属了。了不起，真了不起。

赵战生　没办法。咱部队不也是这样吗？（关切地）嫂子，没事儿吧？

于　华　问题不大。剖腹产对陆洁来说更合适一些，放心吧。（对肖亮）亮子，谢谢你。关键时刻，总能冲得上。

肖　亮　说远了，嫂子。我不是银龙的人吗？

于　华　是是是，这是给咱银龙添人进口的大事儿、喜事儿，作为革委会主任理应担当，理应担当。

产房里传出了婴儿的哭声，众兴奋不已。

李玉珍　生了，生了。谢天谢地！不知道是男孩儿还是女孩儿？

方小玲　男女都一样，只要大人和孩子平安就好。

李玉珍　对对对。

众人都兴奋不已。

某医院产妇病房　　日　内

陆洁身体很虚弱，躺在病床上。旁边睡着刚生下来不久的孩子。陆洁看了看孩子。

陆　洁　（对于华等人说）唉，她真不应该来到这个世上，跟我受苦。

于　华　苦尽甘来，放心吧，有我们大家呢。

小孩儿醒了，哭了起来。于华赶紧抱了起来哄孩子。

于　华　芳芳，小家伙肯定是饿了，快把奶瓶子拿来。

王　芳　好，有华姐在，我们就有主心骨了，（对陆洁）你就好好养着吧。

王芳把奶瓶拿过来。

于　华　凉热？

王　芳　不凉不热，我一直给温着呢，（用手试了试）正好。

于华接过奶瓶，喂小孩儿。小孩儿立刻就不哭了，吮吸着奶水。

于　华　看看，这小家伙多听话，多漂亮，多可爱。哎？陆洁给孩子起名字了吗？

陆　洁　还没呢，你们帮起一个吧？

王　芳　我们可不敢在关公面前耍大刀，你那么大学问还用我们哪？

于　华　可不是，你就起吧。

陆　洁　（想了想）小女孩儿，那就叫陆露吧，随我的姓。露水的露。雨露滋润禾苗壮，大家的深情厚谊就像阳光雨露一样滋润着她。

王　芳　陆露。简单明了，寓意深刻。叫起来也顺嘴，好听。

于　华　你们看，陆露笑了，她喜欢这个名字，这孩子真招人稀罕。

王　芳　是啊，我们银龙又添人进口了。来来来，让我也稀罕稀罕。

王芳接过孩子，轻轻地亲了一下陆露的小脸蛋儿。

陆　洁　多亏了大家，不然……

陆洁不由自主地流下了眼泪。

李玉珍拎着保温饭盒和方小玲进来。

李玉珍　陆总，怎么样，饿了吧？来，喝点儿鸡汤好下奶。

李玉珍动手给陆洁盛鸡汤，她盛好后递给陆洁。陆洁接过鸡汤喝了一小口。

陆　洁　真好喝，谢谢你呀。

李玉珍　远了不是？咱们姐妹儿不讲这个。你把身体养好比啥都强。给孩子起名字了吗？

于　华　起了，叫陆露。

李玉珍　陆露，好，太好了。于医生，听说小兵媳妇也快生了吧？

于　华　可不是，过些日子我们就去靠山屯去接干妈和英子。其实，早就该去了，就是老高一直走不开。

李玉珍　那可不，东北电管局领导那得多忙啊。咱银龙就是人丁兴旺，用不了多久我们小丹也要生了。是不是亲家母？

王　芳　可不是，到时候，这三个小家伙在一起，那可就热闹了。

李玉珍　越热闹越好，咱过的就是人。看看，咱们的小陆露真俊，粉嘟嘟的，水灵灵的。来来来，让姥姥也稀罕稀罕。

李玉珍从王芳怀里接过陆露爱不释手地亲昵她。

陆洁家书房　夜　内

午夜陆洁家的书房里，陆洁在灯下伏案翻阅资料。
听到孩子的哭声，她摇摇头无奈地起身走进卧室。

陆洁卧室　夜　内

李玉珍从床上抱起陆露哄她。

李玉珍　小宝贝，听话，别影响妈妈工作好不好哇？

陆洁进来。

陆　洁　秦嫂，陆露饿了吧，我冲点儿奶。

李玉珍 我都冲好了，在桌儿上，拿过来就行了，忙你的去吧。

陆洁递过奶瓶，李玉珍接过喂陆露。

陆露顿时就不哭了，她美美地吮吸着奶水。

李玉珍 这孩子真省事儿。

陆　洁 还省事儿呢，多少人围着她转。真辛苦你们了。

李玉珍 这话说的，高兴还来不及呢。

李玉珍哼着东北的民间摇篮曲轻轻地拍着陆露。

陆露扭动几下小身子甜甜地睡着了。

陆　洁 话是这么说，可真累人哪。

李玉珍 累也高兴。真没想到继伟能和小丹，要不是大家帮忙，哪儿能有这样的好事儿。

陆　洁 人生无常世事难料，这就是他们的缘分。

李玉珍 可不是。要是老秦和刘经理都在那该多好哇。

陆　洁 这就叫月有阴晴圆缺，人有悲欢离合，此事古难全。哎？秦嫂，小丹几个月了？

李玉珍 都显怀了，快！酸男辣女，我估摸着是个小子。名字都起好了。

陆　洁 是吗，叫啥名？

李玉珍 秦峰。是山峰的峰。

陆　洁 不错。（自语）也不知道英子生了没有。她和小丹差不了几个月。

李玉珍 可不是。陆露睡着了，没事儿了，忙你的去吧。

陆　洁 好吧。孩子睡了，你也早点儿休息。

李玉珍 你也不能老这么拼哪。我们看着都心疼。听着没有？

陆　洁 好，听你的话。

陆洁看了看孩子。轻轻地走到门口开门，转身把门关上。

高洪亮家　傍晚　内

听说小兵回来了，还带回了那个富有传奇色彩的李奶奶和英子。

高洪亮家热闹极了，来来往往的人络绎不绝。

赵战生和薛刚抬着鸡笼子，肖亮、陆洁等一起进来了。

高洪亮非常高兴。

高洪亮 呀嗬，你们都来了，好好好，今儿个非得好好聚一聚。

赵战生 大娘，（指着他和薛刚抬的鸡笼子）您看这个行不行啊？

李奶奶 行行行，太好了。放下，快放下。谢谢，谢谢了。

高洪亮 （冲厨房喊）小兵，小兵。

小兵应声从厨房跑出来。

高小兵 爸，什么事儿？（看见赵战生等）哎呀，你们都来了。（冲厨房喊）英子，英子，先别忙了。快出来见见叔叔、阿姨。

英子用围裙擦着手从厨房跑出来。

高小兵 这是英子，正忙着做饭呢。

英　子 （行礼）叔叔、阿姨好。你们先聊，油快开了，我得赶紧做菜。

高洪亮 好，快去吧，（英子转身进厨房）小兵，赶快把鸡笼子搬到阳台去安排个地方。

高小兵 好。（对赵战生等）一会儿咱们再聊。

高小兵接过鸡笼子去了阳台。

李奶奶 这是咋说的，叫小兵去取不就完了吗，大老远的，还让你们送来，来来来，快坐，快坐。

高洪亮拉着这几个人向李奶奶一一介绍。

高洪亮 （拉着肖亮）这个是爆破大王肖亮，现在是银龙公司的革委会主任。

肖 亮 （敬礼）大娘好。您是革命的老妈妈。（亲热地握住李奶奶的手）

李奶奶 （拍着肖亮的手，满脸含笑）哎哟，不敢当，不敢当啊。

赵战生 （敬礼）赵战生，大娘好。

李奶奶 （指战生）你是司令员的警卫员？是什么大王？噢，对了，铁塔大王。见过毛主席，还握过手哪。

高洪亮 对，就是他。哎？妈，您是怎么知道的？

李奶奶 这话儿说的，小兵成天跟我念叨，我知道的事儿多了。不信我再对对号，（指着薛刚）你是薛刚，司令员的司机。

薛 刚 （敬礼）是。（握手）大娘好。

李奶奶 好好好。（指着陆洁）不用说，这位姑娘就是陆洁。小姑娘大才女，留过洋。

陆 洁 （惊叹）哎呀，大娘，不愧是英雄的母亲。还姑娘呢，都老太婆了。

李奶奶 胡说，我才是老太婆呢。我听小兵说，你可是个了不起的人物哇。

陆 洁 差远了！（握手）大娘，您好。

李奶奶 好好好。看，光顾说话了，来来来，快坐，快坐。我去看旭光。

李奶奶转身刚要走，于华抱着孙子高旭光出来。

于 华 哎呀，银龙的老人儿差不多都来了，我这大孙子就爱凑热闹，刚才还睡得呼呼的，你们一来，立马就醒了。

赵战生 这小家伙，认亲，认亲。

于 华 王芳和李玉珍怎么没来？

陆 洁 都升职了，一个外婆，一个奶奶。她们不但要照顾秦峰，还要帮我照顾陆露，忙得不可开交。这还张罗要来呢。

于 华 瞧我这记性，把这茬儿给忘了。陆露和秦峰都好吧？

陆 洁 好着呢。（去抱高旭光）来来来，叫姑奶奶也好，叫姨奶奶也行。

陆洁接过旭光。

陆 洁 嗬，这大胖小子，挺沉哪。

于 华 那可不，英子的奶可足了，吃不了地吃。

高洪亮 好，来来来，快坐，快坐。

于 华 来吧，陆洁，把孩子给我吧。你们好好聊聊。

于华从陆洁怀里抱过高旭光。

李奶奶 把孩子给我吧。你也陪他们唠嗑吧。

李奶奶追进了卧室。

众人落座。

高洪亮 （感慨地）真没想到，因祸得福，把老人家找到了，孙子也抱上了。我高洪亮这辈子也知足了。最让人揪心、憋屈的就是翰林的惨死。人生自古伤离别,何况是这种根本想不到的诀别呢?

高洪亮说不下去了。

肖 亮 老首长,您放心,我们一定要还刘经理、陆总一个清白,给党,给国家和人民,给银龙一个交代。同时,协调专政机关缉拿罪犯欧阳孝仁,维护法律的尊严。

赵战生 肖主任就是咱银龙的定海神针。他抓联合,促稳定,坚持抓革命促生产。积极落实党的各项政策,(声音放低)更重要的是坚持党的领导。

高洪亮 好哇。中国共产党是执政党,没有党的领导,中国就是一片散沙。过去是这样,现在是这样,将来也肯定会这样。这是多少先烈用鲜血和生命换来的经验教训哪!踢开党委闹革命,是混蛋的逻辑,反动的逻辑。怀疑一切,否定一切,打倒一切,可怕!

肖 亮 所以,我们必须讲究策略。就像您所采取的迂回战术。做到有理、有利、有节。

高洪亮 好家伙,这仗,让你打得是越来越精了。

肖 亮 我哪有那本事儿,是战生他们向我介绍的经验。

赵战生 三个臭皮匠胜于诸葛亮嘛。

高洪亮 想当年,这小子还跟我闹情绪,七个不服,八个不忿的。不过,他转变得快,干得也相当不错。

肖 亮 都说强将手下无弱兵,果然名不虚传。

赵战生 你不是团长的兵啊?

肖 亮 当然是了,我也是好兵嘛。

高洪亮 你们都是我党、我军最优秀的战士,银龙公司领导。我为你们骄傲,为你们自豪。

肖 亮 老首长,小兵这次能死而复生,又找到了李奶奶,真是天意呀,大家都为之高兴。并且,他一回来就主动请缨,要到四川成都至九星的"成九线"去,那儿的工程正在收尾,担子不轻啊,您看……

高洪亮 必须去。依着我,一撸到底。你们不同意,我也没办法,尊重基层嘛。好了,不提了。(冲厨房喊)小兵,饭好了没有?

高小兵 (在厨房里喊)好了,现在就开饭。

高小兵一手端一盘菜出来。

高小兵 开饭了,开饭了。

英子也一手端一盘菜出来。

大家齐动手准备开饭。

第二十一集

银龙会议室　日　内

赵战生和肖亮边聊边从外面进了会议室。

肖　亮　战生啊，这可是目前咱们国家第一条电压等级最高、输电容量最大、线路最长的330千伏超高压输变电工程，咱可绝不能含糊哇。

赵战生　那当然。放心吧，我们早就做好了准备。

肖　亮　你们是没问题了，可我是擀面杖吹火呀！你总不能让我瞎指挥吧。你得给我补补课。

赵战生　没问题。只要你需要，我一定倾囊相助。

他们来到镶有施工示意图的大幕跟前。赵战生拉开大幕，展现在眼前的是我国第一条从刘家峡到天水到关中的330千伏超高压输变电工程图。

赵战生拿起教鞭，指着图。

赵战生　你看，这是刘家峡，这是天水，这是关中。这个工程简称"刘天关"330千伏超高压输变电工程。整个线路全长534公里，横跨陕西、甘肃两个省，14个县，是西北三线的重点工程。这里山高谷深，峰锐坡陡，平均海拔在1500～2500米。地理位置、气候条件都非常复杂。所以，我们必须提前做好各方面的准备……

肖亮的司机兼警卫员王长海拿着电报跑了进来。

王长海　（把肖亮拉到一边，小声急切地）不好了，团长，赵主任家出事儿了。这是电报。

肖亮惊诧地接过电报看。

收报人：银龙送变电工程公司赵战生

"你家属张秀香病危，儿子赵建华应征入伍，两个老人早已离世，望速回。"

发报人：朝阳公社张庄大队革命委员会。

肖亮看完电报迅速做出决定。

肖　亮　小王，你马上去检查一下咱们那辆车，把油箱加满，再到财务科借三百块钱，随时待命。

王长海　是。

王长海迅速离开会议室。

赵战生还沉浸在施工的谋划中，没有太留意。

肖　亮　战生啊，你家里出事儿了，是大事儿！你看。

肖亮把电报递给赵战生，他半信半疑地接过电报，看过后。

赵战生 这，这不可能，不可能啊！

肖　亮 什么可能不可能，马上坐我的车回家，现在就走。

赵战生 这么大的事儿，秀香怎么……

肖　亮 （气得往外推战生）行了，行了。别磨叽了。快走，快走吧。

肖亮把赵战生推出了会议室。

山路上　日　外

军车北京212吉普在崎岖的山路上行驶。

车内　日

路面不好，颠簸得很厉害。赵战生疲倦地似睡非睡地靠在车座上，脑海里想着两个老人离世，秀香痛苦的呻吟，儿子的愤怒，内心充满了自责、内疚、酸楚。他极力控制自己的情绪。

王长海 （到了岔路口）赵主任，往哪边走？

赵战生定了定神。

赵战生 （指路）往右，往右。

王长海右打方向盘，车向右边的道路急驶而去……

张庄　日　外

被白雪覆盖的张庄，家家户户烟囱冒着白烟，轻缓地飘向阴沉的天空。

王快嘴 （抄着袖，小跑追上五嫂）五嫂，秀香病又重了。

五　嫂 （紧了紧头上的围巾，惋惜地）可不是。建华当兵今儿就要走了，事儿都赶到一块儿，真愁人。看看帮秀香干点儿啥。

王快嘴 我也是这么想的。快走吧。

俩人小跑远去。

张家　日　内

屋里挤满了乡亲。

苍老许多的方村长不住地叹息。

方春生蹲在墙角，抱着膀暗自神伤。

小玲妈、王快嘴、五嫂、小六娘等人忙前忙后。

有在灶台前烧火的，有端水送药的，有帮赵建华穿衣整理行李的。

张秀香虽被病魔折磨得面容憔悴，但刚强的她仍梳洗打扮得利利整整，身穿赵战生过年带回的新衣服，强撑笑脸靠在用被褥垫着的炕琴上。

她不时和乡亲们艰难地说几句话。赵建华已经换好了新军装。

赵建华 （看到倚在炕上的母亲，不由得难过起来）妈，要不，我就不去了。你病得越来越重，我不放心哪。（说着说着哭了起来）

张秀香 （强挺着）净说傻话。当这个兵多不容易呀！接兵的首长都来咱家好几趟了。

方村长 是呀，建华，你是全县比武大赛第一名。部队首长一眼就相中了你，不去能行吗？当兵是光荣的事儿，你就放心地去吧，你妈这儿不还有我们大伙照顾嘛。

张秀香 我没事儿，死不了，你就放心去吧。再说，你爸也快回来了。这回家里也没啥事儿了，我就跟你爸进城享福了。孩子，放心去吧。

赵建华 那怎么到现在也没回呀？

张秀香 （强忍着疼痛笑着）傻孩子，这么远的路，哪能说到就到哇。快走吧，别让妈着急。

方村长 这次肯定没问题，我以革委会名义打的电报。我估摸着也快到了。

方春生 建华呀，有大舅和乡亲们，你就放心走吧。

王快嘴 对，我们都会照顾你妈的。

赵建华 我就不明白，他真的就那么忙吗？这一晃，又好几年没回来了。他心里到底还有没有这个家！

张秀香 建华，不许这么说你爹。大家小家你分不清啊？亏你还是他的儿子。

赵建华 妈！那你这病……

张秀香 我不是说了吗，死不了。

外面有人喊：赵建华，赵建华，到公社集合了。快点儿呀！

方村长 建华，集合了。快走吧，别耽误了。

众　人 是啊，快走吧。

赵建华未语已泪似泉涌，他"扑通"跪在地上，冲张秀香重重磕了三个响头。

赵建华 妈，儿子不孝，走了。您要保重身体。（转身又向乡亲们磕了三个响头）乡亲们，我妈就拜托给你们了，我一定好好干来报答乡亲们！

赵建华说完，哭着跑出了家门。

方春生抓起行李跟了出去。

赵建华这一拜，让在场的人无不动容，有的已控制不住哭出了声来。

张秀香强忍泪水挣扎着爬到窗前，透过窗户看着儿子和方春生出了大门。她再也坚持不住了，昏了过去。

众　人 秀香，秀香，秀香……

张家　日　外

随着一声刺耳的刹车声，北京212吉普在张家门前停下。赵战生跳下车，奔进院子。

张家　日　内

小玲妈、王快嘴、五嫂、小六娘等人围着张秀香呼叫着，小玲妈掐着张秀香的人中。

方村长 不行，二愣子，赶快套车上县医院。

二愣子应声就往外跑，正好和赵战生撞了个满怀。

二愣子 哎呀呀，你可回来了，秀香快不行了。

赵战生不顾一切地冲到炕边。

赵战生 （百感交集大喊）秀香，秀香，你醒醒，醒醒，我是战生，战生啊……

张秀香 （渐渐地苏醒过来）啊，你，你，回来了，看到建华了吗？

赵战生 　没有。

张秀香 　孩子走了。快去看看吧！

张秀香又昏过去了。

赵战生 　秀香，秀香，秀香……

方村长 　战生，啥也别说了，赶紧上医院吧？

赵战生抱起张秀香就往外面跑。

众人跟出。

张家　日　外

王长海赶紧开车门，帮赵战生把张秀香抱进了车里。

王长海跳上车，迅速启动，车开走。

赵战生探出头来。

赵战生 　谢谢乡亲们。

方村长 　别磨叽了，快走吧！

车远去。

车上　日　内

秀香在颠簸的车里渐渐醒来。

张秀香 　（有气无力地）战生，这是去哪儿呀？

赵战生 　去医院。

张秀香 　不行。你还没见着建华呢。

赵战生 　以后再说吧，治病要紧。

张秀香 　不行，不行，一定要去看看建华。要不，我就不去看病。

赵战生 　秀香啊，你咋就这么拧呢？你都病成啥样了？

张秀香 　你要不去，我就不看病。解放军同志，快去公社。

王长海 　主任，怎么办？

赵战生 　（无奈地）去公社。（对秀香）真拿你没办法。

王长海一踩油门，汽车加速前进。

公社广场　日　外

公社广场聚集了很多人。

新兵已经排成了队，赵建华四处张望。新兵连长正在点名。

连　长 　李刚。

李　刚 　到。

连　长 　袁进。

袁　进 　到。

连　长 　赵建华，赵建华，赵建华。

旁边一个人捅捅赵建华。

旁边人 （急切地）叫你呢，叫你呢！

赵建华 哎，来了。

连 长 你聋啊！想什么呢？必须喊到。赵建华。

赵建华 到。

连 长 从现在起，你们就是解放军战士了，一定要改变不良习气，坚决按照部队条令办事儿。立正！向右转！

建华心不在焉，转错了。

旁边人 转错了，错了，向右，向右。

赵建华赶紧转向右。

连 长 赵建华，你傻呀？左右不分。齐步，走！

队伍行进。

连 长 一二一，一二一，跟上，跟上。

队伍不太整齐地行进。

赵建华不断地张望，不时地被连长训。

队伍快到车前。

连 长 立定！上车！

新兵们纷纷上车，赵建华心急如焚地向远方眺望。在后边人的催促下，不情愿地上了车。

旁 白 尽管赵建华非常不理解爸爸，甚至恨他；但此时此刻他多么希望能见到他的身影，因为那样妈妈就有救了。

他不停地张望。赵建华很失望，他伤心地流下眼泪。

拉着新兵的大解放汽车启动了。

人们敲锣打鼓相送，众人挥手告别。

车队渐渐远去。

赵战生赶到公社广场时，接新兵的汽车早已走远，人们相互议论渐渐散去。

赵战生急忙跳下车，向人打听情况。

司机王长海急忙喊。

王长海 主任，主任，阿姨不行了！

赵战生急忙跳上汽车，汽车急速开走。

汽车上 日 内

赵战生抱着张秀香，焦急地不住地喊。

赵战生 秀香，秀香，挺住，挺住哇。

县医院门前 日 外

吉普车在医院门前停下。赵战生跳下吉普车，抱着秀香就往医院跑。

医院走廊 日 内

慌乱的脚步。赵战生抱着张秀香大喊。

赵战生 医生，医生，快救人，救人哪……

急救室走廊　日　内

赵战生如热锅上的蚂蚁，坐也不是，站也不是。

不大一会儿医生严肃地从急救室里走出来。

赵战生抢上去问。

赵战生 医生，病人怎么样了？

医生摘下口罩，摇摇头。

医　生 太晚了，我们无力回天。料理后事吧。

赵战生 不可能，医生，她没什么病，就是累的，求求你，一定治好她。

医　生 胃癌晚期，已经扩散到全身，一般来说，病人不可能活到现在，这已经是个奇迹了！病人的求生欲望和与病魔做斗争的精神是超常的！

赵战生承受不住这种打击，他一下子就昏过去了。

王长海 （抱住赵战生大喊）主任，主任……

张家祖坟　日　外

白茫茫的雪野，枯树枝条低垂。雾蒙蒙的天空，雪花无声飘落。

张家祖坟又添了一座新坟。

墓碑上刻着：爱妻张秀香之墓。落款：夫赵战生立。

坟前纸烟纷飞。赵战生坐在墓前泪流满面。

肖亮的司机王长海陪在他身边。

方春生拄着铁锹呆呆地发愣。

方村长、小玲妈，还有众乡亲们都戴着黑纱和白花，泪流满面地和秀香做最后的告别。

方小玲一边烧纸，一边哭诉着……

方小玲 秀香啊，你怎么说走就走了呢？你的好日子才刚刚开始啊，你怎么就这么没福哇！都说好人有好报，可老天爷不长眼哪，叫你人没长寿！老天爷，你太不公平了……

方村长和小玲妈扶起小玲劝她。

小玲妈 妈知道你心里难受，舍不得秀香。孩子，这都是命啊！听妈话，回家。别哭坏了身子，你要有个三长两短，叫妈怎么活呀？啊？听话，快走吧。

两位老人拖着小玲往回走。

方村长 （冲着乡亲们）乡亲们，都回吧。让战生在这儿多待一会儿，陪陪秀香吧。

众人相继离去。

方小玲 （不舍地哭喊着）秀香，秀香……

大家都相继走了，只有方春生拄着铁锹呆呆地愣在那儿。

赵战生 春生啊，你也回吧。这些天也给你折腾坏了，啥也不说了，大恩不言谢，咱们来日方长，我想在这儿多待一会儿，跟秀香说说话。

方春生点点头，他拎起铁锹，疲惫地慢慢地离开这里，不时地回头不忍离去。

方春生一下子好像老了许多。赵战生望着方春生远去的背影，无限感慨。

赵战生 （转过身来对王长海）小王，你也走吧，在车里等我。

王长海 好吧，您要节哀呀。

王长海离开，赵战生悲痛地坐在坟旁，双泪长流。

赵战生 秀香啊，说一千道一万，都是我的错儿呀，我对不起你，对不起建华，对不起老人，更对不起这个家呀！秀香，你太傻了，不应该跟着我呀，你说你，享过一天福吗？没有。现在好了，老人都去世了，建华也当兵走了，你可以安心地进城了，你却走了。我知道你是累的，实在干不动了。有人说，我们送电人就像蜡烛，燃烧了自己照亮了别人。秀香，难道你不是"春蚕到死丝方尽，蜡炬成灰泪始干"吗？

旁　白 张秀香，一个普普通通的农村妇女，为了自己深爱的男人，为了儿子，为了老人，无怨无悔地耗尽了毕生的精力。这就是中华民族女性的伟大与崇高。都说忠孝不能两全，但张秀香做到了。

赵战生撕心裂肺地倾诉……

点燃的供香冒着缕缕青烟。

燃尽和没燃尽的纸被风吹得四处飞舞。

赵战生身上、头上满是积雪。他已融入了白茫茫的世界……

银龙公司办公大楼　夜　外

夜已深了，雪花静静地随风飘落。

整个办公楼只有陆洁的办公室还亮着灯。

陆洁办公室　夜　内

陆洁办公室已恢复了原样。书籍、资料重又整齐地摆满了书柜，办公桌上书籍和资料比以前更多了。

高小兵和刘丹并排坐在陆洁办公桌对面。

刘丹正在向陆洁汇报"丰蛟线"的问题。

陆洁不时地点头，她往上拽了拽披在身上的大衣，对刘丹说。

陆　洁 小丹刚才说得很清楚了。我归纳一下，"丰满至蛟河线"是由我公司 1966 年建的 154 千伏改造而来的，当初由于加强战备，不适当地追求隐蔽。所以，忽略了自然环境这个重要因素。从投产到现在共发生十四次跳闸事故了，如今要带电加高塔头使导线空气间隔由 1.45 米增到 1.9 米。为了增加输送容量还必须进行加挂复导线，上下排列，施工难度不小哇。

高小兵 有些事情小丹跟我说过，虽然，我离开银龙还不到两年，但过去学的、干的也都忘得差不多了，手生啊。没想到又让我单独负责这个改造工程，心里真没底。听您这么一讲，我心里就亮堂多了，信心也足了，决心也就更大了。

陆　洁 这就好，冬季施工难度大，要考虑周全才是，有时间，我一定去你们工地看看。大胆地干吧，我们都会全力支持你。

刘　丹 对，你就大胆地干吧。

陆　洁 说实话，英子这一来呀，我可轻松多了，陆露根本就不找我了。

高小兵 可不是，陆露和旭光在一起玩儿得可开心了。

陆　洁 （对刘丹）多亏了你妈和秦嫂，还有大家帮忙。不然，我可真就惨了。现在有了秦峰，她们俩就更忙了。

刘　丹　忙也高兴，累也开心，这是俺老婆婆常说的话。这三个小家伙在一起可有意思了。（对小兵）就像我们仨小时候一样，分开了就想，到一块儿就吵。

高小兵　（不好意思地）有时候还动手呢。

陆　洁　这就叫子一辈，父一辈，没有血缘的亲兄弟、亲姊妹。

刘　丹　陆姨，西北的 330 千伏超高压输电工程很快就要开干了吧？

陆　洁　可不是。你们都准备好了吧？

高小兵　早就准备好了。

陆　洁　想不想听听关于 500 千伏超高压输变电工程的信息呀？

高小兵　太想听了。

刘　丹　给我们吃小灶哇？谢谢陆姨。

陆洁拿出图纸，高小兵和刘丹都凑过来。

陆　洁　看到了没有？这就是 500 千伏超高压输电线路。它的塔型、导线、间隔距离、绝缘子串都和 220 千伏、330 千伏有明显的区别……

银龙公司办公大楼　夜　外

夜已经很深了，雪花仍旧静静地随风飘落。四周静悄悄，街上已无人影，街灯在飘舞的雪花中闪着光芒。

陆洁办公室的灯光依然亮着。

赵战生家楼前　日　外

北京 212 吉普碾着积雪在赵战生家楼前停下。

赵战生戴着黑纱捧着秀香的遗像，疲惫地下了车。

方小玲拎着旅行袋下了车。

王长海提着旅行袋也下了车。

赵战生　上去坐一会儿吧？

方小玲　不了，老薛没在家，我得赶紧回去。这两个小兔崽子，不知道作什么妖，打电话给他姥爷，说有重要军情汇报，回来晚了就见不着人了！他姥爷问是啥事儿，两个人说是军事秘密。要不，我能跟你回来吗？好容易回去一趟，怎么也得住几天哪。

赵战生　赶紧回去吧。这个时候什么事儿都可能发生，我都吓怕了。

方小玲　战生啊，人死不能复生。秀香就这命，认了吧。听我劝想开点儿。

赵战生　你先别走。小王，赶快送方阿姨回家。

王长海　赵主任，我还是先送你上楼吧？

赵战生从王长海手里拿过旅行袋。

赵战生　就这点儿东西还用你呀？你没听方阿姨说家里有事儿吗？快去吧。

方小玲　不用了，不远，我自己能走。

赵战生　（放下旅行袋，拽住方小玲）别啰唆了，赶快上车。

赵战生把方小玲推上了车。

王长海迅速上了车，车启动，开走。

赵战生看车走后，拎起旅行袋，夹着秀香的遗像走进楼。

赵战生家　日　内

赵战生进屋后，刚把秀香的遗像放好，电话铃就响了。

赵战生去接电话。

赵战生　喂，啊，肖主任，是我，回来了。

肖　亮　（听筒）我估计你也快回来了。

赵战生　是啊，刚到家。

肖　亮　（听筒）没办法，自从你走后，不光是我，大家都惦记，秀香的病咋样了？

赵战生　走了。

肖　亮　（听筒）走了？到底是什么病啊？这么快。

赵战生　胃癌晚期。到医院就不行了。没办法。

肖　亮　（一阵沉默后，听筒）是啊，人死不能复生，你要挺住哇。

赵战生　肖亮，她是活活累死的。我对不起她，对不起老人，对不起建华，对不起家呀。你说，我他妈还是人吗？

肖　亮　（听筒）战生啊，你不要太自责了，这也许就是你们，不！应该是我们无法回避而又必须面对与承受的痛苦与无奈吧。战生啊，我真有好多好多的话想对你说。其实，这个时候我不应该折腾你，可是我憋不住。我知道你现在肯定不好受，那咱俩就好好地唠一唠。晚上，就在咱们公司旁边的小饭店，你看怎么样？

赵战生　好吧。

肖亮说完就把电话挂了，赵战生摇摇头放下电话。电话铃又响了，赵战生赶紧去接电话。

赵战生　喂，是我，薛刚啊。

薛　刚　（听筒）老伙计，这个事儿，你可一定要想开，挺得住啊！

赵战生　薛刚，我这个人是不是真的命硬？妨人哪？为什么我的亲人，一个个的都没了？

薛　刚　（听筒）这家伙，连封建迷信都上来了。

赵战生　我也不愿意这样想，可，可我没法解释呀。

薛　刚　（听筒）我也没法解释。认了吧。

赵战生　行了，不谈这个了。那儿的施工情况怎么样？

薛　刚　（听筒）三句话不离本行，工作狂。告诉你吧，"清河至四平线"和"清河至营口线"进度很快，轻车熟路，你就放心吧。要不是这儿走不开，我真想回去看看你。小玲回来了吗？

赵战生　回来了。她本想陪老人多住几天，可大龙和小凤说有重要军情禀报，晚了就来不及了。

薛　刚　（听筒）这俩小瘪犊子搞什么鬼？

赵战生　我估计不是什么坏事儿，我叫司机小王把小玲送回去了。我跟你说，这些天可把小玲折腾坏了，啥也不说了。

薛　刚　（听筒）她们俩啥关系你不知道哇。听说秀香的事儿，什么都不顾夹着包就走了。行了，一打开话匣子就收不住，你抓紧时间休息休息，好好调整，"刘天关"工程还等着你呢，那可是目前中国第一条330千伏输电线路啊。行了，见面再唠吧。

赵战生　好。

赵战生刚挂了电话没走两步，电话铃又响了。他赶紧转回来接电话。

陆 洁 （听筒）战生，你回来了？

赵战生 啊，刚到家。

陆 洁 （听筒）真没想到秀香走得这么早。都说有女不嫁送电郎，（动情片刻）她们确实太累了，活得太辛苦了，这就是我们的家属，为了祖国的电力事业和她们的丈夫，默默地承受着，无私地奉献着。她们的情怀是伟大的，灵魂是高尚的。真是蜡炬成灰泪始干哪……

陆洁说不下去了，她急忙放下了电话。

听筒里传出嘟嘟的声音。

赵战生放下了电话，不由得一声长叹，一下子瘫坐在沙发上。

他凝望着张秀香的遗像悔恨自责，感慨万千。

薛刚家 日 内

薛大龙和薛小凤已经换上了军装。

薛大龙正在收拾东西。

薛小凤在镜子前做各种造型，尽情展示自己的风采。有滋有味儿地唱起了《智取威虎山》中《深山问苦》片段。

薛小凤 八年前，风雪夜……

薛大龙 行了，行了，别臭美了，赶紧收拾东西吧。下午就坐车走了。

薛小凤 要是妈不回来咋办？

薛大龙 那也得走。军令如山，薛小凤同志你不知道吗？

薛小凤 是，薛大龙同志。

薛小凤立正，向哥哥敬了个军礼，然后跑过来帮助大龙收拾东西。

他们听到钥匙开门声。

小凤把手指放在嘴边：嘘……，她向大龙使个眼色。

两个人悄悄地躲了起来。

方小玲开开门进屋一看不高兴了。

方小玲 这两个孩崽子，把屋祸害得像个猪窝，急三火四地叫我回来，这都死哪儿去了？都多大了，也不叫人省心。

哥俩同时跑出来向方小玲敬军礼。

薛大龙 报告方小玲妈妈同志，中国人民解放军战士薛大龙。

薛小凤 薛小凤。

两人合 向您报告，并辞行。

方小玲 （惊讶）你们这演的是哪出哇？

薛小凤 我们不是演戏，是真的。下午三点坐军列就出发了，目的地解放军大学校。（撒娇地搂着方小玲）妈，你要是再不回来，我们可真就走了。

方小玲 当兵了？

薛小凤 是啊。

方小玲 不是骗妈？

薛小凤 骗你是小狗。不信，你问我哥。

薛大龙 是真的，妈。

方小玲　这到底是咋回事儿啊？妈不是在做梦吧？

薛小凤拉着妈妈坐下。

薛小凤　妈，您听我慢慢跟您说。本来这次征兵根本就没有我们俩的份儿，下乡插队没几个月，哪能轮到咱哪。

方小玲　对呀。

薛小凤　问题是，本姑娘、您儿子，福大、命大、造化大！仅一场演出，就决定了我们的命运。

方小玲　我不信。

薛小凤　开始，我们也不信。这不天上掉馅儿饼吗？后来，人家曲干事让我们把表一填，衣服一发，今天下午就走人，不信也得信了。

方小玲　这到底是咋回事儿？你把妈都说糊涂了。

薛大龙　可不是咋地，别说妈了，把我都绕糊涂了。妈，很简单，部队要招文艺兵，看中我们俩了，特征入伍。这回明白了吧？

方小玲　啊，要这么说，我就明白了。好好好，我们大龙和小凤有出息！

电话铃响。

薛小凤急着去接电话。

薛小凤　喂？找谁？爸！

薛　刚　（听筒）你们俩搞什么鬼？神秘兮兮的，有什么重要军情啊？

薛小凤　绝对是重要军情，我们俩应征入伍了，下午三点就出发。

薛　刚　（听筒）我不信。谎报军情。

薛小凤　不信，不信你问我妈。（把电话给方小玲）妈，您说吧。

方小玲接过电话。

方小玲　是真的，军装都发了，是文艺兵。对对，是特招的，开始我也不信，入伍通知书？我没看见，对对对，好。（拿着电话对两个孩子说）你爸不信，问你们有没有入伍通知书？

薛小凤　哎呀妈呀，把这茬儿给忘了。

方小玲赶紧找入伍通知书。

方小玲　哥，你的呢？快拿出来。有了这个啥也不用说了。

大龙和小凤把入伍通知书拿过来给妈妈看。

薛小凤　看看吧，这是县武装部的大印。

方小玲看看两个人的入伍通知书。

方小玲　他爹，绝对是真的，入伍通知书上盖着县武装部的大印呢。你就放心吧。好好好，行，我知道……

银龙公司旁小饭店　傍晚　内

肖亮换了便装。小饭店里用餐的人很少，他选了一个比较僻静的小餐桌，要了四个菜和一瓶白酒。

赵战生急匆匆掀开棉门帘儿进来。他摘下棉帽子拍打完身上的雪花走了过来。

赵战生　真不好意思，来晚了。

肖　亮　我就想让你多睡一会儿，才没叫你。快坐，快坐。

肖亮拿起酒瓶倒酒。

赵战生　说实话，困是真困哪，可是一躺下觉就没了。烙大饼的滋味儿更难受。

肖　亮　看来，我找你算对了。那咱哥儿俩就好好喝喝，睡个好觉。没有爬不过去的山，也没有蹚不过去的河。

赵战生　话是这么说，这个坎儿不好过呀。

肖　亮　不好过也得过。咱们都是从死人堆儿里爬出来的，一场战斗下来，有多少战友和同志说没就没了，你哭都哭不过来。

赵战生　是啊。太惨烈了。

肖　亮　战生，秀香的事儿我都听说了，她是咱家属的（竖大拇指）这个。别说你接受不了，我们大家谁也接受不了。我现在越来越体会到，如果，没有送电人和他们家属的无私奉献与牺牲，就不会有银龙的金戈铁马，更不会有万家灯火、机器的轰鸣啊。

赵战生　说得好。

肖　亮　为有牺牲多壮志，敢教日月换新天。这句话用在银龙身上，那是再恰当不过了。秦继伟他爸、刘翰林经理不就牺牲在电网建设与抢修的战场上吗？那条条银线就是他们理想的延伸，那巍巍铁塔就是他们不朽的丰碑。

肖亮一饮而尽。

赵战生　（举杯）豪迈、悲壮！好，干。

肖亮拿起酒瓶倒酒。

肖　亮　战生啊，我虽然来的时间不长，但我所听到的、看到的，以及亲身感受到的，使我产生了一种前所未有的压力和那份重重的责任。一定要保护好这支电力基建战线上的铁军。

赵战生　亮子，（举起酒杯）啥也不说了，全在酒里。

赵战生一饮而尽。

肖　亮　好，我也干了。战生，这些天，我一直都在思考一个问题。是什么原因使银龙无论在任何时期、任何艰难困苦的条件下，都能够出奇制胜、百战不殆？

赵战生　什么原因？

肖　亮　我一时还说不清楚，只是一种感觉。那就是不离不弃，生死与共，肝胆相照，上下同欲，不怕牺牲，永不言败的精神气质。这就是我们部队常说的军魂。所以，无论在任何艰难困苦的条件下，银龙都能够横刀立马，拉得出，过得硬，叫得响，打得赢。这是一笔宝贵的精神财富哇。

赵战生　亮子，你总结得非常准确。就为这，咱干一杯。

两人碰杯又一饮而尽。

肖　亮　说实话，战生，我真怕带不好这支队伍哇。

赵战生　说啥呢？爆破英雄的豪气哪儿去了？

肖　亮　（摇摇头）两码事儿。爆破，我是大拿。在这儿我是新兵蛋子，你看，我不懂业务，初来乍到，斗争形势又这么复杂，我真怕引错路，更怕走错路。那我就是千古罪人哪！

赵战生　（激动地）亮子，不会的。你是咱银龙的救星、掌舵人。（端起酒杯）来，我敬你。

赵战生一饮而尽。

肖　亮　别跟我整事儿，我就问你一句，我这样干行不行？对不对？

赵战生　这还用我说吗？谁不认为你肖亮是这个（竖起大拇指）。干吧，我们都支持你。

肖　亮　还有一个问题我得说一说，不然憋在心里难受。我同意知识分子要接受工农兵的再教育。但在银龙，知识分子已经完全脱胎换骨地成了与工农兵相结合的典范，最忠诚的无产阶级先锋战士。我认为，不尊重知识，不尊重人才，是愚昧的，没有希望。

肖亮说完一饮而尽。

赵战生 精辟，深刻。（拍着肖亮的肩膀）兄弟，你的这个评价和感慨，完全可以告慰翰林经理的在天之灵了。

赵战生给肖亮倒酒，然后自己也满上。

赵战生 痛快！（举起酒杯）来，士为知己者死。我替翰林、陆洁敬你一杯。

两个人举杯刚要喝，司机王长海拿着一封信高兴地进来。

王长海 赵主任，真没想到建华就在我们部队，您看，这是他的信。

没等赵战生拿信，肖亮一把抢过信，看了看发信的地址。

肖 亮 嘿嘿，巧了，太巧了。

肖亮把信递给战生，赵战生接过信揣好。

赵战生 （对司机王长海）谢谢你，小王。来，坐下一起喝两盅。

王长海 不了。我吃过了。

肖 亮 那也行，你就回去吧。

王长海 是。

王长海敬礼后转身离开了小酒馆。

两人频频举杯，开怀畅饮，诉说衷肠……

某师一团俱乐部　夜　内

舞台上方挂着"热烈欢迎师宣传队来我团慰问演出"的横幅。

一阵热烈的掌声过后，报幕员出场。

报幕员 下一个节目，革命现代京剧《智取威虎山》选段《深山问苦》，表演者：薛大龙、薛小凤兄妹。

在一片热烈的鼓掌中，薛大龙、薛小凤上场。

坐在台下的赵建华愣了，他根本想不到大龙和小凤也当兵了，并且还在一个师。他起劲地鼓掌。

舞台上，薛小凤出场、亮相。

薛小凤 （唱）我说，我说！

（音乐起）

> 八年前风雪夜大祸从天降
> 座山雕杀我祖母掳走爹娘
> 夹皮沟大山叔将我收养
> 爹逃回我娘却跳涧身亡
> 娘啊……

台下响起了热烈的掌声……

薛大龙 （唱）

> 小常宝控诉了土匪罪状
> 字字血声声泪激起我仇恨满腔
> 普天下被压迫的人民都有一本血泪账

要报仇要申冤要报仇要申冤

血债要用血来偿……

薛大龙和薛小凤的精彩表演，博得了战士们经久不息的热烈掌声。

赵建华朝身旁的指导员耳语几句，站起身来，离开座席。

一团俱乐部后台　夜　内

演出结束，队员们有说有笑地卸台、卸妆。

赵建华来到后台找薛大龙和薛小凤。他见一个队员过来，马上迎过去。

赵建华　同志，麻烦您帮我找一下薛大龙和薛小凤。

某队员　您是？

赵建华　我是一团一营一连的，叫赵建华，我们是老乡。

某队员　老乡？没听说他们这儿有老乡啊？

赵建华　绝对是老乡，打小我们就在一起。

某队员　那好。（朝舞台上方高喊）大龙，薛大龙，有人找。

薛大龙　（在舞台上方往下喊）哎！来了，谁呀？

赵建华　（冲舞台上方喊）大龙，是我，赵建华。

薛大龙　建华？你小子在这儿？好，你等着，我马上下来。

薛大龙迅速地从舞台上方下来，赵建华也迎了上去，两人相拥在一起。

薛大龙　臭小子，太不够意思了，不就当个破兵吗，有啥了不起的？连个信儿也不给，小凤都恨死你了。

赵建华　你都不知道当时的情况，我妈病成那样，我好悬就来不了了。还说我呢，你们下乡为什么不告诉我？怎么也当兵了？

薛大龙　这事儿一半会儿也说不清楚。好了，好了，不说这些了，见到小凤了吗？

赵建华　没有。

薛大龙拉着赵建华就往化妆室跑。他们来到化妆室外，薛大龙急切地敲门。

薛大龙　小凤，小凤，快出来。你看谁来了？

薛大龙让赵建华藏在自己的身后。

不大一会儿，薛小凤拿着毛巾边擦脸边从里面出来。

薛小凤　谁呀？哥，人呢？

薛大龙　请看，大变活人，走。

薛大龙迅速一撒身，赵建华笑眯眯地站在那儿，薛小凤惊呆了。

薛小凤　建华？

薛小凤喜出望外，毫不顾忌地上去连捶带打赵建华。

薛小凤　你当兵为什么不告诉我们？好狠心哪，把人都急死了。

从化妆室里面出来的女队员见此情景议论纷纷。

队员甲　哎呀妈呀，这是啥关系呀？

队员乙　这你还看不出来？傻帽儿。

队员丙　别说，这小子挺帅呀。

队员乙　怎么，眼馋了？

队员丙 眼馋咋地，帅就是帅嘛。

薛大龙拉开小凤。

薛大龙 行了，行了。你要还不解气，我就把他撂倒了，咱俩狠狠地揍他一顿。

薛小凤 你敢？

薛大龙 怎么样？舍不得了吧？

赵建华 我确实不对，改天我请客聚一聚，怎么样？

薛小凤 这还差不多。哎呀，建华，四个兜了？

薛大龙 可不，（才注意，上下打量）哎？臭小子，干得不赖呀。厉害！

赵建华 你们才厉害呢，文艺战士，光彩夺目。

薛小凤 行了，别谦虚了。

赵建华 不是谦虚，真的。伯父、伯母都好吧？

薛小凤 都挺好的，成天念叨你，你没觉得脸发烧哇？尤其是赵叔，自从你妈去世以后，人瘦了一圈，话也少了，都有白头发了。你连信儿都不给，太过分了吧？

赵建华 不是忙吗？

薛小凤 借口，你那点儿小心眼儿我还不知道。

薛大龙 行了，行了，见面就吵，不见面就想。没劲！

赵建华 （指着薛小凤）你真歪，我不跟你一般见识。

薛小凤 是不是事实吧？

薛大龙 好了，好了。别吵了。哎，建华，你在连队吃得消吗？苦不苦？

薛小凤 是啊，过几天，我们就下连队锻炼了，挺害怕的。

赵建华 （手舞足蹈地讲了起来）没事儿。我觉得比在家还强，累是累点儿，可对我来说都是小菜儿，在师里不敢吹，在我们团，无论是五公里越野，还是擒拿格斗，包括射击，哥们儿是这个（说着顽皮地竖起大拇指）。

薛小凤 哇，真厉害！

薛大龙 吹啥吹。要不是小时候，赵叔教你练童子功，你能这么厉害？偷着乐吧，小子。

赵建华 你……

薛大龙 我什么我，是不是事实？

赵建华 （不置可否地）好好好。什么时候想吃饭，吱一声。

有人高喊 集合了，集合了！

赵建华 好了，你们集合了，赶快去吧。哎？小凤，你的衣服还没换呢？

薛小凤 哎呀，坏了，（回头喊）建华，别忘了跟我们联系！

赵建华 忘不了。

薛小凤跑回化妆室。

薛大龙 说话算数？

赵建华 说话算数！

后台有人喊 薛大龙，快点。

薛大龙 来了，来了。

薛大龙跑远了。

师部宣传队　日　外

乐队的同志在树荫下练习。

有的演员在练打竹板，有的在吊嗓。

薛小凤和几个穿着练功服的女演员在练踢腿。

其实，赵建华刚一进院薛小凤就发现了，但她不动声色，眼睛瞟着他，依然继续练功。

女兵甲像发现新大陆似的拉了拉薛小凤。

女兵甲　（小声地）哎哎哎，你的白马王子来了。

薛小凤　是吗？我怎么没看见？

女兵甲　跟我装是不？哎，这小子穿四个兜？是不是借来的？虚荣心太强了吧，没劲。

薛小凤　你才没劲呢？人家是代理连长，不穿四个兜，还穿俩兜哇？

女兵甲　妈呀，这是坐火箭哪，升得也太快了。

女兵乙　上面有人呗。

刘　爽　上面有没有人我不知道，据我了解，人家是干出来的。你们还不知道吧？本人正在创作关于他的群口快板《一连有个赵建华》。

薛小凤　刘爽，你太不够意思了，连我都保密，怪不得建华给我打电话说，你去了他们连还跟他唠了很多，原来你是去采访啊？

刘　爽　我就是要给你一个惊喜。怎么样？没想到吧？而且，我还可以告诉你，赵建华的典型事迹不久就会见报。代理连长挡不住，据可靠情报，马上就要转正了。

女兵甲　你怎么什么都知道呢？

刘　爽　（骄傲地）本姑娘是谁？

女兵乙　傻帽儿，人家是创作组的大笔杆子，啥不知道哇？哎？这小子怎么直接上队部了？

刘　爽　继续接受本姑娘的采访。小凤，你要搞清楚，这是本人以深度采访的名义特意安排的。我的时间是可长可短，你要表现得好呢，我就把时间多给你留点儿，否则……

薛小凤　明白。不就是想撮一顿吗？好说，叫建华请。现在他是大户，不宰他宰谁呀？

刘　爽　你舍得呀？

薛小凤　你都那么够意思，咱差啥。

刘　爽　一言为定？

薛小凤　一言为定。

女兵甲　那我俩呢？

刘　爽　屯二迷糊，一起参加呀。

两个人高兴地叫喊起来。

女兵甲　噢，太好了！

女兵乙　噢，吃大户喽！

刘　爽　看把你们俩美的，想让全队的人都知道哇？（小声地学着电影地道战里的模样）打枪的不要，悄悄地进庄。

两个女兵吐着舌头，连连点头。

女兵甲　洞拐号明白。

女兵乙　洞八号明白。

第二十二集

某公园　日　外

一池湖水，碧波荡漾，蜿蜒湖边，岸柳成行。

林荫树下，薛小凤和赵建华都着便装，在小路上漫步。薛小凤突然转过身来。

薛小凤　建华，我穿这身儿好看吗？

赵建华　太好看了。

薛小凤　（赞赏地看看自己的衣服）你还真有眼光，这可是现在最流行的的确良。花不少钱吧？

赵建华　给你买东西，花多少都行。

薛小凤　（把嘴一努，骄矜地）我信。不过以后花钱一定要仔细，决不能大手大脚。

赵建华　是，夫人。

薛小凤　你就贫吧。说实话，我就喜欢你穿军装的样子，那才英俊、威武、潇洒呢。

赵建华　我当然也喜欢穿军装了，可咱得注意军容风纪呀。

薛小凤　三句话不离本行。怪不得连队叫你管得井井有条。今年的四好连队没问题吧？

赵建华　估计没什么问题。

薛小凤　压力不小吧？

赵建华　确实挺大。可人无压力轻飘飘，没有压力就没有动力。我喜欢这种压力和挑战。

薛小凤　注意点儿，别累坏了。

赵建华　（拍拍自己的胸）就我这身板儿，没事儿。

薛小凤　刘爽这家伙真够狠的，什么菜贵就点什么，差不多花了你半个多月的津贴。

赵建华　大家聚一起不容易，花点儿钱也是应该的。再说，咱不能给小凤同志掉链子嘛。

薛小凤　那倒是。

赵建华　我听说她是高干子女，场面见多了。今天够客气了，她真要狮子大开口，我可就惨了。我看她这个人挺不错。

薛小凤　那是啊，在我们宣传队，不，也可以说在咱们师里，论写作能力，那也是数得着的。人长得也漂亮，不少干部子弟都追她呢。

赵建华　这我倒不知道，通过这两次接触，我觉得她机敏、反应快，人也挺仗义。要不是她极力要求，这次，我根本就来不了，连队一大摊子事儿。而且，过几天就要到军里报到，参加学《毛选》巡回讲用团，少说也得个把月。真得好好感谢人家。

薛小凤　说实话，你是不是看上她了？

赵建华　净瞎掰。我就是看上她了，她也未必能看上我呀。

薛小凤　那可不一定，她对你评价老高了，说你是个职业军人的料，将来一定能成大器。你可别这山望那山高哇。

赵建华　我是那种人吗？说句不好听的话，我就是有那个贼心，也没那贼胆呀。

薛小凤　我谅你也不敢。

赵建华　这可不是敢不敢的事儿，关键是小凤同志在我心里那是胜西施、赛貂蝉，谁也比不了。

赵建华看看没人，一下搂住小凤，热烈地亲吻她，小凤也欲火燃烧，两人热吻……

一群小孩儿连打带闹地向这边跑过来。

赵建华和薛小凤下意识地分开。

让过小孩儿后，他们继续向前走去。

公园长凳　日　外

湖边，林荫树下长凳。

赵建华和薛小凤来到长凳前。

赵建华　坐下休息一会儿吧。

赵建华拉薛小凤坐下，薛小凤依偎在赵建华的身旁。

薛小凤　建华，咱们什么时候结婚哪？

赵建华　你说了算，我符合条件。如果你要是能提干那就更好了。

薛小凤　提干？做梦吧。别说我，刘爽怎么样？要能力有能力，要关系有关系，连咱们师长都是他爸手下的兵，她都提不了，咱就甭想了。

赵建华　关键是你们宣传队是业余的，没有编制。其实，宣传队的同志个个都挺优秀，就说大龙吧，他要在连队干，不一定比我差。

薛小凤　谁说不是呢？可现在说什么都晚了，一步赶不上，步步赶不上。开始，我们下连队锻炼的时候，机炮连连长就相中大龙了，可宣传队死活不放。到现在还是个大头兵，你上哪儿说理去呀？其实，这些事儿上级也都知道，可根本就没有办法解决。所以，只有打道回府了。

赵建华　太可惜了。你们愿意离开部队吗？

薛小凤　谁愿意呀？可你有办法吗？我为什么提出结婚，不就是考虑咱们就要分开了，这事儿总得有个说法吧。你是不知道，家里一来信就提这事儿，这事儿要定不下来，我回去都没法交代。再说了，我也不放心哪。我倒不是不相信你，可树欲静而风不止，你看看我们宣传队那帮女兵看你都什么眼神儿，包括刘爽。我真怕夜长梦多。谁能想到小兵和刘丹能吹呀？那也是父一辈、子一辈定的娃娃亲哪。在这个世界上，什么事儿都可能发生。

赵建华　小凤，咱俩绝不会那样，就凭我……

薛小凤　臭美啥，别看你现在当个连长，还是代理的。你跟你爸、你妈、陆姨，还有我大舅比，差远了。

赵建华　得得得，你别跟我提他们好不好？

薛小凤　也包括你妈？

赵建华　我妈跟他们不一样。

薛小凤　你错了。他们是一路人！

赵建华　越说越玄了。

薛小凤　我就问你一句话，你妈说过陆姨一句坏话没有？包括不满。

赵建华　没有。好像还有点儿觉得对不起她。

薛小凤　这说明什么？还有，我大舅为什么不找？陆姨那么多人追她，包括苏联大科学家，她为什么都不为之所动？

赵建华　这，这我哪儿知道？

薛小凤　不知道就没有发言权。你道听途说，主观臆断，一叶障目，不见泰山。告诉你，他们是世界上最纯洁、最高尚、最值得敬仰的人！他们的故事，可以说，惊天地泣鬼神。完全可以写一部当代最受热捧的爱情小说。可惜，我是没有那个能耐呀。（忽然想起）哎，建华，你写，你有生活呀。

赵建华　我？我什么也不知道哇？

薛小凤　我知道哇，我可以帮你呀。

赵建华　不行，不行，我可没那两下子。不过，听你这么一说，我倒是很感兴趣。也许我真的错了？

薛小凤　那当然了。不是小错，而是大错、特错。这事儿要是讲起来，那可就长了。那是1948 年，东北全境解放……

薛小凤越讲越起劲，赵建华越听越爱听。

黄土高原的山路上　日　外

初春，辽阔的陕甘大地。千山万壑，绵延起伏，苍茫恢宏。残存的白雪星星点点。朝阳的山坡积雪开始融化。深邃的蓝天，几朵白云挂在天际显得高远。

尽管春天已来，但这里仍看不到一丝绿色，满目黄褐色的山峦望不到尽头。只有正午的阳光普照，才能让人们感到春天的暖意。

远处的山坡上三五只绵羊悠闲地吃着地皮上的枯草。放羊老汉唱起了信天游。

　　　　　　　　"宝塔山的宝塔哟，
　　　　　　　　顶顶连着那天。
　　　　　　　　哎呀毛主席跟咱们哟，
　　　　　　　　心呀心相连……"

肖亮的军用北京 212 吉普车，扬着尘土在黄土高原上行驶。

车上　日　内

肖亮坐在副驾驶的位子上。赵战生和陆洁坐在后面看着施工图在研究问题。

肖　亮　（回过头对赵战生）战生，自从离开延安以后，你一直都没回来过吧？

赵战生　（没有抬头）可不是。你呢？

肖　亮　做梦回来过。（诗意般地）巍巍的宝塔山，滚滚的延河水。一晃，快三十年了，真想啊。

赵战生　可不是，我记得那是国民党大举进攻延安的时候，保育院组织我们小朋友转移，没想到遇到了敌人。羊倌张大爷把我们藏起来。我们得救了，他却牺牲了。

肖　亮　是啊，还有保育员吴华阿姨为了寻找跑失的孩子，被炮弹轰碎的山石砸死了；咱们院长在渡黄河的过程中，为了抢救落水的小宏远，也牺牲了。

赵战生　那时管我们班的何楠若老师，她宁可自己饿着也把吃的给我们，她就像妈妈一样照顾我们。哎？亮子，丁浩川你知道不？

肖　亮　知道哇，何楠若老师的爱人，当时是陕甘宁边区教育厅的副厅长。新中国成立后，好像在东北师范大学当校长吧。

赵战生　对，我过去还去拜访过老人家。可惜呀，丁老师被打成了"右派""叛徒"。1961年就去世了，"文化大革命"也没放过他，坟都给掘了。真令人痛心哪！就像翰林经理，活生生地被打死了！

肖　亮　战生，你放心，早晚有一天，历史一定能还他们清白。

赵战生　我希望这一天尽快到来。否则，令人寒心，公理何在。

肖　亮　跟你们说实话，我越核实材料，就越有敬畏感，就越有撕心裂肺的切肤之痛。刘翰林经理和陆总的诀别信我都看了，那真是惊天地，泣鬼神哪！

肖亮激动得热泪盈眶，他说不下去了。

陆洁已经哭出声来。

赵战生　（眼含热泪拍着肖亮的肩膀）难得呀，亮子，你能这样理解我们。

肖　亮　我最烦你们说这样的话。难道我就不是银龙的人吗？

陆　洁　是，绝对是。

肖　亮　我就不明白了，我怎样做你们才能接受我？

赵战生　亮子，别生气，咱们的关系太复杂了。是战友，是生死兄弟，是同志，是领导，是军民关系，真说不清楚。别计较这个。（拍着肖亮的肩膀）怎么样，好兄弟？

肖　亮　其实，我打心眼儿里就想做一个合格的银龙人。

王长海　团长说得绝对是心里话。我都想啊。

肖　亮　看看，看看。有人说公道话。

赵战生　肖主任，肖大人。我们错了还不行吗？杀人不过头点地，一点儿大将风度都没有。

肖　亮　行了行了，不跟你们扯这个了。我就一直在想，这到底是一群什么样的人，这是一支什么样的队伍？是兵是民，是工人还是知识分子？最后，我得出结论，这是一支兵民、知识分子和工人最完美的结合体。所以，它才能够打不垮，拖不烂，才能够创造奇迹。而更难能可贵的是，它有一种无形的巨大的亲和力、向心力和凝聚力。正像司徒佑所说的那样，能做银龙的人，是一种福分，是一种温暖，是一种享受，是一种骄傲。在那里，你能找到做人的自信和尊严。

赵战生和陆洁　司徒佑？他现在咋样？

肖　亮　好家伙，异口同声。看来，你们的关系太不一般哪。他还可以，没受太大的冲击。和你陆总一样，就是要搞咱国家自己的东西，一片赤诚，呕心沥血。一句话，就是要圆你们回国的梦想啊。

赵战生　哎？亮子，你到底是核实材料，还是为银龙树碑立传哪？

肖　亮　怎么说都行。我感觉，一个人也好，一个单位也罢。口碑不是你想要、想树就会有的。那是自己拼出来的众望所归。民心不可辱，一个共产党员，一个唯物主义者，就是要实事求是，体恤民意，因势利导，顺势而为！我们的宗旨是什么？为人民服务！

陆　洁　（鼓掌）说得好，说得好。

赵战生　可贵的是，你说到了，也做到了。

肖　亮　我做得还不够，革命尚未成功，同志仍需努力呀。

赵战生　说得好哇！亮子，这次回来，我的心情非常复杂，老区养育了我们，养育了革命，新中国成立都快三十年了，可老区依然贫穷落后，我们，我们真没脸见江东父老哇。

肖　亮　我们确实来迟了，但党和国家并没有忘记老区人民。我们为什么要在这里建设，就目前来说，最高电压等级的330千伏线路，目的就是要发展这里的经济，改变老区落后的面貌。

赵战生　是啊。电力工业是国民经济的命脉，要想振兴发展老区，电力必须先行。也许，现在我们还看不出它的战略意义，但我认为，再过十年、二十年，这里肯定会发生巨大的变化。一想到这些，我恨不得马上就把这条线路建成。

肖　亮　我和你们的心情完全一样。（自语）"宁要社会主义的草，也不要资本主义的苗"，什么混蛋逻辑。现在是政府机关瘫痪，工厂停工，土地荒芜，学校停课，打砸抢猖獗。这样下去怎么得了？我庆幸自己来到了银龙。最起码能给党和国家，给人民干点儿实实在在的事儿。银龙是片充满希望的热土，银龙是专门冶炼优质钢的熔炉。不管什么人到这里都会淬火成钢。

赵战生　亮子，你今天是怎么了？

肖　亮　实话实说，不信，你问小王。

王长海　团长说得没错儿。银龙确实是令人向往的地方。如果，有一天我复员，我哪儿都不去，就想到银龙来。

赵战生　我们随时欢迎。

王长海　真的呀？那可太好了。

赵战生　哎？亮子，建华在部队干得咋样啊？

肖　亮　（一拍大腿）哎呀！跟你们在一起，就非常亢奋，满脑子都是银龙的事儿。你要不问我，真就忘了。放心吧，建华在新兵连就干得不错，成了香饽饽，从机关到连队都争着抢着要他。最后，被红一连给抢去了，现在已经是代理连长了。

赵战生　什么？都代理连长了？你小子跟我说实话，有没有你的意思？

肖　亮　没有，绝对没有。都是人家自己干的。这点，还真挺像你。

赵战生　（自语）要是秀香在，那该多好哇。

陆洁边听着他俩唠嗑，边看图纸，她突然抬起头，看了看前方。

陆　洁　（急切地）停车，停车，前面就是张家川了。

赵战生　（看了看）可不是。光顾唠嗑了，走，下去看看。

王长海把车停好，他们下车。

张家川某山岗上　日　外

站在坡顶向西望去，九曲十八弯的黄土路上有一个不起眼的小镇坐落在山坳中。这里就是图上标的330千伏线路必经的张家川。

陆洁和赵战生把图纸铺在车前机器盖子上。

陆　洁　（指着线路施工图）你们看，我们从陕西眉县的汤峪出发，现在我们的位置是张家川，已经踏勘了六个县域，再往上就是秦安、甘谷、武山、陇西、渭源、临洮、东乡，最后是甘肃永靖县的刘家峡水电站。交叉跨越重要国防通信线路十三条，35~110千伏输电线路七处，铁路两处，还有六条河流，最为艰难的是陕甘交界的关山地区，海拔在1500~2500米，施工难度不小啊。

肖　亮　可不是。战生，你打算怎么干哪？

赵战生　（思考了一下）我打算开展三个高潮。第一个高潮，利用三个月时间拿下基础施工，采用"506"工程模式，全线铺开，配合兰州军区投入的十个施工队，加上西北电管局送变电施工处，以工区分片包干，采用装配式基础新工艺，效果一定会不错。第二个高潮，用两个月时间组塔，考虑到地形地貌条件，尤其是施工场地小的特点，采用内拉线抱杆双吊组塔新工艺，加快施工进度。第三个高潮，也是三个月，进行架线和附件安装。在这三个高潮中，大力开展群众性的"双革"运动，也就是"技术革新和工艺革新"，不能只求快不求好。要认真贯彻执行"鞍钢宪法"，多快好省地拿下这个工程。

陆　洁　汤峪变电站派变电二工区，土建与安装交叉作业，坚决落实指挥部"三高一低三好"的口号，以高速度、高质量、高技术和造价低、设计好、施工好、长期运行好为目标，一定要在这里创造新的奇迹！为祖国和人民争光！为老区人民献上一份厚礼！

肖　亮　（无比感动）好！三个高潮，加起来也就差不多八个月的时间，真够气派的。等到了刘家峡，我立即向兰州军区和水电部军管会汇报。（十分感慨地）风物长宜放眼量，不畏浮云遮望眼。

赵战生　江山代有才人出，各领风骚数百年！

陆　洁　智者因势而动，明者因情而行。这是何等浪漫，何等豪放啊？

三个人大喊　老区，我们来了！

这喊声回荡在山谷，呼唤着这片奉献的热土。

雄伟的黄土高原上　日　外

军车北京212吉普扬着尘土，在黄土高原上行驶。

车上　日　内

肖　亮　（余兴未消）太兴奋了。一场大战前的亢奋。

赵战生　是啊。（自语）人无远虑必有近忧，现在就遇到了问题。肖主任，关于选送工农兵学员上大学的事儿不能再拖了，上面急着要名单呢。

肖　亮　确实不能再拖了。可施工任务这么重，继伟、刘丹、小兵都是顶梁柱，别说三个一块走，就是抽一根也够咱喝一壶的。实在不好办哪！

陆　洁　十年树木百年树人，银龙要想发展壮大，不培养人才是不行的，不储备人才就更不行。你们还看不出来吗？党中央为什么号召复课闹革命？现在大学为什么要招收工农兵学员？前一段时间闹得太过了。教育荒芜，说什么"知识越多越反动"，无知、愚昧、反科学！不能再这样折腾下去了，你们知道吗？就在这段时间，西方发达国家已经开始建设750千伏超高压电网了。和他们相比，少说，我们要落后二十年。这绝不是崇洋媚外，而是不争的事实。没有人才，不搞科研行吗？只能被人欺呀！

肖　亮　陆总的一席话，让我顿开茅塞。从长远看，咱们就得咬咬牙，让他们三个一起去吧。老赵，你看呢？

赵战生　我同意。

肖　亮　陆总呢？

陆　洁　我更没意见。

肖　亮　那好，就这么定了。

雄伟的黄土高原上　日　外

吉普车满身灰尘地停在一个高岗上。

王长海打开车前机器盖子一边散热，一边提着水桶往水箱里加水。

肖亮、赵战生、陆洁来到一个设计院标志塔位的木桩前。

赵战生展开图纸，肖亮和陆洁凑过来。

赵战生　根据图纸，这是106号塔位，地堪报告需要爆破成孔，我看可取消模板以土代模。

陆　洁　同意，这方面送变电二工区在"长前线"施工时首次取消底层模板试验，效果不错，很成熟，可以继续推广应用。

肖　亮　还有在组塔时一定要采用悬浮式内拉线抱杆双吊组塔新工艺，虽然，还不太成熟，可以在实践中进一步完善嘛。

陆　洁　我同意，从1964年在"云首线"首创内拉线抱杆组立铁塔以来，不断加以改进，可以说已日臻成熟。

赵战生　哎呀，肖亮，连这些你都知道？看来，你是没少下功夫啊。

肖　亮　不学行吗？我还知道这是小兵、继伟他们搞的。这种方法具有工效高、速度快、质量好、操作安全、占地小、简便实用的优越性，一天组装两基铁塔像玩儿似的。

陆　洁　所以水电部让咱编制具体的操作规程，以便在全行业推广应用。

肖　亮　你不是起草完毕了吗，革委会都盖完章了。

陆　洁　是，咱这次踏勘出发前已寄给北京了。

肖　亮　据我了解，这么多年来，在国家电网建设中银龙创造了很多个第一，不愧为送变电事业的长子啊。

陆　洁　我相信，往后还会有更大的惊喜呢。

赵战生　真是前无古人，后有来者，这就是我们新时代送变电人的豪气。

肖　亮　也是我国电力事业发展的必然。（看了看表）哎呀，时间不早了，晚饭前必须赶到刘家峡，走，快上车。

司机王长海已经发动车了。

三人上车，车卷起黄土渐渐远去。

松江电力学院操场　日　外

盛夏的校园内，绿意盎然，彩旗招展。到处是关于欢迎工农兵大学生的标语。广播里播送着欢迎新生的激昂声音。

逐梦

播音员 伟大领袖毛主席教导我们说："大学还是要办的，我这里主要说的是理工科大学还要办，但学制要缩短，教育要革命，要无产阶级政治挂帅，走上海机床厂从工人中培养技术人员的道路。要从有实践经验的工人、农民中间选拔学生，到学校学几年以后，又回到生产实践中去。"欢迎来自祖国四面八方的工农兵学员来我院学习……

《大海航行靠舵手》歌声中，一辆辆解放卡车驶进学校。

在校师生敲锣打鼓夹道欢迎，口号声不断。

汽车在操场停下。

新生纷纷下车，老生迎上前去帮助拿东西。

秦继伟、高小兵、刘丹下车。

万胜分开人群向他们挤来，几个人相互握手、拥抱。

随后四个人离开喧嚣的人群，来到校园一个偏僻的树林中。

万　胜 真没想到你们仨都来了。太好了，咱们又团聚了。

秦继伟 万老师，请多关照。

万　胜 得了吧，秦大主任，谁也比不了你啊，（瞅着刘丹）这金凤凰最后还是落到了你家。

刘　丹 （脸一红）都当老师了还没个正形儿。

万　胜 行啊，你们都当爹了。

高小兵 胜子，你什么情况了？

万　胜 光棍一个。

高小兵 老师的眼光就是高。

秦继伟 这校园里的姑娘乌泱乌泱的就没个合适的？我不信。

万　胜 你说得没错儿，这儿好姑娘多了去了，可是……（耸耸肩）没办法。

高小兵 你小子是不是还惦记着小丹呢？

万　胜 初恋是难忘的，暗恋更难忘，那真是刻骨铭心哪。

刘　丹 （佯装抬脚要踢万胜）你小子瞎说啥呢，寻开心是不？

万　胜 （躲着）真的，我对天发誓。过去不好意思说，也不敢说，怕他俩揍我。

高小兵 臭小子，这事儿还记着呢？

万　胜 能忘吗？

秦继伟 别说，我非常理解万胜的感受。

万　胜 理解万岁，不提了。说正事儿，你们的孩子都安排好了吗？学习任务挺重啊，晚上有时也有一到两节课。速成嘛。

刘　丹 放心吧。都安排好了，再说，咱银龙就是一个大家庭，谁都能伸把手帮助照顾的，在桂林路一带想丢想丢不了。饿了到谁家都能吃口饭，晚上到谁家都能睡一觉，玩脏了的衣服谁家都能帮着洗。

万　胜 这我知道，要不是父命难违，我保证去银龙，到现在我还不死心呢。

高小兵 那倒是，可是现在角色不同了，您是老师，我们是学生。（行礼）万老师好。

万　胜 整事儿不是？行了，你们就别埋汰我了。实际上，我跟你们也差不多，刚读了不到一年的课程就赶上"文化大革命"，学那点儿东西也早都忘得差不多了。还不如你们呢，最起码你们有实践经验，我这就是赶鸭子上架吧。

秦继伟　不管怎么说你也比我们强。以后你还真得多帮助我们，尤其是我。

万　胜　互相帮助，互相学习，教学相长嘛。

秦继伟　谦虚过度那就是虚伪，咱们之间用不着这样，实实惠惠儿的比什么都好。

万　胜　我说的是真话，咱们之间谁不了解谁呀？我用不着谦虚，你们也不要跟我客气。除非不把我当朋友，不认我这个哥们儿。这么说吧，这次银龙能让你们三个来，那是下了血本的。不容易，太不容易了。谁不知道，你们工程一个接一个，更重要的是你们正在建"刘天关"330千伏输电线路，那可是我国目前第一条，也是最高电压等级的线路哇。这得需要何等的决心，何等的魄力呀？这说明你们银龙尊重知识，重视人才呀。

刘　丹　我们也是这么想的。所以压力特大，如果学不好真没法交代呀！

秦继伟　可不是，我的压力最大。（指着刘丹和小兵）他俩没问题，关键是我。

万　胜　你也没问题。勤能补拙，笨鸟先飞，只要功夫深铁杵磨成针。我相信你。走走走，咱们到那边去。

高小兵看到一个标语牌。

高小兵　要从有实践经验的工人农民中选拔学生，到学校学几年以后，又回到生产实践中去。

万　胜　是啊。你们再结合中小学复课闹革命，能悟出什么道理呢？

高小兵　你刚才不是说了嘛，尊重知识，重视人才呀。也就是说，"知识越多越反动"，"臭老九"的极"左"思潮已经不攻自破了。

万　胜　（赞许地）小兵，高，实在是高。而更深层次的问题是什么？我总有一种感觉，"文化大革命"恐怕要收了，它起于文化，也应该终止于文化。这是中华民族文化复兴的前奏。好了，现在还不到高谈阔论的时候，心里有数就行了。走，我送你们到宿舍，先安顿下来，晚上，我给你们接风洗尘。

秦继伟　够意思。

高小兵　那是啊，咱们谁跟谁呀。

四个人连说带笑，兴高采烈地远去。

雄伟的黄土高原上　日　外

转眼间又一个冬季来临。历经春夏秋三个季节，我国第一条330千伏输变电线路横空出世。雄伟的铁塔，耀眼的银线给这千百年来贫瘠的黄土高原平添了勃勃的生机与活力。

汽车在冰凌起伏的黄河沿岸，在白雪皑皑绵延不绝的黄土高原上，在即将竣工的"刘天关"330千伏输电线路穿行。

车上　日　内

肖亮依然坐在前面，赵战生和陆洁坐在后面。

肖亮用嘴哈着气，使劲搓揉双手。

肖　亮　（兴奋地）三个高潮，也可以说是三个战役，八个月，不，确切地说，是七个月零十天。我们在西北又创造了一个奇迹。兰州军区军管会和水电部的领导对我们的工程都给予了充分的肯定和高度的赞扬。竣工大会开得热烈、隆重、气派。银龙就是银龙，了不起！现在的关键是把鉴定会开好。战生，没问题吧？

赵战生　你说呢?

肖　亮　肯定没问题。

赵战生　明知故问。

肖　亮　说实话，有你们两个在，我是一百个放心，一万个放心。还是陆洁说得对呀。空谈误国，实干兴邦。不干连半点儿马列主义都没有。

肖亮越说越激动。

赵战生　（故意严肃地）军代表同志，请注意你的情绪和言论。

肖　亮　少跟我来这套，听我把话说完。

陆　洁　肖主任，你说。我爱听。（对战生）你要是不爱听就把耳朵堵上。

三个人开心地笑起来。

"刘天关" 330 千伏线路　日　外

远山重峦叠障，铁塔雄伟，银线伸展。

吉普车在 330 千伏线路穿行。吉普车里传出肖亮、赵战生和陆洁热烈的谈论声。

车上　日　内

肖　亮　战生啊，我和你的看法是一致的，基础工艺值得在今后的施工中推广。我们就是要在追求质量上达到外观整洁美观，决不能粗粗拉拉的。这方面，咱部队是有传统的。

赵战生　是呀，刚开始要求把基础裸露面和掩埋面都压实抹光，要棱角光滑整洁时，有些工人不理解，说这是多此一举。

陆　洁　这个要求是对的，整洁的光面能进一步防止风沙和雨水的侵蚀，保护塔基的耐久性。

车窗外掠过铁塔、线路。

三人谈兴正浓。

肖　亮　兰州军区和水电部军管会联合指挥部对我们每公里实际造价九万一千五百元非常满意呀。

赵战生　我认真地比较了一下，这个工程造价和以往 220 千伏工程造价基本接近，甚至还少。

肖　亮　是呀，整体平衡下来，每一基塔足足比施工概算少了两万八千五百元。人间奇迹就这样创造出来了。我们一定要好好地总结，争取一次验收合格，怎么样啊?

陆　洁　放心吧，有战生和薛刚在施工中亲自督战，消缺不成问题。一次通过，保证没问题。

肖　亮　我真庆幸来到银龙。在这里，我能和你们一起为祖国的电力事业做贡献，实在是太光荣了。可惜，好景不长啊。

赵战生　怎么，你要撤?

肖　亮　（点头）我已接到了命令。

陆　洁　真舍不得你走哇。

肖　亮　我何尝不是这样呢? 相见时难别亦难。其实，这个文件早就到了。其他地方的军代表早都撤了，我是拖着不走哇。我要是再不走可就抗命了。

赵战生 你为什么不早告诉我们？

肖　亮 我不是怕动摇军心吗？现在工程竣工了，干得又这么漂亮。刘翰林经理、陆总也已经平反昭雪了，秦继伟、刘丹、牛小虎、华志强也都入党了，小兵也列入了发展对象，我走也就放心了。

赵战生 什么时候走？

肖　亮 明天就走。

陆　洁 这么快？

赵战生 怪不得，你发了这么多感慨，原来是临别赠言哪？

肖　亮 谈不上临别赠言，只是有感而发。不然憋在心里难受。陆洁，还是你看得远。国际上，不比不知道，一比吓一跳。落后就是落后，咱必须承认。落后就要挨打，就得被人欺。再看看国内，经济到了崩溃的边缘。我们绝不能故步自封，要面对现实，严峻的现实！

赵战生 忧患意识、责任意识、大局意识，这都是留给我们银龙的宝贵财富。亮子，放心地走吧，我们一定当好二传手。

肖　亮 地球离开谁都能转，但我真的不想离开银龙。这是实话，心里话。

肖亮有些说不下去了，他尽量控制自己的情绪。他凝视着前方，眼睛湿润了。

赵战生和陆洁同感，目视着前方。

车内一片沉默，只有发动机不停地轰鸣……

旁　白 平心而论，他们都不是位高权重的封疆大吏，决定不了国家的大政方针，他们只是党的最普通的基层干部。但他们的忧患意识、责任意识、大局意识及锲而不舍、无怨无悔的奉献精神，连同他们所创造的奇迹，挺起了中华民族的脊梁，让祖国和人民看到了希望。

雄伟的黄土高原上　日　外

夕阳似血，如火如荼。我国第一条 330 千伏输电线路就像一条巨龙笑卧在白雪皑皑的黄土高原上，在夕阳的辉映下，泛着霞光。

吉普车疾驰的背影融进远方的塔影之中……

高洪亮家　夜　内

听说陆洁在北京开会回来路过沈阳要把陆露接回去。英子也要和儿子高旭光一同回银龙。

于华，还有李奶奶，里里外外打点行装忙个不停。于华不让李奶奶干，李奶奶非要干。

于　华 妈，您歇着吧，这点儿东西我和英子一会儿就收拾完了。

李奶奶 干了一辈子了，待不住哇，英子别忘了把鸡蛋带上。

英　子 忘不了。

李奶奶 别说，这重外孙一走，这心里还有点儿不得劲儿。

于　华 妈，沈阳离长春也不远。您要是想啦，我就带您坐火车去，放心吧。银龙的人可好处了，凭英子的为人更差不了。

高旭光和陆露一晃都四五岁了，他俩高兴地玩儿着捉迷藏。

英　子 妈，陆总真是个大忙人。

于　华 她可不是一般的人。

英　子　是啊。小兵可服她了。

于　华　你打听打听谁不服哇，看着吧，咱银龙、东北电管局可能都留不住了，早晚得进京。

高旭光一不小心把地上的水盆踢洒，摔了一跤，脑袋磕个包。

高旭光捂着头要爬起来。

陆露赶紧扶起高旭光。

陆　露　（边给他揉脑袋边心疼地）旭光疼不疼？我给你揉揉。

高旭光　没事儿，不疼。

英　子　（埋怨地）我让你们俩好好玩儿，偏不听，就是个疯啊，怎么样？磕坏了吧？让我看看。

高旭光　（极力躲开）没事儿。

英　子　死小子还嘴硬，磕了这么大一个包。

于　华　是吗，来，叫奶奶看看。

高旭光过来依偎在奶奶的怀里。

于　华　（检查高旭光的头）确实挺大，没事儿，我孙子坚强。

英　子　你们就惯着吧，妈，你和奶奶就别干了，看孩子吧，我一个人收拾就行了。（继续干活）

于　华　行行行。陆露，你也过来。（冲着两个孩子）我问你们俩，在幼儿园又学什么新歌了？

陆　露　好多呢。

于　华　给奶奶表演表演好吗？

陆　露　好，（刚要唱，停了下来，征询地）旭光，还是你先唱吧？

高旭光　你先唱呗，奶奶，她唱得可好了，跳得也好。

于　华　是吗，那就陆露先来。

陆　露　先来就先来，我唱完了，你必须唱，不许耍赖。

高旭光　耍赖是小狗。

陆露边唱边跳。

　　　　　　　　　我爱北京天安门，
　　　　　　　　　天安门上太阳升。
　　　　　　　　　伟大领袖毛主席，
　　　　　　　　　指引我们向前进。
　　　　　　　　　我爱北京天安门，
　　　　　　　　　天安门上太阳升。
　　　　　　　　　伟大领袖毛主席，
　　　　　　　　　指引我们向前进。

于　华　（鼓掌）好。唱得好，跳得好，表演得更好。旭光，该你了。

高旭光　（想）我唱，我唱什么呢？

陆　露　唱《北京的金山上》。

高旭光　《北京的金山上》？行。

旭光也边唱边跳。

陆露随着节奏拍手。

> 北京的金山上光茫照四方，
> 毛主席就是那金色的太阳。
> 多么温暖多么慈祥，
> 把我们农奴的心儿照亮。
> 我们迈步走在，
> 社会主义幸福的大道上。
> 嘿，巴扎嘿。

众人鼓掌。

于　华　好好好，旭光表演得也非常好。祝你们演出成功。来来来，让奶奶一人亲一口。

于华分别亲两个孩子。

陆　露　（忽然想起了妈妈，望着于华，有些忧伤）奶奶，奶奶，这都几点了，妈妈怎么还不来呀？我都好长好长时间没看着她了。

高旭光　我也想了。

外面有人敲门。

陆　露　（突然高兴起来边喊边去开门）奶奶，妈妈，妈妈回来了，妈妈回来了。

于华走到门口开门。

于　华　说曹操，曹操就到，来，快进屋。

陆　洁　高局长没在家呀？

于　华　没有，也出去开会了。

陆　洁　等以后有机会再跟他汇报吧。那我就不进去了，还有两个小时车就开了，带俩孩子走得慢。英子、旭光准备走哇。陆露和奶奶再见。

英子应了一声，拿起东西，领着高旭光。

陆洁领着陆露出了门。

陆　露　（甜甜地和于华、李奶奶摆着手）太姥姥，奶奶，再见，再见。

于　华　再见，路上小心。

于华和李奶奶依依不舍地送两对母子出门。

陆洁家卧室　夜　内

母女俩刚刚洗完澡穿着睡衣走进卧室。

陆　露　卖火柴的小女孩儿真可怜，那后来呢？

陆　洁　（边铺被边讲）后来，后来小女孩儿就把剩下的所有火柴都擦亮了，在一片光芒中，她和奶奶就飞了起来，她们飞呀飞，飞到了一个没有冰雪，没有绝望，没有伤心的幸福天堂里去了。好了，赶紧睡觉吧。

陆露钻进了被窝。

陆洁也进了被窝。

陆　露　妈妈，听说你去北京了？

陆　洁　（给陆露盖好被）是啊。

陆　露　你见到毛主席了吗？

陆　洁　毛主席可不是谁想见就能见的。

陆　露　那赵叔叔怎么能见到毛主席呢？

陆　洁　你听谁说的？

陆　露　幼儿园老师讲的。

陆　洁　赵叔叔是劳动模范，是了不起的大英雄，他为党和国家做出了突出的贡献，所以，就能见到毛主席了。

陆　露　那我能见到毛主席吗？

陆　洁　只要你好好学习，听党的话，听妈妈的话，将来做一个有理想、有知识、有能力的人，就很有可能像赵叔叔那样见到毛主席。现在的任务就是好好睡觉。

陆　露　那好吧，我听话，睡觉。

陆　洁　哎，这才是好孩子。

陆露闭上了眼睛。

陆洁躺下把灯关掉。

王芳家客厅　日　内

客厅里王芳在给秦峰换上衣。

亲家母李玉珍拿着毛巾给陆露擦着手和脸。

陆　露　（噘着嘴有些焦急地）姥姥，我又有好长时间没见到妈妈了。

陆露眼泪在眼圈里打转。

李玉珍　（见状，赶紧疼爱地抱起陆露）哎呀，好宝贝，又想妈妈啦，听话，在刘姥姥家多好哇，还有小峰陪你玩儿，咱不着急，你妈就快回来了，来，让姥姥稀罕稀罕。

王　芳　是呀，陆露去和小峰玩儿积木吧。乖。

秦　峰　走，我再给你搭一个大房子。

秦峰拉着陆露去了里屋。

李玉珍　（轻叹一声，对王芳）亲家母，这孩子太可怜了。

王　芳　谁不说是呢，陆洁根本就没有时间照顾她。所以，咱就得多帮衬点儿，这不一晃也这么大了。

李玉珍　是啊，继伟就是这样长大的。好在我还能陪着他，可陆露就不一样了，这白天还好说，小峰和陆露还能在一块儿玩儿，到了晚上陆露就发怔，不哭不闹不说话，那是想她妈了，这孩子懂事早哇。不像小峰，光知道淘。

王　芳　越这样就越让人疼。孩子大人都不容易呀。

李玉珍　亲家你先看会儿，我去把旭光接来。

王　芳　行，你去吧。他们仨到一块儿，陆露会更开心的。

李玉珍开门出去。

第二十三集

王芳家里屋　日　内

屋内秦峰的积木搭得有模有样。

陆露两只小手托着下颌安静地看着。

王芳家客厅　日　内

不一会儿李玉珍领着高旭光开门进来。

高旭光　（礼貌地对王芳）奶奶好。

听到高旭光的声音，秦峰拉着陆露的手高兴地从里屋跑了出来。

秦峰高兴地和高旭光扳脖抱膀，陆露在旁欢快地拍着小手。

秦　峰　旭光就等你了，咱俩玩儿军棋让陆露当裁判行不？

高旭光　行啊。走。

三个孩子蹦跳着进了里屋。

王　芳　这三个孩子形影不离。好得就像一个人似的。

李玉珍　可不是，离开一会儿都不行。这不，旭光在家正闹呢，哭着喊着非要来，幸亏我去了，要不，没完。

王　芳　这让我想起了小兵、小丹和继伟那会儿，不也这样吗？到一块儿就打，可没过两分钟又好了。

李玉珍　可不是。哎？亲家母，我听说，这次陆洁去开会，开大发了！从兰州开到北京，又从北京开到什么，宜昌。

王　芳　你这么一说，我倒想起来了，参加会议的除了中央和水电部领导外，一码是全国最有名的专家。

卧室里先是传来三个孩子欢叫声，接着传来了歌声。

> 小松树快长大，
> 绿树叶发新芽。
> 阳光雨露哺育它，
> 快快长大，
> 快快长大。
> ……

听到这歌声，王芳和李玉珍都很感慨。

王　芳　（若有所思地）小松树快长大，这歌写得好哇。

李玉珍　可不是，有苗不愁长，多快呀，一眨眼的工夫，孙子都长这么大了。要是小峰他爷爷活着该多好哇。

李玉珍有些伤感，擦了一把眼泪。

王　芳　（眼泪在眼圈里转）可不是。这一晃，翰林也走六七年了。时间催人老哇。都土埋半截儿了。

李玉珍　你老，谁信哪！还那么嫩抽。不像我，抽巴得都没人样儿了。

王　芳　净瞎掰，你才不老呢。身体比我强。

李玉珍　不行了，想当年扛几十斤粮食上楼嗖嗖的，现在，不服老不行喽。

三个孩子在屋里吵起来了。

高旭光　秦峰，你玩儿赖。

秦　峰　我才没玩儿赖呢，是你笨。

陆　露　行了，行了。你们不吵行不行？

高旭光　不行。

秦　峰　不行。

高旭光　你想咋地?

秦　峰　我不想咋地。

……

听到孩子们吵嘴。

王　芳　得，又干起来了。

李玉珍　走，快去看看吧。

两个人快速跑进了卧室。

赵战生家　日　内

时光飞逝，"刘天关" 330千伏输变电线路已经竣工。已近年关，银龙家家都在准备过年，外面零星地响着爆竹声。

赵战生打扫卫生，累得他满头大汗。

他累了，坐在沙发上望着张秀香的遗像，眼里蓄满泪水。

赵战生　（自言自语地）秀香啊，这么大的房子就你一个人住挺孤单吧，真想陪陪你，可没办法，这工程一个接一个，忙得我是脚打后脑勺。不说这个了。我听肖亮说，建华这小子在部队干得不错，都当上连长了。我知道他恨我，我不怪他……

赵战生说不下去了，泪水滚了下来。

电话铃响了。赵战生擦了一把眼泪去接电话。

薛　刚　一个人在家干啥呢？

赵战生　收拾收拾屋子，这不快过年了吗。

薛　刚　行了，别干了，到我这儿来吧。明天叫小玲帮你收拾。咱哥儿俩可好长时间没在一起喝酒了。再说，我也有事儿找你商量。

赵战生　啥事儿呀，明天再说吧。

薛　刚　不行。马上就来！官儿不大傲还不小。怎么，非要我过去请你呀？少跟我装大尾巴狼。

赵战生 好好好，我现在就过去。

薛 刚 哎，这就对了，快点儿啊。

赵战生 好吧，一会儿见。

赵战生无奈地摇摇头，草草地收拾一下，走出了家门。

薛刚家 傍晚 内

薛刚和小玲紧忙活，桌子上放满了菜。

赵战生敲门，薛刚迎进。

赵战生 嚯，这么大一桌子，好丰盛啊。

薛 刚 这不快过年了嘛，怎么也得像点样儿不是。（拉着战生的手）来，快坐，快坐。

薛刚拉着赵战生坐下。

方小玲端菜进来。

方小玲 战生啊，明天，我去给你收拾，这活儿本来就不是老爷们儿干的。老薛，倒酒，倒酒。

薛 刚 好好好，倒酒。

赵战生看着一桌子的酒菜。

赵战生 好家伙，这不提前过年了嘛。小玲，你就别忙活了，一起吃，一起吃。

方小玲 行行行，还有一个汤，你们哥儿俩先喝着，我一会儿就过来。

方小玲转身进厨房。

薛刚拿起酒瓶倒酒。

薛 刚 本来想等陆洁开完会回来，咱们一起聚一聚。没想到，左等右等，到现在也没回来。后来一想，还是咱哥儿俩先唠唠吧。

赵战生 啥事儿啊，神秘兮兮的。

薛 刚 （倒好酒）事儿多了，先来一个。

薛刚端起酒杯和赵战生碰了一下，一饮而尽。

薛 刚 （举着空酒杯冲着赵战生）快喝快喝，别整事儿。

赵战生端起酒杯看着薛刚也一饮而尽，不禁有些伤感。

薛 刚 咳，每逢佳节倍思亲哪！战生，真难为你了。

赵战生 秀香离我而去，建华又不冷不热的，你说……

薛 刚 战生啊，秀香得的那是癌，就是神仙也没办法。这也就是秀香吧，换别人早就踢蹬了。咱从另一个角度看，这对秀香也是一种解脱，不然，多遭罪呀。至于建华那小子，早晚他会理解你的。你还别说，这小子还真行。肖亮跟我说了，再历练几年当个营长没问题。

赵战生 你就替他吹吧。大龙和大凤干得也不赖呀，军中的大明星，可受欢迎了。

薛 刚 那倒也是，可宣传队是业余的，没编制，没指标，要想提干太难了。这一晃都三年多了，已经超期服役了，所以我认为，早晚都得复员，那就早点儿回来，铁打的营盘流水的兵。孩子也是这个意思。你看呢？

赵战生 我看行，早点儿回来进银龙，今年就应该回来。

薛 刚 可不是，他们俩是软磨硬泡费了好大的劲儿，师里总算批了。肖亮这小子做了不少工作呀。

赵战生 （想了一下）按说应该回来了。

薛 刚 这不赶上过年吗，宣传队要下部队慰问演出，他俩是台柱子离不开，春节过后就能回来了。

赵战生 行啊，也不差这两三个月，回来先让他们到一线锻炼，找机会再把他们送去上大学，两三年后，咱银龙又多了俩大学生。到那个时候，他们也都不小了，咱就把建华和小凤的婚事儿一办，对我来说，也就大事儿完毕了，更能告慰秀香的在天之灵！

方小玲 （没等赵战生说完，接过话茬）好，我举双手赞成。也去了我一块儿心病。虽然从小就定了娃娃亲，可世事难料，谁能想到小兵和刘丹就不行了呢，趁着他们现在还热乎，就给他们办了，免得夜长梦多。到时候，后悔就来不及了。

薛 刚 说得好，（给小玲倒酒）来，咱们仨喝一个。就算会亲家了。

赵战生 这话说的，咱们早就是亲家了。

三个人碰杯一饮而尽，呛得方小玲直咳嗽，但她非常高兴。

方小玲坐下给赵战生和薛刚夹菜。

方小玲 你们俩别光喝酒，来，吃菜吃菜。战生啊，这个年咱们就一起过，往后也这样。咳，要是秀香在就好了，这秀香啊，哎……（说不下去了，擦着泪）

赵战生、薛刚眼圈也红了。

薛 刚 （埋怨）你看你，挺好的事儿，这叫你整的。

赵战生 行了，薛刚，她们姐俩的感情不比咱差，能不想吗？

薛 刚 这我还不知道吗。战生啊，自从秀香走了之后，我发现你变化很大，少言寡语，也有白头发了。可我们不能靠痛苦自责过日子吧，咱得往前看。咱远的不说，就说这几年，我们银龙多灾多难，历尽坎坷，如果没有你，没有我们大家的共同努力和坚持，咱银龙能有今天吗？我不是给你戴高帽，也用不着戴，这是有目共睹的。秀香是啥人你不是不知道，为了你，她可以付出、牺牲一切。为了不让你分心，连爷爷、奶奶过世都没告诉你。因为，她知道你忙，回不去。

方小玲 薛刚说得没错儿。秀香就是这样的人，我太了解了，她非常理解你，更爱你，为了你，她可以牺牲一切。她确实吃了不少苦，可她心甘情愿哪！眼看苦日子就熬到头了，她却走了。阎王让你三更死，绝不留你到五更。这就是命！战生，认了吧。你不能老这样，别说秀香了，我们大家看着都心疼啊！

薛 刚 就是嘛。你以为这样就能告慰秀香的在天之灵了？你太小看秀香了。她决定嫁给你，就是想让你过得更好，她埋怨过你吗？拖过你后腿吗？没有，都没有！只要你开心，她就高兴。你这个样子，她不开心，不高兴！一晃，秀香过世都三年多了，我不是让你忘掉秀香，事实上，别说你，我们谁都忘不了。但咱们也得面对现实呀。你总觉得对不起秀香，可你就对得起陆洁吗？

赵战生 我谁都对不起。

薛 刚 知道就好。

赵战生 可我……

薛 刚 你什么你。战生，如果秀香泉下有知的话，也是想让你尽快回到陆洁的身边。这事儿，你应该清楚。

方小玲 对对对！秀香不止一次地跟我说，小玲啊，咱对不住陆洁，咱把战生抢过来了，人家不但不恨咱，还实心实意地帮咱。就说挨饿那阵子吧，要不是陆洁偷偷地给你们家寄钱，说不定两个老人早就交待了。秀香这辈子没有遗憾，要说有，那就是觉得对不起陆洁。这也是她的一块心病啊！如果我是秀香，也希望你和陆洁，因为你本来就属于她。

薛　刚 （给小玲鼓掌）说得好，太好了！

方小玲 （打断薛刚）别打岔，我还没说完呢。说句不好听的话，现在知道后悔了，早干啥了？下过雨送蓑衣，孩子死了来奶了，晚了！（指着赵战生）赵战生，还有你，（点着薛刚的头）你们哪个人顾过自己的家？是，秀香这辈子确实跟你吃了不少苦、遭了不少罪，可她心甘情愿！咱银龙的老娘们儿哪个不这样！

屋里顿时沉默。听到的是他们的抽泣声⋯⋯

不一会儿，方小玲首先打破了沉寂。她擦了一把眼泪。

方小玲 你们哥儿俩，也别往心里去，老娘们儿就这样儿，憋在心里难受。说出去就好了。来来来，喝酒喝酒。

方小玲端起酒一饮而尽。呛得够呛，可她心里非常痛快。

旁　白 这就是送电人的家属，她们不离不弃，无怨无悔，甘愿奉献，正是她们撑起了银龙的半边天。

薛刚端起酒。

薛　刚 来，战生。为我们家属无怨无悔、不离不弃的支持，干杯！

赵战生 对对对，小玲，我和薛刚代表所有职工敬我们永远也爱不够的家属。

方小玲扑哧一笑，举起酒杯。

方小玲 也为你们给我们长脸干杯。

三人举杯共饮。

薛　刚 行了，战生。咱就别磨叽了。小玲说出了家属的心声。还是面对现实吧，家里没有外人，咱俩就不用说了，小玲那也曾是魂牵梦绕你的人，用时髦的话说，那就是梦中情人。

赵战生 （急了）薛刚，你扯啥呢？

薛　刚 啥？实话。你问问小玲。

方小玲 （抿嘴笑，装生气）是是是，咋地！有话就说，有屁就放。

薛　刚 战生，你是不是还有别的什么难言之隐哪？

方小玲 （想了想后，一拍桌子）我想起来了，建华！（指着战生）对不对？

赵战生点了点头。

薛　刚 封建，老封建！这都啥年月了？父母都不能干涉孩子的婚姻自由，孩子就能干涉老子的婚姻自由吗？笑话！纯属笑话！

赵战生 话是这么说，可真要有那么一天，建华还是转不过弯儿来，一家人总这么别别扭扭的，多难受哇？再说，这对陆洁也不公平啊。

薛　刚 这倒也是个问题。不过，你放心，不管怎么说，建华也是我半个儿，有些话我来说。

方小玲 对对对，还有我这个丈母娘呢。没问题。

薛　刚 这事儿，你跟建华说了吗？

赵战生 没有，就那小子的脾气⋯⋯

薛　刚　你还真别小看他，人家的思想觉悟不一定比咱差，大小也是个连长，师里的典型。咱们别在这儿杞人忧天了。来来来，喝酒，喝酒。好事多磨，好事多磨。

三个人推杯换盏好不痛快。

赵战生办公室　日　内

赵战生正在接陆洁的电话。

赵战生　好好好，太好了。时间你看着办，反正都到年根儿了，事儿也不多，你把那边的事情办好。早一天，晚一天都行。好好好，我马上就给肖亮打电话。

赵战生放下电话，马上给肖亮打电话。

赵战生　是老肖吗？我是战生，刚才陆洁来电话特意让我替她向你汇报，咱们"刘天关"的鉴定会早就开完了，结论是工程全部达优。对，为我国将来上500千伏超高压输电线路摸索了经验。这次会开大发了，从西北开到了湖北，最后到北京。对，肯定会有大动作。到时候，一定向你汇报。大龙和小凤复员的事儿，还得谢谢你呀。可不是，从小就定的娃娃亲。没想到建华能干成这样，这都是部队培养教育的结果。我放心，放心。好了，好了，你忙吧。

赵战生放下电话，兴奋地给薛刚打电话。

赵战生　老伙计，不管你干啥，马上到我这来。

薛　刚　啥事儿？

赵战生　你来了不就知道了吗？快来吧。

赵战生放下电话，拿起红蓝铅笔来到地图前。

赵战生在长江三峡、宜昌、武汉、上海等地画上了圈。

然后抱着膀开始思考。

薛刚走了进来，疑惑地看着赵战生。

薛　刚　你搞什么名堂？

赵战生　大名堂。（指着地图）你看，这是什么地方？

薛　刚　宜昌啊？

赵战生　咱们国家在这儿干啥呢？

薛　刚　建水电站。

赵战生　对。

薛　刚　你听谁说的？

赵战生　陆洁。

薛　刚　她怎么知道？

赵战生　她现在就在葛洲坝。

薛　刚　她不是在兰州开鉴定会吗？怎么跑那儿去了？

赵战生　工作需要呗。

薛　刚　用你废话，少卖关子，到底咋回事儿，快说。不然，我可走了。

赵战生　哎哎哎，别走别走哇，我说，我说。与其说这次是"刘天关"330千伏超高压输变电工程的鉴定会，倒不如说是500千伏超高压输变电工程的务虚会、论证会，或者说是启动会。

薛　刚　是吗？

赵战生 是妈不叫大娘。开个鉴定会，能用这么长时间吗？咱们是优质工程，无可挑剔。

薛　刚 那是啊，这个工程的意义远远超过了工程的本身。

赵战生 问题就在这儿。不是我们中国人不行，而是有些事情要不要干，什么时候干，怎么干。只要我们横下一条心，扎扎实实，不搞花架子，不再瞎折腾，我们就没有什么干不成的。

薛　刚 说得好。"刘天关"工程就证明了这一点。

赵战生 现在大家都憋着一口气，尤其是那些有识之士，个个都铆足了劲儿，坚决要把浪费的时间夺回来。你知道这次鉴定会都来了哪些人吗？除了各级领导之外，一码是全国顶级的电力专家。

薛　刚 哎呀，太隆重了。

赵战生 再不干就不行了，中国经济已经到了崩溃的边缘。本来建完三峡才能建葛洲坝。可是不建不行啊，1964 年，落实了毛主席提出的"要下决心搞三线建设"的指示之后，到了1967 年 7 月，已经有十多个大型企业都建在宜昌地区；接着，一大批国防军工企业和科研单位也落户在宜昌的山区。这么多用电大户扎堆儿在这儿，好家伙，使湖北全省及邻近几个省陷入了严重缺电的困境。为了解决用电的燃眉之急，有条件要上，没条件创造条件也要上。你知道葛洲坝电厂总装机容量是多少吗？

薛　刚 多少？

赵战生 271.5 万千瓦。年平均发电量 157 亿千瓦时。

薛　刚 哎呀，这么大的发电量必须得用 500 千伏超高压输电了。

赵战生 完全正确。高兴不？

薛　刚 高兴，太高兴了。

某车站月台　傍晚　外

列车进站，旅客上下车。

陆洁大包小裹地拿了很多东西艰难下了车。

一个年轻人双手提着重重的大皮箱子跟在她后面也下了车。

薛刚和赵战生赶紧迎了上去。

年轻人放下箱子。

陆洁和他握手表示谢意。

陆　洁 谢谢，谢谢。

年轻人 不客气，应该的。

年轻人离开。

赵战生拎起箱子，薛刚帮陆洁拿别的东西，三个人顺着人流走出月台。

某车站出站口　傍晚　外

三人随旅客出站，他们来到那辆中吉普车前有说有笑装好行李上了车。

薛刚发动车，车子轰鸣一下熄了火。薛刚又连续发动几次都没打着火。

陆　洁 （惊奇地）怎么回事？

薛　刚 不行了，这家伙太老了。

赵战生 要不推推试试？

薛　刚　不用，我下去看看，你们在车上待会儿。（说着戴上线手套下去）

薛刚打开机器盖子，修理。

赵战生　这车也就服薛刚，要不早报废了，这小子就是舍不得，肖主任在的时候就要换，我和老薛谁都没同意，现在实在跑不动了，该休息喽。

一会儿薛刚上车，打着了火。

薛　刚　（兴奋地一拍方向盘）老伙计，真长脸啊。

车开走。

路上　傍晚　外

车在华灯初放的街道上穿行。

车上　傍晚　内

薛刚兴奋地开着车，陆洁坐在前排。赵战生坐在后面扶着箱子。

陆　洁　一坐上这车就有太多太多的感慨。

薛　刚　是啊，风风雨雨一路走来，它见证了我们银龙的一切。真舍不得呀。

赵战生　都说怀旧是一种衰老的表现，多快呀，我们也没几年蹦跶了。

薛　刚　可不是，咱们仨，我第一个退。真想退前多干点儿，免得遗憾。陆洁，快说说，咱们什么时候上 500 千伏？

赵战生　吹气呢？看把你急的。

薛　刚　你就装吧，这些天谁总披个军大衣在屋里晃来晃去呀？

陆　洁　怎么说呢？如果不考虑设备的国产化，应该在十年左右吧。要是全部采用国产设备，那就得十年开外了。

薛　刚　好家伙，这么长啊？

陆　洁　我的同志哥，这就够快的了，我好像跟你们说过，按照世界电网电压等级升高的规律来看，一般需要十五到二十年。1952 年，我们完成了第一次电压等级的提升，那就是让我们银龙引以为豪的举世闻名的"506"工程，也就是 220 千伏的"松东李线"。

赵战生　真是这样。1954 年的 220 千伏到 1972 年的 330 千伏，整整用了十八年。

薛　刚　科学这东西真是了不起，算得太准了，服了。

陆　洁　你们以为算对了？错了！时间对，可是电压的值不对。

两个人　（异口同声）不对？

陆　洁　当然不对了。电压等级的升高是用倍数计算的。

赵战生　（一拍脑门）对呀！我想起来了，你好像讲过一个公式，我记不清了。我只记得电压等级每升高一倍，就能提高四倍的输送能力。220 千伏升高一倍那就应该是 500 千伏哇？330 千伏升高一倍就是 750 千伏。（仔细想）好像也是听你说的，就在"文化大革命"的前一年，人家国外已经上 750 千伏了。

陆　洁　还行，我教你的那点儿东西还没都就饭吃了。

赵战生　看你说的，哪儿能呢？

薛　刚　别说，战生，你还真行。

赵战生　名师出高徒嘛。

陆　洁　你就吹吧。

三个人开怀大笑。

路上　傍晚　外

这台美式中吉普车在马路上穿行，与街面上过往的新式车辆形成强烈反差。

银龙公司办公大楼前　夜　外

车在办公大楼门前停下。三人下车。

薛刚帮陆洁拿别的东西，赵战生提着重重的箱子艰难地跟在后面。

陆洁的办公室　夜　内

陆洁进屋后打开灯，赵战生和薛刚跟进。

赵战生累得满头大汗，他放下箱子。

赵战生　（边擦汗）这里装的是啥呀？这么沉。累死我了。

陆　洁　全是最珍贵的有关超高压、特高压的书和资料，可惜就这么多了，要是有，我还拿。

赵战生　我看你是贪财不要命。我就纳闷，你是怎么弄上火车的？

陆　洁　我哪有那个能耐呀？北京的同志都我送上车。下车也是求的人。你们猜，这次我看着谁了？

薛　刚　谁呀？

赵战生　莫非司徒？

薛　刚　他不在北方变压器厂吗？啊，我明白了，500千伏咱们要国产化。

陆　洁　对。这次参加会议的都是全国顶级的专家，部长还接见了我们，可以说，这是一次盛况空前的科技盛会，收获太大了。形势逼人，任务艰巨，而且机不可失，时不再来呀！

赵战生　你好像很少这样兴奋过？

陆　洁　是啊，虽然严冬还没有过去。但是，科技的春天已经到来了。真叫人兴奋哪。

赵战生　我现在就憋不住了，恨不得马上就干500千伏超高压工程。

薛　刚　大家的心情都一样。可是心急吃不了热豆腐。还是陆洁说得对，咱们还得按科学的规律办事儿。你看看（示意赵战生）这些天把陆洁都累成啥样了，人都瘦了一圈儿。

赵战生　（一拍大腿）哎呀，光顾唠嗑了，走走走，陆洁，我们哥儿俩给你接风洗尘，（示意薛刚）薛刚，走！

两人拉着陆洁就往外走。

陆洁办公室　日　内

陆洁办公桌上摆满了外文书籍、资料、计算尺和图纸。

一缕正午的阳光透过结着霜花的窗户照进办公室，显得暖意融融。

陆洁白色的毛衣领口翻在蓝工作服的衣领外，透着一股清秀、干练。

她在紧张工作，有人敲门。

陆　洁　（头也不抬地）请进。

赵战生披着军大衣进来。

赵战生　真是废寝忘食啊，快走吧，又过点儿了。

陆洁不情愿地站起来伸着懒腰，看了一下表。

陆　洁　可不是，快走，快走。

赵战生拿起陆洁的外套帮她穿上。

两人离开了办公室。

银龙食堂　日　内

开饭的时间已过，食堂已经没人了。

两人拿着自己的餐具准备打饭。

食堂厨师和服务员从伙房端来热腾腾的饭菜。

陆　洁　这是干啥呀？太麻烦了！

厨　师　麻烦啥，您干的是大事儿，不光为咱银龙，也是为国家和人民。别说赵主任交代了，就是没交代，我们也不忍心老叫您吃凉的呀。

服务员　可不是咋地。不要客气了，趁热快吃吧。

两人把饭菜放好，转身离去。

陆　洁　谢谢，（转过脸对战生，小声地，表面埋怨，心里感激）净搞特殊化。

赵战生把饭盛好递给陆洁。

赵战生　行了，别愣着了，快吃吧。

陆洁接过饭碗坐下吃饭，心情非常复杂。一向傻乎乎粗心大意的人，竟能对自己这样呵护，眼泪都差点儿流出来。赵战生似乎没有察觉。

赵战生　我可跟你说，真不能老这样拼了，身体是革命的本钱。你这没白天没黑夜地拼，就是铁打的也不行啊。

陆　洁　我以后注意就是了。

赵战生　光嘴上说不行，我得看行动。

陆　洁　我向毛主席保证。

赵战生　得了吧，这话你都说多少遍了。我明天去沈阳开会，你自己要注意点儿，别让我惦记。

陆　洁　什么时候回来？

赵战生　三五天吧。

赵战生给陆洁夹菜。

陆　洁　你也要多注意点儿。你别老给我夹了，你咋不吃啊？

赵战生　我吃过了。

陆　洁　战生，这个特殊化不能搞。

赵战生　不搞可以，只要你按时吃饭。

陆　洁　好家伙，在这儿等着我呢。你真会做工作。好，从今往后我一定按时吃饭。

赵战生　说准了？

陆　洁　说准了。

某车站出站口　夜　外

司机提着包跟着赵战生随旅客走出车站。

司机紧跑几步打开车门，赵战生上车。司机关上车门，来到驾驶舱侧上车，打着火，车开走。

某市　夜　外

马路两边成排的黑松树上的积雪，在街灯的映衬下泛着橘黄色的光，显得晶莹剔透。

车水马龙的街道两侧商店灯火阑珊。

车在街上行驶，两边车辆掠过。

司　机　主任，这次开会，你不说得三五天吗，怎么这么快就回来了？

赵战生　你想想，各工区马上就要进点儿了，事儿那么多，我坐不住哇。

司　机　可不是，薛主任下去还没回来，就陆总一个人在家，每天都很晚才回家。

银龙公司办公大楼门前　夜　外

车在办公大楼门前停下。

赵战生和司机分别下车。司机指着陆洁的办公室。

司　机　您看，她还在忙呢。

赵战生　好了，太晚了，你回去休息吧。

司　机　那好，您也要早点儿休息。

司机上车，车开走。赵战生走进办公楼。

陆洁办公室　夜　内

陆洁办公桌上、沙发上、地上到处摆满了书刊、资料、图纸。

陆洁实在太累了，她趴在桌子上睡着了。

楼梯　夜　内

赵战生急促的脚步。

走廊　夜　内

赵战生渐渐放慢了脚步来到陆洁的办公室门前，轻轻地敲门。里面没有反应。赵战生有些疑惑，他推了一下，开门了。

陆洁办公室　夜　内

赵战生赶紧进屋，悄悄地把门关上。他蹑手蹑脚地走到衣架，拿下陆洁的大衣，走到陆洁的身边轻轻地给她披上。然后，又蹑手蹑脚地走到沙发处，非常小心地把沙发上的书放到别处，最后坐下，静静地望着陆洁。

逐 梦

旁　白　赵战生静静地望着这个自己最敬重、最深爱、最对不起的女人，为了祖国电力事业的发展，她呕心沥血、忘我工作累成这样，真是感慨万千……

画面闪回：

陆洁和赵战生在雪地里打雪仗。

陆洁在前面跑，赵战生在后面追。

他们在雪地里、山岗上、树林中追逐、打闹、嬉戏，最后累得躺在雪地上。

陆　洁　战生，如果有一天，我离开了你，你会想我吗？

赵战生　当然会想。好好的，你问我这个干啥？

陆　洁　这你就别管了，我问你，是不是真心话？

赵战生　绝对是真心话。撒谎不是人！天打五雷轰！

一阵急促的电话铃声，打断了赵战生的回忆，惊醒了陆洁。

陆洁没有马上抬头，趴在桌子上，去摸电话。她太累了。

陆洁把听筒拿到自己的耳边。

陆　洁　您好，哪位？

王　芳　（听筒）陆洁，我是王芳。

陆　洁　啊，师母，有事儿吗？

王　芳　（听筒）没什么事儿，陆露和小峰已经睡了，你就放心吧。我就是提醒你别太晚了，早点儿休息，我是怕你累坏了。

陆　洁　啊，谢谢，我没事儿。真不好意思，老让您惦记。太晚了，赶快休息吧。

陆洁趴在桌子上本能地把电话放在话机上，渐渐地抬起头，揉着眼睛，摸了摸身上披着大衣，这才看见赵战生正坐在沙发上，一声不响地、专注地看着她。

陆　洁　（有些不好意思，微笑且沙哑地说）战生？这么快就回来了？

赵战生　啥也别说了，赶快收拾收拾，我送你回家。

赵战生过来就要帮陆洁穿大衣。

陆洁制止。

陆　洁　战生，你这是干啥？

赵战生　干啥？你心里明白。我就怕你整天没命地干，会没开完就跑回来了。你瞅瞅，都瘦成啥样了，眼睛通红通红的，你不要命了？来来来，穿上，快穿上。

陆　洁　战生，你的心情我理解，可现在都什么时候了？你不是想干 500 千伏吗？

赵战生　想啊，这是我们追逐的梦想啊。

陆　洁　那 1000 千伏呢？

赵战生　1000 千伏？没敢想，咱也要上？

陆　洁　现在不行，将来肯定上。

赵战生　你开玩笑吧？

陆　洁　绝对不是开玩笑。

赵战生　（不解地）我想想。500 千伏升高一倍，那是 1000 千伏。那叫啥呢，（想了想）超超高压？

陆　洁　（笑）你可真会取名，那叫特高压。

赵战生　特高压？没听说过。

陆　洁　你没听说过的事情多了。苏联的特高压，基础理论研究已经结束了，现在正在进行设备的研制和施工工艺及电网运行的试验研究，用不了多久，世界最高电压等级的输电线路将会在苏联诞生。人家都上特高压了，我们还在220千伏和330千伏电压等级上徘徊，丢人哪！

赵战生　那不都是这些年闹腾的嘛。不提还好，一提，我的气就不打一处来。

陆　洁　光生气有用吗？我们要把浪费的时间抢回来。战生，有个事儿，我不得不跟你说了，你要做好思想准备。

赵战生以为说的是他俩的事儿，有点难为情，强装若无其事。

赵战生　没事儿，你说吧。

陆　洁　我可能要调走。

赵战生　调走？到哪儿？

陆　洁　没一定，可能武高所，也可能是中国电科院。

赵战生　武高所？

陆　洁　就是武汉高压研究所呀。

赵战生　我只听说武汉有个高压试验基地，没听说有武汉高压研究所呀？

陆　洁　你说对了，1974年，为了加强科技工作，原来下放到云南的中国电科院高压所的人一部分回中国电科院，另一部分和实验基地的人马，兵合一处成立武汉高压研究所。

赵战生　啊，原来是这样，什么时候走？

陆　洁　部里说，越快越好。我说不行，现在银龙领导班子加上我满打满算就三个人，最快也得暑期，那时我们班子的三个大学生就回来了，到那个时候，我再走。

赵战生　他们答应了吗？

陆　洁　基本答应了。

赵战生　我说嘛，这次你回来总觉得有点儿不对劲儿，好像有什么事儿，果不其然，真叫我猜对了。走吧，别在这儿窝着了。

赵战生有点儿说不下去了。

陆洁心里很清楚赵战生此时此刻的心情。

陆　洁　其实，我也不愿意走，可是……

赵战生　没什么可是。一个人的能力决定了他所承担的社会责任。你应该担此大任了。别人不了解，我还不了解你吗？像你这样既有理论基础，又有实践经验的人确实不多，再加上你外语水平那么高，做学问、搞科研不用你用谁呀？走吧，天下没有不散的筵席。咳，真没想到，历史总是那样相似与巧合，二十多年前，也是这个季节，你去了苏联，结果……（突然哽咽，实在说不下去了）。

陆　洁　别这样，战生。你我之间，根本不存在谁对不起谁，更不存在谁欠谁的。你我之间的爱是纯洁、真挚的。如果不是在那种特定的环境中……（极力控制）不说了！所以，我很理解你，从来也没有怪过你。都说爱是自私的，可我不这么认为，爱就是对所爱的人的付出和理解，自私的爱那不是爱，充其量是占有。而且，我认为，经受不住时间、风雨和情感考验的爱是脆弱的，这样的爱不值得珍惜。

赵战生　是啊，可我看你这样拼命，心疼啊！

陆　洁　理解万岁吧。我为什么要回来，为什么这样干，你心里最清楚。不说了，相互理解吧。

赵战生 咳，真拿你没办法。可咱们就……

陆　洁 不要说了，有些东西是说不清楚的。听你的话，马上回去。

两人收拾东西。

陆　洁 明天去滑冰怎么样？正好是个星期天。

赵战生 太好了，把陆露也带上，咱们一家玩儿个痛快！

陆　洁 臭美，我嫁给你了？

赵战生 早晚的事儿！

某滑冰场　日　外

早上的太阳照在滑冰场上，平整光滑的冰面反射着灿烂的光。悠扬的乐曲荡漾在冰场上。外圈速滑的人很有节奏地鱼贯滑行。

陆洁和赵战生背着冰刀领着陆露向冰场走来。陆露时而在他们俩的手上打秋千，时而叫他们拉着在冰雪路面上滑行。

陆露做梦也没想到妈妈和她最崇拜的英雄能带她出来一起玩儿。她开心极了。她放开赵战生和陆洁的手，连蹦带跳地向冰场跑去。

陆　洁 陆露注意，别摔着。

赵战生 这小家伙太可爱了。

陆　洁 （十分感慨）可我欠她的太多了。

赵战生 是啊，一年到头也见不了几回，这一走就更遥遥无期了。

陆　洁 我真想把她带走。

赵战生 我理解，可这现实吗？你能把自己照顾好就不错了。我还担心你呢。

陆　洁 陆露是幸福的，因为有那么多人关心她、爱护她、照顾她，但她也是不幸的。因为，她是在那样的环境下出生，还有我这个不称职的妈妈。你知道吗？我既想她，又怕见到她，更怕她问我，她有爸爸吗？她爸爸是谁？为什么不来看她？陆露是听话的孩子，她想爸爸，她需要爸爸……（说不下去了，眼泪流了出来）。

赵战生 （也非常伤感）你放心，今后，我就是陆露的爸爸。

陆露折跑回来。

陆　露 妈妈，你们走得也太慢了，快来呀，这里可好玩儿了。

当陆露走近时，看见妈妈擦眼泪。

陆　露 （不解地）妈妈，你怎么哭了？

陆　洁 妈妈没哭。

陆　露 你骗人，没哭怎么擦眼泪？

陆　洁 是风吹的。妈妈高兴还来不及呢，你问战生叔。

赵战生 对对对，是风吹的。你看看赵叔也流泪了，这小西北风可真硬啊。

陆　露 那我怎么没流呢？

赵战生 你是小孩儿，我们是大人，大人和小孩儿不一样，长大了你就知道了。好了，不说了，咱们赶快去滑冰吧。走喽……

赵战生抱起陆露向冰场走去，陆洁紧跟其后。

他们来到换鞋处。

赵战生和陆洁换完鞋后，共同帮陆露换鞋。

他们换好鞋后，牵着陆露的手一同向冰场中圈滑去。

陆　露　（高兴地喊）嗷，太好喽，太开心喽……

他们来到冰场的中圈，一起教陆露滑冰。

陆露很快就能自己滑了。

陆　露　嗷，我会了，我会了……

赵战生　陆露真棒，鼓掌鼓掌。

赵战生鼓掌。

陆洁在前面倒滑带着陆露，赵战生紧跟在陆露的身后起保护作用。

赵战生　由我陪陆露就行了，你好好玩儿一玩儿吧，也让陆露开开眼。（对陆露）陆露，妈妈滑得可好了，让她给咱们表演表演好不好哇？

陆　露　（鼓掌）嗷，太好了，太好了……

陆　洁　净出馊主意。好吧，试试看。

陆洁滑起来，动作确实有些不太协调，但很快就找到了感觉。

陆　洁　多年不滑，真有些生疏了，不过还好。

陆洁越滑越好，做出很多高难度动作，引起了周围人的围观和赞叹。

陆露更是开心得不得了。

陆　露　（鼓掌）嗷，妈妈滑得太好了，太好了。妈妈教我，教我……

陆洁慢慢地停了下来，滑到陆露的身边。

陆　洁　好好好，来，跟妈妈一起做。

陆洁耐心地教，陆露学得很快。

赵战生不断地鼓励。

陆露已经能做一些动作了。

大家都给以鼓励。

一队队速滑的人在外圈你追我赶。

冰刀与冰面接触的声音，节奏清晰、明快。

……

换鞋处，陆洁和赵战生给陆露换鞋。

陆　露　妈妈求你了，再玩儿一会儿呗。

陆　洁　不行，这都快玩儿一上午了。妈妈还有很多工作呢。

陆　露　那我就和赵叔叔在这儿玩儿。

陆　洁　那也不行，赵叔也非常忙。

陆　露　妈，你们为什么总那么忙啊？

陆　洁　我们是光明的使者，要把光明送给千家万户。

陆　露　啊，那卖火柴的小女孩儿就不会冻死了，对吗？

陆　洁　对呀，陆露真聪明。

陆　露　妈妈，我是石头里蹦出来的吗？

陆　洁　不是。

陆　露　那为什么别的小朋友都有爸爸，我怎么就没有呢？

陆　洁　你爸爸他，他……陆露，咱不说这个好吗？

陆　露　不好，我要爸爸，要爸爸，有了爸爸别的小朋友就不敢欺负我了。

陆露委屈地哭了起来，陆洁也流出了眼泪。

赵战生　今后谁要是敢欺负咱陆露，你就找我。

陆　露　我知道你是个大英雄，妈妈总给我讲，幼儿园老师也讲。

赵战生　我可不是英雄。要说英雄，你妈妈才是英雄，是真正的英雄。她做的事儿别说赵叔，很多很多的人都做不了。你知道工程师、科学家吗？

陆　露　知道。

赵战生　你妈妈就是工程师、科学家，而且还是大科学家。

陆　露　是吗？

赵战生　那当然了，骗你是小狗。

陆　露　妈妈太了不起了，长大我也要当工程师、科学家。

赵战生　好，陆露真有志气。来，让赵叔亲一个（亲了陆露一下）。

陆　露　妈妈，为什么赵叔不是我爸爸，我觉得他就是我爸爸。

陆　洁　别瞎说。

陆　露　真的。我就是这么想的。

赵战生　（非常激动地）陆露，这是真的？

陆　露　真的，骗你是小狗。

赵战生　（含着泪）那好，咱就说定了，从今往后，我就是你爸爸。走，陆露，咱们回家。

赵战生抱起陆露就走。

陆洁激动得热泪盈眶，呆呆地站在那儿没动。

陆　露　（冲着妈妈喊）妈妈，快走啊，咱们回家了。

陆　洁　（擦了把眼泪）哎，来了，来了。

陆洁紧跑几步追了上来。

三人远去的背影……

第二十四集

————————————————

公路上 日 外

赵建华飞快地骑着自行车。

某车站站台 日 外

列车还没进站，宣传队队长握别大龙和小凤。

梁队长 实在抱歉，为了春节的慰问演出，耽误你们回家过年了。

薛大龙 这也是队里给我们的一次机会，让我们向全体官兵敬最后的军礼，我们很欣慰，很知足。

梁队长 真舍不得你们哥儿俩走哇，可是……

薛小凤 我们也舍不得大家呀（说完眼泪流了下来）。

刘爽等人流着眼泪。

刘 爽 要我说，你们哥儿俩就别走了。

队员甲 我说也是，你们这台柱子都走了，以后咱宣传队可就难办了。

队员乙 是啊，你们就别走了。大家在一起开开心心的多好哇。

队员丙 依我看，他们就应该走。铁打的营盘流水的兵，提不了干，大家早晚都得走。何况他俩回去找工作不用愁，更重要的是，还有机会上大学。哪像咱农村来的，回去照样修理地球。

刘 爽 哎？队长，咱们部队不也有上大学的名额吗？

梁队长 有是有，可太少了，根本就轮不到咱们宣传队。咱要有名额，那还说啥了。

列车进站。

梁队长下意识地看了看手表，四处张望。

梁队长 哎，小凤，我通知赵连长了，他说一定来，怎么还没到呢？这可不像他的行事风格呀。

薛小凤 我哪儿知道哇，不会出啥事儿吧？

大家也都纳闷儿，跟着张望。

薛小凤急得直跺脚。

公路上　日　外

铺满白雪的公路上，赵建华飞快地骑着自行车。

一辆拉货的卡车风驰电掣响着气喇叭从赵建华身边驶过，扬起的雪花遮住了赵建华的视线。

赵建华险些被呼啸的风带倒，他赶紧把住车把保持平衡继续骑行。

远处传来马的嘶鸣、小女孩儿和女人呼喊救命的声音。

雪雾过后，赵建华看见远处受惊的马拉着一辆车。车上坐着呼喊救命的农妇和孩子。

车老板被远远地抛在后面，他呼喊着拼命地追赶。

赵建华飞身跳下自行车，向狂奔的惊马跑去。

赵建华　（高喊）老乡，别怕，我来了！

后面有人喊　解放军同志，危险啊……

手术室外走廊　日　内

急匆匆的脚步，飞速滚动的病床车轮。

几个医生、护士推着赵建华，一个护士举着吊瓶，他们急匆匆向手术室跑去。

梁队长、刘爽、宣传队的同志、车老板、农妇拉着小女孩儿跟在后面跑。

手术室门口　日　内

有人拉开手术室的门。

医生护士推着赵建华进了手术室。

众人拥向手术室门口欲进，被医生拦住。

医　生　这是手术室，你们不能进去。

"扑通"一声，车老板、妇女拉着小女孩儿一起给医生跪下哭着哀求。

车老板　大夫，求求你了，一定要救活这位解放军同志呀。没有他，我媳妇和孩子都完了。

农　妇　是啊，大夫，他可是我们的救命恩人哪！我给你们磕头了。

说完，跪在地上"咣咣"地磕头。

医　生　别这样，快起来，（扶他们起来）我们一定会尽全力抢救的。

医生说完转身进了手术室。

宣传队的同志扶起了三个人。

梁队长　（急切地）老乡，这到底是怎么回事儿呀？

车老板　都怨那个该死的汽车司机，往死了开，还没命地按喇叭，马受惊了，我拽也拽不住，把我甩出去老远，车上就她们娘儿俩，眼看就要完了。就是这位解放军同志，不顾一切地冲上去把马给拦住。结果，我们没事儿，他却……

老板说不下去了，他哭了起来。

农　妇　他就是活着的欧阳海、刘英俊。

梁队长　原来是这样，我说怎么左等右等也不来呢？就他的时间观念，绝对不会犯这样的低级错误哇。

刘　爽　可不是，这下完了，小凤还回家了。

队员甲　赶快打电话呀。

梁队长　这个就不用咱操心了，肖团长是银龙公司的革委会主任，刚回来不久，更重要的是，他和建华他爸、大龙他爸都是老战友，电话早就过去了。

刘　爽　这个事迹我必须马上让它见《解放军报》。

肖亮和该院刘院长等人匆匆赶到。

肖　亮　梁队长，情况怎么样？

梁队长　进去有半个多小时了。

肖　亮　张院长，我可把赵连长交给你了，不管你想什么办法必须给我救活。不然，我跟你没完。

车老板　院长？他是院长？

他领着媳妇和孩子跪在院长和肖亮的跟前。

车老板　院长、首长，他可是我们的救命恩人哪！你们一定要把他救活呀！

农　妇　是啊，求求你们了，求求你们了。

他们不住地磕头。

肖亮和刘院长扶起他们。

众议论，焦急地等待。

手术室的红灯一直亮着。

静静的走廊，时钟一秒一秒地走着……

某车站月台　傍晚　外

站台上，薛刚、陆洁、方小玲和刚下火车的薛小凤、薛大龙在焦急地等车。

方小玲　（哭着）真没想到建华能出这样的事儿。这要……

薛　刚　哭啥，建华福大命大造化大，没事儿啊。

陆　洁　战生走了？

薛　刚　走了，接到电话就走了，坐上一趟车。

陆　洁　本来我也想去，战生不让。

薛　刚　你那么忙，不去就不去吧，再说，这事儿，去多了人也没用。

陆　洁　小凤回去的票买好了吧？

薛　刚　（掏出票）买好了。

陆　洁　这就好，不用出站台了，直接上车。

列车进站。

方小玲　谢天谢地，总算来了。

列车门打开，乘务员站在门旁，大家按次序拥向列车。

薛刚跟小凤交代，小凤点头。薛小凤上车，列车开走。众挥手告别。

军队医院病房　晨　内

赵建华头裹着绷带，一只腿打着石膏吊在床上。他睡着了。

通信员趴在床边也睡着了，赵战生提着暖水瓶轻轻地进来。

通信员醒了，立刻站起。

通信员 （小声地）哎呀，老首长，这活儿怎么能让您干呢？

通信员赶紧接过暖水瓶。

赵战生 （小声地）辛苦了。

通信员 不辛苦，应该的。

护士在换输液瓶，调整输液的速度。仔细观察了一下躺在病床上的赵建华。

护士 （小声地）老前辈，您儿子真了不起，他的英雄事迹已经上军报了。太让人感动了，我都看了好几遍。现在我们医院正在开展向赵连长学习的活动呢。

赵战生 这都是党和部队培养、教育的结果。

护士 （小声地）老前辈，您太谦虚了。

护士端起医疗盘走出病房。

军队医院走廊　晨　内

护士端着医疗盘刚出病房，正好与进门的薛小凤撞个满怀。

护士 哎哟，（不高兴）轻点儿。

薛小凤 对不起，对不起。请问，赵建华是在这个病房吗？

护士上下打量一下薛小凤。

护士 你是……

薛小凤 我是他老乡。

护士忽然想起来什么。

护士 哎呀，你是师宣传队演常小宝的薛小凤吧？

薛小凤 你认识我？

护士 大明星，谁不认识啊。来看赵连长？

薛小凤点点头，眼泪流了出来。

薛小凤 他怎么样啊？

护士 看你急的，没事儿了，现在睡了，快进去吧。别吵醒他。

薛小凤 好好，谢谢呀。

护士说完转身离开。

薛小凤轻轻地进了病房。

军队医院病房　晨　内

薛小凤进病房后，轻轻地把门关上。

通信员马上迎上去，接过包。

通信员 （小声地）你可来了，连长昏迷的时候还叨咕你呢。

薛小凤 睡着了？

通信员 睡着了。

赵战生 （轻声地）小凤，来得挺快呀？

薛小凤 票我爸早就买好了。挺走运，下了那个车就上这个车。一点儿也没耽误。

赵战生 没事儿了，你就放心吧。

薛小凤 还没事儿呢，都把人吓死了。

赵战生 这小子命真大，拦惊马？能活的没几个。可他，就是头破了缝了几针，腿骨折了。其他，啥事儿没有。

通信员一听这话来情绪了。

通信员 那当然了。我们连长那叫艺高人胆大，更重要的是有舍己救人的精神。那功夫，全军是这个（竖起大拇指）。

薛小凤 他那两下子都是跟这位老前辈学的。五岁就开始练功了。

通信员 啊，原来有童子功啊。怪不得这么厉害。名师出高徒哇！（恳求地）老首长，有空儿，您也教教我呗。

赵战生 不行了，老了。（指着建华）跟他学吧。

通信员 连长嫌我笨，不爱教。

赵建华醒了。

赵建华 （还不太清醒）小刘，你说我什么坏话呢？

赵战生 （亲切地、轻轻地说）建华，你醒了。你看谁来了？

赵建华睁眼一看是薛小凤。

赵建华 （惊喜地）你来了？

薛小凤 出这么大的事儿我能不来吗？都把人吓死了。

赵建华 没事儿。我想见马克思，他老人家不想见我。爸你那么忙怎么也来了？你看，我没事儿。

赵战生 你小子真命大。

车老板和农妇领着孩子，拎着老母鸡、鸡蛋进来。

车老板见赵建华醒了高兴极了。

病房里一下热闹起来。

车老板 （激动地、大声地）怎么样？我说咱们恩人没事儿吧，你不信，怎么样？老天都保佑他。

农 妇 谢天谢地，这回我就放心啦。

车老板 那什么，真不知道拿什么来表达我们的心意，就这点儿东西，请收下。给赵连长补补。

通信员 这可不行，我们有三大纪律八项注意，不拿群众一针一线。

车老板 我说你这个小同志，这是你们拿的吗？这是我们心甘情愿送的！我就不明白了，光兴你们对百姓好，就不兴我们尽点儿心意呀？这哪儿叫军民鱼水情啊？赵连长用生命救了我们，这个情，我们还得起吗？一辈子也还不起呀！别拿三大纪律八项注意来压我，我不听！反正这东西你们要是不收，我们就不走了。

赵战生 行了，大兄弟，我替他收了。

车老板 您是……

通信员 这是我们连长的父亲，老革命了。

车老板 怪不得，我一瞅就不是一般人。将门虎子，将门虎子啊！

肖亮和院长，还有几位医生护士进来。

肖 亮 说得好，确实是将门虎子。张院长，我给你介绍一下，（指着赵战生）这位就是我们四野三纵司令员的警卫员，在炮火中生的，延安长大的。别看岁数不大，老革命了。1948年，随高团长转业到电力部门，现在是银龙送变电工程公司的第一把手。

  张院长 哎呀，早闻大名，如雷贯耳。（握住赵战生的手）幸会，幸会。老肖啊，目前，我们院正在响应军区号召，开展向爱民模范连长赵建华同志学习的活动，为了强化学习效果，我想请赵连长的父亲给我们讲一讲部队的光荣传统，你看怎么样？

  肖 亮 那当然好了。（回过味儿来）哎，老张，你这是趁火打劫呀。我们部队早就安排了。

  张院长 那不行，先往后推一推，这叫近水楼台先得月，来得早不如赶得巧。好了，在这儿，我说了算，诸位先出去，我们要给赵连长会诊。

  赵战生 你们这是……

  肖 亮 哎呀，出去再说。

肖亮推着赵战生就往外走。

众相继出了门。

军队医院走廊 日 内

  肖 亮 战生啊，这个事儿，你推是推不掉的。

  赵战生 不是，你说，家里那么多事儿，我在这儿……

  肖 亮 少跟我整事儿。我早就跟薛刚、陆洁都打好招呼了。再说，作为四野的老人，为部队建设做点儿贡献不应该吗？反正建华也没什么危险了，叫通信员和小凤护理就行了。况且医院也会全力以赴的。（对薛小凤、通信员）你们俩怎么样？

薛小凤、通信员立刻敬礼。

  二 人 保证完成任务！

  肖 亮 好，有什么情况及时向我汇报。

  二 人 是。

  肖 亮 （冲着病房得意地）小样儿，想跟我抢，没门儿。

肖亮拉着赵战生就走了。

二人渐渐远去的背影。

部队操场 日 外

赵战生讲传统。

官兵们认真听。

军队医院礼堂 日 内

赵战生讲传统。

医院的医生、护士，还有病号认真听。

部队招待所走廊 晚 内

张院长、肖亮等送赵战生回房间休息。

张院长 肖团长，你是真够可以的了。不打招呼，半道儿就把老前辈劫走了。太不够意思了！

肖 亮 兵者，诡道也。再说，干什么事儿，也得有个先来后到吧？没打个招呼确实不对，不然，我也不会来负荆请罪，叫你灌了这么多酒。

张院长 玩笑归玩笑，说正经的，这报告做得太生动、太精彩、太感人了。老革命谢谢你，太谢谢你呀。

肖 亮 战生啊，恐怕你一时半会儿也回不去了，师里和军里都邀请你呢。

他们到了赵战生住的房间，服务员把门打开。

服务员 首长请。

肖亮等还想进去，被赵战生挡住。

赵战生 到此为止，到此为止吧。你们真是太客气了。太晚了，赶快请回吧。

肖 亮 也好，做了一天的报告也累了，今晚也没少喝，就让赵经理早点儿休息吧？

张院长 那好，我们就不打扰了，晚安。

赵战生 晚安，慢走哇。

肖亮等离去。

赵战生在门口向他们招手，然后转身进屋。

军队医院病房 日 内

赵建华头上的绷带已经拆掉，可以不做牵引了，但腿上还打着石膏。他半靠在床上，精神很好。

薛小凤在旁边削着苹果。

薛小凤 哎，建华，我怎么没看见通信员哪？

赵建华 我让他回去了。

薛小凤 怪不得我看见他偷偷地抹眼泪。原来是这么回事儿呀。

赵建华 这小家伙挺懂事儿，也挺机灵，那也不能老让他在我身边呀，要想让他成为好兵，就得让他到班里好好锻炼锻炼，不然，咱不是误人子弟吗？

薛小凤 嗬，没看出来，想得还挺周到呢。

赵建华 看你说的，不当家不知柴米贵，咱们干啥就得招呼啥。说实话，这一连之长也不好当。训练那就不用说了，光这吃喝拉撒睡就够你喝一壶的了。

薛小凤 行了，别跟我叫苦了。你现在头上的光环是越来越多，四好连队标兵、学《毛选》积极分子、救人英雄、爱民模范、全军宣传的典型。这家伙，医院年轻的医生、护士，还有宣传队的那几个女兵，像苍蝇一样黏着你。我可告诉你，你要是敢做陈世美，我就和你没完！

赵建华 我是那种人吗？

薛小凤 那可说不定，英雄难过美人关。

赵建华 你要不信我也没办法，要不我发誓。我赵建华……

薛小凤把刚削完的苹果塞到赵建华的嘴上。

薛小凤 吃吧，我不希望老一辈的悲剧在我们身上重演。

赵建华咬一口，咽了下去。

赵建华 小凤，你讲的故事太精彩、太感人了。没想到，我们的父辈是那样的高尚和伟大。跟他们比，真是差得太远了。

薛小凤 还行，有点儿自知之明。孺子可教也。

赵建华和薛小凤聊得正火，赵战生进来。

赵战生 你们俩唠啥呢？

薛小凤 我在给他讲咱银龙的光辉历史和风云人物。您在部队讲，我在家里讲。

薛小凤赶紧让座、倒水。

赵战生坐下后，看着赵建华。

赵战生 不错，恢复得挺快呀。

薛小凤 可不是，您就放心吧。

薛小凤把倒好水的杯子递给赵战生。

赵战生接过水杯。

赵战生 放心。有你在这儿，我就更放心了。

薛小凤 这回您父子俩可出了大名了，我也跟着沾光。建华就不说了，就您的报告，那家伙，反响太大了。

赵战生 太夸张了吧？

薛小凤 不信，你在医院随便打听一个人，看看他们怎么说。

赵建华 爸，您真是深藏不露哇。

薛小凤 这就叫真人不露相，露相不真人，关键时刻，冲得上，打得赢。这才叫人敬畏呢。当然了，赵建华子承父业干得也不错嘛。

赵战生 长江后浪推前浪，一代更比一代强。建华，看到你的进步，我真高兴，你妈更高兴。这不，眼瞅就快清明了，我想回张庄看看你妈。

赵战生极力控制自己，赵建华也特别激动。

赵建华 那，那您就快去吧。我知道妈想您。告诉她我挺好，别让她惦记。

赵建华说不下去了，眼泪扑簌簌地流出。

赵战生也控制不住自己，他转过身噙着泪水。

薛小凤几乎就要哭出声来，她"扑通"跪在地上，终于喊出在她心中早就认定的称谓。

薛小凤 爸，我知道您心里苦哇……

赵战生再也控制不住自己，他泪流满面地转过身来扶起薛小凤。

赵战生 孩子，爸谢谢你，谢谢你。好好照顾建华。

赵战生头也不回地走出病房。

赵建华 爸……

薛小凤 （哭着喊）爸，您多保重啊，替我和建华给妈上炷香……

秀香坟前 日 外

芳草又绿原野。方春生肃立在张秀香坟前。

方春生点燃三炷香行了三拜礼，然后插好。

他又将纸钱点燃。

方春生 秀香，又过清明了，你呀，别怪战生，他忙啊。放心吧，有我在，逢年过节的，我都会替他们爷儿俩来看你。

方春生在烧纸时，忽然，发现远处赵战生背着包朝这里走来。

方春生　你看，说曹操曹操就到，我看战生好像来了。好长时间没见了，你们唠吧。

方春生想了一下，还是决定离开，便悄悄地躲进树林中的一棵大树后。

秀香坟前　日　外

当赵战生来到秀香墓前时，惊呆了。

墓碑前放着几样简单的供品、纸花，香烟缭绕，烧过纸钱；而且，整个墓地被修整得干干净净。

旁　白　看到眼前的这一幕，赵战生心里很清楚，方春生对秀香的痴情至今不改。这让他越发感到自己是个罪人，他不但伤害了陆洁，也伤害了春生。更让他愧疚的是，他并没有给秀香带来多少幸福，却让她过早地离开了人世。想到这儿，他狠狠地抽了自己一个嘴巴。

赵战生　（大喊）春生，春生，春生！我知道你就在附近，我赵战生谢谢你了，我替秀香谢谢你了……

赵战生一边喊，一边行礼。

方春生躲在树后哭得一塌糊涂，他捂住嘴，尽量控制自己。

赵战生　春生，春生，你听着，你就是一个有情有义、重情重义的爷们儿，我赵战生敬重你！

赵战生含着泪从兜子里掏出很多水果和食品，放在坟前。

赵战生　（忽然想起）哎呀，瞧我这记性，建华和小凤叫我替他们给你上炷香。

赵战生取出香点燃，按照习俗虔诚地拜了拜，把香插上。然后，席地而坐。

赵战生　（擦了一把泪）秀香啊，你苦了一辈子。你是上有老下有小，别说没啥好吃的，就是有一点儿，你也得可着他们哪。今天，你就吃个够吧。没想到这么快，小凤都管我叫爹了，你当婆婆了，建华这小子真给咱长脸啊。年年被评为学《毛选》积极分子、爱兵模范、四好连队标兵，都快提副营了。前些日子，为了救人拦惊马，受伤了。不过你别担心，现在没事儿了，小凤正在医院照顾他呢。这都是托你的福哇。你说这小子像谁？

幻觉：

一缕青烟飘过来，张秀香穿着临终的衣服就像仙女下凡似的从天空飘下来。

张秀香　（自豪地说）像咱俩呗！你的种，我身上的肉，绝对错不了。我放心，一百个放心。我最放不下的就是陆洁和春生啊，他们两个人都是我张秀香最对不起的人，当然，也包括你。所以，老天就惩罚我，让我早早地离开人世。这是天命，天命难违呀！可我不后悔，我张秀香这辈子能做你的女人知足了。去找陆洁吧，你本来就属于她。听话，快去吧。可春生咋办啊？他太苦了，直到现在还孤身一人，我可把他们都交给你了，你可千万不要让我死不瞑目，死不安心啊！

随着一缕青烟飘散，张秀香不见了。赵战生急得大喊。

赵战生　秀香，秀香，你别走哇。我还没说完呢。

天空飘来了张秀香的声音。

张秀香　去，去找他们，去找他们，去找他们……

赵战生渐渐地从梦幻中醒了过来。他想起了春生，急忙站起身来。

赵战生 春生，春生！秀香让我找你，你要是我的好兄弟就出来，我有话跟你说，春生，春生……

树林中　日　外

方春生已经泣不成声。顺着哭声赵战生找到了方春生。方春生想躲，被赵战生一把拽住，搂在怀里。

赵战生 春生，不要再自己折磨自己了，这一切早该结束了。

方春生 我也想，可是我做不到！

方春生紧紧地拥抱赵战生，哭得更厉害。

赵战生也泪流满面。

赵战生 哭吧，痛痛快快地哭吧。（拍着春生）春生，我知道你心里苦。谢谢，谢谢你呀。

方春生 这是我心甘情愿。就怕你……

赵战生 春生，如果我不理解你，那我还是个人吗？你对秀香的爱就像山间的清泉清澈见底，更像雪中送炭给人以温暖，你不求回报无怨无悔地守着那份爱。春生啊，要知现在我何必当初！

方春生放开赵战生。

方春生 别说了，都是我酒后无德，才让我抱恨终生，赎了一辈子的罪……

赵战生 其实，秀香早就原谅你了。

方春生 可我自己不能原谅自己！

赵战生 春生，我有时候就想啊，如果秀香真的跟了你，也许就不会受那么多的苦，遭那么多的罪，死得这么早。我，我做的这是什么事儿啊？

赵战生还要抽自己的嘴巴，被方春生一把拽住。

方春生 在那种情况下，你不那么做行吗？战生，我敬重你！秀香跟了你比跟我好。可我没办法，我就是喜欢秀香，为她做什么都可以。

赵战生 我知道，知道。就像陆洁对待爱情，纯洁而又高尚。

方春生 我可没有那么高的境界。我只知道，爱一个人就要为她付出一切。做人不能光想着自己，要替别人着想。做事儿，要走得正，行得端。要对得起良心。

赵战生 这正是你最令人敬佩，也让人心疼的地方。春生啊，咱不说这些了，小凤已经管我叫爸爸了，她和建华的婚事儿很快就要办了。咱们赶快回家，叫老人也高兴高兴。

方春生 是吗？太好了，快走，快走。

方春生拉着赵战生向张庄走去。

乡间小路　日　外

赵战生背着兜子，方春生扛着铁锹。两人越聊越投机。

赵战生 春生，虽然，我不信命，可有些事儿你确实没法解释。我生在战场上，父母都牺牲了，秀香也离我而去。凡是和我最亲的人都一个一个地走了。你说我是不是命硬克人啊？

方春生 这我可解释不了。我也不明白，我对秀香那么好，当时怎么就中邪，做出那种事儿。不对，嗜酒。酒后无德这话一点儿也不假呀，叫我悔恨终生。

赵战生 好了好了，过去的事儿咱就不说了，说也说不清楚。以后，你打算怎么办？就这么自己过一辈子呀?

方春生 不这样,还能咋样呢?

赵战生 找一个吧。这可是秀香的遗愿,死者为大,你可不能辜负她。

方春生 咳,难啊。年轻的时候都没找,现在? 晚了! 不像你和陆洁,水到渠成,顺理成章。

赵战生 那也不尽然,事在人为嘛。你想想,眼瞅着两个老人越来越老了,咱也这把年龄了,总不能让老人再操这个心了吧。

方春生 确实不应该让他们为了我再操心了。

方春生眼含热泪。赵战生也非常伤感。

赵战生 老话说得好,百善孝为先。不让老人操心,这就是孝。

方春生 (点点头)是啊。

赵战生 当然,这也不是急的事儿,还得看缘分。好事多磨,慢慢来吧。但你一定要转过这个弯儿。

赵战生和方春生渐渐远去的背影。

方村长家 傍晚 内

旁 白 方村长因年龄大了,早就赋闲在家,春生的婚事儿就像一块大石头压在老两口的心上,说也不是,不说也不是,真让他们寝食难安。头发都白了,也苍老了许多。家里一点儿生气都没有。赵战生的到来,使这个冷清的家,变得热闹起来。

小玲妈和春生正忙着做饭。

方村长和赵战生唠起了家常。

炕桌上摆满了酒菜。

方春生把最后一盘菜端上来之后。

方春生 爸,别唠了,赶快上桌吧? 战生肯定都饿坏了。

方村长 好好好,来,战生,赶快上桌。春生啊,赶快倒酒,倒酒。

方春生 好。

方春生启瓶,倒酒。方村长和赵战生坐了过来。

方村长 老蒯呀,你也别忙活了,赶快上桌吧,战生也不是外人,一起来,一起来。

赵战生 是啊,婶子,快来吧。

小玲妈 (在外屋应声)哎,来了,来了。

小玲妈端着一大碗汤进来。

方村长 哎呀,真没想到,建华这小子出息成这样儿。像你,也像秀香。秀香这孩子太要强了。一天福也没享着就走了。

方村长说不下去了,眼泪流了出来。

小玲妈把汤放到桌上。

小玲妈 (给方村长使了个眼色)他爹……

方村长会意,擦了一把眼泪。

方村长 (笑着说)不说了。今儿个高兴。小凤都管你叫爹了?

赵战生 叫了。

方村长 行。这回咱们就是亲上加亲，实实在在的一家人了。

赵战生端起酒杯。

赵战生 （对着春生）来春生，咱俩先敬两位老人一杯。

方春生端起酒杯。

方春生 好。

方村长也端起酒杯。

方村长 （对老伴）他娘，来来来，孩子敬咱，咱得喝呀。

小玲妈也端起了酒杯。

小玲妈 高兴，高兴，喝。

四个人碰杯。三个男人都一饮而尽。

小玲妈呷了一口，呛得她咳嗽几下。

方村长 （对老伴关心地）怎么样？没事儿吧？

小玲妈 （捂着胸口）没事儿，没事儿。你们喝，你们喝。

方春生夹菜放到妈妈的碗里。

方春生 娘，吃口菜，压一压。

小玲妈 好好好，你们喝，你们喝。

方村长 （动情地）这家里头哇，很长时间没这么热闹了。战生，虽说，你是晚辈，今儿个，我要敬你一杯。你把压在我们老两口心中的石头搬开了。

小玲妈 （高兴地流出了眼泪）快三十年了，心里一点儿缝儿都没有哇，你说这个事儿，你是打不能打，骂不能骂，说，还没法说。眼瞅着都五十多岁的人了，还这样一个人浪荡着，我们就是死了也合不上眼啊！

方春生"扑通"跪在炕上。

方春生 爹、娘，孩儿不孝。从今往后，我绝不会让你们再操心了。

方春生端起酒。

方春生 儿子，赔罪了。

方春生一饮而尽，实在憋不住，"哇"的一声哭了出来。

旁　白 方春生苦哇……情感的闸门一旦打开，就像洪水一样，撞击着每个人的心灵……

方村长家　夜　外

万籁无声，寂静的张庄只有方家的灯还亮着。

松江电力学院某阶梯教室　日　内

旁　白 两年的时间，很快就过去了。今天是万胜的课，高小兵、刘丹、秦继伟早早地就来到了教室，占好了位置闲聊。

高小兵 时间过得真快，一晃，快毕业了。

秦继伟 可不是，"刘天关"330千伏线路咱没干上，太遗憾了。

刘　丹 这就叫甘蔗没有两头甜，磨刀不误砍柴工。你们不觉得学习的收获也很大吗？

秦继伟 那倒是。可我总是感到过意不去，咱们三个都不在，真苦了三个老领导。

刘　丹 这就是他们的深谋远虑，不计眼前的得失。所以，我们更应该加倍努力，决不能辜负领导和大家的期望啊。

高小兵　可惜时间太短了，要学的东西太多了。

谈话间，其他学生也陆续地进入教室，不大一会儿，教室内座无虚席。

万胜夹着教案进入教室，他走到讲台放下教案，环视一周，最后把目光落到刘丹、小兵、继伟之处。

三人用目光给他加油打气。

万胜会意地向他们点头，拿起粉笔走向黑板挥洒地写下了一串公式。

万胜转过身刚要开口，就被一个同学打断。

学生甲　老师，我一看公式就头晕，求求老师，能不能讲点儿通俗易懂的？这东西太高深了，我们听不懂。

万　胜　我还没讲呢，你怎么就说听不懂啊？再说，这个公式过去我已经讲过了。

学生甲　（问旁边的学生乙）讲过了吗？我怎么一点儿印象也没有呢？

同学乙　你二，缺心眼儿呗。

这句话逗得教室哄堂大笑。

学生甲　你说谁缺心眼儿？

同学乙　（指着自己鼻子）说我，我缺心眼儿。

又是一阵哄堂大笑。

万　胜　好了，好了，这是课堂，大家严肃点儿。这个公式，我确实讲过，也难怪，羊羔虽美众口难调，大家的基础不一样，有的就能理解，有的就差一些，（瞅着学生甲）当然，也有一窍不通的。没关系，我们请刘丹同学回答。

大家的目光都投向刘丹。

刘丹不好意思涨得满脸通红，求助高小兵和秦继伟。

高小兵　没问题，说吧。

秦继伟　怕啥呀？说。

两个人把刘丹从座位上推了起来。

刘　丹　（稳定一下）简单地说，这个公式告诉我们，电压等级每升高一倍，就能提高四倍的输送能力。

学生甲　啊，原来这么简单哪。我明白了，110千伏升高一倍就变成了220千伏。也就是说，建一条相同距离的220千伏的线路，就等于建了四条110千伏线路。这样看来，电压等级越高，输送能力越大呀。

万　胜　完全正确。同学们，学习必须要认真，而且要得法，要善于钻研和思考，把复杂的问题简单化。在这方面，我们应该向刘丹同学好好学习呀。

同学甲站起来带头鼓掌。

众人跟随起立热烈鼓掌……

万　胜　同学们，一个国家电压等级的高低，就代表着这个国家电力发展的水平。从理论上讲，基本是每隔十五至二十年就会出现一个新的电压等级。新中国成立以后，党和国家非常重视电力工业的发展，因为它是国民经济的命脉。从1952年开始，我们仅用了两年的时间，也就是在1954年，完成了新中国第一次电压等级的提升，那就是举世闻名的"506"工程，北起吉林的丰满水电站，南到辽宁抚顺市李石寨的"松东李"220千伏高压输电线路。而这个工程就是在座的高小兵、秦继伟、刘丹同学他们银龙公司建成的。

同学甲带头鼓掌。

众人也跟着鼓起掌来，并向他们投来羡慕和敬佩的目光。

万　胜　我们确实应该向他们学习。同学们，在当时，220千伏这个电压等级，别说在国内，就是在世界上也是最高的电压等级，只有美国、苏联等少数几个国家才有。真长咱中国人的志气呀！可惜，之后我们就渐渐落伍了。就在我们开展"文化大革命"的前一年，西方发达国家已经开始建设750千伏超高压输电线路，而我们呢，还在220千伏电压等级上徘徊。

众交头接耳议论起来。

同学甲　是吗？

同学乙　可不是。

同学丙　人家早就上500千伏超高压输电线路了。

同学乙　我听说，咱们"刘天关"330千伏超高压输电线路也已经建成了。

万　胜　对，这也是高小兵、秦继伟、刘丹同学他们银龙公司参建的。为了培养人才，银龙公司可是下了血本的，在时间紧、任务重、人员短缺的情况下，坚决送这三位革委会副主任来学习深造，可见，他们对人才和知识的渴求。

又是一阵热烈的掌声

万　胜　（示意安静）同学们，尽管"刘天关"330千伏输电线路，比世界上第一条同等级电压的输电线路晚了二十年，但也足以让我们感到骄傲和自豪。大家不要小看这个提升，它为我们将来上500千伏超高压输电线路提供了宝贵的经验，打下了坚实的基础。

同学丙　要这样看，我们将来也要上500千伏线路了？

同学甲　那还有啥说的，必须的。

同学乙　这可太好了。

秦继伟　（小声）这第一条500千伏线路还得咱银龙干。

高小兵　（小声）那当然了。

刘　丹　瞧你们俩那个得意的样儿，这是课堂，注意点儿影响。

高小兵和秦继伟相互吐了吐舌头，会意地笑了笑。

万胜继续讲课。

松江电力学院的林荫道上　日　外

学院路两旁耸立着高大笔直的杨树，枝繁叶茂、遮天蔽日。

花池里娇艳的美人蕉黄红交错，万年红花团锦簇如火。

三三两两的学员匆匆而过。

下课以后，万胜和小兵等四人走在林荫道上，愉快而兴奋地谈论着。

刘　丹　万胜，你太不够意思了，净搞突然袭击，弄得我好狼狈呀。

万　胜　是吗？我可没看出来，同学们很赞赏、很欢迎嘛。我总觉得，无论是学识、反应能力，还是口才，你做教师都是最合适不过了。搞课题也没问题。你们说呢？

秦继伟　那当然了，她干啥像啥，绝对没问题。

高小兵　听了万大教授的这堂课以后，我觉得小丹应该留校，只有科技才能兴国，我们不能把眼睛老盯在银龙，应该放眼整个电力事业，更应该放眼全国，放眼世界呀。

万　胜　说得好！中华民族要想屹立在世界的东方，必须走教育兴邦、科技兴国之路，再也不能折腾下去了。

刘　丹　你们小点儿声，也不怕让别人听见。这年月，还是谨慎点儿好。你们说的，我也不是没想过，可我真的舍不得银龙，更舍不得大家。

万　胜　这个，我们都非常理解。院长说了，尊重你的个人选择，不过学院的大门永远向你敞开。

四个人边走边聊，渐渐远去。

第二十五集

薛小凤的卧室　晚　内

床头柜上、地下丢了一些擦泪的手纸团。

床上，薛小凤蒙着被不停地哭泣。

方小玲端着饭菜进来。

方小玲　我的活祖宗，都两天了，你不吃不喝，想把妈急死啊？

薛小凤　（突然把被掀开哭着）我就不明白，战生爸和陆姨都把名单报上去了，师大那边的老师我也找好了，可我的亲爹愣把我给拿下来了，他安的什么心哪？

方小玲　就因为你是他亲姑娘，他才这样做的。

薛小凤　我憋气窝火就在这儿。咋地，我差啥呀？哪方面条件不够哇？我凭资历、凭能耐上大学。再说了，那是银龙公司一级组织的决定，他薛刚一句话就把我废了？

方小玲　那不是有人反映吗？

薛小凤　反映？听蝲蝲蛄叫就不种地了？我下过乡，扛过枪，又接受过工人阶级的再教育。最重要的我是堂堂的子弟校教师，上东北师大那是理所当然，顺理成章的事儿。别人能去，我为什么就不能去？

方小玲　你哥哥不是去了吗？

薛小凤　他是他，我是我。举贤不避亲，这是古训！他到底怕啥？

方小玲　怕，咱倒不怕啥，只是觉得这好事儿，不能都让咱家占了。他那个人你还不知道哇？

薛小凤　要我说他最自私了，为了他的名声，葬送了我的前程。要知道这样，还不如留在部队了，起码还能和建华在一起，弄好了也可能上军医大学，人家刘爽就上第四军医大学了。本以为回来上大学是板上钉钉的事儿了，没想到叫自己家人给废了。窝囊！

方小玲　你以为你爸心里就好受哇，你不知道，他嘴里起的全是泡。

薛小凤　活该，自找的。这叫一枪俩眼儿，他不好受、我心里更难受！

方小玲　小凤啊，你可不能这样说你爸，他容易吗？这么多年来，他抛家舍业风里来雨里去的，表面看挺风光。其实，他受的苦、遭的罪比谁都多。我也有怨气，嫁给他算是倒了八辈子血霉了。家里一点儿也指不上他，倒经常为他牵肠挂肚，担惊受怕。

薛小凤　你，你愿意，活该！（说完，忍不住笑了起来）。

方小玲　这话你算说对了，活该！脚上的泡自己走的，你秀香妈不也是一样吗？跟着你战生爸更惨，一天福也没享着就走了。

薛小凤　那是她愿意。

方小玲　说的就是啊，要不说人贱呢。有钱难买愿意。其实，我相中你爸也是这一点，人正，没有歪门邪道儿，对谁都好；虽然苦点儿，累点儿，心里踏实。

薛小凤　那我战生爸呢？

方小玲　那就更没说的了。那个人，你就是要他的心，他都会给你。好人！可惜建华不理解他，你战生爸心里苦哇！

薛小凤　现在建华啥都明白了。那都是本姑娘的功劳。

方小玲　是吗？那可太好了。你这个媳妇没白当。称职，够格！

薛小凤　那当然了。我战生爸可喜欢我了。不像那个薛刚，冷血。

方小玲　别胡说。要我说，这大学咱不上也罢。早点儿和建华结婚，比什么都强。不怕一万就怕万一，建华那么优秀，你们又离得这么远，可能一眼照顾不到就被人抢去了，别人咱不说，你战生爸不就是这样吗？结果……

薛小凤　他敢。

方小玲　这可不是敢不敢的事儿，那小兵和刘丹不也吹了吗？听见没有？

薛小凤　听见了。妈，您甭说了，大学不上了，马上结婚。

方小玲　哎，这就对了。就算你这次上大学了，那也要等两三年结婚吧，你总不能挺个大肚子上学。叫人笑话。

薛小凤　那不会采取措施吗？

方小玲　得了吧，有的戴环儿还怀孕呢。这事儿都不好说。其实，我和你爸也都合计了，以后有机会咱再上，实在不行，咱们还可以上短期培训班，有文凭更好，没文凭也不差啥。只要咱有水平，有能力，到哪儿咱都能吃上饭。

薛小凤　那倒是，就我现在的水平，别说在咱区，就是在市里也没几个能跟我比的。

方小玲　那还用说，我姑娘是谁呀？就是了不起。（一瞅饭菜）得，又凉了，我给你热去。

方小玲刚要端碗，被薛小凤端走。

薛小凤　行了，还是我自己来吧。

薛小凤端着饭哼着《年轻的朋友来相会》走出了屋。

银龙会议室　日　内

会议还没开始，高小兵、刘丹、秦继伟正在和薛刚交谈。

薛　刚　时间过得真快，一晃，你们都毕业了。这回好了，电充足了，就看你们怎么干了。

秦继伟　一定好好干。绝不辜负领导的关心和培养，更不能辜负广大职工的殷切希望。（对小兵）你说呢，小兵？

高小兵　必须的。不干连半点儿马列主义都没有。

刘　丹　听说大龙上西安交大了？那个学校好。哎？小凤怎么没上学呀？凭她的条件上东北师大绝对没问题呀？

薛　刚　那倒是，名额有限，再说，好事儿也不能可着一家。我给拿下来了，就为这，陆总还跟我闹个半红脸儿，小凤把家都作翻天了。

高小兵　您也是的，举贤不避亲嘛。

刘 丹 就是嘛，无论从哪方面讲，小凤都是最优秀的。下过乡，扛过枪，又是区里的优秀教师。薛叔，这事儿你做得可不对呀。

薛 刚 对不对，事儿也过去了。还是说说你吧，你们学院可是跟咱们打了好多次招呼了，你是怎么打算的？

刘 丹 我还没想好。挺矛盾的。

薛 刚 可以理解，陆总不就是这样吗？

高小兵 薛叔，陆总真的要调走哇？

薛 刚 臭小子，你爸干啥来了？就是调整领导班子，宣布命令。鬼东西，明知故问。

高小兵 我心里也很矛盾，既希望让陆姨走，又想让她留下。

秦继伟 我们都是这个心情。

刘 丹 现在，我才真正体会到，"人生自古伤离别"的滋味儿。也难为陆姨了，这里有她太多太多的回忆，太多太多的牵挂。

赵战生、陆洁陪高洪亮、省局汪部长等人走了进来。

大家起立鼓掌欢迎。

高洪亮的到来使会场气氛更加热烈，邻近的人争相与老经理握手问候。

高洪亮来到正位，示意大家坐下，然后坐下。

高洪亮 很久没和大家见面了，同志们都好吧！真想大家呀！回家的感觉真好。来，坐，坐，快坐。

高洪亮带头坐下，众人也各自落座。

赵战生征询高洪亮和省局汪部长的意见后。

赵战生 现在开会。同志们，根据会议安排，下面请省局组织部汪部长宣读局党组关于银龙公司领导班子的任命。

掌声欢迎。

汪部长 下面，我代表省局党组宣读任命：任命赵战生同志为银龙送变电工程公司经理兼党委书记，任命薛刚同志为银龙送变电工程公司副经理、党委副书记兼工会主席，任命秦继伟同志、高小兵同志为银龙送变电工程公司副经理；任命刘丹同志为银龙送变电工程公司总工程师。任命宣读完毕。

会场再次响起热烈的掌声。

赵战生 同志们，今天，咱们这支铁军的创始人高局长专程赶来看望大家。这是对我们最大的关怀和鼓舞！让我们以热烈的掌声表示欢迎和感谢！

赵战生说完带头鼓掌，会议室响起热烈的掌声。

高洪亮 战生啊，过了，过了！你这不是搞个人崇拜吗？银龙不是我一个人的，是大家的。不错，我确实为银龙做过一些工作。银龙也确实为祖国的电力事业做出了巨大的贡献！可那是党的正确领导和大家共同努力的结果。今天，所有的老人都在，只差翰林了，此时此刻，真是悲喜交加呀！悲的是翰林含冤离开了我们，离开了他所热爱的送变电事业；还有继伟他爸秦凯同志，使我们一想起他们就心里难过。喜的是党中央拨乱反正。真是国之大幸，民之大幸啊！

众热泪盈眶鼓掌。

高洪亮 大家都知道《工业三十条》吧？这个文件的主要内容就是：对工业企业的任务、

基本制度、工作方法等做出了明确的规定。企业的领导制度是党委领导下的厂长分工负责制，总工程师、总会计师等责任制，党委领导下的职工代表大会制。根据这个文件精神，从今天起，撤销原银龙送变电工程公司革命委员会的组织机构和称谓。恢复中国共产党银龙送变电工程公司委员会和行政领导机构。希望大家各负其责，精诚团结，紧密配合，带领银龙公司去创造新的辉煌。

众热烈鼓掌过后。

高洪亮 陆洁同志因工作需要调中国电力科学研究院工作。我想说的是，我们党拨乱反正预示着一个新时代的开始，科学技术春天的到来。我们一定要把耽误的时间抢回来，为实现四个现代化的宏伟目标而努力奋斗！

众热烈鼓掌。

公司机械仓库　日　外

机械仓库大院，整齐摆放着各种大型张牵设备，井然有序。

赵战生在相关人员陪同下进行视察。

王长海一身迷彩工作服从机械仓库的办公室出来。见赵战生等人在视察工作，快步跑了过来。

到赵战生面前一个标准的立正军姿，敬礼。

王长海 （敬礼）经理好。

赵战生 哦，长海。干什么来了？

王长海 报告经理，奉变电二分公司牛小虎经理之命前来调运牵引机，刚办完调配单，马上装车运往现场。报告完毕，请指示。

赵战生 当过兵的就是不一样，有气势，下现场半年多了吧，怎么样啊？

王长海 准确地说是七个月零七天了，现场熟悉得差不多了。

赵战生 不错嘛，跟你一批来的其他转业兵反映也都不错。当初把你们放下去锻炼是对的，就是要你们发扬部队的优良传统和作风，搞好基层建设。

王长海 我们确实收获很大。经理，肖团长升副师长了。

赵战生 我也听说了，他早该上了。你干得不错，继续努力。

王长海 是。

运送牵引机的载重车轰鸣着驶来。

王长海跳上车，与赵战生等人挥手告别。

车队驶出大院。

中国电科院陆洁办公室　日　内

字幕：四年以后……

宽敞明亮的办公室内。陆洁正在案头聚精会神地忙着什么。电话铃响，她顺手拿起电话。

陆洁 喂，您好。啊？是司徒哇，如果，我没猜错的话，你们研制的500千伏变压器和互感器已经试验成功了，对不对？

司徒佑 （听筒）哎呀，老同学，知我者陆洁也，成功了。经专家技术鉴定，性能良好，符合要求，达到了国际先进水平。这标志着我国变压器的生产技术水平已经提高到了一个新的阶段。

  陆　洁　可喜可贺。本来这个鉴定会我是要参加的，可是这么一大摊子事儿，实在忙不过来。真遗憾，又错过了一次见面的机会。

  司徒佑　（听筒）这个，我完全理解。明年就要上我们国产的 500 千伏线路了，你们这个水电部的总参谋部能不忙吗，来日方长，肯定会有机会的。

  陆　洁　你说的没错，我想这个机会最多不会超过三年。"董辽线"的设计初稿我已经看到了，全部采用国产设备。到时候，就看你们的了。

  司徒佑　（听筒）真希望这一天早日到来，让我们共同努力。银龙那边听说情况不错，战生和薛刚他们怎么样啊？

  陆　洁　都挺好的。

  司徒佑　（听筒）老同学，你跟战生的事儿怎么还拖呀？我的孩子都上高中了，都什么岁数了，抓紧点儿吧。陆露怎么样？

  陆　洁　挺好的，有大家的关心和照顾，我才心无旁骛地干点儿实事儿。谢谢你的关心。

  司徒佑　（听筒）好了，大忙人，我就不打扰了。再见！

  陆　洁　再见。

陆洁刚放下电话，有人敲门。

  陆　洁　请进。

赵战生推门进来。

  陆　洁　战生。你怎么来了？

陆洁赶紧过来帮战生拿东西。

  赵战生　不欢迎啊？

  陆　洁　不欢迎。净搞突然袭击。

陆洁给赵战生倒水，然后递给赵战生。

赵战生接过水。

  赵战生　一怕影响你工作，二想给你个惊喜。（四周环视一下）好家伙，真气派。

  陆　洁　行了，快坐吧。过来开会呀？

  赵战生　可不，是企协的座谈会。

  陆　洁　怎么我听说，建华调走了？

  赵战生　是啊，调到守备师去了。在师教导队当队长，正营职。

  陆　洁　现在跟你关系怎么样？

  赵战生　应该说非常好，部队历练是一方面，更重要的是自己做父亲了，很多人情世故也就渐渐地明白了。

  陆　洁　这就好，云飞钢琴学得怎么样？

  赵战生　进步挺快，老师经常表扬。

  陆　洁　也真难为小凤了，望子成龙心切。

  赵战生　我听说大龙去武高所了？

  陆　洁　是啊。

  赵战生　好，念完研究生，那就是如虎添翼，肯定还会有发展。还是你有远见哪。想当初大龙从西安交大毕业时，我和薛刚非坚持让他回银龙。你不同意，说我们俩鼠目寸光，狭隘的小集团主义，我们俩不服，现在看来，你是对的。

陆　洁　服了？

赵战生　绝对服了。我听说，大龙的毕业论文写得非常棒。

陆　洁　是啊，虽然，论文还显得有些稚嫩，但在理论界还是扔了一块有关特高压的石头，反响挺大。

赵战生　这么说，刘丹到电力学院也应该支持呀。

陆　洁　废话，就当前的形势，你不支持行吗？这叫大势所趋。

赵战生　可不是。没想到形势发展得这么快，这么好。

陆　洁　那可不。跟我来，让你开开眼。

陆洁兴奋地拉着赵战生走出办公室。

他们穿过走廊，乘坐电梯，来到实验大厅。

陆洁推开实验室大门。

中国电科院高压研究所某实验室　　日　内

陆洁领着赵战生来到实验室沙盘跟前。

赵战生一看到沙盘又惊又喜。

赵战生　好家伙，这不跟我们当年作战沙盘一样吗？简单、明了、直观，太现代了。不愧是我国最高的电力科研单位，气派！

陆　洁　战生，你猜，这些500千伏线路，哪一条是我们最先要干的？

赵战生　这，我哪儿知道哇？

陆　洁　不行，你猜。

陆洁把教鞭递给赵战生。

赵战生无奈地接过教鞭仔细思考了一会儿。

赵战生　要我说……

赵战生指着沙盘平顶山至武汉的线路。

赵战生　应该是这条。从平顶山到武昌的线路。

陆　洁　为什么？

赵战生　武昌是华中的枢纽。武钢新上了一台一米七的轧钢机，这家伙就是个电老虎，不用500千伏送电根本就满足不了需求。

陆　洁　还行。

陆洁说完带着赵战生到另一个沙盘。

陆　洁　告诉你一个好消息，司徒他们研制的500千伏变压器和互感器已经试验成功了，并通过了专家技术鉴定。其他国产设备也都在紧锣密鼓地研制和生产。（指着"董辽线"）这条由辽宁锦州董家到辽阳的500千伏超高压输电线路，将完全采用我们国产设备。到那个时候，我国就将成为世界上第八个拥有自己知识产权的500千伏超高压输电线路的国家。怎么样？

赵战生　好，太好了。咱们也让国人和老外看看，中国的电网人绝不是白吃干饭的。我得好好地慰劳慰劳你。（拉着陆洁的手）跟我走。

陆　洁　上哪儿去？

赵战生 甭管上哪，走吧！

赵战生拉着陆洁的手走出了实验室。

某教授家琴房 日 内

教授在给赵云飞上课。

赵云飞娴熟地弹奏《车尔尼299钢琴练习曲》。

郝蓓蓓母亲和郝蓓蓓坐在旁边候课，不住地赞叹。

赵云飞弹完之后。

教 授 进步挺快，非常棒！（指着钢琴练习曲）回去练这首，这首，还有这首。怎么样，能完成吗？

赵云飞 能。

薛小凤帮赵云飞收拾东西，下课。

教 授 云飞，回去好好练。蓓蓓你来吧。

教授给郝蓓蓓上课。

薛小凤带赵云飞走出教授家。

艺术学院路上 日 外

薛小凤和赵云飞走出教授的家门，郝蓓蓓上课的琴声……

薛小凤 云飞，你可不能骄傲，还得抓紧，蓓蓓进步也挺快呀。

赵云飞 妈，我就够努力的了。你还不满意呀？你让我学的东西也太多了，又学钢琴，又学画画，还要练武术，加上文化课，你想把我累死啊？

薛小凤 学武术那可是你爸的主意。

赵云飞 不管谁的主意，不都是你们让学的吗？

薛小凤 行了，别抱屈了，回去妈给你做好吃的犒劳犒劳你。

赵云飞 这还差不多。

薛小凤和赵云飞走出艺术学院大门。

"董辽线"500千伏施工现场 日 外

工人们正在王长海的组织下操作张力机放线，四根银线同时腾空而起。

施工现场彩旗招展，银龙那杆大旗猎猎飘扬。

刘丹和电力学院教师万胜带领一群实习生在现场参观、学习。

刘丹不时地向他们介绍施工的情况。

500千伏辽阳变电站草坪上 日 外

变电站主楼悬挂着"建设有中国特色的社会主义"的横幅标语。

大门两侧宣传栏上书写着"深入开展'五讲四美'活动，建设社会主义精神文明"通栏标语，下面是各种活动的图片，有几个工人在仔细观看。

在一片空地上布置了临时课堂。后面黑板上画着330千伏、500千伏线路图。

众热烈鼓掌。

刘 丹 同学们，我国电力工业的发展速度是超出我们想象的。这是改革开放给我们带来的机遇。机不可失，时不再来。而机会总是垂青那些有准备的人，我希望大家抓住这难得的机遇期，刻苦学习，努力实践，为祖国的电力事业做出更大的贡献。

刘丹的讲课，博得学生们热烈掌声。

万胜边鼓掌，边走上台。

万 胜 同学们，刘总工程师是我们学院的高才生。要理论有理论，要实践有实践。是难得的人才，是你们学习的榜样。我希望大家一定要珍惜这次难得的实习机会，好好地向刘总，向银龙公司的师傅们学习，以优异的成绩结束学院的生活，在新的工作岗位上，为祖国和人民建立新功。

众热烈鼓掌。

万 胜 好，今天的实习课就上到这。回去分组讨论。

同学们相互议论，纷纷离去。

万胜帮助刘丹收拾临时课堂。

500 千伏辽阳变电站内路上 日 外

刚刚绿化的草坪生机勃勃，万胜和刘丹边走边聊。

万 胜 刘丹，你讲得太好了。

刘 丹 行了，你可别给我戴高帽了。不用说，都是你出的馊主意，非要到我们这儿来实习。考察我呗。

万 胜 天地良心，这是院领导亲自安排的。而且，点名让你给讲一课，再说了，银龙就是电力基建的一面旗帜，不到你们这儿，到哪儿去？谁让你们窗户眼儿吹喇叭——名声在外了。

刘 丹 行了，别跟我贫嘴了，我说不过你。

万 胜 还用我说吗？事实胜于雄辩，同学们热烈的掌声已经说明了一切。你是不知道哇，现在学校太缺像你这样的人了。你想想，咱们学校的教师基本上都是从学校到学校，从理论到理论，根本就没有实践经验。这样下去，教学质量就没法提高，教出来的学生也只能是会啃书本的书呆子。

刘 丹 确实存在这个问题。毕业以后还需要很长一段时间才能胜任工作。

万 胜 所以，我们必须调整教学思路，进行改革。这次实习就是蹚蹚路子，学生的反映非常好，我的感触也挺深。你想过没有，大家为什么爱听你的课？就是你的实践经验太丰富了。根本不用怎么准备，信手拈来，再深的理论，叫你一讲，深入浅出，简单明了。这是我们许多教师都望尘莫及的。你不去是不行的。

刘 丹 我看院长是选对人了，好一个说客。

万 胜 咋地？你同意了？

刘 丹 那倒不是，我只是认为你说得很有道理。的确，如果理论不与实践相结合，那么，这个理论就是空中楼阁。我们的教学确实需要改一改。不然，培养出来的学生是不受欢迎的，也很难有发展。

万 胜 说的就是呀。我告诉你吧，不仅如此，校长还有更高的追求，他要把教学和科研有机地结合起来，把学校办成科研的基地，人才的摇篮。而在这方面，你又是出类拔萃的。

这么多年，你搞了那么多科研成果，这些，学校早就给你记录在案了。想跑都跑不了。院长说了，不但让你担任教研室主任，还让你做科研的带头人。担子不轻啊。

刘 丹 这可真有点儿强人所难了。一我胜任不了，二我还不想或者确切地说，还真舍不得这个集体，更舍不得我们两代人为之奋斗，甚至用鲜血和生命所铸就的送变电事业。这绝不是唱高调，而是发自内心的一种眷恋。

万 胜 我完全相信。这也正是校长迟迟下不了决心的原因。所以，这次让我来好好和你谈谈。硬调，怕伤害你的这份情感。可话又说回来了，现代企业的竞争是人才和文化的竞争，说到底是文化的竞争，教育、科研不先行，何谈企业发展，更谈不上可持续发展。所以，我们不应该把眼睛只盯在送电，还有发电、供电，一句话，要放眼我国整个电力工业。从这点上说，搞教学、搞科研意义不是更大吗？这绝不是高谈阔论，这是现实的需要，也是历史的必然。

刘 丹 别说，这个问题，我还真没有认真仔细地考虑过。也许山沟钻多了，就变得有些狭隘。

万 胜 那倒也不是。太钟爱自己的事业，就具有排他性。这恐怕和热恋中的人一样吧，只有自己心上人最好的。事实上，人外有人，天外有天，你可不要做井底之蛙呀。

刘 丹 话是损点儿，但很有哲理。佩服，佩服。

万 胜 我实话告诉你吧，这次你是去也得去，不去也得去。校长可是铁了心了。

刘 丹 可不是，调令都来了。万胜，你说我能行吗？

万 胜 当然行了！大胆地干吧，我会全力支持你。

刘 丹 得了吧，都跑美国去了。你就是想支持，那也是鞭长莫及，远水解不了近渴呀。

万 胜 这你可说错了。这远水还真有可能解近渴，你信不信？

刘 丹 我不信。

万 胜 你想，麻省理工学院是美国，乃至世界理工大学之首，有"世界理工大学"之称，我会把那里最新、最前沿的科技资料和信息及时地传回来，你说这远水能不能解近渴呀？

刘 丹 要这么说，还是蛮不错的嘛。

万 胜 刘丹哪，咱们要想实现现代化，必须走科技兴国之路。改革开放就是要走出去、请进来，就是要把国外最先进的东西吸取进来，变成我们自己的东西，我们再也不能躺在五千年文化和"四大发明"上睡大觉了，中国这条巨龙也该醒醒了。

刘 丹 是啊，如果，没有陆姨和那么多科技精英的努力，500千伏"董辽线"和这座500千伏变电站的所有设备绝不能姓"中"。

万 胜 完全正确，中国这条巨龙已经苏醒了。而且，开始腾飞了。一想到这些，真是热血沸腾啊。

刘 丹 什么时候走啊？

万 胜 一切都准备好了，签证一到就走。

刘 丹 祝你早日学成回国。

万 胜 借你的吉言，我会努力的。

刘 丹 真美慕你，还能出国学习。

万 胜 好饭不怕晚，你也一定会有机会的。

刘 丹 但愿如此吧。

两人走出变电站。

东北某地　凌晨　外

乌云翻滚，天边电闪雷鸣。

风吹树摇，沙沙作响。

一场历史罕见的龙卷风挟暴雨袭击了东北某地区……

大树被连根拔起，有的拦腰折断。

房盖被掀翻，天空中碎瓦横飞……

十几基铁塔在龙卷风中闪着电火花倾倒在地，导线崩断……

城镇断电，机器停转，路灯熄灭，一片漆黑……

某电网调度室　凌晨　内

岭东、河西变电站报警灯、报警器频频闪亮和响起，电话一个接一个……

值班员迅速拿起电话。

值班长　（听筒）我是岭东变值班长张楠，今晨六点五十五分，"岭河线"西侧C相，三相跳闸，重合不良，强送电不成功。故障测距在170号至230号塔之间。

网调值班员　知道了，时刻关注事态发展。

河西变电站也电话铃声急促。

值班长　（听筒）我是河西变电站值班长薛辉，今晨六点五十五分，"岭河线"西侧C相，三相跳闸，重合不良，强送不成功。故障测距在170号至230号塔之间。

网调值班员　知道了，（转向调度长）调度长，看来情况非常严重。

调度长　是啊，我刚才看了一下该地区的天气情况，有龙卷风和暴雨，很可能发生倒塔事故。

高洪亮匆匆赶来。

高洪亮　情况怎么样？

调度长　报告局长，今晨六点五十五分，岭东变值班长张楠报告，"岭河线"西侧C相，三相跳闸，重合不良，强送电不成功。故障测距在170号至230号塔之间。几乎就在同一时间，河西变值班长薛辉报告，情况一样。我们迅速和气象部门联系查明，该地区已遭遇百年不遇的龙卷风和暴雨的袭击，综合电网故障情况，我们判定很可能发生倒塔事故，从故障测距范围分析，倒塔很可能在十基左右。

高洪亮　知道了，你们必须采取措施，保证电网安全运行，防止事态扩大。命令岭东变电站、河西变电站立刻派人向事故地点进发，开展巡线，随时报告情况，通知银龙送变电工程公司做好抗灾抢修准备，接到命令，立即出发！

调度长　是。（抓起电话）岭东变吗？命令你们立刻向事故地点进发，开展巡线，随时报告情况……

调度　河西变吗？命令你们立刻向事故地点进发，开展巡线，随时报告情况……

高洪亮踱着步思考问题，他下决心要打出银龙这张王牌。

电话铃声不绝于耳。

工作人员来回穿梭。

气氛非常紧张……

抗灾抢险路上　日　外

风在刮，雨在下。

长长的车队在雨中，在泥泞的路上，涉水前行。

银龙送变电工程公司大旗在风雨中飘舞。

指挥车内　日

车窗上的雨刷器不断刮去雨水。

赵战生随高洪亮坐在指挥车里。

高洪亮　战生啊，这雨整整下了三天，还不停，不但行军困难，抢修现场的情况会更复杂。

赵战生　放心吧，局长，我已把离这儿最近的送二分公司从九台县调过来了。

高洪亮　技术上我不担心，最担心的是安全问题，你可不要轻敌呀。

赵战生　不会的，战略上藐视，战术上重视，这是我们的光荣传统。我们一定在确保安全的前提下，打好这一仗。

车队在风雨中艰难地行进……

191 号塔倒塔现场　暴雨　日　外

抢修车队艰难地开进抢修现场。

高洪亮、赵战生等穿着雨衣下车。

早已赶到的某电业局刘局长等人跑了过来。

高小兵、秦继伟也从银龙的指挥车下来。

工人们穿着雨衣在送二分公司经理牛小虎的指挥下纷纷跳下车。

抢修现场一片汪洋。

远远望去，山坡上 192 号塔随时都有倾倒的可能。

191 号塔也严重地变形，很明显塔基已被洪水冲坏，一侧四根导线已经断了，另一侧只有两根导线和 190 号塔连接着。

191 号塔在风雨的作用下不断在水中摇晃。随时都可能发生二次倒塔。

高洪亮、赵战生、高小兵、秦继伟等在雨中，研究抢修的方案。

工人们在牛小虎的带领下，也都围了过来。

高洪亮　现在的首要任务就是摸清事故情况。哎，刘局长，从公园借的船怎么还没到哇？

刘局长　下这么大的雨，路难走，我看一时半会儿也来不了。

高小兵捡起一块石头，使劲地往远扔，只听"扑通"一声，溅起了很大的水花。

高小兵开始系安全带。

高小兵　（冲着后面的人大喊）小虎经理。

牛小虎　到。

高小兵　多拿几条绳子过来！

牛小虎 好嘞。

牛小虎拿起绳子向高小兵跑来。

秦继伟也开始系安全带。

秦继伟 小兵，还是我下吧?

高小兵 你不行，我在靠山屯的时候，每天都到水库游两圈儿。别跟我争了。集中精力考虑抢修方案。

秦继伟 （无奈）好吧。注意安全。

牛小虎、华志强等也都积极要求下水。

王长海 （全副武装）牛经理，高经理，我下吧。

高小兵 你们大家都给我听好了，谁也别跟我争。有劲儿你们在抢修的时候使吧。

王长海 （挤上前来坚毅地）高经理，我在团里是武装泅渡第一名。我下，保证完成任务。

高小兵 真的?

王长海 我保证。

高小兵 那好吧。你探明情况，我做监护人。

王长海 是。

高小兵把绳子系在自己的安全带上，他把绳子一头递给小虎。

高小兵 小虎，有事儿你就拽绳子，我有事儿也拽绳子。明白没有?

牛小虎 明白。

高小兵 长海，你也系一条绳子吧。

王长海 不用。万一有事儿，咱俩一条绳子也够。没问题，放心吧。

高小兵和王长海把一切打点好后，准备下水。

赵战生 不行，小兵，太危险了，还是等船来吧。

高小兵 时间来不及了，放心吧，没事儿。

高洪亮 战生，让他们去吧。（冲小兵喊）小兵，你们的任务就是察看191号塔的损毁情况，（指着倒塔）看到没有，整个塔的重量都压在那两根导线上，随时都可能发生二次倒塔。所以，你们一定要注意安全，绝对不能出事儿。情况摸清后，立即返回。

高小兵 （敬了一个军礼）是，保证完成任务。

高洪亮 去吧。

高小兵 （对王长海）下水。

王长海 是。

高小兵和王长海跳进水中，往191号抢修塔走去。水浅他们就在水中行走，水深他们就游泳。

他们来到塔前，王长海一个猛子扎进水里。

众人惊叹一声。大家的心都提到了嗓子眼。

过了好长时间，王长海才从水里钻了出来。

大家这才松了一口气。

王长海 （擦了一下脸冲着岸上喊）三个塔基冲坏了，还有一个连着。

高小兵 好。撤。

两人返回。

高洪亮 不错，咱银龙又多了一个"四野"的人。小兵也行。

赵战生 这话说的，小兵干什么都有道儿。绝对不是一般战士。

高洪亮 你就替他吹吧。

赵战生 本来嘛，不信，您问问大家？

高洪亮 行了，行了，我不跟你说了。继伟呀，这里你就不用管了，你马上组织人，用最快的速度，查明整个事故受损情况，统计一下到底需要多少塔材、导线和金具等抢修物资。尽快到指挥部向我汇报。

秦继伟 是。（冲着队伍里的人喊）一、二、三队的跟我走。

秦继伟带着人离开了这里。

高洪亮 战生啊，我看这里就交给小兵和小虎他们吧。

赵战生 没问题。

高洪亮 那好，咱们马上去指挥部。

赵战生 好吧。小虎，这里就交给你和小兵了，有事儿及时汇报。

牛小虎 是，保证完成任务。

高洪亮和赵战生离开这里。

抢修指挥部　日　内

风在刮，雨在下。指挥部设在军用帐篷内。

市县的有关领导，还有一些专家都已经到了。

黑板上挂着临时绘制的倒塔事故示意图。

各路抢修的领导和专家早已坐好，他们在议论。

高洪亮和赵战生满身雨水地进来。

高洪亮 同志们，这场百年不遇的龙卷风和暴雨所造成的损失太大了，（指着倒塔抢修线路）从183号到193号，共有十基塔倒了，线路总长五公里之多，加上受损的182号塔，共有十一基塔，另外，181号，194号到201号塔，也不同程度受损。刚才，我和赵经理到抢修现场察看了一下，有些地段一片汪洋，尤其这雨还没完了地下，抢修难度太大了。怎么办？大家集思广益，拿出办法来。赵经理，你先说说吧。

赵战生 说实话，到目前为止，我们也经历了大大小小的很多次抢险，但从来也没遇到这么难啃的骨头。我们打算集中优势兵力，先抢修地势高的倒塔。如果时间允许，等地势低的积水撤了以后，机械能进去了，我们再干。

高洪亮 不行，这条500千伏线路，是连接吉林与黑龙江两个电网的重要线路，也是向辽宁，乃至华北电网送电的关键线路，我们的抢修时间不能用天来计算，而要用分和秒来计算，提前一分钟也是好的。我只给你十天时间，你就是头拱地也得给我拿下来。

赵战生 那我们就双管齐下。在回来的路上，我已经想好了几个方案，最佳方案就是，集中优势兵力打歼灭战。重点抢修191号塔。那里一片汪洋，抢修难度最大。我建议立即与地方政府联系，动员民工利用沙袋筑起围堰，然后再利用沙袋修一条通向191号塔的路，这样我们的车辆和机械就能进入抢修现场拆卸事故塔。如果，能够动员民工挖渠排水并使用抽水机的话那就更好了。

高洪亮 好！这个方案不错，地方的事儿我来协调。

秦继伟满身雨水地进来。

高洪亮　怎么样，情况查明了吗？

秦继伟　已经查明。这次抢修大约需要九十吨塔材，八十七吨导线，六吨地线，十吨金具。

高洪亮　好，辛苦了。同志们，情况已经清楚了，抢修方案也基本定了，希望大家各负其责，同心协力，坚决打好这一仗。大家分头行动，散会。

众散去。

高洪亮　战生，关于191号塔的抢修，我们还得具体研究一下。

赵战生　好吧。继伟呀，啥话也不说了，别给咱银龙丢脸。

秦继伟　放心吧，经理。（快步走出指挥部）

高洪亮　战生啊，没想到你的鬼点子真多。好，不愧是我的兵。

赵战生　那当然了，咱四野的人啥时候掉过链子。

高洪亮　你先别吹。抢修191号塔的关键是安全问题。（拿过一个缸子）你看，这就是191号塔，刚才，小兵已经探明塔基已经被冲坏了，也就是说，整个塔的重量都加在了导线上。

赵战生　（也拿起一个缸子）这样191号塔的重量通过导线又传递给192号塔，造成192号塔随时会有第二次倾倒的可能。而导线也随时有崩断的可能。作业风险太大。

高洪亮　所以，我们的吊车必须通过这条用沙袋筑起的路进入现场，起吊191号塔，释放导线的拉力。

赵战生　这样才能排除险情，剪断导线，做到万无一失，确保安全。

高洪亮　对。

外面雷声大作，雨越下越大……

高洪亮　走，咱们去现场。

赵战生　好。

两人迎着风雨跑出指挥部。

191号塔倒塔抢修现场　日　外

赵战生站在水中，指挥民工用沙袋在水中筑路。

高小兵指挥着民工正在筑围堰。抽水机抽水……

秦继伟指挥民工挖渠。疏通水渠挖好了，泄洪的水流向河道。

牛小虎蹚着水跑过来。

牛小虎　（对赵战生）赵经理，赵经理，您看水正在撤。

赵战生观察水撤的情况。

赵战生　好，太好了。

吊车沿着修好的路开向191号塔。

高小兵指挥吊车吊起191号塔，导线明显松弛。

牛小虎拿着工具准备去剪导线，被高小兵叫住。

高小兵　小虎，还是我来吧。

牛小虎　哎呀，小兵哥，这点儿小事儿还用你出马？你就给我观敌瞭阵吧。

牛小虎系好安全带，爬上摇晃的191号塔。

众屏住呼吸紧张地注视着小虎

牛小虎剪导线，导线坠地。

现场的人都松了口气，同时，响起了热烈的掌声和欢呼声。

191号塔倒塔抢修现场　日夜交替　外

雨住天晴。高小兵和牛小虎带领工人拆塔。

浇筑基础。

组立新塔。

展放导线。

工人在塔上挂瓷瓶，上导线。

工作场面日夜交替。

191号塔倒塔抢修现场　日　外

银龙那面大旗迎风招展。

抢修接近尾声，牛小虎在塔上拧完最后一个螺丝。

牛小虎　（举着扳子高喊）同志们，我们胜利了！

众欢呼！

高洪亮来到现场，赵战生去迎接，两人握手。

在热烈的掌声中，高洪亮走到高处。

高洪亮　（对现场的工人们拱手）同志们，谢谢，谢谢你们。经过八个昼夜，你们轮流上阵，提前两天胜利完成了这次抢险任务。我有三个没想到，没想到你们速度这么快，没想到你们水平这样高，没想到效果这样好。具体说，就是你们领导到位，组织到位，措施到位，大家凭着顽强的意志和决胜的信心，挑战生理极限，充分展示了我们送变电人不怕苦，不怕累，敢打硬仗，善打硬仗的作风。地方政府也发来了贺电，高度赞扬了我们这次抢修，我代表东北电管局谢谢你们！你们不愧是铁军！

众热烈鼓掌，欢声雷动。

银龙那面大旗猎猎飞舞。

巍巍铁塔，蜿蜒银线，在阳光的照射下，泛着银光伸向远方……

第二十六集

赵战生家　夜　内

明天就要参加少年钢琴大赛的赵云飞正在书房里反复练习肖邦的《革命练习曲》。

旁　白　1985年，中国百万大裁军。某守备师成建制被撤销，赵建华转业。

赵建华和薛小凤在客厅里正商量转业的安排问题。

薛小凤　真没想到百万大裁军，看来这世界大战一时半会儿是打不起来了。也好，省得两地分居，这牛郎织女的日子我也过够了。

赵建华　说实话，我真不愿意离开部队。要不到守备师就好了，这家伙，整建制地撤了。

薛小凤　现在说这些还有用吗？别说我没提醒你，两个老人的意思是让你进银龙。你得有个思想准备。

赵建华　话里话外我早就听出来了。其实进银龙也没什么不好的，子承父业，天经地义，顺理成章，更不用求爷爷告奶奶。可不知道为什么，总觉得心里不太得劲儿。

薛小凤　要我说呀，别的都是借口，你就不想脱军装。

赵建华　（感慨地）还是老婆最了解我。

薛小凤　关键是怎么说服两个老人。

赵建华　难就难在这儿了。

有人敲门。

薛小凤　来人了。

薛小凤赶紧去开门。

门开了，已是高中毕业的高旭光、陆露、秦峰进来。

薛小凤　哎呀，稀客稀客，快请进。建华呀，你看，都谁来了？

赵建华　呀呀，你们仨都来了。快请。（冲书房）云飞，旭光他们来看你了。

高旭光　行了，赵叔，叫他练吧。我们就是过来给他鼓鼓劲儿的，明天大赛我们三个都去给他加油助威。

薛小凤　今年，你们三个一起考大学吧？都准备报哪儿啊？

高旭光　电力学院呗。

薛小凤　（对陆露）你也是？

陆　露　（点头）也是。

秦　峰　按既定方针办。这个圈儿啊，我们三家大人早就给画好了。

赵建华　松江电院不错，正好你妈也在那儿。还有个照应。

秦　峰　得了吧，我就想离他们远点儿，没办法，孙悟空总是跳不出如来佛的手掌心。

薛小凤　身在福中不知福！哪像我们云飞，多难哪！

琴声停了，赵云飞从书房出来。

三个人　云飞。

赵云飞　哎呀，你们都来了？

陆　露　给你加油鼓劲儿呀。

高旭光　明天比赛，我们三个都去给你助威。

赵云飞　太好了！

陆露掏出一条新的红领巾递给云飞。

陆　露　这是我们三个的一点儿心意，比赛的时候戴上一定能拿第一。

赵云飞接过红领巾。

赵云飞　谢谢，我保证拿第一！

高旭光　好，云飞。时间宝贵，抓紧练，咱们明天见。

三个人分别和赵云飞击掌。

陆　露　赵叔、阿姨，我们走了。

赵建华　谢谢你们。

薛小凤　常来玩儿，哪天阿姨一定给你们做好吃的。

三个人出了屋。

赵战生办公室　傍晚　内

赵战生正在给陆洁打电话。

赵战生　真没想到改革开放这才几年的工夫，500千伏输电线路已经成了各大区域电网的骨干网架了。这也为你们研究特高压奠定了基础哇。

陆　洁　可不是，水电部也非常重视这项工作，开了几次务虚会了，我们的科研报告也送上去了，估计明年就得有个说法。

赵战生　真是功夫不负有心人哪！不过，你一定要注意身体。

陆　洁　我会注意的。我听陆露说，今天晚上云飞就要比赛了？

赵战生　可不是，陆露这孩子太懂事儿了，她和旭光、秦峰给云飞买了一条新的红领巾，说戴上它一定拿第一。不是你的主意吧？

陆　洁　绝对不是。怎么我听说建华转业了？

赵战生　是啊，陆露说的？

陆　洁　不是她还有谁，你和薛刚都对我封锁消息。

赵战生　不是怕你分心吗？

陆　洁　建华在部队不是干得很好吗？怎么转业了。

赵战生　百万大裁军，他们师撤销了。

陆　洁　啊，可不是，我把这茬儿给忘了。行了，赶快去看比赛吧，别晚了。薛刚也去吗？

赵战生　他在沈阳开会，说一定赶回来。

陆　洁　好，我祝云飞取得好成绩。再见！

赵战生 再见！

少年钢琴大赛赛场　夜　内

赛场内座无虚席。为了给赵云飞助阵，除了赵薛两家、刘丹、高旭光、秦峰、陆露，几乎所有银龙的老人儿都来了。他们相互议论着。

李玉珍 小玲啊，你们家小凤真不简单，能把云飞培养成这样，了不起。

方小玲 这孩子就是要强，自己没上大学，非让自己儿子上大学不可。

王　芳 那也得有天赋哇。搞音乐可不是所有人都行的。对不，华姐？

于　华 那是啊，得有遗传基因。

李玉珍 对呀，小凤唱得就是好。

刘　丹 建华，你爸和你岳父怎么还没到哇？小凤呢？

赵建华 在后台帮云飞忙活呢。

赵战生和薛刚匆匆赶来，坐在于华的旁边儿，和大家打招呼。

赵战生 哎呀嫂子，你也来了，你们都来了。

铃声响起，大幕拉开，主持人出场。

主持人（掌声过后）毛主席教导我们："世界是你们的，也是我们的，但是归根结底是你们的。你们青年人朝气蓬勃，正在兴旺时期，好像早晨八九点钟的太阳，希望寄托在你们身上。"首届星海杯少年钢琴大赛现在开始。首先上场的是一号选手赵云飞。他演奏的曲目是肖邦的《革命练习曲》。

主持人下，赵云飞上场。

赵云飞向台下行个少先队队礼，坐下，开始弹奏。

……

赵云飞演奏结束，下面掌声雷动。

赵云飞频频鞠躬致谢。

高旭光、陆露、秦峰连喊带叫。

赵战生等使劲地鼓掌。

全场沸腾了。

……

赵战生家　夜　内

赵战生、薛刚、方小玲、赵建华、薛小凤、赵云飞两家人一起有说有笑，好不热闹。

薛小凤小心翼翼地把奖杯放在客厅最显著位置。

赵建华赶紧给老人倒水。

赵战生 来来来，老伙计，快坐下。我还以为你赶不回来了。

薛　刚 可不是，真把我急坏了。这要是参加不上，那多遗憾哪。是不是，大外孙子？

赵云飞 那当然了。

赵云飞一屁股坐在赵战生和薛刚的中间。

赵云飞（撒娇地）爷爷，姥爷，我拿了第一，怎么奖励我呀？

赵战生 说吧，要啥？

赵云飞　我要，我要轮滑。

赵战生　行，爷爷明天就给你买。

赵云飞　姥爷，你奖励我啥呀？

薛　刚　你爷爷奖励的就等于我奖励了。

赵云飞　那不行，爷爷是爷爷的，姥爷是姥爷的。您不能耍赖。

薛小凤　怎么跟姥爷说话呢？一点儿礼貌都不懂。

赵云飞　您懂，不是打就是骂。简直就是法西斯。

薛小凤　你们看看，这孩子越学越完蛋，一点儿良心都没有。我，我容易吗？

赵战生　孙子，这你可就不对了。要不是你妈严格要求你，风里来雨里去地陪着你，无微不至地关心你、照顾你，你能有今天吗？

赵云飞　那倒是。

薛　刚　大外孙子，打是亲骂是爱。常言道，严师出高徒，你爸又不在家，为了培养你，你妈吃了不少苦哇。可怜天下父母心，长大你就知道了。大外孙子听话，快给你妈赔个不是，认个错儿。

赵云飞　妈，我错了。

薛小凤　你没错，都是我错了。我贱，费力不讨好！行，这回你爸也回来了，你的事儿我不管了。

赵建华　看看，又冲我来了。

薛　刚　小凤，你怎么能跟孩子一般见识呢？云飞已经认错了，你就不要不依不饶了。

赵战生　说句公道话，咱们家的功臣是小凤。没有她的努力，你们爷儿俩啥都不是。军功章上有你们的一半，更有她的一半。

赵云飞　爷爷，您说得对。要这么看，这奖杯不是我得的，是妈妈得的。

赵战生　哎，这才是懂事儿的孩子。行了，行了，时间不早了，孩子也累了，云飞呀，赶快抓紧时间睡觉，明天早点儿起，好跟你爸练拳。

赵云飞　我要跟你练。听姥姥说，你可厉害了。

赵战生　年轻的时候还行吧，好汉不提当年勇，现在，老了，青出于蓝而胜于蓝，你爸比我厉害。不过，我可以给你当陪练。

赵云飞　（拍着手）噢，太好了，太好了。

赵云飞连蹦带跳地去了自己的房间。

赵战生　（余意未尽地）这小子就是招人稀罕。

薛小凤　爸，不是我说你，这孩子就是你惯的。

薛　刚　哎呀，小凤啊，这隔辈人就是亲。我们都一样儿。

薛小凤　照这话说去吧，我算服了，你们一个赛一个。好了，不说云飞了，正好你们几个老人都在，帮建华拿主意，到底去哪儿？这爷儿俩，哪个都不让我省心。

方小玲　你呀，你就是个操心的命。像你婆婆。哎呀，秀香要是活着，那该多好哇！

方小玲惋惜地流出了眼泪，大家也都很伤感。

薛小凤　妈，说建华的事儿，（使眼色）您看您。

方小玲　（赶紧擦把泪）好好好，瞧瞧我，这人老了，就总爱寻思过去的事儿。依着我，进银龙，趁两个老东西都在，好安排。

薛　刚　建华，我看你妈说的有道理。银龙的子弟进银龙，天经地义，顺理成章。咱也用不着低三下四地求人，再说了，咱公司也确实需要像你这样有管理经验的人。俗话说得好，肥水不流外人田嘛。

赵战生　就是嘛。咱们银龙就应该长江后浪推前浪，一代一代地传下去。你赶上好时候了，正是改革开放向纵深发展的最好时机，只要你好好干，肯定会有发展的空间。你高伯伯也是这个意思。

赵建华　你们说的都有道理，我也不是没想过。不谦虚地说，我确实有点儿管理经验。但是，你们想过没有，不懂业务，这就是制约我发展的瓶颈。我不想做一个不懂业务的白帽子，让人背后戳我脊梁骨。

赵战生　不懂业务咱可以学嘛。

薛　刚　是啊，我们刚到地方的时候，啥都不懂，不都是一点点学的吗？

赵建华　你们那是啥年代，现在的科学技术发展得太快了。人家大龙研究生都毕业了，我一个高中生，累死也撵不上啊。咱不干则已，要干就必须干好！我倒没什么，就怕给你们俩丢脸。

薛　刚　哎，你别说，建华说的也挺有道理。我理解这小子，他是宁做兵头，也不做将尾的主儿。你想上哪儿？

赵建华　我也没太想好，初步打算去公安系统。肖副师长也是这个意思，他正托人给安排呢。

赵战生　（对薛刚）肖亮这小子就是够意思。建华，你咋不早说呢？

赵建华　不是怕你们不高兴？我又不是傻子，话里话外，我还听不出来呀。

薛　刚　战生，这小子越来越成熟了，咱们就别跟着瞎操心了。时间太晚了，我们就撤了。明天晚上到我那儿去，云飞拿了第一，建华的工作也有了着落，咱们得好好庆贺庆贺。

赵战生　好，不过小玲就得辛苦了。

方小玲　再辛苦也高兴。明天，你们早点儿过来。

薛小凤　行。天太黑了，用不用建华送送你们哪？

薛　刚　不用了，就几步道儿。你们也赶快抓紧时间休息吧。

薛刚和方小玲出了屋。

薛小凤　你们俩慢点儿走。

某音乐酒吧　夜　内

音乐酒吧内，旋转的霓虹灯闪烁。童安格《明天你是否依然爱我》的歌声弥漫在酒吧内。

几伙年轻男女吆五喝六地掷着骰子喝着啤酒，这喧嚣吵闹的环境，高旭光和陆露真不太适应。

陆　露　（用手捂着耳朵）这啥破地儿，吵死人了。

高旭光　谁说不是呢。秦峰，这地儿也不是说话的地方呀。咱换个地儿吧。

秦　峰　老外了不是，都啥年月了，你们得适应改革开放的形势，要跟上时代的潮流。坐下，坐下，快坐下。

陆　露　（坐下拿起桌上的价格单，惊讶）哎呀妈呀，这么贵呀？

秦　峰　（毫不在意地、学着广东话）毛毛雨了啦，没问题啦。

高旭光　行了。嘚瑟啥呀，把舌头捋直了，好好说话不行啊。

秦　峰　好好，咱们上深圳的事儿，年初我就跟你们说了，高考早就结束了，到现在也不给个动静，你们还拿我当不当朋友？

高旭光　去深圳看一看，感觉一下改革的氛围，这都行。不过你说要做服装生意，我看有点儿悬。

陆　露　我也是这么看的。做生意，你有本钱吗？

秦　峰　我们可以搞集资嘛。

高旭光　怎么个集法？

秦　峰　管家里要哇。

陆　露　开玩笑，能同意我们去就不错了，还能给我们钱做生意？做梦吧。

秦　峰　土老帽儿不是，能跟他们说去深圳做买卖吗？咱得说去上海、海南岛旅游。我敢保证，咱仨都能百分之百地考上电力学院，怎么也得奖励奖励我们吧。我想好了，跟我妈要，跟我奶奶要，跟我姥姥要。怎么地也凑个千儿八百的。咱仨加起来那就是三千多块呀。

陆　露　想得美。咱们去了车费、住宿费、吃喝费、门票费，够用就不错了。

高旭光　是啊，秦峰，你挺精挺灵的，这点儿账你都算不过来呀？

秦　峰　你们搞没搞错？我们不是去旅游，是去干事业，那就得一分钱掰成两半儿花。把节余下来的钱都投在生意上。

高旭光　这倒对。

陆　露　那也不一定够哇？

秦　峰　观念问题，（指着陆露）你呀你，大小姐的架子总是放不下来。我们非得坐卧铺吗？坐硬板儿不行吗？我们住最便宜的旅店，吃最便宜的饭菜，这钱不就都省下来了吗？

陆　露　哎呀妈呀，没想到你这么能算计，这么会过，这么能吃苦。

秦　峰　往大了说，这就叫天将降大任于斯人，必先苦其心志，饿其体肤。往小了说，这叫资本的原始积累。

高旭光　吃苦没问题，就怕这事儿咱干不成啊。

陆　露　干不成也没关系。要是被骗了，那就惨了。

秦　峰　所以才请你们俩过来，三个臭皮匠顶个诸葛亮嘛。再说了，咱仨从小就在一起，从来也没分开过，不说桃园三结义吧，那也差不多。我不是吹，就凭咱仨，考清华、北大我不敢吹，最起码考上海交大或西安交大没啥问题吧？不就是为了不分开，保险起见，才报松江电院嘛。

陆　露　这倒是。

秦　峰　所以，咱必须有福同享，有难同当。现实点儿说，有钱不赚，那是傻子。往大了说，深圳是什么地方？那是邓大人亲自画圈儿的地方，改革开放的前沿，是社会主义市场经济的试验田，年轻人到市场经济大潮中去闯一闯有什么不好，就是喝几口水，又有什么了不起的？改革是有风险的，是要交学费的，是要付出代价的。何况，我已经做好了市场调查，十几块钱的衣服可以卖到几十，甚至上百，百十来块钱的衣服，可以卖到几百，甚至上千。

陆　露　对了，我也听说过。确实挺挣钱！

高旭光　那要卖不出去，不就赔了吗？

秦　峰　说得好。所以我们一定要根据市场流行的花色和品种进货，先做零售，后做批发。不断地总结经验培育市场、提高市场的知名度和信誉度，那我们就会越做越大。

高旭光　别说，确实很有诱惑力。可咱是学生，得以学习为主哇？

秦　峰　就是嘛，所以我才着急呢。你们想想这离开学，满打满算也就两个来月的时间，我们抓紧时间，做它几单生意。过这个村儿可就没这个店了。

高旭光　（用目光征询陆露）那咱们就干？

陆　露　干！

秦　峰　干！

三个人的手紧紧握在一起，异口同声："干。"

服装市场　日　外

清晨，某市的服装市场。

在二十米宽不足两公里长的街两侧摆满了铁制摊床。

一些摊主已经摆好摊位准备卖货了。

在某个摊位，秦峰、陆露、高旭光正在摆货。

陆　露　秦峰，你说咱这衣服能卖出去吗？

秦　峰　绝对没问题。一会儿非疯抢不可！

高旭光　你就吹吧，我看你卖不出去咋办？

秦　峰　卖不出去我吃了。要是卖出去呢？

高旭光　算你小子能耐。

秦　峰　那不行。咱得嘎点儿啥！

高旭光　行，你说吧。

秦　峰　我的要求不高，卖出去了，你们俩还得接着跟我干。挣的钱去了开销，咱们仨平分。要是卖不出去，从今往后我就不干了！怎么样？

高旭光　一言为定？

秦　峰　一言为定！

二人击掌为誓。

他们说话间，市场的人越来越多。

叫卖的、看货的、讨价还价的，使市场更加热闹起来。

来往的行人也到他们这儿看服装、询价，但真正买货的却没有。

陆　露　（有些着急）我说老板，你可真能沉住气。到现在还没开张呢。

秦　峰　先胖不算胖，后胖压塌炕。听我的，你们俩赶紧把咱的服装换好，就站在这床子上不断地摆造型。

陆　露　这地方怎么换哪？

秦峰顺手拿起一个床单扔给高旭光。

秦　峰　旭光，接着。给她挡一挡。

高旭光　（接过床单）这……

陆　露　我不换。

秦　峰　穷讲究。姑奶奶，赶紧换吧，我求求你了。这有啥了不起的。不就换个衣服吗？我先换。

秦峰三下五除二地把衣服换了，从高旭光手里抢下床单。

秦　峰　（对旭光）别愣着了，赶紧换衣服呀！（在一个角上举起床单对陆露）姑奶奶快请吧？

陆露拿着衣服钻了进去。

高旭光换好衣服，陆露也从床单后面钻了出来。

秦　峰　（赞美地学着广东话）哇，好好漂亮啊！赶紧上去亮相！

高旭光一跃身跳上了摊床，伸出手把陆露拽上来。两人摆好造型。

秦　峰　（做了个"ok"手势，兴奋地）欧了！（转身高喊）哎，瞧一瞧，看一看了，这两位名模所穿的就是当今最时尚、最流行的纯广州正宗出口转内销的产品。每件三十元，不加利润只收运费，物美价廉，经济时尚，数量有限，快来买吧，过这个村儿，可就没这个店喽……

配合秦峰的叫卖，高旭光和陆露不断地变化造型，不大一会儿这里就聚满了人。

一对儿看似情侣的过来翻看衣服。

女　友　哇！这衣服也太漂亮、太便宜了，买一件呗？

男　友　买一件？只要你喜欢，买几件都行。哎，哥们儿，（指着女友）她的来四件，我的来两件。

秦　峰　哥们儿，真有眼力，识货！这衣服穿在你们俩身上，那回头率肯定"刷刷刷"的。来，给您货。

秦峰给货，收钱，然后，把钱递给陆露。

秦　峰　陆露收钱。

顾客甲　我来一件男的。

顾客乙　我来三件女的。

顾客丙　一样给我来五件。

顾客丁　给我来两件女的。

人群把摊床都快挤翻了。

高旭光赶紧跳下来，然后扶陆露下来。

秦　峰　大家不要挤，不要挤。都能买到，都能买到。来来来来，给您男装五件，女装五件。正好三百元，欢迎再来，您慢走。

高旭光　给您两件，收您六十，好，再见！

陆　露　大家别挤，别挤。都有份儿，都有份儿。来来来，给您三件，收您一百找您十块，欢迎再来。

……

某个摊位，一位顾客正在看衣服，听到秦峰的喊声，再看那边儿十分热闹，放下衣服就跑了过去。

其他摊床的顾客也都纷纷跑了过去。

不少摊主都在羡慕、嫉妒、恨。

摊主甲　这下可完了，市场成他们的了。

摊主乙　人家就是有能耐，不但货进得好，还用模特招揽生意。咱根本就没法跟人比！

摊主丙　我听说这三个人都是高三学生，这不考完大学了，想赚点儿外快交学费。

摊主甲　怪不得，有知识和没知识就是不一样，要都这么干，咱们可就得喝西北风了。

摊主乙 这就叫市场竞争，你血招儿没有！

摊主丙 那可不一定，他不让咱好过，咱也不能让他们消停了。你们给我照顾点儿，我去办点儿事儿。你们等着看好戏吧。

摊主丙说完离开了摊位。

秦峰他们的生意太火了。傍晚时分货已经全部卖完。不少客户还是不走，哀求要买。

某 人 你们库里肯定还有，赶快去取呀，我们等，今天我是非买不可！

秦峰的嗓子已经喊哑了，但他还在不厌其烦地向人解释。

秦 峰 我跟你们说实话，货，确实没了，要有，我们能不卖吗？那不是傻子吗？是不是？你们放心，我马上就去广州进货，一定满足你们的需求。

高旭光满头大汗地收拾着摊床。

高旭光 （举着空兜子）你们看看，空空的，确实都卖没了。

陆露背着人高兴地数钱。

一个秃头戴着蛤蟆镜，穿着花衬衫名叫龙哥的领着小背头、二埋汰等人分开人群，怒气冲冲地挤了进来。

几个顾客见势不妙，四处散开，他们把秦峰围在当中。

看这架势陆露赶紧把钱装好，高旭光冲到秦峰旁边。

龙 哥 嘿，嘿，哪来的生荒子，敢在这儿练摊儿，你们懂不懂规矩，啊？太没王法了。

秦 峰 （开始被这阵势唬得有点紧张，但很快镇定下来）我们只知道国家的法律，其他的，一概不知。

小背头 （狗仗人势，抢上前来拽住秦峰衣领，对龙哥）老大，这小子也太狂了，我废了他。

高旭光护住秦峰。

高旭光 你们这是干啥，有话好好说嘛。

龙 哥 哎，这位兄弟还识点儿相。（对小背头）给他们讲讲规矩。

小背头 好嘞。哎？这老张家的床子怎么换成你们了？

秦 峰 我们租的。

小背头 他没跟你们交代啥？

秦 峰 没有。

小背头 那我就告诉你们。整个贵阳街都是由我们老大龙哥罩着的。你们的生意太火了，抢了别人的生意，这事儿，我们得管。再说了，这保护费你们也得交哇。不多，今天交五百，往后，每天一百，这就是规矩。明白不？

秦 峰 不明白。我只知道向工商交。你们要再胡闹我就报警。

龙 哥 呦哈！我在贵阳街混了这么多年，还没见有谁这么不给面儿的，弟兄们废了他！

二埋汰 对，废了他！

一时剑拔弩张，气氛紧张。

陆 露 （吓得高声大喊）不好了，流氓打人啦！流氓打人啦！流氓打人啦！

就在这时，突然一个人敏捷地蹿到陆露面前，拉开了架势，护住陆露。

赵云飞 露姐，别怕，有我呢。

龙 哥 （被眼前赵云飞的一出逗得哈哈大笑，不屑一顾地）哎呀呀呀！还他妈的没断奶的小毛孩子，是不是看电视《陈真》中邪了，赶快滚开，别吓着你！

赵云飞 吓着我？笑话！有能耐你们过来！

龙 哥 臭小子，不识好歹，先教训教训他！

二埋汰 （撸起袖子）杀猪焉用宰牛刀，看我的。

二埋汰上去就是一拳，被赵云飞使了个擒拿，二埋汰痛得嗷嗷直叫，赵云飞顺势一拉，吧唧，二埋汰来个嘴啃泥。

众人大惊失色，不少人叫好：厉害，太厉害了。

二埋汰 （躺在地上痛苦地大喊）哎哟，大哥，这小子真会武功，小心点儿。哎哟，疼死我了，胳膊八成断了……

龙 哥 熊包！看我的！

龙哥上来就是一拳，被赵云飞躲过之后，顺势一个腿绊儿把龙哥摞倒。小背头上来扶龙哥。

龙 哥 哎呀。还真有两下子。

小背头神秘地与秃头耳语。

小背头 （小声地）老大，赶紧撤吧，我忽然想起来了，这小子他爸就是刑警队的赵队。他惹不起，他爸咱更惹不起！

龙 哥 真的？

小背头 我敢骗你吗？快走吧！

龙 哥 （对小背头）好，我心里有数。（刚才还满脸杀气，马上转为笑脸，他站起来拍拍身上的土）行啊，真是英雄出少年。服了！刚才纯属误会。这叫不打不相识，咱们交个朋友怎么样？

赵云飞 跟你们交朋友？

秦峰赶紧接过话茬。

秦 峰 交朋友不是不可以，但往后决不能再做欺行霸市的事儿了，做点正经生意，何必干这下三烂的事儿啊？君子取财那得有道。哥儿几个要是不嫌弃，今后，我进货，你们帮我卖，不用本钱干赚钱。怎么样？

小背头 老大，这事儿干得过呀。

龙 哥 用你放屁！好，一回生，二回熟，以后咱们就是朋友、哥们儿。有什么事儿喊一嗓子就好使。后会有期，后会有期。（拱手）告辞。

龙哥带着手下灰溜溜地走了，各摊主既解气又羡慕。相互议论着。

摊主甲 真解气。好，太好了！

摊主乙 那三个高中生本来就够厉害的了，这半路又杀出个程咬金，武功又那么好，这都是什么来头哇？把龙哥都整得服服帖帖。（冲着摊主丙说）往后真得小心点儿，别撞在枪口上。

摊主丙 可不是。今天这事儿我做得确实冒失了，要是龙哥把我供出去，那可就毁了。贵阳街真是藏龙卧虎，水太深了。这可咋整啊？

摊主乙 你这个人哪，就爱多事儿。这叫偷鸡不成倒蚀一把米。

摊主甲 我看他们不像坏人，说话办事儿都在理儿。

摊主丙 那敢情好了。（自己打自己一个嘴巴）真他妈没脸，总爱惹事儿！

秦峰、陆露、高旭光，还有赵云飞捧腹大笑。

秦　峰　真他妈解气！好好好！云飞，以后你还真得教我们两下子。

高旭光　是啊，云飞，以后我们就拜你为师。

赵云飞　没问题，小菜儿一碟。

陆　露　哎？云飞，你怎么到这来了？

赵云飞　这条道儿不是离家近嘛，我上完课总在这儿走，当然，顺便有什么便宜货也想划拉点儿。我一进市场就听人说这边儿卖时装，既时尚又便宜，没想到就是你们。了不起。

秦　峰　你们听听，人家云飞多有战略眼光，多有经济头脑。你们俩学着点儿。云飞，以后咱们一起干好不好？

赵云飞　我……

陆　露　秦峰，别胡闹。云飞还是个孩子，再说，他一天多忙啊？一边学习，一边练琴，还要学画画，哪儿有时间哪？

秦　峰　也对。好，云飞，你好好练琴，一定要考上艺术学院给咱银龙争光！今后，我要用最流行、最时尚的服装打扮你、包装你，包括演出服。我要让未来的新星更加光彩夺目！陆露，今天咱们卖了多少钱？

陆　露　一共五千二百元。

秦　峰　拿出来两张给云飞做零花。

陆露抽出两张递给赵云飞。

赵云飞推辞。

赵云飞　不行，这个钱我绝对不能要。

高旭光　叫你拿着就拿着。嫌少哇？

赵云飞　你们刚起步需要用钱。

秦　峰　瞅瞅，这孩子太懂事儿了。行，来日方长。这么的吧，现在咱们就去三千里烧烤城撮一顿，管够造，怎么样？

高旭光　欧了。走。

四个人拿着服装袋，高高兴兴、有说有笑地离开市场。吸引了众多的目光和议论……

八达岭景区　日　外

八月的北京秋高气爽，八达岭长城风姿伟岸。

游人如织，各种肤色，各式服装，各队导游举着旗，用随身扩音器给游人讲解。

高旭光和陆露手拉手从长城的低处往高处跑。

高旭光　快，快，加油，加油。

陆　露　（上气不接下气地）不行，不行了，我实在跑不动了。求求你，歇一会儿，歇一会儿吧？

高旭光　跑这么远就不行了，那将来怎么在现场摸爬滚打呀？

陆　露　你说得对。那也得慢慢来呀，总不能一口吃个胖子吧？

高旭光　好吧，那就休息休息，看看大自然的美景。

两个人来到城楼上，眺望远处。

陆　露　哇！太美了！太壮观了！（兴奋地做了一个冰上的花样动作）

高旭光　真漂亮！哎，陆露，你的花样滑冰是跟你妈学的吧？

陆　露　　是啊。怎么了？

高旭光　　好呗。太美了！怪不得你滑得也那么好。

陆　露　　那当然了，这叫名师出高徒嘛。

高旭光　　据说战生爷爷的溜冰也是跟你妈学的。

陆　露　　你怎么什么都知道哇？

高旭光　　咱银龙是没有秘密的。谁家的事儿都一清二楚。

陆　露　　不见得吧？我就问你一件事，我爸爸到底是谁？

高旭光　　这……

陆　露　　看来你知道。你为什么不告诉我？

高旭光　　这……

陆　露　　好哇，旭光，咱们从小就在一起，比亲姐弟还亲。我算看透了，什么亲情、友情、爱情统统是虚伪的、假的、骗人的！妈妈欺骗我，你们大家都在欺骗我。

高旭光　　不，你说得不对！正因为大家都关心你、爱护你，所以才不愿意伤害你！陆露，有些事情也许不知道会更好。

陆　露　　不，我要知道，我一定要知道。你要是不告诉我，我就从这儿跳下去！

陆露急哭了，她真想要跳下去，被高旭光抱住。

高旭光　　别这样，陆露，我说，我说！（狠了狠心）陆露，你可一定要挺住哇。听说这个人叫欧阳孝仁，简直就不是人，是个畜生，他煽动红卫兵打死了秦峰的姥爷。

陆　露　　那他人呢？

高旭光　　跑了，到现在都音信皆无。

陆　露　　天啊！我是个多余的人，根本就不应该来到这个世上！我还有什么脸活着。你放开我，让我去死！

陆露挣脱要去死，高旭光死死地抱住陆露。

高旭光　　陆露！这是你的错吗？你死了，你让陆姨怎么办？你让我怎么办？让秦峰怎么办？让所有的银龙人怎么办？人不能仅仅为自己活着。如果是这样的话，你妈早就离开这个人世了。老天爷对她太不公平了！她所遭受的痛苦、打击和摧残是常人无法忍受的，但她坚强地活下来了，为了祖国的电力事业，她呕心沥血，南征北战，刻苦攻关。你应该向她那样坚强！

陆　露　　可她从来也没跟我说过呀。

高旭光　　她不会说的。因为，无怨无悔，默默奉献，这就是老一辈送变电人最高尚、最伟大的情怀！她在研究特高压，在不懈地追逐着心中的梦想。太了不起了，陆露，有这样的母亲，你应该感到骄傲和自豪！你真是身在福中不知福啊。

陆　露　　听你这么一说，我真的应该感到很幸福。因为，除了妈妈，几乎所有银龙的人都非常关心我、爱护我。特别是你们家。我确实应该感恩和报恩。

高旭光　　那倒不用。你应该珍惜自己，珍惜生命，珍惜大家对你的那份情、那份爱。

陆　露　　旭光，你真好。（抓住高旭光的手）上。

两个人手拉手边走边聊渐渐远去。

陆洁家卧室　夜　内

陆露和妈妈陆洁躺在被窝里，卧室台灯把房间辉映得温馨舒适。

陆　洁　今天玩得怎么样，开心吗？

陆　露　非常开心。妈，时间过得可真快呀，一晃都快毕业了。

陆　洁　可不是，妈越来越老了。

陆　露　您可不老，越活越年轻。您什么时候和战生爸爸结婚哪？我们，不，确切地说，整个银龙的人都盼着呢。

陆　洁　怎么说呢？其实，结不结婚已经不那么重要了，关键是两个人是不是心心相印。再说，现在多忙啊？妈的时间，不是按天，而是按分、按秒来计算。

陆　露　是啊，这些天，参观了你们特高压的实验室，看了那么多资料，感受真是太深了。妈，恋爱到底是个什么滋味儿？

陆　洁　怎么，你谈恋爱了？

陆　露　不知道。反正旭光和秦峰我都喜欢，他们也都喜欢我。我们仨谁也离不开谁。

陆　洁　不见得吧？秦峰为什么没来呀？

陆　露　他，他有事儿呗。我不是跟你都说了吗？

陆　洁　看来，你们仨这铁三角关系还很牢固呢？

陆　露　那当然了，牢不可破。

陆　洁　同流合污，互相包庇。你以为我不知道哇？

陆　露　你知道啥？我们一没偷，二没抢。

陆　洁　靠自己的本事赚钱。

陆　露　你怎么知道？

陆　洁　哼，你穿的衣服，你包里的化妆品，凭我给你的那些钱你能买得起吗？再说了，哪有不透风的墙啊？你们在贵阳街卖服装的事儿，我早就听说了。跟妈撒谎，秦峰是不是又去南方了？

陆　露　（啜着嘴）是。

陆　洁　你们仨从小就在一起，尤其，你跟旭光那是吃他妈的奶一起长大的。咱们银龙的人就是这样，情同手足。

陆　露　可不是，你就说旭光吧，哪儿都好，你根本就挑不出他有什么毛病，跟他在一起特有安全感。而秦峰呢？聪明睿智，敢想敢干。跟他在一起更刺激，更具挑战性。妈，我真的非常喜欢他们，说爱也行。

陆　洁　孩子，确切地说，你这不是爱，只是喜欢，爱是专一的，排他的，是一生一世的。即使得不到也无怨无悔。

陆　露　就像你和战生爸爸那样？

陆　洁　可以这么说吧。

陆　露　您认为战生爸爸爱您吗？

陆　洁　爱。非常爱。

陆　露　那他为什么要娶秀香阿姨呢？这样的负心人，你为什么还那么爱他？

陆　洁　那是迫不得已。因为在我们那个年代，为了党中央毛主席，为了革命，别说牺牲爱情，就是牺牲自己的生命也在所不惜。

陆　露　所以，你非常理解战生爸爸。

陆　洁　不仅如此，应该说更爱他。因为，我没有看错，更没有爱错。他是一个堂堂正正的男人，大丈夫，真君子。他一生光明磊落，坦坦荡荡。为了祖国的送电事业，他可以牺牲一切。这样的人不值得你爱吗？

陆　露　值得，太值得了。很多事儿旭光都跟我说了。妈，您是世界上最多情的女人，最坚强的女人，最伟大的母亲！我为你感到骄傲和自豪！

陆　洁　不，孩子，妈是个苦命的女人，是个不完整的女人，更是个不称职的妈妈！

陆洁已泣不成声……

陆　露　（哭着）不，您是世界上最好的妈妈，最好的妈妈……

母女抱头痛哭……

去刘丹家的路上　日　外

陆　露　真没想到，这四年一晃就过去了。

高旭光　是啊，现在关键的问题是把论文写好。哎，秦峰，你论文的题目是什么？

秦峰似乎在想别的，没搭腔。高旭光有些急。

高旭光　哎，我说秦峰，我问你论文的题目是什么？

秦　峰　我？还没有。我在琢磨，这不过年不过节，我妈为什么要找咱仨吃饭？

高旭光　我估计是要交代实习和论文的事儿呗。

陆　露　我也是这么看的。

秦　峰　恐怕没那么简单吧，她是想争取你们俩给她做密探，监视我的行动。

高旭光　秦峰，你怎么能这样说你妈呢？刘姨根本就不是那种人！

陆　露　是啊，秦峰，别说不一定是这样，即使是这样。刘姨也没什么错儿。她关心你嘛。

高旭光　秦峰，不是我说你，你做得真有点儿过分了。马上就要毕业了，你的心也该收一收了。我看你根本就不想毕业实习和论文的事儿，就想怎么开你的大华贸易公司。是，我们胸无大志，目光短浅，不理解你的鸿鹄之志。但你也不能老让我们替你撒谎吧？再说，这纸里包不住火，总有一天会露馅儿的，你是豁出去了，可我们没法做人哪！

陆　露　可不是。秦峰，你也得替我们想想。就上回，为了给你打掩护，我们俩不得不去北京。我妈问你怎么没来，我们就瞎编，结果，还是被她给拆穿了。

高旭光　秦峰啊，人各有志，我们也不勉强你。你不愿意进银龙，想开自己公司，那是你的自由，但总得毕业吧。所以这次，你一定要老老实实地跟我们一起去实习。别再整事儿了！

秦　峰　看情况吧，我真不敢保证。

高旭光　你呀你，真拿你没办法！

秦　峰　我也没办法，人在江湖身不由己。谁让咱们是朋友了？

他们边走边聊，不觉来到了秦峰的家。

第二十七集

————————

刘丹家客厅　傍晚　内

这是个星期天，刘丹为了给这三个孩子送行，正在厨房忙碌。秦峰进门就喊。

秦　峰　妈，旭光和陆露我都找来了。

刘　丹　（在厨房）好，你陪他们先坐一会儿，马上就开饭。

秦　峰　来呀，坐吧。

陆　露　不行，我到厨房看看去。

高旭光　我也去。

秦　峰　那好吧。

三人进了厨房。

刘丹家厨房　傍晚　内

刘丹正在炒菜。秦峰看到炒好的菜。

秦　峰　嚆，做这么多好吃的。（抓起一点儿就往嘴里放）

刘　丹　（顺手打了他一下）一点儿样儿也没有，不怕同学笑话呀？

陆　露　阿姨，需要我们干点儿啥？

刘　丹　（边炒菜边说）都差不多了，把菜端上去就行了，小峰啊，把果酒找出来，今天破例，都喝点儿。

秦　峰　好嘞。（说完出去拿酒）

刘丹家客厅　傍晚　内

餐桌上已经摆满了菜。

陆露和高旭光正在准备碗筷。

刘丹从厨房出来。

刘　丹　来来来，坐吧，坐吧。（三人坐下）都是家里人，别客气。小峰，把酒倒上，倒上。

秦峰给大家倒酒。

陆　露　行了，行了，我不能喝酒。

刘　丹　可以了，女孩子意思意思就行了。咱们中国人有句俗话叫无酒不成席。今天，咱们也喝点儿酒。(感慨地)咱们送变电人离不开酒哇。风餐露宿,饥一顿饱一顿的。而且,各个工程都是时间紧,任务重,一天下来,累得筋疲力尽,晚上喝点酒,解解乏。

高旭光 可不是,我就有体会。

刘 丹 不仅如此,酒还有消除误会,增进感情之功效。你比如,在工作中,两个人吵起来了,晚上喝点儿酒,把话说开了就好了。这就是咱送变电人的酒文化。你们就要下去实习了,我先给你们下点儿毛毛雨。看看,我光顾说话了,来,来,来,先吃点儿,都饿了吧?

秦 峰 可不是,我都饿坏了。妈,在学校就听您讲,回家了,您还讲,真烦人。(夹起菜给陆露)来,多吃点儿。

陆 露 谢谢,我自己来。

高旭光 刘姨说得太对了,我到现场的时候,就遇到过这种事儿,方才两个人还闹得脸红脖子粗的,甚至都要动手了,可几杯酒下肚没事儿了。可有意思了。

陆 露 是吗?

刘 丹 就是这样儿。咱送变电人个个心直口快,没啥心眼儿可好处了。

秦 峰 妈,您离开银龙公司都多少年了,还送变电人送变电人的,您和他们的感情就那么深吗?

刘 丹 深,太深了!简直就是刻骨铭心,永生难忘。那座座铁塔和条条银线凝结着我们多少智慧和汗水,寄托着我们多理想和希望,它们就像一座座丰碑,铭刻着送变电人的英雄业绩,传唱着惊天地泣鬼神的故事。你爷爷和你姥爷就长眠在那里。

刘丹实在说不下去了,眼泪涌出来。

陆 露 的确是刻骨铭心,永生难忘。

陆露也流出了眼泪。

高旭光 我们是幸运的,因为没有经过那些沧桑岁月的磨难,但同时,我们也是脆弱和苍白的,因为没有经过太多的风雨和历练。

秦 峰 你们这是干啥呀?忆苦思甜哪?

刘 丹 (平静了一会儿)列宁有句名言,"忘记过去就意味着背叛!"小峰啊,我总感觉你忘了你是谁的后代,不清楚将来应该做什么。大丈夫有所为,有所不为。我的话你应该明白。

高旭光 (赶紧解围)刘姨,秦峰不错了,别说在我们班,就是在全院也是数得着的。(给陆露使眼色)是不是陆露?

陆 露 那可不。刘姨,给您透露一下,秦峰就是很多女同学心中的白马王子,追他的人可多了。

刘 丹 是吗?这还得了,越来越不像话了,还搞上对象了。

秦 峰 陆露呀陆露,你是夸我,还是埋汰我呀?我有那事儿吗?妈,我向毛主席保证,绝对没有那事儿!不信,你问旭光。

高旭光 说实话,喜欢秦峰的女孩子确实有,但秦峰绝对没有那个意思。别的我不敢说,就这个问题,我敢向毛主席保证。陆露没把话说完,您就给接过去了。是不是陆露?

陆 露 对对对,我也向毛主席保证,秦峰绝对没那事儿。

刘 丹 好了,好了,我也不跟你们较真儿了,你们三个就差没穿一条裤子了。过去的事儿,我就不提了。但这次,你一定要老老实实地在现场实习,写好论文。你们俩也给我看着点儿,不然,我连你们俩也一起收拾。别忘了,我是你们的指导老师。你们也别让我太难看了。

好了，好了，不说了，来，来来，喝酒，喝酒。

电话铃响了，秦峰马上去接电话。

秦　峰　喂，您好，找谁？（急忙捂着电话，小声地）啊，是四哥？对对对，好，好，好，不见不散。

秦峰放下电话，回到餐桌坐下。

刘　丹　谁来的电话呀？神秘今今的。

秦　峰　一个哥儿们，没啥事儿，来来来，旭光，咱俩喝一杯。

他俩碰杯以后，都一饮而尽，秦峰给旭光倒酒。

秦　峰　看来，现场你是没白跑哇，酒量见长啊，来，再喝一个。

刘　丹　行了，小峰，别逞强了。

秦　峰　妈，这您就不对了，刚讲了一大通送变电人的酒文化，也应该让我们实习实习、体会体会吧，还教授呢，出尔反尔。

刘　丹　哎，哎，哎，你这小子在这等着我呢。看来这几年在社会上没白混哪？但你一定要给我记住，喝酒可以，多喝也行，一定要把握好。绝不能像你爸那样，往死了喝，身体喝垮了不说，也容易误事儿。

秦　峰　这个你放心，在喝酒这方面，我绝不会像他。今天，我就是要看看自己到底有多大的酒量，省得到现场不好拿捏，喝多了吧，丢人，喝少了吧，又怕人家说你不够意思。

高旭光　秦峰办事就是有章法。刘姨，您可别小瞧他。绝对不白给。

陆　露　是啊，刘姨，秦峰比我们谁都有头脑，比我们谁都会办事儿。今天，我也借花献佛，敬您一杯，作为学生，感谢恩师这几年的培育和教诲；作为晚辈，感谢您，还有银龙人对我的关心和爱护。这份情，这份爱，我会永远铭记在心。这酒我干了。（说完，一饮而尽）

刘　丹　好好好，我也喝了。（也一饮而尽）是啊，这就是咱银龙的情，银龙的义，银龙的文化。难得，实在太难得了……

刘丹有些激动和感慨，旭光深深地被感染，他端起酒杯。

高旭光　来，刘姨，我敬您。这么多年，您对我的帮助最大，爱护最深。我啥也不说了，全在酒里。您别喝，我干了。（说完，一饮而尽）

刘丹感慨万千，眼圈有点儿红了，陆露也激动得流下了热泪。

秦峰见势不妙，赶紧打圆场。

秦　峰　你们今天是怎么了？还说我呢，没喝多吧？老妈，我也敬您一杯，感谢您这么多年的养育之恩。我知道，您都是为了我好。儿子有做得不对的地方，请您原谅。我向您道歉！自罚一杯。

刘　丹　臭小子，你慢点儿喝不行啊？

秦　峰　不行，那显得多没有诚意。这是酒桌上的规矩。

电话又响了。

秦　峰　谁这么烦人，都这个时候了，还来电话。

秦峰起身来接电话，他有些不耐烦地拿起电话。

秦　峰　喂，找谁？（突然满脸堆笑）啊，是老爸呀。

秦继伟　（听筒）在家干啥呢？

秦　峰　喝酒哪。

逐梦

秦继伟 （听筒）喝酒？跟谁呀？

秦峰 旭光、陆露，还有我妈。

秦继伟 （听筒）好好，那我就不打扰你们了。我就一句话，编筐编篓重在收口，以前的事儿我就不说了，这次实习你要是再扯别的，那咱们就老账新账一起算。

秦峰 干啥呀？不问青红皂白就这么训人？既然，你不信任我，我也没啥可说的。妈，您跟他说吧。（把电话递给刘丹，自语）主观主义，军阀作风，动不动就训人。

刘丹起身来接电话。

秦峰嘟嘟囔囔回到座位。

刘丹拿起电话。

刘丹 我说老秦哪，你也是，不问清楚就发火，这不好吧？

秦继伟 （听筒）我也没说什么呀？就是嘱咐他好好实习，别搞什么歪门邪道儿。这小子脾气见长啊。

刘丹 行了，我还不了解你嘛，好话到你嘴里也变味儿。

秦继伟 （听筒）都是你惯的。

刘丹 怎么是我惯的呢？难道你就没有责任吗？

秦继伟 （听筒）我看这小子就是欠揍。要不是你老拦着，我早就收拾他了。

刘丹 好了，好了，咱们就不要再争论了。你还是多注意点儿自己吧，少喝点儿酒。

刘丹说完把电话挂了，回到酒桌。

某工地指挥部　傍晚　内

秦继伟的听筒传来一阵嘟嘟声，他无奈地摇摇头，放下电话心情烦躁地在屋里来回踱步。他忽然想起什么，拿起电话。

秦继伟 请接赵经理。（等了片刻）老经理，我是继伟。关于小峰实习的事儿，还得跟您说一说，您一定得给我看好他。这孩子太不让我省心了。那好，这我就放心了。行行行，我一定改。您也得注意身体呀。好好好，就这样，就这样。

秦继伟高兴地放下电话。他看了看表，拿起手电，戴上安全帽走出指挥部。

某车站站台　日　外

秦峰已经上了火车，高旭光和陆露在站台上送他。

高旭光 秦峰，你小子不去不行啊？

秦峰 （从车里探出身来）废话。好不容易有这个机会，我是绝对不会放弃的。你们放心，我尽快回来，论文也一定写好。求求你们，再帮帮忙儿吧，这是最后一次。我一定会重谢你们。

高旭光 用不着。反正你是王八吃秤砣——铁了心了。说也没用，走吧。

陆露 秦峰啊，你可一定要多加小心哪，千万可别出啥事儿啊。

秦峰 放心吧，我心里有数。谢谢你们。等我的好消息吧。

车已启动，缓缓驶出站台。

高旭光 （对陆露）行了，别愣着了，咱们也得赶快上车，不然就不赶趟了。

两个人离开这个站台，跑向另一个站台。

车已进站。上下车的人很多，他们艰难地挤上车。

列车上　日　内

高旭光和陆露在车上找座。找好座位，放好行李，面对面地坐下。

窗外掠过的景色，清新悦耳的音乐飘荡在车厢内，两个人交谈。

陆　露　旭光，你说秦峰胆子咋就那么大呢？哪儿都敢去，什么人都敢接触，他就不怕被人骗了？

高旭光　这小子，精着呢！谁想骗他不容易。说实话，我越来越觉得，这小子不简单。没准儿，将来真能干成大事儿。

陆　露　也许吧，不过，我总替他捏把汗。

高旭光　我也是。不过，但凡成大事者，都没有一帆风顺的，我们认为子承父业这是顺理成章的，可秦峰不这么想，他想走自己的路，但又拗不过家长。所以，有些事儿就必须撒谎。其实，我也挺理解他的。

陆　露　所以，你就帮他撒谎。

高旭光　没办法，谁让咱们是好朋友呢，你不也是吗？

陆　露　我觉得这次挺悬，大概得露馅。战生爸爸可不是那么好骗的。

高旭光　我担心的也是这个。

陆　露　哎呀，行了，行了，太伤脑筋了。不说他了，说说咱们的事儿吧。

高旭光　咱们的事儿？

陆　露　对呀，（忽然明白，羞得脸通红）哎呀！你想到哪去了，我说是论文的事儿。你倒问题不大了，可我连一点儿谱都没有，急死人了。

高旭光　我就不信，你连一点儿想法也没有？

陆　露　有倒是有点儿，就是还理不出一个头绪。我也想写特高压，可咱们俩也不能写同一类的问题呀。哪像你题目早就定了。虽然，自谦刍议，但也透着一股大气。旭光，求求你了，帮我想想啊。

高旭光　行。我看这样，你的论文一定要选准切入点，不要把题目起得太大，要以小见大。比如，《谈谈送变电企业的准军事化管理》呀，或者《如何解决送变电企业人才断层的问题》这些都可以考虑嘛。

陆　露　哎呀！旭光，看来，你是真没白到现场啊，对公司的情况了如指掌。就说人才问题吧，本来咱们送变电企业整体文化水平就不高，加上十年动乱，基本就没有进什么大学毕业生，人才断层现象非常突出。再有就是管理的问题，这是个传统，也是咱银龙引以为豪的东西。应该传承下去，把它发扬光大。哎呀，现在我的心亮堂多了。

掠过车窗的原野、村庄。

远去的列车……

施工现场指挥部　傍晚　内

墙上挂着"500千伏'辽长吉哈佳'线施工示意图"，还有云南、四川的施工图。上方一幅标语"科学技术是生产力"。

赵战生望着这些图思考，他忽然想起什么，拿起电话。

赵战生　喂，你好，请接云南薛经理。（等了片刻）老伙计，辛苦了。张牵机到位了吧?

薛　刚　（听筒声）到位了，正在调试。下午就可以开展放线了，你放心，误不了继伟他们四川的事儿。我们用完了就派人给送过去。小兵在海南竞标怎么样了?

赵战生　有门儿，估计差不多。

薛　刚　好家伙，这回我们可干大发了。可惜年底就要离休了，不瞒你说，真没干够哇。你比我年轻还能折腾一气。

赵战生　也没几年了。

薛　刚　是啊，我们都该退出历史舞台了。战生，你跟陆洁别这么拖拖拉拉的行不? 建华没事儿了，陆露早都管你叫爸了，你们到底还差啥? 我可服了你们了，一对儿傻鸳鸯!

赵战生　快了，快了。你就等着喝喜酒吧。

陆露和高旭光非常兴奋地没顾敲门，就进了指挥部。

陆　露　老爸，我们来了。

赵战生　来得挺快呀。哎? 秦峰呢?

两个人互相看了看，高旭光抢过话头。

高旭光　啊，他临时有点儿急事儿，过两天就来。

赵战生　不对吧，是不是借尿遁又跑了。这小子，真不让人省心。不行，我得给你刘姨打电话。

赵战生抓起电话，高旭光赶紧抢下电话。

高旭光　赵叔，哎? 不对，赵爷爷，他确实有事儿，过两天就来，（给陆露使眼色）不信你问陆露。

陆　露　（撒娇地）老爸，秦峰确实有点儿事儿。你不信别人还不信我呀? 再说，秦峰脑袋绝对好使，文笔也好，写毕业论文没问题。（赶忙转移话题）老爸，您猜，我毕业论文的题目是啥?

赵战生　这我可没法猜，快说吧，看来选得不错呗?

陆　露　那当然了。有两个题目，一个是《浅谈送变电企业的准军事化管理》，另一个是《如何解决送变电企业人才断层的问题》，都是您最关心的，怎么样?

赵战生　好，太好了。理论联系实际，学以致用。旭光写的是什么题目啊?

高旭光　《刍议我国电压等级的发展趋势》。

赵战生　你这是在向特高压领域进军哪。好，有志气，有魄力。上次去北京收获不小吧?

高旭光　那可不，大开眼界，受益匪浅，与其说我是写论文，不如说是学习特高压的一些体会。只是有个题目，怎么写，我还没想好。还请赵爷爷多多赐教。

赵战生　赐教不敢当，共同研究吧。你们累不累?

陆　露　不累。

赵战生　那好，咱们现在就去现场怎么样?

高旭光　好哇。

赵战生拿出两个安全帽，递给了陆露和高旭光。

三个人走出指挥部。

毕业论文答辩会　日　内

刘丹和几位教授坐在前面，后面坐满了学生。

主持人　下面请高旭光同学答辩。

高旭光走到台上，向大家深深地鞠了一躬。

某教授　你的论文我看了不止一遍，应该说写得非常好。既有对我国电网电压等级发展的历史概括，也有对目前电压等级的分析，更有对未来我国电压等级的前瞻。可以说，画了一个美好的蓝图。的确令人振奋。我只想问一个问题，你写这篇论文的动机是什么？

高旭光　我是送变电人的子弟，在我骨子里就有对送变电事业特有的感情。大学四年，我所有的寒暑假，都是在现场和工人们一起度过的，我太熟悉他们了。他们的苦辣酸甜，他们的理想，他们的追求，他们的奉献精神，都深深地感染着我。为了我国送变电事业的发展，他们献出了自己的一切，包括鲜血和生命！无论从理论上讲，还是从电力工业发展的内在规律来看，我国输变电由低电压向高压、超高压，以及未来的特高压发展，这是我们追逐的梦想，更是历史的必然。

高旭光的答辩引起了热烈的掌声，大家相互议论个个赞不绝口。

主持人　大家静一静，静一静，下一个答辩的是陆露同学，秦峰同学准备……

某公园　日　外

绿荫碧水，小船在波光粼粼的湖中荡漾。

高旭光划着船，秦峰在给陆露、旭光照相。

陆露摆着各种姿势，妩媚动人，她显得格外兴奋。

陆　露　终于结束了寒窗苦读，我们要飞了。

秦　峰　看把你美的，我可惨了。

高旭光　哎，对了，秦峰，你到底想咋办哪？

秦　峰　我想马上就办自己的公司，行吗？老爸放了狠话，我要不进银龙，他就要和我断绝父子关系。我倒没啥，就怕我妈受不了。

高旭光　其实我倒觉得，无论从哪方面讲，你应该进银龙。

陆　露　是啊，秦峰，你真的就舍得我们哪？求求你了，就和我们一起干吧。

秦　峰　这是两码事儿，感情是感情，事业是事业。我还希望你们俩和我一起干呢，行吗？不行。所以，你们也用不着劝我，但无论我们干什么，也无论在哪儿，我们的感情是真挚的，友谊是永存的。好了，不说了，下午我要到市政府和吴秘书长谈点儿事儿，晚上，咱们好好撮一顿。

陆　露　你说什么？和吴秘书长谈事儿？

秦　峰　对呀，谈公司开业的事儿呀。这有什么，很平常了，别说吴秘书长，连市长我都见过。他们对我即将开业的大华贸易公司都非常期待。因为，我有一个非常好的招商引资项目。

陆　露　什么项目？

秦　峰　一个港商要投资千万在咱们翠湖公园建游乐场，这是本公司第一单的中介项目。他们能不重视吗？

高旭光　你等等，这不是天方夜谭吧？

陆　露　是啊，你把我们都给弄蒙了。你怎么有这么大的本事。那是上千万哪！

秦　峰　小试牛刀啦，将来，我一定会越做越大。

高旭光　难怪，你说我们是燕雀。这回，我们才算真正理解了你这个鸿鹄之志了。佩服，佩服。

秦　峰　说实话，我也挺矛盾的，别看我喊得欢，其实，在我内心深处，对银龙还是非常依恋的，爷爷和姥爷为了祖国的送变电事业献出了宝贵的生命，我们应该踏着先辈的足迹继续前行。尤其，到陆姨那儿看到了我们也在研究特高压，更是心潮澎湃，夜不能寐。也真想在特高压领域干出一番事业。所以，我的毕业论文写的也是关于特高压的。也许你们还不能感受到，在人生的十字路口，多一种选择的同时，也多了一份烦恼。

陆　露　都说艺不压身，我看也不尽然，你就是太优秀了，干什么都行。结果，倒让你很难选择了。

高旭光　秦峰，你必须学会放弃，当机立断！

秦　峰　难哪！好了，不说这些了，来，陆露给我和旭光照一张。

陆露接过相机。

秦峰和高旭光摆好姿势，陆露拍照。

高旭光　好了，你们坐好，开船喽。

高旭光用力划桨，小船驶向远方……

刘丹家　晚　内

时钟已经指向午夜十一点，秦峰还没有回来。

秦继伟在客厅心情烦躁地换着电视频道，最后生气地关了电视，来到书房。

秦继伟　（冲着刘丹）我说大教授，你可真能沉住气，这都十一点多了，小峰还没回来。你怎么就一点儿也不着急呢？

刘　丹　（被吓得一激灵）哎呀，吓我一跳！喊啥呀？邻居都睡了。

秦继伟　我不是着急吗？

刘　丹　着急有用吗？

秦继伟　你可真是两耳不闻窗外事儿，一心搞你的教学和科研。我可听到点儿风声啊，这小子要开公司。

刘　丹　不可能吧，他哪儿有那个本事？就是小打小闹想挣点儿钱。况且旭光、陆露也都参与了。开始我是不知道，后来被我发现了，就狠狠地批评了他一顿！可反过来一想，年轻人多进行些社会实践也没什么不好，最起码这种独立生活、不靠父母的意识还是值得提倡的。总比那些衣来伸手饭来张口的啃老族强多了吧？这是改革开放、社会进步的一种表现。

秦继伟　完了完了完了！都是你的默许，这小子玩儿大了。我听说，市里都挂号了。

刘　丹　是吗？

秦继伟　是妈不叫大娘。大道理我也不跟你说了，他就是真开公司我也没办法，孩子大了咱也管不了！可有一个最现实的问题你想过没有？他一旦离开银龙，他的人事关系、劳动合同还给不给他保留？保留，不符合规定。不保留，将来万一有什么闪失，那后悔可就晚了！作吧，总有一天会作出事儿来！

刘　丹　哎呀，这确实是个问题。

刘丹急得直跺脚，忽听到开门声。

刘　丹　你听，小峰回来了。

秦峰有些醉意地哼着《年轻的朋友来相会》进屋。

秦继伟　你还知道回家呀，醉醺醺的，上哪儿鬼混去了？

秦　峰　找小姐去了。

秦继伟　你敢！我打断你的腿！

秦　峰　您打呗，干脆把我打死算了，省得闹心。

秦继伟　你多能耐、多潇洒，放着正经的工作不干，非要赶时髦下海经商。你闹心？我们才闹心呢！

秦　峰　那是你们自找的。我不是小孩子了。我有我的梦想和追求，更有选择今后工作和生活的权利。你们应该多一些宽容和理解。改革都这么长时间了，你们的观念也该转变了。

秦继伟　看看看，这大道理还一套一套的。叫我们理解你，你怎么就不知道理解大人呢？

刘　丹　你们爷儿俩先别吵好不好？

秦　峰　妈，你给评评理，我刚一进屋就不分青红皂白，鼻子不是鼻子脸不是脸地说我鬼混。有这么当爸爸的吗？他这么主观臆断怎么能领导好一个企业？银龙让他管我看白瞎了。

秦继伟　你……

刘　丹　今天这个事儿，你爸确实有点儿不对。告诉妈，这么晚了，到底上哪儿去了？都和谁呀？

秦　峰　我能和谁。就旭光、陆露喝点儿酒唠唠嗑，谈谈今后的打算，不行啊？

秦继伟　好好好，我错了，我错了！我就问你一句话。你是不是不想进银龙要开自己的公司？

秦　峰　您怎么知道？

秦继伟　要想人不知除己莫为！都整到市里去了。你当我不知道？

秦　峰　准确地说，那是支持！不像你们墨守成规，狭隘的小集团主义，眼睛只盯在电力、盯在银龙。我们要放眼全国和世界！

秦继伟　目空一切，狂妄自大，不知天高地厚的东西。

秦　峰　你爱怎么说就怎么说，实话告诉你们，过两天我的大华贸易公司就要开业了。市政府吴秘书长、工商、税务、银行等部门的领导都参加庆典，旭光和陆露也参加。我不奢求你们参加，也不怕你们的反对。我要睡了。

秦峰说完"呼"的一声把门关上，气得秦继伟举起拳头就要打。

秦继伟　臭小子，（举起拳头）我……

刘丹赶紧拉住秦继伟，两人面面相觑，都很无奈。

大华贸易公司庆典　日　外

庆典热烈、隆重。气球、彩旗、花篮在欢乐的乐曲衬托下，显得更加喜庆。

巨幅标语上书写：

"大气恢宏为大众服务大显身手，华章谱写靠华美质量华夏生辉"。

"诚信诚信再诚信信誉至上，服务服务再服务务期必成"。

"大手笔大幕拉开创大业，华夏中华永续谱写华章"。

"讲服务创品牌大力开拓，靠诚信占市场赢得人心"。

在热烈的掌声中，秦峰陪着市政府吴秘书长等领导走上主席台。

电视台、各报记者忙个不停。商业精英及社会名流来了不少。高旭光、陆露也来了。

主持人 迎着改革的春风，踏着社会主义市场经济的巨浪，我市大华贸易公司今天正式开业了。下面让我们以热烈的掌声欢迎市政府吴秘书长讲话。

秘书长 各位领导，各位来宾，女士们，先生们，大家好。火红七月，我们欢聚一堂，共同庆祝大华贸易公司隆重开业。

掌声热烈，记者摄像、拍照。

秘书长 朋友们，大华贸易公司的开业是我市改革开放，由计划经济向市场经济变革进程中，所盛开的又一朵蓓蕾。秦峰总经理作为我市最年轻的企业家，他冲破传统的思维方式和观念，放着金饭碗不端，自谋职业，下海经商，这对改变择业观念，鼓励一部分人先富起来，都具有非常重要的指导意义。而且，第一单生意就为我市招商引资了近千万。正如这条幅上所写的那样："大手笔大幕拉开创大业，华夏中华永续谱写华章"。我们深信，大华贸易公司一定能够在未来的发展中，续写新的华章！谢谢大家！

主持人 谢谢，谢谢吴秘书长热情洋溢、精彩的讲话。下面请今天的主角，我市最年轻的企业家，大华贸易公司的总经理秦峰讲话。

在掌声和欢快的乐曲声中，秦峰和吴秘书长握手，然后走到麦克风前，朝台上领导鞠躬致谢，然后朝台下深鞠一躬。

秦 峰 谢谢，谢谢吴秘书长的光临和讲话，谢谢各位领导、各位来宾的光临。机会总是垂青那些有准备的人。改革开放给所有想干事儿的人，提供了最好的机遇和施展才华的平台，关键看你是否能抓得住。我们公司的经营理念是诚信、品牌、服务。我们的宗旨是：服务社会，回报社会，繁荣我市经济，使老百姓富起来，使国家强起来！谢谢大家。

秦峰频频行礼，众人热烈鼓掌。

主持人 下面请市政府吴秘书长和大华贸易公司总经理秦峰共同为公司开业剪彩。

吴秘书长和秦峰走上台前，在礼仪小姐的帮助下进行剪彩。

掌声雷动，鼓乐、鞭炮齐鸣，彩球飞舞……

刘丹家 夜 内

刘丹正在书房看书，有人急切地敲门。刘丹放下眼镜去开门。

刘 丹 谁呀？

高旭光 我，旭光，还有陆露。

刘丹喜出望外。

刘 丹 好，来了。

门开了，高旭光和陆露气喘吁吁地进来。

高旭光 刘姨，赶快打开电视。

刘 丹 干吗呀？

高旭光 你就打开吧。

刘丹急忙打开电视机，三个人聚精会神地看。

秦峰正在接受电视台记者的采访。

电视画面：

记　者　秦总，您作为我市最年轻的企业家，您的追求是什么？您最看重的是什么？您对公司未来的期许又是什么？

秦　峰　我的追求就是要实现自己的人生价值。我最看重的是品牌、服务、诚信，当然还有效益了。至于期许嘛，我们就是要把公司做大做强，服务社会，回报社会，使老百姓都富起来，使国家更富强！

记　者　真是一片赤子心，拳拳报国情。各位观众，改革给中国插上了腾飞的翅膀，也给我们每个人提供了机遇和施展才华的平台。正所谓，长风破浪会有时，直挂云帆济沧海。让我们共同祝愿秦总和他的大华贸易公司，能够在市场经济的大潮中，扬帆远航！好，谢谢您的收看，再见。

高旭光　怎么样，刘姨，秦峰厉害不？

刘　丹　还厉害呢，把人都气死了。

高旭光　我都听说了，秦峰很后悔。

陆露撒娇央求。

陆　露　是啊，秦峰跟我们说的时候都哭了。我好感动啊！他真的很后悔。（央求）刘姨，恩师，您就别生气了。秦峰多有理想，多有抱负呀？

高旭光　那当然了！光有理想和抱负还不行，还得有能耐！秦峰是德才兼备，深谋远虑，敢想敢干。没有两下子，市里领导能支持吗？绝对不能！

陆　露　可不是。刘姨，您是没看见，那场面、那阵势，怎么说呢？反正我是没见过。

刘　丹　（心里也挺高兴，但还是假装生气）行了，行了。你们就替他吹吧。反正孩子大了不由娘，那就由他去吧。不说他了，陆露，你妈怎么样？

陆　露　挺好的，就是忙，太忙了。你问旭光，我们在北京的时候，她总是很晚才回来。经常加班加点，有时熬上几个通宵，那是家常便饭……

高旭光　可不是。这让我真正地看到了一个科学家、学者的追求与付出。

高旭光越说越激动，三个人唠得非常开心……

南方某高速公路上　日　外

一辆大客车在高速公路上行驶，车上载满了歌声与欢笑……

南国风光在车窗外掠过，茂密的阔叶林，翠绿的芭蕉树，成片黄灿灿的油菜花，错落有致白墙黑瓦的村庄……

客车上　日

第三代送变电人已经从学校走上了工作岗位。他们饶有兴致地谈论着一路参观学习的感受。

陆　露　在学校的时候，光听说要建大亚湾核电站，今日一见，真是大开眼界。

青工甲　那可不，尤其，那条400千伏送出线路，就是咱银龙干的，牛，太牛了。

高旭光　那当然了，第一条220千伏线路是我们干的，第一条330千伏线路也是我们干的，第一条500千伏还是我们干的。将来，第一条750千伏，以及未来1000千伏特高压线路，都得我们干。你们信不信？

陆　露　我绝对相信。我们银龙就是要走前人没有走过的路，干前人没有干过的事儿。那才过瘾呢！

听着这些年轻人的议论，坐在前排的赵战生和秦继伟感到无比欣慰。

赵战生　继伟呀，看来咱们这次岗前教育很有成果呀。

秦继伟　可不是，这才刚刚开始，要是整个下来，那效果会更好。还是您看得远哪。

赵战生　他们可是我们公司改革开放以来进的第一批大学生，十年树木，百年育人，我们一定要在这方面狠下功夫，这是立企之本哪。

秦继伟　是啊，现在越来越觉得人才、队伍建设太重要了。说实话，我们的人倒是不少，但能用的却不多，既懂技术又有能力的就更少。说捉襟见肘这是轻的，简直是闹人荒啊。

赵战生　可不是。现在是电力基本建设大上的时期，全国已经有了三十多家送变电公司了，不是我们一家独大了。在某些方面，有些公司已经远远超过了我们。现在竞争多厉害呀。靠吃老本过日子，不行了。

秦继伟　真没想到，盼星星盼月亮，好不容易盼来了这批大学生，小峰又整了这么一出儿。您说，我怎么生了这个逆子？丢人哪！

赵战生　我倒不这么看。就目前来说，改革的关键问题是什么？转变观念。我们不能老用传统的计划经济的思维来看待改革出现的新生事物。对秦峰也一样。咱们的想法是什么？子承父业。能端电力系统的铁饭碗那就等于又镶了个金边儿。不错了，相当不错了！

秦继伟　那当然。有多少人想进还进不来呢。好赖不知，四六不懂。

赵战生　你错了。不瞒你说，以前我对小峰的做法也不太满意，对建华转业的去向也耿耿于怀，包括薛刚也是一样。我们就想让他进银龙。在大龙西安交大毕业以后的去向问题、安排问题，你陆姨就批评过我俩，说我们是鼠目寸光，狭隘的小集团主义，我们不服，现在证明她是对的。改革开放就是人尽其才，释放人生的价值。你知道不？大龙在武高所干得相当不错了。

秦继伟　他哪能和大龙比？

赵战生　寸有所长，尺有所短。正像地道战里所说的，"各村地道都有很多高招儿"。你可不要小瞧秦峰这小子，能人，不白给。有些地方比你我都强。

秦继伟　没看出来。把人都气死了。

赵战生　我听说，你把小峰撵出去了？

秦继伟　撵出去了。

赵战生　还要断绝父子关系？

秦继伟　是啊。

赵战生　继伟呀，你也不想想，断得了吗？有能耐，你别找哇？

秦继伟　我是不想找，可刘丹不干哪！非让我把她儿子找回来不可，否则就跟我离婚。您说，这不乱套了吗？

赵战生　家家都有难唱曲，人人都有一本难念的经。我劝你，对秦峰的问题，你还得正面看。你不要以为秦峰这孩子傻，聪明得很。你想想，为什么市里领导、各大媒体那么重视？除了他能给市里招商引资外，更重要的是能够鼓励年轻人，自谋职业，进行创业，打破饭碗、大锅饭，乃至对缓解劳动力过剩、就业困难等都具有积极的意义。你要转变观念适应改革开放的形势。

秦继伟　这倒是。可心里就是别不过这个劲儿。

赵战生 我们都一样，太钟爱自己的事业，有时就会变得有些狭隘。我们应该从改革的大局来审时度势。还有一件事儿，我得跟你商量商量。

秦继伟 啥事儿啊，您定了就行了，我坚决执行。

赵战生 那可不行，咱必须得按组织原则办事儿。薛书记离休快一年了吧？

秦继伟 可不是。现在工程这么多，真忙不过来。他要是不离休那该多好哇。

赵战生 把他请回来怎么样？

秦继伟 行啊。我早就有这种想法，就是没好意思说。

赵战生 没办法。真是太缺人了。我也是秋后的蚂蚱没几年蹦跶了，所以，咱们一定要抓紧对年轻同志的培养。该用的咱就大胆地启用。

秦继伟 您说得非常对。我坚决照办。

赵战生 看看看，又来了。我是说，我退了以后怎么办？

秦继伟 这个，我还没想过。

赵战生 没想可不行啊。从现在开始，你要给自己加码，要敢于担当，有些事儿该定就定，该干的就干。时间不多了，一晃就过去。

秦继伟 谢谢老领导的提醒。我一定会努力的。

车上歌声响起。

赵战生 哎呀，一看到这帮孩子，我就想起了云飞，明年就要考艺术学院了，也不知道能不能考上？

秦继伟 我看没问题。

赵战生 那可不一定，现在竞争多厉害呀？走后门儿更是猖獗。光凭本事儿不行啊。圣洁高雅的音乐殿堂，也充满了铜臭。真令人担忧哇。

车上再次响起流行歌曲：青春啊，青春……

两边掠过的景色、高压线路。

高旭光和陆露欣赏美丽的景色。

秦继伟站起来。

秦继伟 （对这些青工）同志们，（指着线路）这条线路，就是我们银龙建的我国第一条葛洲坝至上海，±500千伏超高压直流输电线路，再往前走就是令我们引以为豪的长江大跨越了。（看了看表）现在是下午一点半，给大家一个半小时的时间，好好感受一下苏东坡"大江东去浪淘尽，千古风流人物"那绝佳的意境，放飞自己的梦想。三点钟准时在跨江塔下集合。（指着窗外）看见没有，就是江边那座最高的塔。听明白了吗？

众青工 听明白了！

秦继伟 能不能按时归队？

众青工 能！

秦继伟 好，看你们的实际行动。

大客车在江边停下，青工们争相跳下车，连喊带叫地向江边跑去，赵战生在车上喊。

赵战生 孩子们，别光顾玩儿，一定要注意安全。（回过头来欣慰地对秦继伟说）年轻人就是朝气蓬勃，真是长江后浪推前浪啊。

长江边　日　外

青工们向江边跑去。

陆　露　一、二。

陆露和高旭光　（一起喊）长江，我们来了……

这声音在江面、山谷中回响。

陆露、高旭光手拉手在江边飞跑。

青工们挽着裤腿在江水中打闹嬉戏。

高旭光诗兴大发朗诵起苏轼的《念奴娇·赤壁怀古》。

高旭光　大江东去，浪淘尽，千古风流人物。故垒西边，人道是，三国周郎赤壁。乱石穿空，惊涛拍岸，卷起千堆雪。江山如画，一时多少豪杰……

江水拍打着岸边岩石。

两岸悬崖峭壁。

江中的行船。

青工和游船上的游人相互招手。

滚滚东去的长江……

第二十八集

长江大跨越铁塔旁　日　外

赵战生站在跨江塔旁，凝望着滚滚东去的江水，陷入了沉思……

赵战生回忆画面

长江岸边驻足观看的人群，人山人海。

液压提升塔头的紧张画面。

直升机牵放导引线，美国飞行员全神贯注驾驶飞机。

地面工程技术人员用对讲机指挥。

放完牵引绳线后，美国飞行员竖起大拇指赞扬我国工程技术人员。

各路媒体蜂拥而至，采访镜头。

中央电视台播放新闻。

……

江面上传来的汽笛声，打断了他的回忆。

青工们三三两两跑了过来。

陆露和高旭光等来到塔下。

陆　露　（望着高高的跨江塔）哇！太高了！

高旭光　你敢不敢上？

陆　露　我？不敢。你敢哪？

高旭光　那当然了，这是咱送变电人最起码的基本功。

众青工望着这高耸入云的跨江铁塔兴奋地议论着。

青工甲　好嘛，太壮观了。

青工乙　这是咱修建的？

青工丙　那当然了。

青工丁　太了不起了。

秦继伟在人群中听着青工们的议论非常高兴，他看看人都到齐了，走到一个高处。

秦继伟　同志们，大家静一静，静一静，我问你们，玩儿得开不开心哪？

众青工　开心，太开心了。

秦继伟　同志们，这个塔高不高哇？

众青工　高，太高了。

秦继伟 雄伟不雄伟？

众青工 太雄伟了。

秦继伟 想不想听听关于长江大跨越的故事？

众青工 想，太想了。

秦继伟 好，下面请赵总经理给我们讲一讲好不好哇？

众青工 好，太好了。

众鼓掌、欢呼、雀跃。

赵战生在热烈的掌声中走向高处，转过身面对青工们。

赵战生 同志们，刚才，我在车上听你们说，我们银龙创造了我国电网史上很多个第一。没错！在这里你们就会看到。（指着跨江线路）你们猜猜这条跨江线路有多长？1605米，就目前来说是全国之最。那么两个塔高呢？这基塔167米，那基塔181.5米，也是全国之最，光塔头的重量就有80吨哪！而我们采用的液压吊装塔头的技术呢？也是国内首创。至于利用直升机展放导引绳，那更是大姑娘上轿头一回呀！所以，我们可以毫不夸耀地说，这里不但是我们银龙，也是我国电网史上永远的丰碑！

众热烈鼓掌、欢呼。

赵战生 青年同志们，你们是幸福的，幸运的。你们赶上了改革开放的好时候。中国已经成为世界上第八个拥有自己知识产权的500千伏超高压输电线路的国家。但这是远远不够的。我们还要向750千伏，800千伏，甚至是1000千伏特高压进军。这不仅是我们送变电人追逐的梦想，更是电网发展和建设现代化强国的需要。

秦继伟带头喊口号。

秦继伟 坚决向特高压进军！

众青工 坚决向特高压进军！

秦继伟 坚决实现四个现代化！

众青工 坚决实现四个现代化！

这声音在长江的山水之间久久回响。

赵战生办公室　傍晚　内

赵战生正在接高旭光的电话。

薛刚在银龙全国各地的施工图前沉思。

赵战生 旭光啊，作为粤桂地区工程的总指挥，你可一定要沉住气。天灾人祸这是无法抗拒的，赶上梅雨天，谁也没办法。对，可以利用这个时间学理论，学安规，也可以搞一些娱乐活动嘛。对对对，活人不能让尿憋死。放手大胆地干吧，出了问题，我兜着。好好好。就这样。

赵战生放下电话，看薛刚还在施工图前沉思。就冲他喊。

赵战生 哎哎哎，走火入魔了？

薛刚听到喊声，才缓过神来。他来到赵战生的对面坐下。

薛刚 你算说对了，真的走火入魔了。战生啊，我知道你找我来干啥。

赵战生 知道就好，不用我废话了吧？

薛刚 那当然。作为一名老党员，这点儿觉悟还是有的。说吧，叫我干啥？

赵战生 当高参，堵枪眼，必要时，还得当采购员。薛刚啊，我是真没办法了。不然，也不会让你出山哪。

薛　刚　明白。电力基本建设大上，对我们来说，既是机遇，也是挑战。特别是由计划经济向市场经济过渡，我们不但没有做好思想上的准备，更没有做好行动上的跟进哪。

赵战生　说得太对了。过去，我们的工程都是国家统一规划部署，不用我们操心，干就是了。现在可倒好，一下子冒出了三十多家送变电公司，几乎每省一个。至于地方的小公司，更是多如牛毛，早就不是我们一家独大了。这日子越来越难过啦。

薛　刚　确实如此。现在，我们还有点儿老本可吃，那就是我们多年打拼出来的名声。所以，每次竞标还都能中上。战生啊，这是软实力，拼硬实力咱真有些力不从心哪！

赵战生　可不是。设备陈旧，人员老化，光离退休人员就两千多，再看看人家，朝阳企业，设备先进，人员结构合理，没有一点儿包袱，可我们呢，背的包袱是越来越重。如果，我们再不居安思危，尽快解决，用不了多久就会被淘汰。一想到这些，我的头皮都发麻呀！

薛　刚　你以为我就好过呀？告诉你吧，我比你还闹心，因为，有劲儿使不上。哎？战生，你说我是不是特贱？

赵战生　贱，太贱了，我退了也会这样。不说这些了。你过来。

赵战生站起身来走到全国施工图前，薛刚跟过来。

赵战生　（指图）这是四川、云南、贵州的工程，由继伟负责；这是广东、广西工程，由高旭光和陆露负责，海南是小兵负责，我侧重海南和两广，继伟那儿压力大呀。

薛　刚　行了，你就不用跟我绕了。是不是想让我负责贵州的工程，帮助继伟协调好四川和云南的工程？万一有事，还可以驰援两广。因为，贵州地处中心位置。

赵战生　哎呀，老伙计。心有灵犀呀，就这么定了。老骥伏枥志在千里，烈士暮年壮心不已。来来来，坐下说，坐下说。

赵战生拉着薛刚回到原处分别坐下。

薛　刚　行了，行了，你也不用说了，我和几个离退休的老同志早都商量好了，只要公司需要，我们随叫随到。

赵战生　老伙计，最近我一直在想，要想占领电网基建的大市场，必须占领材料供应的新市场。

薛　刚　对，这叫兵马未动粮草先行。过去，我们是衣来伸手，饭来张口。材料根本就不用我们操心，现在不行了，得自己找市场啊。

赵战生　说实话，施工，我们力量雄厚，我倒不愁。就是材料后勤这一块儿，太缺人了。所以，我准备把山猫、华春雨这些老人儿都找回来，他们有经验。

薛　刚　行，我看可以。刚才，我听说旭光他们那儿赶上梅雨季节了。

赵战生　可不是。连续下雨干不了活儿，人心烦躁。而且，地处改革前沿，灯红酒绿，容易出事儿。你说，偏在这个时候非要办什么学习班，你说我能学得下去吗？

薛　刚　咱们的文山会海确实太多了，而且又臭又长，有时候真误事儿。

赵战生　以前，你在的时候，还能替我挡一挡，现在就这么几个人，老的老，小的小。真够我喝一壶的了。

薛　刚　还说呢，我是经常替大家，尤其是你到处开会的会议员，迎来送往的接待员、讲解员、陪酒员。

赵战生　要我说，你是咱银龙劳苦功高的好干部，好党员。我们大家离不开你呀。（看了看表）哎呀，又过点了。怎么办，我请你到外面吃点儿吧？

薛　刚　省省吧，小玲在家早都准备好了，小凤、建华、云飞都过去。别磨叨啦，快走吧。

薛刚拉着赵战生走出了办公室。

"沙红线"基础施工现场　日　外

旁　白　连日的梅雨把这帮东北汉子憋坏了。今天，虽然还阴云密布，但雨停了。这帮被圈了很久的东北虎可要发威了，他们要在"两广"再创奇迹。占领这儿的市场。

工人们信心满满地整装列队站好，王长海右手握着银龙的大旗站在排头。

牛小虎正在做战前动员。

牛小虎　同志们，我牛小虎点子背，第一次当项目经理就出师不利，赶上这个鬼天气，也难怪，咱东北的抢了人家南方的饭碗，都是同行，人家不好说啥，叫老天爷找咱麻烦。整整两个多月呀，咱们是打打停停。我牛小虎从来就没打过这么窝囊的仗。我对不起大家。请大家原谅！

牛小虎给大家赔礼道歉。

王长海憋不住了。

王长海　经理，这根本就不是你的错儿。我们大家都知道，你就说咋干吧。

众　人　对，你就下命令吧。

牛小虎　好！老传统，在确保安全、质量的前提下，有多大劲儿就给我使多大劲儿，一定把耽误的工期抢回来。到时候，奖金一个子儿也不会少大家的。

王长海　这些我们都相信。关键得进料了。

某工人　可不是，沙子还能用一气儿，水泥可没几袋了。

牛小虎　这些我们都知道，塔材也快用完了。华经理这些天一直都在跑这事儿，总指挥和副总指挥也是马不停蹄地跑这事儿。好了，我就问大家一句话，能不能拿下"沙红线"？

众　人　能！坚决拿下！

"沙红线"指挥部　晚　内

高旭光、陆露、牛小虎、华志强正在研究即将停工待料的问题。

华志强　我觉得，这里一定有问题，这些天，我几乎把方圆几百里的厂家和材料市场都跑遍了，都是异口同声，没货！可是人家当地的照样"呼呼"地往出拉。气得你是干瞪眼！

牛小虎　多给钱，出高价！

华志强　你以为我没试呀？不好使！要得离谱。

高旭光　是啊，咱们的资金光买材料都不够，整个工程下来，挣不到钱，还得赔钱。

牛小虎　这不是往死了逼咱吗？

陆　露　谁说不是呢？我和旭光好悬没跟人家吵吵起来。

牛小虎　这么憋屈，我看这个工程咱别干了。

华志强　哎呀，没想到，你虎哥也有烦的时候。

牛小虎　我，我受不了这个窝囊气！

高旭光　市场经济是不相信眼泪的！气死你活该。你抢了人家的饭碗，人家就要砸你的饭碗。

牛小虎　那咋办哪？告他们去？

高旭光　你告谁呀？嫌高你别买呀，我还不愿意卖呢。

华志强　那我们就在这儿等死？那咱银龙也太没名了吧？

高旭光　同志们，我们银龙就是太在乎名声了。老子天下第一，从220千伏到500千伏，所有的第一条线路都是我们干的。鲜花和掌声让我们飘飘然了。所以，我们就承受不了委屈和挫折。这都是计划经济给我们惯的，市场经济就是要给我们清零，大家都在一个起跑线上，自由竞争。

陆　露　说得好，有高度。

高旭光　我可没这两下子，都是老经理的教诲。

牛小虎　行了，行了。我的总指挥。你说得都对，都有道理，咱以后再探讨。现在是火烧眉毛顾眼前，这料到底咋办？

高旭光在思考没有回答。

华志强　对呀，你快说吧，都把人急死了。

高旭光　咱们的情况老经理非常了解，也非常关心。初步是这么定的。一定要下决心开辟"两广"市场，把重点放在广东，准备把志强的爸爸华师傅请到咱这儿来，专门开发材料市场。

华志强　什么？他来。行了，行了，就他那两把刷子还不如我呢。

高旭光　你可不能门缝儿瞧人哪，你爸在云贵川工程立了大功，那材料供应，后勤保障"咔咔"的。

华志强　真的吗？你们可别骗我。

高旭光　绝对是真的，你不相信我，还不相信两位老经理呀。

华志强　好好好，你接着往下说。

高旭光　为了预防不测，实在不行，就从贵州和海南给我们调物资。我还有一个想法，不知道行不行，没想好。

牛小虎　有啥你就说，别磨磨叽叽的，总指挥就得有总指挥的样。

华志强　可不是咋地，快说。

高旭光　找秦峰。这小子广东熟哇。

陆　露　哎呀妈呀，咋把这小子给忘了呢。想当年，咱们广州、深圳没少跑哇。行，找秦峰。

牛小虎　这叫踏破铁鞋无觅处，得来全不费工夫。旭光，施工干活这一块，我和志强就包了。你们就跑市场吧。

华志强　行，我同意。

高旭光　好，今天的会就开到这儿。我马上和秦峰联系。

牛小虎　太好了。志强，咱们撤。

牛小虎和华志强离开指挥部。

某酒店高级包房　日　内

美酒咖啡，舒缓的音乐。秦峰正在与一位老板谈生意。突然，大哥大铃声响了。他看了一下屏显，是高旭光广东施工的电话。

秦　峰　王老板，不好意思，接个电话。

老板点头，用手做了一个请便的动作。

秦　峰　哎呀，旭光，这太阳是从哪边儿出来了，好好好，互相理解。没什么大事儿，和一个朋友谈点儿生意。没事儿，没事儿，你说。啊，啊，啊。这么严重？没问题，这个事儿就交给我吧。明天给你信儿。好好好，就这样。

秦峰关了电话，将大哥大的天线按回。

王老板　（知趣地）秦总，看来您有急事儿，那我就不打搅了。咱改日再谈。

秦　峰　真不好意思，这事儿确实挺急。您放心，秘书长那儿，我一定尽力。

王老板　谢谢，谢谢。请留步，留步，您忙，您忙。

王老板退出了包房。秦峰将大哥大的天线抽出，然后又开始按号码。

秦　峰　是龙哥吗？我是秦峰。

龙　哥　（听筒）啊，是秦峰老弟，什么事儿？

秦　峰　龙哥，你这生意越做越大，从东北干到广东，呼风唤雨，风生水起。佩服，佩服。

龙　哥　（听筒）这得感谢你呀，想当年要不是你指点迷津，鼎力相助，哪有哥哥的今天哪。大恩不言谢，这么说吧，只要你秦老弟招呼一嗓子，不管什么事儿，我要是有二话，就是小娘养的。

秦　峰　大哥就是有大哥的样。龙哥，在广东那儿弄点儿水泥、沙子，还有塔材，没什么问题吧？

龙　哥　（听筒）没问题。要多少？

秦　峰　越多越好。

龙　哥　（听筒）你吓唬我呀？这么多我可不敢答应你。

秦　峰　看把你吓的，不是我要。是给银龙弄的。如果做好了，你肯定财源滚滚。

龙　哥　（听筒）我没听错吧？秦峰，这么好的生意你为啥不做？

秦　峰　说实话，这么一大块儿肥肉我也馋哪。可我没这个经营项目，所以，只能忍痛割爱了。

龙　哥　（听筒）原来是这样，没问题。你要几个点？

秦　峰　我一个点也不要。

龙　哥　（听筒）那不行，兄弟归兄弟，咱得按规矩办事儿。你不是嫌少吧？我给你返十个点，怎么样？

秦　峰　你就是给我二十个点我也不能要，这是我们银龙公司在广东工程用的订单，我能挣这个钱吗？

龙　哥　（听筒）那有啥，不挣白不挣。你小子是不是有什么别的想法呀？

秦　峰　当然了。你给我听好了。这单生意关系到银龙的命运，现在是电力基建大上，银龙就是品牌，是旗帜，工程多，材料非常紧张，现在都快断顿了。你这是雪中送炭。所以，你不要趁火打劫，更不能扯别的。否则，别怪我翻脸不认人。你说这个点我能要吗？你把返给我的点都给银龙买材料吧，就算我送给银龙的。

龙　哥　（听筒）仗义！明白，明白。老弟做事儿就小葱拌豆腐——一清二白。放心吧，什么时候签单？

秦　峰　越快越好，你准备货源吧。听我电话。

龙　哥　好嘞。

秦峰关了电话，将大哥大的天线按回。起身走出包房。

秦峰办公室　日　内

虽不奢华，但挺考究。一幅挂在办公椅后墙上"大展宏图"的名人狂草，尤能体现屋内主人的抱负。

秦峰起身在室内来回踱步。他转身回到到座位，刚要打电话。

有人敲门。

秦　峰　请进。

庄晓燕抱着文件夹进来。庄晓燕是一个长相一般，但很有气质的职业女性，四十来岁，显得洒脱、干练。原是环宇公司的财务高管，深受市吴秘书长的赏识，为了支持年轻的企业家秦峰，到这儿任财务总监。

庄晓燕进来后，非常专业地把文件夹展开放到桌上。

庄晓燕　秦总，上个单子，我们就净挣了二十万，照这样下去，年利润达到一百万没问题呀。

秦　峰　那不行。最低也得三百万。我们就是要抓住机遇，把公司做大做强。不但我们自己要富起来，而且，还要服务社会，回报社会。

庄晓燕　秦总，不瞒您说，开始到公司来我还真有些担心。要不是碍于吴秘书长的面子，我是绝对不会到这儿来的。

秦　峰　这我完全相信。环宇公司是有名的大公司，根本就没必要到我这儿来屈尊、冒险。我知道吴秘书长的良苦用心，他想利用您来扶持一个新生事物，让我们更多地去产生社会效应。

庄晓燕　当然有这方面的原因，但不全是。在商海中完全用政治去思考问题，这买卖肯定会做砸。但不考虑政治也很可能会走向歧途。商海中讲的是品牌、服务、诚信、效益。这正是你我共同信守的原则。所以才能走到一起。而更重要的是，您对我的尊重和那份信任，更是我多年来一直都在寻觅的东西。

秦　峰　我还年轻，希望您多多帮助、指教。

庄晓燕　太客气了，您不是阿斗，用不着我来辅佐。况且，我也没那个本事。您是商界的精英，是我的老板，生活中的挚友。我没有理由不尽全力呀。

秦　峰　谢谢您一直以来的支持和帮助。

庄晓燕　应该的。我有一句忠告。

秦　峰　请讲。

庄晓燕　商场如战场。这里充满欺诈，布满陷阱，稍不留神，就会陷进去。我是不是太杞人忧天了？

秦　峰　不。肺腑之言。我会注意的。（签字）好了。

秦峰把签好的文件递给庄晓燕，庄晓燕接过文件，看了看。

庄晓燕　谢谢。

庄晓燕夹着文件转身离去。

公司走廊　日　内

庄晓燕刚出秦峰的办公室，就看见了迎面走来的刘丹。

刘　丹　请问，秦峰在吗？

庄晓燕　您找他有什么事儿？

刘　丹　我是他母亲。

庄晓燕　嗨！他在，在。请跟我来。

庄晓燕礼貌地陪着刘丹来到秦峰的办公室前，敲门。

秦　峰　请进。

庄晓燕轻轻推开门，用标准的礼仪请刘丹进屋。

庄晓燕　您请。

刘丹走进秦峰的办公室。庄晓燕又轻轻把门关上离去。

秦峰办公室　日　内

看到妈妈来了，秦峰下意识地从座位上站起。

刘丹已经控制不住自己，她扑向秦峰。秦峰也扑向妈妈。

刘　丹　孩子……

秦　峰　妈妈……

两人流着热泪相拥在一起。

刘　丹　都快一年了，家不回，连个电话也不打。你就那么恨我们吗？

秦　峰　不是，我没脸给你们打电话。我很矛盾，我不知道自己做得是对还是错。

刘　丹　对错有那么重要吗？你就不想家，不想妈妈吗？

秦　峰　想，做梦都想。表面上看，我挺风光，其实，我很孤独。我离开了家，离开了朋友，就像断了线的风筝不知飘向何处。

刘　丹　别说了，妈的心都碎了。都是妈不好，你是妈的好孩子。快让妈好好看看。

刘丹拉着秦峰坐在沙发上，她仔细端详自己的儿子。

刘　丹　瘦了，也黑了。今天晚上就回家，妈给你做好吃的。

秦　峰　妈，您也瘦了，看，（摸着刘丹的头发）都有白头发了。让您操心了。

秦峰眼泪又流了下来。

刘　丹　傻孩子，妈老了，头发自然会白。

秦　峰　不，都是我气的。我走的第二天就后悔了，我偷偷到学院去看您的时候就发现了。现在更多了。妈，我爸他好吗？

刘　丹　能好吗？也老了不少，话也不多了。其实，他心里最难受，我还不知道他？刀子嘴豆腐心。这一晃，银龙的担子就压在他和你小兵叔的肩上了。真够他呛啊！

秦　峰　对了妈，现在各施工现场，材料都非常紧张吧？

刘　丹　可不是，你爸愁得都睡不着觉。

秦　峰　怪不得旭光让我帮助进料呢。

刘　丹　你答应了？

秦　峰　话说的，不管怎么说，我也是银龙的人，这正是我将功补过的机会，能不答应吗？放心吧，我都联系好了。

刘 丹 哎呀，儿子，你真是妈的好孩子。

刘丹又一次拥抱自己的儿子，抚摸秦峰的头。

门外，华春雨敲门。

秦 峰 请进。

华春雨彬彬有礼地进来。

华春雨 哎呀，真是太巧了，刘总，刘教授也在呀？

秦 峰 是华叔吧，来来来，快请，快请。

秦峰赶紧去倒水。

刘 丹 快坐吧。小峰啊，按理说，你应该叫华爷爷。（对华春雨）您这是……

华春雨 啊，刘总，不，刘教授，这不是电力基建大上嘛，人手不够就把我们这些老棺材瓢子都用上了。

刘 丹 啊，听继伟说，云贵川工程您的材料供应和后勤保障做得挺好哇。

华春雨 哪里，哪里，都是领导有方啊。秦经理，未来银龙的掌门人，（竖起大拇哥）绝对这个。

秦 峰 来，华爷爷喝水。

华春雨 不渴，谢谢，谢谢。

华春雨接过水杯。

秦 峰 没想到您来得这么快。

华春雨 哎呀，不快不行啊，广东"沙红线"马上就要断顿了，急得我是火上房啊！

秦 峰 看来，您老是临危受命啊。

刘 丹 行了，小峰。你们办事儿，我也有事儿就先走了。晚上一定回家。

秦 峰 一定。

秦峰送刘丹出门。

华春雨 刘总，您慢走。

秦 峰 妈，路上小心。

刘 丹 放心吧，快忙你的吧。

秦峰转身进屋。

华春雨 秦总，这扯不扯，耽误你们娘儿俩唠嗑了。

秦 峰 都是一家人，客气啥。您这可是大事儿啊。

秦峰拿起电话拨号，通了后。

秦 峰 是龙哥吗？我是秦峰。银龙的人过来了，就在我这儿。你那边儿没问题吧？那好，我马上就让他飞过去。只要你把银龙的这件事儿办好，我请你，在哪儿都行。一言为定。好，就这样。

秦峰放下电话，掏出名片双手递给华春雨，华春雨毕恭毕敬地接过名片。

秦 峰 华叔，不，华爷爷。您拿着我的名片到广州宏远建筑装饰有限公司找龙哥，龙总。具体的事儿，您跟他谈。有什么事儿随时跟我联系。时间紧，我就不留您了。

华春雨 好好好，我马上就去机场。

秦 峰 好。

秦峰把华春雨送出了门。

广州某高级饭店包房　夜　内

龙哥正和华春雨碰杯。

双方都一饮而尽。

龙　哥　好！来来来，给华老板满上，满上。

小姐给倒酒。

华春雨　别别别，龙总啊，千万别这么叫，我就是个普普通通的退休返聘人员，叫我老华就行了。

龙　哥　您太过谦了。要是没两把刷子能返聘吗？咱们国家什么都缺，就是不缺人。可见，您绝不是等闲之人。能够结识您，这是我们的荣幸。来，我再敬您一杯。

华春雨　龙总，您太客气了。我应该敬您哪。

龙　哥　我看咱们就不要客气了。秦峰是我绝对的铁哥们儿，他的事儿就是我的事儿。我就是豁出命也得办。是吧？所以，您就不要客气了，多喝点。反正合同也签了，明天就可以提货了。您就一百个放心好了。来，再走一个。

龙　哥　（喝干）怎么样？（举着倒过来的酒杯）一干二净。

华春雨　够意思，够意思。我也豁出去了。

华春雨也一饮而尽。

龙　哥　好好好，来，满上，满上。

华春雨　（舌头有些硬了）哎呀，不行，不行了，实在不行了。

龙　哥　哎，女人不能说随便，男人不能说不行，咱绝对行。来，小妹儿，敬敬华老板。

两个小妹儿频繁敬华春雨，他终于被灌倒了。

广东某水泥仓库　日　内

仓库里，华春雨在一垛垛地查看500号水泥的情况。用手捻了捻，然后，认可地点点头。

龙　哥　不用说，一看就是个老行家。放心吧，错不了。

华春雨　龙总办事儿绝对没问题。

龙　哥　信誉，信誉第一嘛。

华春雨拍了拍手上的水泥。

华春雨　装车吧。

小背头　好嘞。

小背头走出仓库，冲装卸工大喊。

小背头　装车。

装卸工"呼啦"拥进仓库，龙哥陪着华春雨走出仓库。

广东某水泥仓库　日　外

装卸工们忙着装车，龙哥陪着华春雨从仓库里走出来。

华春雨 龙总啊，昨天丢人了。

龙 哥 哪儿的话，说明您够意思，瞧得起我。不像秦峰那小子，我请他喝酒，总是推三阻四的。

华春雨 龙总，您不知道，因为开公司的事儿秦峰跟家里闹翻了，您得理解他呀。

龙 哥 啊，原来这样。华老板，您真要跟车一起走哇？

华春雨 这有什么好说的。必须的。

龙 哥 佩服，佩服。路上小心，祝你们一路顺风。

华春雨上车，龙哥把车门关上。车开走，他们相互招手。

"沙红线"施工指挥部 日 内

高旭光在和赵战生打电话。

赵战生 （听筒）旭光啊，工程进展顺利吗？

高旭光 还行吧。大家的干劲儿是没说的，就是材料太紧张了，马上就要断顿了。急死人了！

赵战生 （听筒）是啊，问题相当严重。其他工程也纷纷告急。现在越来越证明，单凭传统的进料方式已经不行了，我们得重新开拓市场，积极寻找货源。公司准备成立铁塔厂，自己生产塔材。但远水解不了近渴，你们要积极想办法呀。

高旭光 可不是，我让秦峰已经给咱们联系好了一家广州的公司，华师傅把合同都签了。第一批材料今天就能到。

赵战生 （听筒）是吗？太好了。关键时刻，秦峰这小子总能给你惊喜。

高旭光 他说他对不起银龙，这是公司给他一次立功的机会，他一定会尽全力的。

华春雨高高兴兴地进来。

高旭光 （看见华春雨高兴地）赵总，华师傅回来了。

赵战生 （听筒）那好，你们赶紧忙吧。

高旭光 好，有事儿，我会及时向您汇报的。

高旭光放下电话。

高旭光 怎么样，华师傅，第一批材料已经到了吧？

华春雨 到了。正在卸货。

高旭光 太好了，走，看看去。

高旭光拿起安全帽和华春雨走出指挥部。

"沙红线"材料仓库 日 外

牛小虎和华志强正领着工人卸车。

陆露拿着器具正在采样，准备化验。

高旭光和华春雨来到这里。

华春雨 总指挥呀，没有秦峰咱们就惨了。人家南方人，早就把厂家和供货商给喂饱了。不服不行啊。

高旭光 所以，咱们要吃一堑，长一智。一定要认真总结经验教训，开拓市场，培育市场，占领市场。这批材料没什么问题吧？

华春雨 绝对没有。我是亲自验货，亲自监督装车，亲自押运，就怕出问题。

高旭光 太辛苦了，谢谢您呀。赶快休息一下吧。

华春雨 不行啊，卸完车就得走，耽误一天就多一天的运费。咱们该省的就得省。再说，现在货源这么紧张，我得赶紧回去盯着。好不容易有这么一个机会，咱必须抓住哇！

高旭光 老同志就是敬业。那行，我到化验室去看看。

高旭光说完离开这里。

工人们高兴地急着卸车，干活有点毛糙。

华春雨 哎哎哎，志强，你们能不能轻点儿，咱们就指这些宝贝干活哪。

华志强 好好好。大家注意，注意啊，轻点儿，轻点儿。

华志强和工人们一起卸货。

生产技术部　日　内

临时化验室实际上就是陆露技术部的一小部分。

陆露升为副总工程师兼生产技术部主任，什么事儿都干，没人也得做化验员。化验已经做完，正在填写化验报告。

高旭光进来。

高旭光 看来化验做完了？

陆　露 这还不快。

高旭光 没事儿吧？

陆　露 没事儿。完全符合标准。

高旭光 太好了！秦峰真是雪中送炭。对了，他让我给你带好，抽空给他打个电话。自从和家闹翻了以后，一个人孤身在外，不容易。

陆　露 可不是，真挺惦记他的，放心吧，我一定打。

高旭光 那好，我去工地了。

陆　露 注意点儿安全。

高旭光 放心吧。

高旭光走出化验室。

"沙红线"塔基施工现场　日　外

各项工作都在紧张有序地进行。

伴随着挖掘机、搅拌机的轰鸣声，工人们正在紧张地工作。

华志强领着工人浇筑塔基。

高旭光来到这里。

高旭光 车卸完了？

华志强 早就卸完了。高总，有了料，你就瞧好吧。

高旭光 这得感谢你老爸呀。

华志强 得了吧，要不是秦峰帮忙，就凭他？咱得喝西北风。

高旭光 这你可说错了，老人家的敬业精神非常可贵。咱们得好好向老同志学习。好了，你们忙吧，一定要保质保量，注意安全。我再到牛经理那儿去看看。

华志强 放心吧。

高旭光离开这里。

陆洁办公室　日　内

赵战生在给陆洁打电话。

赵战生　（听筒）这次马拉松式的学习班快要结束了。我是如坐针毡，太难熬了。现在电力基建大上，可很多工作不配套，问题不小哇。材料紧张，广东的"沙红线"马上就要断顿了，幸好秦峰都忙搞到一批，不然可就惨了。

陆　洁　这些情况，我也知道一些。告诉你一个好消息，水电部科技司已经下达了"关于远距离输电方式和电压等级论证"的课题；国务院重大装备办公室先后下达了在"七五""八五"期间，"特高压输电技术前期研究""远距离输电方式和电压等级论证"两项国家重大科技攻关项目。

赵战生　（听筒）这么说，特高压科研就算正式启动了？

陆　洁　启动了。而且投入非常大。

赵战生　（听筒）太好了。1000千伏，世界上最高的电压等级，了不起，太了不起了。我真为你骄傲和自豪。

陆　洁　还有两年就退休了，以后打算怎么办哪？

赵战生　（听筒）我还真没想。到时候再说吧。就银龙现在的情况，我还真不放心哪！

陆　洁　别把自己当成救世主，地球离开谁都能转，你越是不撒手，年轻人就越发展不起来。长江后浪推前浪，你应该有点儿自知之明。再说了银龙的企业精神只争第一已经深入人心，成为企业的灵魂了，只要这个魂不散，银龙就没问题。想当初，薛刚退的时候不也是不放心吗？

赵战生　（听筒）那是呀，不过现在缺人，我又把他请回来了。

陆　洁　这是两码事儿。主要是观念问题。

赵战生　（听筒）我也可以返聘嘛。

陆　洁　不打自招。一句话，你就是放不下银龙。我还不知道你？

赵战生　（听筒）没办法，一辈子了，无法割舍。

陆　洁　从情感上说，我们谁都无法割舍。我还是那句话，一个人太钟爱自己的事业，就变得有些狭隘，你就没想过干点儿别的吗？

赵战生　（听筒）没想过。

陆　洁　研究特高压施工工艺有兴趣吗？

赵战生　（听筒）有哇。

陆　洁　那好，你退了就到北京来，参加"特高压施工工艺研究课题组"怎么样？

赵战生　（听筒）那还用说，这可是咱送变电人追求的梦想啊。没想到就要变成现实了。不瞒你说，我现在就想去。

陆　洁　（听筒）这么说，你还有点儿大局观念。

赵战生　这叫与时俱进嘛。姐，你是国宝级人物，那就是重点保护对象。我想了很久，我赵战生这一辈子最对不起的就是你，欠得最多的也是你。没想到离休以后，还能有机会去北京工作。我想好了，到北京以后，除了干好工作外，我就专门儿侍候你，做你的好后勤，让你全身心地去研究特高压。

陆　洁　我不需要后勤部长，更不需要保姆。

赵战生　（听筒）你需要啥，吱声。你就是要月亮，我也给你摘。

陆　洁　傻样儿。我需要啥你不知道哇？

赵战生　（听筒）我都想明白了，谁爱说啥就说啥。咱是活给自己的，不是活给别人看的。都到这把年龄了，好日子没几天了。大办也行，小办也可，不办也中。反正，我就是要娶你。

陆洁激动得泪流满面，她说不出话来。

赵战生急得直喊。

赵战生　（听筒）姐，姐，你怎么不说话，你到底怎么了……

陆洁含泪挂了电话，望着她和赵战生的合影，久久不能平静。

旁　白　真难为陆洁了，为了这一天，她等得太久，太久了……

"沙红线"某小溪旁　夜　外

喧嚣一天的工地静了下来，只听到潺潺的流水声和蛙声，皎洁的月光洒满大地，显得那样的静谧安详。

高旭光　今天的月色真美。

陆　露　是啊，也不知道秦峰怎么样了？

高旭光　你打电话了吗？

陆　露　打了，说是去香港谈生意了。

高旭光　真没想到，他的事业成功了，家里却闹翻了。听说，刘姨去找他了，秦峰也回家了，乌云总算散了。

陆　露　月有阴晴圆缺，人有悲欢离合。人生就是一场梦，是真是假，是对是错，谁也说不清楚。

高旭光　是啊，都说有情人终成眷属，可真正有情的人却成不了眷属。我爸和刘姨是这样，你妈和赵爷爷更是这样。我们不能让这种悲剧重演了，更不能让你妈妈和赵爷爷再这样无限期地等下去了。所以，我想等"沙红线"竣工以后，就在竣工庆典上给他们举行婚礼。这也算我们给他们献上的一份厚礼。你看怎么样？

陆　露　太好了！我就盼着这一天呢。

高旭光　所以，我们一定要把"沙红线"干好。

陆　露　对，让我们共同努力。

两人越谈越起劲儿。明月当空。静静流淌的小溪。

广州龙哥办公室　日　内

龙哥哼着《美酒加咖啡》小曲正在鱼缸旁喂鱼。

小背头匆匆进来。

龙哥头也不抬地问。

龙　哥　什么情况？

小背头　塔材的问题基本解决了。这东西太紧张了，他们也真有道儿，把旧塔材整巴整巴，再刷上漆，跟新的一样。绝对看不出来。就是这水泥问题大了点儿，真没处整去了。后来，我找了几个乡镇水泥厂，出高价让他们以最快的速度生产，不管什么号，一律用 425 号的水泥袋子装。其实，上一批水泥有一半也是次品，混过去了。我没敢跟您说。

龙　哥　行啊，有长进。好好干，哥绝对不会亏待你。

小背头　那还用说。我看这回咱就得拖了，等他们没料了，断顿了，咱们就把料直接送到现场，叫他们顾不上检验。

龙　哥　大有长进哪。高，实在是高。

小背头　但有一件事儿不好办，那个姓华的老家伙挺较真儿啊。别让他坏了咱们的好事儿。

龙　哥　这个你放心，我自有办法。

用手比画，让小背头过来。小背头凑近，龙哥小声地授意，小背头不住地点头。

龙　哥　怎么样？

小背头　绝了！就这么办。

龙　哥　去吧。

小背头　好嘞，你就等着好戏看吧。

小背头吹着口哨离开办公室。

某酒店走廊　夜　内

小背头和二埋汰架着喝得不省人事的华春雨进了客房。后面跟着两个小妹儿。

某酒店客房　夜　内

小背头和二埋汰把不省人事的华春雨放到了床上。

龙哥拿着照相机，小声命令。

龙　哥　赶快把他的衣服扒下来。（对着两个小妹儿）你们也脱，抓点儿紧。

小背头和二埋汰给华春雨脱衣服。

两个小妹儿和华春雨摆各种姿势。

闪光灯不断地闪。

……

某酒店客房　夜　内

华春雨在呼呼大睡。室内的电子钟指向十点半。门外，服务员按门铃。

服务员　先生，您的房间需要打扫吗？

华春雨使劲揉着眼睛。

华春雨　不，不用了。

华春雨看了看手表。

华春雨　哎呀，坏了，误事儿了。

华春雨忍着头痛，迅速起床，穿好衣服跑出房间。

第二十九集

广州龙哥办公室　日　内

龙哥吹着口哨仍在悠闲地喂鱼。

华春雨急匆匆地进来。

龙哥看着鱼缸里的鱼，半开玩笑。

龙　哥　华老板连门都不敲就进来了，太不讲究了吧？

华春雨　哎呀，对不起，太着急了。

龙哥转过身来，满脸堆笑地。

龙　哥　开个玩笑。咱们谁跟谁，昨晚休息得还好吧？

华春雨　喝多了，睡过头了。一睁眼睛就十点半了，这不，我就赶紧跑过来了。

龙　哥　您这个老同志实在是太认真了。用得着吗？那大诗人李白都说了嘛，"人生得意须尽欢，莫使金樽空对月"，都这把年龄了，为革命辛苦一辈子了，该享受享受了。

华春雨　话是这么说，可孙子马上就要考大学了，不攒点儿钱不行啊。

龙　哥　钱好办，不行，我给您拿。

华春雨　哎呀，这可使不得。好了，不谈这些了。龙总，这批货该送了吧？时间可不短了，弄不好又要断顿了。

龙　哥　您就把心放到肚子里吧，我已经派人送去了。

华春雨　（急了）龙总，这您就不对了，我一没看货，二没验货，三又没跟着押货。这万一出点儿啥事儿，我们谁都说不清楚。不行，我得赶紧给工地打电话，叫他们认真验验货。

华春雨过去准备打电话，被龙哥把电话按住。

龙　哥　华老板，先别忙，看看这个。

龙哥把一大沓昨晚照的照片扔在华春雨面前。

华春雨拿起照片一看，傻眼了。脸上的汗立刻流了下来。

华春雨　你！你们这是陷害！

龙　哥　陷害？华老板，您的情况我们是掌握的。因为男女关系你曾经进去过。您这回是不是想二进宫啊？都这把年纪了，孙子都那么大了，这要是传出去……

华春雨　姓龙的，你杀人不见血，吃人不吐骨头哇？我跟你拼了！

华春雨用头撞龙哥。龙哥顺势一带，华春雨摔了个筋斗。

龙　哥　（轻蔑地）哼，跟我来这个。省省力气吧。

华春雨气得坐在地上大喊。

华春雨　姓龙的，我告你去。

龙　哥　行啊，你去呀。

华春雨　流氓、无赖！

龙　哥　别说那么难听嘛，要说流氓，您可是老前辈了。行了，行了，别生气了，我也是为您好。这是十万元的存折，您老先收下。事成之后，再给您十万。别说您孙子上大学了，就是出国也没问题呀。

华春雨　你，你让我做什么？

龙　哥　很简单，睁一只眼，闭一只眼。别太较真儿就行了。您好，我好，大家都好，何乐而不为呀？

华春雨　这可是国家工程，人命关天的大事儿！万一出了事儿，这个责任谁负得起！你这不是往绝路上逼我吗？

龙　哥　哪儿那么容易就出事儿呀，跟您说实话，上批材料有一半是好的，一半我不敢保证。没办法，现在这货多难搞哇？低三下四求爷爷告奶奶不说，还得上钱、点炮儿、花高价！要不是冲着我哥们儿秦峰，我才不管你们这破事儿呢。要不这样吧，咱们的合同到此为止。有能耐你们爱上哪儿就上哪儿。我还不管了呢。

龙哥把存折收回。

龙　哥　有钱不赚，傻帽儿！

龙哥回到自己的座位上，把存折摔在桌子上，假装生气，一言不发。

旁　白　华春雨觉得龙哥的话有些道理，再说自己也能得到不少好处。如果真要让自己去跑，别说正品，就是次品也弄不到哇。也许，真就不能出事儿呢？如今，已经没有退路了。再说，还有如花似玉的小妹儿陪着，这好事儿上哪儿去找。正所谓，牡丹花下死，做鬼也风流。

华春雨　（满脸堆笑）龙总，您别生气呀。我是老糊涂了，狗咬吕洞宾不认真假人。您看？

华春雨看着那个存折。龙哥明白，他立刻把存折从桌子上推给华春雨，华春雨拿起存折装好。

龙　哥　哎，这就对了嘛。

华春雨　要这么看，您的货送得有点儿早。

龙　哥　我有那么傻吗？您不到位，这检查关很可能就过不了。您老放心，他们一切都准备就绪，就等您出发了。

华春雨　那，那咱们得选最佳的时间。

龙　哥　华老板真是老谋深算。佩服，佩服。今晚儿，得好好销魂哪。两个小妹儿够不够？

华春雨　客随主便，客随主便。

龙　哥　听说您很厉害呀？一宿……啊？哈哈哈。

两个人大笑。

华春雨　要是没什么事儿，我就先回酒店。一切听龙老板安排。

龙　哥　好好好，您慢走，我就不送了。

龙哥送走华春雨来到办公桌拿起电话拨号。

龙　哥　小背头，你告诉二坏汰，这批货出手以后，我们立刻撤回东北老家。我估计得出事儿，听明白没有？好，就这样。

龙哥放下电话，匆匆走出办公室。

"沙红线"工地指挥部　日　内

高旭光在给赵战生打电话，陆露在旁边跟着急。

高旭光　老经理，您什么时候过来呀？我们快挺不住了。

赵战生　（听筒）作为一个指挥员，无论在什么情况下都应该保持冷静。兵来将挡水来土掩，要相信自己。

高旭光　我不是不相信自己，可巧妇难为无米之炊，我们又已经弹尽粮绝了。我天天打电话，华师傅都说快了快了，可到现在也没动静。急死人了！

赵战生　（听筒）不要急。实在不行我让海南支援你们一下。告诉你们一个好消息，咱们海南岛和云南的工程进展都非常顺利。尤其是海南岛的工程，省领导非常重视，咱们的竣工庆典要和海南第一届椰子节同时召开。而且，省长要亲自讲话。

高旭光　是啊，别的工程都干得那么好，就我这儿一塌糊涂。本来，想给您和陆姨一个惊喜，献一份厚礼，没想到，出师不利呀。

陆露抢过话筒。

陆　露　可不是，闹死心了！老爸您快来吧。

陆露说完把电话交给高旭光。

赵战生　（听筒）陆露，陆露。旭光啊。

高旭光　我在，老经理，您说。

赵战生　（听筒）陆露的情绪不大对头哇，你要好好劝劝她。你们一定要沉着冷静，千万不能乱了阵脚。我一半天儿就过去。

高旭光　是吗？那可太好了。

华春雨满头大汗地跑进来。

高旭光　（看见华春雨高兴地）经理，华师傅回来了。我挂了。

高旭光放下电话。

高旭光　（急迫地）怎么现在才到，都把我们急死了。

华春雨　您急，我比您还急！看看，这满嘴都是大泡。

陆　露　行了，别说这些了。赶快开工吧。

华春雨　哎，还是陆主任说得对，赶快抓紧时间开工，为了节省时间，大部分沙子、水泥，还有塔材都已卸到施工现场了。

高旭光　这怎么行呢？陆露，抓紧时间检验。

华春雨　哎呀，来不及了。您还不相信我吗？

华春雨拉着高旭光就走。

高旭光　等等，我拿安全帽。

高旭光戴上安全帽跟华春雨跑出了指挥部，陆露也跟了出去。

施工现场搅拌机旁　日　外

王长海把一袋水泥打开以后，倒在搅拌机里，指着水泥袋子。

王长海　哎？我说哥们儿，我总觉得有点儿不对劲儿呀？你别看袋子上标的是 425 号，可里头装的不一定就是 425 号, 你信不信?

某工人 行了, 你别没事儿找事了。现在都啥时候了? 工期多紧哪? 差不多就行了, 再说, 这都是上边儿的事儿, 咱工人只管干活。

王长海 话可不能这么说, 你白学习了? 要是真的出了事儿, 对咱们谁也没有好处, 最起码奖金没了, 弄不好工资也得泡汤。这可不是闹着玩儿的。不行, 我得反映反映。

某工人 待着吧你! 其实, 人家组塔那边儿也发现了问题, 可谁也不说。

王长海 你咋知道的?

某工人 我原来就是那边儿的人。你是戴帽下来的, 手眼通天。谁敢跟你说呀。

王长海 真的吗?

某工人 真假我不知道, 反正有反映。跟你说实话, 这里有文章。

王长海 啥文章?

某工人 (瞅瞅没人) 我问你, 这批料是谁进的?

王长海 华经理他爸呀。

某工人 这不就得了吗? 你敢当华经理的面儿说他爸进的水泥有问题吗?

王长海 那, 那有啥。这是整个工程的大事儿。我不管。

某工人 行, 你牛。你再想想, 这批材料是谁联系的?

王长海 秦峰啊。

某工人 秦峰是谁? 那是即将接任公司一把手秦经理的公子。这回明白了吗?

王长海 不明白。

某工人 榆木脑袋, 不跟你说了。

王长海 不说就不说, 我还懒得听呢。

他俩继续干活。过了一会儿, 王长海越想越不对劲儿。他扯下一片水泥袋子, 抓一把水泥, 迅速包好。

王长海 不行, 我得找陆总, 叫她化验化验。

王长海说完就跑。

某工人 (急喊) 哎, 哎, 你回来, 回来。(摇摇头) 犟种一个!

工地生产技术部 日 内

陆露正在研究施工图纸。

王长海也没顾得上敲门就跑进来了, 把陆露吓了一跳。

陆 露 什么事儿, 这么急?

王长海 陆总, 这批水泥您化验了吗?

陆 露 哎呀! 忘了。

王长海把那包水泥递给陆露。

王长海 您化验化验吧, 我估计有问题。

陆 露 是吗? 不可能啊, 第一批料不是挺好的吗?

王长海 第一批料, 前面的还行, 后面的我感觉就不大对劲儿了, 这次送来的就更有问题了。

陆 露 好, 我马上化验。

陆露从王长海手中抢过那包水泥，即刻开始化验。

王长海 还有一个情况，我也想反映一下。

陆 露 （边工作）说吧。

王长海 好像这批塔材也有些问题。

陆 露 （有些震惊，尽量保持镇静）你反映的情况很重要。回去吧。记住，千万别再向任何人说了。这些，我们会处理好的。

王长海 那行，您先忙，我干活去了。

王长海转身出去。陆露集中精力化验，情绪越来越紧张……

"沙红线"组塔工地 日 外

牛小虎指挥工人组塔。

高旭光 不错，进度挺快呀。

牛小虎 你放心，只要塔材跟得上，绝对误不了工期。

高旭光 这我完全相信。牛经理，抢进度是应该的，但我们一定要保质保量，更要注意安全。责任重于泰山哪！

牛小虎 是啊，百年大计，质量第一、安全第一。我们会注意的。

公路上 午后 外

越野车在公路上疾驶。乌云密布，山雨欲来。

车上 午后

司 机 经理，要下雨了。

赵战生 还有多远？

司 机 快了。

赵战生 最好在雨前赶到工地。

司 机 好吧，我尽量争取。

司机加大油门。车速明显加快。

公路上 午后 外

越野车疾速驶过奔向远方。

生产技术部 午后 内

陆露已经做完化验，在填写化验单，手在颤抖。

陆 露 （自言自语地叨咕）怎么会是这样？

她填好化验单，拿起安全帽就往外跑。

生产技术部 午后 外

陆露刚跑出来就遇到了赵战生。

陆露扑到赵战生的怀里"哇"的一声哭了起来。

赵战生　孩子这是咋了？别哭，有老爸呢。

陆　露　完了！这批水泥是次品，听说塔材也有问题。这可咋整啊？

赵战生　是吗？

陆露递过化验单。

陆　露　你看看吧。

赵战生接过化验单认真地看。他神情紧张，感到事态非常严重，赶紧把化验单揣好。就在这时，一声炸雷，风雨交加。

赵战生　走，快去工地。

赵战生拉着陆露消失在风雨中。

施工组塔现场　午后　外

狂风暴雨肆虐横行，天昏地暗。

高旭光和牛小虎指挥工人下塔。

高旭光　大家一定要注意安全，赶快下塔，下塔。

一班长还在拧螺丝。

牛小虎　一班长，赶快下来，快下来。

一班长　还有最后两扣。

高旭光　不行，赶快下来，这是命令。

风越刮越大，雨也越下越大，天越来越黑。

一班长下塔后没跑几步，塔已经开始摇晃、倾倒。

塔倒的方向下面正好是高旭光。

众　人　（拼命地喊）高总，危险，危险啊！

眼看铁塔就要砸到高旭光了。赵战生一个箭步冲过去，推开了高旭光。

铁塔"轰"的一声砸在地上……

众　人　（拼命地喊）老经理，老经理……

闪电雷鸣，狂风暴雨……

公路上　夜　外

救护车嘶鸣，在风雨中疾驶……

某医院急救室门前走廊　夜　内

高旭光、陆露、牛小虎、华志强、王长海及工人们在门口焦急等待。大家议论纷纷。

高旭光　（对陆露）你给秦经理、我爸、还有薛经理打电话了吗？

陆　露　打了，你爷爷，还有我妈都打了。

高旭光　对了，建华叔呢？

陆　露　也打了。

高旭光　秦峰呢？

陆　露　在香港还没回来呢。

王长海 我说水泥有问题，怎么样？出事儿了吧？要是老经理有个三长两短，咱银龙可咋办哪！

某工人 谁想到能出这么大的事儿啊？

他们越吵越厉害。

高旭光 行了，行了，别吵了！都怨我。

陆　露 都怨我。

牛小虎 （气得在走廊里乱转，自语）水泥有问题，他妈塔材也有问题。今天最多也就七八级风，按设计这线路塔能抗十二级以上的风。

他一拳砸在墙上，血从墙上流了下来。牛小虎愤怒地瞅着华志强。

牛小虎 我不管他妈是谁，这批材料必须一查到底。

王长海 对，一查到底。

大家把目光都投向华志强。

华志强被瞅毛了。他一跺脚，拳一挥。

华志强 你们都瞅我干啥？他是他，我是我，一查到底，不管是谁，我都和他没完！

这时，手术室门开了。医生出来。大家"哗"地围了上去。

众　人 医生，怎么样？怎么样？

医　生 不行了，料理后事吧。

两个护士推着蒙着白布的赵战生从手术室出来。

众人哭喊着跟在后面。

太平间　日　外

太平间内哭声一片，喊声、骂声此起彼伏。

高旭光、陆露、牛小虎、华志强流着眼泪从太平间出来。

高旭光擦了一把眼泪果断地做出决定。

高旭光 小虎经理，整个"沙红线"就交给你了，保护现场，稳定军心，做好事故处理和整改的一切准备。

牛小虎 好。放心吧。

高旭光 志强经理，保护好你爹，千万别出啥事儿，他是重要的当事人。

华志强 明白。

高旭光 陆露，咱俩立刻护送灵车回银龙。

陆　露 好。

高旭光 抓紧时间，大家分头行动吧。

高旭光拉着陆露进了太平间。

牛小虎和华志强跑步离开。

银龙本部某医院太平间　日　内

赵战生身上蒙着白床单静静地躺在床上。

高洪亮、于华、高小兵、英子、高旭光、薛刚、方小玲、薛小凤、赵建华、赵云飞、秦继伟、刘丹、王芳、李玉珍、牛二虎等人都来了。

高洪亮 司令员哪，我高洪亮还是没有保护好战生啊！

赵云飞挣脱了赵建华和薛小凤扑到赵战生身上。

赵云飞 爷爷，爷爷，你这是怎么了，我是云飞，云飞呀，爷爷，爷爷，爷爷你醒醒啊……

赵建华和薛小凤拽起赵云飞。

赵建华 （"扑通"跪在地上）爸，我对不起你呀！你是世界上最伟大、最崇高的爸爸。我浑，我浑哪……

赵建华使劲地抽自己的嘴巴，薛小凤抱住赵建华。

薛小凤 建华，建华，别这样，别这样。

两个人抱在一起痛哭。

秦峰跑来了。

秦　峰 旭光，赵爷爷他……

秦继伟 你还有脸来，都是你干的好事儿！你给我滚！滚！

高旭光拽过秦峰小声地在他耳边说。

秦峰越听越来气。

秦　峰 （怒吼）姓龙的，我饶不了你！

秦峰愤怒地冲出了太平间。

华志强揪着华春雨的脖领子，从外面进来，他一使劲儿把华春雨推在地上。

华志强 你跟大家说，到底是咋回事儿？

华春雨跪着爬到赵战生遗体旁。

华春雨 你们可不能冤枉秦峰啊，他一心要帮咱银龙啊。都是那个姓龙的干的，姓龙的太狠了，吃人不吐骨头，杀人不见血呀！赵经理，我对不起你，对不起银龙啊，（打自己的嘴巴）我中了姓龙的奸计了，贪图美色和金钱。我不是人，我该死……

华志强 （气愤地拽起华春雨）走，别在这儿丢人现眼了。不要脸的东西，我没有你这个爹！

他拉着华春雨就往外走，陆露挽着陆洁进来。大家立刻安静下来。

陆洁不顾一切地扑到赵战生的身上。

陆　洁 （声泪俱下）战生，战生啊，你这是怎么了？你怎么不说话呀？咱们不是说好了吗？你退休咱就共同研究特高压。那可是咱送变电人梦寐以求的宏愿啊！你不能走，你给我回来，回来……

高洪亮示意大家离开，大家悄悄地离开。

陆　露 （跪在地上）爸，老爸，咱们不都说好了嘛，永远不分开。我和旭光都商量好了，就在"沙红线"庆功会上，给你和我妈举行婚礼。爸，你不能走哇！爸，爸，爸……

陆　洁 战生啊，你听见了吗？这孩子苦哇，从小就认定你是她爸爸，你就舍得离开她吗？战生，你醒醒，醒醒啊！你福大、命大、造化大，你不会死的，我婚纱都买好了，我一定要做你的新娘，做你的新娘啊……

太平间　日　外

高洪亮等从太平间出来。

高洪亮　我高洪亮无能啊！我的两个老战友说没就没了，苍天哪，你太不公平了……

高洪亮险些晕倒，被薛刚一把抱住。

薛　刚　（泪流满面）老首长，您要挺住，挺住啊！

两人抱头痛哭……

曲秘书惊慌失措地跑过来，小声地与秦继伟耳语。秦继伟神情有些激动和紧张，他不住地点头。稍等片刻，秦继伟向秘书授意。秘书不住地点头，然后离去。

其他人随高洪亮离去。

秦继伟拉住高小兵。

秦继伟　小兵，刚才曲秘书说，明天管理局和省局"6·28"倒塔事故联合调查组就到，"沙红线"的业主魏经理已经来了，要求终止合同。

高小兵　（激动地）他妈的，这不是落井下石，墙倒众人推吗？

秦继伟　小兵，你冷静点儿。兵来将挡，水来土掩。我们没有别的选择，只能背水一战了。关键时刻，我们必须挺住。（用坚定的目光鼓励高小兵）啊？

高小兵用坚定的目光表示赞许，他点点头。

高小兵　好！咱银龙不能垮，也垮不了。晚上，就在凯利达会会魏经理。

他们俩迅速地登上了越野车，车疾速开走。

凯利达酒店某包房　夜　内

秦继伟和高小兵、曲秘书正在陪魏经理等吃饭。

魏经理　（举杯）秦经理，高经理，真不好意思，鉴于目前的情况，我们只能终止与你们的合同了，我也不愿意这么做，可是没办法，少数服从多数。这杯酒算我赔罪了。

魏经理一饮而尽。

高小兵　理解，理解万岁。银龙到了今天这个地步，我们无话可说，全是眼泪！但市场经济不相信眼泪，这就是残酷的现实。该赔罪的是我们。来，这杯酒我干了。

高小兵举杯也一饮而尽。

秦继伟　魏经理，一点儿回旋余地也没有了？

魏经理　没了，除非上面发话。咱们哥们儿处得不错，我先给你们通报一下，也好让你们有个思想准备。

高小兵　真是路遥知马力，日久见人心啊！能在你最困难的时候拉一把的，这才是真正的朋友。来，魏经理，就为这，我敬你一杯。

高小兵给魏经理倒酒。

魏经理　行了，行了，今天喝得够多了。

秦继伟　酒逢知己千杯少，话不投机半句多。士为知己者死。这杯酒我干了。

秦继伟端起酒杯一饮而尽。

魏经理　够意思，够意思。说实话，不管别人怎么看，你们银龙在我心里永远是这个（竖大拇指）！别看现在全国有三十多家送变电公司，我最佩服的还是你们。这不是吹，咱们国家所有电压等级的第一条线路几乎都是你们干的，不服行吗？

高小兵　好汉不提当年勇。"沙红线"就让我们栽了，我得憋气，栽得窝囊啊！

魏经理　人有失手，马有漏蹄嘛。说句不该说的话，你们银龙是成也实在，败也实在。干吗不验货呀？现在，就是亲娘老子都不敢相信哪。除了妈是真的，其他的，全他妈是假的。

秦继伟 至理名言，至理名言哪！我们银龙不就栽到这儿了吗？我们他妈的是害人之心全没有，防人之心更是无哇。

魏经理 正因为你们这样，我才愿意交你们。来，我敬你们一杯。

魏经理端起酒也一饮而尽。

秦继伟 爽快，爽快！（举起酒杯）看着，舍命陪君子。

秦继伟又一饮而尽。

魏经理 我算服了，你们银龙是党风正，民风正，酒风更正。我是真想帮你们哪。

高小兵 谢谢，谢谢魏经理！既然您把话都说到这个份儿上了。我高小兵，不，我们银龙就绝对不会让兄弟丢脸。其实，这个事故很清楚，就是用了假冒伪劣的材料。整改更好办，拆塔、炸基础，凡是采用假冒伪劣材料的一律推倒重来，不留死角，不留隐患。使出浑身解数，动用一切力量。不创优质工程，不拿下"鲁班奖"，我们誓不为人！

魏经理 好！我要的就是你们这句话。我最欣赏的也是你们银龙这股子永不言败的豪气！领导咋地？领导也得听听咱们基层的意见吧。你们放心，我一定力挺你们。

魏经理刚要喝被秦继伟叫住。

秦继伟 魏经理，既然您这么仗义，那我秦继伟就啥也不说了。咱们工程上见！

秦继伟拿起酒瓶"咕咚咕咚"往嘴里倒。

当秦继伟快把酒喝完的时候，突然觉得胃里像火烧一样，他"哇"的一下把胃里的东西喷吐了出来，脸色刷白，瘫坐在椅子上，昏了过去。

高小兵 继伟，继伟！

魏经理 赶快送医院哪！

医院病房　夜　内

秦继伟躺在病床上打着点滴。刘丹从盆里捞出毛巾，拧干叠好放在秦继伟的额头上，然后坐下。

秦继伟 小兵把魏经理送走了？

刘丹 送走了。听说明天东北电管局和省局"沙红线""6·28"倒塔事故联合调查组就来，你这个样儿，全指小兵了。这脸让你丢大了。

秦继伟 那也值，起码魏经理已经答应帮咱，不易主了。这可让咱银龙躲过一劫呀。

刘丹 那也不能往死了喝呀。

秦继伟 不往死喝能感动人家吗？为了银龙我死又何惧。

旁白 秦继伟说不下去了。泪水顺着眼角流了下来。是自责，是悔，是委屈，是无奈，是苦涩，他说不清楚，但银龙遭此劫难，他必须挺身而出。

刘丹被秦继伟这种牺牲和奉献精神深深地打动，泪水夺眶而出。

刘丹 （深情地）继伟，真难为你了。我知道，知道。你安心养病，我会协助小兵、旭光处理好事故的。

刘丹擦了一把眼泪。掏出《"沙红线""6·28"事故报告和整改措施》。

刘丹 这是事故报告和整改措施。你看一下。

秦继伟接过《"沙红线""6·28"事故报告和整改措施》迅速浏览。

秦继伟 太好了，真是雪中送炭。谢谢夫人。

刘　丹 少贫嘴，好好把病养好，银龙还指着你呢。

李玉珍拎保温桶，王芳提着水果进来。

李玉珍 （心疼地）继伟呀，你这是养病还是工作呀？你可吓死妈了。

秦继伟 妈，没事儿了。小丹，你告诉她们干啥？

刘　丹 我可没告诉。

王　芳 你们俩可真是一个鼻孔出气儿。出了这么大的事儿，也不告诉我们。可你们瞒得住吗？

刘　丹 不是怕你们担心吗？

王　芳 这样我们更担心。

李玉珍 继伟呀，饿不饿？妈给你煮的小米粥可烂乎了，吃点儿吧？

秦继伟 别说，我还真有点儿饿了。

李玉珍盛粥，王芳削苹果。

王　芳 小丹，明天你还有课就回去吧，这儿有我们俩就行了。

李玉珍 是啊，小丹，快回去吧。

秦继伟 我说你们都回去，我真的没事儿了。明天，我还得参加事故分析会呢。

李玉珍 那可不行，病来如山倒，病去如抽丝。要落下病根儿，那可就难治了。

秦继伟 妈，你也不想想，战生叔现在还躺在太平间，他的后事怎么处理，事故怎么处理，不法商人怎么追究，怎么能保证施工不能易主，整改措施怎么落实，海南岛的工程，云南的工程，贵州的工程，所有这些都需要统筹安排。我，我能住得下去吗？

秦继伟又说不下去了。他极力控制自己，泪水在眼睛里打转。

一阵沉默，只听到他们的抽泣声……

为了缓解这种气氛，刘丹极力控制自己。

刘　丹 好了，好了。（给两个老人使眼色）你们也别说了，叫继伟冷静冷静。我先走了。

王　芳 放心吧，有我们俩呢。路上小心点。

秦继伟 （举着报告）谢谢你，小丹。

刘丹依依不舍地走出病房。

刘丹家　半夜　内

刘丹刚进家门，就听到电话铃响。她赶紧去接电话。

刘　丹 您好，找谁？

所　长 （听筒）您是秦峰的母亲刘丹吧？

刘　丹 对，是我，您是？

所　长 （听筒）我是新兴派出所所长李亚军。现通知您，您的儿子秦峰因打架斗殴，已被行政拘留了。

刘　丹 这怎么可能呢，在哪儿啊？

所　长 （听筒）在小南拘留所。

刘　丹 为啥呀？

所　长 （听筒）不是说了吗？打架斗殴。

对方把电话挂断，听筒里传出嘟嘟声。

刘丹惊恐万状无奈地放下电话。

刘　丹　（仰天长叹）老天爷呀！这不是要我的命吗？一个住院，一个蹲拘留，还让不让我活了？（她急得在屋里乱转）这可咋办，这可咋办啊！

她急忙拿起电话拨号，接通后。

刘　丹　是建华吧？

赵建华　（听筒）是我。

刘　丹　睡了吧？

赵建华　（听筒）还没呢。

刘　丹　我是丹姐，小峰和别人打架被行政拘留了，这可咋办啊？

刘丹哭了起来。

赵建华　（听筒）没事儿，丹姐。行政拘留最多就十五天。在哪儿呀？

刘　丹　小南拘留所。

赵建华　（听筒）我知道了，您放心，明天我和你一起去拘留所。

刘　丹　那好吧，麻烦你了。

刘丹放下电话，扑在沙发上号啕大哭……

小南拘留所所长办公室　　日　内

赵建华向严所长介绍刘丹。

赵建华　严所长，这位就是秦峰的母亲，松江电力学院的刘丹教授。

严所长　呀呀，（握手）早闻大名，我姑娘就在你们学院。她回家总叨咕您，说您课讲得最好，对学生也非常好。

刘　丹　过奖了。子不教，母之过。汗颜，汗颜哪！

严所长　情况我们都调查清楚了。秦峰是为银龙讨回公道才和不法商人发生冲突把人打伤了，好在伤得不重，对方也不追究。但打人是犯法的。所以，我们就必须按违反治安条例处罚。

赵建华　这个姓龙的案底挺深，我们大队早就立案了。秦峰这次还帮了我们一个大忙。

严所长　这是立功表现嘛。一会儿，您就把秦峰接回去吧。

刘　丹　谢谢，谢谢你们。

一狱警带秦峰进来。

刘　丹　浑小子，你可把妈吓死了。

秦　峰　对不起，妈。

严所长　年轻的企业家，吃一堑长一智吧。我们是法治社会，咱们得学法、懂法，还得会用法。千万不能意气用事。好了，回去吧，一定要吸取教训。

秦　峰　那姓龙的呢？

严所长　他的问题和你是两个性质。你放心，我们绝不会冤枉一个好人，更不能放走一个坏人。

秦　峰　我明白。谢谢你们。

赵建华和严所长握手。

赵建华　谢谢，谢谢。

　　严所长 谢啥，要谢还得谢你赵队呢，帮了我们多少忙。老爷子的事儿我们都知道了。节哀。姓龙的我们是不会轻饶他的。

　　严所长送赵建华等出所长室。

小南拘留所大门外　日　外

一辆警车停在门外。

大门开了，严所长送赵建华等出来，分别和他们握手。

赵建华拉开车门请刘丹上车，秦峰自己拉开后门上车。

赵建华转过来上车，车开走。

严所长挥手送行。

街道　日　外

警车在路上行驶。

车上　日　内

赵建华开着车。来往的车辆。

刘丹坐在前面非常感慨。

　　刘　丹 建华，实在过意不去。

　　赵建华 丹姐，你说这话我就不爱听。这不说远了嘛。

　　刘　丹 是啊。要不，我怎么第一个就找你呢？

　　赵建华 这不就完了吗？说心里话，转业没进银龙也挺后悔呀。

　　秦　峰 建华叔，我真后悔了。

　　赵建华 你后悔还来得及，我不行喽，岁数越来越大了，晚了。下辈子吧。

　　刘　丹 哎？对了，建华，老经理的丧事儿到底怎么办呢？

　　赵建华 听组织安排吧。

　　秦　峰 都怨我，要不，赵爷爷也不能牺牲。

　　赵建华 小峰啊，听我话，还是赶快回银龙吧。我不是说你在商海就一定干不好。但水太深了！别看你挺精挺灵的，可送变电人骨子里的那种傻透腔的实惠和一诺千金，是优点也好，是缺点也罢，那是改不了的。有人说，一个人的性格决定了他的生活。确实有道理呀！

　　秦　峰 是啊，庄晓燕就劝过我。没想到，还真让她言中了。

　　赵建华 小峰，实话跟你说吧。姓龙的案底很深，好在你还没跟他陷进去。华春雨已经自首了。唉，银龙付出的代价太大了。

街道　日　外

警车在路上行驶。

刘丹家门前　日　外

警车在刘丹家门前停下。赵建华、刘丹、秦峰分别下车。

　刘　丹　建华，上去坐一会儿吧？中午就在这儿吃。

　赵建华　不行啊，最近的案子特别多，忙不过来。尤其，姓龙的这小子，我肯定不放过他。丹姐，我告诉你一件事，你一定保密，千万不能说出去。

　刘　丹　我保证。

　赵建华　鉴于目前银龙的特殊情况。我不想兴师动众，我和岳父、岳母、小凤、陆姨，还有陆露已经把我爸火化了。至于公司以后开不开追悼会，怎么开，什么时候送葬，我们都没意见。

　刘　丹　建华，你真是高风亮节，为银龙的大局着想啊！

　赵建华　丹姐，你什么也不用说了。公司的所有情况我都非常了解。小兵接待联合调查组，继伟哥又……

　秦　峰　我爸？我爸他咋地了？

　刘　丹　你爸，（极力掩饰）他，他没事儿，忙呗。

　赵建华　（忽然反应过来）对对对，确实太忙了。小峰啊，人生最可悲的就是，得到的东西不知道珍惜，失掉了才知道后悔。我对不起咱家老爷子……

　赵建华哽咽了，眼含热泪，他强忍着。

　赵建华　好了，不说这些了。孩子，好好珍惜你所拥有的一切。有空儿，咱爷儿俩好好聊聊。

　秦　峰　好。

　刘丹已经控制不住自己，差点哭出声来。秦峰也百感交集，后悔万分……

　赵建华开开车门，上车，打着火。警车开走。

　刘丹和秦峰含泪挥手告别。

刘丹家客厅　日　内

　娘儿俩进了屋。

　刘　丹　小峰，一定饿了吧？

　秦　峰　可不是，真饿了。

　刘　丹　那好，你休息一会儿，妈现在就做。

　刘丹进了厨房。秦峰去了自己的卧室。

秦峰卧室　日　内

　秦峰进了自己的卧室，躺下就睡了。

厨房　日　内

　刘丹在厨房给儿子做饭。

秦峰卧室　日　内

　秦峰太疲惫了，他睡得非常香。刘丹推门进来，轻轻地叫醒儿子。

　刘　丹　小峰啊，醒一醒，醒一醒，吃饭吧。

秦　峰　（撒娇地）不，我太困了，再睡一会儿。

刘　丹　吃完了再睡，听妈话，快起来。

刘丹拽起了秦峰，秦峰打着哈欠，跟着母亲出了卧室。

刘丹家客厅　日　内

刘丹拉着秦峰来到了餐桌。

秦峰坐下，端起饭碗，狼吞虎咽地吃了起来。刘丹一边给他夹菜，一边说。

刘　丹　慢点儿，慢点儿，没人跟你抢。

秦　峰　妈，咱家的饭就是好吃，太香了。

刘　丹　小峰啊，跟妈说实话，挨没挨打呀？

秦　峰　没有。

刘　丹　你可把妈吓坏了，以后可别再干傻事儿了。

秦　峰　放心吧，妈。绝对不会了。

刘　丹　妈老了，经不起折腾了！

刘丹说不下去了。

秦　峰　妈，现在，我才真正体会到，爱多深，就恨多深的真实含义了。不当家不知柴米贵，不养儿不知父母恩。建华叔已经暗示我了，我明白他的意思，他很后悔以前没有理解战生爷爷。

刘　丹　小峰啊，真没想到你能这么看问题，要是你爸知道了那得多高兴啊！你是不知道哇，他也很后悔，背后还偷偷地流过眼泪。真是可怜天下父母心啊！

秦　峰　妈，只有度过严冬的人，才知道春天的温暖，只有尝尽酸甜苦辣的人，才能体会到人生的真谛，只有失去自由的人，才渴望自由，才知道亲情、友情、爱情的可贵！我把这次进去当作凤凰涅槃、浴火重生，我决心要锻造出一个新的秦峰。

刘丹悲喜交加，已经哭得泣不成声。她紧紧抱住秦峰。

刘　丹　孩子，你真是妈的好孩子……

秦　峰　（也含着眼泪）妈，我想好了，公司不干了，尽快回银龙。

刘　丹　好，好孩子，你终于明白了。

秦　峰　彻底明白了。银龙多年创下的光辉伟业决不能毁在我们这一代人的手上。大丈夫在哪儿跌倒就在哪儿爬起来。我欠银龙的一定要加倍偿还！

刘　丹　好，妈太高兴了。

秦　峰　妈，求您一件事儿。

刘　丹　傻小子，跟妈还说这个。说，啥事儿？

秦　峰　多给我弄一些有关特高压的信息和资料。

刘　丹　你要研究特高压？

秦　峰　对，这是我们送变电人一直追求的梦想，也是我们这一代必须承担的责任。

刘　丹　好，妈全力支持你。小峰啊，既然你想通了，妈就告诉你。你爸住院了。

秦　峰　是吗？咋地了？

刘　丹　胃出血。

秦　峰　住哪个医院？

刘　丹　市二院。

秦　峰　我现在就去。

刘　丹　你吃饱了吗？

秦　峰　吃饱了。

秦峰起身就走。

刘　丹　等等，妈跟你一起去。

两人急匆匆跑出家门。

医院病房　日　内

秦继伟收拾东西非要出院。两个老人在劝他。

李玉珍去抢秦继伟的东西。

李玉珍　继伟呀，你咋这么犟呢？医生不让你出院哪！

王　芳　是啊，继伟，听医生的吧。

秦峰跑了进来，"扑通"跪在地上流着泪说。

秦　峰　爸，对不起，都是我的错，你打我吧，骂我吧。

刘　丹　继伟，小峰公司不办了，要回银龙，而且还要研究特高压，来的路上他还跟我说，他把所有的资产都捐给银龙。

秦继伟　真的？

秦　峰　爸，是真的。我已经告诉庄晓燕做好善后工作了。用不了几天我就能回公司上班。

秦继伟拽起秦峰，用力地拥抱他。

秦继伟　（流着眼泪）好，好，好儿子。爸爸就盼着这一天哪！

众人也都热泪盈眶。

秦峰办公室　日　内

秦峰正在收拾东西。庄晓燕敲门。

秦　峰　请进。

庄晓燕进来，她把两个存折递给秦峰。

庄晓燕　秦总，所有对内对外的账目全部结清。按照您的吩咐，把所有剩下的钱都存到了这两个存折里，这个是四百八十万，这个是三十万。

秦　峰　好，谢谢！

庄晓燕帮助秦峰收拾东西。

庄晓燕　秦总，所谓见好就收，这就是哲学上所讲的"度"吧？您总是能在人生的十字路口做出最佳的选择。除了审时度势外，那就是您的命太好了。

秦　峰　是吗？我倒没看出来。

庄晓燕　那当然了。正所谓，不识庐山真面目，只缘身在此山中。当事者迷，旁观者清嘛。端着金饭碗下海经商，你是进也不忧，退也不忧。这命还不好吗？不像我们，沿街乞讨，能不能要到，全凭施者的心情。在私营企业里老板决定一切。就像咱们，您不干了，公司就黄了，而我呢，就得走人。

　　秦　峰　真对不起。让您满怀热情而来，却毫无准备地败兴而归。真让您言中了，商场如战场，这里充满欺诈，布满陷阱，稍不留神就会陷进去。广州那单生意就是个陷阱，咱没做，躲过去了。没想到却栽到了姓龙的手上，真是防不胜防啊！

　　庄晓燕　我认为，这件事儿跟您没有太大的直接关系。连中介都算不上，最多就是个联系人。如果真要总结教训的话，那就是您太实在了，害人之心你没有，防人之心不可无哇。

　　秦　峰　准确到位。说实话，无论我怎样离经叛道，但送变电人那种讲义气，重情感，一诺千金，坦坦荡荡，无论是优点也好，是缺点也罢，想改都改不了。真是江山好改本性难移呀！

　　庄晓燕　这正是我最欣赏也最佩服的地方。我承认，市场经济是残酷的，充满欺诈。但您所提倡的打造品牌、恪守诚信、共创双赢的经营理念和运作模式，让人们在商海充满血腥和铜臭的厮杀中，看到了温情与关爱，更看到了社会主义市场经济的光明与希望。

　　秦　峰　是啊，这正是我的期许，或者说是奋斗目标吧。

　　庄晓燕　所以，我一直都认为，在商海这个没有硝烟的战场上，您也许不是一个常胜将军，但一定是个最好的将军。我愿意和您这样的人共同创业。可是好景不长，对您来说这可能是急流勇退，可对我来说，那就是半途而废呀。

　　秦　峰　对不起，这对您确实不公平。但也未必是个坏事儿。您那样睿智，并且才华横溢。尤其，倍受市吴秘书长的赏识，即使不回环宇公司，其他公司和单位也会疯抢的。我认为，这样对您会更保险一些，总比和我这样的人一起下大江喂鱼要好。

　　庄晓燕　说心里话，我更愿意接受这种挑战。难道您不是吗？

　　秦　峰　不行了，魄力越来越小喽。玩笑归玩笑，说实话，人贵有自知之明啊。俗话说，龙生龙凤生凤，老鼠的儿子会打洞。咱送变电人的后代就应该干送变电。尤其，在她最困难的时候，那就更应该挺身而出。何况，我又是个罪人呢？人就是这样，当你得到的时候，不以为然；而当你失掉的时候，就会倍加珍惜。我爷爷和我外公都长眠在那条条银线和巍巍铁塔的下面。老经理赵爷爷也把鲜血洒在了他所钟爱的送变电事业的征途上。我们必须踏着先辈的足迹前进！

　　庄晓燕　太感人了，我真想也成为银龙的一员。可惜我没那个命！

　　秦　峰　那也不尽然。山不转水转。两座山不能到一起，但两个人完全有可能到一起。谢谢您一直以来的信任、支持和帮助。（把存折递给庄晓燕）这是我的一点儿心意，请您收下。

　　庄晓燕　这钱我不能要，按规定您已经给我够多的了。我知道这笔钱你要干什么，那就算我对银龙的一点儿心意吧。咱们后会有期。

　　庄晓燕说完，流着泪跑出了秦峰的办公室。

　　秦　峰　（冲着庄晓燕喊）希望本无所谓有，无所谓无……

第三十集

秦峰办公室外走廊　日　内

庄晓燕刚出秦峰办公室就和陆露撞了个满怀。

庄晓燕　对不起。你们是……

高旭光　来接秦峰的。

庄晓燕　啊，好好好，他在，他在。

庄晓燕说完离去。

无论庄晓燕怎样掩饰，她的眼泪已经告诉了高旭光和陆露，她和秦峰的关系肯定不一般。

秦峰办公室　日　内

秦峰蹲在办公桌下面收拾东西。

门开着，高旭光敲门。

秦　峰　（正在收拾东西，下意识地）请进。

高旭光　臭小子，我们来了。

秦峰起身迎接高旭光和陆露。

秦　峰　真没想到，你们来得这么快。

高旭光　这还快呀，一听说你要回公司，我们俩恨不得马上就来。

陆　露　你可别拿豆包不当干粮，我们俩可是代表公司领导和全体员工来迎接你回家的。怎么说，也是钦差一级的吧。

秦峰学清朝礼仪。

秦　峰　嗻。小的给两位钦差大人请安了。

陆　露　免礼，平身。

秦　峰　嗻。

高旭光　行了，别开玩笑了，说正经的。秦峰，我们刚进来的时候，看见你们那个庄晓燕怎么哭着走的，你欺负人家了？

陆　露　是啊，老实交代。你们俩到底是什么关系？

秦　峰　最好的同志、朋友。

陆　露　不仅如此吧？

秦　峰　哎呀！你们俩想到哪儿去了？她都快四十了。

陆　露　现在年龄还是个问题吗？

秦　峰　真拿你们没办法，人家已经结婚了，孩子都五岁多了。你们知道她原来是干什么的吗？

陆　露　干啥的？

秦　峰　人家是环宇公司的高管。

高旭光　是吗，那可是有名的公司啊。

秦　峰　那当然了，要不是吴秘书长做工作，她绝不会到我这个小破公司来。你们想想，人家满腔热情到这儿来创业。正干在兴头上，我说不干就不干了，这个残酷的现实谁能接受得了？她不像咱们有铁饭碗。

陆　露　那咋办哪？

秦　峰　想办法补偿呗。（拿起存折）看到没有，这是三十万，人家死活不要。开始，她根本就不理解我要回银龙。可当我把咱们的情况，跟她说了之后，她不但理解而且还大力支持遗憾自己不能帮银龙做点儿什么。这钱就算她对我们银龙的支持。这样的人，你们见过吗？

陆　露　没有，太让我感动了，了不起！

秦　峰　就是嘛，她不好受，我更难受。

高旭光　秦峰啊秦峰啊，你真把人家给坑了。但人家却无怨无悔地支持你，这样的人值得交。

秦　峰　（指着陆露和高旭光）你们哪，你们，都想到哪儿去了。

陆　露　对不起，秦峰。

高旭光　好了，好了，赶快装东西，车还在外面等着呢。

三个人搬起东西走出办公室。

公司小会议室　　日　内

这里坐满了银龙老少三代人。

秦继伟　同志们，今天，我们在特定的时间节点上，在特定的环境中，召开银龙公司成立以来最特殊的一次会议。它既是党政工青的扩大会议，也是老中青三结合的会议，关起门来说，是我们银龙祖孙三代的会议。当然也可以说是诸葛亮会议。目的只有一个，那就是统一思想，转变观念，集思广益，拓宽思路，走出困境，以只争第一的企业精神，重振我们银龙的雄风。关键是我们银龙的灵魂人物高局长和我们的老领导薛经理也都来了。所以，这次会议我们一定要开好。老局长，您先说一说吧？

高洪亮　按说，这个会我不应该参加，离休了，就不要干政了。可继伟和我说，这是我们银龙祖孙三代的诸葛亮会议。三个臭皮匠赛过诸葛亮，这我就得参加呀。

大家热烈鼓掌。

高洪亮　工作上的事儿，我就不多说了，相信你们，那就甩开膀子大胆地干吧。（很伤感）建华这孩子好哇，不愧是军队宣传的典型，为了不给公司添麻烦，已经把战生的遗体火化了。那个不法商人的案子也基本搞清楚了。我要说的是，战生绝不能白白牺牲，我们要大力宣传他的英雄事迹，鼓舞士气，重树银龙的形象，重振银龙的雄风！

高洪亮很激动，他说不下去了。

众人含着眼泪给老经理鼓掌。

秦继伟坚强地擦了一下眼泪。

秦继伟 有关自责悔恨的话，我就不说了。赵经理的追思会必须开，并且一定要开好。我跟小兵合计了，准备把"认真吸取'6·28'事故教训，重振银龙雄风"的誓师大会和赵经理的追思会一起开。

高洪亮 好，跟我想到一起了。

高旭光 原来我和陆露早就商量过，就在"沙红线"竣工的庆典上，为战生爷爷和陆院士举行婚礼。

陆　露 可不是，我妈连婚纱都买好了。没想到……

秦　峰 都怪我，肠子都悔青了！

高洪亮 知耻而后勇，孩子，爷爷相信你们一定能干好。

秦　峰 谢谢爷爷，我们一定会尽力的。

薛　刚 陆洁临走跟我说，她一定要在"沙红线"竣工庆典上为战生送行。

高洪亮 志同道合，生死之恋，感天动地！这个事儿，你们一定要策划好。

高小兵 放心吧，我来办。

秦继伟 今天正好两个老领导都在，咱们就好好商量商量，今后银龙到底应该怎么办？

高旭光 这些天，我一直在想，我们银龙栽到哪儿了？不就栽到材料上了嘛。所以，我建议咱们自己办一个物流中心，这样就能迅速占领材料市场，统一调配各个施工线路的物资，再加上扩建我们自己办的铁塔厂，这个问题基本就解决了。关键是资金的问题不好办。

秦　峰 这个问题也好办。我这儿就有五百多万，全部捐给公司作为启动资金，我们再搞集资，搞股份制，在占领材料市场的同时，尽量使效益最大化，让我们的职工也富起来。真正实现双赢。

高洪亮 年轻人就是有超前意识，敢想敢干。什么是改革，我看这就是改革嘛。很有典型意义呀。

薛　刚 的确是这样，真让我眼前一亮啊。改革开放已经过去十多年了。可是，我们改革的成果呢？不是很大。特别是我们国有企业，原因何在？主要在观念问题。但是，不管怎么改，把国有企业整残了，整废了，工人下岗了，资产流到个人手里了，我就想不通。

秦继伟 是啊，企业破产了，职工下岗了。什么待业，那就是失业。当然，我们也无力改变这种残酷的现实。但在我们银龙决不能这样，现在，问题就出来了，上面要求减员增效，富余人员下岗。别的我不管，在我们这儿，一个不能丢，一个也不能少！

秦　峰 对。我建议能不能在体制不变机制变、人数不变结构变上做一做文章？

高旭光 这个想法非常好，太有启发性了。刚才咱们说办物流中心，办铁塔厂，我看还可以办一个服务公司嘛。这样，我们不但可以解决富余人员的安置问题，同时，还能把我们原来外委的工程都拿回来自己干了，这就叫肥水不流外人田。这样，安全、质量、信誉都可以得到保障。

秦继伟 好！我们要进行企业办企业的大胆尝试，用滚雪球的方法，把企业做大做强。不断探索企业向集约化、集团化发展的新路子。

高洪亮 这些我都同意。但是，我要提醒你们，不管怎么改、怎么变，人民电业为人民的服务宗旨绝对不能变！

陆　露 这就叫，信念不变观念变，宗旨不变服务变，再加上体制不变机制变，人数不变结构变，完全可以写成一篇好文章啊。

秦　峰　那你就写呗。

陆　露　我？我可没那两把刷子，要写也得你写。要不就让旭光写，反正我写不了。

高小兵　我看，还是秦峰写吧。

高旭光　我同意，秦峰是大手笔。写这个，小菜儿。

秦　峰　行了，别忽悠了，恭敬不如从命，那我就写。

高小兵　（对秦峰）好，勇于担当。（然后冲大家）坚持公有制不变，这是社会主义特色。在社会主义市场经济条件下，我们就要眼睛向外，双手向内；思维向外，措施向内。思维和眼睛向外，就是要紧盯市场不放；双手和措施向内，就是要挖掘潜力。说到底，变粗放式管理为精益、精细化管理。目前，我们推行的分公司制和项目经理制并行的办法就很好，也收到了一定的效果。所以，秦峰啊，我看你就把重点放在这上。

秦　峰　好。

高旭光　（自语）眼睛向外，双手向内；思维向外，措施向内。向内，内涵，我看这篇文章就叫《论企业的内涵式改革》怎么样？

秦继伟　好。我们就是要在苦练内功、内部挖潜上大做文章！这些天，我睡不着觉就想，咱们银龙公司风风雨雨几十年，有成功，也有失败。不容易呀！但不管怎么说，我们都熬过来了。我们敢拍胸脯说，我们对得起党、对得起国家、对得起人民、对得起自己的良心。现在，我们栽了，栽得令人痛心！但是，银龙这杆大旗能倒吗？坚决不能倒！今天这个会就说明了，我们银龙是有思想、有办法、有能力把企业做大做强的。

高洪亮　真是长江后浪推前浪，一代更比一代强。银龙大有希望！战生同志的追思会什么时候开？

秦继伟　"沙红线"复工就开。

高洪亮　好，我一定参加。

"沙红线"复工誓师暨赵战生同志追思大会　日　外

太阳光穿透云层，像万道金光照射在苍翠群山之中，近处的张牵机整齐停放，各式吉普车、运输车整齐排列在一起，每辆车前头悬挂白花。

主席台上方横幅上书："沙红线"复工誓师暨赵战生同志追思大会。

两边悬挂白底黑字对联和挽联：

> 群雄激越再战沙红线路山河增色，
> 众志成城重振银龙公司劲旅雄风。
> 国家赤子壮志抒怀铁血丹心银线传情英名远，
> 电网忠魂舍身成仁披肝沥胆铁塔镌镂德望高。
> 播则明珠光放则明珠亮万家灯火真情在，
> 生为送电人死为送电鬼一世英名恸地哀。

赵战生同志的遗像悬挂在中间，黑纱悬垂，花圈叠放两侧。骨灰盒上覆盖着鲜红的党旗，前面摆放着黄色和白色的菊花。人们素装胸佩白花，肃立在主席台下，静默流着眼泪。整个会场庄严肃穆。

银龙公司的大旗迎风猎猎飞扬。

秦继伟走上台。

秦继伟　同志们，"6·28"倒塔事故让我们栽了，栽得憋气窝火，栽得埋汰硕碜！丢人哪！它让我们付出了惨痛的代价，老经理为了救工友壮烈牺牲了……

下面已经有人哭出声了。

秦继伟眼含热泪。

秦继伟　（控制一下自己的情绪接着说）同志们，我们为什么要把认真吸取"6·28"倒塔事故教训，重振银龙雄风的复工誓师大会和赵战生同志的追思会一起开？目的就是，认真吸取事故教训，化悲痛为力量，知耻而后勇，以只争第一的企业精神重振我们银龙的雄风！同志们，我们的老经理赵战生同志的一生，是革命的一生，战斗的一生。他把自己的一切都奉献给他所热爱的送变电事业和我们大家。就像蜡烛一样燃烧了自己，照亮了世人。鞠躬尽瘁死而后已！虽然，他离开了我们，但他的精神还在。浩然正气，永世长存！

就在这时，华志强跑上台跪在赵战生的遗像前，连续磕了三个响头，然后转过身又向台下磕了三个响头。

华志强　老经理，银龙的老少爷们儿，弟兄们，我替咱家那个不要脸的罪该万死的爹，给大家谢罪了！我发誓，如果不把"沙红线"干好，不创优质工程，不把"鲁班奖"拿到手，我誓不为人！

高旭光　（跪下）我是安全工作的第一负责人，责任全在我！

秦　峰　（跪下）是我轻信了坏人，让银龙遭此大难。

陆　露　（跪下）是我工作失职，给银龙造成了无法挽回的损失。

高旭光、秦峰、陆露、华志强跪在台上举起右拳。

四　人　苍天在上，大地作证，敬爱的老经理，同志们，我们宣誓。

众人举起右拳。

众　人　我们宣誓。

四　人　认真吸取事故教训，化悲痛为力量。

众　人　认真吸取事故教训，化悲痛为力量。

四　人　知耻而后勇，以只争第一的企业精神重振银龙的雄风！

众　人　知耻而后勇，以只争第一的企业精神重振银龙的雄风！

这声音在山谷、旷野中回荡……

银龙那面大旗猎猎飞扬……

倒塔事故现场　日　外

银龙那面大旗迎风飘扬。

牛小虎指挥工人们在清理倒塔事故现场。

一部分人拆塔。

一部分人往车上装废旧的塔材和导线。

高旭光对跟前的秦峰说。

高旭光　你小子真会算计，来的时候送料，回去拉废旧的塔材和导线不跑空车。而且，时机掌握得也恰到好处。你真是勤俭节约、精打细算哪，不佩服不行啊。

秦　峰　别跟我扯。

高旭光　绝对发自内心。你看第三产业这块儿叫你搞得红红火火。口碑也相当好，就差没喊你万岁了。

秦　峰　旭光，咱们是哥们儿，千万可别这么说，我受不了。不挨骂我就烧高香了。

高旭光　行，谦虚、低调点儿也好。你小子干啥像啥，特高压研究有进展吗？你可得悠着点儿，我可听说你白天忙工作，晚上看书学习，急眼了就造个通宵。不要命了！

秦　峰　你不也一样吗？太有诱惑了，想放都放不下。

高旭光　可不是。

这时有人来报。

来　人　秦经理，车装完了，走不走哇？

秦　峰　走，马上出发。

高旭光送秦峰上车。

高旭光　走吧，路上要小心。

秦　峰　放心吧。

秦峰上车，车队开走。秦峰探出车窗。

秦　峰　告诉陆露一声，我走了。

高旭光　一定。

高旭光挥手告别。

倒塔事故塔基现场　　日　外

华志强拿着米尺在量一个新挖的塔基坑。

华志强　（生气地喊）谢队长，这是谁挖的？

谢队长　（急忙跑过来）是二胖和老蔫儿干的。

华志强　这干的是啥活儿，啊？秃露反帐，埋了咕汰。你再给我量量，这深度和宽度到底够不够？

谢队长开始量深度和宽度。

谢队长　是差了点儿。

华志强　差一点儿也不行！必须按标准化作业施工。我问你，标准化作业指导书你们学了吗？

谢队长　学了。都学了好几遍了。

华志强　学了？学了还这么干？这个月奖金扣一半。

谢队长　别呀，经理，念我们初犯，您就高抬贵手。我们立即返工。从今往后，您要是再发现有不合格的，那就往死里扣。扣多少都行。

华志强　这可是你说的？

谢队长　我说的。

华志强　好，这次就放过你们，下不为例。

谢队长　谢谢经理。

华志强　谢队长，复工誓师大会咱开了，大家也宣誓了，一定要创优质工程，咱要是再掉链子了，那可就一点儿名儿都没了。怎么告慰老经理的在天之灵啊？

谢队长　知道，知道。您放心，我们只能给银龙添彩儿，决不能给银龙丢脸。

华志强 好，那就看你们的实际行动。

施工现场搅拌机旁　日　外

王长海把一袋水泥打开倒进搅拌机里。

王长海 （指着水泥袋子）看到没有？这才是货真价实的 425 号呢。

某工人 是啊，吃一堑长一智，咱们绝不能再上当了。

王长海 你别说，人家秦峰就是有两下子，大丈夫敢作敢当。咱不说别的，一下子就拿出五百多万捐给公司，太仗义了！

某工人 那可不，眼睛绝对不揉沙子。你听说了吧？他把那个姓龙的老板给胖揍了一顿，就为这还蹲过拘留呢。

王长海 听说了。我就服这样的人。

某工人 咱们华队长也挺尿性。心胸坦荡，大义灭亲。一般人做不到。

王长海 确实。你说，那老家伙咋那样呢？既好色又贪财，他自己进去不说，把咱银龙可害苦了，老经理也没了。真是江山好改本性难移呀！

某工人 不说他了，晦气！这次公司搞的集资好哇！

王长海 那当然了，外面的人都眼气呢。

远处传来爆炸声。

某工人 这是炸塔基呢？

王长海 可不是，不留隐患，不留死角，争创优质工程，就得这么干。绝对不能让人背后戳咱脊梁骨。

某工人 行，我看誓师大会没白开。

刘丹家书房　夜　内

书房里摆得到处都是书，秦峰专心地苦读。时钟指向午夜十二点。

他伸伸懒腰起身走到窗前思考。

刘丹披着衣服端杯牛奶进来。

刘　丹 小峰，白天工作那么累，晚上又这么干，你还要不要命了？

秦　峰 没事儿，妈，我年轻抗造。你不也经常打夜班吗？

刘　丹 来，把牛奶喝了。

秦　峰 哎。

秦峰接过牛奶喝了一口，觉得不热便一口气喝了下去。

刘　丹 慢点儿，傻孩子。

秦　峰 您别说，还真有点儿渴了。

刘　丹 我看也饿了吧，到餐桌上吃去吧，都给你预备好了。

秦　峰 谢谢妈。

两人走出书房。

刘丹家客厅 夜 内

餐桌上摆着糕点，还有水果。

秦峰拿一块儿糕点就吃。

刘丹从厨房又端了杯牛奶放到桌上。

刘　丹　都多大了，也不知道洗手。

秦　峰　（吐了一下舌头）不干不净吃了没病。

刘　丹　歪理邪说。

秦　峰　哎，妈，我从资料上看，反对上特高压的人还不少呢？而且都不是一般人物。

刘　丹　反对不一定是坏事儿，百花齐放百家争鸣嘛，真理越辩越明。

秦　峰　妈，我觉得，从纯技术的角度来看，上特高压没什么太大的问题，苏联已经有了1150千伏特高压商业运行的成功经验。如果坚持拿来主义的话，或者完全采用国外设备，我看用不了多长时间就能上特高压，没问题。但中国民族工业的出路在哪儿？难道我们就甘愿做世界的加工场吗？

刘　丹　说得好，我听万胜说……

秦　峰　万胜？就是去美国留学的那个老师？

刘　丹　对，就是他，目前，在水电部科技司工作，主要负责特高压。有一次他去日本考察，一个日本专家指着特高压设备得意地对他说："看到没有，这些都是为你们中国上特高压准备的。"孩子，小日本可不白给呀。经济侵略那是杀人不见血呀。你看看我们吃的、穿的、用的、住的、行的，有多少是自己生产的？基本都是国外的，尤其是日本的。其实，我们早就被人家缴械了。可我们有些人就认国外的东西好。一般的老百姓这样看还可以理解，可悲的是在我们科研、学术界也有一些人，无论你搞什么，首先看国外搞了没有，人家搞了，你还可以搞，人家没搞，你凭什么，你能搞成吗？哪有一点儿民族的自信、自尊和气节？简直就是亡国奴！好了，好了，太晚了，不说了，一说就来气。

秦　峰　我也生气。所以，我要写一篇文章，题目就是《中国需要特高压》。

刘　丹　好，妈支持你。不过，你现在的任务是马上睡觉。

秦　峰　我想再看一会儿。

刘　丹　不行，你不睡妈也睡不着。快点儿，快点儿。

刘丹把秦峰推进卧室。

"沙红线"施工现场 日 外

工程进展得非常顺利，铁塔屹立在崇山峻岭之间，张牵机开始放线。银龙大旗迎风招展。

高旭光、陆露陪施工包监理检查施工情况。

高旭光　好了，好了，包老师，您不要老给我们评功摆好了，还是多提提意见吧。别忘了，您可是监理呀。

包监理　我是彻底服了。银龙就是银龙，输得起也赢得起。这次整改，完全彻底，不留死角，不留隐患，一步到位。值得学习，令人钦佩呀。

陆　露　您过奖了。

他们来到塔基下。

包监理 过奖了？（指着塔基）你们看看，我多次检查过，基坑挖得绝对标准；而且，生土熟土分开，土堆得也是棱是棱，角是角；塔基浇筑那就更没说的了。在你们身上，我看到了一种精神，一种力量，一种风骨。尤其是你们开展的标准化作业，更让我大开眼界。如果，所有的公司都像你们这么干，那我们这些干监理的可就要失业了。

包监理说完开心地笑了起来，高旭光和陆露也笑了起来。

陆　露 包老师，您太幽默了。

高旭光 幽默是智慧的火花，包老师可是大师一级的人物啊。

监包理 别打岔。银龙，银龙真是个生长神奇，孕育希望的地方。（转过身）两位年轻的领导，我有一事相求。

高旭光 什么事儿，您说？

监　理 这事儿呢，说大不大，说小也不小。我儿子很快就要大学毕业了，我想让他进你们公司，不知道行不行？

高旭光 那还说啥，我们就缺大学生，欢迎啊。不过您得想好，咱这儿可艰苦哇。

包监理 这我还不知道吗？我就是让他在艰苦的环境中摔打摔打，否则难成大器。就像你们俩，这么年轻就担此重任。你们银龙就是培养人，磨炼人，出人才的地方。把孩子交给你们我放心哪！

高旭光 那行，我跟经理说一说。估计问题不大。咱们去那边儿看看。

三人边走边聊。身后，工人放线，挂瓷瓶串，上线，紧线。

银龙那面大旗猎猎飘扬……

陆洁的办公室　日　内

陆洁正在看秦峰写的论文，她看完之后，赞不绝口。

陆　洁 人才，人才，难得的人才！

她拿起电话。

陆　洁 是万副司长吗？

万　胜 （听筒）对，我是万胜。是陆院士啊，您好哇。

陆　洁 谢谢司长的关心。我发现了一篇论文，题目是《中国需要特高压》。

万　胜 （听筒）这篇文章我也看了，写得确实好，观点明确，内容翔实，文笔也不错，很有见地。秦峰是继伟的儿子吧？

陆　洁 没错，就是他。

万　胜 （听筒）啊。我想起来了，这小子脑袋挺冲，很有潜质。

陆　洁 所以，我很想带这个研究生，并且参加课题组。

万　胜 （听筒）我看行。好好培养培养，将来肯定错不了。

松江电力学院办公楼走廊　日　内

刘丹夹着教案急匆匆回办公室，中途和来往的人打招呼。

快到门口就听见室内电话铃响，她急忙开门。

刘丹办公室　日　内

刘丹夹着教案快速进门，放下教案接电话。

刘　丹　您好。

陆　洁　（听筒）小丹吧？我是陆姨。

刘　丹　听出来了，陆姨，啥事儿呀？

陆　洁　（听筒）当然有事儿了。小峰的论文写得非常好，在部里和学术界引起了很大的反响，电科院的领导挺欣赏他，决定调小峰到中国电科院特高压课题组，如果他能通过研究生考试，我想带他。

刘　丹　是吗？那可太好了。什么时候报到？

陆　洁　（听筒）越快越好。

刘　丹　知道了。谢谢陆姨。

陆　洁　（听筒）"沙红线"干得怎么样了？

刘　丹　非常好。为了重振银龙的雄风，告慰战生叔的在天之灵，他们决心创优质工程，要拿"鲁班奖"。

陆　洁　（听筒）好，竣工典礼我一定参加。

陆洁挂了电话，刘丹马上给继伟打电话。

刘　丹　是继伟吗？

秦继伟　（听筒）是我，有事儿呀？

刘　丹　告诉你一个特大喜讯，小峰论文一炮打响。被调到中国电科院特高压课题组，如果，研究生考试合格，陆姨准备带他，边学习边搞科研。这简直就是天上掉馅饼啊！没想到吧？

秦继伟　（听筒）做梦也想不到哇。这小子真行。

刘　丹　那当然了，我刘丹的儿子，有遗传基因嘛。

秦继伟　（听筒）别臭美，那是我的种好！

有人敲门。

刘　丹　请进。有人找我，先说到这儿吧。

刘丹挂了电话。

一个教师模样的人进来。手里拿着秦峰的论文。

某教师　刘主任，秦峰是咱院的毕业生，也是您的儿子吧？

刘　丹　对呀。怎么了？

某教师　怎么了？放卫星了。（拿出秦峰的文章）这篇文章写得太好了。大手笔，真是名门之后哇。（指着秦峰的文章）您看看……

两人亲切交谈。

"沙红线"施工现场仓库　日　外

华志强指挥工人卸车。

秦　峰　（有些伤感）旭光，这是我最后一次给你们送料了。

高旭光　我知道。好事儿，走吧。功夫不负有心人，我就说，你小子干啥啥行。没说的，咱银龙又飞出一条龙。什么时候报到?

秦　峰　后天。

高旭光　好,今晚儿,咱们仨好好聚一聚,就算给你送行吧。

秦　峰　人生自古伤离别呀。

秦峰控制不住自己,流下了眼泪,他急忙转过脸去。

高旭光眼睛也湿润了。

"沙红线"指挥部　晚　内

秦峰从包里拿出烧鸡、猪蹄、罐头、香肠等。

陆露帮他往办公桌上摆。

秦　峰　瞅瞅,这都是你最爱吃的。

陆　露　我妈也是,一点儿消息也不透露,太突然了。

秦　峰　可不是,太突然了。

高旭光端着从食堂打来的饭菜进来。

高旭光　这叫机会总是垂青那些有准备的人,再往下说,那就是你小子命好!

高旭光把饭菜放到桌上。然后,从柜子里拿出一瓶酒。

高旭光　哥们儿,今天就算给你饯行了。咱们不醉不归。

高旭光给秦峰、陆露倒酒。然后,给自己倒上,他端起酒杯。

高旭光　来,祝你高升,步步高升。

三人碰杯,都喝了一口。

秦　峰　没想到,刚热乎几天又分开了,确实有点儿那个。

陆　露　这不都是你折腾的吗?这家伙好,又折腾到北京去了。我看你还往哪儿折腾?

高旭光　国外呀,就像万胜老师那样出国深造哇。

秦　峰　开涮?

高旭光　绝对不是,完全有这种可能。(倒酒)来,秦峰,祝你大展宏图。特高压那可是咱们送变电人共同的追求和梦想啊。

陆　露　对,为特高压咱们干一个。

三人碰杯,喝酒。

秦　峰　人生自古伤离别。你们知道人生最可悲的是什么?

陆　露　什么?

秦　峰　得到的东西不知道珍惜,失掉了才知道后悔。陆露刚才说得没错儿,我不就是瞎折腾吗?最后折腾到拘留所。

高旭光　这次可不一样,你折腾得对,折腾得好。

秦　峰　那咱们就一起折腾。(把手伸出来)怎么样?

高旭光　(握住秦峰的手)我赞成。

陆　露　(握住秦峰和高旭光的手)我也赞成。

三个人　为了"特高压"我们一起折腾。

"沙红线"施工现场　晨　外

东方地平线上，一轮红日冉冉升起，宛如巨龙的铁塔、银线在朝阳的辉映下伸向远方。

晨雾渐渐散去，远处的树木和近处广袤的甘蔗地泛起朝霞的光芒。银龙那面大旗随风飘扬。

导线上，工人操纵着滑车在高空中进行紧张的作业，塔头上瓷瓶已安装就位。他们正在进行最后的紧线调试工作。

地面上，测量人员正在用经纬仪全神贯注地测量，对讲机不时传来指令。

高旭光和陆露陪包监理和魏经理检查工作。

包监理　真没想到工程进展得这么快，全部导线一天就紧完了。而且，弛度参数高于设计标准。

魏经理　路遥知马力，日久见人心。我说银龙绝对没问题，你和有些同志就是不信。怎么样？领教了吧？

包监理　彻底领教了。这支队伍，的确是一支打不垮拖不烂的铁军。在他们身上你能感受到有一种舍我其谁、永不言败的精神气质。他们自信，但不骄傲，他们简约低调，但又不失大气。你听说没，他们那个主管三产的年轻副经理秦峰已经调到中国电科院了，专门研究特高压。

魏经理　那还用说，新中国电网基建的长子，摇篮企业，就是卧虎藏龙，人才辈出。现在是万事俱备，就等开验收会了。

他们来到车前，高旭光拉开车门。

高旭光　吃了饭再走吧。

包监理　是啊，魏经理，真想和你好好喝喝。

魏经理　你以为我不想啊，可我没有分身术哇，家里的事儿太急，改天吧。

魏经理上车。

包监理　好饭不怕晚，来日方长。

车开走。

高旭光、陆露、包监理挥手告别。

"沙红线"验收现场　日　外

彩旗飘舞，银龙那面大旗迎风猎猎。

大幅标语：500千伏"沙红线"创优验收现场办公会。

秦继伟、高旭光、陆露等陪同各组专家在线路上进行现场检查、验收。

一位老专家用经纬仪测量导线的弛度。

专家甲　不错，不错，导线的弛度不但符合设计要求，而且超过国家标准。

专家乙用卷尺在塔基上，这量量，那量量。

专家乙　所有基础全部满足设计标准，优良品率100%。

秦继伟、高旭光、陆露等陪同专家沿着线路，顺着山坡走下来。他们都非常兴奋，各抒己见。

专家甲　我搞了大半辈子的工程验收了，很少看到这么优质、这么漂亮的工程。

专家乙　是啊，铁塔组装精确、到位；接地线、引线工艺美观统一；导线弛度完全符合设计标准，而且超过国家标准。我看可以进行七十二小时试运了。

专家丙 与其说是验收，倒不如说是一次难得的学习机会。这个企业是越品越有滋味儿，那篇《论企业的内涵式改革》的经验真是立意深刻，独辟蹊径，富有新意，确实具有指导意义呀。

专家甲 那是啊，不然，《长春日报》也不能连续发表了六评，连《经济日报》都发了编者按。

专家乙 这个工程太出乎意料了！你越想找问题就越能发现新的亮点。

专家甲 （对秦继伟）秦经理，我看，你们真应该好好介绍介绍经验。

专家组组长 是啊，现代企业的竞争，是人才和文化的竞争，说到底是文化的竞争。银龙这个企业，人才济济，藏龙卧虎，但我想更重要的是这个企业的文化积淀和精神气质，只争第一的企业精神，这是银龙永远立于不败之地的根和魂啊。

他们各抒己见，谈笑风生地向山下走去。

"沙红线"工地陆露宿舍　夜　内

简易的工棚被陆露布置得简洁别致。

宿舍内到处摆满了书，陆露灯下苦读。有人敲门。

陆　露 谁呀？

小　张 是我，这有你一封信，是北京来的。

陆　露 小张啊，好，你等着。

陆露赶紧去开门。

门开了，小张把信交给陆露。

陆　露 谢谢，进来坐坐吧。

小　张 不了陆总。这信下午就到了，您在工地陪领导、专家验收，我就收起来了，一忙活就给忘了，刚想起来，真不好意思。

陆　露 没事儿，明儿个见！

小张离开，陆露回到桌前打开信看。

秦　峰 （画外音）陆露，我估计"沙红线"快竣工了吧？时间过得真快，一晃，有三个月没见面了，真挺想你和旭光的。特高压是一个非常非常庞大的系统工程，要研究和解决的问题实在太多太多了。比如，绝缘、电晕、噪声、电磁场、生态，以及环境保护等等等等都需要统筹兼顾，深入细致地进行研究和解决。不瞒你说，反对上特高压的呼声挺高。公众的恐惧来自对科学的无知。我们还要做大量的科普工作。告诉你一个好消息，武高所大龙叔他们正在筹建特高压实验场。这标志着我们的特高压即将进入实验研究阶段。太令人兴奋了。太晚了，就写到这儿吧……

陆露看完信后给秦峰回信。

陆　露 （画外音）小峰，收到你的来信非常高兴。自从你走了以后，家里变化太大了，一天一个样儿。你执笔的《论企业的内涵式改革》在系统内外引起了强烈的反响。"沙红线"已经竣工了，过两天就开验收评审会了，估计拿"鲁班奖"没问题。公司立足东北，面向全国，走向世界的发展战略正在有条不紊地进行。广东、四川、云南、广西、辽宁、河北都有我们的工程。我们进军海南，国外的孟加拉国、尼泊尔的工程也都在紧张有序地开展。还有，咱们的铁塔厂投产了，物流公司也办起来了。更可喜的是，咱们在桂林路建的一万平方米的职工住宅已经竣工了，"寡妇楼"很快就要成为历史了……

赵建华家　夜　内

赵云飞正在钢琴旁创作钢琴协奏曲《电网忠魂》。

他时而激情弹奏，时而修改乐谱，眼睛泛着泪花，脑海中不时闪现银龙金戈铁马的动人情景……

"沙红线"工程验收评审会　日　内

会场上方悬挂着条幅：500千伏"沙红线"竣工验收评审会。

大屏幕上正在播放"沙红线"施工的影像资料。

秦继伟、高旭光、陆露、魏经理、监理和评审专家们正在认真地观看。

专家甲关闭屏幕，会议室的灯顿时亮了起来。

专家组组长　有关这个工程的技术鉴定，我就介绍到这儿。专家组一致通过工程验收，定为优质工程，并建议将此工程上报国家部委，申报最高奖项——"鲁班奖"。

会场响起一片掌声。

魏经理　谢谢，谢谢。谢谢银龙交给我们这样一个优质的工程。也谢谢诸位专家对这个工程的科学评价。银龙这支老牌的劲旅没说的，可天有不测风云，"6·28"倒塔事故，就像晴天霹雳，把我们都给炸蒙了！大家也都知道，安全工作是以成败论英雄的，尤其是一票否决更加残酷。工程易主的呼声很高，使我们陷入了两难的抉择之中。

包监理　可不是。当时，我就积极主张易主。但事实教育了我，这支队伍的确是一支打不垮拖不烂的铁军。他们输得起，也赢得起。

专家组组长　是啊，今天这个验收评审会，确实让我们大开眼界，感受颇深。500千伏"沙红线"的工程，"过程堪忧，结局完美"，完美地实现了"争创优质工程"的目标；完美地让人们看到了一个企业自我扬弃、自我发展的典范。毫无疑问，这个工程所创造的价值，以及它所产生的效应是难以估量的，它必将载入我国电网发展的史册。

众掌声热烈。

某音乐厅　晚　内

舞台上方的会标"赵云飞钢琴独奏音乐会"。

高洪亮、于华、陆洁、陆露、王芳、高小兵、英子、高旭光、薛刚、方小玲、薛小凤、秦继伟、刘丹、秦峰等坐在前排。整个音乐厅座无虚席。

赵云飞演奏肖邦的《革命练习曲》已近尾声，结束。

下面掌声雷动。

赵云飞频频谢幕后走下台。

主持人上。

主持人　谢谢，谢谢赵云飞同学的精彩演奏。谢谢大家的掌声和鼓励。赵云飞同学是个多才多艺，综合素质较高的同学，接下来演奏的是他自己创作的钢琴协奏曲《电网忠魂》。

在一片热烈的掌声中，赵云飞走上台。

主持人　云飞同学，请你介绍一下，你是怎么创作出这首钢琴协奏曲的？

赵云飞 艺术来源于生活。我是送变电人的后代，从小就耳濡目染了许许多多关于送变电人的英雄故事。他们常年在外、风餐露宿、抛家舍业、组塔架线，把光明送给千家万户，无怨无悔地追逐着自己和国家电网发展的梦想，就是献出生命也在所不惜！不少人就长眠在那巍巍铁塔和条条银线的下面，我爷爷就是他们其中的一个，钢魂铁骨，劲旅雄风，浩气长存。

主持人 太感人了。下面，让我们共同欣赏，钢琴协奏曲《电网忠魂》。

主持人下。

赵云飞深深地鞠了一躬，走到钢琴旁坐下，准备演奏。

乐队指挥拿起指挥棒环视乐队，并和赵云飞交流、示意后，挥动指挥棒。

演奏开始……

"沙红线" 晨 外

在雄浑壮美的钢琴协奏曲《电网忠魂》的音乐中……

晨曦的"沙红线"在通往山顶的线段上，银龙的人穿着素装，戴着白花正在为赵战生送行。

赵建华捧着赵战生的遗像，陆洁穿着白色的婚纱，头上戴着凝结着两代人爱情的那条丝巾，挎着花篮，在陆露和赵云飞的陪伴下走在队伍的最前面。

高洪亮、于华、王芳、高小兵、英子、高旭光、薛刚、方小玲、薛大龙、薛小凤、秦继伟、刘丹、秦峰、牛二虎、墩子、酒憨子、山猫、牛小虎、华志强，以及"沙红线"的魏经理、包监理、施工人员等走在后面。

陆洁不时地向空中抛撒由鲜花拌着的赵战生的骨灰。

高洪亮 战生啊，你是军队最光荣的战士，你是我党最优秀的党员，你是银龙的一面旗帜，我为你骄傲，为你自豪！

薛 刚 战生，我的好兄弟。你可以笑卧九泉了。银龙一定会踏着你的足迹前进的！

陆 洁 战生，我永远都是你的新娘，永远，永远……

陆 露 老爸，您一路走好！我和妈妈永远爱您。

赵云飞 爷爷，我的钢琴协奏曲你听到了吧，那是送变电人灵魂的颂歌呀。

秦继伟 生为送电人，死为送电鬼。老经理，我们一定沿着您的足迹前进！

高小兵 （举着银龙的大旗）老经理，银龙的大旗没倒，它在高高飘扬。

高旭光 赵爷爷，"沙红线"以质量全优通过了专家鉴定，建议申报"鲁班奖"。

薛大龙 赵叔，特高压实验研究的号角吹响了，我们正在建设特高压试验场。

秦 峰 赵爷爷，我们一定加快特高压的研究进程。

一轮红日冉冉升起，辉映着铁塔。

长长的送葬队伍宛如巨龙向山顶涌动……

字 幕：

旁 白 赵战生倒下了，但他用毕生的精力所打造出的这支铁军，无论在后来的特高压建设中，还是在2008年那场抗冰抢险保电的战斗中，以及在"一带一路"全球能源互联网建设中，都立下了不朽的功勋！他们无怨无悔、锲而不舍地追逐着中华民族伟大复兴的中国梦！

全剧终

写在后面

算起来，三十集电视连续剧《逐梦》文学剧本从开始酝酿到成稿，历时十八年，十几次易稿。我们就像十月怀胎的母亲，含辛茹苦、无怨无悔、充满希望地孕育着这个"生命"。如今，她终于问世了……

"孩子"都是自己的好，这是人之常情。她到底怎么样？还是让读者来品头论足吧。说实话，由于种种原因，我们也曾有过放弃的想法。可就是放不下，因为那些让我们夜不能寐的感动，那种不吐不快的创作冲动，那种弘扬企业精神，讴歌真善美，传播正能量的执着。即使再苦、再累、再难，还是坚持下来了。

与其说我们在创作，倒不如说我们是在学习、探索、感动与提升。这种提升不仅仅在艺术上，更重要的是心灵的净化，思想意识的升华，道德情操的守望。事实上，我们在追忆七十年电网发展历程的挖掘中，更加明确了自己肩上的责任、使命与担当。电就像空气和水一样，一刻也不能离开。没有电一切都将瘫痪！从而，我们更加坚定了"人民电业为人民"的服务宗旨。这就是我们的根，我们的魂！艺术来源于生活。我们剧中的人物不正是千千万万电网人的缩影吗？尤其是送变电人，他们舍小家顾大家，风餐露宿、南征北战，艰苦奋斗、不怕牺牲，其目的就是为祖国、为人民、为社会送去最清洁、最高效、最优质的电能。他们在取得事业成功的同时，也付出了巨大的代价与牺牲！就像蜡烛一样，燃烧了自己照亮了世人。这是何等的伟大与悲壮啊！

一个牢记自己历史和文化的民族是一个开创未来、大有希望的民族。一个敬重和爱戴英雄的民族是一个奋进有为、繁荣富强的民族。正因为这些，一个年过七旬的电网老人，携两个中年文学爱好者呕心沥血、不离不弃、满怀激情、竭尽全力地为国家电网辉煌的历史，为他们心中的英雄，唱着不朽的颂歌……

在这里，特别感谢国家电网有限公司工会、外联部和英大泰和人寿保险股份有限公司、英大传媒投资集团有限公司、中国电力作家协会、吉林省送变电工程有限公司等单位的领导和相关同志的大力支持与帮助。吉林省送变电工程有限公司已故的赵廷树老先生，在临终前还叮嘱我们："一定要把这部剧写好，尽早公之于世。不然，我都合不上眼啊！"如今，他可以笑卧九泉了。

侯宝丰

2019 年 9 月 1 日于北京